KB079228

뉴로트라이브

뉴로트라이브

NeuroTribes

스티브 실버만 강병철 옮김

키스 카라커Keith Karraker에게

일러두기

저자 주는 미주로, 옮긴이 주는 각주로 처리하였다.

올리버 색스의 서문

스티브 실버만을 처음 만난 것은 2001년이다. 젊은 저널리스트였던 그는 내 회고록 《엉클 텅스텐》의 출간을 앞두고 프로필을 취재하러 왔다. 이내 그를 신뢰하게 되어 오래도록 이야기를 나누고, 내가 자랐던 런던에도 함께 가고, 친구나 동료들에게 소개하기도 했다. 스티브는 항상 문제를 깊게 파고들며 핵심을 꿰뚫는 질문을 던졌다. 사물과 현상을 깊이 있게 생각하고 연결시킬 줄 아는 사람이었다.

그즈음 그는 자폐증과 아스퍼거 증후군의 '유행'이 갈수록 더해간다는 사실을 알고 흥미를 갖기 시작했다. 그전에도 내가 《화성의 인류학자》에 썼던 템플 그랜딘Temple Grandin과 서번트savant✦ 화가인 스티븐 윌트셔Stephen Wiltshire 이야기를 읽고 흥미를 보였지만, 이제 연구자, 의사와 치료사, 자폐 어린이의 부모 그리고 무엇보다 자폐인들을 직접 찾아다니며 이

✦ 지적 능력이 떨어지거나 정신심리적 문제가 있지만 특정 분야에서 천재적인 능력을 보이는 사람을 말한다.

야기를 나누기 시작했다. 나는 그토록 오랜 시간 귀를 기울이며 자폐증이 무엇인지 이해하려고 노력하는 사람을 본 적이 없다. 스티브는 기자의 본능과 진문성을 동원한 엄청난 조사 끝에 이전까지 알려지지 않았던 레오 카너Leo Kanner와 한스 아스퍼거Hans Asperger, 그들의 클리닉 그리고 그들의 뒤를 이은 사람들에 대한 이야기를 밝혀냈다. 또한 지난 수십 년간 자폐증과 아스퍼거 증후군에 관한 대중의 태도가 놀랄 만큼 변해온 과정을 생생하게 드러냈다.

이 책은 보기 드문 공감능력과 감수성으로 이 모든 역사를 넓고 깊게 그려낸다. 이 책을 읽는다면 자폐증에 관한 생각이 완전히 바뀔 것이다. 자폐증과 뇌의 작동 방식에 관심 있는 사람이라면 템플 그랜딘과 클라라 클레이본 파크Clara Claiborne Park의 저작들과 나란히 서가에 꽂아두어야 할 책이다.

차례

올리버 색스의 서문 7

프롤로그 각 증후군의 배후 11

1 ________ 클래팜 커먼의 마법사 35

2 ________ 녹색 빨대를 사랑하는 소년 67

3 ________ 빅토린느 수녀는 무엇을 알고 있나 115

4 ________ 배혹적이고 기이한 특징들 187

5 ________ 유해한 양육의 발명 245

6 ________ 무선통신의 왕자 289

7 ________ 괴물과 싸우기 341

8 ________ 자연이 긋는 선은 항상 주변으로 번진다 435

9 ________ 〈레인맨〉 효과 457

10 ________ 판도라의 상자 491

11 ________ 자폐라는 공간은 얼마나 넓은가 545

12 ________ 엔터프라이즈호 만들기_신경다양성의 세계 설계하기 605

에필로그 켄싱턴 시장님 613

후기 617

옮긴이의 말 625

주석 635

찾아보기 681

프롤로그

긱[+] 증후군의 배후

일을 하는 데는 한 가지 방법만 있는 게 아니다.

________ 래리 월

2000년 5월 어느 화창한 아침, 나는 100명이 넘는 컴퓨터 프로그래머를 태우고 알래스카 인사이드 패시지Inside Passage[++]를 향해 물살을 헤치며 나아가는 배의 갑판 위에 서 있었다. 라이온스 게이트 브리지Lions Gate Bridge[+++] 아래를 지나 새일리시해Salish Sea[++++]로 접어드는 배 뒤편으로 아침 햇살에 번쩍이는 밴쿠버 시내의 고층 건물들이 멀어져갔다. 그 항해는 첫 번째 '긱 크루즈Geek Cruise'였다. 삭막한 컨벤션센터를 벗어나 이국적인 곳으로 항해를 즐기며 배 위에서 학회를 열어보자는 사업가들의 아이디

✦ Geek, 원래 괴짜라는 뜻이지만 보통 특정 분야, 특히 컴퓨터, 네트워크, 인터넷 등의 분야에 강한 지적 열정을 가진 사람을 가리킨다.

✦✦ 알래스카, 캐나다 브리티시컬럼비아주, 미국 워싱턴주 북부의 태평양 연안을 따라 수많은 섬들 사이로 이어진 바닷길. 대양의 궂은 날씨를 피하면서 접근하기 어려운 소규모 지역사회를 방문할 수 있기 때문에 크루즈 선박을 비롯한 많은 배들이 이 항로를 이용한다.

✦✦✦ 밴쿠버 도심과 북쪽을 잇는 다리로 1938년 영국의 유명한 기네스Guiness 가문의 투자를 받아 샌프란시스코의 금문교를 본떠 만들었다.

✦✦✦✦ 캐나다 브리티시컬럼비아주 남부에서 미국 워싱턴주 북부에 이르는 바닷길로, 밴쿠버섬과 올림피아 반도에 의해 태평양과 분리되어 있기 때문에 폭풍의 영향을 거의 받지 않는다.

어였다. 나는《와이어드Wired》의 의뢰를 받아 이 첫 항해를 취재하기 위해[1] 볼렌담Volendam호라는 네덜란드-미국 선적의 크루즈선을 예약했다.

배에는 전설적인 프로그래머들이 여럿 타고 있었지만, 가장 눈에 띄는 스타는 세계 최초이자 가장 널리 사용되는 오픈 소스 프로그래밍 언어인 펄Perl의 개발자 래리 월Larry Wall이었다. 펄은 세계 각지에서 문제를 해결해달라는 요구에 끊임없이 시달리는 시스템 관리자들의 애정을 한몸에 받는 코딩 언어로, '스위스 군용 전기톱'[2]이라는 별명을 얻을 정도다. 펄이 없었다면 아마존Amazon, 크레이그즈리스트Craigslist, 인터넷 무비 데이터베이스Internet Movie Database 등 사람들이 늘 사용하는 수많은 웹사이트가 아예 존재할 수 없었을 것이다.

펄은 전직 언어학자이자 미소년처럼 잘생긴 얼굴에 요세미티 샘Yosemite Sam✦을 연상시키는 콧수염을 기른 개발자의 마음을 놀랄 정도로 다채롭게 표현한 코딩언어다. 코드 섹션들을 열면 화면에는 "난장이들 말은 발음이 어려워서, 원!a fair jaw-cracker dwarf-language must be"처럼 래리가 가장 좋아하는 문학 작품인《반지의 제왕》3부작에서 따온 경구들이 뜬다. 펄이라는 이름이 어디서 나왔는지를 두고 온갖 기상천외한 약어들이 제시되었지만('병적으로 잡다한 쓰레기들의 목록Pathologically Eclectic Rubbish Lister' 등), 래리는 마태복음에 나오는 '값진 진주pearl of great price' 우화에서 따왔다고 말한다.[3] 스스로 초라한 길을 택한 예수처럼 그는 자신이 개발한 코드가 '자유롭고, 삶을 송두리째 바꾸며, 모든 사람이 마음대로 사용할 수 있는' 것이 되기를 바랐다고 나에게 말했다. 자주 사용되는 명령어 중 하나가 'bless(축복)'라는 데서도 이런 생각이 잘 드러난다.

✦ 미국 애니메이션 〈벅스버니Bugs Bunny〉의 등장인물로 주인공 벅스버니의 앙숙이며, 길고 붉은 눈썹과 콧수염이 특징이다.

그러나 펄이라는 언어가 그토록 다양하게 사용될 수 있는 비결은 래리가 속한 광범위한 협력자 네크워크의 마음을 잘 표현했기 때문이다. 그 네트워크란 전 세계에 걸친 소위 펄 '해커hacker'들의 공동체다. 펄의 코드는 프로그래머들이 자신만의 스타일을 개발하도록 적극 권장하고, 코드를 개선시키고 싶은 사람은 누구나 참여할 수 있도록 설계되었다. 이 공동체의 공식적인 모토는 이렇다. "그 일을 하는 데는 한 가지 방법만 있는 게 아니다."

이렇게 하여 펄의 문화 속에는 개인적 카리스마나 영향력이 아니라 유용성과 독창성을 근거로 아이디어를 평가하는 디지털 능력주의가 확고히 자리 잡았다. 융통성, 민주주의, 개방성이라는 가치에 힘입어 오늘날 이 코드는 어디서나 볼 수 있다. 펄 해커들이 말하듯, '인터넷을 유지시켜 주는 덕트 테이프duct tape✦✦'가 된 것이다. 볼렌담호가 넓은 바다로 나아가는 동안 나는 탑승객들이 가방에서 이더넷 케이블, 라우터, 네트워크 구성 장비들을 꺼내 배의 통신 시스템을 업그레이드하는 모습을 경탄어린 눈길로 바라보았다. 수영장 주변을 따라 놓인 긴 의자에 몸을 눕히고 꾸벅꾸벅 조는 대신, 이 괴짜 승객들은 시스템이 어떻게 작동하는지 알아내고 향상시키는 일에 열을 올렸다. 주 중반쯤에는 선장을 설득하여 엔진룸 투어를 하기도 했다.

배가 북극권으로 다가가는 동안, 매일 저녁 래리는 주름 장식 셔츠 위에 현란한 색깔의 턱시도를 입고 아내 글로리아와 팔짱을 낀 채 극적인 분위기를 자아내며 만찬장에 들어섰다. 매일 밤 다른 색 턱시도를 입었는데, 라임처럼 진한 녹색, 주황색, 하늘색, 겨자색 등 하나같이 망막을 태워

✦✦ 주로 북미에서 환기관의 이음새를 밀봉하는 데 쓰이는 강력 접착 테이프로, 쓰임새가 아주 다양하기 때문에 '만능 해결책'이라는 의미로 사용된다.

버릴 정도로 현란한 색깔로 집 근처 매장이 폐업 정리를 할 때 산 것들이었다. 골수 프로그래머들은 따분하고 어색한 이야기만 늘어놓기 일쑤라는 통념과 달리, 래리와 사람들은 마법사의 테이블Wizards' Table✦ 주위에 둘러앉아 현란한 말장난과 재담과 악의없는 농담을 주고받았다. 하루는 이론물리학에 관해 열띤 토론을 했다가, 다음 날에는 광둥지방 오페라의 전이음轉移音이 화제에 오르고, 이어서 프로그래머나 수학자 중에 왜 체스를 두거나 악기를 연주하는 사람이 많은지에 관한 토론이 이어졌다. 중년 마법사들은 지칠 줄 모르는 호기심으로 인해 놀랄 정도로 젊다는 느낌이 들었다. 마치 10대 시절에 추구했던 신비로운 지식들을 보람 있는 경력으로 바꾸는 방법을 찾아낸 사람들 같았다. 주말이면 오락 삼아 코딩을 하면서 새로운 기술과 창업의 기초가 될 소소한 곁다리 프로젝트를 시작하기도 했다.

같은 배를 타서 며칠을 지내다 보니, 이들이 우연히 같은 프로그램 언어를 사용하게 된 IT 전문가들 집단이 아니라는 생각이 들었다. 그들만의 역사와 의식儀式과 윤리와 유희 형식과 구전 설화를 지닌 디지털 원주민들의 한 부족 같았다. 각자 따로 일하며 삶을 꾸려갔지만 그들은 분명 주파수가 맞는 사람들과 함께 있기를 즐겼다. 외톨이들로 이루어진 유쾌한 사회인 셈이었다.

중세 시대에 그들의 조상들은 서적을 필사하거나, 악기를 조율하거나, 옷감을 짜거나, 비금속을 금으로 바꾸느라 세월가는 줄 몰랐을지도 모른다. 20세기 중반이라면 망원경으로 별을 관찰하거나, 우편 주문 키트로 라디오를 만들거나, 골방에서 실험하다 비커를 날려먹는 인간들이었을 것이다. 지난 40년간 이 부족 중 일부는 사회의 주변부에서 주류로 진입

✦ 둘레를 따라 마법사나 전설에서 따온 장면들이 새겨진 탁자.

하여 이제 페이스북, 애플, 구글 같은 회사에서 일한다. 그 과정에서 자신들의 이미지로 대중문화를 재정의하기도 했다. 이제 사람들은 나이가 몇이든 공룡이나 주기율표, 닥터 후Doctor Who✦✦에 빠져드는 것이 멋지다고 생각한다. 학창 시절에 공부밖에 모르는 샌님이니, 머리 좋은 괴짜니 놀림받던 아이들이 자라서 우리의 미래를 설계하는 사람이 된 것이다.

볼렌담호는 여정의 중간쯤인 글래이셔만Glacier Bay에 도착하자 엔진을 끈 채 자연이 빚은 거대한 얼음 대성당들 사이를 유유히 떠돌았다. 불과 수백 미터 떨어진 곳에서 빙하 갈라지는 소리가 우레처럼 갑판을 뒤흔들었다. 태양은 새벽 3시까지도 완전히 수평선 아래로 떨어지지 않았다가 다시 떠올랐다.

배가 다시 귀로에 올라 밴쿠버에 도착하기 직전에 나는 래리에게 실리콘밸리에 있는 그의 집을 방문하여 후속 인터뷰를 해도 될지 물어보았다. "물론 좋지요. 하지만 한 가지 알아두셔야 할 게 있는데요. 우리는 자폐증에 걸린 딸을 키우고 있답니다." 나는 그 말을 기억했지만, 깊이 생각하지 않았다. 자폐증에 관해 아는 것이라고는 1988년 영화 〈레인맨Rain man〉에서 더스틴 호프만Dustin Hoffman이 레이먼드 배빗Raymond Babbitt이라는 서번트 역을 맡아 전화번호부를 통째로 외우거나, 슬쩍 곁눈질하고서 이쑤시개의 개수를 정확히 세는 것을 본 게 전부였다. 분명 인상적인 인물이었지만, 실제 그런 사람을 만날 가능성은 거의 없다고 생각했다. 내가 알기로 자폐증은 드물고 희한한 신경질환이었으며, 레이먼드 같은 서번트는 그보다도 훨씬 드물었다.

래리는 시종일관 상냥하고 숨김없는 태도로 애초에 펄이 미국 국가

✦✦ 유명한 어드벤처 게임.

안전보장국National Security Agency의 일급 비밀 프로젝트로 시작된 과정을 설명했다. 그의 상사는 미국 동해안과 서해안에 있는 두 대의 컴퓨터를 원격 구성하는 소프트웨어 도구를 설계하라고 요청했다. 하지만 프로그래머의 세 가지 덕목이 게으름, 성급함, 자만심이라고 썼던[4] 사람답게, 래리는 오직 한 가지 목적에 사용할 프로그램을 코딩하기 위해 한 달 내내 매달리기가 싫었다. 그래서 펄을 개발한 후 소스 코드를 담은 테이프 한 개를 몰래 주머니에 넣고 직장을 떠나버렸다.

래리와 함께 그의 뛰어난 발명에 대한 이야기를 나누고 있는데, 뒤쪽 벽에 있는 전구에 반짝하고 불이 들어왔다. 세탁물 건조기가 다 돌아갔을 때 울리는 작은 '땡' 소리에 불안감을 느낀 그가 신호음 대신 전구에 불이 들어오게 해두었던 것이다. 브루스 윈터Bruce Winter라는 펄 해커는 집에 있는 모든 기계 장치를 자동화하고, 수화기를 들면 자기에게 온 이메일이 자동으로 읽혀지도록 만들었다는데, 그 코드의 원개발자에게는 이런 작업이 생활의 일부 같았다. 소리에 대한 래리의 유별난 감수성이 그의 딸이 앓는 질병과 현대 디지털 세계를 발명한 부지런한 은둔자들의 부족 사이의 연결 고리일지도 모른다는 생각은 훨씬 뒤에야 떠올랐다.

몇 달 후 나는 실리콘밸리에서 가장 높게 평가받는 여성 기술자이자 기업가인 주디 에스트린Judy Estrin의 프로필 작업에 착수했다. 1970년대에 스탠퍼드 대학교를 졸업한 그녀는 빈트 서프Vint Cerf와 함께 인터넷의 뼈대라 할 수 있는 TCP/IP 프로토콜을 개발했다.[5] 그 후로도 남성들이 지배하는 IT 분야에서 여러 개의 스타트업을 성공적으로 출범시키며 성공가도를 달렸다. 주디의 개인사를 취재하다가 그녀의 시동생인 마닌 클리그펠드Marnin Kligfeld와 연락이 닿아서 그녀의 집으로 찾아가 인터뷰를 할 수 있을지 물어보았다. "물론이죠. 하지만 한 가지, 우리 집에는 자폐증에 걸린 딸이 있다는 걸 알아두세요."

기이한 우연처럼 느껴졌다. 기술 분야에서 큰 성공을 거둔 실리콘밸리의 두 집안에 희귀한 신경학적 장애를 지닌 자녀가 있다? 다음 날 집 근처 카페에서 친구를 만나 이 흥미로운 우연에 대해 이야기했다. 그때 옆 테이블에 앉아 있던 짧고 검은 머리를 한 젊은 여성이 불쑥 끼어들었다. "저는 특수교육 교사인데요, 지금 무슨 일이 일어나고 있는지 아세요? 실리콘밸리에 자폐증이 유행하고 있다고요. 우리 자녀들에게 끔찍한 일이 벌어지고 있어요." 갑자기 소름이 돋았다. 정말일까?

자폐증에 관한 모든 기사를 읽기 시작했다. 수십 개의 저널을 뒤져 논문을 찾고 자료를 내려받기도 했다. 얼마 안 가, 원인은 알 수 없지만 자폐증이라는 진단이 크게 늘어나는 현상이 비단 실리콘밸리에 국한된 것이 아니라는 사실을 확실히 알 수 있었다. 전 세계에 걸쳐 똑같은 일이 벌어지고 있었다.

환자수가 얼마나 늘어나는지 감을 잡기 위해 우선 자폐증의 역사에서 중요한 연대표를 알아보았다. 1943년에 소아정신과 전문의인 레오 카너가, 자신만의 세계에서 살면서 주변 사람들을 무시하는 것처럼 보이는 11명의 어린이를 진료하며 이 수수께끼 같은 질병을 처음 발견했다는 사실을 알게 되었다. 어린이들은 냄비 뚜껑을 바닥에 놓고 돌리는 것처럼 사소한 행동들을 몇 시간이고 반복하며 즐거워했지만, 알지 못하는 사이에 의자나 좋아하는 장난감이 평소에 있던 장소에서 다른 곳으로 옮겨졌다든지 하는 아주 사소한 변화에도 극심한 공포에 사로잡혔다. 일부는 아예 말을 못했지만, 다른 어린이들은 주변 사람이 했던 말을 계속 반복하거나 자신에 대한 이야기를 아무런 상관도 없는 제3자에 대한 이야기처럼 늘어놓았다. 카너는 이런 상태가 임상 문헌을 통해 보고된 어떠한 상태와도 '현저히 다르며 독특하다'고 주장하며, 고립된 상태에서 행복을 느끼는 것처럼 보인다는 점에서 그리스어로 자신을 뜻하는 'autos'라는 말을 따서 자폐증autism이라고 명명했다.

1년 후 기막힌 우연의 동시성으로 한스 아스퍼거라는 비엔나의 임상 의사가 부모를 비롯해 타인과 이상할 정도로 접촉을 꺼리는 것처럼 보이는 네 명의 어린이를 발견했다. 볼티모어에 살았던 카너의 환자들과는 달리, 비엔나의 어린이들은 말을 할 때 정교한 미사여구를 사용했으며 나이에 걸맞지 않을 정도로 과학과 수학에 뛰어난 재능을 나타냈다. 아스퍼거는 애정을 담아 이들을 '꼬마 교수님'이라고 불렀다. 그 역시 이런 상태를 자폐증이라고 명명했지만, 그가 진료한 어린이들이 카너가 기술한 것과 동일한 증후군을 겪었는지는 아직까지 논란의 대상이다.

이후 수십 년간 자폐증의 추정 유병률은 어린이 1만 명 중 4~5명 정도로 큰 변화가 없었다. 그러나 1980년대와 1990년대를 거치면서 걷잡을 수 없이 늘어나 이 세대의 어린이들 사이에 원인을 알 수 없는 유행이 일어난 것 같다는 불길한 가능성이 제기되었다. 나는 실리콘밸리에서 벌어지는 무서운 일에 관해 카페에서 만난 특수교육 교사가 들려준 말을 그대로 편집자에게 전했고, 이 흥미로운 단서를 계속 추적해보라는 허락을 얻어냈다. 실리콘밸리는 첨단 기술에 관심이 많은 《와이어드》의 독자들이 가장 많이 포진한 지역이다.

샌프란시스코에 있는 내 아파트에서 언덕 하나만 내려가면 미국 최고의 의학 도서관을 자랑하는 캘리포니아 대학교가 있어 조사에 큰 도움이 되었다. 나는 도서관에서 살다시피하며 수많은 책들을 뒤지고 역학疫學, 소아과학, 심리학, 유전학, 독성학, 기타 관련 논문들을 파고들었다. 동시에 우리 집 서가는 클라라 클레이본 파크의 《포위The Siege》, 올리버 색스의 《화성의 인류학자》, 템플 그랜딘의 《나는 그림으로 생각한다》 같은 책들로 채워졌다. 이 책들은 각기 독특한 관점에서 자폐증이라는 다양한 세계를 들여다보게 해준다.

1967년 출간된 《포위》는 자폐 어린이를 사랑과 헌신으로 키운 부모가 쓴 최초의 책이다. 자녀를 부적절하게 양육하여 자폐증을 일으켰다면서 정신과 의사들이 '냉장고처럼 차가운 엄마'라는 부당한 비난을 퍼붓던 암울한 시대에, 파크는 손가락 사이로 모래를 흘려 떨어뜨리며 몇 시간이고 혼자 앉아 있는 어린 딸 제시(책에는 엘리라는 이름으로 나온다)와 함께하는 삶을 진솔한 필체로 그려냈다. 파크는 아무도 가보지 않은 곳의 지도를 그리는 탐험가처럼 세심한 시각으로, 제시가 돌이 될 때까지 대단한 노력을 기울인 끝에 배웠다가 이내 완전히 잊은 것처럼 보였던 사소한 일들을 시간 순서대로 하나하나 기록했다.

> 두 살이 되던 해 여름날의 한가로운 아침이면 나는 침대에 누운 채 엘리가 자기 이름을 발음하는 소리에 귀를 기울였다. 아이는 "엘-리"라고 분명히 말했다. 또다시 "엘-리"라고 하고는 소리내어 웃고, 방긋 미소를 짓고, 또 자기 이름을 소리내어 부르기를 수없이 반복했다. 자음들조차 너무나 또렷했다. 그 소리를 들었다는 사실이 지금도 얼마나 기쁜지 모른다. 아이는 한 달 정도 이름을 정확히 말했다. 그러다 갑자기 단 한 번도 자기 이름을 소리내어 말하지 않았다. 아이가 다시 자기 이름을 소리내어 말하게 된 것은 두 해가 넘게 지난 후였다.

색스의 책은 현대 신경학의 아버지인 장-마르탱 샤르코Jean-Martin Charcot가 확립한 예리한 관찰자의 전통과 인간 조건에 대한 깊은 통찰을 기반으로, 자신이 진료한 환자들의 증례를 소설처럼 생생하게 기록한 알렉산더 루리아Alexander Luria의 전례에 따라, 연민어린 임상의사의 관점에서 자폐증을 관찰한다. 화가인 스티븐 윌트셔와 산업디자이너인 템플 그랜딘 등 자폐인에 대한 미묘한 묘사를 통해, 색스는 일상생활 속에서 그들이 대면했던 어려움을 드러내는 동시에, 일상적이지 않은 정신 속에 깃든 여러

가지 장점을 자신의 일 속으로 끌어들인 방식에 경의를 표한다. "자폐증 환자는 저마다 다르다. 즉, 자폐증의 정확한 형태나 양상은 사람마다 다르게 나타난다. 더욱이 자폐증적인 특성과 개인의 다른 자질들 사이에는 엄청나게 복잡한(그리고 잠재적으로 창의적인) 상호작용이 일어날 수 있다. 따라서 임상적 진단을 내리는 데는 간단히 한번 훑어보면 충분할지 몰라도, 자폐증을 겪는 한 인간을 이해하는 일은 그 생애의 모든 면을 알아야만 가능하다."[6]

《나는 그림으로 생각한다》는 바로 그런 '생애의 모든 면'을 내부로부터 기록한 책이다. 네 살이 되도록 말을 하지 못했던 그랜딘은 처음에 뇌 손상이라는 오진을 받았었다. 자폐증이라는 병이 의사들에게조차 잘 알려지지 않았던 시대에는 흔한 일이었다. 어머니 유스타시아 커틀러Eustacia Cutler와 헌신적인 고등학교 과학 교사 빌 칼록Bill Carlock의 격려에 힘입어 그랜딘은 동물에 대한 타고난 연대감을 실용적인 전문 기술로 발전시켜 축산업 설비를 설계하는 쉽지 않은 분야에서 성공을 거둘 수 있었다. 《나는 그림으로 생각한다》는 비범한 사람이 비극적인 질병을 딛고 '승리를 거두는' 판에 박힌 감동 스토리가 아니라, 그랜딘이라는 인물이 자신의 자폐증을 어떻게 장애인 동시에 축복으로, 즉 '다르지만 못하지 않은' 상태로 인식할 수 있었는지에 관한 이야기다.

그 후 진짜 취재가 시작되었다. 나는 닉이라는 열한 살 난 소년을 인터뷰했다. 아이는 자기 컴퓨터 속에 가상 우주를 건설하는 중이라고 했다. 통통한 몸에 뺨이 빨갛지만 어른스럽게 말하는 소년은 이미 첫 번째 행성의 설계를 마쳤다고 설명했다. 행성의 이름은 덴타임Denthaim으로, 뾰족한 모자를 쓴 땅속 요정들과 온갖 신神과 성별이 세 가지인 키만kiman이라는 종족이 사는 정교한 세계였다. 자신이 컴퓨터 속에 창조한 문명에 대해 이야기할 때 아이는 천장을 응시하며 허밍으로 어떤 멜로디의 부분부분을 계속 반복했다. 말과 함께 반복되는 멜로디는 음이 높았고 시적인 표현과 현학적인 표현이 번갈아 나타나, 흡사 옥스퍼드 대학교 교수가 소년의 몸에 빙의한 듯 묘한 느낌을 주었다. "마법을 양자물리학의 한 형태로 만들까 생각 중이에요. 하지만 아직 확실히 마음을 정하지는 않았어요." 바로 녀석이 좋아졌다.

하지만 닉의 어머니는 또래 친구가 하나도 없다고 하며 눈물을 터뜨렸다. 한번은, 같은 반 친구가 닉에게 우스꽝스러운 옷을 입고 학교에 오라며 돈을 주었다는 끔찍한 일화도 들려주었다. 자폐증을 겪는 사람은 사회적 신호들을 즉각 알아차리는 데 어려움이 있으므로 닉은 아이들이 자기를 놀리려고 일을 꾸몄다는 사실을 깨닫지 못했다. 이 총명하고, 상상력이 풍부하며, 아무런 의심없이 사람을 믿는 소년이 나이가 들어 주변 친구들이 사회적 지위와 데이트에만 정신이 팔리는 시기가 되면 어떻게 될까?

많은 부모들은 피할 수 없는 변화와 뜻밖에 벌어지는 놀라운 사건들로 가득한 세상에 자녀들이 조금이라도 적응할 수 있도록 기발한 전략들을 생각해냈다. 처음으로 온 가족이 비행기를 타는 것 같은 행사는 수개월간 세심하게 계획을 세우고 준비해야 했다. 마닌은 베이 에리어Bay Area✦에서 내과 의사로 일하는 아내 마고와 함께 딸 리아가 새로운 치과 의사를 만나던 날 편안함을 느낄 수 있도록 어떻게 해주었는지 설명해주었다. "치과 진료실과 직원들의 사진을 여러 장 찍어 보여주고, 아이를 차에 태워 치과 앞을 몇 번이고 지나쳤어요. 치과 선생님은 일부러 리아의 진료를 마지막 순서로 잡아 주변에 다른 환자들이 없게 해주었고, 우리와 상의해서 몇 가지 목표를 정했죠. 첫 번째 진료의 목표는 아이가 의자에 앉도록 하는 거였어요. 두 번째 진료 때는 실제 치료는 하지 않고 치료에 관련된 각

✦ 샌프란시스코만 주변 지역.

단계를 연습만 했지요. 치과 선생님은 모든 장비에 리아가 좋아하는 특별한 이름을 붙여주었어요. 그러는 동안 내내 커다란 거울을 사용해서 지금 어떤 일이 진행되는지 정확히 알 수 있게 하고, 깜짝 놀랄 일은 절대 생기지 않는다는 확신을 갖게 했지요."

다른 부모들과 마찬가지로, 마닌과 마고도 소중한 시간을 바쳐 최신 연구 결과를 공부하고, 리아에게 도움이 될 만한 치료법들을 알아보면서 아마추어 자폐증 전문가가 되어갔다. 나는 그렇지 않아도 행동치료 비용 등으로 쪼들리는 부모들이 직업을 포기하고 스스로 자녀의 증례 관리자가 되어 수많은 행동치료사들을 찾아다니는 한편, 자녀가 누려야 할 교육과 보건 서비스를 받기 위해 교육청, 지역센터, 보험회사들과 힘겨운 싸움을 벌이는 일이 비일비재하다는 사실을 알게 되었다.

자폐증 자녀를 키우면서 가장 어려운 일이 뭘까? 부모들은 마땅히 아군이어야 할 의사, 교육행정가, 기타 전문가들에게서 수없이 맥 빠지는 예측을 들으면서도 희망을 잃지 않으려고 안간힘을 쓰는 것이라고 말한다. 리아가 처음 진단받았을 때 한 자폐증 전문가는 마닌에게 이렇게 말했다. "댁의 아이는 동물과 거의 다를 바 없습니다. 앞으로 어떤 일을 할 수나 있을지도 전혀 알 수 없어요." (현재 25세인 리아는 밝고 매력적이며 다정한 젊은 여성으로, 유치원 때부터 시작해서 선생님들과 같은 반 친구들의 이름을 모두 외우고, 좋아하는 노래를 완벽한 음정으로 따라부를 수 있다.) 클라라 클레이본 파크와 유스타시아 커틀러는 딸들일랑 수용시설에 넣어버리고 자기 삶을 살라는 충고 아닌 충고를 들었다. 어떤 의미에서 오늘날에도 사정은 그 시대와 별로 다를 것이 없다.

실리콘밸리에서 어떤 일이 벌어지고 있는지 정확히 알기 위해 나는 캘리포니아 발달서비스부Department of Developmental Services✦의 론 허프Ron

Huff에게 산타 클라라 카운티Santa Clara County의 데이터와 주내 다른 지역의 데이터를 따로 뽑아달라고 요청했다. IT의 전 세계적인 요람인 이 지역에서 자폐증 서비스의 수요가 다른 지역에 비해 놀랄 만큼 높다는 사실을 확인할 수 있었다.

내가 기사를 쓸 때쯤에는 실리콘밸리나 보스턴 교외의 128번 도로 등 하이테크 산업의 중심지에는 머리는 기막히게 좋지만 사회적인 면에서는 서투르기 짝이 없는 프로그래머와 엔지니어들이 몰려 있다는 관점이 대중문화 영역에서 하나의 고정관념으로 자리 잡고 있었다. IT 산업의 거물인 인텔, 어도비, 실리콘 그래픽스Silicon Graphics 같은 회사의 열성적인 프로그래머들 중에는 새벽같이 회사에 나와 점심과 저녁조차 자리에 앉은 채로 허겁지겁 때우고 밤늦게야 집에 돌아가는, 사실상 아스퍼거 증후군에 가까운 사람이 많다는 농담이 업계 내에서조차 유행할 정도였다. 캘리포니아주 모라가Moraga에 위치한 자폐인들의 고등학교 오라이언 아카데미Orion Academy의 교장인 캐스린 스튜어트Kathryn Stewart는 아스퍼거 증후군을 '엔지니어들의 병'이라고 부른다. 더글라스 코플랜드Douglas Coupland는 자신의 유명한 소설 《마이크로서프스Microserfs》에서 이렇게 썼다. "나는 모든 기술직 종사자가 약간 자폐 경향이 있다고 생각한다."

실리콘밸리 같은 기술 중심 지역사회에서 그토록 자폐증의 빈도가 높은 이유는 뭘까? UCLA의 신경유전학자 댄 게슈윈드Dan Geschwind는 그곳의 문화가 그런 성향을 지닌 사람들에게 역사상 유래가 없을 정도로 사회적으로 성공할 가능성을 열어준 데 있을지도 모른다고 내게 말했다. 미셸 가르시아 위너Michelle Garcia Winner라는 언어병리학자는 많은 부모들이

✦ 중증 장애인의 복지를 위해 설치된 주 정부 산하기관으로 24시간 수용 보호 시설과 재택 서비스를 제공한다. 미국은 주마다 발달장애인에게 평생 서비스를 제공하는 부서가 따로 있다.

자녀가 진단을 받고 나서야 스스로도 자폐증적인 특징이 있다는 사실을 깨닫는다고 했다. 《나는 그림으로 생각한다》에서 템플 그랜딘은 이렇게 썼다. "양쪽 모두 자폐증이 있는 경우, 또는 자폐증을 겪는 사람이 장애가 있거나 아주 별난 배우자를 맞는 경우, 결혼 생활이 가장 순조롭다.…지적인 주파수가 비슷하기 때문에 서로 끌리는 것이다."

유전적 특징이 비슷한 사람들끼리 끌리는 현상을 동류결혼assortative-mating이라고 한다. 1997년 인지심리학자인 사이먼 배런-코언Simon Baron-Cohen은 자폐 어린이들의 아버지와 할아버지 중에 유독 엔지니어가 많다는 사실을 발견했다.[7] 그렇다면 실리콘밸리에서도 자폐증 유전자를 지닌 남녀 사이의 동류결혼으로 인해 자폐증이 늘고 있는 것일까?

'긱 증후군'이라는 가설을 탐구한 내 기사는 2001년 12월자 《와이어드》에 실렸다. 9월 11일 세계무역센터와 미 국방부 테러 공격의 충격에서 아직 벗어나지 못한 시기였지만, 잡지가 정식으로 가판대에 깔리기도 전부터 이메일이 쏟아져 들어왔다. 같은 문제를 겪는 사람들이 많다는 기사를 읽고 고립감을 극복하는 데 큰 도움이 되었다는 부모들의 편지가 많았고, 하이테크 지역사회에서 똑같은 경향을 관찰했다는 임상의사들의 편지도 있었으며, 일생 동안 이유도 모르고 사회적 환경과 싸워왔다는 독자들의 편지도 있었다. 그토록 뜨거운 반응을 접하고 보니, 격려가 되는 동시에 무거운 책임감이 느껴졌다.

> 열두 살인 아들이 있습니다. 수학과 과학은 월반을 할 정도로 똑똑하지요. 제1차 세계대전 이래, 모든 민간 및 군용 항공기에 관한 잡다한 사실과 숫자들을 외우는 게 취미입니다. 항상 시계에 푹 빠져 있고요. 짐작하셨겠지만, 아스퍼거 증후군입니다. 저는 항상 같은 질문을 되풀이합니다. '왜 하필 내 아들이 이 모양일까?' 기사를 읽기 전까지 어느 누구도 그럴 듯한 대답을 해주지 못

했습니다. 제 남편은 엔지니어랍니다. 기사를 읽고 나서 비로소 모든 것이 제 자리에 맞춰진 느낌이 들었습니다.…

기사를 읽고 저에게 컴퓨터를 가르쳐준 멘토를 떠올렸습니다. 그분은 동시에 네 명과 체스를 두어 모두 이길 수 있었지요. 마트에 가면 계산대에 줄을 서기도 전에 그날 산 물건들의 총액을 판매세까지 포함해서 정확히 계산했습니다. 하지만 그분의 아들은 눈을 제대로 맞추지 못합니다.…

다섯 살 때 저는 전자식으로 작동하는 장난감은 모조리 뜯어봐야만 직성이 풀렸습니다. 뜯어본 다음에는 원래대로 맞추려고도 했지만 때로는 성공하고 때로는 실패했지요. 저는 눈에 띄는 것은 뭐든지 읽어야 합니다. 2학년 때는 옆집 사람이 중고로 내놓은 대학 물리학 교재들을 사다가 읽었습니다. 원자로, 잠수함, 기차, 그 밖에도 수많은 것들의 조립식 축소 모델을 사달라고 끝없이 아버지를 졸랐지요. 저는 친한 친구가 거의 없어요. 항상 왜 그럴까 의아했지만 어떻게 해야 친구를 사귈 수 있는지 전혀 알 수 없었어요. 솔직히 말하면, 저는 사람들이 대부분 너무 귀찮고 비논리적이라고 생각한답니다. 아마 이것도 아스퍼거들에게 흔한 특징이겠죠.:-)

일반 대중과 직원을 고용하는 회사에서 이들을 이해하는 것이 매우 중요합니다. 많은 사람들이 '유별난' 행동을 한다는 이유로 낙오자가 됩니다. 기회만 주어진다면 사회에 큰 기여를 할 수 있는데도 말입니다.

고맙게도 아래와 같은 이메일은 그리 많이 받지 않았다.

많은 사람들처럼 저도 주의력결핍장애니, 아스퍼거 증후군이니 하는 심리학적 질병들이 한없이 늘어나는 것에 지겨움을 느낍니다. 옛날에는 수업 시간에 집중하지 않으면 얻어맞았죠. 대부분 그걸로 충분했습니다.

마이크로소프트의 한 관리자는 전화로 이렇게 말했다. "내 밑에서 버그를 잡아내는 친구들은 모두 아스퍼거 증후군이에요. 수백 줄에 이르는 프로그램 코드를 하나의 시각적인 이미지로 기억하지요. 그러고는 머릿속에서 이상한 패턴이 없는지 훑어봅니다. 그런 식으로 수많은 버그를 잡아내는 걸 보면 기가 막히죠."

기사가 나가고 몇 개월이 지난 후, 한 학회에서 어린 소녀의 할머니가 다가와 기사가 실린 잡지에 사인을 해달라고 부탁했다. 얼마나 많이 복사를 했던지 글자를 알아보기 힘들 정도였다.

몇 년이 지난 후까지도 나는 거의 매주 '긱 증후군'에 관한 이메일을 받았다. 하지만 시간이 흐를수록 매우 특수한 집단에서 나타나는 자폐증의 역동에 초점을 맞추는 것만으로는 더 크고 중요한 점을 놓치고 있다는 확신이 들었다.

나는 2001년 기사에서 이렇게 썼다. "실리콘밸리 프로그래머들의 문제를 궁극적으로 해킹하는 방법은 이들이 전문적인 일을 그토록 잘할 수 있게 만들어주는 유전적 암호를 해독하는 것일지도 모른다." 새로운 세기의 첫 10년은 많은 가족들에게 희망을 안겨주었다. 부모들은 과학이 마침내 자녀들의 수수께끼를 풀어내는 순간이 임박한 듯한 낙관적인 기분이 든다고 말했다. 동시에 자폐증에 관한 모든 논의에서 백신에 대한 원한이 불타오르기 시작했다. 앤드류 웨이크필드Andrew Wakefield라는 영국의 소화기학 전문의가 애매한 소견 몇 가지를 들고 나와 홍역-볼거리-풍진 백신(보통 MMR 접종이라고 한다)과 소위 '자폐 위장관염'이라는 퇴행적 질환

사이에 잠재적인 관련성을 밝혀냈다고 주장했던 것이다.

새로 자폐증이라는 진단을 받은 자녀를 어떻게 키워야 할지 고민하던 부모들은 느닷없이 기본 예방접종의 안전성과 수은(티메로살 같은 백신 보존제 속에 극소량 포함되어 있다) 등의 중금속이 자녀의 발달에 장애를 초래했을 가능성에 대해 상반되는 정보가 난무하는 지뢰밭에 던져진 꼴이 되고 말았다. 거대 제약회사와 부패한 정부 관료 사이에 전 세계적으로 만연한 백신 부작용을 은폐하려는 거대한 음모가 진행 중이라는 소문이 때마침 등장한 인터넷을 타고 걷잡을 수 없이 퍼졌다. 전 세계적으로 백신 접종률이 떨어지기 시작하면서 매년 수만 명의 어린이를 죽음으로 몰고 갔던 백일해 등의 유행병이 다시 나타나는 것 아니냐는 불안이 높아졌다. 자폐증이 크게 늘어난 이유에 대한 공식적인 설명은 '오랜 기간에 걸쳐 진단 기준이 점차 확대되었다'는 것이었다. 그렇다면 애초에 왜 그렇게 진단 기준을 부적절할 정도로 좁게 잡았단 말인가? 이전까지 유전적 요인으로 생각되었던 수수께끼의 희귀병이 어떻게 삽시간에 어디서나 볼 수 있는 병이 되어버렸단 말인가?

환자 수가 급증하는 데 대한 대중의 격렬한 반응에 힘입어, 그간 희귀병으로 치부되는 바람에 미 국립보건원National Institutes of Health, NIH 등의 연구비 지원 기관으로부터 오래도록 무시받았던 자폐증 연구 분야는 바야흐로 황금기를 맞았다. 2000~2011년 사이에 미 국립보건원 연구기금은 연평균 5100만 달러씩 증가했으며,[8] 2006년에는 자폐증퇴치법Combating Autism Act이 제정된 데 힘입어 한꺼번에 10억 달러가 증액되기도 했다. 사이먼스 재단Simons Foundation등 민간 연구기금 지원 기관[9] 역시 적극 협력하여 자폐증 연구 분야에 투자된 총액수는 역사상 최대치를 기록했다. 2001년에 세계 최대의 자폐증 모금 기관인 오티즘 스피크스Autism Speaks[10]는 베이징 유전체학연구소Beijing Genomics Institute와 손잡고 가족 중 두 명

이상의 자폐 어린이가 있는 사람 1만 명을 대상으로 게놈 전체를 매핑하는 5000만 달러 규모의 연구 계획을 발표했다. 이 기관의 과학담당 부회장인 앤디 쉬Andy Shih는 이 계획을 통해 '혁명적인 수준의 정보'를 얻어낼 것이라고 공언했다.

2010년이 되기 전에 과학자들은 연구비 이상의 업적을 달성했다. 분자생물학자들은 1000가지가 넘는 후보 유전자를 밝혀냈으며, 자폐증과 연관된 새로운 돌연변이도 수백 가지가 발견되었다. 또한 그들은 후성유전학(유전자와 환경 사이의 상호작용에 관련된 인자들을 연구하는 과학)을 훨씬 폭넓게 이해하게 되었다. 자폐증을 촉발하는 것으로 의심되는 환경적 요인의 목록은 날이 갈수록 늘어나, 흔히 사용되는 화학 물질만도 수십 가지가 포함되었다. 《포브스Forbes》의 과학 기자이자 아들이 자폐증인 에밀리 윌링햄Emily Willingham은 "막 추가됐어요.…자폐증과 연관된 것들을 알아봅시다"[11]라는 제목의 블로그 게시물을 연재하기도 했다. 그러나 수많은 약속과는 달리, 윌링햄 같은 가족들에게 자녀의 삶의 질을 향상시킬 혁명적인 순간은 찾아오지 않았다.

《네이처Nature》에 게재된 대규모 연구의 저자들은 유전적인 요인 중 가장 흔한 것이라고 해봐야 연구에 참여한 어린이들 중 채 1퍼센트에서도 발견되지 않았다는 사실을 인정했다. 토론토 어린이병원Hospital for Sick Children in Toronto의 스티븐 쉐러Stephen Scherer는 이렇게 말했다."자폐증을 겪는 사람들은 대개 유전적으로 저마다 독특한 것 같습니다."[12] UCLA의 신경유전학자 스탠리 넬슨Stanley Nelson은 이렇게 덧붙였다. "자폐증을 겪는 어린이 100명이 있다면 100가지 서로 다른 유전적 원인이 있을 수 있습니다."[13] 자폐인 공동체에서 흔히 회자되는 '자폐인 한 명을 만났다면, 자폐인을 한 명 만난 것'이라는 씁쓸한 유머를 분자생물학자들조차 사실로 확인한 셈이다.

2010년 나는 9년 전에 인터뷰했던 아버지 중 한 명과 이야기를 나누었다. 그는 이제 무엇 때문에 아이가 자폐증에 걸렸는지 따위에 신경쓰지 않는다고 했다. 대신 아이의 미래를 걱정했다. 그들은 이제 캘리포니아주가 제공하는 그저 그런 수준의 서비스를 '끊어버릴' 생각이었다. 그렇게 오랫동안 행동치료를 받았지만 부모가 느끼기에 그만하면 혼자 살아갈 수 있겠다고 확신할 수 있는 수준의 기능을 익힐 수 없었다. "우리가 죽고 난 후 사랑하는 딸에게 무슨 일이 생길지를 생각하면 밤잠을 이룰 수 없습니다."

질병관리본부CDC는 현재 미국 학령기 어린이 68명 중 1명이 자폐범주성장애에 해당한다고 추정한다. 향후 수십 년간 수백만 명에 이르는 가족이 불면의 밤을 맞을 거란 뜻이다. 자폐증을 겪는 성인 중 전형적인 범주에서 벗어나는 마음의 힘을 갈고 닦아 애플이나 구글에서 일할 수 있는 수준에 도달하는 사람은 많지 않다. 그보다 훨씬 많은 사람이 일자리를 찾지 못하고 장애수당에 기대어 힘겹게 살아간다. 장애인교육법Individuals with Disabilities Education Act, IDEA이 통과된 지 20년이 지났지만 아직도 수많은 부모들이 자녀를 수준에 맞는 학급에 편성시키기 위해 지역 교육위원회를 상대로 소송을 벌인다. 오티즘 스피크스 같은 권리옹호 기관에서 모금한 돈이 자폐인과 가족의 일상적인 필요를 충족하는 데 사용되는 경우는 거의 없다. 잠재적 원인과 위험인자들을 밝히는 연구에 집중한 결과 오히려 자폐증이 역사적인 장애라는 생각, 한 발짝만 더 나아가 뭔가를 발견하면 금방 해결될 것 같은 이 시대의 독특한 문제라는 인식만 강화시켰을 뿐이다.

백신에 관한 지루한 논쟁이 계속되는 동안, 새로 진단받은 성인들은 자신들을 위해 건설되지 않은 세상을 탐색하고 그 속에서 살아가는 어려움에 관한 전혀 다른 대화에 뛰어들었다. 삶에 관한 이야기를 나누면서 그들은 일상적으로 부딪히는 수많은 어려움이 자폐증의 '증상'이 아니라 사회가 떠안긴 것이라는 사실을 알게 되었다. 눈이 보이지 않거나 귀가 들리지 않는 등 신체적 장애를 지닌 사람들에게는 관대하면서도, 인지장애를 지닌 사람들에게는 기본적인 편의 시설조차 갖추어지지 않는다는 것이 문제였다.

내 마음속에는 언뜻 생각하기에 간단한 질문이 하나 생겼다. 70년이나 자폐증을 연구하고도 왜 우리는 아직도 거의 아는 것이 없을까?

이 책을 쓰기 위해 이 질문의 해답을 찾는 과정에서 나는 아예 처음, 즉 카너와 아스퍼거가 각기 따로 자폐증을 발견했다고 생각되는 1940년대보다도 더 이른 시점에서 시작해보기로 했다. 아무것도 당연하다고 생각하지 않자 자폐증 역사의 표준적인 연대표, 즉 소위 자폐증의 창조 신화 자체가 근본적으로 잘못되어 있어 이전 시대에 자폐증을 겪었던 사람들을 파악하기가 어렵다는 사실이 눈에 들어왔다. 부정확한 연대표를 바로잡지 않는 한, 어떤 연구와 사회적 합의가 자폐인과 가족들에게 가장 도움이 될지에 관해 현명한 결정을 내리기는 어려울 것이다.

'각 증후군'이 발표된 후 가장 유망한 발전이라면 신경다양성이라는 개념이 대두된 것이다. 자폐증, 난독증, 주의력결핍과다활동장애ADHD 같은 병들을 단순히 능력 부족과 기능 이상의 집합체로 볼 것이 아니라 독특한 장점을 지니고 인류의 기술과 문화 진보에 이바지해온 자연발생적 인지적 변이로 봐야 한다는 생각이다. 자폐증을 하나의 스펙트럼으로 보는 모델과 신경다양성이라는 개념은 포스트 모던적 세계관의 산물이라는 믿음이 폭넓게 퍼져 있지만, 사실 이런 개념은 아주 오래된 것으로 1938년 한스 아스퍼거가 최초의 대중 강연을 통해 제안했다.

신경다양성이라는 개념은 자폐증적 행동을 가장 완벽하게 해석할 수 있는 사람은 부모나 의사가 아니라 자폐증을 겪는 사람 자신이라는 단순한 생각을 근거로, 빠르게 성장하는 시민권 운동의 탄생에 큰 영감을 주었다. 2007년 아만다 백스Amanda Baggs(현재는 아멜리아로 개명했다)라는 여성이 유튜브에 게시한 〈나의 언어로In My Language〉[14]라는 동영상은 CNN이나 《뉴욕타임스》 등 주요 언론에서 다루기 전에 이미 100만 회 이상의 조회수를 기록했다. 백스는 말하는 데 어려움을 겪었지만 키보드로는 분당 120단어를 칠 수 있었다. 처음에 카메라는 백스를 따라가며 그녀가 얼굴을 책에 대고 누르고, 손가락으로 키보드를 문지르고, 손을 휘휘 내젓고, 혼자서 허밍을 하고, 슬링키Slinky✦를 위아래로 재빨리 움직이는 모습을 담아낸다. 의사가 보았다면 틀림없이 자폐증의 고전적 증상 중 하나인 자기자극 행동이라고 했을 것이다. 그러나 '번역A Translation'이라고 이름 붙인 동영상의 후반부에서 백스는 동정을 기대하고서 자기 삶의 내밀한 부분을 공개한 것이 아니라는 사실을 분명히 밝힌다. 그녀의 의도는 훨씬 전복적이었다. 자기 존재의 기쁨을 자신만의 언어로 축복한다는 것이었다. "나의 언어는 다른 사람들이 해석할 수 있도록 낱말이나 시각적 상징을 고안하는 것이 아닙니다. 신체를 통해 저를 둘러싼 것들의 모든 측면과 끊임없이 대화를 나누고, 저를 둘러싼 모든 것들에게 반응하는 것입니다. 제가 움직이는 방식은 목적 없는 것이 아니라 저를 둘러싼 것들에 대한 끊임없는 반응입니다." 그녀의 언어는 문자음성전환 프로그램을 통해 표현되는 바람에 기계가 말하는 것처럼 들리지만 유튜브에 게시된 수많은 동영상 중에 그토록 심오하게 인간적인 차원에서 한 사람의 마음을 들여다볼 수 있는 것은 거의 없다.

✦ 용수철을 길다란 나선 모양으로 압축시켜 만든 장난감.

이 책을 쓰는 계기가 된 또 하나의 사건은 오트리트Autreat✦에 참석했던 일이다. 오트리트란 자폐증을 겪는 사람들이 직접 마련한 행사로, 감각적 과잉 자극과 불안의 원인이 될 것들을 제거하고 느긋한 분위기 속에서 참여한 사람들이 자기 본연의 모습으로 존재하는 시간을 즐기면서 서로 교류할 수 있는 기회를 최대화할 수 있도록 세심하게 사회적 환경을 조성한다. 오트리트에서 다른 사람들과 대화를 나누어보고(때로는 의사소통을 돕기 위해 키보드나 다른 장치를 사용했다), 나는 자폐인이 일상적으로 느끼는 현실에 대해 100건의 증례 보고서를 읽은 것보다 더 많은 것을 배웠다. 또한 난생처음 신경학적 소수자들과 지내는 기회를 통해 자폐인들은 유머감각과 창조적 상상력이 부족하다고 생각하는 등의 해로운 고정관념을 버리고, 자신들을 위해 만들어지지 않은 사회 속에서 마주치는 그들의 어려움을 일부나마 생생하게 이해할 수 있었다. 자폐증의 세상에서 불과 나흘간 지냈을 뿐인데도 주류 사회는 끊임없이 감각적인 공격을 퍼붓는 세상처럼 느껴졌다.

자폐증을 겪는 자녀를 둔 부모들은, 가장 심한 장애를 초래하는 측면들은 결코 약을 통해 해결할 수 없고 지지적 공동체를 통해서만 해결할 수 있다는 사실을 이미 수세대에 걸쳐 스스로 깨닫고 있다. 클라라 클레이본 파크는 자신의 마지막 저서인 《탈출을 통한 열반Exiting Nirvana》에서 딸이 행복하고 충만한 삶을 살아가는 데 매사추세츠주 윌리엄스타운Williamstown의 이웃들이 어떤 도움을 주었는지 설명한다. 어머니는 오래전에 세상을 떠났지만, 제시는 아직도 그곳에 산다. 이제 55세인 그녀는 계속 윌리엄즈 칼리지Williams College 우편물 취급소에서 일하며, 40년 전 고등학교 때 미술 선생님이 그림을 그려보라고 격려한 후로 지금까지 자신

✦ 자폐증을 뜻하는 'autism'과 조용한 곳에서의 휴식을 뜻하는 'retreat'를 결합시킨 말.

의 눈에 비친 세계의 모습을 놀랄 만큼 선명하고 정확하게 그리고 있다.

2001년 파크는 이렇게 썼다. "그 사회는 제시가 살아가고 심지어 자신이 태어난 공동체에 이바지하는 기회를 열어주는 데 그 무엇보다도 큰 도움을 주었다. 나는 내가 결코 보지 못할 미래에 대한 믿음을 지니고 이 사실을 확실히 말할 수 있다."

2010년 8월~2015년

샌프란시스코에서

스티브 실버만

1

클래팜 커먼의 마법사

실험자로서 그는 자연을 주어진 대로 받아들이는 것이 아니라, 자신이 품은 의문에 답하기 위해 자연을 각색했다.

_________크리스타 융니클과 러셀 맥코맥, 《캐번디시_실험자의 삶》

I

18세기의 마지막 몇 년간 매일 저녁 똑같은 시간에 클래팜 커먼Clapham Common✦에서 가장 희한하게 생긴 집에서 한 사람이 걸어나와 밤 산책을 하곤 했다. 그는 호기심 어린 눈길을 피하기 위해 길 가운데로만 걸었으며, 자신을 알아보는 사람에게 인사를 하거나[1] 모자 챙을 건드려 지나치는 사람에게 알은체하는 일은 결코 없었다. 수십 년 전에나 유행했을 법한 화려한 옷을 차려입고 왼손은 뒷짐을 진 채 특유의 구부정한 자세로 걸음을 옮겼다. 산책길 또한 출발 시간과 마찬가지로 절대로 달라지는 일이 없었다. 드레그마이어 레인Dragmire Lane을 거쳐 나이팅게일 레인Nightingale Lane으로 내려간 후, 저녁의 정적 속에 늘어선 집들과 떡갈나무, 산사나무들을 지나쳐 1.5킬로미터 정도를 더 걸어갔다. 마침내 완즈워스 커먼Wandsworth Common에 이르면 왔던 길을 거슬러 돌아갔다.

✦ 런던 남부의 유명한 공원으로 19세기 후반까지는 공용지로 이용되었다.

그는 4반세기 동안 이 일정을 딱 한 번 바꿨다. 매일 지나치는 길 모퉁이로 두 여성이 이사온 뒤였다. 멀리서 그들의 모습을 보고는 갑자기 오던 길에서 수직 방향으로 몸을 돌려 방금 갈아놓은 들판 위에 덮인 똥거름 사이로 품위는 없지만 효과적인 탈출을 감행했던 것이다.[2] 그 뒤로는 사람들의 눈에 띌 가능성이 훨씬 적은 해진 뒤로 산책 시간을 바꾸었다.

그는 밖에서와 마찬가지로 자신의 사유지 안에서도 메모를 적어 복도 테이블 위에 놓아두는 방식으로 하인들과 소통하며 소중한 고독을 수호했다. 한번은 빗자루를 들고 청소하던 하녀 한 사람과 실수로 계단에서 마주쳐 깜짝 놀란 일이 있었다. 그는 즉시 그런 일이 다시는 생기지 않도록 거주 공간 뒤편에 두 번째 계단을 만들라고 지시했다.[3]

런던 교외의 이 소박한 지역에 사는 이웃들은 집 뒤에 있는 헛간에서 그가 홀로 힘겨운 일에 매달려 있다는 사실에 관해서는 거의 아는 것이 없었지만, 그 일은 장차 불멸의 명성을 가져다줄 터였다. 클래팜 지역에는 그가 마법사라는 소문이 파다했다. 대저택의 충격적인 모습 또한 소문에 부채질을 했다. 앞뜰에 있는 작은 언덕에 길이가 25미터에 이르는 장대가 땅 한가운데서 불쑥 튀어나온 거대한 배의 돛대처럼 하늘을 향해 솟아올라 있었던 것이다.

당시 비슷한 신분인 사람은 반드시 초상화를 남기는 것이 관례였지만, 그는 정식 초상화도 남기지 않아 향후 역사가들의 호기심 어린 탐구의 눈길마저 차단하는 데 성공할 뻔했다. 살아 있을 때 제작된 유일한 초상화 속에서 헨리 캐번디시Henry Cavendish는 프록코트를 입고, 셔츠의 손목에는 주름 장식을 달았으며, 흰색 스타킹을 신고, 문 두드리는 고리쇠처럼 길게 늘어뜨린 가발 위로 검은색 삼각 모자를 쓴 귀족풍의 남성으로 묘사되어 있다. 이런 옷차림은 1700년대 말이라 해도 반항적으로 생각될 만큼 시대에 뒤떨어진 것이었지만, 그는 성인이 된 이후 하루도 빠짐없이 똑같은 복장을 고수했다. 코트는 항상 회색빛이 도는 녹색 또는 보라색이었는데, 매년 색이 바랠 때쯤이면 재단사를 시켜 이전 것과 똑같은 코트를 만들었다.

식습관도 마찬가지였다. 대영제국에서도 가장 먼 지역에서 온갖 이국적인 산해진미를 들여다 매일 연회를 열어도 될 만큼 돈이 많았지만, 수십 년간 거의 매끼 변함없이 소박한 음식만을 고집했다. 바로 양 다리 고기였다. 일주일에 한 번 왕립협회클럽Royal Society Club 동료들과 저녁식사를 할 때면 자기 이름이 새겨진 명판이라도 붙은 듯 항상 똑같은 옷걸이에다 모자와 코트를 건 후, 항상 똑같은 의자에 앉았다.

윌리엄 알렉산더William Alexander라는 젊고 재치 있는 초상화가가 조지 왕조 시대의 파파라치와 비슷한 방법으로 그의 초상화를 그리는 데 성공한 것도 바로 그 덕분이었다. 그는 교묘한 말로 설득하여 클럽에 들어간 뒤, 드러나지 않게 한쪽 구석에 앉아 항상 같은 옷걸이에 걸려 있는 캐번디시의 모자와 코트를 스케치했다. 다음번 식사 때는 양다리가 나오기를 기다리는 동안 얼굴을 그렸다. 나중에 두 가지 그림을 조합하여 완전한 초상화를 완성한 것이다.

캐번디시의 완고한 일상과 변함없는 시간표는 포츠머스Portsmouth 항구의 밀물과 썰물만큼이나 규칙적이었다. 아주 드물게 네 명의 왕립학회 동료를 클래팜으로 초대하여 저녁 식사를 하게 되었을 때, 요리사는 큰맘 먹고 양 다리 하나로 5인분의 식사를 준비하기는 부족하다는 의견을 피력했다. 그는 특유의 간결한 말투로 대답했다. "흠, 그럼 두 개를 사오게."

기이한 옷차림과 마당에 우뚝 솟은 괴상한 토템에도 불구하고 헨리 캐번디시는 마법사가 아니었다. 18세기 용어로 자연철학자, 즉 오늘날 우리가 과학자라고 부르는 사람이었다. (과학자scientist라는 말은 19세기에 이르러서야 해양학자이자 시인이었던 윌리엄 휴얼William Whewell이 예술가artist라는 말의 상대적인 개념으로 제안했다.) 그는 지금까지 존재했던 자연철학자 중 가장 독창적일 뿐더러, 현대적 의미에서 최초의 진정한 과학자라고 할 수 있다.

지칠 줄 모르는 탐구열은 화학, 수학, 물리학, 천문학, 금속공학, 기상학, 약학 등 종합 대학교의 모든 전공을 망라할 정도였으며, 스스로 개척한 분야도 몇 가지 있었다. 신의 창조물을 대상으로 데이터 마이닝하는 일이 제대로 된 전문직이라기보다 개화된 사람의 취미쯤으로 여겨지던 시절에, 그는 다가올 수세기 동안 사용될 과학적 방법론의 범위와 수행, 그리고 야심 찬 전망을 스스로 정의했다.

그의 연구를 기록한 문서로 남아 있는 것 중 최초로 발견된 종이 뭉치는 1764년의 것으로, 비소의 특성과 당시 '비소염'(비산칼륨)이라고 불리던 미색 분말로 변화하는 과정을 자세히 기술했다. 대부분의 동료들과 마찬가지로 캐번디시는 이런 변화가 불과 비슷한 원소로 생각되었던 플로지스톤phlogiston이라는 미지의 물질에 의해 일어난다고 오해했다. 이 원소를 이해한다면 수많은 화학 반응의 핵심을 알 수 있다고 생각했던 것이다. 플로지스톤 가설은 잘못된 것으로 밝혀졌지만(그는 즉시 이 가설을 버렸다), 빈틈없는 관찰 덕분에 그는 일반적으로 비산칼륨의 발견자로 일컬어지는 약학자 칼 빌헬름 셸레Carl Wilhelm Scheele보다 10년이나 먼저 더 간단한 방법으로 비산칼륨을 합성할 수 있다고 예측했다. 셸레와 달리 캐번디시는 오늘날로 말하자면 보도자료 같은 것을 내지 않았기 때문에, 셸레가 더 열등한 합성법을 널리 보급하여 유명해진 것과는 대조적으로 전혀 인정받지 못했다.

캐번디시의 두 번째 큰 업적은 대기大氣 연구다. 동료들보다 늦게 저널을 통해 연구를 발표했던 그는 35세가 돼서야 첫 번째 논문을 발표했다. 스스로 '가연성 공기'라고 명명한 불안정한 기체를 발견하기까지의 과정을 기술한 것이었다. 현재 수소라 불리는 우주의 기본적인 구성 요소,

바로 그것이었다. 그 후 새로 발견한 이 기체와 '플로지스톤을 제거한' 기체, 즉 산소를 전기 스파크를 일으켜 결합시키는 방법을 통해 물의 조성을 밝혔다. 플라스크에서 질소와 산소를 제거하자 세 번째 기체가 아주 작은 거품을 일으켰다. 그 거품 속에 들어 있는 원소는 아르곤으로, 그 후 100년이 지나서야 정식으로 발견되었다.

대담한 실험들이 계속 이어졌다. 캐번디시는 음계音階를 수학적으로 분석했으며, 전위電位 이론 공식을 정립했으며, 용액의 농도에 따라 전기 전도성이 달라진다는 사실을 깨달은 첫 번째 과학자였다. 전기가오리라는 꼬리 긴 물고기가 살아 있는 건전지처럼 스스로 전류를 생성한다고 주장하고는 구두에서 잘라낸 가죽과 백랍, 유리관, 양가죽으로 인공 물고기를 제작한 후 라이든병Leyden jar✦에 연결하여 실험실에서 실제 물고기의 발전기관을 완벽하게 재현했다.[4]

1769년 고대 로마 시대에 알프스산맥 기슭에 건설된 도시 브레시아Brescia의 산 나자로San Nazaro 교회 첨탑에 번개가 떨어진 사건이 있었다. 엄청난 고압 전류가 성전의 벽을 따라 지하실로 흘러갔다. 공교롭게도 베니스군이 100톤에 이르는 화약을 쌓아둔 곳이었다. 대폭발이 일어나 3000명이 사망하고, 도시의 6분의 1이 잿더미가 되어버렸다.[5] 퍼플리트Purfleet 무기고에 은밀히 쌓아둔 영국군의 화약이 비슷한 운명에 처하지 않도록 절연하는 방법을 찾기 위해 왕립학회는 '번개 위원회'를 구성하고 헨리 경을 위원에 임명했다. 이때 동행한 외국 고위관리 중에는 '13개 식민지thirteen colonies✦✦ 출신으로, 전기에 관해서라면 누구 못지않은 지식을

✦ 전기 연구 초기에 축전기 역할을 했던 병.

✦✦ 17세기와 18세기에 북미대륙 동해안에 건설된 13개의 영국 식민지를 말한다. 1776년 독립을 선언하여 미합중국이 된다.

가진 자연철학자도 있었다. 바로 벤자민 프랭클린Benjamin Franklin이다.

번개 위원회는 선견지명에 가까운 캐번디시의 전기 이론을 근거로 영리한 방법을 고안했다.[6] 화약고 주변을 여러 개의 금속 봉으로 둘러싸고, 그 끝에 구리 전도체를 설치하여 자연의 엄청난 방전 현상을 불안정한 화약에서 멀리 떨어진 곳으로 유도한다는 것이었다. 전기 이론에 관한 캐번디시의 논문은 생전에 너무 난해하다는 이유로 거절되었지만, 그가 세상을 떠나고 2년이 지난 후 왕립학회의 한 역사학자는 "전기라는 현상을 가장 확고하고 만족스럽게 설명한 것으로…논란의 여지없이 이 주제에 관해 발표된 것 중 가장 중요한 논문이다"[7]라고 선언했다.

캐번디시는 연구한 것의 극히 일부만 왕립학회 저널인 《철학회보Philosophical Transactions》에 발표했다. 사실 그는 연구를 철저히 기록하는 성격으로 엄청난 분량의 세심하게 주석을 단 표, 도표, 그래프 그리고 공책 등 엄청난 분량의 기록들을 남겼지만 극소수 동료들에게만 보내주었다. 데이터를 개방적이고 평등하게 공유하는 것을 소중하게 여겼지만, 자신의 발견에 굳이 이름을 남기려고 하지 않았다. 되도록 경쟁과 논란을 피해 그저 평화롭게 실험할 수 있기만 바랐을 뿐이다.

그 결과, 전류의 흐름을 저항의 함수로 기술한 공식은 캐번디시의 법칙이 아니라 옴의 법칙으로 알려져 있다. 캐번디시가 바이에른 출신의 물리학자보다 한 세기나 앞서 그 사실을 예측했는데도 그렇다. 마찬가지로 대전체 사이의 정전기적 상호작용을 기술한 법칙(현대 전자기이론의 기초)은 캐번디시가 먼저 생각했지만, 샤를 오귀스탱 드 쿨롱Charles Augustin de Coulomb과 동의어로 취급된다. 물이 단일한 원소가 아니라 수소와 산소로 이루어져 있다는 중대한 발견은 앙투안 라부아지에Antoine Lavoisier의 공으로 돌아갔다. 캐번디시가 이 사실을 먼저 알아냈지만 위대한 라부아지에가 왕립학술원 회원들을 초대하여 공개 증명 과정을 보조하도록 했던 반면,

그는 그런 야단법석을 일부러 피했다. 그가 개발한 실험적 방법론이 화학 혁명의 원동력이 되었음에도 캐번디시가 아닌 라부아지에가 현대 화학의 아버지로 추앙받게 된 것이다.[8]

캐번디시는 과거에서 온 사람처럼 옷을 입고 다녔을지는 몰라도, 미래에서 온 사람처럼 살았다. 그가 3백 년 후에 태어났다면 예지력을 갖춘 '제작자', 즉 기계 공작실에서 손이 더러워지는 데 아랑곳하지 않는 해커로 대중의 추앙을 받았을 것이다.

II

과장이나 자기선전을 개인적 삶에 끌어들이는 태도를 극히 싫어했다고 말하는 것 정도로는 캐번디시를 충분히 묘사했다고 할 수 없다. 1845년 정치가인 헨리 브로엄Henry Brougham 경은 이 무뚝뚝한 동료를 이렇게 묘사했다. "80세까지 생존한 사람 중에 일생 동안 그보다 말을 적게 한 사람은 없을 것이다. 트랍 대수도원La Trappe✦의 수도사들까지 포함한다고 해도 마찬가지다."[9]

그가 사람들과의 접촉을 꺼린 이유는 사회적 불안이 너무나 강해 어떤 상황에서는 거의 꼼짝도 할 수 없었기 때문이다. 브로엄은 그의 얼굴을 이렇게 묘사했다. "지적이고 유순해 보이지만, 너무 초조해서 짜증이 나는지 표정은 항상 평온하지 못했다."[10] 왕립학회 회장인 조셉 뱅크스Joseph Banks가 주최하는 주례週例 모임에 참석할 때면 누군가 도착하거나 떠나면서 그를 발견하고 안으로 들어가자고 강권할 때까지 문을 두드릴지 말지 망설이면서 구부정한 자세로 한없이 밖에 서 있곤 했다고 한다.

✦ 프랑스 노르망디에 있는 수도원으로, 엄격한 계율의 시토 수도회Order of Cistercians of the Strict Observance의 본산이다. 말을 적게 하는 것을 매우 중시하여 필요한 말 외에는 절대로 하지 않는 것으로 유명하다.

한번은, 주례 모임에서 그를 열렬히 추종하여 엄청난 찬사를 늘어놓는 오스트리아 사람을 소개받았다. 캐번디시는 아무 말도 하지 않고 눈을 내리깐 채 가만히 서 있다가 사람들 사이로 잠시 빈틈이 생긴 순간 쏜살같이 방을 빠져나가 마차에 올라타고 집으로 돌아가버렸다.[11] 이런 불안은 자신의 억양이 다른 사람에게 매우 이상하고 불쾌하게 들린다는 사실을 알고는 더욱 심해졌다. 화학자 험프리 데이비Humphry Davy는 이렇게 회상했다. "삐걱거린달까, 게다가 발음도 분명치 않았지요."[12] 다른 동료는 왕립학회 모임에서 그가 '새된 소리로 비명을 지르며' 어느 누구와도 직접 마주치지 않으려고 '이 방 저 방으로 쉴 새 없이 돌아다녔다'고 했다. 캐번디시는 특히 누구든 눈을 똑바로 쳐다보면 당황해서 어쩔 줄 몰랐다.[13]

그러나 그가 모임에 아예 나가려 하지 않았다는 말은 사실이 아니다. 그는 그저 조용히 한쪽으로 물러나 주변의 모든 것을 받아들일 뿐이었다. 왕립학회 월요클럽에서 흥미로운 주제로 대화를 나누는 두 명의 과학자 근처 눈에 띄지 않는 곳에는 회색빛이 도는 초록색 코트를 입고 구부정한 자세로 서서 한 마디라도 놓칠세라 귀를 기울이고 있는 인물이 반드시 있었을 것이다. 자신들의 연구에 대해 그가 뭐라고 하는지 꼭 들어보고 싶었던 동료 자연철학자들은 그를 대화로 끌어들이기 위해 약간 기만적이지만 효과적인 방법을 개발하기도 했다.

"캐번디시에게 말을 걸려면 절대로 그를 쳐다보면 안 돼." 천문학자인 프랜시스 울스턴Francis Wollaston은 이렇게 말했다. "아무도 없는 허공에 대고 말하듯 해야 돼. 그러면 그가 말을 시작할 공산이 높지." 일단 말문이 트이면 그는 말할 것이 한도 끝도 없었다. "그가 말을 걸거든 계속 대화를 이어나가야 해. 너무나 많은 것을 알고 있거든. 특히 화학에 관해서라면."

헨리 경이 자기 삶의 가장 내밀한 영역에까지 들어오도록 허용했던 몇 안 되는 사람 중 하나가 찰스 블라그덴Charles Blagden이다. 왕립학회에서 만난 이 젊은 과학자는 몇 가지 중요한 점에서 그와 비슷했다. 호기심이 끝이 없고, 실험을 할 때는 엄청나게 꼼꼼했으며, 무엇 하나 잊어버리는 법이 없었다. 하지만 블라그덴은 열정적인 독서가이자, 언어학자이자, 달변가로서 전 세계 연구자나 탐험가들과 활발하게 의견을 주고받았다. 언젠가 그는 이렇게 으스대기도 했다. "영국 내에서라면 어떤 경로로든 내가 알지 못하는 사이에 철학적인 발견이 이루어진다는 것은 거의 불가능하지."

두 사람은 서로 필수불가결한 동맹 관계를 강화시켜나갔다. 블라그덴에게 캐번디시는 연구 중 마주치는 모든 질문에 대답해주는 인간 구글 같은 존재였다. 블라그덴이 《철학회보》에 발표한 열 편의 논문 중 여섯 편에서 이 손위 과학자의 손길을 느낄 수 있다. 반대로 은둔형 귀족은 굳이 18세기 판 테드TED 강연 같은 곳에 나가 사람들과 수다를 떨지 않고도 첨단 지식에 발맞출 수 있었다. 블라그덴을 통해 전 세계 사상가들의 공동체와 안전하고 편안한 거리를 유지하면서도 그들의 업적을 고스란히 받아들여 삶의 풍요로움을 유지할 수 있었던 것이다.

III

캐번디시는 엄청난 부자였기 때문에 고독을 좋아하는 그의 성향은 종종 건방지다거나, 이기적이라거나, 남을 무시한다고 오해를 사기도 했다. 한 동료 과학자는 그를 '살아 있는 인간 중 가장 차갑고 주변에 무관심한 인물'이라고 평가했으며, 다른 사람들도 대부분 무감각하다거나, 다른 사람의 기분을 배려하지 않는다거나, 심술궂다고 평가했다. 하지만 그는 성격이 고약하거나 비뚤어진 사람은 아니었다. 다만 남들 앞에서 어떻게 행동해야 할지 몰랐을 뿐이다. 월요클럽에서 있었던 일을 블라그덴에게 털어놓은 후 캐번디시는 그저 어떤 사람은 '특정한 감정들'이 결여되어 있다고 설명했으나, 더 이상 구체적인 언급은 하지 않았다. 블라그덴은 일기에 동정심 어린 말투로 자신의 멘토가 '애착이 없는' 사람이지만 '항상 선의를 갖고 있다'고 썼다.

이 종잡을 수 없는 천재의 내면을 가장 깊이 들여다본 사람은 화학자 조지 윌슨George Wilson이다. 그는 1851년 동시대인들의 증언을 바탕으로 최초로 단행본 한 권 분량의 캐번디시 전기를 썼다. 윌슨은 외견상 과학 말고는 어떤 것에도 흥미가 없는 듯 보이는 그의 성향을 예리하게 분석하면서 특징이 아닌 것들을 하나하나 소거하는 방식으로 캐번디시라는 인물의 정서적 측면을 생생하게 그려냈다. "그는 아무것도 사랑하지 않았다. 그는 아무것도 미워하지 않았다. 그는 아무것도 바라지 않았다. 그는 아무것도 두려워하지 않았다.…그의 뇌는 쉴 새 없이 계산하는 엔진 같았다.…그는 시인이나 성직자나 예언자가 아니라, 순수한 백색광을 내리비추어 그 빛이 닿는 모든 곳을 환히 밝히지만 결코 따뜻하게 데우지 않는 차갑고 명징한 지성이었다."[14]

그러나 윌슨은 캐번디시가 바로 그 내성적인 성격 때문에 그토록 외골수에 가까운 강렬함으로 연구에 전념할 수 있었다는 점도 알아차렸다. 그는 자신에게만 관심을 두는 타입이 아니었다. 오히려 정반대였다. 모든 것을 바쳐 자연에 대한 연구에 전념했는데, 그 속에는 나름대로의 교감이 깃들어 있었다. 단지 그 교감을 다른 사람의 영혼이 아니라, 사물의 드러난 이면에 존재하는 감추어진 힘들과 주고받았을 뿐이다.

> 현명하게도 그는 외따로 떨어져 살았다. 스스로 과학적 은자Scientific Anchorite가 되겠다는 서원을 하고 세상에 작별을 고한 후, 오래전의 수도승들처럼 자신이 만든 감옥 속에 스스로를 유폐시켰다. 그곳은 필요한 모든 것이 갖추어진 왕국이었고, 그 좁은 창을 통해 그는 마음 내키는 대로 실컷 이 우주를 바라보았다.[15]

캐번디시가 클래팜 커먼에 세운 자연철학의 왕국은 '충분한 것' 이상이었다. 사실, 시대를 막론하고 어떤 과학자에게든 흔히 보기 어려운 환경이었다. 초대를 받아 양고기 접시를 앞에 놓고 그와 마주앉은 동료들은 놀라운 광경을 볼 수 있었다. 집 자체가 존재의 수수께끼를 탐험하기 위한 거대한 장치였던 것이다.

런던에서 마차를 타고 도착한 방문객의 눈에 처음 들어온 광경은 기부基部에 여러 개의 받침대를 세워 무게를 지탱한 채 하늘을 향해 우뚝 솟아 있는 25미터 길이의 장대였다. 소문과는 달리, 그것은 마법을 위한 도구가 아니라 캐번디시의 망원경을 거치하기 위한 거대한 받침대였다. 1785년에 대저택을 임대하자마자 그는 저택의 위층을 천문대로 바꾸는 계획에 반드시 필요한 부속물로서 이 인상적인 장비의 설계에 착수했고, 마침내 황도를 가로질러 운행하는 별들의 위치를 기록하는 방transit room까지 마련하여 설계를 마무리했다.

아래층 거실에는 용광로와 도가니, 환기 장치를 설치하고 수백 개의 비커와 플라스크, 파이프, 저울들을 사들여 실험실로 개조했다. 옆방에는 아예 대장간을 만들었다. 정확성에 대한 집착은 기압계, 시계, 해시계, 나침반, 우량계 등 집 안팎에 설치된 놀랄 만큼 다양한 측정 도구에서 분명히 드러난다. 블라그덴과 장거리 여행을 떠날 때면 마차 바퀴에 '주행거리계waywiser'라고 이름 붙인 원시적인 주행기록계를 설치하여 여행 거리를 정확히 측정했다. 여행 중에 마주치는 모든 우물의 온도를 재기 위한 온도계 또한 필수 소지품이었다.

왕립학회 신입회원 시절, 캐번디시는 당대의 온도계들이 물의 끓는점을 측정하는 데 2~3도씩이나 틀린다는 사실을 알고 충격을 받았다. 클래팜의 하인들 중에는 도구 제작을 전담하는 사람이 따로 있었다. 그의 캐비닛에는 나무와 황동으로 맞춤 제작한 자尺, 저울, 삼각자, 지도, 기타 측정 장비가 가득 들어 있었다. 집 밖에는 비계飛階를 세워 각종 기상학적 장비들을 설치했다. 바람, 비, 정원을 통해 비추는 햇빛, 심지어 집 주변을 보초병처럼 둘러싼 떡갈나무의 가지에서 측정한 습기의 중량 등 저택의 울타리 안에서 데이터를 생성할 수 있는 것은 무엇이든 그냥 지나치는 법이 없었다.

심지어 앞뜰조차 숭배해 마지않는 측정의 여신에게 바쳐졌다. 윌슨에 따르면 집 앞 잔디밭에 "나무로 무대 같은 것을 설치하여 커다란 나무 위로 올라갈 수 있도록 했다. 캐번디시는 천문학, 기상학, 전기 또는 기타 연구를 하면서 때때로 나무 꼭대기까지 올라갔다." 그가 세상을 떠난 지 6년 후, 남겨진 장비를 경매에 부쳤는데 그간 동료들이 세심하게 골라 집어간 것들을 제외하고도 11개의 망원경과 44개의 온도계가 남아 있었다고 전해진다.

실험실 캐비닛에 무엇이 들어 있는지가 그 사람의 정서적 삶을 구성하는 요소를 알려주지는 않는다. 하지만 이 점에서도 캐번디시는 통념을 벗어났다. 그가 남긴 편지 속에는 삶을 엿볼 수 있는 일기 같은 내용이나 무심결에 속마음을 드러낸 표현, 짝사랑 고백 같은 것은 눈 씻고 봐도 찾을 수 없다. 예상대로 과학과 일상사에 대한 시시콜콜한 묘사만 있을 뿐이다. 바이런을 방불케 할 정도로 카리스마가 넘쳐서 강연을 하면 으레 서서 들어야 할 정도로 사람들이 몰려들곤 했던 험프리 데이비는 스스로 멘토라고 생각했던 캐번디시와 끈끈한 우정을 쌓고 싶었지만 업무상 관계를 넘어서는 어떤 접촉도 번번이 퇴짜를 맞았다. "그가 백금 조각 몇 개를 준 적이 있었다. 물론 내 실험을 위해서였다. 각종 알칼리의 분해 결과를 봐주기 위해 내 실험실을 찾은 적도 있었다. 그러나 그는 어느 누구와도 친밀한 관계를 맺으려고 하지 않았다." 캐번디시가 세상을 떠난 후 그는 윌슨에게 캐번디시는 '이상하리 만치 특이한 점이 많은 위대한 인물'[16]이라고 말했다.

그럼에도 나무를 올라다니곤 했던 한 과학자의 삶이 황량하다거나 충일감이 없었다고 말할 수는 없다. 그는 자신을 둘러싼 모든 환경을 예민하고도 오로지 한곳에만 집중된 지성과 감각이 뛰노는 운동장으로 변모시켰다. 언젠가 찰스 다윈Charles Darwin은 자신의 뇌가 가설을 생산하는 기계라고 했다. 그렇게 본다면, 캐번디시의 뇌는 극히 미세한 차이를 분류해내는 엔진이라 할 수 있을 것이다. '이것은 오로지 이것일 뿐 저것과는 다르다'는 식으로 말이다. 그가 한 가지 물질을 분석하면 장대한 서사시 같은 설명이 나오곤 했다. 최근 그의 전기를 출간한 크리스타 융니클Christa Jungnickel과 러셀 맥코맥Russell McCormmach은 《캐번디시_실험자의 삶Cavendish: The Experimental Life》에 이렇게 썼다.

> 그는 냄새만 맡고도 수많은 산酸과 부산물들을 구별했다. 질감도 예민하게 느끼고 관찰하여 건조하다, 딱딱하다, 묽은 젤리 같다, 아교 같다, 걸쭉하다, 딱딱하게 굳은 진흙 같다, 몽글몽글하다 등으로 구분했다. 그러나 가장 세심하게 구분한 것은 색깔이었다. 우유처럼 탁하다, 탁하다, 노르스름하다, 불그스름하면서 노랗다, 불그스름하다, 붉다, 적갈색, 지저분하게 붉다, 녹색, 푸르스름한 녹색, 진주색, 푸른색을 구분하고, 이를 다시 맑은 느낌, 부풀어 오르는 느낌, 탁한 느낌으로 나누었다. 어떤 시인이라도 캐번디시만큼 자신의 감각에 주의를 기울이지 않았을 것이다.[17]

집 한 채를 실험실로 바꾼 정도로는 연구에 필요한 모든 것을 충족시킬 수는 없었다. 그래서 그는 런던의 11번 베드포드 광장No. 11 Bedford Square에 있는 멋진 3층짜리 벽돌 건물을 모교인 케임브리지 대학교에 비견할 만한 개인 도서관으로 바꾸어놓았다. 대범하지 못할 것이라는 통념과 달리, 자신의 도서관에 있는 자료를 동료 학자들에게 무료로 개방했다. 방문객에게는 자료 목록, 서고를 안내해줄 상주 사서, 대여 중인 자료를 조회할 수 있는 장부를 제공했다. (자기 집으로 가져간 책도 성실하게 장부에 기록했다.) 설립자가 아끼는 코트 색깔처럼 옥색 커튼, 옥색 소파 커버, 에메랄드색 비단으로 만든 벽난로 가리개 등 모든 것이 녹색으로 장식된 이 도서관은 심지어 제임스 와트James Watt가 설계한 원시적인 복사기까지 있었다. 벽에는 20세기 설치미술 작품처럼 달 표면을 새겨넣었다. 심지어 자신이 아껴 마지않는 희귀한 광석 컬렉션을 전시한 특별 '박물관' 홀도 있었다.

누구나 예상하듯, 11번 광장에서 절대로 제공되지 않는 것은 설립자를 만날 기회였다. 자료를 빌릴 사람은 서가에서 책을 찾고 있는 캐번디시를 보더라도 방해해서는 안 되며, 책을 고른 후에는 그 책들을 가지고 즉시 집으로 돌아가야 했다. 확실히 그는 사회적으로 서툴렀던 또 한 명의 천재[18] 알버트 아인슈타인Albert Einstein과 마찬가지로 자기 내면을 파고들 뿐 타인을 감당하지 못했다.

하지만 캐번디시를 냉정하다거나 어디에도 관심이 없는 사람이라고 한다면 사실을 한참 빗나간 것이다. 그의 삶은 모든 것을 빨아들이는 단 한 가지 열정에 고스란히 바쳐졌다. 그것은 천천히, 그러나 참을성 있게 인간 지식의 총량을 증가시키는 일이었다. 그의 마음은 자연을 비추도록 세워진 거울과도 같았으며, 그 거울은 편향, 합리화, 욕망, 질투, 경쟁심, 옹졸함, 악의, 에고ego, 신념 따위로 인한 얼룩 한 점 없이 맑기만 했다. 윌슨은 이렇게 썼다.

> 우주에 관한 그의 이론은 그것이 오로지 무게를 달 수 있고, 숫자를 헤아릴 수 있고, 측정할 수 있는 사물이 수없이 많이 모여 구성되었다는 것이었다. 그가 스스로 해야 한다고 생각한 일은 자신에게 허용된 70년 남짓한 세월 동안 이런 사물들을 최대한 많이 무게를 달고, 숫자를 헤아리고, 측정하는 것이었다.[19]

그의 이름을 역사에 아로새긴 고도의 측정 기법은 이제 단순히 캐번디시 실험이라고 불린다. 실험에 필요한 장치는 단순했지만, 목적은 한없이 드높았다. 그는 납으로 만든 네 개의 구체球體, 막대기 몇 개 그리고 철사를 이용하여 지구의 밀도를 측정하는 장치를 제작했다. 그 명석한 설계의 핵심은 물체의 질량과 그것에 작용하는 중력 사이의 관계였다. 사실 이 설계의 기초를 보완한 사람은 지질학자인 존 미첼John Michell이었지만, 그는 직접 실험에 착수하기 전에 세상을 떠나고 말았다.

구체 중 두 개의 무게는 약 160킬로그램이었지만, 나머지 두 개는 훨씬 가벼워서 각각 0.7킬로그램에 불과했다. 캐번디시는 철사에 나무 막대를 매달고 그 끝에 가벼운 구체를 부착한 후 약간 떨어진 곳에 무거운 구체들을 놓아두고, 막대가 시계추처럼 움직여 진자 운동을 할 때 철사의 회전력을 측정했다. 여기에 뉴턴의 만유인력 법칙을 적용하면 구체에 작용하는 힘의 크기를 계산하여 지구의 밀도를 측정할 수 있으리라 생각했다. 야심 찬 계획이었지만 사실은 뉴턴 자신도 성공 가능성에 의문을 품었다. 구체 사이에 작용하는 인력이 너무 작아 지구 중량에 의한 인력에 가려질 거라고 예상했던 것이다.

구체 사이에 작용하는 인력이 매우 미미할 것이라는 점에서는 뉴턴이 옳았지만(지구 중력의 10분의 1에 불과했다), 그는 캐번디시 같은 인물이 순전히 집요한 고집만으로 어떤 일을 해낼 수 있다는 사실을 과소평가했다. 캐번디시는 우선 뒷마당에 독립된 창고를 지어 자신이 고안한 장치의 섬세한 진자 운동이 외부의 어떠한 기류나 진동에도 영향받지 않게 했다. 그런 뒤에는 장치 전체를 마호가니 상자에 넣고 도르레 시스템을 장치하여 손으로 건드리지 않고 진자 운동을 시작하게 했다. 구체에 작용하는 힘을 계산하기 위해 상자 양쪽에 망원경을 장착한 후 공간 내에 있는 부척副尺의 눈금에 초점을 맞추어 철사의 회전력을 0.01인치 범위까지 측정했다.

그는 1797년 8월 5일 한창 더운 여름에 수없는 반복 측정을 시작했다. 그의 나이 66세 때였다. 진자를 움직인 후 혼자 양쪽 망원경을 오가며 측정 결과를 공책에 기록하는 일을 끝없이 되풀이했다. 수개월간 오로지 이 일에만 매달린 끝에 역사적인 반복 실험의 결과를 최종 정리한 것은 이듬해 5월이었다.

얄궂게도 그는 정작 《철학회보》에 발표한 보고서에 사소한 실수를 저질러 발표된 측정치는 1퍼센트 정도 차이가 났다. 그러나 그가 제시한 숫자는 실제 지구의 밀도에 너무나 근접하여 이후 100년간 어떤 연구자도 그 결과를 반박할 수 없었다. 부수적으로 그는 이 실험을 통해 물리학자들 사이에서 '대문자 GBig G'라고 불리는 중력 상수의 추정치를 처음으로 제시했는데, 이 역시 놀랍도록 정확하다는 사실이 판명되었다. 현재까지도 캐번디시의 실험은 현대물리학이 시작된 순간이자, 아인슈타인의 상대성 이론을 비롯하여 향후 수세기 동안 이루어질 놀라운 발견들의 초석이 된 사건으로 인정받는다.

또한 이 실험은 그가 마지막으로 과학계에 남긴 중요한 업적이었다. 1810년 2월 24일 그는 아무런 소란이나 극적인 사건 없이 대장염으로 세상을 떠나며 재산의 대부분을 조카 조지에게 물려주었다. 죽는 순간까지도 그는 그토록 많은 것을 이루어낸 원동력이 되었던 고독을 지켜냈다. 하인들에게 내린 마지막 지시는 자신이 숨을 거둔 후에 젊은 상속인을 부르되, 그때까지는 마지막 순간을 평화롭게 보낼 수 있도록 혼자 내버려두라는 것이었다.[20]

캐번디시가 세상을 떠나고서 며칠이 지난 뒤에 블라그덴은 그를 가리켜 '항상 자신에게 무엇이 맞는지 알고서 거기에 따라 행동했던 진정한 정신적 지주'[21]라며 자신의 멘토에게 경의를 표했다. 평생 오롯이 자신의 방식대로 살았지만, 그 방식을 통해 모든 이에게 이익을 가져다준 사람에게 바치는 찬사로 이보다 적당한 것은 없었으리라.

클래팜의 대저택은 이제 사라지고 없다. 1905년 그 자리에는 벽돌로 된 집들이 줄지어 들어섰다.[22] 나이팅게일 레인은 매일 아침 노던 라인 Northern Line✦을 타고 런던 도심으로 출근하여 스마트폰에 대고 떠들면서 케밥과 피쉬앤칩스 가게 앞을 바삐 걸어가는 젊은 기업인들의 보금자리가 되었다. 항상 소음으로 가득차 있고, 정보가 넘쳐나며, 서로 긴밀하게 연결된 이 세계는 캐번디시가 평생 고독 속에서 끊임없이 계량計量을 명하는 자신의 뮤즈에게 봉사함으로써 탄생했다.

마지막 실험 덕분에 그는 세상을 떠난 뒤 살아생전 누렸던 것보다 훨씬 큰 명성을 얻었다. 런던 북부 올세인츠 교회의 가족 납골당에 안장된 후에도 수십 년간 부모들은 그의 집 앞을 지날 때면 경건하게 발걸음을 멈추고 이제는 버려진 창고를 가리키며 자녀들에게 이렇게 말하곤 했다. "바로 저곳에서 헨리 캐번디시라는 사람이 이 세상의 무게를 측정했단다."

IV

이 고독한 개척자의 이상하리만치 많은 특이한 점들은 동료들에게 끊임없이 당혹과 좌절을 불러일으켰다. 윌슨은 일기에 이 사실을 넌지시 언급했다. "캐번디시 경에 대해 이야기를 나누며 그의 성격을 설명해보려고 했다."[23] 그러나 오랜 세월에 걸쳐 그의 기이한 행동을 설명하기 위해 제시된 이론들은 어떤 결정적인 데이터가 빠지기라도 한 것처럼 잠정적이거나 불안전하다는 느낌을 주었다.

그의 행동을 설명하는 데 가장 자주 언급된 단어는 '수줍음'이다. 동시대 사람들은 그를 '지나치게 수줍은' 또는 '특이할 정도로 수줍은', 심지

✦ 런던의 지하철 노선.

어 '병적으로 숫기가 없고 수줍어하는' 사람이라 했다. 그러나 단지 수줍다는 말로 엄격한 일정에 매달린다든지, 수십 년간 오직 한 가지 복장만 고수한다든지, 서로 마주 보며 대화를 나누지 않고 몸을 비스듬히 기울인 채 남의 말을 듣기만 한다든지 하는 행동의 전반적인 특이함을 설명할 수는 없다. 융니클과 맥코맥이 쓴 권위 있는 전기의 서문 제목은 "캐번디시의 문제"다. 마치 그 자신이 평생 해결하려고 애썼던 복잡한 난제 중 하나가 된 것 같은 느낌을 불러일으킨다. 뒤이어 쓴 책에서 맥코맥은 아직도 그 수수께끼를 해결하지 못했다고 털어놓는다.

> 많은 세월이 흘렀지만 나는 아직도 더 완벽하게 이해할 수 있는 길, 즉 설명이라고 할 만한 것을 찾고 있다.…캐번디시의 행동을 이해하지 못한다면 그는 단지 이상한 사람이다. 좋게 본다면 호기심의 대상이고, 나쁘게 본다면 도덕적 판단의 대상이 되어 동정심이나 멸시를 받아야 마땅한 사람으로 보인다. 그를 이런 상태로 방치하는 것은 애석한 일이다. 그는 특출한 과학자였고, 동시에 과학의 역사에서 가장 이해하기 어려운 성격을 지닌 인물이었다. 그를 더 완벽하게 이해하는 일은 그의 전기뿐만 아니라 과학의 역사에도 도움이 될 것이다.[24]

캐번디시가 동료 철학자들이 창문 주위에 둘러서 있는 모습을 보았던 이야기는 유명하다. 그는 그들이 달을 보고 있다고 생각했다. '특유의 괴상한 방식으로 바삐 그들 쪽으로 다가간' 후에야 그는 동료들이 한 아름다운 여성을 감탄의 눈길로 바라보고 있다는 사실을 깨닫고 즉시 몸을 돌리며 한 마디를 내뱉었다. "제기랄!"[25] 이 일화와 하녀와 마주쳤던 일 정도만 보고 동료 중 몇몇은 병적으로 여성을 기피한 것 아니냐는 추측을 내놓기도 했다. 그러나 그의 실험에 정기적으로 참여했던 몇 안 되는 사람 중에는 화학에 비상한 관심을 가졌던 데본셔의 조지아나 공작부인Duchess Georgiana of Devonshire도 있었다.[26]

정신분석학에 밝은 전문가들은 캐번디시가 어머니인 앤 디 그레이 부인Lady Anne de Grey이 세상을 떠난 일로 인해 어린 시절 정신적 외상을 입었다고 추정하기도 한다. 하지만 그녀가 세상을 떠난 것은 그가 채 두 살도 되지 않은 때였으며, 그의 형 프레더릭Frederick은 상냥하고 외향적인 사람으로 성장했다. 윌슨은 이렇게 썼다.

> 수많은 어린이들이…캐번디시처럼 엄마 없이 자라지만 따뜻하고 관대하며, 심지어 열정적인 성인이 된다. 프레더릭 캐번디시는 동생인 헨리와 똑같은 환경에서 자랐지만, 약간 별난 구석이 있다는 점만 빼고는 놀랄 만큼 활기가 넘치고 상냥하며 자애로운 사람이었다. 헨리 캐번디시 같은 인물에게서 볼 수 있는 기이한 점들은 어떤 영향에서 비롯되었다기보다 원래 타고난 성격이라고 해야 할 것이다.[27]

이런'타고난 성격'이 무엇인지 완전히 이해하려면 심리적 발달과정을 자세히 살펴봐야 하겠지만, 그의 어린 시절에 관한 기록은 거의 남아 있지 않다. 블라그덴은 고독을 추구하는 캐번디시의 성향이 아주 어린 나이에 생겼다고 했다. "아주 어릴 적부터 그는 고립되려는 성격이 있었다."[28] 그의 어린 시절에 관해 알려진 몇 안 되는 사실 중 하나는 런던 북부의 사립 기숙학교인 해크니 아카데미Hackney Academy 입학이 4년이나 늦춰졌다는 것이다. 당시 입학 연령은 7세였는데 그는 11세가 되도록 집에서 가정교사들에게 교육받았다. 이런 교육 방식은 상류층 가정에서 이미 수십 년 전에 버려진 것인데도 말이다.

몇몇 역사가들은 유명한 휘그Whig 당원이며 탁월한 자연철학자였던 아버지 찰스 경과 사이가 좋지 않았다고 주장하기도 한다. 그러나 왕립학회의 상주 온도계 전문가이기도 했던 찰스 경이 아들에게 헌신적인 사랑을 쏟았다는 증거는 차고 넘친다. 찰스 경은 런던의 그레이트 말보로Great Marlborough가에 30년간 공유해온 집 정원에서 지구의 자기장을 측정할 때 어린 아들을 초대하기도 했다. 헨리가 케임브리지에서 돌아온 뒤에는 본격적으로 평생에 걸친 연구를 시작할 수 있도록 실험실을 만들어주었다. 또한 왕립학회 정찬 모임을 여러 번 열어 잠재적 멘토들과 자주 접촉하도록 함으로써 아들의 지성을 일생에 걸쳐 유일한 사랑이 될 과학 쪽으로 이끌었다. 마지막으로 그는 거액의 유산을 물려주어 헨리가 평생 자신이 필요로 하는 조건에 완벽하게 들어맞는 비밀스러운 삶 속에서 살도록 해주었다.

캐번디시는 실로 비범한 인물로서, 엄청난 부를 소유한 집안에 태어나는 행운을 누렸다. 아버지가 열차 제동수나 광부였다면, 역사상 가장 위대한 과학자 중 한 명이 당시 '내성적인' 환자에 대한 치료로 선풍을 일으켰던 차가운 목욕 처방[29]을 견디며 '베들렘Bedlam'(난장판)이라고 불렸던 베들렘 왕립병원Bethlem Royal Hospital✦에서 삶을 마감했을지도 모를 일이다.

성별을 막론하고 노벨상 수상자들조차 르네상스의 이상인 만능인uomo universal, 즉 세련됨, 완벽한 인격, 실험실의 엄정함, 아틀리에의 미적 감각, 재기 넘치는 대화술이라는 분야에서 어느 하나 모자람이 없는 다재다능함을 갖춘 경우는 거의 없다. 그보다는 몸에 맞지 않는 옷이나 수수한 드레스를 입고 구겨진 카디건을 걸친 채 훨씬 깊은 차원의 전문성과 함께 정확성에 엄청나게 집착하는 까다로운 괴짜들이 많다. 현대물리학의 아버지 역시 2세기 후 물리학을 양자 시대로 이끄는 데 공헌한 괴짜 천재와

✦ 환자들에 대한 비인간적이고 끔찍한 대우로 악명 높았던 런던의 정신병원.

많은 점에서 비슷하다.

V

조지 왕조 시대를 살았던 우아한 전임자에 비하면 훨씬 소박한 환경에서 성장한 폴 디랙Paul Dirac은 도서관 사서와 독단적이고 엄격한 프랑스어 교사의 아들로 브리스틀Bristol에서 태어났다.[30] 같은 반이었던 친구들은 그를 키가 크고, 조용하며, 유행에 어울리지 않는 헐렁한 반바지를 입고 도서관에서 살다시피했던 '영국인 같지 않은' 소년으로 기억했다. 도서관에서 그는 과학에 관한 '편집광적인 집착'을 키우는 한편, 모험 소설과 만화책 속에서 지나치게 엄격한 아버지에게서 벗어날 탈출구를 찾았다.

수학에 관한 비상한 소질은 일찍부터 드러났다. 하루는 선생님이 어린 디랙에게 밤늦게까지 매달려야 겨우 풀 수 있을 정도로 어려운 문제들을 잔뜩 줘서 집에 보냈다. 선생님은 그가 그 문제들을 오후가 되기 전에 모두 풀어버렸다는 것을 알고 깜짝 놀랐다. 아주 어릴 때부터 그는 운동장에서 야단법석을 떨며 노는 것보다 깊은 생각에 잠기기를 좋아했다. 아홉 살 때 비숍 로드 스쿨Bishop Road School 선생님들에게서 상으로 받은 선물이 그의 이런 성향을 잘 보여준다. 그것은 대니얼 디포Daniel Defoe의 《로빈슨 크루소》였다. 폭풍으로 조난되어 28년간 무인도에서 살았던 가공의 인물이 쓴 자서전, 바로 그 책이다.

과학계에서 멘토가 될 만한 사람을 소개해줄 귀족 아버지를 갖지 못했던 디랙은 전기 엔지니어가 되려고 기술학교를 다녔다. 그러나 이미 1학년 때 너무나 두드러진 성적을 보여 케임브리지 대학교의 명망 있는 수학 프로그램에서 장학금을 제안해왔다. 나중에 그레이엄 파멜로Graham Farmelo가 그의 전기 《가장 이상한 사람The Strangest Man》에 썼듯이, 세인트 존스 칼리지St. John's College에서 그의 수줍음과 과묵함은 '전설적'이었다.[31] 새로 다니게 된 대학에서 디랙은 식사 때면 뻣뻣하게 앉은 채 옆 사람에게 소금을 집어 건네달라고 말하기조차 망설였으며, 누가 질문이라도 할라치면 아무 말도 하지 않거나 무뚝뚝하게 예, 아니오로 답하기 일쑤였다. 예의바른 행동 규범에 맞출 수 없었던 그는 전혀 의도하지 않았지만 차갑고 무례하며, 무관심하고 무신경한 사람으로 낙인찍혔다.

한번은, 동급생 하나가 서먹한 분위기를 바꿔볼 요량으로 말을 건넸다. "요즘 비가 좀 자주 오네, 그렇지?" 일상적인 인사말에 디랙은 엄격하게 실증적인 방식으로 답했다. 자리에서 일어나 창가로 가더니 밖을 자세히 살핀 후 돌아와 이렇게 대답했던 것이다. "현재는 비가 내리지 않는군." 그가 너무 말을 하지 않는다는 사실에 착안하여 세인트 존스의 동급생들은 사람들이 대화 중에 사용하는 단어 수를 측정하는 단위를 개발하여 최소 단위를 1디랙으로 정했다. 1디랙은 시간당 한 단어였다. 그러나 월요클럽에서 구석에 숨어 있던 캐번디시와 마찬가지로 그는 드러나지 않게 친구들이 말하는 소리에 세심하게 귀를 기울이곤 했다.

디랙은 유행하는 옷차림에 무관심했다. 케임브리지 대학교 루카스 수학석좌교수Lucasian Chair of Mathematics(나중에 스티븐 호킹도 이 자리에 오른다)가 되어 넉넉한 봉급을 받게 된 후에도, 비가 오나 눈이 오나 멋대가리 없는 싸구려 정장을 올이 다 드러날 때까지 입곤 했다. 어머니가 아들의 건강을 염려한 나머지, 제발 겨울용 코트를 사라고 애원할 정도였다. 하지만 살을 에는 추위에도 아랑곳하지 않는 그가 못 견디는 것이 있었으니 바로 시끄러운 소리였다. 특히 개 짖는 소리를 견디지 못해 절대 개를 키우지 않았다. 디랙은 몸을 움직이는 데 서툴렀던 것으로도 유명하다. 급우 하나는 그가 크리켓 배트를 휘두르는 모습을 보고 '희한할 정도로 서툴다'고 표현하기도 했다. 그는 캐번디시와 마찬가지로 엄격한 시간표에 따라 긴 산책을 즐겼는데, 산책에 나설 때면 뒷짐을 지고 '메트로놈처럼 규칙적으로'[32] 걸으며 효율적으로 거리를 측정했다.

아인슈타인이나 막스 플랑크 같은 물리학자들이 국제적인 영웅으로 언론에서 온갖 찬사를 받았을 때도 디랙은 유명 인사가 되는 데 전혀 관심이 없었다. 사람은 실질적인 가치에 의해서만 보상받아야 한다고 믿었기에 명예직을 제의받으면 항상 거절했으며, 낯선 사람들이 자신을 '디랙 씨'라고 부르지 않고 친근함을 담아 '폴 경'이라고 부르는 것을 원하지 않아 기사 작위도 거절했다. 1933년 에르빈 슈뢰딩거Erwin Schrödinger와 함께 노벨 물리학상을 공동 수상했을 때는 스위스 신문기자에게 이렇게 말했다. "내 연구는 실용적인 가치가 없습니다."

그의 인생 행로는 적어도 한 가지 점에서 캐번디시의 삶과 매우 달랐다. 쾌활하고 외향적인 마르기트 위그너Margit Wigner('맨시'라는 애칭으로 불렸다)라는 헝가리 여성과 결혼했다는 것이다. 맨시는 그를 졸라 만화책과 미키 마우스 등 대중문화와 소설을 접하게 하고, 때때로 발레도 보러 갔다. (파멜로는 "그는 자신의 반입자反粒子와 결혼했다"라고 썼다.)

그들은 브라이튼Brighton으로 신혼여행을 떠났는데, 사랑에 빠진 신랑은 거기서 스스로 셔터를 누를 수 있는 긴 줄 모양의 장치를 카메라에 연결시켜 갖고 다녔다. 흐느적거리듯 키가 큰 이 물리학자는 그때 찍은 한 장의 사진 속에서 언제나처럼 스리피스 정장을 입고 해변에서 신부 옆에 뒤로 비스듬히 기대어 있는 모습으로 찍혔는데, 주머니에는 한 묶음의 연필이 삐죽삐죽 솟아나와 있다. 디랙은 결혼한 후 자신의 감정을 이렇게 토로했다. "당신은 내 삶을 너무나 멋지게 바꾸어주었소. 나를 인간으로 만들어주었소." 그러나 한 번에 그렇게 되지는 않았던 모양이다. 나중에 맨시가 습관적으로 자기 질문을 무시한다고 불평하자, 그는 그녀의 질문들을 스프레드 시트에 붙여넣은 후 답변을 빽빽하게 적어 건네주었다.

디랙은 이론물리학자였기 때문에 실험실이 필요하지 않았다. 필요한 것이라곤 연필뿐이었다. 가장 미세하게 보정된 실험 기구는 바로 그의 마음이었다. 어릴 적에 한 선생님은 그를 가리켜 언어가 아니라 '형태와 숫자로 이루어진 다른 매체'를 통해 사고하는 것 같다고 했다. 그 역시 자신의 사고는 본질적으로 '기하학적'이라고 했다. 코펜하겐에서 미술관을 방문하던 중 그는 동료 노벨상 수상자인 닐스 보어Niels Bohr 쪽으로 몸을 돌리더니 그림 하나가 마음에 든다고 했다. '부정확한 정도가 그림 전체에 걸쳐 일정하기 때문'이라는 것이었다. 취재하던 기자들이 독자들을 위해 고도로 추상적인 개념들을 스케치해달라고 하자, 그렇게 했다가는 그 개념들이 '눈송이'처럼 녹아 없어질 것이라고도 했다.

역사 속에 그의 위치를 영원히 각인시킨 계기는 그의 이름을 딴 디랙 방정식이다. 1927년 세인트 존스에서 가구도 거의 없는 자기 방의 학생용 책상에 앉아 몇 개월간 폐지 위에 휘갈겨 완성된 그 공식은 양자역학과 아인슈타인의 특수상대성이론을 단 한 줄의 간결한 변수들로 정리함으로써 물리학에 있어 건널 수 없는 심연처럼 생각되었던 두 가지 이론을 서로 연결시켰다. 또한 그의 이론은 칼 앤더슨Carl Anderson이라는 과학자가 실험실에서 양성자가 납판을 통과하며 그려내는 수수께끼의 원호들을 관찰하기 3년 전에 이미 어느 누구도 생각하지 못했던 입자(반물질)의 존재를 예측했다.

디랙은 평생 단 한 차례 중요한 계산 실수를 저질렀다. 자신의 연구가 실용적으로 적용될 가능성을 과소평가한 것이다. 그가 물질과 에너지 사이의 관계를 기술한 데 힘입어 반도체, 트랜지스터, 집적회로, 컴퓨터, 다양한 개인 휴대용 장치, 기타 미세 전자공학적 혁신들이 일어나 디지털 시대의 막을 열었다. 마음속에 명멸하는 눈송이들을 수식이라는 보편적 언어로 포착함으로써, 비록 자신은 다른 사람과 소통하기가 너무나 힘들었지만 모든 사람이 훨씬 쉽게 소통할 수 있게 된 것이다.

정신 나간 것처럼 보이는 괴짜 교수들조차 예외라기보다 일상에 가까운 분야에 몸담고 있음에도 불구하고, 디랙의 동료들은 그의 행동에 불편하고 혼란스러움을 느꼈다. 아인슈타인은 이렇게 고백했다. "나는 디랙과 잘 지내기 힘들다. 천재와 광기 사이를 통과하는 이 아찔한 길 위에서 중심을 잡는다는 것은 끔찍한 일이다." 보어 역시 만나본 사람 중 디랙이 '가장 이상한 사람'이라고 했는데, 이 말은 나중에 파멜로가 쓴 전기의 제목[33]이 되었다. 캐번디시와 마찬가지로 디랙은 마주치는 모든 사람들에게 걸어다니는 수수께끼 같은 존재였다.

VI

이들 두 명의 탁월한 과학자가 없었다면 현대의 모습이 어땠을지 상상하기조차 어렵다. 당연하다고 생각되는 수많은 삶의 모습들이 아예 처음부터 존재하지도 않았을 것이다. 어쩌면 두 사람은 말 많고 선량한 의도를 지닌 피조물들이 때때로 서로 강한 인상을 남기고, 아첨하고, 남의 허점을 찌르고, 유혹하려고 귀중한 시간을 낭비하는 이상한 혹성에 잘못 태어났다고 생각했을지도 모른다. 그러나 그들의 비범한 정신은 평생을 바쳤던 일에 놀랄 정도로 잘 들어맞았다. 그들은 그들이 행한 실험만큼이나 정확하고, 체계적이며, 질서정연한 삶을 살았다.

2001년 신경과 전문의인 올리버 색스는 수십 년간 매료되었던 캐번디시라는 인간에 관한 수수께끼를 마침내 풀었다고 생각했다. 그는 유명 저널 《신경과학Neurology》에 동료들에게 보내는 편지를 실어 언뜻 보기에 설명할 수 없을 정도로 특이한 이 은둔형 귀족에 관한 기록이 1994년판 《정신질환 진단 및 통계편람Diagnostic and Statistical Manual of Mental disorders, DSM》에 처음으로 기술된 아스퍼거 증후군이라는 형태의 자폐증을 겪는 성인들과 매우 비슷하다고 썼다. "모든 일을 놀랄 만큼 문자 그대로 그리고 직접적으로 받아들이는 사고방식, 극단적으로 외골수적인 성향, 정밀한 계산과 정량화에 대한 집착…그리고 사회적 행동과 인간관계를 실질적으로 전혀 이해하지 못하는 점."[34] 그러나 동시에 색스는 캐번디시가 연구자로서 그토록 명석하고 많은 업적을 이루어낸 것 또한 정확히 이런 성격 때문이었다고 지적했다. 그의 기이함은 천재성과 불가분의 관계였다는 것이다.

색스가 이처럼 도발적인 이론을 제시했던 때의 상황은 직접 연관이 없는 사람들의 대화라 할지라도 자폐증이라는 주제가 그토록 언급되지 않았던 시대가 있었다는 사실조차 떠올리기 어려울 정도였다. 너무 짧은 기간 동안 믿기지 않을 정도로 큰 변화들이 일어난 시기이기도 했다. 불과 15년 전만 해도 자폐증 자녀를 둔 엄마들은 아이가 '예술가적'이라고 생각하는 이웃들[35]에게 예의 바른 태도로 그런 것이 아니라고 설명해주어야 했다. 교과서에나 나오는 이 수수께끼 같은 질병을 한 번이라도 들어본 소아과 의사, 정신과 의사, 교사가 드물기도 했지만, 들어본들 평생 단 한 명도 그런 아이를 만나지 못하리라고 생각했던 때였다. 색스는 《화성의 인류학자》와 《아내를 모자로 착각한 남자》라는 책에서 화가인 스티븐 윌트셔, '쌍둥이 계산 천재' 조지 핀George Finn과 찰스 핀Charles Finn, 산업디자이너 템플 그랜딘을 세밀하게 묘사하여 자폐증의 특징적 성향을 동료들에게 알림으로써 상전벽해 같은 변화를 일으키는 데 한몫하기도 했다. 또한 영화 〈레인맨〉에서 레이먼드 배빗 역을 연기한 더스틴 호프만에게 자문을 제공하여 전 세계적으로 영화를 본 사람들에게 성인 자폐증이라는 세계를 처음으로 알리는 데 이바지하기도 했다.

이 건장한 영국 태생의 신경과 전문의가 현대물리학의 아버지에게 날카로운 진단적 눈길을 던졌을 무렵, 베일에 싸여 있던 이 질병은 이미 미국 전체에 강박증을 일으키고 있었다. 빌 게이츠처럼 공부는 잘하지만 어딘지 꺼벙하게 보이는 유명인들이 시선을 회피하거나 스스로 자극을 주기 위해 몸을 흔드는 등의 사소한 행동만 보여도 자폐증이 아닌지 분석하는 것이 유행처럼 번지는가 하면, 조금이라도 별나거나 기이한 점이 있으면 싸잡아 '자폐증 스펙트럼에 해당한다'는 편의적인 용어가 점점 많이 쓰이게 되었다. 그러나 캐번디시에 관한 논문의 서두에서 색스는 역사상 유명한 괴짜들을 최신 유행인 질병에 끼워 맞춰 진단하는 시류에 편승하려는 것이 아님을 분명히 밝혔다. '최근 들어 아인슈타인, 비트겐슈타인, 바르톡 등의 인물을 자폐증의 전형적인 예라고 주장하는 경향이 있다'라고 지적하며, 이런 주장이 합리적일 가능성은 '매우 희박한 수준'이라고 못박았다. 그러나 캐번디시의 경우는 아스퍼거 증후군이라는 증거가 '거의 압도적인 수준'이라고 했다.

디랙의 전기 작가인 그레이엄 파멜로 역시 다른 가능성들을 세심하게 따져본 결과, 비슷한 결론에 이르렀다. 그는 《가장 이상한 사람》에서 물리학자들 사이에 오랜 세월에 걸쳐 전해온 디랙에 관한 이야기는 "거의 모두 '자폐증에 관한 이야기'라고 할 수 있을 정도다"라고 썼다.[36] 그는 이 위대한 인물의 전기를 쓰기 위해 조사를 시작할 때만 해도 감히 의학적 진단을 내리겠다는 의도는 없었다고 한다. "디랙에 관해 매우 잘 알고 있던 사람들 약 30명과 이야기를 나눠본 뒤에야(두 명은 아주 가까운 가족이었습니다) 그의 행동이 너무나 특이해서 뭔가 이야기하지 않으면 안 되겠다는 결론을 내렸습니다. 제가 내린 결론은 그가 자폐적 행동의 모든 판정 기준을 아주 명백하게 만족시킨다는 것입니다."[37]

물리학자 프리먼 다이슨Freeman Dyson은 《뉴욕 서평New York Review of Books》을 통해 파멜로를 심하게 책망했다. 프린스턴에서 함께 산책을 하면서 자신의 아내가 '친절하고 재미있는' 성격이라고 여긴 사람을 두고 추측을 근거로 자폐증 진단을 붙였다는 것이다. "자폐증은 최근까지도 매우 드물었던 질병으로, 환자가 정상 생활을 할 수 없는 정신질환이라는 점이 특징이다. 주된 증상은 다른 사람과 사회적 관계를 맺지 못하거나, 그런 관계를 이해하지 못하는 것이다. 디랙이 자폐증이었다면 '자폐증'이라는 단어 자체가 전혀 다른 의미를 지녀야 할 것이다."[38]

그토록 회의적인 태도를 취한 것도 당연한 일이다. 당시 '자폐증'이라는 단어는 그가 익숙하게 알고 있던 것과 전혀 다른 의미를 지니게 되었기 때문이다. 하지만 진단 기준 자체를 다시 설정한 것은 전문 학술지와 미국정신의학협회American Psychiatric Association, APA 산하 위원들이 문을 꽁꽁 닫아걸고 회의를 거듭한 끝에 합의한 결과였으므로 대중적인 관점과는 멀리 떨어져 있었다. 이때 내려진 중대한 결정들의 여파가 이런 사실을 이해할 준비가 전혀 되어 있지 않은 세상 속으로 퍼져가는 단계였던 것이다.

한 가지는 분명하다. 클래팜 커먼의 마법사가 뒤뜰에서 타임머신을 발명하여 1943년 어린이 정신과 전문의인 레오 카너가 자폐증을 발견했다고 발표한 직후에 그의 대기실로 날아갔다면, 그 퉁명스러운 의사는 시가 연기를 내뿜으며 그를 복도 끝에 있는 다른 진료실로 보내버렸을 것이다. 카너가 성인의 문제에 관심을 돌린 것은 훨씬 후의 일이었다. 그가 진료한 어린 환자들이 자라서 물리학자나 화학자가 될 수도 있다고 말했다면 그는 어처구니없을 정도로 낙관적인 말이라고 생각했을 것이다. 당시 훨씬 가능성이 높은 예후는 〈레인맨〉의 레이먼드 배빗처럼 주립병원에서 일생 동안 보호관찰 간호를 받는 것이었다.

지금도 소수의 인지심리학자들을 제외하고는 1980년대의 정신의학계에서 자폐범주성장애라는 모델을 채택한 것이 이 병을 최초로 정의한 사람에게 결정적인 패배를 안긴 것이라는 사실을 아는 사람은 거의 없다. 수십 년간 카너는 자신의 증후군이 정의상 단일한 병이고, 어린이에게만 국한되며, 극히 드물다는 입장을 고수했다. 영향력 있는 경제학자 타일러 코웬Tyler Cowen이 '자폐증적 인지 스타일'을 타고난 것의 장점을 내세우거나[39] 대릴 해너Daryl Hannah 같은 할리우드 스타가 중년에 들어서야 사실은 자폐증이었다고 털어놓는다든지,[40] 필즈 메달Fields Medal을 수상한 수학자 리처드 보처즈Richard Borcherds가 언론과의 인터뷰에서 자신의 자폐증적 성향에 대해 이야기하는 것[41]을 그가 보았다면 완전히 정신나간 짓까지는 아니라고 해도 무책임하다고 받아들였을 것이다. 심지어 코미디언 제리 사인펠트Jerry Seinfeld도 〈나이틀리 뉴스Nightly News〉에 출연하여 진행자인 브라이언 윌리엄스Brian Williams에게 이렇게 말하며 그 대열에 동참했다. "아주 넓게 본다면 저도 그 범주에 들어간다고 생각합니다. 기본적인 사회적 관계가 너무나 어렵거든요. 그렇다고 뭘 못한다는 소리는 아니에요. 그저 다른 사람과 사고방식이 다른 것뿐이죠."[42] 카너에게 있어서 자폐증은 단순히 유별난 인지 스타일이나 다른 사고방식을 뜻하는 것이 아니었다. 부적절한 양육이 원인이 되어 발생하는 비극적인 어린이 정신병으로, 조현병에 비견할 만한 것이었다. 전혀 자랑스럽게 내세울 만한 것이 아니었다.

자폐범주형 모델을 고안한 사람은 그 자신이 자폐증 자녀의 어머니였던 영국의 정신과 의사 로나 윙Lorna Wing이다. 카너라면 그녀의 딸 수지Susie를 보자마자 자신이 연구 중인 희귀 종족에 속한다는 사실을 알아차렸겠지만, 윙은 그가 고안한 진단적 용어에 의해 정상과 격리된 어린이와 가족이 겪는 어려움을 잘 알았다. 자폐증은 드물고, 예외없이 비참하며, 단일한 질병이라는 개념을 바꿈으로써 그녀는 사상 최초로 헤아릴 수 없이 많은 어린이, 10대, 성인들이 마땅히 받아야 할 교육과 사회적 서비스에 접근할 수 있는 길을 열었다.

그러나 이 분야를 40년 이상 지배했던 임상의사들에 대한 윙의 조용한 승리는 예기치 못한 결과를 낳았다. 그중 하나는 템플 그랜딘처럼 재능 있는 자폐증 성인이 대중 앞에 등장한 것이었다. 그들이 성장 과정에서 겪은 일들을 조리 있게 말하기 시작하면서, 자폐인들은 스스로 수많은 공통점을 발견하게 되었다. 또한 공감능력이 결여되어 있다는 점 등과 같이, 윙 같은 자폐증 전문가들조차 오랫동안 그럴 거라고 생각해왔던 많은 내용들을 부정할 수도 있었다. 스스로 정신병적이라거나 내면적인 장애를 겪고 있다고 보는 대신, 자신들이 지닌 별난 특징들에 자부심을 느끼며, 그랜딘이 썼듯 자기의 마음을 '다르지만 못하지 않은' 것으로 바라보는 방법을 배워나갔던 것이다.

그러나 범주형 모델을 채택한 데 따른 또 다른 예기치 않은 결과는 전 세계에 걸쳐 자폐증의 추정 유병률이 급격히 증가한 것으로 인해 걱정에 휩싸인 부모들의 반응이었다. 윙이 제시한 새로운 기준에 따라 진단받은 어린이 중 은둔형 노벨상 수상자, 사회적 기술이 부족한 할리우드 스타 또는 빌 게이츠의 뒤를 이를 만한 인재가 될 것처럼 보이는 경우는 거의 없었다. 많은 아이들이 간단한 언어와 가장 기초적인 자기 관리 능력을 배우기조차 힘겨워했으며, 발작을 일으키거나 느닷없이 격렬한 자해 행동을 하는 일도 드물지 않았다. 심지어 자라서 현실 속의 레이먼드 배빗(정신병원 밖에서는 생존할 수 없다고 판정받았지만, 시종일관 극히 드물고 예외적인 능력을 지닌 '서번트'로 묘사되었던)이 되는 것조차, 특히 생애 최초 몇 년간의 어려운 시기에는 많은 어린이들에게 이룰 수 없는 꿈으로 생각되었다.

또한 진단 범위와 이해가 크게 변했어도 많은 임상의사와 교육자들의 태도는 쉽게 바뀌지 않았다. 많은 사람들이 자폐증이란 예외 없이 매우 심각한 질병이라고 생각했으며, 부모들 또한 자녀를 어쩔 수 없이 수용시설로 보내야만 하는 불가피한 운명에 대비하라는 충고를 항상 들었다.

자폐증 진단이 늘면서 인터넷에는 필수 예방접종인 홍역, 볼거리, 디프테리아, 백일해 백신을 맞기 전까지 정상적으로 발달하는 것처럼 보였던 아기들에 대한 이야기가 나돌기 시작했다. 부모들은 바늘이 피부를 뚫고 들어가는 순간 아기의 눈에서 빛이 발산되는 것처럼 보였으며, 격렬한 발작, 날카로운 울음소리, 발열, 급작스럽고 심한 위장관 장애가 뒤따랐다고 했다. 놀랄 만큼 빠른 퇴행을 특징으로 하는 새롭고 무시무시한 형태의 자폐증에 관한 소문이 온라인을 통해 급속히 퍼져나갔다. 부모들은 한밤중에 느닷없이 소아과 의사의 흰 가운을 입은 도둑이 들어 자녀들을 납치해간 것 같다고 묘사했다. 한편, 엄청나게 치솟는 유병률 추정치에 허를 찔린 데다, 점점 많은 부모들이 자녀에게 필수 예방접종조차 맞추지 않겠다고 하는 데 위기감을 느낀 보건 관계자들은 '진단 기준 확대, 대중적 인식의 강화, 증례 발견의 향상' 같은 신중하고 전문적인 용어를 구사해가며 불안을 잠재우려고 애썼다. 하지만 아이의 얼굴을 찬찬히 들여다보며 혹시라도 자폐증의 특징인 눈을 맞추지 못하는 증상이 나타나지 않는지 확인해보는 엄마들의 근심 어린 마음에 이런 말은 전혀 알아들을 수 없는 외계어 같은 것이었다.

20세기의 마지막 10년 동안 아이를 낳은 부모들은 서로 모순되는 정보의 미로를 힘겹게 헤쳐나가야 했다. 도대체 자폐증이 뭐란 말인가? 인간 게놈의 복잡성에서 기원한 선천적이고 치료 불가능한 발달장애인가, 아니면 오로지 이윤에 눈이 멀어 부패한 의료 산업계의 독성 부산물인가? 그렇다면 지역 교육위원회와 보험회사와 기타 공고한 관료주의에 대항하여 싸우는 데 에너지를 쏟아야 할까, 아니면 '당장 자폐증을 물리치자!Defeat Autism Now!'✦ 나 '자폐증 완치를 논한다Talk About Curing Autism'✦✦ 같은 단체들이 끊임없이 선전하는 '회복'에 이르는 무수히 많은 길을 따라가

✦ 자폐증 퇴치를 내세우는 미국의 비영리 기관으로, 이후로는 DAN!으로 표기한다.

✦✦ 자폐증 퇴치를 위한 또 다른 비영리 기관으로, 이후로는 TACA로 표기한다.

봐야 하는 것일까?

여기 속하는 부모들은 종종 올바른 정보를 얻지 못한 반과학주의 '부정론자'로 묘사되지만, 알고 보면 이렇게 평가하는 외부자들보다 현재 자폐증 연구 현황을 훨씬 많이 아는 경우도 많다. 그들은 이메일 뉴스레터를 보내주는 단체나 웹 사이트를 통해 최신 정보를 강박적으로 추적한다. 집을 사실상 연구 시설로 개조하고, 가장 유망해 보이는 대체요법에 관한 자녀들의 반응을 세심하게 기록한다. 그들은 수십 년간 자신들과 비슷한 처지에 놓인 가족들을 배신하고 잘못된 길로 이끌었던 소위 전문가들의 손에 맡겨놓기에는 자녀들의 운명이 너무나 중요하다고 믿는다. 자녀들의 고통을 덜어주고야 말겠다는 굳은 결심을 동기로, 그들은 전 세계 과학자들과 교류하며 자신의 집 뒷마당에서 지구의 밀도를 계산했던 한 외로운 사람처럼 스스로 아마추어 연구자가 되는 길을 택한 것이다.

2

녹색 빨대를 사랑하는 소년

I

캘리포니아주 산타크루즈Santa Cruz 산맥을 굽어보는 높은 산등성이에 자리 잡은 방 안에서 레오 로사Leo Rosa는 눈을 떴다. 연안에서 피어오르는 두꺼운 안개를 뚫고 솟아오른 태양이 주황색과 진홍색 햇살을 방 안 가득 채웠다. 적갈색 곱슬머리 아래로 녹갈색 눈동자를 반짝이는 천사 같은 열한 살짜리 소년은 침대에서 빠져나와 아침 인사로 아버지를 꼭 안았다.

레오의 아버지인 크레이그Craig는 샌프란시스코의 공영 TV 방송국인 KQED에서 과학 프로그램을 제작한다. 섀넌 로사Shannon Rosa는 블로거이자 편집자이며 소프트웨어 컨설팅도 한다. 매일 아침 그들은 번갈아가며 아들의 등교 준비를 돕는다. 레오가 일어나 처음으로 하는 일은 방문에 테이프로 붙여둔 아이콘 목록을 읽는 것이다. 목록은 섀넌이 인터넷에서 클립아트를 내려받은 후 비닐로 코팅한 것이다. 아들이 단어보다 쉽게 이해하는 그림언어로 쓰인 '시각적 일정표'다. 소년이 신발을 신는 그림을 보면 레오는 옷을 입는다. 그 뒤로 칫솔 그림이 나오고, 그 뒤로는 소년이 침대를 정리하는 아이콘이 이어진다.

레오의 시각적 일정표는 열한 살 소년의 삶 속에서 제멋대로 벌어지는 예측 불가능성을 분석하여 뚜렷히 구분되는 관리 가능한 사건의 연속으로 바꾼 것이다. 이 일정표 덕분에 아이는 자폐범주성장애를 겪는 사람들이 나이에 관계없이 경험하는 어려움 중 하나인 불안감을 조절할 수 있다. 로사 가족이 사는 집 안 곳곳에서, 아이의 몸속에서 제멋대로 흘러다니는 에너지를 올바른 방향으로 이끌기 위한 힘겨운 노력의 물리적 흔적들을 볼 수 있다. 무엇이 그런 흔적인지만 안다면 말이다. 2층 난간을 따라 늘어선 흰색 지주들은 칠한 지 얼마 안 되었다. 어느 날 레오가 벽과 난간 사이에 누워 지주를 발로 밀 때 몸속 깊이 느껴지는 압력에서 심적 위안감을 얻으면서 지주들을 몽땅 부러뜨렸기 때문이다. 크레이그와 섀넌의 침대 발치에 놓인 골동품 장뇌목 체스트의 뚜껑에는 가느다란 금들이 가 있다. 딛고 올라가 매트리스 위로 몸을 날려 떨어지는 시험 비행의 발사대로 완벽한 물건이기 때문이다.

로사 가족은 생활 공간과 삶을 완벽하게 뜯어고쳐 레오에게 최대한 안전하고 편안한 환경을 만들었다. 일단 집부터 레드우드 시티Redwood City에서 자치체로 인가되지 않은 지역 내에 있다. 대부분 비포장인 산길을 따라 덤불이 무성한 산등성이에 올라선 후에도 막다른 곳이다. 번잡스러운 교통체계와 멀리 떨어져 있어서 예기치 못한 순간에 레오가 문을 열고 나가더라도 크게 걱정할 필요가 없다. 집은 구조상 2층이지만 바닥 중앙에 천장까지 완전히 뚫린 공간이 있다. 여기는 가구를 놓지 않고 비워두어 레오가 빙글빙글 돌거나, 격렬하게 점프하거나, 스쿠터 보드를 타고 가로질러도 벽이나 날카로운 모서리에 부딪히지 않는다. 한 시간 정도 격렬하고 요란한 운동을 하는 수밖에 없다면 뒷마당에 놓인 트램펄린이 해결책이다. 시내에 사는 친구들도 각자 창의성을 발휘하여 저렴한 빈백beanbag 소파와 공중그네로 아이들에게 비슷한 놀이기구를 만들어주었다.

부부는 집에 개방된 공간을 마련하여 항상 아들이 노는 모습을 지켜볼 수 있고, 레오 또한 부모가 어디 있는지 쉽게 알 수 있다. 밤이 되어 크레이그 옆에 눕더라도 섀넌은 바로 옆방에서 레오가 움직이는 소리를 들을 수 있다. 잠들기 위해 작은 소리로 혼자 노래를 부르고 있다면 별일 없다고 안심해도 좋다.

현관문 옆에 액자처럼 테두리를 둘러놓은 종이에는 "레오에게 물어볼 것들"이라는 제목이 붙어 있고, 이런 질문들이 적혀 있다. **네 이름은 뭐니? 너는 몇 살이니? 집 주소는 어떻게 되니? 누나 이름은 뭐니? 여동생 이름은 뭐니?** 섀넌이 이 목록을 만든 목적은 두 가지다. 첫째는 집에 찾아오는 사람들이 스스럼없이 아들과 이야기를 나누도록 격려하는 것, 둘째는 레오가 알고는 있지만 항상 다른 사람들이 알아듣게 말하지는 못하는 것들을 쉽게 말할 수 있도록 하려는 것이다. 레오는 부모가 말하는 많은 것들을 알아듣기는 하지만(임상적으로는 '수용언어가 좋다'라고 한다) 정작 말로 표현하려면 쉽게 나오지 않는다.

컨디션이 좋은 날,[1] 레오는 약 40단어 정도를 말할 수 있는데 대부분 명사다. "저녁은 피자!" 이런 식으로 밝게 말한다. "코스트코." 하지만 어떤 날은 하루 종일 거의 한 마디도 하지 않는다. 그렇다고 나무랄 수는 없다. 아이는 자기가 알고 신뢰할 수 있는 사람들과 의사소통할 때 언어가 아닌 소리, 노랫말, 선전 문구 등 자신만의 다양한 어휘를 구사한다.

기분 좋을 때 레오는 아무런 뜻도 없는 소리로 반복 악절을 마구 쏟아내듯 노래하며, 마음 내키는 대로 짧은 멜로디들을 만든다. 전체적으로 특별한 불만은 없지만 초조함을 느낄 때면 "티카, 티카, 티카" 같은 소리를 내기도 한다. 더 불안해지면 지미 듀랜티Jimmy Durante✦ 같은 목소리로 "아-

차-차!" 같은 소리를 낸다. 갑자기 행복감이 밀려올 때면 팔을 내젓고 원을 그리며 뛰면서 "훕! 훕! 훕!" 하고 소리를 지른다. 피곤할 때면 작고 구슬픈 소리를 낸다. 배가 고플 때면 서럽게 흐느껴 울기도 한다. 가족과 함께 시애틀에 있는 수족관에 갔을 때는 항상 하는 반향언어(자폐증을 겪는 사람들이 주변에서 들리는 말을 그대로 따다가 자기에게 맞게 고쳐 말하는 행동)에 벨루가 고래가 우는 소리를 흉내 내어 집어넣기도 했다.

엄마와 같이 차를 타고 갈 때 어디로 가는지를 모른다면 레오는 이렇게 말하기도 한다. "키아나Kianna를 데리러 가는 건 아니야." 키아나는 오래전 유치원에 다닐 때 아침마다 카풀을 했던 친구의 이름이다. 어디엔가 너무나 올라가고 싶은데 그래선 안 된다는 사실을 알고 있을 때는(때로는 이미 그곳에 올라간 뒤에) 이렇게 외친다. "올라가지 마!" 너무 화가 나서 누군가를 밀치고 싶은데, 한편으로는 꾹 참으면서 엄마한테 자기가 얼마나 자제력이 뛰어난지 보여주고 싶을 때는 이렇게 말한다. "밀고 싶으면 안 돼."

엄마가 차를 몰면서 자기가 좋아하는 도넛 가게에 들르지 않고 그냥 지나치면 오래전에 엄마가 화난 것을 꾹 참고 중얼거리던 말을 그대로 따라 하며 실망감을 감추려고 마음을 다잡는다. "오늘은 염병할 도넛을 안 먹을 거야." 섀넌은 두 딸 젤리Zelly와 인디아India 앞에서는 그런 말을 쓰지 않는다. 하지만 레오가 자기 말을 그대로 따라 하는 소리를 들었던 순간, 그녀는 아들이 자신만의 세계에 갇혀 있는 것처럼 보일 때도 항상 주변에서 들리는 소리에 주의를 기울이고 있다는 사실을 알아차렸다.

복도 저쪽 어수선한 방 안에서는 레오의 누나와 여동생이 학교에 갈 준비를 하고 있다. 젤리(크레이그의 고모 이름을 따서 지은 기젤라Gisela의 애칭이

✦ 미국의 코미디언으로 크고 걸걸한 목소리로 유명했다.

다)는 열세 살로, 이미 사려 깊은 젊은 여성처럼 침착한 분위기가 난다. 유별난 일이 많이 벌어지는 가족 내에서 젤리는 '정상적인' 사람 역할을 잘 수행하고 있다. 다섯 살 아래인 인디아는 나름대로 강력한 카리스마를 풍기지만 색다르고 반항적인 면이 있어 두꺼운 안경 뒤에 빛나는 녹색 눈동자 속에 항상 장난기와 극적인 요소가 깃들어 있다. 젤리는 전체적으로 차분한 데 반해 인디아는 식당에서 만난 낯선 사람한테 똑바로 걸어가 이렇게 말하는 타입이다. "어머나, 정말 옷이 예쁘네요!" 말하자면 본능적으로 주목을 끌고 분위기를 이끌 줄 안다. 딸들은 모든 사람에게 이제 계속 한 방을 쓰기에는 나이가 들었다는 사실을 알리려고 안달이 났다. "우리 언니는요, 완전 PITA예요." 인디아는 나와 둘만 남게 되자 이렇게 속삭였다. PITA란 '골치 아픈 녀석pain in the ass'의 머릿글자를 따서 그들 가족끼리 쓰는 말이다. 하지만 5분 뒤에 두 딸은 거실에서 함께 체조를 하고 있었다. 레오에 대한 열렬한 보호 본능이 개인 공간에 대한 열망을 누르고 있는 것이다.

부엌에서 젤리, 인디아와 아침을 먹다가 레오는 갑자기 공포와 유쾌한 흥분이 섞인 것 같은 걱정스러운 표정을 지으며 의자에서 뛰어내렸다. 아이가 급히 문 쪽으로 뛰어나가는 모습을 보고도 아빠는 꿈쩍도 하지 않았다. 아주 부드러운 목소리로 이렇게 말했을 뿐이다. "이봐, 친구, 어디 가는 거야?"

레오는 바로 자리에 돌아와 아무 일도 없다는 듯 다시 먹기 시작했다. 처음 입에 넣은 요구르트 속에는 가루로 만든 리스페달Risperdal 정제가 들어 있었다. 성인 조현병 치료에 쓰이는 비정형 정신병 치료제atypical antipsychotic다. 부모는 그렇게 강력한 약을 먹인다는 사실이 마음에 들지 않지만 현재로서는 가장 문제가 되는 행동, 즉 인디아를 놀리고 못살게 구는 행동을 조절하는 데 도움이 되는 것 같다. 레오는 스스로 자기 자신에게 익숙하지 않았던 시절에 예기치 않게 자기 세계 속으로 침입한 여동생에게 아직도 분한 감정을 품고 있다. 섀넌이 병원에서 처음 인디아를 데리고 집에 왔을 때 레오는 똑바로 엄마 앞으로 걸어가 이렇게 선언했다. "아기는 바이 바이!" 약물의 문제는 그렇지 않아도 뭐든지 먹어대는 레오의 식욕을 크게 늘린다는 점이다. 레오는 멀리 놓인 접시에서도 삽시간에 음식을 낚아채는 재주를 타고난 덕분에 가족들이 '코브라'라고 부를 정도다. 섀넌이 오트밀을 식탁 위에 놓자 인디아는 자기 그릇을 코브라의 사정권 밖으로 조용히 끌어당기며 조그만 소리로 말했다. "이건 내 거야."

커피와 토스트 냄새가 부엌 전체로 부드럽게 퍼진다. 레오는 자기 그릇을 들어 탁자를 내리치기 시작했지만 인디아는 고개도 들지 않는다. 주름 장식이 달린 하얀 드레스와 반짝거리는 슬리퍼를 신고 테이블에 앉은 인디아는 "나는 반짝거리는 게 좋아. 나는 까치라고!" 하며 중얼거렸다. 위풍당당한 문명 세계에 살다가 이곳에 와서 평민들이 최선을 다한 환대를 받아들이는 공주 인형처럼 보인다.

갑자기 레오가 다시 테이블에서 뛰어내리더니 아빠에게 묻는다. "녹색 빨대는?" 오늘은 아직 한 개도 쓰지 않았지만 스쿨버스가 집 앞에 오기 전에 첫 번째 녹색 빨대를 받고 싶은 모양이다. 스타벅스에 가면 밝은 녹색 빨대가 있다. 레오가 수년간 스스로 자극하기 위해 썼던 녹색 빨대만 해도 줄잡아 수만 개는 될 것이다. 자폐인들은 불안을 조절하기 위해 흔히 그런 행동을 한다. 분명히 이런 행동을 즐기기도 한다. 자폐인이 아닌 사람이 그런 행동을 한다면 주위 사람들은 그저 심심해서 꼼지락거린다고 생각할 뿐, 병이라고 보지는 않을 것이다.

레오는 가끔 버거킹의 빨간 빨대나 피츠Peet's✦의 파란색 빨대를 쓰기도 한다. 코스트코에서 주는 투명한 빨대는 쓰지 않는다. 하지만 스타벅

✦ 샌프란시스코의 로컬 커피 브랜드.

스의 녹색 빨대야말로 레오의 플라토닉 러브라 할 수 있다. 새넌이 허락할 때면 레오는 녹색 빨대를 받아 잠자리에 든다. 두 개라면 훨씬 좋다. 그때는 한 개는 입술 사이에, 한 개는 발가락 사이에 끼운다. 목욕할 때도, 화장실에 앉아 있을 때도, 트램펄린에서 펄쩍펄쩍 뛸 때도 녹색 빨대가 있어야 한다.

레오가 빨대에 마음을 뺏긴 모습은 보고 있으면 경탄스러울 정도다. 우선 애지중지하는 그 물건을 싼 종이를 정성스럽게 벗겨낸다. 입술을 적신 후, 뻣뻣한 플라스틱이 유연해질 때까지 빨대 전체를 야금야금 깨물기 시작한다. 마지막으로, L자 모양으로 구부러진 유연한 부분까지 잘근잘근 씹는다. 그동안 내내 반대쪽 끝을 손가락에 배배 꼬아 감는데, 춤추듯 우아한 손놀림은 마치 카드 트릭을 하는 마술사가 연상될 정도로 가히 달인의 경지다. 레오의 성스러운 빨대 의식儀式을 지켜보면 '보드빌쇼Vaude ville Show'++에 나와 빠른 속도로 달리며 모자와 지팡이를 자유자재로 놀리는 W. C. 필즈W.C.Fields+++를 보는 것 같다.

로사 부부는 한도를 벗어나지 않는 선에서 아들이 녹색 빨대에 대한 열정을 마음껏 발산하도록 내버려두었다. 그러나 새넌은 곧 가방 속에 빨대를 몇 개 더 넣어 가지고 다니는 것 정도로는 아들의 욕구를 절대로 충족시킬 수 없다는 것을 깨달았다. 그래서 레오의 행동이 상상을 초월할 정도로 극에 달해 대처하기 어려울 때 흔히 하는 대로 온라인에서 비슷한 경험을 한 사람들을 찾기 시작했다. 블로그를 통해 'L.U.S.T.League of Unrepentant Straw Thieves'(수치심을 모르는 빨대 도둑 연합)이라는 이름의 풀뿌리 운동에 지원해줄 사람을 찾았던 것이다.

++ 20세기 초 미국에서 유행했던, 짧은 노래와 춤과 코미디가 계속 이어지는 공연.

+++ 1900년대 초에 인기를 끌었던 미국 배우.

L.U.S.T. 요원은 헌신적이고 영리해야 합니다. 슬쩍한 빨대는 항상 레오에게 줘야 합니다. 레스토랑에서 나올 때는 음식이나 음료 값과 함께 팁을 듬뿍 주어 직원들의 주의를 돌린 후, 얼른 빨대를 주머니에 넣는 데 전문가가 되어야 합니다. L.U.S.T. 요원은 그 빨대들이 저녁 식사 자리를 화목하게 만들 수도 있고, 엉망진창으로 망쳐놓을 수도 있다는 점을 깊이 인식하고, 심지어 추수감사절 저녁이라 해도 저와 레오와 함께 잽싸게 차에 올라타 스타벅스로 가서 몇 개의 빨대를 슬쩍 주머니에 넣을 수 있어야 합니다.[2]

L.U.S.T. 요원들은 일제히 사우스 베이South Bay 시내에 있는 커피 전문점과 드라이브 스루 매장들을 급습했다. 스타벅스 매장 직원들은 왜 평소와 달리 그토록 많은 프라푸치노 주문이 쏟아져 들어오는지 의아했을지도 모른다. 멋진 바리스타 한 사람은 섀넌이 비품 창고에 들어가 시애틀 본사 소유인 멋진 녹색 보물들을 한주먹 집어갈 수 있도록 해주었다.

L.U.S.T. 작전은 놀라운 성공을 거두었다. 레오는 자신이 원하던 것을 얻었을 뿐만 아니라 집 안 곳곳에 녹색 빨대들을 잔뜩 숨겨놓았다는 데 흥분한 나머지 유례 없이 많은 표현언어를 쏟아냈다. 당연히 그 언어들은 단 한 가지에 집중되었다. "새 빨대! 새 녹색 빨대! 새 빨대 주세요! 엄마, 새 빨대 주세요. 네? 엄마? 엄마!" 레오의 가정 교육 프로그램 관리자와 상의한 후 섀넌은 아들에게 녹색 빨대에 대한 열망을 일정한 간격으로 충족시켜주겠다고 약속함으로써 조화로운 균형을 유지할 수 있다는 사실을 알게 되었다. 레오의 시각적 일정표에는 즉시 L자 모양의 아이콘이 추가되었다.

수년 전 섀넌은 패밀리 미니밴을 몰고 젤리를 여름 캠프에 데려다주는 길에 캠프 입구에 차를 세워야 했다. 항상 그렇듯 레오가 매우 곤란한 시점에 오줌이 마렵다고 징징거렸기 때문이다. 화장실이 눈에 띄지 않자 섀넌은 아들을 나무 덤불 뒤로 데려가 인디아와 딸의 친구인 케이티Katie가 못 본 척하는 동안 빨리 소변을 보라고 다그쳤다. 경우에 따라 여자아이들도 학교 운동장에 오줌을 눌 수 있으며, 심지어 그런 일이 멋져보일 때도 있는 법이라고 아이를 달랬다. "때로는 남자아이라는 게 정말 좋은 거야. 전 세계 어딜 가든 나무 덤불에다 오줌을 눌 수 있으니까!"

그러자 차 안에서 인디아가 소리쳤다. "그리고 경우에 따라서는, 여자아이인데 자폐증에 걸린 오빠가 있다면 세상 모든 것이 변하기도 하지."

II

레오를 키우면서 로사 가족의 세계는 상상할 수 없을 정도로 크게 변했다. 자폐증에 관한 가장 흔한 오해는 누군가 자폐증이 있으면 가족이 와해된다는 것이다. 이런 유해하고도 그릇된 생각을 끊임없이 부채질하는 것은 바로 매체들이다. 로사 가족처럼 자폐증 자녀를 키우는 가정의 이혼율은 일반 인구에 비해 전혀 높지 않다.[3] 오히려 이들 가족은 레오가 자신에게 가장 충실할 수 있도록 도와가며 사랑과 지지라는 울타리 속에서 서로 더 가까워졌고, 더욱 단단히 뭉쳤다. 열 살 때 젤리는 이런 시를 썼다.

> 레오,
>
> 내 동생.
>
> 레오는 달라요.
>
> 하지만 나는 동생을 사랑해요.
>
> 여전히. 때리고, 팔꿈치를 잡고,
>
> 빨대를 질겅질겅 씹어도 나는
>
> 모든 걸 받아들일 수 있죠.
>
> 왜냐면 나는 큰누나니까요.

일상에서 레오가 마땅히 누려야 할 존중과 지원을 받을 수 있도록 노력하는 동안, 로사 가족은 다른 가족들과도 더 가까워졌다. 많은 친구들이 발달장애 자녀를 키우거나, 그들 자신이 자폐범주성장애를 겪고 있거나 또는 양쪽 모두다. 이 친구들은 레오가 박물관 앞에서 줄을 서 있다가 갑자기 벗어나 가슴을 두드리며 타잔처럼 울부짖어도 놀라지 않으며, 쇼핑몰에서 주저앉아 떼를 써도 섀넌을 향해 멸시의 눈초리를 던지지 않는다. 극장에 갈 때면 왜 출입문에서 가까운 맨 뒷줄에만 앉는지 이해한다.

친구들은 특수한 요구를 지닌 자녀를 키우는 데 알아야 할 용어에도 익숙하다. OToccupational therapist(작업치료사), SLPspeech-language pathologist(언어병리학자) 등 머릿글자를 딴 용어나, 짜증을 부리며 떼를 씀tantrumming, 배설 돕기toileting 등 명사가 그대로 동사가 된 단어들이다. 그들은 어떻게 하면 교사들과 효과적으로 협조하여 개인별 교육 프로그램individualized education program, IEP, 즉 특정 아동의 학습 목표를 달성하기 위한 계획을 마련할 수 있는지 안다. 1975년 미국 의회에서 장애아동교육법Education for All Handicapped Children Act(1990년 장애인교육법으로 이름이 바뀌었다)이 통과되기 전에는 모든 장애 어린이가 교육기관에서 거부당하는 일이 거의 일상사였다. 자폐 어린이는 대부분의 심리학자들이 암기 학습조차 불가능하다고 믿었기에 이런 일상화된 편견에 더욱 심하게 시달렸다. 이런 이론은 1970년대에 틀렸음이 밝혀졌지만 여전히 미묘한 차별은 사라지지 않는다. 로사 가족의 친구들 중 몇몇은 아이가 장애인교육법에서 보장하는 교육을 받을 수 있도록 지역 교육위원회를 상대로 소송을 벌여야 했다.

레오를 키우면서 로사 부부가 젊었을 때 꿈꾸었던 몇 가지를 수정해야 했던 것은 사실이다. 일렉트로닉 아츠 앤 러닝 컴퍼니Electronic Arts and the Learning Company*에서 자칭 '지도 제작 덕후'에게 완벽한 직업인 디지털 지도책을 만드는 일을 하던 20대 시절에 섀넌은 샹들리에 동굴Chandelier

Caves[++]을 따라 스쿠버 다이빙을 즐기면서, 풀장에서 노닥거리는 타입이 아닌 남자친구를 만나 외국의 문화와 이국적인 분위기에 흠뻑 젖어 사는 삶을 꿈꾸었다. 하지만 최근까지도 크레이그의 건강보험에서 치료비를 내주지 않기 때문에 레오의 행동치료 비용으로 연간 수만 달러를 지출하는 형편으로는 가당치 않은 꿈이 되고 말았다. 로사 부부는 아들이 때때로 자기 옷을 찢어버리고 싶어 할 정도로 활력이 넘친다는 것을 알게 된 후 일찍부터 박물관이나 영화관 그리고 레스토랑들을 자주 찾기로 마음 먹었다. 친구들에게도 가능하면 가족 행사가 있을 때 꼭 불러달라고 부탁했다. 여러 가지 일정을 조정해야 하고, 때로는 뒷문으로 몰래 빠져나와야 하고, 어쩌다 아들에게 안 된다고 매몰차게 말해야 하는 순간이 있더라도 자신들의 생활을 지키기로 했던 것이다.

레드우드 시티에서 즐겨 찾는 인도음식점의 웨이터들은 이들 가족이 김이 모락모락 나는 난을 주문하면 최대한 빨리 갖다주는 게 좋다는 사실을 알고 있다. 레오가 좋아하는 음식이기 때문이다. 아이들이 생기기 전부터 크레이그와 섀넌이 토요일마다 아침 식사를 즐기는 카페에서는 레오가 오면 항상 "요즘 어떻게 지내?"라고 인사를 건네며 사회적 의사소통 기술을 익히게 해주려고 노력하며, 아이가 뭐라고 대답하면 진심으로 귀 기울여 들어준다. 동네 빵집 주인은 오븐에서 막 꺼낸 크로와상의 버터 냄새에 기쁨을 느낀 나머지 레오가 소리소리 질러도 섀넌이 사과할 필요가 없는 사람이다. 그저 어깨를 으쓱하며 이렇게 말한다. "애들이 다 그렇지, 뭐."

KQED 편집실에서 힘든 하루가 끝날 무렵, 크레이그는 레오 옆에 있

[+] 전 세계에서 몇 손가락 안에 드는 컴퓨터게임 및 교육 자료 제작 회사.

[++] 남태평양의 팔라우 제도에 있는 해저 동굴로 스쿠버 다이빙의 명소.

는 소파에 앉아 미야자키 하야오의 환상적인 만화영화 〈이웃집 토토로〉를 함께 본다. 두 사람이 이 영화를 함께 본 것은 처음이 아니다. 아마 5백 번은 봤을 것이다. 지난 10년간 거의 매일 밤 레오는 하루 일과를 마칠 때마다 큰 소리로 외쳤다. "토토로!"

아들의 말이 신호라도 되는 양, 크레이그는 구식 비디오 테이프 재생기를 켜고 레오와 함께 소파에 앉는다. 몇 년 전 디즈니에서 이 영화 판권을 산 후 원래 일본어 대사에 더 충실하게 더빙하여 DVD로 다시 내놓았다. 두말할 것도 없이 레오는 새로운 필름을 거부했으므로 로사 가족은 홈시어터가 대세가 된 지금도 이 영화가 처음 나온 1988년 당시 사용하던 케케묵은 비디오 테이프 재생기를 버리지 못한다.

"뭔가에 빠져야만 한다면, 최소한 이 영화는 꽤 좋은 편이지요." 아들이 옆에 앉아 수천 번은 봤을 장면에 시선을 고정한 동안 크레이그는 사람 좋게 웃으며 말했다. 조금이라도 흥미를 느끼기 위해 그는 매일 밤 전에 못 보고 지나쳤던 장면이 없는지 찾으려고 노력한다.

하지만 이 영화는 아이의 언어발달에 큰 도움이 되기도 했다. 더 어렸을 때 레오는 새로운 사람을 만나면 영화에서 자기가 왔다고 알리는 어린 소녀처럼 이렇게 소리치곤 했다. "메이 왔어요!" 그러다 언젠가부터 영화에 나오지 않는 말을 하기 시작했다. 요리하는 장면이 나오면, "브로콜리 썰어"라고 하는 식이다. 이제 엄마가 부엌에 들어가면 레오는 브로콜리를 썰 시간이라고 선언한다. 단순히 따라하는 데서 시작하여 대본을 읽듯이 반응하다가, 그 대본을 통해 세상과 소통하는 방식으로 발전한 것이다.

오늘 밤은 모건 자폐증센터Morgan Autism Center에 다녀오느라 레오가 피곤했기 때문에 〈이웃집 토토로〉 재상영이 짧게 끝났다. 산호세에 있는 모건 센터는 헌신적인 교사들이 이끌어가는 학교로, 레오는 그곳의 작은 학급에 다닌다. 아이는 소파에서 깡충 뛰어내리더니 말한다. "위층!" 크레이그가 대답한다. "위층에 뭐가 있지, 친구?" 레오가 재잘거리듯 대답한다. "침대!" 이런 대화는 너무 익숙해서 성당에서 응답기도를 하듯 편안한 리듬을 타고 이어진다. 그들은 함께 위층으로 올라간다.

몇 년 전 섀넌은 라디오에 출연하여 근처 의과대학에서 나온 자폐증 전문가와 인터뷰를 했다. 마이크가 꺼졌을 때 심리학자는 약간 놀란 표정으로 그녀를 바라보며 이렇게 말했다. "자폐증 아이의 엄마치고는 정말 행복해 보이시네요." (섀넌은 약간 놀랐다. 평소에 스스로 까칠하다고 생각했기 때문이다.) 현재 그녀와 남편은 확실히 전반적으로 만족스러운 것 같지만, 이런 평정 상태에 도달하기까지의 과정이 결코 쉬웠던 것은 아니다. 어둠 속에서 불확실한 방향을 향해 머나먼 길을 밀어붙이듯 걸어오면서 수많은 우여곡절과 가슴이 찢어지는 듯한 좌절을 겪은 끝에 쟁취한 것이다.

III

태어나서 처음 몇 개월간 레오는 유별나게 쾌활하다는 점만 빼놓고는 정상적으로 발달하는 아이들과 다름없어 보였다. 먹는 것도 정상이었고, 규칙적으로 잤으며, 주변 사람과 자주 눈을 맞췄다. 종종 뚜렷한 이유도 없이 웃곤 했다. 아무도 볼 수 없는 곳에서 싹트는 씨앗처럼 처음에는 남들과 다르다는 사실이 전혀 드러나지 않았다. 자폐증으로 진단받은 것은 매우 느리고 세심한 관찰이 누적된 상태에서 직관이 더해진 결과였다. 그들 부부가 서서히 사랑에 빠진 과정과도 비슷했다.

크레이그와 섀넌은 1980년대 후반 UCLA에서 친구의 소개로 만났다. 크레이그는 사교적인 미식축구 선수이자 행위예술을 하는 괴짜로 공상과학소설과 《옴니Omni》✦, 뉴웨이브 로큰롤의 짜릿함을 추구하며 자랐

✦ 미국과 영국에서 발간된 과학, 공상과학, 판타지 소설 잡지로, 1998년 폐간되었다.

다. 섀넌은 쌀쌀맞으면서도 호기심을 자극하는 고스족Goth✦으로 머리를 보라색으로 물들인 채 망사 스타킹 위에 멍키 부츠를 신고 기숙사 식당에서 샌드위치를 만들었다. 그들이 제대로 대화를 나눈 것은 만난 지 수년이 지나서였다.

이 시기에 섀넌은 문제가 많았던 관계를 정리하고 교환학생 프로그램을 통해 다른 학교로 가서 지리학을 공부했다. 좋지 않았던 기억과 최대한 멀리 떨어지려고 그녀는 전혀 다른 곳을 선택했다. 한때 황금 해안Gold Coast으로 불렸던 아프리카의 서해안이었다. 가나 대학교University of Ghana에 등록한 섀넌은 지역 문화에 푹 빠졌다. 바자bazaar를 돌아다니며 드레스 상점의 매대를 구경하느라 시간 가는 줄 몰랐다. 충격적일 정도로 현란한 색깔의 직물(밀랍 염색, 더치 왁스, 홀치기 염색) 한 필을 사서 재단사에게 가져가면 아무리 까다로운 주문을 넣어도 하루 이틀 만에 세상에 한 벌밖에 없는 옷을 만들어주었다. 또한 그녀는 향기로운 현지 음식에도 즉시 매료되었다. 절구로 빻아 만든 찐득한 푸푸fufu✦✦와 입안이 얼얼한 땅콩 스튜, 가나식 사워도우sourdough✦✦✦ 격인 바나나 잎으로 싸서 찐 발효 만두 켄키kenkey, 미국에는 이름조차 알려지지 않은 향신료들을 넣어 튀긴 쫄깃한 캐러멜 같은 켈레웰레kelewele(요리용 바나나 튀김) 같은 음식들이었다.

부드럽게 지분거리는 행동을 높게 평가하는 사회에서 섀넌은 악의 없이 놀리는 일의 즐거움을 발견했다. 같은 반 학생들이 가나에서 사용하는 서너 개의 언어를 구사하는 데 반해, 그녀는 영어밖에 할 줄 몰랐기 때문에 놀림감이 되었다. 그녀가 시험을 가장 잘 치면 교수는 학생들에게 이

✦ 주로 세상의 종말과 죽음을 노래한 고스록 애호가를 가리키는 말이지만, 음악의 영향으로 검은 옷을 입고 흰색과 검은색으로 화장을 하는 패션을 가리키기도 한다.

✦✦ 얌이나 카사바 분말로 만든 수프 또는 빵 모양의 음식.

✦✦✦ 발효시켜 시큼한 맛이 나는 빵.

렇게 말했다. "음, 이 아가씨가 또 너희들을 이겼구나." 소아마비 유행 때 살아남아 목발을 짚게 된 사람도 예외는 아니었다. 같은 과 친구들은 이렇게 말하곤 했다. "넌 조금 더 빨리 못 움직이냐?" 놀림받은 학생도 지지 않고 즉시 응수했다. 섀넌은 장애인들이 동정심이나 과장된 엄숙함 대신 자연스러운 삶의 일부로 대접받는 모습을 보고 놀랐다. "정상적인 기준이라고 생각했던 것들이 모두 사라지고 완전히 다른 현실 속에 있다는 게 너무 좋았어요. 모든 것이 새롭고 달랐죠. 다르다는 게 좋았어요."

로스앤젤레스로 돌아오자마자 섀넌은 밸런타인 데이 디너에서 미래의 남편과 다시 만났지만, 그날 그는 그녀의 친구에게 데이트를 신청했다. 섀넌은 전혀 기죽지 않고 수수께끼의 팬으로 가장하여 크레이그에게 쉴 새 없이 꽃과 편지를 보냈다. 몇 주간 숨바꼭질을 한 끝에 마침내 그녀는 직접 그린 만화책을 선물하여 그의 마음을 사로잡았다. 상상 속의 자신이 신문에 실린 구애求愛 광고를 훑어보다 마침내 완벽한 남자를 찾는다는 내용이었다. 완벽한 남자는 묘하게 크레이그와 닮은 것으로 묘사되어 있었다. 그는 사전 예고도 없이 그녀가 일하는 델리에 꽃다발을 한 아름 안고 나타나는 것으로 대답을 대신했다. 그들은 1995년에 결혼했다.

젤리의 출산은 쉽지 않았다. 섀넌은 조기 진통을 한 차례 겪은 후 몇 주간 침대에 누워 있어야 했다. 태어난 후에도 몇 달간 고생을 했다. 육아잡지에 나오는 더없이 행복한 유아들과 달리, 아이는 도통 모유를 먹지 않았다. 젖을 짜서 먹여야 했기 때문에 섀넌은 밤새도록 두 시간에 한 번씩 젖을 짜서 젖병에 담아 멸균하는 일을 반복해야 했다. 그러다 어느 순간 제 궤도에 접어들었다. 갑자기 광고에 나오는 것처럼 모든 것이 완벽해졌다. 젤리를 키우는 일이 어찌나 행복하고 쉬웠던지 섀넌은 '아기 바람잡이'라고 부를 정도였다. 다른 젊은 부부들이 보면 아기 키우기가 너무 쉬운 일처럼 잘못 생각할 정도란 뜻이었다.

젤리 때와는 달리 레오를 임신했을 때는 모든 것이 순조로웠다. 크레이그와 조산사의 도움을 받아 병원에서 분만할 때도 아무런 문제가 없었다. 2000년 11월 9일, 그녀의 아들 레오넬Leonel(포르투갈에서 기타의 거장으로 손꼽히는 크레이그의 큰아버지를 따라 지은 이름이었다)의 젖어서 반짝이는 머리가 처음으로 세상에 불쑥 나왔을 때 섀넌은 인사를 건넸다. "이봐, 레오야, 안녕? 정말 반갑구나. 환영해!"

레오는 즉시 자연스럽게 엄마 젖을 빨았다. 섀넌은 엄마로서 자신의 능력에 대단한 확신을 느낀 나머지, 다른 사람들의 아기도 돌봐줄 수 있다고 생각할 정도였다. 하지만 어떻게 아기를 셋이나 키운담? 그랬다가는 판타지 소설을 읽거나 오래도록 샤워를 즐기거나 하지도 못할 것 아닌가?

아들은 7개월이 되자 혼자 앉기 시작했다. 정상이었다. 다시 한 달이 지나자 기어다녔고, 넉 달 후에는 서툴게 발걸음을 떼어놓았다. 모두 정상이었다. 로사가 조금 이상한 낌새를 알아챈 것은 레오가 돌이 되었을 때였다. 좋아하는 장난감들을 마루에 늘어놓고 한 곳에서 다른 곳으로 밀어 옮기는 일을 끝도 없이 반복했던 것이다. 장난감을 가지고 노는 데도 전혀 관심이 없는 것 같았다. 그저 이쪽저쪽으로 옮기기만 할 뿐이었다. 일종의 개인적 의식을 치르는 것 같았다.

본격적으로 집 안을 돌아다니기 시작하면서 레오는 십자가의 길을 따라 걷는 순례자처럼 자기가 좋아하는 경로로만 거실을 돌아다녔다. 방을 가로지를 때마다 정확히 같은 장소에서 정확히 같은 의자와 테이블을 손으로 건드리고, 예외없이 마지막에는 소파 위로 몸을 날렸다. 처음에 크레이그와 섀넌은 이 작은 의식을 귀엽다고 생각하여 레오의 회로라는 이름까지 붙여줬다. "하지만 똑같은 일을 수도 없이 반복하고 있는 걸 보고 있자니 조금 마음이 불편해지더군요." 크레이그의 말이다.

레오가 한 살 반쯤 되었을 때 가족은 소아과 의사인 친구와 함께 소노마Sonoma✦로 여행을 떠났다. 숙소에 들자 레오는 즉시 새로운 회로를 고안해냈다. 친구는 레오가 똑같은 행동을 하며 똑같은 경로를 따라 계속 도는 것을 자세히 관찰하더니(만지고 달리고 만지고 달리고 만지고 달리고 몸을 날리고) 이윽고 아이의 이름을 크게 불렀다. 레오는 무시한 채 똑같은 동작만 반복할 뿐이었다. 친구는 크레이그를 조용히 한쪽으로 데려가더니 말했다. "저 나이치고는 주의력이 많이 떨어지는 것 같아. 한번 진찰을 받아보는 게 좋을 것 같네."

로사 가족은 우선 청력을 검사해보기로 했다. 그전 몇 달간 수차례 중이염에 걸렸던 것이다. 귀 만지는 것을 레오가 견디지 못했기 때문에 짧게 끝내야 했지만 어쨌든 청력에는 이상이 없었다. 의사는 중이염이 재발하지 않도록 오구멘틴Augmentin이라는 항생제를 처방했다. 하지만 레오는 점점 더 보통 아이들과는 멀어져갔다. 새년이 수년간 엄청나게 노력했지만 아이는 대소변을 제대로 가리지 못했다.

레오가 처음으로 단어를 입 밖에 낸 것은 10개월 때였다('다다'와 '공'이라는 단어였다). 그러다 갑자기 아무 말도 하지 않았다. 언어의 싹이 파릇파릇 돋아나다가 갑자기 시들어 침묵에 빠져든 것 같았다. 다른 발달 지표도 하나둘씩 뒤처지기 시작했다. 레오의 소아과 의사는 지표들을 늦게 달성한다고 해서 심각한 것은 아니라고 안심시켰다. 의사는 아이가 밝고 다정한 어린 곰처럼 꼭 안아주거나 간지럼을 태우면 좋아한다는 점을 지적했다. "자폐증 아이들은 저렇지 않아요."

"또 한 가지, 레오는 제 눈을 똑바로 보잖아요." 의사는 이렇게 덧붙이

✦ 캘리포니아주 서부에 있는 도시로, 와인 양조장이 많은 것으로 유명하다.

며 대화를 마쳤다. 레오가 〈레인맨〉이 되어가는 것 같지는 않았다. 하지만 분명히 뭔가 다른 것은 사실이었으며, 날이 갈수록 더해갔다. 그 후 몇 개월간 그들은 수많은 전문가를 찾아다녔다. 예약하고, 검사받고, 먼 곳까지 차를 타고 가고, 상담하고, 평가받는 일이 반복되었다.

한 임상의사는 레오의 차트에 이렇게 기록했다. "원하는 것을 얻기 위해 손으로 잡아끌고, 짜증스럽게 웅얼거리고, 자신만 알아듣는 단어를 사용한다." (점차 로사 가족은 새로운 언어를 개발하는 것과 다름없는 지경에 이르렀다.) 다른 의사는 이렇게 썼다. "치료사가 세션 내내 이름을 부르는데도 거의 반응을 보이지 않았다." 세 번째 의사는 레오가 자신이 방 안에 있다는 사실을 알아차리는 데만도 15분이 걸렸다고 적었다.

로사 가족은 자신들의 어린 곰에게 무슨 일이 벌어지고 있는지 알기 위해 백방으로 노력했다. 아이는 먹는 것을 좋아했지만, 심하게 음식을 가렸다. 골고루 먹이려고 무진 애를 썼지만, 먹는 것이라고는 땅콩버터와 잼을 바른 샌드위치, 바나나, 과카몰리guacamole✦, 골드피쉬 크레커, 베지 부티Veggie Booty 팝콘 스낵이 전부였다. 게다가 자주 설사와 구토에 시달렸다. 알레르기 전문의에게 데려가 콩, 옥수수, 달걀 흰자, 땅콩, 우유, 곰팡이, 고양이, 개, 주변에 흔한 나무들, 관목들, 집먼지 진드기에 대한 민감성을 검사받았다. 모든 검사가 음성이었다.

그 사이에 특이한 행동들은 점점 정교해졌다. 이제 장난감을 스스로 가져오는 대신, 갖다달라는 신호로 엄마의 팔꿈치를 두드렸다. 보도블록들이 만드는 무늬에 완전히 마음이 사로잡히곤 했지만, 누구든 두 사람이 함께 노래하면 미친 듯이 화를 냈다(공교롭게도 누나와 여동생은 노래하기를 좋아했다). 익숙하지 않은 물건은 일단 입속에 넣어 뭔지 알아보았다. 오렌지

✦ 아보카도를 으깨어 양념한 것이다.

를 한 조각 주면 입술과 눈꺼풀 전체에 대고 문질렀다. 빨대에 사로잡힌 것도 이때쯤이었다. 처음에는 빨대를 윗입술에 대고 누르는 행동을 끝없이 반복했다.

이때쯤 되자 평가서에 '자폐'라는 단어가 계속 등장했다. 지역정신보건센터 소장은 크레이그와 섀넌에게 아이가 좀 더 나이가 많다면 즉시 자폐증 또는 '정신지체' 진단을 내렸을 것이라고 했다. 더 이상은 부정할 여지가 없었다.

섀넌은 세상이 무너져 내리는 듯한 느낌이 들었다. 어느 정도는 스스로 매우 유능한 사람이라고 생각했기 때문이기도 했다. "저는 남들을 돕고, 문제를 해결하고, 결재하고, '보내기' 버튼을 누르고, 메일 박스를 확인하고, 다음에 해야 할 일로 넘어가는 데서 만족과 행복을 얻는 타입이거든요." 하지만 아들의 자폐증은 어떻게 해결해야 할지 전혀 알 수 없었다. 평생 잘 자는 편이었지만 새벽 3시가 되도록 천장만 바라보는 나날이 이어졌다. 차를 몰고 볼일을 보러 가다가도 갑자기 길 옆에 차를 세우곤 했다. 도로 표지판에 적힌 내용이 무슨 의미인지 도무지 알 수가 없었던 것이다.

인터넷에서 자녀가 같은 병으로 진단받은 부모들에 관한 정보를 찾아보다 그녀는 우연히 '살롱Salon'이라는 사이트에서 스코트 시Scot Sea라는 사람이 쓴 글을 읽었다. 그는 자폐증을 앓는 딸을 키워본 후에야 델핀 바르톨로메Delfin Bartolome라는 캘리포니아 주민이 아들을 총으로 쏜 후 자신도 목숨을 끊은 이유를 이해할 수 있었다고 썼다.

"마침내 냄새가 복도를 따라 퍼지기 시작한다. 엉망이 된 채 바닥에 내팽개쳐진 바지와 기저귀를 본 순간 사람들은 너무 늦었다는 사실을 깨닫는다." 글은 이렇게 불길한 말로 시작되었다. "문과 장식용 몰딩과 벽이 온통 선홍색 핏자국으로 범벅이 되어 있었다. 모퉁이를 돌면 나오는 침실이 범죄 현장이었다. 도끼 살인일까? 사실은 최악의 일을 겪은 그의 딸이었다." 그는 현장을 끔찍한 영화의 한 장면처럼 묘사했다. "페인트처럼 번들거리는 핏자국들, 검게 굳은 핏덩이들, 황갈색 대변 그리고 직경 1미터 정도의 작은 연못처럼 보이는 토사물 한가운데 그의 딸이 서 있다.…손에서 피가 뚝뚝 떨어지고 얼굴은 마치 식인종 같다."[4]

이전 시대의 부모들은 이렇게 끔찍한 광경을 볼 일이 없었다고 그는 설명했다. '백치'로 태어난 아이들은 즉시 '우물에 던져버리거나, 울타리 기둥에 세게 부딪히도록 집어던져버렸기' 때문이다. 최근 들어서도 '교육받은' 집안이라면 적어도 수용소에 집어넣는 방식으로 문제를 해결할 수도 있었다고 그는 덧붙였다. 그러나 오늘날 절박한 부모들은 스스로 길을 찾아야 한다. 바르톨로메는 더 이상 방법이 없다고 생각하자 권총을 택할 수밖에 없었다. 시에 따르면, 이것이야말로 자폐증 자녀를 둔 부모들의 가혹한 현실이다. (그는 사건 몇 주 전 바르톨로메가 은퇴 직전에 해고당하여 임시직을 전전했으며, 아들의 향후 치료가 위태로운 형편이었다는 사실을 언급하지 않았다. 친척들에 따르면, 바르톨로메는 매우 인자하고 헌신적인 아버지였다.)[5]

그 글을 읽다 보니 섀넌은 실제로 몸이 아파오는 것 같았다. 이것이 그녀의 가족이 맞게 될 미래란 말인가?

IV

점차 프리랜스 연구자로서 섀넌의 기술이 빛을 발하기 시작했다. 하루에도 몇 시간씩 온라인 검색을 하고, 서점과 도서관을 돌아다니고, 다른 부모들을 만나 아들에게 도움이 될 만한 정보를 닥치는 대로 그러모았다.

특히 두 권의 책이 깊은 인상을 남겼다. 캐서린 모리스Catherine Maurice의 《네 목소리를 들려줘Let Me Hear Your Voice: A Family's Triumph over Autism》와 캐린 세루시Karyn Seroussi의 《자폐증과 전반적 발달장애 이해하기Understanding the Mystery of Autism and Pervasive developmental disorder: A Mother's Story of Research and Recovery》였다. 두 권 모두 자폐증 어린이들이 각기 방법은 다르지만 회복할 수 있다는 생각을 강조한다. "제가 정말로 듣고 싶었던 소식이었어요. 우리 아들을 정상으로 돌려놓을 수 있다는 거였지요."

모리스의 책은 응용행동분석applied behavior analysis, ABA에 초점을 맞춘다. 응용행동분석이란 B. F. 스키너B. F. Skinner의 동물학습 이론을 근거로 한 행동수정요법behavior modification의 하나로, 1960년대에 UCLA의 심리학자였던 이바 로바스Ivar Lovaas에 의해 자폐증의 조기 치료법으로 개발되었다. 책의 1장에는 저자의 두 살 난 딸 앤-마리Anne-Marie가 발달과정 동영상을 거꾸로 돌리는 것처럼 계속 퇴행하는 모습이 나온다. 수개월 전 배웠던 몇 안 되는 단어조차 잊어버린 앤-마리는 홀로 떨어져 접근할 수조차 없는 고립된 존재가 되어가는 것 같았다.

> 아이의 행동은 점점 낯설고 이상해졌다. 퍼즐 조각을 추려 두 개씩 서로 정확히 90도가 되도록 쌓아놓고 가만히 응시하는 행동을 끝도 없이 반복하는 모습을 보며 나는 거의 공포에 가까운 감정에 사로잡혔다. 제발 아가야, 제발 그러지 마라. 도대체 왜 그러는 거니?[6]

앤-마리의 자폐 행동이 점점 심해지자, 캐서린과 남편 마크Marc는 눈앞에서 딸이 괴물에게 잡아먹히는 모습을 보는 것 같은 절망감에 사로잡혔다. "우리는 시간과 경쟁이라도 하듯 서둘렀다. 딸아이의 끝없는 퇴행을 막을 방법이 없는지 백방으로 쫓아다녔다." 서서히 딸을 잃고 있다는 슬픔이 밀려올 때면 캐서린은 무릎을 꿇고 기도했다. "제발 진단이 틀렸기를 바랍니다. 자폐증을 낫게 해주세요. 주여, 자폐증을 낫게 해주세요. 제 어린 딸을 돌려주세요. 제 품으로 돌려주세요. 그 일이 생기기 전으로 돌려주세요. 이제 그만 아이를 돌려주세요!"

무슨 일이든 해보리라 마음먹은 캐서린과 마크는 당시 유행했던 수많은 치료법을 찾아다녔다. 그중에는 조류학자인 니콜라스 틴베르헌Nikolaas Tinbergen이 조류를 관찰한 결과를 근거로 개발한 포옹요법holding therapy[7]이라는 것도 있었다. 틴베르헌은 네덜란드의 동물행동 전문가였지만 어린이들을 연구한 경험은 전혀 없었다. 그는 자폐증이 유전이나 다른 요인에 의한 것이 아니라 '아동기 초기의 속상한 경험들'과 '매우 근엄한' 부모들 때문에 생긴다고 주장했다. 1973년 노벨 의학상 수락 연설에서 그는 이렇게 선언했다. "우리는 이 불운한 부모들을 비난해서는 안 됩니다. 자폐증 환자의 부모들은 많은 연민과 어쩌면 자폐증 환자 자신만큼이나 많은 도움을 받아야 합니다."[8]

포옹요법은 엄마들이 매일 한 시간씩, 필요하다면 강제로 자녀를 꼭 끌어안고 계속 눈을 맞추며 마음속 가장 깊은 곳에 있는 감정을 털어놓아 '길들일' 것을 요구한다.[9] 이 과정의 목표는 소위 '해소'라는 감정의 돌파구를 마련하는 것이었다. 틴베르헌은 해소야말로 부모들에게 '새로운 희망'을 주는 동시에 어린이들을 '완치'시키는 길이라고 주장했다.[10] 캐서린은 마사 웰치Martha Welch라는 유명한 포옹요법사를 찾아갔는데, 그녀는 자기를 찾아온 환자 중 50퍼센트가 회복되었다고 허풍을 쳤다.

증거를 보여달라고 하자 웰치는 캐서린이 '숫자와 통계'에 집착한다고 핀잔을 주었다. 그녀가 보여준 훈련 비디오 속에서는 한 엄마가 침대에서 자폐증을 앓는 딸을 아래에 깔고 누워 말을 듣지 않을 때마다 자기가 얼마나 화가 나는지 말하고 있었다.

"그럴 때 너는 기분이 어떠니?" 엄마가 말했다.

"숨을 못 쉬겠어요!" 밑에 깔린 아이가 신음했다. 엄마는 바로 맞받아

쳤다.

"시끄러워! 그런 건 아무래도 좋아. 네가 이걸 해소할 때까지는 절대 일어나지 않을 거야."[11]

혹시 도움이 될까 싶어 찾아간 전문가들이 무심결에 자폐증이 생긴 것은 바로 부모 때문이라고 비난하는 것은 부모들이 흔히 겪는 딜레마였다. 그럼에도 포옹요법이 캐서린에게 호소력이 있었던 중요한 이유는 웰치가 자신의 정신적 고통에 공감하는 것 같았기 때문이었다. 그와 달리, 응용행동분석은 철저히 경험적이었다. 어린이가 눈을 맞추거나 얌전히 앉아 있으면 초코볼이나 사과 주스를 준다거나 "잘했어!"라고 칭찬해주는 등 보상을 해주었다. 반면에, 손을 움직이거나 꼼지락거리면 큰 소리로 "안 돼!"라고 하는 방식으로 벌을 주었다. 웰치의 조언을 듣지 않고 모리스 가족은 브리짓 테일러Bridget Taylor라는 젊은 치료사에게 응용행동분석 치료도 함께 받았다. 테일러는 자폐증에 관해 아무런 심리학적 이론도 제시하지 않고, 기적적인 회복도 약속하지 않았다. 응용행동분석을 개발한 로바스Ole Ivar Lovaas는 가장 몰입적인 프로그램에 참여한 어린이 중 거의 절반이 '정상' 기능에 도달했다고 주장했지만,[12] 테일러는 무뚝뚝하게 "그렇게 효과가 좋은 경우는 본 적이 없어요"라고 했다. 처음에 캐서린은 응용행동분석을 의심했다. 정서적 '애착 재형성'을 강조하는 웰치의 치료에 비해 로봇처럼 기계적이라고 생각했기 때문이다. 그러나 주말을 빼고는 매일 오후 집으로 찾아와 참을성 있게 아이를 치료하는 테일러는 곧 가족과 다름없는 존재가 되었다.

몇 달이 지나자 앤-마리는 점차 정신이 초롱초롱해지며 주변에 일어나는 일에 반응하기 시작했다. 캐서린은 딸이 치료 중에 테일러가 제공하는 '매우 예측 가능하며, 안정적이고, 체계적인 환경'을 즐기기 시작하는 것 같았다고 썼다. 결국 그녀는 일주일에 한 시간씩 포옹요법을 받은 결과 아이가 많이 좋아졌다고 하는 추천의 말을 BBC 방송 프로그램에 해달라고 압력을 가하는 웰치에게 배신감을 느꼈다. 프로그램이 방송되자 전 유럽의 가족들이 포옹요법 치료사를 찾아 몰리는 모습을 보고 캐서린은 대중을 호도했다는 양심의 가책을 느꼈다. 모리스 가족은 응용행동분석에서 진정한 희망을 발견했다고 느꼈다. 그들은 거의 종교적인 열정으로 공동 치료사 역할에 헌신했다. "날이 갈수록 우리는 아이에게 점점 더 많은 것을 요구하게 되었다. '멍하니 허공을 바라보지 마라, 이를 갈지 마라, 손으로 장난하지 마라, 한곳을 습관적으로 만지지 마라, 자폐증처럼 보이는 것은 무엇이든 하지 마라.'"

앤-마리의 행동이 점점 '정상'이 되면서 캐서린은 포옹요법, 응용행동분석 또는 아이의 자연적 성숙 중 무엇이 도움이 되었는지 알 수 없다는 사실을 인정했다. 그러나 **바바**(바이바이), **주**(주스), **카**(쿠키) 등 겉보기에 사라진 것 같았던 초기 언어들이 점차 돌아오기 시작했다. 책의 말미에서 앤-마리는 네 살이 되었으며, 이때 진찰한 의사는 '분명 더 이상 자폐증이 아니다'라고 선언한다. 진찰을 받고 집으로 돌아오는 길에 크리스틴은 마크를 바라보며 이렇게 속삭였다. "신이 우리의 기도를 들어준 거예요."

책을 읽고 나서 섀넌은 언어치료, 작업치료, 응용행동분석으로 구성된 집중치료 프로그램에 레오를 등록시켰다. 한 달에 수천 달러가 들었기 때문에 크레이그의 부모에게 손을 벌리는 수밖에 없었다. 하지만 시간을 낭비할 수는 없는 노릇이었다. 자폐증을 치료하는 임상가들 사이에서는 레오 같은 아이가 경험에 의해 뇌 회로를 재구성할 수 있는 시기가 매우 짧으며, 그 시기를 놓치면 로바스가 주장했듯이 또래 아이들과 완전히 같은 정도로 발달할 수 없다는 믿음이 지배적이었다(현재는 이런 발달이 일생 중 언제든 가능하다는 사실이 알려져 있다).

캐서린 모리스가 밖에서 안으로, 즉 아이의 행동을 교정하여 자폐증을 완치하는 방법을 추구했다면, 캐린 세루시의 《자폐증과 전반적 발달장애 이해하기》는 안에서 밖으로 나오는 방식으로 같은 목표를 추구했던 한 어머니의 이야기를 담고 있다.

책은 저자의 18개월 된 아들 마일스Miles가 41도의 고열로 부들부들 떨며 응급실에 도착하는 장면으로 시작된다. 전날 아침 아이는 디프테리아-백일해-파상풍DPT 백신을 맞은 터였다. 그것 때문일까? 의사는 알 수 없다고 한다. 마일스는 첫 번째 DPT를 맞았을 때도, 누구나 맞는 MMR 백신을 접종한 다음에도 비슷한 일을 겪었다. 한 달 뒤 심리학자는 언어 습득이 늦는다는 소견을 근거로 자폐범주성장애라는 잠정적 진단을 내렸다. 세루시는 자폐증이라는 무시무시한 단어에서 '극심하게 불안한 나머지, 한쪽 구석에서 몸을 떨고 있는 아이' 이미지를 떠올렸다. 그러나 자폐증 진단은 이후 정식 평가를 거쳐 확인되었다.

사실 아주 갑작스러운 일은 아니었다. 마일스는 언제나 누나인 로라에 비해 어딘가 동떨어진 듯한 느낌을 주었고, 혼자 있기를 좋아했다. 딸은 매일 아침 부모의 침대로 기어올라와 껴안는 타입이었지만, 마일스는 그런 적이 한 번도 없었다. 놀다가 무릎이 까져 엄마에게 위로받으러 왔다가도 안아주려고 하면 돌아서 가버렸다. 장난감도 그냥 가지고 노는 것이 아니라 '체계적으로 실험하는' 것처럼 보였다. 세루시는 혹시 아이가 아빠를 닮지 않았는지 유심히 관찰해보았다. 아빠 앨런Allen은 명석한 화학자이지만 사회적인 상황에서는 어찌할 바를 몰랐다. 프러포즈를 할 때도 불쑥 손을 내밀더니 이렇게 말했다. "나는 당신에게 이 세상에 관한 모든 것을 가르쳐줄 수 있고, 당신은 내게 그 속에서 어떻게 살아야 하는지 가르쳐줄 수 있을 거야."

캐린은 지역 도서관에 가봤지만 자폐증에 관한 책은 두 권밖에 없었다. 한 권은 어떤 의사가 '자기 손가락을 먹고 싶어 하는' 아들에 대해 쓴 책이었다. 그녀는 기겁을 하며 내려놓았다. 다른 책이 바로 《네 목소리를 들려줘》였다. 그녀는 마일스를 집중 응용행동분석 프로그램에 등록시켰다. 하지만 거기서 멈추지 않았다. 시어머니와 이야기해본 후 그녀는 앨런도 유아기에 심한 발달지연을 나타냈다는 사실을 알게 되었다. 요람에 조용히 홀로 앉아 같은 장난감을 이리저리 뒤집거나, 성냥갑을 자동차라며 가지런히 줄 맞춰 늘어놓는 일을 끝도 없이 반복했다는 것이었다. 지적으로 장애가 있는 게 아닐까 의심도 했지만 전혀 그렇지는 않았다. 그는 오직 두 가지 음식만 먹으려고 했는데, 그런 행동은 그중 한 가지인 우유를 끊고(또 한 가지는 애플 소스였다) 갑자기 없어졌다. 의사가 계속 우유만 먹다가는 빈혈이 생길 거라고 걱정했던 것이다. 우유를 끊고 나서 앨런은 혼자서 걷고 말하기 시작했다.

세루시는 생의학적 중재biomedical intervention라는 방법으로 아들을 치료할 계획을 세웠다. 자폐증 부모들이 가장 신뢰하는 전문가인 해군 소속 심리학자 버나드 림랜드Bernard Rimland의 지도 아래 부모, 임상의사, 대체의학 치료사들이 모여 개발한 방법이었다. 가장 기본은 소위 GFCF 식이요법으로, 흔히 밀가루와 유제품에 들어 있는 두 가지 단백질인 글루텐과 카제인을 완전히 배제한 식단을 엄격하게 지키는 것이었다. 림랜드는 DPT나 MMR 같은 백신을 맞은 어린이 중 일부가 소장 벽의 투과성이 비정상적으로 증가하여(장누출 증후군) 이런 단백질을 제대로 소화하지 못한다고 믿었다. 소화되지 않은 단백질은 혈류를 타고 뇌로 가서 정상적인 발달을 크게 저해한다는 것이었다. 또한 세루시는 GFCF 식이요법과 함께 림랜드가 설립한 DAN! 네트워크에서 개발한 공격적인 고용량 비타민, 미네랄, 효소, 보충제 프로그램도 시행했다.

세루시는 아들의 자폐증을 이겨내기 위한 싸움을 성서에 나오는 용어들을 써서 태곳적부터 이어져오는 선과 악 사이의 마지막 결전으로 생각했다. "맹수들의 그림자가 내 집을 덮치고, 그 흉악한 얼굴로 인해 눈앞이 캄캄해졌다. 마일스는 언젠가 아버지가 될 테고, 자기 자녀들을 염려해야 할 것이다. 그때까지 나는 이 맹수들을 확실히 퇴치해야 한다." 《네 목소리를 들려줘》와 마찬가지로 이 책 또한 승리의 기록으로 끝난다. DAN! 네트워크의 한 회원은 세루시에게 이렇게 말한다. "당신 아들에게는 이제 자폐증의 기색조차 남아 있지 않군요."

세루시의 책 서문에서 림랜드는 마침내 그녀가 '모든 부모들이 바라 마지않는 것, 즉 아들의 완치'를 찾아냈다고 선언했다. 그의 이런 보증에 힘입어, 백신에 의해 초래된 자폐증의 전 세계적 유행에 대한 공포가 최고조에 달했을 때 자폐 어린이가 식이요법에 의해 완치될 수 있다는 생각이 부모들 사이에 희망의 물결처럼 번져나갔다.

세루시의 책을 읽고 난 후 섀넌은 레오가 글루텐이 잔뜩 든 골드피쉬 크래커, 땅콩버터와 잼을 바른 달콤한 샌드위치를 먹는 버릇을 끝내겠다고 결심했다. 아들이 회복되는 과정을 담은 기록을 사람들과 공유하기 위해 그녀는 '머지않아 자폐증에서 벗어날 소년 릴로와 욕쟁이 엄마의 모험 The Adventures of Leelo the Soon-to-Be-Not autistic Boy and His Potty-Mouthed Mom'이라는 이름의 블로그를 시작했다.

특수하게 돌보아야 하는 자녀를 둔 엄마들이 모인 야후 사이트 카페에서 섀넌은 로스앨터스Los Altos 근처에서 진료하는 DAN! 소속 의사를 찾아냈다. 진료실 벽에는 자폐증, 라임병, 곰팡이 노출, 피로를 비롯하여 다양한 질병을 효과적으로 치료해준 데 대해 수많은 부모들이 감사를 표하는 추천사가 테이프로 붙여져 있었다. 치료법 중에는 적외선요법infrared therapy 등 크레이그와 섀넌이 한 번도 들어보지 못한 것도 있었다. 그들은 그의 치료법이 수상하거나 손쉽게 한몫 잡을 목적으로 꾸며진 것은 아니라는 데서 안도감을 느꼈다. 진료실은 번화가에 자리 잡은 현대식 클리닉 빌딩 안에 있었으며, 규모도 엄청났을 뿐 아니라 항상 북적거렸다.

의사는 소년 같은 용모를 지닌 40대의 인도 출신 남성으로, 부모들의 딱한 사정을 헤아리는 눈빛과 사람을 안심시키는 자신 있는 태도로 레오의 완치 가능성을 낙관했다. 자신의 진료실에서 레오와 비슷한 '수백 명 이상의 아이들'이 회복되는 모습을 보았노라고 했다. 이전에는 자폐증이 불치병이라고 생각했지만 이제는 체내의 다양한 시스템이 가역적으로 붕괴되면서 생긴다는 새로운 개념을 근거로 희망의 과학이 대두되었으며, DAN! 치료법은 그 시스템들을 회복시키는 것이 목표라고 덧붙였다.

그는 자폐증 범주에 속하는 어린이들은 저마다 다르기 때문에 맞춤화된 치료 전략이 필요하다고 했다. 그러나 몇 가지 기본적인 단계는 누구에게나 공통적으로 적용되었다. 건강한 식단과 문제 음식의 완전 제거, 숨어 있는 알레르기의 진단과 치료, 비타민과 미네랄 보충제 대량 투여, 장내 환경을 좀 더 건강하게 만들기 위한 항진균제와 프로바이오틱스, 장의 투과성에서 신경전달물질 생성에 이르기까지 모든 것에 영향을 미치는 산화 스트레스 감소를 위한 항산화제, 마지막으로 DAN! 치료사들이 자폐 어린이의 뇌 기능을 저해하는 데 결정적인 역할을 한다고 밝혀낸 수은과 알루미늄 등의 중금속을 몸 전체에서 씻어내는 것 등이었다. 로사 부부는 약간 기가 질렸지만 합리적이라고 생각했다. 자폐증 범주 장애에 대한 강력하고, 공격적이며, 종합적인 접근법처럼 들렸던 것이다. 드디어 레오와 가족들에게 행복한 미래가 다가온 것이다.

"우선 몇 가지 검사를 해봅시다. 레오의 혈액과 머리카락을 검사하여 수은, 항체, 항원, 기타 불균형이 있는지 정확하게 측정할 수 있습니다. 그 후에는 음식을 몇 가지 바꿔볼 겁니다. 당장 엄청난 변화가 생기지는 않겠지만 결국 훨씬 건강한 아이가 될 겁니다." 손해날 것 없는 제안이라고 생각한 순간, 이야기가 좀 더 심각한 쪽으로 흘러갔다. "물론 검사 결과, 레오의 몸속에 수은 성분이 많다면 킬레이트 치료를 고려해야겠지요."

과학광으로서 로사 부부는 킬레이트화, 즉 산업재해를 당한 후 인체에서 중금속을 제거하는 과정에 대해 어느 정도 알고 있었다. 제1차 세계대전 중('화학자들의 전쟁'이라고 부르는 역사가도 있다), 독일군은 염소 가스 등 독가스를 사용했다. 이런 물질은 특히 사람을 끔찍하게 살상하므로 하늘에서 내려오는 죽음의 사자라고 불릴 정도였다. 방독면이 없는 연합군 병사들은 참호 속에서 두 주먹을 불끈 쥔 채 얼굴은 시퍼렇고 입술은 검게 변하여 죽은 채로 발견되곤 했다. 그때 영국 연구팀에서 특정 화합물들을 사용하면 그것들이 독가스와 결합하여 소변을 통해 몸 밖으로 배출된다는 사실을 알아냈다. 이 화합물들은 독성 분자를 핀셋처럼 '붙잡아' 혈류에서 빼낸 후 배출시킨다는 의미로 '발톱'이라는 그리스 단어를 따 킬레이트제chelatingagent라고 명명되었다. 세월이 흐른 뒤 대체의학 치료사들은 심장병이나 난소암 등 다양한 질병에 킬레이트 치료가 효과가 있다고 주장하기 시작했다.

진료실을 둘러보다가 로사 가족은 킬레이트 치료 클리닉을 보았다. 벽에는 자녀들에게 치료가 어떤 도움이 되었는지에 관해 부모들이 보낸 수많은 편지들이 붙어 있었다. 크레이그는 집에 돌아가면 인터넷을 뒤져 킬레이트 치료에 대해 더 많은 것을 알아보고, 전반적으로 자폐증 연구가 어디까지 진행되었는지도 찾아보리라 마음먹었다. 생의학적 치료에서 가장 매력적인 부분은, 자기 자녀 같은 아이들을 어떻게 키워야 하는지에 대해 현대의학에서 거의 도움을 주지 못하는 데 반해 부모들에게 자율권을 부여한다는 도덕적 대의에 있었다. "우리는 다른 부모들이 상황을 주도하고, 책임을 떠맡고, 자녀를 위해 뭔가 좋은 일을 하려고 노력하는 모습을 봤습니다." 크레이그의 말이다.

얼마 안 있어 레오의 혈액, 머리카락, 대변과 소변이 DAN! 네트워크 전체의 중앙검사실 역할을 하는 일리노이주 닥터스 데이터Doctor's Data와 캔자스주 그레이트 플레인즈 연구소Great Plains Laboratory를 비롯한 검사실로 보내져 분석에 들어갔다. 대부분의 검사실과는 달리 이들은 정량화된 결과를 의사에게 보내는 동시에, 각 검사의 의미와 '참고 범위'를 적은 환자용 인쇄물을 나눠주었다. 예를 들어, 그레이트 플레인즈 연구소는 소변에서 펩티드 수치가 '비정상'인 어린이들에게 GFCF 식이요법을 시행하고 식품 알레르기 검사를 받으라고 제안했다.

식품 알레르기 및 중금속과 자폐증 사이의 관계는 아직 추측에 불과한데도 이런 검사와 치료는 전체적으로 이들이 확실히 서로 연관되어 있다는 인식을 강화시켰다. 결과 보고서 맨 밑에 있는 법적 책임 부인 문구에는 펩티드 검사가 '아직 미국 식품의약국FDA의 허가나 승인을 받지 못했다'고 인정했지만, 곧이어 활기찬 어조로 'FDA는 그런 허가나 승인이 불필요하다고 판정했다'고 덧붙였다.[13]

레오의 검사 결과는 밝은 색깔의 막대와 그래프를 이용하여 인상적으로 보고되었지만, 그리 좋은 편이 아니었다. "제가 생각한 대로입니다." 의사는 엄숙하게 말한 뒤 크레이그와 섀넌에게 각 검사와 도표들을 차근차근 설명하고, 회복을 위한 계획을 세우기 시작했다.

수개월 전 레오를 검사한 알레르기 전문의는 아무런 문제가 없다고 했지만, DAN! 네트워크의 검사실들은 훨씬 철저한 것 같았다. (물론 자폐범주성장애 어린이의 문제에 더 초점을 맞출 테지만 말이다.) 레오는 땅콩과 콩에 극도로 심한 반응을 보였고, 글루텐과 호밀에 알레르기가 심했으며, 렌즈콩, 귀리, 밀에 중등도의 예민성을 보였다. 섀넌은 속으로 아이가 수년간 설사에 시달린 걸 떠올리며 놀랄 일도 아니라고 생각했다.

또한 검사 결과, 아이가 좋아하는 딸기잼에는 엄청난 양의 설탕이 들어 있어(다른 딸기잼은 그렇지 않았다) 건강한 장내 세균이 모두 죽고, 장 속에 엄청난 양의 효모균이 자라게 되었다고 했다. 효모균이 과도하게 증식하면, 만성적인 주의력 부족(체크), 야뇨증(체크), 복통(체크), 분노와 공격성(체크), 설탕 탐닉(체크), 안절부절 못함(체크), 발달지연(체크), 어디엔가 자꾸 올라가서 뛰어내림(체크), 화장실 훈련 불가능(체크), 부적절한 웃음(체크), 설명할 수 없이 심한 울음을 터뜨림(체크), 음식 가림(체크) 등이 나타날 수 있다고 했다.[14] 공교롭게도 이런 증상들은 자폐증 자체의 증상이기도 했다. 의사는 레오가 캔디다candida가 몸속에서 사납게 날뛰는 전형적인 경우라고 했다. 아이는 사랑해 마지않는 땅콩버터와 잼을 바른 샌드위치에 중독되는 중이었다.

그걸로 끝이 아니었다. 의사는 도표에 나타난 불길한 검은색 막대들로 볼 때, 레오의 몸이 이런 독성물질들의 공격에 저항하는 과정에서 체내의 염증과 면역 지표들이 너무나 높아져 도표로 표현하지 못할 지경이라고 덧붙였다. 면역 글로불린 A라는 항체 수치가 검사실에서 정한 정상 범위의 15배에 달한다고 했다. 그 항체는 몸의 1차 방어선인 장내 점액층에서 결정적인 역할을 한다. 결국 레오의 위장관은 엄청나게 쏟아져 들어오는 알레르기 유발 물질과 병원체를 밀어내려고 영웅적일 정도로 많은 항체를 분비하지만 아무런 효과를 거두지 못한다는 것이었다.

의사의 견해로는 중금속 검사 결과도 심각했다. 머리카락 검사 결과 몸속의 암모니아 수치가 매우 높게 나타났는데, 이렇게 되면 세포 속에 암모니아가 축적되어 DNA 대사와 단백질 합성에 장애가 생길 수 있다고 했다. 붕소 수치도 높았는데, 이는 수은, 카드뮴, 납 등 심한 신경 독성물질이 몸속에 숨어 있다는 뜻인 경우가 많다고 했다. 의사는 회복 과정을 촉진시키기 위해 되도록 빨리 킬레이트 치료를 받을 것을 심각하게 고려해야 한다고 했다.

그사이 로사 가족은 아들의 삶의 질을 즉각 개선시키기 위해 많은 일을 했다. 첫 단계는 세루시의 책대로 식단에서 글루텐과 카제인을 완전히 제거하는 것이었다. (검사 결과 카제인에 심한 반응이 나타나지는 않았지만, 의사는 모든 과민성이 항상 검사에 나타나는 것은 아니라고 경고했다.) 알레르기 유발물질 평가 보고서에는 레오와 같은 반응성 프로파일을 나타내는 어린이에게 적절하다고 판단되는 정교한 제거 및 순환 식이요법을 알려주는 자세한 도표가 첨부되어 있었다. (목록을 훑어보다 새넌은 골드피쉬와 베지 부티만 고집하는 소년에게 굴과 자몽, 청어, 강낭콩을 많이 먹으라고 설득시킬 방법이 과연 있을까 하는 의구심을 억눌렀다.) 의사는 매일 같은 것만 먹으려는 아이의 욕망을 더 이상 만족시켜줘서는 안 된다고 말했다. 계속 똑같은 음식에만 노출되면 새로운 과민성이 생길 수 있다는 것이었다.

의사는 킬레이트 치료를 준비하는 동안 레오의 전신적 불균형을 교정하기 위해 다양한 치료를 시도해볼 수 있다고 안심시켰다. 그중 하나가 한 지압요법사가 개발한 바이오세트BioSET라는 방법이었다. 효소요법, 지압, 동종요법, 척추 지압 등을 이용하여 몸에서 '불협화음'을 일으키는 에너지 흐름의 차단을 제거하는 치료라고 했다.[15] 이 방법을 고안한 치료사는 바이오세트 치료가 자폐증 같은 만성 질병에 특히 중요하다고 주장했다. 신체 시스템이 '완전 혼란 상태'에 빠져 '정상적으로 기능을 수행하기 위해 단백질, 탄수화물, 지방산에 의존하는 주요 기관계들이…영양실조에 빠지기' 때문이라는 것이었다.

의사는 마침 가까운 곳에 있는 노련한 바이오세트 치료사를 안다며 레오를 의뢰해주겠다고 했다. 또한 비타민과 미네랄 목록을 주면서 자기 진료실에서 직접 구입할 수 있다고 했다. 생의학적 치료 분야에서는 이렇게 한곳에서 모든 것을 구입하는 방식이 아주 흔하다. 예를 들어, 그레이트 플레인즈 연구소 설립자는 브레인차일드BrainChild, 스펙트럼 서포트 IISpectrum Support II, 바이오-킬레트Bio-Chelat 같은 상표명을 지닌 제품들을 전문적으로 취급하는 뉴 비기닝즈 뉴트리셔널즈New Beginnings Nutritionals라는 보충제 회사를 운영한다. 그레이트 플레인즈에서 검사한 결과 어떤 미네랄이 결핍된 경우, 클릭 한 번이면 필요한 보충제를 살 수 있다. 뉴 비기닝즈 홈페이지에는 로리 놀스Lori Knowles라는 자폐 어린이의 엄마가 GFCF 식이요법, 킬레이트 치료, 광범위한 보충제 프로그램을 이용하여 아들 다니엘Daniel이 어떻게 자폐증에서 회복되었는지 알려주는 동영상도 올라와 있다. (아이가 수년간 집중적인 응용행동분석과 언어치료도 받았다는 성우의 해설도 잠깐 나온다.)[16] 동영상에서 놀스는 자폐증 진단을 받고 '아이에 대해 품었던 꿈이 한낱 연기처럼 사라져버렸다'고 말한다. 그러나 다니엘이 회복되고 나자 '다른 정상적인 아이들과 똑같아 보이고 그렇게 행동한다'고 자랑스럽게 덧붙인다. 잠시 후 아이가 비디오게임에 몰입해 있는 장면이 나오며 영상이 끝난다. 놀스는 뉴 비기닝즈의 총지배인이다.

로사 가족은 몹시 충격을 받았지만 안도감을 느끼며 진료실을 나왔다. 글루텐으로 범벅이 된 골드피쉬와 강력한 알레르기 유발 물질인 땅콩버터, 효모균을 만들어내는 잼은 이제 안녕이었다. 앞으로는 쌀로 만든 빵, 아몬드버터, GFCF 팬케이크 믹스, 대구간유, K-매그K-Mag 아스파르트산염, 프로바이오틱스, CoQ10, B-12, 아연, 셀레늄, 소화효소, 글루타티온 크림, 엽산, 항진균제, 면역 강화 버섯 추출물만 먹일 것이었다. 이런 식품과 보충제를 구입하는 비용은 엄청나다. 물론 응용행동분석과 다른 치료를 받는 데 들어가는 월 수천 달러는 별도였다. 하지만 그들은 레오의 미래를 위해 꼭 필요한 투자라고 생각했다.

자폐증에서 생의학적 치료의 인기는 최근 들어 소위 보완 및 대체의학에 대한 관심이 전반적으로 높아진 것과 정확히 일치한다. 21세기의 첫 몇 년간 고용량 비타민과 보충제 산업은 갈수록 규모가 커져 이제 연 매출

액이 330억 달러에 이른다.[17] 미국인들은 1차 진료의에게 진찰받는 것보다 훨씬 자주 동종요법사, 자연요법사, 약초요법사, 침술사, 지압요법사, 기 치료사의 자문을 구한다.[18] 미국 내 모든 자폐증 어린이의 최대 4분의 3 정도가 어떤 형태로든 대체요법을 받으며, 진단받기 전부터 식이요법을 시작하는 경우도 많다.[19]

로스앨터스의 의사를 만난 후 얼마 안 있어 섀넌은 바이오세트 치료사를 찾아가 몸부림치는 아이를 무릎에 앉히고 꼭 안은 채 아이의 척추를 따라 전류를 가하여 경락으로부터 에너지의 흐름을 막는 요인들을 제거하는 치료를 받았다. 치료사는 이런 요인들을 제거하면 문제를 일으키는 많은 음식들에 대한 과민성이 줄어들 거라고 장담했다. 그러나 한 번에 한 곳만 제거해야 한다고 했다. 치료비는 한 번에 70달러였다. 시부모에게 다시 손을 벌리지 않고는 감당할 수 없었다. 크레이그의 아버지 마티Marty에게 레오의 치료에 대한 이야기를 꺼내자, 마티는 그런 치료들이 효과가 있다는 사실을 입증하는 의학 문헌들을 읽어봤냐고 물었다. 크레이그는 아버지에게 홈페이지 목록을 보냈다. 마티는 하나하나 자세히 검토한 후 아들에게 조용히 말했다. "이건 내가 의과대학에서 배운 과학적인 치료가 아니구나."

하지만 정확히 그것이 중요한 점이었다. 수십 년간 자폐증을 연구하고도 주류 의학은 표준 치료법을 마련하는 데 실패했다. 어려운 병으로 진단받더라도 의사들은 으레 안심시키는 눈빛으로 이렇게 말한다. "하지만 우리는 이렇게 저렇게 할 수 있습니다. 이제부터 이런 조치들을 취할 겁니다." 그러나 레오 같은 아이를 둔 부모들에게 그런 순간은 영원히 오지 않을 것처럼 느껴진다. 생의학적 치료에서는 취할 수 있는 조치가 수없이 많은데 말이다.

섀넌과 크레이그가 가장 먼저 실행에 옮긴 것은 아이들의 예방접종을 중단한 것이었다. 가나에 살 때 섀넌은 엄청난 유행병이 돌면 사람들이 어떤 대가를 치르는지 똑똑히 보았다. 한때 20세기 공중보건의 빛나는 승리라고 생각했던 것에 등을 돌리려니 갈등이 생겼다. 그러나 아들이 자신을 표현하고, 살아가는 데 필요한 기본적인 기술을 익히는 데조차 안간힘을 쓰는 모습을 보며 딸들은 결코 같은 운명을 맞도록 하지 않겠다고 결심했다. 인디아를 낳을 때도 자신의 허락 없이는 어느 누구도 갓 태어난 아기에게 예방접종을 하지 못 한다는 확약을 얻고서야 병원에 가서 분만을 했다.

어머니가 다음번 아기도 자폐증이 있을까 봐 걱정되지 않느냐고 묻자 섀넌은 결연한 표정을 지었지만, 집에서 나와 차에 올라타자마자 울음을 터뜨렸다. 레오가 특별히 다루기 어려운 행동을 끝없이 반복할 때 그녀는 일기장에 뱃속에 있는 아기에게 보내는 편지를 썼다.

> 우리 긍정적으로 생각하자꾸나. 꼬맹아, 네가 여기 있으니 엄마는 너무나 기쁘구나. 이제 너와 함께 있은 지 8주 반이 되었네. 우리 꼭 참고 견디자. 엄마는 네가 유치원에 갈 때까지 모유를 먹이고, 그 끔찍한 백신들은 절대로 맞추지 않을 거야. 너는 완벽한 아이가 될 거야.

또한 그녀는 블로그를 통해 필수 예방접종에 반대하는 전쟁을 벌였다. 위장관 전문의 앤드류 웨이크필드가 MMR 접종이 전 세계적인 '장누출 증후군'의 원인이며, 그것이 바로 자폐성 위장관염이라는 선동적이고 논쟁적인 주장을 하며 불붙은 백신에 관한 대중적 논란에 대해 언론 매체들은 공정하고 균형 잡힌 시각을 제공하려고 노력했다. 《피플People》에서 "궁여지책Desperate Measures"이라는 기사에 백신 반대 운동가 린 레드우드Lyn Redwood와 홍역으로 사망한 소년을 치료했던 의사의 인터뷰를 나란히 실었을 때(1993년에 백신에서 티메로살을 제거한 스웨덴에서 자폐증 진단율이 계속 증가하고 있다는 사실을 지적했지만), 섀넌은 '불필요한 공포를 조장하는 오보'라며 온라인상에서 글쓴이를 맹렬히 공격했다.

로사 가족의 소아과 주치의는 섀넌이 인디아에게 예방접종을 아예 하지 않거나, 한다 해도 MMR 백신을 하나씩 따로따로 접종시키겠다고 하자 다시 생각해보라고 다그쳤다. 그녀가 계속 고집을 피우자 결국 그는 로사 가족을 더 이상 진료하지 않겠다고 했다. 또한 섀넌은 인디아를 U. C. 데이비스 마인드 연구소U. C. Davis MIND Institute에서 시행하는 자폐 어린이의 형제자매에 관한 연구에 등록시켰다. 나중에 그녀는 연구소에서 제안하는 수정된 예방접종 일정에 따르도록 도와주겠다는 여성 소아과 의사를 만날 수 있었다.

V

땅콩버터와 잼을 바른 샌드위치 대신에 시럽도 바르지 않은 GFCF 팬케이크를 먹게 된 레오는 의기소침해졌다. 식탁에만 앉으면 새로운 식단을 보고 짐승처럼 울부짖었다. 섀넌은 아들을 데리고 깊은 산속에 들어가 승인된 식품만 먹여볼까도 생각했지만, 몇 가지만 가려가며 먹던 아이가 훨씬 건강한 음식들을 먹고 있으며 마침내 만성 설사가 그쳤다는 사실을 떠올리며 마음을 달랬다. 레오는 물로 희석시킨 배즙에 대구간유를 섞은 것 등 절대 견디지 못하리라 생각했던 음식도 먹어 엄마를 놀래키기도 했다. 사실 그것은 허락된 음식 중 단맛이 가장 강했을 뿐이었다.

자폐증 자녀를 둔 수많은 부모들처럼 섀넌도 아들의 행동을 아주 작은 것까지 세세히 관찰하며 회복 프로그램에 변화가 있을 때마다 반응을 노트에 적고 도표를 만들었다. 상관관계의 복잡한 거미줄 속에서 좀처럼 알아내기 어려운 인과관계의 실마리를 찾으려고 노력했던 것이다. 그녀는 레오가 먹는 알약, 물약, 캡슐, 피부에 바르는 크림, 주사로 맞는 약물들을 모두 그래프로 그렸다. 약을 다 합치면 25가지나 되었다.

레오의 의사는 과다 활동이 줄어든 것 같다며 기뻐했지만, 조만간 뇌에서 수은을 씻어내기 위해 경구 킬레이트 치료라도 시작하지 않으면 영구적으로 장애가 남을 수 있다고 경고했다. 치료를 시작하려면 우선 보충제를 다량 복용해야 했다. 킬레이트 치료 과정에서 중금속과 함께 필수 미네랄들이 몸에서 씻겨 나오기 때문이었다. 문제는 바이오세트 치료사가 레오가 보충제 중 몇 가지 성분에 과민성이 있다는 사실을 발견한 것이었다. 그는 이 문제를 먼저 해결해야 미네랄 보충 요법을 시작할 수 있으므로 2주에 한 번씩 만나자고 했다.

해야 할 일의 목록은 늘어만 갔다. 일주일에도 몇 시간씩 받아야 하는 언어치료와 작업치료 시간을 아무리 조정해도 바이오세트 일정에 맞출 수 없어 취소하거나 중간에 끊어야 하는 일이 빈번하게 생길 정도였다. 섀넌은 자폐 어린이를 돌보는 데 얼마나 많은 노동이 필요한지 믿을 수 없었지만, 회복되기만 한다면 충분히 해볼 가치가 있다며 마음을 다잡았다.

레오가 바이오세트 치료를 받는 중 섀넌은 우연히 치료사의 책상 위에 놓인 사진을 보았다. 몇 블록 떨어진 곳에 있는 의사의 책상 위에서도 똑같은 사진을 보았던 기억이 났다. 알고 보니 의사와 치료사는 부부였고, 사진 속의 소년은 아들이었다. 의사는 레오 가족에게 치료사를 소개하면서 그들의 관계에 대해서는 한 마디도 언급하지 않았다. 치료사 역시 아무 말도 하지 않았다. 값비싼 치료를 받아야 하는 환자의 편의를 봐주는 척하며 아무렇지도 않게 서로에게 의뢰하고 있었던 것이다. 섀넌은 불편한 마음이 들었지만 아들을 위해 그 생각을 하지 않으려고 애썼다. 레오가 일생 동안 장애를 안고 살지 않으려면 계속 더 많은 치료를 받아야 할 것 같았다.

몇 개월 후, 로사 가족은 다시 로스앨터스의 의사를 찾아가 검사 결과를 듣고 진료를 받았다. 의사는 새로운 검사 결과를 보며 안타깝게도 레오의 장 속에 어느 때보다도 많은 캔디다와 함께 유산균, 감마 및 베타 연쇄상구균, 비젖산발효성 대장균이 활발하게 자란다고 했다. 위장관 염증이 심각하므로 다시 한번 프로바이오틱스와 효소들을 대량 투여해야 한다는 것이었다. 이제 땅콩버터 대신 먹으라고 했던 아몬드버터도 빼야 했다.

나쁜 소식은 그것으로 끝이 아니었다. 머리카락을 재검사한 결과, 이제 레오의 몸에서는 수은 배출 수치가 낮게 나타났다. 의사는 이러한 결과를 두고 몸속에 신경독소가 쌓여 지금까지 호전된 것이 다시 원래대로 돌아갈 수도 있다는 뜻이라고 했다. 서둘러 정맥 내 킬레이트 치료를 받아야 하며, 당장이라도 뒤쪽 치료실에서 시행해줄 수 있다고도 했다.

그렇지 않아도 크레이그는 수개월간 킬레이트 치료를 의심하지 않으려고 노력한 참이었다. "저는 오랫동안 이 연구의 근본 원리를 이해하려고 노력했습니다. 정말 과학적인 것처럼 들렸어요. 다형성, 환경적 유발 요인, 산화 스트레스, 혈액뇌장벽을 통과하는 분자들, 글루타티온, 메틸화, 지속적이고 전면적인 수은 해독 치료 같은 용어들이 나왔으니까요. 보고서들을 읽으면서 생각했지요. '맙소사, 이게 무슨 소리인지 제대로 알아봐야겠군.'"

예방접종 문제는 특히 혼란스러웠다. 웨이크필드의 논문과 수은/자폐증 가설의 전반적인 타당성에 의문을 제기하는 새로운 연구 결과들이 속속 발표되었다. 일본에서는 MMR을 혼합백신이 아니라 따로 접종한 후에도 자폐증 진단율이 가파르게 상승했다.[20] 홍콩에서 시행된 연구에서 자폐 어린이의 혈중 수은 농도는 일반 어린이들에 비해 유의하게 높지 않았다.[21]

수은 노출과 자폐증 사이의 관계가 아직 입증되지 않았다는 사실은 빼놓고 보더라도 레오의 검사 결과만 봐서는 수치가 정말로 위험한 것인지, 정상적인 배경 노출에 비해 유의하게 상승한 것인지조차 알 수 없었다. 검사실에서는 임의로 정한 정상 수치를 함께 보고하므로 부모들은 그 수치가 넘는 경우 수은 중독이라고 생각하기 쉬웠으며, DAN! 소속 의사들은 그런 생각을 적극적으로 부추겼다.

한편, 홍역 감염률은 영국, 아일랜드, 웨일스, 미국, 이탈리아 등 세계 각국에서 가파르게 치솟았다. 몇 년 사이에 런던 일부 지역에서는 MMR 접종률이 50퍼센트까지 떨어졌다. 웨이크필드의 논문이 보도되기 전, 접종률은 최고 92퍼센트를 기록했었다. 1998년 56건에 불과했던 홍역 발생 건수는 2008년 1,348건에 달하여 정부는 수십 년 만에 영국에서 홍역이 다시 풍토병이 되었다고 선언했다.[22] 홍역에 걸린 어린이 10명 중 1명은 입원을 요할 정도로 심하게 앓았다.

그래도 레오는 그들의 자녀였기에 로사 가족은 최선을 선택해야 했다. 크레이그는 아버지에게 의사의 조언에 따라 정맥 내 킬레이트 치료를 고려 중이라고 알리면서 중금속 독성에 관한 DAN!의 컨센서스를 요약한 논문을 보냈다.[23] 마티는 긴 답장을 보내 우려하는 바를 설명했다. "수은 중독과 자폐증 사이에 비슷한 증상이 있다고 할 수는 있겠지만, 그렇다고 두 가지가 반드시 같다는 뜻은 아니다. 심포지엄에 참석했던 많은 의사들이 자폐증 자녀를 키우고 있더구나. 내 생각에 이들은 다소 편향되어 있어 조금이라도 가능성이 있다면 **지금 당장** 지푸라기라도 붙잡으려는 것 같다. 우리도 어떤 마법 같은 치료가 있어 레오가 완전히 낫기를 간절히 바라기 때문에 그런 심정은 십분 이해한다. 하지만 훨씬 많은 과학적 논문들을 읽어본 결과, 킬레이트 치료와 보충 식품에 희망을 가질 수 없다는 생각이 드는구나."

마티는 의사로서 DAN!의 검사 결과 보고서에 법적 책임 부인 문구가 너무 많다는 것 또한 불안하다고 덧붙였다. "이 치료들의 근거가 되는 이론과 의학적 모델은 보편적으로 인정되는 것은 아닙니다"라는 인정에서부터 "적절한 대조군 연구는 아직 수행된 바 없습니다"라는 사실과, 기술된 치료들이 "일부 자폐 어린이의 증상을 현저히 악화시킬 가능성도 있습니다"라는 정신이 번쩍 드는 문구에 이르기까지 다양한 말들이 작은 글씨로 적혀 있었다. 마티는 레오가 감당해야 할 위험이 너무 큰 것 같다는 말로 편지를 끝맺었다.

크레이그와 섀넌은 온라인에서 한때 자폐증으로 진단받았다는 사실을 잊어버릴 정도로 회복된 아이들에 관한 이야기를 계속 읽으며 용기를 얻기도 했지만, 아들의 경과는 그보다 훨씬 불규칙했다. 때로 한 걸음 나아가는 것처럼 보여 희망을 주었지만, 그런 호전은 새로 추가한 보충제 때문이라기보다 함께 진행한 다른 치료들과 더 관련이 있는 것 같았다. 그러다가 크게 퇴보하기도 했다.

한꺼번에 너무 많은 치료를 받았기 때문에 한 가지 치료의 효과를 정확히 가늠하기 힘든 것도 사실이었다. 섀넌은 기록한 것들을 주의 깊게 따져 보고서야 레오의 설사가 갑자기 멎은 것도 음식을 바꿨기 때문이 아니라 중이염 때문에 복용하던 항생제를 끊었기 때문임을 알아차렸다. 하지만 생의학적 중재로 아들의 미래에 큰 영향을 미치게 될 결정적인 시기를 놓쳐선 안 된다는 두려움에 사로잡혀 치료를 끊을 수 없었다.

VI

한 가지만은 분명했다. 새로운 치료는 레오를 비참하게 만들고 있었다. 그 전에는 항상 기대에 차서 가족과 함께 식사하는 시간을 기다리는 것처럼 보였지만, 이제는 암담한 표정을 지으며 마지못해 식탁에 앉았다. 앞에 놓인 음식을 바닥에 던져버리기도 했다. 그러나 식단이 표현언어 습득을 촉진하는 면도 있었다. 이름을 아는지도 몰랐던 음식들, 예를 들어 요구르트나 수박을 달라고 엄마를 조르기 시작했다.

이전에 레오는 일상에서 수없이 현실적인 어려움에 부딪히는 데도 불구하고 항상 놀랄 만큼 활기찬 소년이었다. 그러나 이제는 한 시간이 멀다 하고 알약을 삼킬 때마다, 기저귀 속의 배설물에 엄마가 안달할 때마다, 매일 밤 비타민 B-12 주사를 맞을 때마다 반항기가 가득했다. 아이는 부모만큼이나 지쳐 보였다.

순례를 떠나는 심정으로 다시 로스앨터스를 찾았을 때 의사는 예상했던 대로 또 킬레이트 치료 이야기를 꺼냈다. 이번에는 크레이그가 이의를 제기했다. "잠깐만요, 선생님은 지금 수은 독성 수치가 낮게 나왔다고 킬레이트 치료를 권하시는 거지요?" 의사는 그렇다고 했다. "수은 독성 수치가 높았을 때도 킬레이트 치료를 권하셨지요?" 의사는 고개를 끄덕였다. "그렇다면 킬레이트 치료를 해서는 안 되는 경우가 하나라도 있습니까?" 마침내 의사가 입을 열었다. "없습니다." 크레이그와 섀넌은 "그것 참 고맙군요"라고 하고는 뒤도 돌아보지 않고 진료실을 빠져나왔다. 그리고 다시는 로스앨터스에 가지 않았다.

레오는 회복과는 거리가 멀었지만 나름대로 잘 자라났다. 특히 응용행동분석 치료사인 피오나Fiona와 깊은 유대감을 갖게 되었다. 피오나는 빨간 머리의 명랑한 오스트레일리아 사람으로 환자들에게 현실적인, 즉 친절하면서도 확고한 태도를 고수했다. 일주일에 25시간씩 레오와 지내며 사람이 방에 들어왔을 때 인사를 건넨다든지, 신체 부위의 이름을 정확하게 댄다든지(레오는 21가지 신체 부위의 이름을 말할 수 있었다), 스스로 옷을 입고 벗는 단순한 과제에 숙달되도록 도왔다.[24] 모리스의 치료사가 그랬듯, 자폐증적 행동을 없애려고 하기보다 자기 몸을 돌보고 욕구와 선호를 효과적으로 표현하는 방법을 가르치는 데 집중했다.

자율성은 '예/아니요'를 분명히 전달하는 데서 시작하지만, 몇 개월 전만 해도 레오는 그런 능력이 없었다. 하지만 이제는 뒷마당으로 나가고 싶을 때 문을 열어달라고 부탁했다. "빈백 소파에 앉고 싶어" "텔레토비 보자" "모자 줘" 등 간단한 요청도 할 수 있었다. 이런 언어들을 익히자 더 많은 사회적 상호작용을 할 수 있었다. 장난감을 갖고 놀 차례가 되면 "내 차례"라고 말했으며, 다른 아이가 그렇게 말하면 양보했다. 한 번에 15분 정도 집중할 수 있었는데, 이 정도면 또래의 어떤 아이와 비교해도 뒤지지 않는 수준이었다.

물론 아직도 때로 소파 위로 몸을 날려 머리부터 떨어지거나, 거실을 가로질러 전력 질주하거나, 느닷없이 노래를 부르곤 했다. 그러나 피오나는 섀넌과 마찬가지로 아이의 타고난 활기를 인정하고 격려했다. 좌절감을 느껴 대들어도 친절하게 대하면서, 그렇게 하는 대신 이렇게 하라고 일러주며 행동을 교정했다. 어떤 일이 너무 힘들다고 생각해서 어쩔 줄 모를 때는, 스트레스가 적은 활동을 먼저 하면서 마음을 가라앉히고 나중에 그 일을 다시 시도하게 했다. 이런 지지적인 환경 속에서 레오는 빠른 속도로 진전을 보여 짧은 시간 내에 많은 과제를 익힐 수 있었다.

쉬운 일은 하나도 없었다. 레오와 가족에게는 매일 가파른 학습 곡선이 주어졌다. 그러나 웹사이트 '살롱'에 글을 쓴 사람이나 다른 많은 부모들이 예상했듯, 영혼을 갈기갈기 찢는 악몽은 아니었다. 그보다는 작업치료사에게 무엇을 기대할 수 있는지 안다거나, 아이의 행동을 관리할 뿐 아니라 장점을 찾는 데도 똑같이 비중을 두는 학교를 물색한다거나, 외출했을 때 사람들의 흘끔거리는 시선에도 불구하고 당당하게 걷는 법을 배우는 것처럼 실질적인 어려움을 하나씩 극복하는 과정에 가까웠다. 전혀 도움이 되지 않는 것이 있다면, 자폐증의 원인에 집착한다거나, 거대 제약회사의 음모에 휘말린 불운한 희생자로 보고 동정하는 태도였다.

그때 섀넌은 레오와 엄마인 자신의 운명에 대해 다른 방식으로 생각할 수 있도록 영감을 주는 책을 한 권 읽었다. 작가인 수잔 세너터Susan Senator가 자폐증을 앓는 아들 냇Nat에 대해 쓴 《자폐증과 화해하기Making Peace with Autism》라는 책이었다. 세너터는 냇 외에도 맥스Max와 벤Ben이라는 아들이 있었고, 남편 네드Ned는 소프트웨어 프로그래머였다. 수잔은 남편과 함께 아들의 행동에 대처하고, 지능을 발달시키고, 교육받을 권리를 쟁취하기 위해 노력했던 매일의 일상과 실용적인 조언들을 솔직하고 따뜻하게 적었다. 그녀는 미화하려고 하지 않았다. 아들이 오로지 파괴적인 방식으로 행동하는 데 사로잡힌 것처럼 보였기 때문에 남편과 더불어 '포위당한 것처럼' 지내야 했던 어두운 시절도 있는 그대로 묘사했다. 그러나 그들은 힘을 합하여 아들의 행동을 변화시키는 방법을 찾아냈다. 물론 냇과 같은 아이를 키우는 방법에 대해 마땅한 안내서를 찾을 수 없었으므로 그때그때 상황에 맞게 대처해야 했다.

냇을 데리고 친척들과 외식을 하러 나가기 위해 수잔은 '위기 대처 이야기책'이라고 이름 붙인 책자를 만들었다. 레오의 가족이 시각적 일정표를 만들었듯이, 잡지에서 사진들을 오려 붙여 아들에게 그날 밤 어떤 일이 생길 것인지 미리 차근차근 보여주기 위한 것이었다. 이야기책은 놀랄 만한 성공을 거두었다. 성탄절 만찬에서 냇은 식탁 주위에 둘러앉은 친척들을 찬찬히 바라보며 만족스러운 듯 이렇게 말했던 것이다. "기독교인들이로군!"

그 책은 자폐증의 원인에 관한 이론을 제시하거나 놀라운 회복을 약속하지는 않았다. 이야기의 클라이맥스는 전혀 다른 것이었다. 냇이 아무런 이유도 없이 도저히 어떻게 해볼 수 없을 정도로 계속 웃어대는 와중에 수잔은 아들이 가장 어렵고 힘든 순간에도 끊임없이 자신과 소통하려고 노력한다는 사실을 깨닫는다. "아이는 나를 따뜻한 눈길로 바라보았다. 목 안이 타는 것 같았다. 그리고 큰 깨달음이 찾아왔다. '**오, 맙소사. 이 아이는 진심으로 우리와 소통하기 위해 이렇게 하는구나. 그저 성가시게 하는 것 말고는 어떻게 해야 할지 방법을 모르는 것뿐이구나.**'"

그녀의 통찰은 가족 전체에 중요한 순간이었다. "냇의 웃음에 대해 깨달은 일은 우리가 냇을 대하는 방식, 그리고 아이가 우리에게 반응하는 방식에 심오하고도 긍정적인 변화를 일으켰다." 수잔의 책은 한 가족이 자폐증을 극복하고 승리를 거둔 이야기가 아니라, 일생에 걸친 발견의 여정에서 아들과 함께 어떻게 첫 발자국을 떼어놓았는지에 대한 기록이다. "우리는 냇이 가능한 최선의 존재가 될 수 있도록 돕고, 그 과정에서 아이는 우리가 진정한 우리 자신이 될 수 있도록 해주었다. 우리는 전형적이거나 정상적일 수 없다. 그러나 이것만은 확실하다. 우리는 괜찮다."

《자폐증과 화해하기》는 로사 가족에게도 전환점이 되었다. 섀넌은 이렇게 회상한다. "제가 읽어본 책 중에서 실용적인 동시에 긍정적인 첫 번째 자폐증 육아서였어요. 수잔은 완치법이나, 기적이나, 그 밖의 어떤 것도 팔지 않았어요. 오직 다른 가족들에게 혼자가 아니라는 사실을 알리고, 길고 험한 여정을 좀 더 순조롭게 여행할 수 있도록 개인적 경험을 근거로 조언했을 뿐이죠. 자폐증 부모 중에 순교자가 되거나 체념하는 대신, 포용하려는 태도를 취한 사람을 만난 것은 처음이었어요. 그 책 덕분에 자폐증이 언제까지나 내 아들의 일부라는 사실을 깨달았죠." '**낮은 기능 수준**' '**심한 침범**' '**고도장애**' 등 흔히 사용되는 표준적인 임상용어 대신, 섀넌은 레오를 "나의 **옥탄가** 높은 아들high-octane boy"이라고 부르기 시작했다. 아들을 부족한 능력으로만 정의하지 않으려는 시도였다.

양가의 조부모들은 섀넌이 아들을 '과학 실험처럼' 다루지 않게 된 것에 안도감을 나타냈으며, 특수식품과 보충제들을 가방 가득 챙겨 다니지 않게 되자 가족 외출도 훨씬 쉬워졌다. 수잔의 가족이 냇에게 했던 것처럼, 로사 가족은 레오와 의사소통을 하고 그의 필요를 충족시켜주기 위해 그때그때 상황에 맞게 창조적인 방법을 생각해내기 시작했다. 그러나 회복에 대한 희망을 포기한다는 것은 쉬운 일이 아니었다. '아들을 곧 자폐증이 아닌 상태로' 완치시키겠다는 섀넌의 노력에 환호를 보냈던 친구들은 냉담하게 등을 돌렸다. 섀넌의 블로그를 즐겨 읽던 독자들은 그녀가 너무 쉽게 포기해서 레오의 미래를 위태롭게 만들었다고 비난을 퍼부었다. 로사 가족은 다시 위험을 무릅쓰고 아들을 불확실한 미래로 이끌고 있을지도 모른다는 고립감에 사로잡혔다.

같은 입장에 처한 수많은 부모들은 반대 방향으로 움직였다. 강연자들이 캐러멜 밀크, 표백제 관장, 가정용 고압 산소실의 놀라운 치료 효과를 소리 높여 외치고, 편리하게도 강연장 바로 앞 복도에 판매상들이 늘어서 그 제품들을 파는 학회를 쫓아다녔다. 새로 진단받은 어린이의 부모들을 위해 개설되는 온라인 카페마다 여전히 수은과 백신에 대한 우려가 넘쳐났다. MMR 혼합백신이 전 세계적인 자폐증 유행의 원인이라는 주장에 의문을 표현하는 즉시, '모래 속에 머리를 묻고 있다'라거나 '거대 제약회사의 앞잡이'라는 비난이 쏟아졌다. 십자 포화를 맞은 부모들은 끝도 없이 제자리만 맴도는 이런 주장들을 '자폐증 전쟁'이라고 불렀다.

그때 섀넌은 우연히 크리스티나 추Kristina Chew라는 고전문학 교수의 블로그를 보게 되었다. 그녀의 아들 찰리Charlie는 레오와 같은 또래였으며, 많은 면에서 비슷했다. 갓난아이 때는 혼자 몇 시간씩 앉아 창으로 들어오는 햇빛이 마루를 가로질러 옮겨가는 것을 바라보거나 그림책을 뒤적였다. 이렇게 자기만의 세계에 빠져 있을 때 누가 방해라도 할라치면 양

손으로 머리를 사정없이 두드리며 엄청난 비명을 질러댔다. 하지만 찰리는 운동을 잘했으며, 지칠 줄 모르고 수영, 자전거 타기 그리고 기타 야외 활동에 몰두하는 활력 넘치는 아이였다. 다른 부모들이 찰리에 관해 이야기할 때는 으레 '다루기 힘든 녀석'이라는 말이 붙곤 했다.

두 돌이 막 지나 찰리가 자폐증 진단을 받자, 크리스티나의 남편 제임스 피셔James Fisher는 비극적인 미래를 피하기 위해 할 수 있는 것은 뭐든지 해보았다. 음식에서 밀과 유제품 성분을 남김없이 제거했으며, 《자폐증과 PDD의 생물학적 치료Biological Treatments for autism and PDD》나 《뇌가 굶주린 어린이Children with Starving Brains》 등의 책을 몇 번씩 읽고, DAN! 제휴 검사실에서 검사 키트를 주문했으며, 보충제와 고용량 비타민제를 쌓아두고, 항진균제 치료를 시작했다. 두개골을 마사지하여 뇌척수액의 흐름을 바꿀 수 있다는 치료사를 찾아 스태튼섬Staten Island까지 아들을 데려가기도 했다.

주당 40시간씩 응용행동분석 치료를 받은 것을 포함하여 3년간 집중 치료를 한 후에도 찰리는 한 마디도 할 수 없었으며, 자기 몸을 스스로 보살피지도 못했다. 어느 날 크리스티나는 DAN! 소속 치료사들이 자기 아들을 만나는 것에는 거의 관심이 없다는 사실을 깨달았다. 그들이 바라는 것은 오직 치료 약물의 종류를 늘리는 것뿐이었다. 크리스티나는 블로그에 이렇게 썼다. "나는 찰리가 부모로서 나에게 무엇을 필요로 하는지에 대해 그다지 생각해보지 않았다는 사실을 깨달았다. 찰리가 '그렇게 되어야 하는' 상태만 머릿속에 그리고 있었다. 내 앞에 있는 아이의 실제 존재에 주목하지 않았던 것이다. '자폐증 전쟁'은 다름 아닌 내 안에서 벌어지고 있다는 사실을 깨달았다."[25]

수잔과 마찬가지로 그녀는 아들의 교육 조건을 개선하기 위한 싸움에 노력을 기울이는 편이 낫다고 생각했다. 하지만 그건 회복을 추구하는 것보다 훨씬 더 어려운 일이었다. 크리스티나와 가족은 아들에게 맞는 학교를 찾기 위해 10년간 여덟 번이나 집을 옮겨야 했다. 그러느라 손수 고전문학과를 탄탄하게 궤도 위에 올려놓았던 저지 시티Jersey City의 세인트 피터스 대학교St. Peter's University 교수직도 내려놓아야 했다. 그러나 훨씬 큰 어려움은 자폐증 자체를 극복해야 할 문제로 바라보기보다 잠재적인 능력을 꽃피우는 데 방해가 되는 실질적인 장애물을 제거하는 쪽에 중심을 두고 자폐 어린이를 키우는 데 관한 정보가 너무나 부족하다는 점이었다.

그전까지 부모들은 어떻게 자녀에게 필요한 도움과 자원을 얻었을까? 모두 레이먼드 배빗처럼 시설에 수용되었을까? 찰리나 레오 같은 아이들이 커서는 어떻게 될까? 자폐가 스펙트럼이라면, 그들은 템플 그랜딘처럼 말 많은 소프트웨어 엔지니어이자 특이한 과학자들과 어떤 공통점이 있을까? 손꼽히는 전문가들조차 이런 기본적인 질문에 답하는 데 애를 먹었다. 자폐증의 역사는 어떤 이유에서인지, 뭐랄까 한 챕터가 몽땅 '뜯겨져나간' 것처럼 보였다.

그래서 레오 카너가 볼티모어 클리닉Baltimore Clinic에서 진료받은 어린 환자들 중에서 '지금까지 보고되지 않은 독특한 증후군'[26]을 발견했다고 발표한 지 반세기가 넘도록 섀넌, 수잔, 크리스티나 같은 부모들이 현명한 판단을 내리는 데 도움이 될 성숙한 롤모델을 찾지 못하는 것이다. 그들은 자폐증이 지금 막 발견된 병이라도 되는 듯 지역 정신보건센터 소책자와 야후 편지함에 쌓이는 이메일 등 여기저기서 끌어모은 정보를 바탕으로 자식들에게 조금이라도 희망적인 미래를 열어주려고 안간힘을 썼다. 배우이자 모델인 제니 맥카시Jenny McCarthy는 킬레이트 치료, 프로바이오틱스, 기타 치료법을 통해 아들 에반Evan을 자폐증에서 '구해낸' 이야기를 세 권의 책으로 출간했는데, 모두 베스트셀러가 되었다.[27] 그녀는 '엄마 전사' 군단의 간판 스타가 되어, 과거에는 자폐증을 앓는 성인이 '한 명도 없었다'고 주장했다. "이제야 그런 존재들이 생기고 있다."[28]

지금처럼 급속도로 자폐증이 늘어나는 시대에, 자폐증을 완치 가능한 어린이 질병으로 보는 대신, 주변의 격려와 지지를 받아야 할 일생에 걸친 장애로 바라보고 자폐증과 화해한다는 것은 새롭고도 급진적인 생각처럼 들린다. 그러나 사실 그것은 자폐증 연구에서 가장 오래된 개념이다. 자신이 보살피는 어린이들을 인류 역사상 가장 어두운 사회공학적 실험으로부터 구해내려고 했던 용감한 임상의사들의 이야기와 함께 오래도록 잊힌 것뿐이다.

3

빅토린느 수녀는 무엇을 알고 있나

자폐증의 특징적인 증상에 집중하는 법을 배우고 나면, 이런 증상들이 결코 드물지 않다는 사실을 깨닫게 된다.[1]

한스 아스퍼거

I

고트프리드Gottfried K.의 할머니가 손자를 데리고 비엔나 대학병원 소아과를 찾았을 때 아이는 아홉 살 반이었다. 나이에 비해 키가 크고 여위었지만, 잘생긴 얼굴에 특히 반짝이는 갈색 눈동자가 인상적이었다. 애석하게도 몸이 마음먹은 대로 움직여지지 않았고 표정을 읽기가 너무 어려웠기 때문에 처음 진찰한 젊은 심리학자 아니 바이스Anni Weiss는 '정신박약'[2]이라고 생각했다.

고트프리드의 할머니가 그런 진단명을 들은 것은 처음이 아니었다. 사람들은 종종 아이가 느리고 지능이 떨어진다고 잘못 판단했다. 짓궂은 반 친구들이 '바보 고트프리드'라는 별명을 부르며 놀려댈 때마다 아이는 얼굴이 벌개지도록 성을 냈다. 할머니는 그런 말이 모두 틀렸다는 사실을 알고 있었다. 선생님들이 수업 중에 뭔가를 시키면 아이는 명석하고 성실하게 그 일을 해냈다. 하지만 할머니는 자신도 혼란스러울 때가 많다고 인정했다.

집에서나 다른 어른들과 함께 있을 때 고트프리드는 명랑하고 행복해 보였지만, 일상적으로 반복되는 일에 조금만 변화가 생겨도 완전히 혼란에 빠졌다. 화가 나면 잠시도 가만 있지 못하고 낄낄거리며 큰 소리로 마구 떠들어댔다. 기분이 아주 좋을 때도 똑같이 행동했기 때문에 할머니는 손자의 기분이 정확히 어떤지 알기 어려웠다. 아이는 다른 아이들이 자기를 못살게 군다는 생각만 해도 공포에 사로잡혔다. 거기까지는 이해할 수 있지만, 동시에 유별나게 무력한 것 같기도 했다. 이를 닦거나 몸을 씻는 일을 종종 잊어버렸고, 신발끈을 묶을 때도 어른이 도와줘야 했다. 또래 아이들은 아무렇지도 않게 생각하는 것, 이를테면 개나 소음, 구름, 바람 같은 것들에 대해서도 어린아이처럼 겁을 집어먹었다.

바이스는 중요한 점들을 적어가며 주의 깊게 들었다. 고트프리드의 할머니에게는 즉시 호감을 느껴 '마음씨 착하고, 매우 상식적이며, 단순한 60세 여성'이라고 적었다. 할머니가 손자의 행동에 그토록 당혹스러워하는 이유를 눈앞에서 보았지만, 소년에게도 마음이 끌렸다. 할머니가 고트프리드는 일부러 짓궂게 굴거나 반항하는 것이 아니라고 했을 때도 금방 그 말을 믿었다. 아이는 마음이 여리고 천진난만했으며, 결점을 지적하자 몹시 당황했다. 타고나기를 남들이 있는 데서 적절하게 행동하는 능력이 결여된 것 같았다.

할머니는 의심할 여지없이 병원을 제대로 찾아온 것이었다. 아마 그곳은 전 세계에서 아이에게 필요한 진료와 관심을 제공해줄 수 있는 유일한 병원이었을 것이다. 바이스는 이 증례를 동료들, 특히 항상 작은 목소리로 말하는 소아과 의사와 상의하고 싶었다. 최근 진료팀에 합류한 그는 재능 있고 예민하지만, 친구들에게 따돌림을 받아온 어린이들에게 특별히 관심이 있는 것 같았다. 그의 이름은 한스 아스퍼거였다.

현재까지 전해지는 몇 안 되는 당시 진료팀 사진 속에는 소심해 보이는 의사와 한 소년이 테이블에 마주 앉아 대화를 나누고 있다. 테가 동그란 안경을 쓴 말쑥한 모습의 아스퍼거는 소년 같은 모습이지만, 흰색 가운 안으로 빳빳하게 풀 먹인 칼라에 넥타이를 맨 것이 방의 다른 곳에 있는 동료들보다 격식을 갖추어 입은 모습이다. 논문 지도 교수이자 영향력 있는 어린이 감염병 전문의 프란츠 함부르거Franz Hamburger는 그에게 이 병원에서 박사후 과정을 밟으라고 적극적으로 권유했다.[3]

비엔나 대학병원은 진료의 질에 관한 한 세계 최고의 병원으로 널리 인정받았다. 비엔나는 독특한 정신분석 이론으로 거의 한 세기 동안 인간의 마음에 관한 관념을 지배했던 지그문트 프로이트Sigmund Freud의 고향이다. 또한 환자들을 단순히 연구를 위한 기니피그처럼 볼 것이 아니라 항상 존중할 것을 끊임없이 강조하며 임상적인 증상을 체계적으로 분석하는 방법을 개발하여 19세기 의학에 혁명을 일으킨 병리학자 카를 폰 로키탄슈키Carl von Rokitansky가 활동한 곳이기도 하다.

유럽 전역의 의사들이 거대한 계단식 수술장에서 수술 과정에 참관하고, 당대 최고의 전문가들에게 의견을 묻고자 이곳으로 모여들었다. 매년 9월이면 함부르거는 어린이질병학습 코스를 열었는데, 어찌나 인기가 높았던지 소아과 의사들이 미국에서 증기선을 타고 찾아올 정도였다.[4] 제1차 세계대전 후에 긍지에 넘치는 사회주의 정부가 종교의 정치 개입에 반대하고 부자들에게서 세금을 걷어 노동 계급에게 주택을 제공하는 정책을 시행하여 '붉은 비엔나'[5]라고 불렸던 활기 넘치는 오스트리아의 수도에는 의사와 과학자와 예술가, 음악가들이 한데 어울려 정치, 예술, 과학, 철학 등 다양한 주제들을 자유롭게 토론하는 수많은 살롱이 성행했다.[6]

이런 문화적 토양의 상당 부분은 비엔나의 역동적인 유대인 공동체에서 유래했다. 그 역사는 멀리 12세기까지 거슬러 올라간다. 라디오와 콘서트 홀에는 구스타프 말러Gustav Mahler의 음악이 울려 퍼졌고,[7] 유대인 후원자들은 도시의 화랑에 전시된 구스타프 클림트Gustav Klimt와 에곤 쉴레Egon Schiele의 아름다운 그림을 주문 제작했다. 제1차 세계대전 이후 이 도시에서는 5명 중 1명이 유대인이었으며 그중 많은 수가 대학 교수나 강사였다.

아스퍼거와 바이스는 1911년 의사이자 교사이며 사회개혁가였던 에르빈 라차르Erwin Lazar가 설립한 어린이병원의 병동에서 일했다. 그의 특수교육법은 오늘날에도 혁신적인 것으로 평가받는다. 그는 자신이 보살피는 어린이들이 어딘가 잘못되어 있거나 결함이 있거나 병들었다고 생각하는 대신, 각자의 학습 스타일에 맞는 교육 방법을 제공하는 데 실패한 문화에 의해 소외되어 고통을 받는 존재라고 생각했다. 그는 아무리 다루기 어렵고 반항적인 어린이에게서도 숨겨진 잠재력을 발견하는 데 탁월한 재능이 있었다.

라차르는 한 어린이가 의미 있게 사회에 공헌하면서 만족스러운 삶을 살려면 어떤 진로를 택해야 하는지 직관적으로 아는 능력이 점점 발달했다. 그는 각각의 어린이가 특정한 원형原型을 구성한다고 보았다. 결국 인류 전체가 고유한 성향에 따라 각기 독특한 특성을 지닌 씨족이나 부족으로 구성되어 있다고 생각하는 셈이었다. 어린이들을 '환자'가 아닌 미래의 제빵사, 이발사, 농부, 교수, 엔지니어로 바라보았던 것이다. 어떤 어린이는 고딕 시대나 르네상스 시대의 인물이 20세기로 시간 이동을 한 것처럼 보였다. 또 어떤 어린이는 나이에 비해 훨씬 성숙하거나 훨씬 어린 것처럼 보였으며, 부모와 전혀 다른 계급이나 인종에 속하는 것처럼 보이는 경우도 있었다. 라차르의 치료팀에서 헌신적인 사람들은 각 어린이의 상황을 정확히 평가하여 한 마디로 요약하는 그의 능력을 경이로운 눈길로 바라보았다.

> 그가 다양한 유형에 붙인 이름은 항상 매우 예리했다. 그는 다양한 요소들을 고려하면서도 유머감각을 잃지 않았으며, 어떤 어린이도 경시하지 않았다. 어린이의 특성을 한 단어로 요약할 때면 그 단어들은 그들의 고유한 능력, 재능, 미래에 대한 전망을 믿기지 않을 정도로 뚜렷하게 나타냈다. 사람들은 그 말을 듣고 어린이가 처한 문제가 무엇이며 그의 성격이 어떻게 해서 자연스럽게 그런 문제를 일으키게 되었는지까지 금방 이해할 수 있었다. 또한 어린이가 겪는 갈등을 이해하고 성격 중 어떤 측면을 조심스럽게 다루어야 하는지, 어떤 어려움을 겪을 가능성이 있는지, 미래가 어떤 방향으로 흘러갈 것인지까지도 알 수 있었다.[8]

라차르는 심리학, 의학, 교육학의 혁신적인 요소들을 결합하여 어린이들이 19세기의 하일페다고긱Heilpädagogik, 즉 '치료적 교육'이라는 개념을 근거로 잠재력을 발휘할 수 있도록 도와주는 방법을 개발했다. 심리학적 문제로 추정되는 것을 따로 분리하여 치료하기보다, 진료실을 좀 더 인간적인 사회의 축소판으로 만들고 그 안에서 어린이들이 상호 존중과 인정이라는 분위기 속에서 서로 반응을 주고받는 방법을 배우도록 하는 것이 라차르의 목표였다. 그는 그런 치료 시설이 절대로 너무 작아서는 안 된다고 말하곤 했다. "모든 어린이들에게 자기와 비슷한 동료를 찾을 수 있는 기회를 주어야 한다."[9]

그는 공감을 바탕으로 한 이러한 이론을 교사이자 심리분석가였던 아우구스트 아이크호른August Aichhorn과 함께 개발했다. 아이크호른은 제1차 세계대전 후 비엔나에서 비행 청소년을 위한 기숙학교를 운영했다. 그는 "다루기 힘든 청소년Wayward Youth"이라는 선언문에 이렇게 썼다. "우리 중 어느 누구도 [그 어린이들을] 비행 청소년이나 범죄자로 보거나 그들로부터 사회를 보호해야 한다고 생각하지 않았다. 우리가 보기에 그들은 삶에서 너무 큰 짐을 짊어진 나머지, 부정적인 행동을 하거나 사회를 증오한다고 해도 전혀 이상할 것이 없는 사람들이었다. 따라서 편안하게 느낄 수 있는 환경을 만들어주어야 했다."[10] 치료적 환경이라는 아이크호른의 개념은 전 세계에 널리 영향을 미쳐 혁신적인 교정 기관들의 청사진이 되었다.

치료 교육원Heilpädagogik Station이라 불린 라차르의 특수교육 기관은 병원에서 일으킨 대담한 혁신의 전통 위에 서 있었다. 어린이병원의 공동 설립자 클레멘스 폰 피르케Clemens von Pirquet는 알레르기의 현대적 개념을 정립한 면역학자이자 강력한 여성 평등론자였다. 병동 잡역부의 지위를 공동 운영자 수준으로 끌어올렸고, 병원 주방 또한 영양학 연구를 위한 실험실로 변모시켜 제1차 세계대전 후 비엔나에서 수십만 명의 굶주린 어린이에게 식사를 제공했다. 옥상에는 청소년 결핵 환자들을 위해 쾌적한 야외 공원을 꾸몄다. 어린이들은 매일 아침 합창을 하며 나선형 계단을 줄지어 내려와 병원 정원 안에 있는 자기 학급을 찾아갔다.[11]

아스퍼거가 치료 교육원의 잘 짜인 진료팀에 합류했을 때 팀에는 바이스 외에도 정신과 의사인 게오르그 프랑클Georg Frankl, 심리학자인 요셉 펠트너Josef Feldner 그리고 특이한 어린이들과 어울려 지내는 데 자신만의 특별한 비결을 지닌 빅토린느 자크Viktorine Zak라는 수녀가 있었다. 위장관 질환을 전문으로 하는 에르빈 예켈리우스Erwin Jekelius[12]라는 젊은 내과 의사도 있었다. 아스퍼거와 동료들은 일주일에도 몇 차례씩 번갈아가며 각자의 아파트에서 만나 원탁회의를 갖고 각 환자들을 최대한 다양한 시각에서 검토하며 심도 있게 논의했다. 정신분석에 대한 아이크호른의 열렬한 지지는 생략한 채, 환자들을 음악, 문학, 자연과학, 드라마, 미술, 언어치료, 체육 등이 통합된 프로그램에 참여시켜 형성 과정에 있는 그들의 정신에 자양분을 공급했다. 프로그램은 빅토린느 수녀가 편성한 것으로, 아스퍼거는 그녀를 가리켜 진료팀의 '진정한 천재'라고 칭찬을 아끼지 않았다.[13]

그들의 진단법은 라차르가 개발한 집중적 관찰을 근거로 했다. 그는 일상 속에서, 즉 학교에 있을 때, 놀 때, 식사할 때, 쉴 때 어떻게 행동하는지 관찰해야만 어린이가 처한 상황의 진정한 실체를 전체적으로 파악할 수 있다고 믿었다. 수많은 검사를 하고 억지로 진찰실에 끌고 들어가는 것으로는 충분하지 않다고 했다. 라차르가 죽기 전까지 함께 일했던 빅토린느 수녀 역시 어린이의 행동을 '머리끝에서 발끝까지' 관찰하는 것이 무엇보다 중요하다고 말했다. 이렇게 면밀한 관찰 방법을 누구보다 완벽하게 익힌 사람이 체코 출신으로 대학 졸업 후 1927년부터 진료팀에서 일했던 게오르그 프랑클이었다.[14] 프랑클은 아스퍼거의 수석 진단 전문의가 되었다.

아스퍼거는 자기가 좋아하는 책을 펼쳐 시와 이야기를 읽어주며 그저 어린이들과 함께 앉아 시간을 보내곤 했다. "나는 단순히 '밖에서 자극을 주고' 지침을 내려가며 일정한 거리를 유지한 채 냉정하게 관찰하고 싶지는 않아요. 어린이와 함께 놀고 이야기하며 열린 마음으로 어린이와 나 자신을 동시에 들여다보는 동안 일어나는 모든 일에 마음이 반응하여 생겨나는 감정들을 관찰하고 싶습니다."[15]

진료팀에서 그의 삶에 관한 기록은 1991년에 발표된 인지심리학자 우타 프리트Uta Frith의 보고서를 근거로 했다.[16] 하지만 1930년대 중반, 치료 교육원을 방문했던 미국 정신과 의사 조셉 마이클스Joseph Michaels의 기록은 아스퍼거팀이 야심 찬 이론을 어떻게 임상에 적용했는지에 대해 귀중한 통찰을 제공함에도 흔히 간과된다.[17]

매일 아침은 빅토린느 수녀의 지도 아래 한 시간 동안 체조와 운동을 하면서 시작되었다. 보통 음악을 틀어놓고 거기에 맞춰 진행되었다. 그후로는 학습 시간이었다. 월요일은 수학, 화요일은 읽기, 수요일은 쓰기와 작문 위주였다. 화요일은 지리와 역사를 공부하고, 금요일 아침에는 정원을 산책했다. 토요일은 미술과 공작의 날이었다. 오후 일정은 휴식과 놀이 외에 아무것도 없었으므로 어린이들은 서로 어울려 놀거나 흥미 있는 활동을 할 시간이 얼마든지 있었다. 일요일에는 교회에 다녀와 한데 어울려 게임이나 연극을 하며 오후를 보냈다.

처음에 마이클스는 어린 환자들을 치료하는 데 체계적인 방법이 없다는 것을 도저히 이해할 수 없었다. 아스퍼거와 동료들에게 어떤 정신분석학적 구조 속에서 프로그램을 수행하는지 묻자, '공식적 원칙은 없다'는 대답이 돌아왔다. 심리학이 스탠퍼드-비네 지능척도(보통 IQ검사라고 한다) 등의 표준화된 검사를 통해 경험적 타당성을 입증하려고 노력하던 시기에, 아스퍼거의 말을 빌리자면 '열린 마음으로 관찰한다'는 원칙은 장-마르탱 샤르코 같은 임상의사들이 환자들에게 그림을 그리라고 격려했던 19세기로 퇴행한 것 같았다. 마이클스는 '미국에서 흔히 보는 것처럼, 번호가 지정된 좌석에 꼼짝 않고 앉아 순서를 기다리는' 게 아니라 사방으로 공을 집어던지며 즐겁게 노는 아이들을 보고 충격을 받았다.

하지만 비엔나에서 며칠을 보낸 후 그는 완전히 설득당했다. 《미국교정정신의학회지American Journal of Orthopsychiatry》에 발표한 보고서에서 마이클스는 놀라움을 표했다. "기술적 절차를 지나치게 강조하는 '기술주의 시대'에 엄격한 방법, 기구, 통계, 공식, 슬로건이 전혀 없는 것이 특징인, 고도로 개인적인 접근법을 발견한 것은 상당히 특이한 일이다." 대신, "연구 중 어린이들과 함께 살면서…얻은 직감을 매우 중시한다."[18]

'정상적인' 행동을 판별하는 기준조차 놀랄 만큼 개방적이었다. 어떤 행동을 정상 또는 비정상이라고 구분하는 기준은, 심리학적 건강은 이래야 한다고 정해진 틀에서 얼마나 벗어나느냐가 아니라 어린이가 그 행동으로 인해 얼마나 어려움을 겪는지에 있었다. 마이클스는 이렇게 썼다. "기본적으로 그들은 정상과 비정상의 차이에 특별히 관심을 두는 것 같지 않았다. 이론적으로 불분명하며, 실질적으로 별로 중요하지 않다고 생각하기 때문이다."

바이스가 한 논문에서 유치원 아이들과 '놀이면담'을 시행하는 방법에 대해 쓴 글[19]은 당시 진료팀의 마음가짐을 들여다볼 수 있는 또 한 번의 귀중한 기회를 준다. 어린 환자들의 행동을 엄격하게 프로이트의 이론에 따라 해석했던 헤르미나 훅-헬무트Hermine Hug-Hellmuth, 아나 프로이트Anna Freud, 멜라니 클라인Melanie Klein 등의 정신분석학자들이 적극적으로 주장했던 놀이치료는 1930년대에 크게 유행했다. (예를 들어, 클라인은 문과 문 손잡이에 유난히 집착하는 한 소년이 사실은 "음경을 어머니의 몸속에 삽입하고 싶은 것이다.…문과 자물쇠는 그녀의 몸으로 드나드는 길의 장애물이고, 반면에 문 손잡이는 아버지와 자신의 음경을 상징한다"라고 해석했다.)[20]

그러나 바이스는 좀 더 가볍게 접근했다. 어린이와 함께 보내는 시간을 엄격하게 짜놓는 대신, 놀고 싶다면 자신이 장난감을 줄 수 있다는 사실을 그저 알려주었다. 이때 아이가 그 기회에 어떻게 반응하는지 보고 정식 면담이 시작되기도 전에 많은 것을 알아냈다.

어떤 어린이는 놀 기회를 얻을 수 없다는 것이 분명할 경우, 번갈아가며 놀자고 먼저 제안했다.[21] 또 다른 어린이는 적절한 때 자기를 끼워달라고 부탁했다. 어떤 아이들은 조금 뒤에 다시 와서 보고 끼어들 수 있을지 살폈는데, 끼어들 수 있든 없든 모두 마음의 준비를 하고 있는 것 같았다. 다른 아이가 먼저 왔다면 짜증을 부리지 않고 다른 곳으로 가거나 기다렸다. 하지만 어떤 아이는 놀고 싶은 욕구 외에는 아무런 생각도 없이 와서 끼어들 자리가 없다는 것을 알면 심하게 화를 냈다.

바이스의 놀이치료는 어린이들에게 최대한 표현의 자유를 주고자 고안되었다.[22] 조립식 블록, 크레용과 종이, 찰흙, 인형, 조리 기구, 장난감 자동차, 트럭, 동물 인형, 헝겊 조각, 보자기 같은 것을 잔뜩 마련해놓고 마음대로 골라서 놀도록 했다. 이런 환경에서 어린이가 어떻게 행동하는지 관찰함으로써 사회적 적응 능력, 상상력, 자발적으로 즐기는 능력을 가늠했다. 그 후 놀이치료 시마다 규칙을 정해주고('장난감을 가지고 논 후에는 반드시 원래 들어 있던 자루 속에 집어넣어야 한다' 등) 통제와 권위에 어떻게 반응하는지 관찰했다. 그녀는 어떤 행동으로부터 뭔가 알아낼 수 있는 가능성을 결코 놓치는 법이 없었다.

마이클스는 진료팀의 방법이 '과학보다 기술에 가까운' 것 같다고 인정했다. 하지만 그는 이런 기술이 단순히 진단법을 개발하는 것보다 훨씬 큰 포부를 품고 있다는 사실을 깨달았다. 그는 아스퍼거와 동료들이 '한 어린이가 타고난 능력, 성격 중 변화 가능한 요소, 병적인 행동의 원인, 개인적 행복과 안전과 사회적 복지를 추구하는 최선의 방법, 가족과 사회에서의 가장 알맞은 위치, 개인적 목표와 소망 등 모든 것을 실현하기 위해 어떻게 해야 할지 결정하는 것'을 목표로 한다고 썼다.[23]

심지어 편안한 의자와 테이블, 벽에 붙여진 띠 모양의 장식 같은 치료 교육원의 물리적 설계조차 이 병동이 의기소침한 환자들을 예의 바른 사회의 시선으로부터 격리시키기 위한 보호 기관이 아니란 점을 분명히 알려준다.[24] 그곳은 어린이와 10대 청소년들이 인간으로서 잠재력을 재발견할 수 있는 공간이었다.

II

병원에서 보낸 첫날 고트프리드는 계속 울기만 했다. 눈물은 점차 잦아들었지만 그는 친숙하지 않은 환경에서 낯선 사람들과 한 달간 지내야 한다는 데 여전히 화가 나 있었다. 몇몇 아이들, 특히 소년 법원에서 이곳으로 보내진 아이들은 문 밖으로 그냥 걸어나갈 수 없다는 사실을 깨닫고 격분했다. 하지만 곤경에 처한 것을 알았을 때 고트프리드의 반응은 유별날 정도로 침착하고 신중했다.

분통을 터뜨리는 대신, 그는 진료팀을 차분히 설득하려고 했다. 어머니가 아프다는 사실을 알리고, 그것은 곧 할머니가 집에 혼자 있어야 한다는 뜻이며 따라서 할머니는 어쩔 줄 모를 것이라는 논리를 펼치며 자신이 얼마나 불행하다고 느끼는지 끈기 있게 설명했다. 다가오는 일요일은 경축일이므로 교회에서 하는 행진에 반드시 참여해야 한다고도 했다. 모든 상황을 종합해볼 때 자신이 즉시 집에 돌아가야 한다는 것이었다.

물론 설득에 성공하지는 못했지만, 이렇게 다양한 시도는 고트프리드가 유별나게 논리적이라는 사실을 보여주었다. 종종 미숙하다고 오해받았지만, 사실 놀랄 만큼 성숙하게 행동할 수 있었던 것이다. 그는 또래보다 성인과 함께 있을 때 더 편안해 보였지만, 진료팀에게 보인 반응으로 볼 때 상대가 어떤 사람인지는 희한할 정도로 신경을 쓰지 않는 것 같았다. 의사나 간호사가 잠시 시간을 내어 말을 들어주면 얼굴이 밝아지면서 쾌활해 보였지만, **어떤 사람이** 자신에게 주의를 기울이는지는 중요하지 않았다. 대부분의 어린이는 특정한 의사나 간호사에게 금방 개인적인 애착을 보이게 마련이었다.

점차 고트프리드는 새로운 생활에 익숙해졌다. 매일 안정적인 리듬으로 일정이 반복된다는 사실에 편안함을 느끼는 것 같았다. 그는 낯선 땅에 유배된 사람이 그 지방의 관습을 배우듯 열심히 공부했다. 수업에 최선을 다해 임했고, 선생님이 이름을 부르면 자부심에 가득 차 활짝 웃었다. 그러나 친구들과 어울려 놀지, 혼자 있을지를 선택할 수 있을 때는, 여럿이 게임을 하지 않는 한, 무리에서 떨어져 혼자 있는 쪽을 택했다. 그러고는 우호적인 성인, 즉 진료팀에게 접근하여 어른들 틈에 끼려고 했다.

애석하게도 집에서와 마찬가지로 성인들이 옆에 없으면 친구들은 그를 사정없이 놀려댔다. 어떤 일을 제대로 하지 못했다는 사실을 지적하면 쉽게 화를 낸다는 사실을 알고 난 후에는 더욱 심해졌다. 병동의 규칙을 공공연히 어기는 데서 기쁨을 느끼는 아이들도 있었지만, 고트프리드는 그런 생각만으로도 진저리를 쳤다. 하지만 어떤 때는 잠시 잊어버리기라도 한 것처럼 무심코 똑같은 규칙을 어기곤 했다.

규칙과 기대에 관한 고트프리드의 복잡한 관계는 자유연상 검사 free-association test에서도 나타났다. 바이스는 평소대로 검사 방법을 하나의 게임처럼 설명해주었다. "눈을 감고 무엇이든 마음에 떠오르는 것을 말해 봐. 우리가 찾는 건 단어, 특히 보통명사란다. 문장을 만들려고 노력할 필요는 없어."

하지만 고트프리드가 머뭇거리며 단어와 단어 사이에 오랫동안 침묵하면서 바이스가 기대하는 바를 해내려고 노력하는 동안, 명사에 집중하라고 한 것이 실수라는 사실이 드러났다. 아이는 전혀 자유롭게 연상하지 않았다. 입 밖에 내기 전에 속으로 단어 하나하나를 꼼꼼히 검토하며 명사인지 아닌지 가려내려고 했던 것이다. 그 일에 어찌나 열심이었던지 눈을 감으라는 지시를 계속 잊어버렸다. 결국 대부분의 아이들보다 훨씬 열심히 노력했음에도 검사 점수는 평균 정도에 그쳤다. 하지만 바이스는 그 점수를 액면 그대로 받아들일 만큼 둔감한 관찰자가 아니었다. 그녀는 이렇게 적었다. "점수가 평균 정도에 불과하지만, 결과 자체에 지나친 의미를 부여하기보다 검사 과정에서 어린이가 보여준 특정한 방향에 주목해야 한다. 이 어린이가 생각하고 행동하는 방식을 알고 나면, 우연히 이런 방향을 택했다고 믿을 수는 없다. 그가 정신적인 균형을 유지하는 데 법칙과 규칙들이 얼마나 중요한지 알기 때문에 특별히 그런 조건에 집중한 것은 매우 자연스러운 일로 보인다."[25]

그 후 그녀는 곰을 사로잡아 춤을 추도록 훈련시키는 과정을 그린 그림들을 순서에 맞지 않게 섞어 아이에게 주고, 그림에 맞는 이야기를 생각해본 후 올바른 순서로 배열해보라고 했다. 대부분의 어린이들은 곰에게 실제로 일어난 일의 감춰진 이야기를 밝혀낼 수 있는 기회라고 생각하며 이 검사를 재미있어 했다. 하지만 고트프리드는 이야기를 먼저 알아야만 그림을 올바른 순서로 놓을 수 있다고 불평을 늘어놓았다. "G는 논리적인 태도에서 벗어날 수 없었다. 사실들을 인지할 수는 있지만, 사실과 사실 사이에 일어났을 수도 있는 일을 상상할 수는 없었다. 그보다 어리고 단순한 아이들도 이 과제를 훨씬 잘 수행하곤 한다. 그림이 동화 속 이야기처럼 생생하게 다가오기 때문에 즉시 해석하기 시작하며, 실제로 벌어진 일이 무엇인지, 그림에 어떤 이야기를 더해야 하는지에 대해서는 전혀 신경 쓰지 않는다. 하지만 G에게는 있는 그대로의 그림에 불과하거나, 이해할 수 없을 정도로 난해한 것이다."[26]

이렇게 사물을 있는 그대로 받아들이는 버릇 때문에 고트프리드는 바이스가 시행한 검사마다 특이한 반응을 나타냈다. 지금 막 읽은 짧은 이야기를 기억해보라고 하면 내용을 단어 하나하나까지 반복했지만, 상상한 내용을 덧붙여 꾸며내는 법은 결코 없었다. 쓰기 검사에서는 매우 우수한 결과를 나타냈다. 바이스가 서체를 '특이할 정도로 규칙적'이라고 했을 정도였다. 하지만 동시에 문법 규칙이나 종이가 구겨졌다는 사실에 온통 사로잡혀 있기도 했다. 고트프리드는 다른 아이들이 놓치는 세세한 것들을 예리하게 감지했지만, 나무 하나하나에 너무나 신경을 쓴 나머지 끊임없이 숲속에서 길을 잃었다.

이런 패턴을 알고 나자 바이스는 왜 많은 사람들이 고트프리드가 느리고 멍청하다고 하며, 동시에 할머니는 손자가 너무나 머리 좋은 소년이라고 하는지 이해할 수 있었다. 실제로는 매우 머리가 좋았지만 진료팀의 표준화된 검사 방법으로는 그 사실을 올바로 나타낼 수 없었다. 한 달간의 교육을 통해 아이를 점점 더 많이 알게 되자, 바이스는 도무지 이해할 수 없는 사회적 상황을 헤쳐나가기 위해 선택한 분노라는 가면 뒤에 감추어진 성실한 아홉 살짜리 소년의 몸부림을 엿볼 수 있었다. 예를 들어, 덤불과 나무, 사다리와 계단 등 짝지은 단어들을 비교해보라고 하면, 아이는 대답하기 전에 언뜻 거만하게 들리는 말을 내뱉곤 했다. "허참, 맙소사." 처음에 바이스는 이런 태도가 몹시 거슬렸지만, 점차 고트프리드가 무례하게 구는 것이 아니라는 사실을 알게 되었다. 아이는 다만 사다리와 계단을 비교하는 것이 아무런 의미도 없는 연습 문제에 불과하다고 생각했던 것이다.

고트프리드는 조숙하다고 할 정도로 머리가 좋았지만, 대부분의 아이들이 본능적으로 알고 있는 것들을 인지하지 못하는 것 같았다. 주변에서 펼쳐지는 예의 바른 겉치레와 사회적 게임들을 꿰뚫어 보았지만 어떻게 하면 자신에게 유리한 방향으로 그 게임을 풀어나갈 수 있는지는 알지 못했던 것이다.

III

10년 동안 아스퍼거와 동료들은 고트프리드와 비슷하게 사회적 기능의 미숙함, 조숙한 능력, 규칙과 법칙과 일정에 대한 과도한 집착 등 뚜렷한 특징이 한꺼번에 나타나는 어린이들을 200명 넘게 진료했다.[27] 비슷한 특징을 보이는 수많은 10대와 성인들도 관찰했다. 가장 심한 어린이들은 정신박약이라는 낙인이 찍힌 채 정신병원에 수용되어 있었다. 천재적인 재능을 가졌음에도 불구하고 지나치게 규칙에 얽매이는 버릇과 지시에 따를 능력이 없다는 것을 교사들이 고의적인 반항으로 간주하여 학교에서 쫓겨난 아이들도 있었다. 가장 재능이 뛰어난 아이들도 옷을 입고, 몸을 씻고, 식탁에서 예의 바르게 행동하는 등의 기본적인 생활 기술조차 익히지 못했다. 또한 이들은 운동에 서투르고 몸놀림이 어설퍼, 활력 넘치게 운동을 하는 것이 정신적 건강의 증표로 받아들여지는 문화 속에서 조롱의 대상이 되기도 했다.

아스퍼거는 그중 많은 아이들이 성숙하고 깎아놓은 듯한 용모를 지녀 놀랄 만큼 아름답다는 사실에 충격을 받았다. 하지만 표정은 끝없는 근심에 사로잡혀 일찍 늙어버리기라도 한 것처럼 무겁고 심각했다. 특히 환경에 예기치 못한 변화가 생기거나 일이 예상치 못한 방향으로 진행되면 크게 동요했다. (아스퍼거는 한 어린이에 대해 이렇게 썼다. "일이 예상했던 것 또는 익숙한 것에서 조금이라도 달라지면 몹시 화를 내고 혼란스러워하면서 장황한 비난을 늘어놓았다.")[28] 이들은 모든 일을 규칙에 따라 진행하면 혼란 자체를 피할 수 있다는 듯 매우 엄격한 규율에 맞춰 행동하는 경향이 있었다.

극단적인 경우, 질서가 어긋난 데 대한 격렬한 분노는 몸을 앞뒤로 흔든다든지, 탁자나 벽을 계속 세게 친다든지, 몇 시간 동안 신발끈을 묶었다 풀었다 한다든지, 같은 구절을 끝도 없이 반복해서 말한다든지 하는 정형화된 반복행동으로 나타나기도 했다. 이들은 자신만 이해하는 법칙과 패턴에 따라 장난감을 줄지어 늘어놓곤 했는데, 부모가 조금이라도 순서를 바꾸는 날엔 한바탕 짜증을 내며 폭발했다. 하지만 반복과 대칭에 대한 집착을 즐거움의 원천으로 삼기도 했다. 소중하게 여기는 물건을 엄청나게 많이 모으는 아이들도 있었는데, 그 물건은 무명 실오라기처럼 하찮은 것일 수도 있고, 집 안에 꾸며놓은 실험실에서 사용할 온갖 화학 물질처럼 심오한 것일 수도 있었다. 아스퍼거는 1000개의 성냥갑을 모으기로 결심한 소년을 보고하면서, "그는 거의 열광적인 에너지를 발휘하여 그 목표를 추구했다"라고 썼다.[29]

일부 어린이들은 놀랄 만큼 표현력이 뛰어나 거의 시詩에 가까운 언어로 말했으며, 자신의 경험을 예리하게 관찰하기도 했다. 한 소년은 아스퍼거에게 밤에 집이 그리워지면 어떻게 자기 마음을 달래는지 설명했다.

"베개를 베면 귀에서 이상한 소리가 들려요. 그럴 때는 아주 오랫동안 조용히 누워 있어야 해요. 그 기분은 아주 좋지요."[30] 때로는 너무 현란한 문장을 구사한 나머지, 단어 자체의 의미가 흐려지거나, 연극배우가 운문으로 된 대사를 읊듯 부자연스러울 정도로 과장된 노래처럼 말하는 아이들도 있었다. 그들은 종종 독백을 늘어놓았는데, 앞에 있는 사람이 듣든 말든 한 가지 이야기를 끝없이 이어가다 어느새 다른 이야기로 넘어갔다. 또한 이들은 대명사를 일관성 있게 사용하는 데 어려움을 느꼈다. 어떤 소년은 아주 일찍 말을 시작했지만, 아무리 가르쳐도 '당신Sie'이라는 경칭을 익히지 못하고 친구들끼리 말할 때처럼 '너Du'라는 말을 사용하는 바람에 건방지다고 오해받기도 했다.

이들은 여러 가지 모순을 한데 섞어놓은 것 같은 존재였다. 조숙한 동시에 유치하고, 섬세한 동시에 고지식하며, 칠칠맞지 못한 주제에 격식을 차리고, 외로워하면서도 남에게 쌀쌀맞고, 언어의 음악적인 요소에 민감하지만 인간 사이에 주고받는 상호 관계의 리듬에는 둔감했다. 아스퍼거가 썼듯이, "매우 흥미롭고, 절대로 놓치고 지나갈 수 없는 유형의 어린이들이었다."[31] 그는 이들이 '결코 드물지 않지만', 어떤 이유로든 이전 세대 치료자들이 제대로 감지하지 못한 독특한 증후군을 겪고 있다고 확신하게 되었다.

사실 20년 전 그루니아 수카레바Grunia Sukhareva라는 러시아의 젊은 정신과 의사가 모스크바에서 거의 비슷한 특징을 지닌 어린이들에 대한 기록을 남긴 일이 있었다. 그녀의 연구는 정신과 영역에서 당시 새로 떠오르던 분야, 즉 청소년 정신병에 초점을 맞춘 것이었다. 수카레바는 이 환자들이 조현병과 비슷한 질병을 갖고 태어났지만 결정적인 차이가 있다고 주장했다. 성인 조현병은 거의 예외없이 악화일로를 걷는 데 반해, 이

희한한 젊은 친구들은 시간이 지나면서 극적으로 호전되는 일이 종종 있다는 것이었다.[32]

수카레바가 M. Sch.라고 지칭한 13세 소년의 부모는 아이가 갓난아기 때부터 형제들과 다르다는 사실을 알아차렸다. 아이는 고통스러울 정도로 소리에 민감하여 요람에 누워서도 소음이 들릴 때마다 몸을 움찔거렸다. 차차 커가면서는 어둠, 홀로 있는 것, 문이 잠기는 것, 사방에 숨어 있는 괴물들 그리고 대부분의 다른 어린이들에 대해 극심한 공포증을 겪었다. 아이는 질병과 죽음과 관棺에 대한 강박관념에 사로잡혔다. 누군가가 어린 나이에 죽었다는 소식을 들으면 죽은 사람과 가족들을 동정하는 대신, 깊은 한숨을 내쉬며 이렇게 말했다. "나도 오래 살지 못하겠군."

사정이 이랬으니 소년이 왜 다른 아이들을 볼 때마다 겁에 질렸는지 짐작하기란 어렵지 않은 일이다. M. Sch.는 표가 날 정도로 걸음걸이가 이상했는데, 동네 아이들은 이런 그를 사정없이 놀려댔다. 그러나 그는 또한 궁지에 몰리는 상황에 대해 놀랄 만큼 성숙한 통찰력을 지니고 있었다. 그는 수카레바에게 같은 반 친구들이 "게임을 정말 잘하는데 절대로 저한테 기회를 주지 않아요. **힘센 역할을 선택하려는 거죠**"라고 설명했다. 그는 자신이 신체적으로 허약하다고 느꼈을지 모르지만, 정신적으로는 그렇지 않았다. 지능발달 검사에서 또래보다 2년 이상 앞서 있었을 뿐 아니라 음악에 천부적인 소질을 나타냈던 것이다. 일곱 살에 바이올린을 배우기 시작한 뒤로 그는 놀라운 진전을 보이며 결국 유명한 모스크바 음악원Moscow Conservatory에 들어갔다. 그러나 성공적인 콘서트 바이올린 주자가 되기 위해 필요한 자제력을 익히기 위해서는 엄청난 노력을 기울여야 했다.

아들의 미래를 걱정한 부모들은 아이를 수카레바의 입원 프로그램에 등록시켰다. 그곳에서 그는 어릿광대 역할을 자처하며 저속한 농담을 늘어놓고, 병동 안에서 여자아이들을 이리저리 쫓아다녔다. 그 자신도 무례한 행동인 줄은 알지만 자제할 수 없는 것 같았다. M. Sch.는 일단 뭔가를 시작하거나 심지어 생각만 해도 거기서 헤어나오기가 거의 불가능했다. 그는 자신에 대해 이렇게 설명했다. "한 가지 단어가 머릿속을 끊임없이 맴도는 것 같아요. 그리고 어떤 일을 하지 않으면 뭔가 나쁜 일이 생길 거라는 생각이 들어요. 어떤 일을 시작하려면 저는 오랫동안 준비를 해야 하는데 그 후에는 멈추기가 어려워요."

고트프리드와 마찬가지로 갓 10대가 된 소년보다는 중년에 접어든 허풍쟁이가 할 법한 말로 들린다. 어떤 책이 재미있었냐고 물어보자 한참을 더듬거리며 망설이다가 이렇게 말했다. "제가 그 책을 좋아하는 것 같긴 한데 확실히는 잘 모르겠어요. 독서의 원칙이란 책에 완전히 빠져들어야 하는 거니까요." 미술 교사는 그를 신동이라고 생각했다. 또한 수카레바는 소년이 음악에 몰입하면 '완전히 다른 사람으로 변하여, 확신이 넘치고 예민한 음악가 같은 인상을 주었다'고 말했다.

M. R.이라는 소년은 1812년에 일어난 미영전쟁에 대해 혼자서 모든 것을 공부했다. 열 살쯤 되었을 때는 전쟁의 배경과 발발 이유가 된 모든 사건을 자세히 설명할 수 있었다. 하지만 장황한 설명을 늘어놓다가 말이 끊기기라도 하면 몹시 초조해하면서 모든 것을 처음부터 다시 설명했다. 막내 동생을 돌보던 유모가 식탁에서는 똑바로 앉아야 한다고 타이르자 이렇게 대답했다. "나는 나만의 원칙이 있고 그걸 꼭 지켜요. 그러니 똑바로 앉지 않을 거예요."

A. D.는 숫자와 수를 세는 데 온 신경을 집중했다. 연극을 보러 가면 막이 오르기 전에 극장 안에 있는 관객 수를 일일이 센 다음 혹시라도 늦게 오는 사람이 있는지 보려고 로비로 뛰어나가곤 했다. 툭하면 여론조사를 한다며 친구들에게 "최근 영국 선거에서 가장 많이 득표한 정당은 어디게?"라든지, "가장 우수한 토끼 품종은 뭐게?" 같은 질문을 속사포처럼 쏟

아내곤 했다. (친구들은 매몰차게도 이런 그에게 '축음기'라는 별명을 붙였다.) 열 세 살이 되자 당시 막 생겨난 소비에트 연방의 정치적 상황에 대해 모르는 것이 없을 정도였다.

수카레바의 환자 중 두 명은 세 돌이 되었을 때 누가 가르쳐주지도 않았는데 운율을 맞춰가며 빠르게 말하기 시작했다. 둘 다 말장난이나 재치 있는 말, 선전 구호 같은 것들을 끝없이 갈망하는 것 같았다. K. A.라는 소년은 유모들에게 '탈지면의 영양가'에 대해 강의를 할 생각이라고 말하는가 하면, 한번은 주치의의 가방 속에 '기름에 튀긴 개들의 학회' 회원 자격을 수여한다는 메모를 슬쩍 집어넣기도 했다.

겉으로는 굼떠 보였지만, 이들의 내면세계는 매우 풍요로웠다. 이들은 집단으로 하는 놀이를 회피했지만, 혼자 있으면서 동화나 판타지 책을 닥치는 대로 읽곤 했다. P. P.라는 아이는 세 살 때 갑자기 피아노 앞에 앉아 좋아하는 멜로디를 음표 하나 틀리지 않고 연주하여 부모를 깜짝 놀라게 했다. 수카레바는 소년이 '자연의 아름다움을 마음속 깊이 느끼는' 예민한 아이로, 약간만 꾸짖는 기색을 보여도 울음을 터뜨렸다고 기술했다. 하지만 아이는 누나 말고는 친구가 하나도 없었다. 왜 같은 반 아이들을 피하느냐고 묻자 이렇게 대답했다. "그 애들은 너무 시끄러워서 제 생각을 방해해요." 열두 살이 되자 그는 관상수도회觀想修道會✦에 속한 수도사처럼 세상을 떠돌았다.

이 흥미로운 증후군을 기술하기 위해 수카레바는 분열성인격장애 schizoid personality disorder라는 용어를 제안했다. 하지만 이런 상태가 15년 전 스위스의 정신과 의사인 오이겐 블로일러Eugen Bleuler가 명명한 조현병 schizophrenia(문자 그대로 풀면 '마음이 분열된 상태'라는 뜻)과 실제로 관련이 있

✦ 고독과 침묵 속에서 명상에 집중하여 깨달음을 얻고자 하는 교단.

는지는 확신하지 못했다. 어느 모로 보든 조현병의 비참한 특징들과 비슷한 경과를 겪는 것 같지는 않았다. 다만, 아주 깊은 차원에서 뭔가 다르게 타고난 것 같았다. 치료를 받아야 할 환자라기보다 라차르가 원형이라고 주장한 유형들 중 한 가지와 더 비슷한 셈이었다. 친구들의 괴롭힘을 막아주고 타고난 재능을 발휘할 수 있도록 격려하는 교사를 만난다면, 유별난 존재이긴 하지만 나름대로 풍요로운 삶을 살아갈 가능성도 있었다. 수카레바는 이렇게 보고했다. "우리는 모든 환자들을 오랜 세월 동안 관찰했으며, 모두 상당한 진전을 보이는 것을 확인했다." M. Sch.는 "음악과 미술 분야에서 탁월한 성취를 이루어냈다." M. R.은 "학업 성적이 좋았으며, 성격도 크게 달라져 좀 더 잘 적응하게 되었다." A. D.는 여전히 눈에 띌 만큼 내성적이었지만, "음악 분야에서 기량이 크게 발전했다."

그녀는 두 가지 질병이 아무 관련이 없다고 밝혀진다면, 분열성schizoid이라는 용어가 '개념상 혼란과 오해'를 불러일으킬 수도 있다고 동료들에게 경고했다. 이런 우려는 결국 사실이 되었다.

아스퍼거는 수카레바의 연구를 전혀 몰랐지만, 독자적으로 자신의 환자들이 겪는 문제와 조현병 사이의 유사성, 특히 블로일러가 '자폐증적 사고'[33]라 명명하고, 자기중심적 반복 사고 및 환상에 빠지는 성향이라고 정의했던 경향을 파악했다. 1000개의 성냥갑을 수집하려 했던 소년처럼 이들은 스스로 정한 목표를 집요하게 추구했다. 다른 사람들의 기대에는 무관심한 것 같았다. 아스퍼거는 이렇게 썼다. "모든 면에서 이 어린이들은 외부 세계에 전혀 개의치 않고 자신만의 충동과 관심에 따라 행동한다."

조현병 환자들은 보통 청소년기부터 점진적으로 사회적 세계와 접촉점을 잃어버린다. 반면, 아스퍼거의 환자들은 개인 간의 접촉이라는 범위를 넘어선 곳에서 세상에 뛰어드는 것처럼 보였다. 그는 날카로운 통찰력으로 아이들이 두 살을 넘을 때까지는 이런 성향이 부모나 의료인들에게 뚜렷하게 드러나지 않는다는 점을 알아차렸다. 정신병이 아니라는 사실은 너무나 분명했으므로, 이 상태를 기술하기 위해 아스퍼거는 정신적 건강과 질병 사이의 모호한 중간 영역을 일컫는 19세기의 용어를 차용하여 '자폐성 정신병증Autistischen Psychopathen'이라는 용어를 제창했다.[34] 또한 그는 자폐증Autismus이라는 좀 더 간단한 용어도 함께 제안하며, 현장 생물학자가 번성하고 있는 생물체를 그냥 맨눈으로 관찰하고 기술하듯 이를 '자연적 실체'라고 했다.

그는 이런 자연적 실체의 독특한 특징이 '다른 데 정신이 팔린 교수absentminded professor'나 당시 오스트리아의 많은 농담에서 조소의 대상이 되었던 가상의 귀족 바비 백작Count Bobby처럼 대중문화에 등장하는 전형적인 인물들을 통해 이미 사람들 사이에 익숙해져 있다고 지적했다. 중요한 것은 아스퍼거가 자폐증을 '일생에 걸쳐 뚜렷하고 변함없이' 지속된다고 기술하면서, 가장 재능 있는 사람으로부터 가장 장애가 심한 사람에 이르기까지 놀랄 만큼 다양한 사람들에서 발견된다고 말했다는 점이다. 그 유형은 자폐증을 겪는 사람들의 숫자만큼이나 다양한 것 같았다.

> 〔이 유형의〕 범위는 능력으로 보면 매우 독창적인 천재에서부터, 자신만의 세계에 사로잡혀 성취하는 것이 거의 없는 별난 괴짜를 거쳐, 정신지체가 너무나 심해 의사소통조차 어려운 로봇 같은 사람에 이르기까지 모든 범위에 걸쳐 있다.…자폐증을 겪는 사람들은 의사소통의 어려움 정도나 지적 능력뿐 아니라 성격과 특별한 관심 역시 저마다 다른데 모든 것이 종종 놀랄 만큼 다양하고 독특하다.[35]

아스퍼거가 자폐증이 유전된다고 생각했다는 것은 의심할 여지가 없다. “우리는 친밀한 관계를 맺을 수 있었던 모든 증례에서 한 건도 빠짐없이 비슷한 특성들을 부모나 친척에게서 찾아낼 수 있었다.” 그러나 그는 이렇게 복잡한 행동과 특성을 일으키는 단 한 가지 유전자를 찾는 것은 어리석은 일이 되고 말 것이라고 경고했다. “이 상태와 관련된 명백하고 단순한 유전 방식이 있을 거라고 생각하는 것은 헛된 희망이다. 이것은 의심의 여지없이 많은 유전자가 함께 작용하여 생기는 현상이다.”

1943년 함부르거 교수에게 제출한 학위 논문에서 아스퍼거는 프리츠 V.Fritz V., 하로 L.Harro L., 에른스트 K.Ernst K., 헬무트 L.Hellmuth L. 등 네 가지 ‘원형原型 증례’를 기술했다. 모두 일곱 살에서 열 살 사이의 소년들이었다. 그는 네 가지 원형 속에 어린 여성이 포함되지 않은 것에 대해 사과하며, 진료 중 모든 특징이 완전히 나타난 여성 증례를 한 건도 보지 못했기 때문이라고 설명했다.

> 우리는 자폐증의 모든 특징이 완전히 나타난 소녀를 만나지 못했지만, 자폐증 자녀를 둔 엄마 중에 행동이 확실히 자폐증적 특징을 나타내는 사람들을 몇 명 보았다. 이런 소견을 설명하기는 어렵다. 우리가 진료한 증례 중에 자폐증을 겪는 소녀가 없었다는 것은 단순한 우연일 수도 있고, 어쩌면 여성의 경우에는 자폐증적 특징이 사춘기가 지나서야 분명해지는 것일 수도 있다. 이 점은 현재로서는 알 수 없다.

그는 자폐증의 특징이 ‘남성에서 지능이 극히 다양하게 나타난다는 점’[36]이라고까지 기술했는데, 40년 후 영국의 심리학자 사이먼 배런-코언Simon Baron-Cohen은 자폐증의 원인을 태아기에 자궁 속에서 높은 수준의 테스토스테론에 노출되는 것과 연관시키면서 이 주장을 그대로 반복했다. 하지만 아스퍼거의 환자 중에 어린 소녀가 없었던 가장 중요한 요인은 그의 팀에 환자를 의뢰한 사람이 주로 교사와 소년 법원 판사들이었기 때문일 것이다. 비엔나의 젊은 여성junge Wienerinnen은 사회와 가정에서 순종적이고 다소곳하여 얌전히 뒷전에 물러나 있어야 한다는 것이 당시의 관념이었다. 분명 소녀들은 소년들에 비해 권위 있는 사람의 주목을 끌 만한 행동을 훨씬 더 강하게 억눌렀을 것이다. 21세기에 접어든 현재까지도 여성에게서 자폐증의 유병률이 낮게 평가되는 데는 비슷한 사회적 역동이 작용할 가능성이 있다.[37]

아스퍼거가 학위 논문에서 네 명의 원형을 설명한 까닭에, 이후 많은 해설자들이(미 국립보건원 사이트에서 아스퍼거 Q&A 부분을 쓴 사람들을 포함하여)[38] 그의 자폐증 연구가 오직 네 명의 소년만을 관찰한 것에 근거를 둔다고 주장한다. 아스퍼거는 이 점을 명백하게 밝혔다. “우리는 10년 넘게 다양한 정도로 자폐증 증상을 나타낸 어린이를 200명 넘게 관찰했다는 사실을 간단히 언급하고자 한다.” 이런 관찰(1935년 발표된 후 지금까지 간과되었던 고트프리드에 관한 바이스의 심층 증례 연구를 포함하여)[39]을 통해 그는 전형적인 환자 네 명의 특징을 대중소설의 주인공만큼이나 생생하게 그려냈다.

첫 번째 소년 프리츠는 시인과 수도사가 즐비한 가문의 후손으로, 키가 크고 여위었으며, 나이에 맞지 않을 정도로 조숙한 어휘력과 신동에 가까운 수학적 재능이 있었다. 하지만 유치원에 간 지 며칠 만에 하는 일 없이 교실 안을 돌아다니고 ‘외투걸이를 때려부쉈다’는 이유로 쫓겨났다. 하로는 키가 작고 근육이 잘 발달한 소년으로, 얼굴은 주름으로 쪼글쪼글했다. 여덟 살에 불과했지만, 낭랑한 목소리로 “나는 고약하게도 오로지 왼손만 써요”라는 식으로 관찰한 바를 진지하게 말하곤 했다. 이 아이에 대해 아스퍼거는 이렇게 썼다. “때로는 아주 깊은 생각에 잠긴 것 같았다. 그러다 눈썹을 모으고 약간 우스울 정도로 이상하게 점잔을 빼곤 했다.” 에른스트는 자신이 그저 ‘하늘에서 뚝 떨어진’ 것 같다는 생각에 끊임없이 사로잡혔다. 자신의 삶이라는 다큐멘터리의 해설자라도 되는 양, 행동을 할 때마다 중계방송하듯 해설을 덧붙였다. "그는 주의를 끄는 것이 있으면 무엇이든 즉시 주변 사람들에게 말해야만 했다. 이런 '해설' 중 일부는 말투가 어른스럽다는 점뿐만 아니라 뛰어난 관찰력을 보여준다는 점에서도 상당히 놀라운 것이었다." 마지막으로, 불쌍한 헬무트가 있었다. 그는 아주 뚱뚱하고 몸놀림이 어설퍼서 친구들이 운동장에서 공을 던지고 받는 게임을 할 때도 '얼어붙은 거인처럼' 아이들 사이에 뻣뻣하게 서 있기만 했다. 하지만 좋아하는 주제인 시에 대해 이야기해보라고 하면 깜짝 놀랄 만큼 독창적인 말을 유창하게 늘어놓았다. "통찰력과 탁월성으로 똘똘 뭉친 듯했다."

왕립학회에서 동료들이 대화를 나눌 때 한쪽 구석에 조용히 서 있었던 캐번디시처럼, 네 명의 아이들은 모두 다른 인간들이 살아가는 모습을 비스듬히, 스쳐 지나가듯 바라보았다. 하지만 아스퍼거는 이들이 그런 식으로도 많은 정보를 받아들인다고 확신했다. "때때로 이들이 놀랄 만큼 자기 주변 세계에서 일어나는 많은 일들을 지각하고 처리한다는 사실이 드러나곤 한다." 이것은 경이로울 정도로 통찰력 있는 선견지명이었다. 훗날 임상의사들은 거의 예외없이 자폐 어린이가 의도적으로 다른 사람의 눈을 똑바로 들여다보기를 피한다고 생각했던 것이다.

수카레바의 환자들처럼 이 소년들 또한 세심하게 관찰하지 않으면 드러나지 않는 재능을 지닌 경우가 많았다. 일부는 연중 하루도 빠짐없이 그 날짜에 관련된 성인聖人들의 이름을 안다거나, 비엔나의 모든 전차 노선을 기억하는 놀라운 암기력을 갖고 있었다. 다른 소년들은 처음부터 스스로 수학을 발명하기라도 한 양 놀라운 계산법을 개발했다. 프리츠는 배우지 않았는데도 분수를 깨우쳤다. 음수의 특성을 이해했으며, 논리학 문제들을 힘들이지 않고 풀어냈다. 아스퍼거는 그가 지능검사에서 매우 높은 점수를 받을 거라고 생각했지만, 소년은 협조를 거부했다. 의자에서 뛰어내리더니 검사자의 손을 찰싹 때렸던 것이다.

하로는 매우 복잡한 계산을 암산으로 해냈을 뿐 아니라, 사물에 관해 생생하고 독창적인 방식으로 이야기하는 독서광이었다. 파리fly와 나비butterfly라는 단어를 비교해보라고 하자, 현란한 어원학적 상상을 펼쳤다. "나비는 색깔이 화려하고, 파리는 까맣죠. 나비의 날개는 아주 커서 한쪽 날개 아래에 파리 두 마리가 들어갈 정도예요. 하지만 파리는 훨씬 재주가 뛰어나 미끄러운 유리나 벽을 타고 기어오를 수 있어요.…파리가 어떻게 벽을 타고 올라갈 수 있는지는 현미경을 보면 알 수 있지요. 바로 어제 저는 파리의 발에 아주 조그만 발톱들이 달려 있고, 그 끝에 아주 아주 작은 갈고리들이 붙어 있는 모습을 봤어요."

하지만 하로도 프리츠와 마찬가지로 학교에서 쫓겨났다. 수업에 방해가 되었기 때문이다. 팔다리를 써서 교실 안을 이리저리 기어다니고, 수업 내용이 '너무 멍청하다'고 외쳐댔다. 숙제를 해오는 일이 거의 없었고, 교사가 보충하기 위해 다른 숙제를 내주면 비웃기 일쑤였다. "이 따위 숙제를 할 생각은 꿈에도 없군 그래." 그는 매일 좋아하는 책에만 빠져 지냈으며, 주변 친구들에게는 모르는 사람이나 마찬가지였다.

IV

수카레바가 환자들이 음악과 미술에 천재적인 재능을 나타낸 데 깊은 인상을 받았듯, 아스퍼거는 소년들이 과학에 천부적인 소질을 보이는 데 무척 놀랐다.

> 우리는 자연과학에 특별한 관심을 나타낸 자폐 어린이를 알고 있다. 그의 관찰 속에는 사물의 본질을 꿰뚫어 보는 비상한 능력이 드러난다. 그는 관찰한

> 사실들을 하나의 체계 속에 질서 정연하게 정리하면서, 때때로 난해한 구석이 있지만 자신만의 이론을 만들어낸다. 어디서 듣거나 본 것이 아니라 스스로 경험한 것들을 근거로 그렇게 하는 것이다. '화학자'라고 부를 만한 아이도 있다. 돈이 생기면 몽땅 실험에 써버리며, 심지어 실험을 위해 돈을 훔치기도 한다. 가족들은 실험 때문에 종종 두려움에 사로잡힌다. 훨씬 특수한 분야, 예를 들면 소음과 악취가 나는 실험에만 관심을 갖는 아이들도 있다. 자폐증 소년 하나는 독극물에 푹 빠져 있다. 이 분야에 관해서는 온갖 희한한 것까지 다 알고 있으며 엄청나게 다양한 독극물을 수집하여 갖고 있는데, 일부는 스스로 제조한 것이다. 우리 팀에 의뢰된 이유는 자물쇠로 잠가놓은 학교 화학실험 재료보관실에서 상당량의 청산가리를 훔쳤기 때문이다.[40]

한 소년은 동네 아이들이 괴롭히려고 할 때마다 자기를 귀여워하는 늙은 시계공의 가게로 도망쳐서 그와 토론을 벌이곤 했다. 또 다른 아이는 복잡한 기계들에 대해 엄청난 지식을 갖고 있으며, 어지간한 어른들도 '거의 방어하기 불가능할 정도로' 어려운 전문적 질문을 퍼부어댔다. 이 소년은 상상력이 풍부하여 실제로 개발되기 훨씬 전부터 우주선을 비롯한 '환상적인 발명품들'을 상상하곤 했다. 이런 증례들을 보고 아스퍼거는 이렇게 말했다. "여기서 우리는 자폐증을 겪는 사람들의 관심사가 종종 얼마나 현실과 동떨어져 있는지 알 수 있다." 그러나 1950년대에 우주 탐사가 시작되자 그는 이 발언을 철회하고 우주선의 설계자들이 자폐증적 성향을 지니고 있을지도 모른다고 추측했다.[41]

나아가 아스퍼거는 환자들이 노골적으로 권위를 무시하는 태도를 가진 것이 과학자들에게 필수 불가결한 회의주의로 발전할 수 있다는 사실을 인식했다. 그가 한 11세 소년에게 종교를 믿느냐고 묻자, 소년은 이렇게 대답했다. "제가 종교적인 사람이 아니라고 말하고 싶지는 않아요. 그저 신이 존재한다는 증거를 전혀 찾지 못했을 뿐이죠."

이 위대한 소아과 의사는 자신이 연구하는 증후군에서 이들이 타고난 천부적 재능이 그들이 겪는 사회적 어려움만큼이나 중요한 본질이라고 결론지었다. 사물을 아무런 의심없이 받아들이지 못하는 성향을 타고났다는 바로 그 이유로 인해 혁신가가 될 잠재력이 있다고 확신한 것이다.

> 자폐 어린이들은 주변의 사물과 사건들을 전혀 새로운 그리고 종종 놀랄 만큼 성숙한 관점에서 보는 능력을 지니고 있다. 이런 능력은 일생 동안 지속되는데, 일이 잘 풀리면 다른 사람이 결코 달성할 수 없는 비범한 성취를 이루어낸다. 예를 들어, 이들이 지닌 추상 능력은 과학적 성취의 필요조건 중 하나다. 실제로 탁월한 과학자들 중 자폐 성향을 지닌 수많은 사람들을 볼 수 있다.[42]

그는 자폐인들이 문화의 발달 과정에서 제대로 평가되지 못했지만 중요한 역할을 해왔다는 대담한 주장과 함께, 이렇게 독특한 소질과 기술, 태도, 능력을 통틀어서 일컫는 자폐성 지능autistic intelligence이라는 용어를 제안했다.

> 과학과 예술 분야에서 성공하려면 약간 자폐증적인 성향이 반드시 필요한 것 같다. 성공을 위해서는 일상적인 세상이나 단순히 실용적인 것에서 다른 곳으로 눈길을 돌리는 능력, 아무도 시도해보지 않은 새로운 방식으로 창조하기 위해 대상을 독창적으로 다시 생각할 수 있는 능력이 반드시 필요한 것 같다.[43]

이런 생각은 심리학의 전통적인 개념인 백치 서번트idiot savant, 즉 다른 발달 영역의 전반적인 결함에 대한 보상으로 특출한 능력이 나타난다고 보는 시각과는 크게 다른 것이다. 백치 서번트라는 용어를 제창한 19세기 프랑스의 의사이자 교육자 에두아르 세갱Édouard Séguin은 자기가 진료한 환자들의 비범한 재능을 악성종양에나 어울릴 법한 용어로 기술했다. 1869년 그는 이렇게 말했다. "부유한 계층에서 백치는 종종 동반된 질병들에 의해 악화될 뿐 아니라, 비정상적인 능력의 부분적 결여semi-capacities나 비뚤어진 본능이 동반되는 경우도 많다. 이로 인해 거의 무한할 정도로 다양한 유형이 존재한다. 음악, 수학, 건축, 기타 다른 분야에서 관찰되는 백치 서번트, 즉 전반적으로 끔찍할 정도로 무능하지만 아무런 쓸모없이 오직 한 가지 능력만 두드러지는 경우는 거의 예외없이 이 계층 출신이다."[44]

아스퍼거는 환자들이 모두 미래의 베토벤이나 뉴턴이라는 환상에 사로잡히지는 않았다. "애석하게도 대부분의 경우, 자폐증의 긍정적인 측면이 부정적인 측면을 가려주는 것은 아니다." 그러나 라차르의 뜻을 그대로 이어가는 치료 교육원의 목표는 이들이 장애로 인한 어려움에 맞설 수 있도록 개인적 자원을 확보하면서 타고난 재능을 십분 발휘할 수 있도록 개인별 맞춤형 교육 방법을 찾는 것이었다. 바이스는 고트프리드의 증례 연구 기록에 이렇게 썼다.

> 학습장애의 경우, 중요한 질문은 '어린이의 학습 능력이 얼마나 좋은지 또는 나쁜지'가 아니라 '왜 이 어린이는 학습 능력이 떨어지는가?' 그리고 '이 어린이에게 가장 좋은 교육 방법은 무엇인가?'이다.[45]

연구진은 자폐증 성향의 치료 결과를 근거로 이들이 사회에서 성공하거나 실패할 것이라고 단정하지 않았다. 아스퍼거는 학교에서 학습 능력이 떨어지고, 위생이나 용모에 개의치 않으며, 다른 사람에게 얼마나 관심이 없던지 거리에서 아는 사람을 마주쳐도 알아보지 못하고 지나쳤던 환자에 대해 기술했다. 하지만 그는 어머니의 보살핌과 격려에 힘입어 능력을 최대한으로 발휘할 수 있었다. 세 살 때 벌써 기하학에 사로잡히는 모습을 보고 어머니는 모래 위에 삼각형, 사각형, 오각형을 그려주었다. 아이는 즉시 선과 점을 그리면서 선은 이각형, 점은 일각형이라고 주장했다. 머지않아 아이는 세제곱근을 암산으로 계산했다.

아이는 상스러운 행동 때문에 초등학교를 거의 다니지 못했지만, 수학에 대한 재능 덕분에 퇴학당하지 않았다. 교사들에게 특별 교육을 시켜달라고 호소한 끝에 대학 입학 시험을 통과했다. 대학 1학년 때 이론천문학에 흥미를 갖게 되었다. 무엇이든 당연하게 받아들이지 않는 그는 곧 뉴턴의 증명 중 하나에서 오류를 발견해냈다. 이 주제에 관해 논문을 썼고, 아스퍼거의 기록에 따르면 그때까지도 행동이 '극히 어색하고 서투른' 상태였지만 유명 대학의 천문학과에 조교수로 임용되었다.

아스퍼거가 보기에 치료 교육원 진료팀의 임무는 이들에게 자폐성 지능을 이용하는 방법을 가르치는 것이었다. 그는 이들을 '다른 데 정신이 팔린 교수'에 비유했다. 또한 단순한 환자로 여기고 치료하는 것이 아니라, 이들에게 가장 알맞고 효과적인 교육 방법을 개발하는 데 반드시 필요한 동료로 생각했다.

이런 목표를 추구하는 과정에서 그의 멘토가 되어준 사람 중 하나가 하로였다. 하로는 학교에서 터무니없는 행동을 하곤 했다. "아이는 사물과 사람에게 관심이 없었지만, 어쩌면 바로 그랬기 때문에 풍부한 경험과 자신만의 독자적인 관심을 갖고 있었다. 그 아이와는 성인을 대하듯 이야기할 수 있었고, 실제로 배울 점도 많았다."

그는 이들에게는 교실에서 또래집단으로부터 받는 압력을 이용하는 방법이 통하지 않는다는 점을 깨달았다. 이미 멀어져 있기 때문이었다. 아첨도 통하지 않았다. 아이들은 희한하게도 입에 발린 칭찬에 관심이 없었다. 하지만 하로 같은 아이들은 논리에 열광적인 관심을 보였다. 그들은 보편적인 법칙과 객관적인 원칙을 찾아내려는, 거의 강박관념에 가까운 타고난 욕망이 있었다. (역설적으로 이런 욕망이 오히려 장애처럼 보이기도 했다. 명사를 생각해보라는 힌트 때문에 자유연상 검사를 제대로 받을 수 없었던 고트프리드처럼 말이다.)

어린이들의 학습에 가장 중요한 동기는 대개 교사와 자신을 정서적(정동적)으로 동일시하는 성향이다. 그러나 자폐 어린이들은 관심 있는 것을 열정적으로 추구하는 과정에서 배움 그 자체를 추구했다. 그들은 교사가 자신을 어떻게 생각할지 개의치 않았다. 오직 사실만을 알고 싶어 했다. 아스퍼거가 보기에 이들에게 가장 훌륭한 교사는 다른 사람과 똑같이 행동하라고 강요하지 않고, 스스로 다가가 중간 지점에서 만나고자 하는 사람이었다.

> 교사는 어떤 일이 있어도 차분하고 침착하며, 자신을 통제할 수 있어야 한다. 강요하지 않고, 침착하고 객관적으로 지시해야 한다. 이런 식으로 수업을 하면 편안하고 차분한 분위기에서 모든 것이 자명한 것처럼 진행되기도 한다. 심지어 어린이들이 하고 싶은 대로 하도록 내버려둔 상태에서 그저 운좋게 몇 가지를 가르치는 것처럼 보이기도 한다. 하지만 그런 모습은 전혀 사실과 다르다. 실제로 이 어린이들을 이끄는 데는 엄청난 노력과 고도의 집중력이 필요하다.[46]

그는 1953년 출간된 교과서에서 이 부분을 훨씬 간단명료하게 썼다. (이 책은 영어로 번역되지 않았다.) "간단히 말해서, 교사 자신이 어느 정도는 '자폐증적'이 되어야 한다."[47]

아무도 건드리려고 하지 않는 이 어린이들의 문제를 이토록 꼼꼼하게 연구하여 밝혀낸 그는 어떤 사람이었을까?[48] 어찌 보면 당연하게도, 아스퍼거 역시 놀라운 재능을 타고났지만 별난 아이로 취급받아 외로운 어린 시절을 보냈다. 그는 1906년 오스트리아 남부 하우스브룬Hausbrunn이라는 마을에서 삼 형제 중 맏이로 태어났다. 하지만 다른 형제들이 일찍 죽어 외아들로 자랐다. 아스퍼거의 어머니는 경건하고 다정한 여성으로, 유일하게 살아남은 아들을 애지중지 키웠다. 반면, 엄격한 규율주의자였던 아버지는 회계사였지만 자신의 직업을 증오했다. 지루한데다 자기 같은 사람이 하기에 하찮은 일이라 여겼던 것이다. 아스퍼거는 너무나 가난해서 대학에 갈 수 없었다는 아버지의 한탄을 들으며 공부를 잘해야겠다는 마음을 다졌다.

초등학교에서 고전 공부를 할 때, 어린 한스는 하루 종일 책에 빠져 시간 가는 줄 모르다가 밤늦게야 숙제를 하지 않았다는 사실을 깨닫고 허둥대곤 했다. 그는 시詩, 특히 베토벤의 장례식에서 2만 명의 추도객이 흐느끼는 가운데 낭송된 추도사를 썼던 천재 시인 프란츠 그릴파르처Franz Grillparzer의 운문들을 끊임없이 읊어대어 친구들을 짜증나게 했다.

비엔나의 상류 계층을 풍자한 5막짜리 희곡을 썼다가 완전히 실패한 후 그릴파르처는 자신의 삶에 대해 짧은 비가悲歌를 쓰기도 했다.

> 인간으로서는 이해받지 못했고
>
> 공무원으로서는 주목받지 못했고
>
> 시인으로서는 참고 들어줄 정도밖에 되지 못했으니
>
> 이 지루한 삶을 어찌할까.

19세기 고스족처럼 스스로 비참하다고 생각했던 그릴파르처는 스스로 버림받았다고 생각했던 아스퍼거의 영웅이었다. 아스퍼거는 젊은 시절에 이 시인에게 열정적으로 빠져들었기 때문에 자폐 어린이에 대해 관심이 생겼다고 했다. (그는 네 가지 원형 증례 중 한 명인 프리츠의 친척이 '오스트리아에서 가장 위대한 시인 중 하나'라고 기술했는데, 그가 그릴파르처였을지도 모른다는 추측은 상당히 흥미롭다.) 1974년 아스퍼거는 한 라디오 방송 인터뷰에서 이렇게 말했다. "독서는 사람의 숙명이랄까, 운명과 깊은 관계가 있습니다. 사람은 자신에게 필요한 책을 찾기 마련이죠. 또는 달리 표현하자면 책이 사람을 찾아옵니다."[49]

젊은 시절 지나치게 규칙에 얽매인 지루한 삶의 돌파구가 되어준 것은 '방랑하는 학자들Wandering Scholars'이라는 동호회에 들어간 것이었다. 이 동호회는 두 차례 세계대전 사이의 시기에 게르만 민족의 전통적인 가치에 대한 존중을 다시 일으키려 했던 오스트리아의 '가톨릭 부활 운동' 단체 10여 개 중 하나였다. 그들은 한 달 이상 거친 자연 속을 트레킹하며 알프스산맥의 신선한 공기 속에서 큰 소리로 시를 낭송하곤 했다. 이런 여행은 완고한 부모의 숨막히는 감시로부터 탈출할 기회라는 점에서도 도움이 되었다. 아스퍼거는 여행 중 보고 들은 것을 기록하면서 나중에 치료교육원에서 라차르의 후계자가 되는 데 큰 도움이 된 관찰력을 갈고닦는 한편, 미래의 아내가 될 한나 칼먼Hanna Kalmon을 만났다. 아스퍼거는 방랑하는 학자들을 두고 '게르만 정신의 가장 고귀한 정화精華'라고 평가했다.[50]

젊은 시절 삶의 두 번째 전환점이 된 일은 생물 수업 중 해부를 하다가 쥐의 선홍색 간 표면에 돋아난 상아색 혹을 발견한 것이었다. 해부용 칼로 혹을 잘라본 아스퍼거는 하얗고 길다란 벌레가 꿈틀거리며 기어나오는 모습에 충격을 받았다. 두 가지 생물의 묘한 친밀성에 매료된 그는 의학에 일생을 바치기로 결심한다. "한 가지 생명체가 다른 생명체의 몸속에 사는 방식이야말로 그것의 핵심에 도달하는 길이 아닐까?"[51]

비엔나 대학교에 입학한 후 아스퍼거는 장차 스승이 될 프란츠 함부르거의 주목을 끌었다. 함부르거는 카리스마 넘치는 소아과 의사로, 비엔나의 가장 가난한 계층에서 결핵의 유병률을 논하며 비위생적인 생활환경의 역할을 폭로했다. 이 탁월한 의사에게서 아스퍼거는 '이끌고 돕는다'는 방랑하는 학자들의 좌우명이 구현된 모습을 보았다. 1931년 함부르거는 보람 있는 일을 열망하는 제자를 어린이병원으로 보냈고, 아스퍼거는 이후 20년간 거기서 일한다.

1944년 독일의 한 신경과학 저널에 〈어린이의 자폐성 정신병증Die 'Autistischen Psychopathen' im Kindesalter〉이라는 제목으로 발표된 학위 논문의 말미에 아스퍼거는 특이할 정도로 단호한 말을 남겼다.

> 자폐증의 예는 비정상적 성격을 가진 어린이라도 발달과 적응을 할 수 있다는 사실을 매우 명백하게 보여준다. 그런 발달과정에서 상상하기 어려울 정도로 사회에 통합될 가능성도 있다. 이런 사실을 안다면 자폐증뿐 아니라 다른 유형의 다루기 힘든 개인들에 대해 어떤 태도를 취해야 할지가 명백해진다. 또한 이런 사실을 안다면 우리는 존재의 온 힘을 다해 이 어린이들을 대변해야 할 의무와 권리를 갖게 된다.

이 구절은 온건하게 특수교육의 가치를 옹호하는 말로 읽히기 쉽다. 그 진정한 의미는 이 구절이 씌어진 당시의 역사적, 정치적 맥락을 살펴볼 때만 명백하게 드러난다. 아스퍼거의 이 말은 비엔나에서 가장 가난한 사람들을 대변한 이후 전혀 엉뚱한 방향으로 흘러가버린 옛 스승에 대한 최후의 필사적인 호소였을 가능성이 높다.

1943년 아스퍼거가 함부르거에게 학위 논문을 제출했을 때, 불과 5년 전만 해도 최고의 교육기관으로 손꼽혔던 비엔나 대학교는 껍데기만 남아 있었다. 거의 200명을 헤아렸던 의대의 선임 교수 중 남은 사람은 채 50명도 안 되었고, 거드름을 피우는 것 외에는 이무것도 할 줄 모르는 정신 나간 인간들이 그 자리를 차지했다.[52] 아니 바이스와 게오르그 프랑클은 국외로 도피했고, 진료팀 중에서도 많은 사람이 망명하거나, 강제수용소에 수감되거나, 자살했다. 아름답기 그지없던 비엔나는 기괴한 야만성이 지배하는 도살장이 되어버렸다.

아스퍼거는 자신을 감독하는 자리를 모두 차지해버린 열렬한 나치당원들이 미국에서 수입한 완벽한 인간이라는 어처구니없는 관념에 말살되지 않고, 살아남은 전 유럽의 어린이들을 위해 '존재의 온 힘을 다해' 외치고 있었던 것이다.

V

1921년 10월 미국 국립연구회의National Research Council는 미국 학술원National Academy of Sciences의 후원으로 맨해튼 중심에 있는 미국 자연사박물관American Museum of Natural History에서 일주일에 걸친 경축 행사를 열었다.[53] 국무부에서 수개월 전부터 초대장을 발송한 덕에 센트럴 파크 웨스트Central Park West에 자리 잡은 장대한 건물에는 세계 각지에서 파견된 호기심 어린 대표단들이 속속 도착했다.

제2차 국제우생학회International Congress of Eugenics는 스타 과학자들이 대거 참여하는 어느 학회보다도 훨씬 큰 목표를 갖고 준비되었다. 미국 최고의 박물관이 지닌 도덕적 권위를 바탕에 깔고, 《사이언스Science》와 《사이언티픽 먼슬리Scientific Monthly》 같은 과학 전문지의 후원도 등에 업은[54] 이 학회는 인류가 자연선택이라는 점진적 과정에 의존하는 대신, 스스로 운명을 통제한다는 명실상부한 역사적 전환점이 되고자 했다. 브로슈어 전면에 바로 눈에 띄게 배치된 아이콘은 생물학, 정신의학, 정치학, 경제학, 통계학, 계보학, 지능검사 및 기타 다양한 분야를 뿌리로 하는 한 그루의 나무를 그린 것이었고, 진보적인 것처럼 들리는 슬로건이 적혀 있었다. "우생학은 인류 스스로 진화의 방향을 결정하는 것이다."

박물관에서는 두 개의 층 전체를 행사에 배정하고 다윈 홀Darwin Hall과 포레스트리 홀Forestry Hall의 이름을 임시로 우생학 홀Eugenics Hall이라고 바꾼 후 유전학, 심리학, 기후 변화, 인류의 이동, '수용 기관을 통한 사회적 부적격층의 관리', 축산학에 관한 전시물들을 배치했다.[55] 두 개의 전시물은 전적으로 우성 계보(특정한 재능이 있다는 증거가 뚜렷한 가계)와 열성 계보(특정한 '퇴행적 특징들'을 나타내는 가계)를 비교할 목적으로 제작되었다. 전시장 위 공간에는 수령이 수천 년에 달하는 세쿼이아의 단면을 전시하여, 이 모든 과정이 만물의 자연적 질서에 따라 진행된다는 점을 상징했다. 〈음악적 재능의 인종적 차이〉 〈미국에서 니그로들의 분포와 증가〉 〈정신질환의 유전〉 〈유대적 문제에 관한 몇 가지 고찰〉 등의 논문이 발표되었다.[56]

우생학 홀 맨 끝에는 2년 전 유럽 각지의 참호에서 10만 명의 백인 참전 용사들이 산화했음을 상기시키는 문구와 함께, '평균적인 젊은 미국 남성' 조각상이 세워졌다.[57] 반대쪽 끝에는 '하버드 대학교에서 가장 힘이 센 남성 50명'의 체형을 합성시켜 만들었다는 또 다른 조각상이 세워졌다. 운동선수의 플라톤적 이데아라고 할 만한 전시물이었다.

박물관장으로서 환영 연설을 했던 헨리 페어필드 오스본Henry Fairfield Osborn의 마음속에는 최근 유럽에서 치러진 전쟁의 영향이 그대로 남아 있었다. 푸른 눈에 가슴이 떡 벌어진 철도왕의 아들은 무작위적 돌연변이와 자연선택의 압력만으로는 진화의 장기적 경향을 도저히 설명할 수 없다고 생각하여 스스로 우성 계보학의 이론을 제창했다. 장로교도로서의 깊은 신앙과 과학을 조화시키려고 했던 오스본은 의식적 진화conscious evolution, 즉 신이 우주의 운행을 주재하여 유전적으로 우월한 가계에서 천재들을 탄생시킨다는 관념의 지지자였다. 컬럼비아 대학교 과학부 학장을 지내기도 했던 그는 호모 사피엔스처럼 고귀한 생물이 원숭이 같은 하등 동물로부터 진화했다는 생각을 거부했다.[58] 대신, 당시 화제를 모았던 필트다운인Piltdown Man의 발견을 근거로, 원인原人, Dawn Man이라는 고결한 선대인이 있었다는 이론을 적극 지지했다.[59] 필트다운인은 나중에 영국 고고학 역사상 가장 성공적인 날조로 판명되었다.

오스본은 불길한 말로 연설을 시작했다. "유럽은 세계대전의 양측에서 애국적인 자기희생을 감수한 탓에 오랜 세월에 걸쳐 이어온 문명의 유산을 회복할 수 없을 정도로 잃어버리고 말았습니다. 그 결과, 유럽 일부 지역에서는 사회에 존재하는 최악의 요소들이 계속 대물림되면서 최선의 요소들을 위협하고 있습니다." 그는 '최악의 요소들'이 뭔지 분명히 말하지 않았지만, 동료 과학자들이 '북유럽 게르만족의 정신적, 지성적, 도덕적, 신체적 가치'에 대해 새롭게 평가하고 있다고 밝혔다.

동시에 그는 과학계에 몸담은 사람으로서 인종적 증오처럼 야만적인 개념을 주장하는 것은 결코 아니라고 강조했다. "가장 우수한 것을 선별하는 데는 결코 편견이 끼어들어서는 안 됩니다. 우리는 어떤 것도 악의를 품은 채 그 목록에 올려서는 안 됩니다. 50만 년에 걸친 인류 진화의 역사는…각 인종마다 특정한 미덕과 함께 악덕도 뚜렷이 각인시켜놓았습니다." 그는 아주 관대한 척 계속 말을 이었다. "니그로는 정부의 요직을 맡을 수는 없지만, 훌륭한 농부나 수리공이 될 수 있습니다." 한편, 중국인과 일본인은 시와 미술, 특히 도예에서 정교한 솜씨를 보여주었다고 하면서 그는 '만인이 동등한 권리를 지니고 태어났다'는 미국식 민주주의의 개념을, '모든 사람이 동등한 성격과 자신은 물론 남을 다스릴 수 있는 능력을 갖고 태어났다는 정치적 궤변'과 혼동해서는 안 된다고 경고했다. 또한 오스본은 정부와 종교 단체에서 '일부일처제'를 기반으로 하는 가족(그는 이를 '한 명의 남편, 한 명의 아내'로 정의했다)을 안전하게 보호하는 데 실패했다고 덧붙였다. 그는 냉정한 자제력보다 이기적인 충동을 칭송하는 퇴폐적인 예술 형태에 의해 개인주의가 걷잡을 수 없이 만연하게 되었고, 인류의 생존을 위협하는 세력 중에서 가장 은밀하게 퍼져나가고 있다고 말했다. 그는 '아무런 가치가 없는 사회 구성원의 확산과 증식, 즉 신체적 질병은 물론 정신박약, 모든 도덕적, 지성적 백치의 확산을 방지하도록 정부를 계몽하는 것'이 동료 과학자들의 의무라고 말하며 연설을 끝마쳤다.[60]

인종과 장애에 대한 이런 관점은 당시로서는 비주류 과학이 아니었다. 학술계의 KKK단이라고 할 만한 정신 나간 극단주의자들의 외침이 오히려 대세였다. 이런 관점은 제1차 세계대전 후 미국에서 주류 과학으로 폭넓은 지지를 받았고, 카네기 연구소나 록펠러재단 등 유수의 기관에서 연구비를 지원받아 미국과 유럽에서 진행한 연구를 통해 뒷받침되었다. 학회에서 발표된 53건의 논문 중 41건이 미국 과학자의 연구였다.[61]

학회의 명예 이사장은 알렉산더 그레이엄 벨Alexander Graham Bell이었다. 전화와 전보를 발명한 바로 그 사람이다. 벨은 장애인들이 인류의 미래에 미치는 위협에 대해 독자적인 이론을 갖고 있었다. 그의 어머니와 부인은 모두 선천적으로 귀가 들리지 않았는데, 1883년에 벨은 청각장애인 학교에서 수화의 사용을 적극적으로 막지 않는다면 사회 전체가 '귀머거리-벙어리의 민족'이 될 위험에 처할 수 있다고 미국 학술원에 경고했다.[62]

우생학(어원대로 풀면 '우수한 출생'이란 뜻이다)이라는 단어는 1887년 찰스 다윈의 손아래 사촌인 프랜시스 골튼Francis Galton이 제창했다. 어린 시절부터 신동 소리를 들었고 데이터 마이닝에 놀라운 재능을 지녔던 그는 통계 연구에서 평균회귀라는 개념을 널리 보급시켰고, 모든 사람은 각기 독특한 지문을 갖는다는 사실을 발견하여 법의학을 창시했으며, 사상 최초로 기상도氣象圖를 개발했다. 에드윈 블랙Edwin Black은 미국 우생학의 역사를 다룬 저서인 《약자를 향한 전쟁War Against the Weak》에서 골튼을 이렇게 묘사했다.

> 그는 뛰어난 계산능력과 면도칼 같은 관찰력을 적극적으로 일상생활에 적용하여 상관관계를 탐색했다. 골튼은 어떤 양상을 알아차리는 데 비범한 재능이 있었다. 언뜻 보기에 아무런 규칙도 없이 마구 뒤섞여 있는 것들 사이에서 새로운 특성을 찾아내고, 음미하고, 예민하게 포착하는 과정이 저절로 진행되는 거의 독보적인 감식가였다.[63]

다윈의 아들인 레너드Leonard는 이 학회에서 스타 연사였다. 공화국의 몰락이 임박했다는 오스본의 맹렬한 비판을 그대로 반복하면서 이렇게 경고했다. "문명화된 공동체들의 타고난 자질이 훼손되고 있으며, 그 과정은 필연적으로 모든 면에서 인류의 하향세로 이어질 것입니다." 대재앙을 막기 위한 그의 철학은 독신자와 자식이 없는 부부에 대한 세금을 인상하고, '자연적으로 훌륭한 품성을 타고난' 가족에게 애국적인 의무로서 출산을 적극 장려하는 것이었다. 각종 시설에 수용된 수많은 '백치들'의 경우, 강제적 수술은 대중의 '편견'을 조장할 수 있으니 미국 육종협회American Stock Breeders' Association에서 실험한 X선 불임술을 시행하자고 했다.

학회 마지막 날, 각국 대표단은 버스를 나눠 타고 롱아일랜드Long Island의 콜드 스프링 하버Cold Spring Harbor 연구소 내에 있는 우생학 기록원Eugenics Record Office, ERO을 견학했다.[64] 1910년도에 설립된 우생학 기록원은 유니언 퍼시픽 철도회사Union Pacific Railroad를 소유했던 재계의 거물 E.

H. 해리먼E. H. Harriman의 미망인과 록펠러재단, 카네기 연구소 등의 후원으로 엄청난 영향력을 발휘하는 기관이었다. 1939년에 폐쇄될 때까지 이 기관은 '적합 또는 부적합 배우자' '정신적, 신체적 장애 계층'의 치료 및 훈련 등의 주제에 관해 수백 편의 논문을 냈다. 기록원의 조사반들은 고수머리, 매부리코, '좌수증'(왼손잡이) 등의 특성에 있어 유전의 역할을 밝히려는 방대한 분량의 '특성 파일'들을 편찬했다. 또한 토머스 에디슨, 에이브러햄 링컨, 테오도어 루즈벨트, 요한 제바스티안 바흐 등 특출한 인물들의 가계도를 작성하기도 했다.[65]

연구소의 주된 관심사 중 하나는 선천적 정신질환이었다. 현장 조사자들이 미국 동해안 전역의 교도소와 정신병원들을 순회하며 의무 기록을 샅샅이 뒤져 정신이상, 범죄 성향, 성적 도착, 치매, 우울증, 알코올 중독, 말더듬, 혀짤배기, 현기증, 편두통, 야뇨증, 몽유병, 방랑벽, 기타 '타락 행위'의 유전적 근원을 몸속에 지닌 사람들을 색출하기 위해 광범위한 노력을 기울였다.

정신병원이나 교도소 수용자들에게 불임 시술을 해야 한다는 캠페인은 발달장애인이 인지적 차원뿐 아니라 도덕적 차원에서도 장애가 있다고 주장한 전문가들에 의해 더 큰 설득력을 얻었다. 펜실베이니아 정신박약 어린이학교Pennsylvania School for Feeble-Minded Children의 의료부장인 마틴 바Martin Barr는 학생들이 스스로 통제할 수 없는 '과장된 성적 충동'에 시달린다고 주장하며, '충동에 의해서만 좌우되는 생물'이자 유혹의 노예들이라고 묘사했다. "솔직히 말해, 이들이 얼마나 비뚤어졌는지 비교 대상을 찾을 수 없을 정도이며, 정신적 결함이 얼마나 다양하고 변덕스럽게 나타나는지 제대로 아는 사람은 아무도 없다."[66] 감옥과 교화학교에서 불임술을 받고 다시 방탕한 생활로 돌아갈 날만 기다리는 불량 인간이 얼마나 많은지 한참 떠벌인 후에 그는 '백치'와 '저능아'는 몸을 파는 신세로 전락하기 쉬우며, '정상인보다 2~6배 빠른 속도로 자신과 똑같은 자식들을 낳을 것'이라고 주장했다. 그 후 장애 아동을 이용하거나 학대하지 못하도록 보호하는 법률 쪽으로 비난의 화살을 돌렸다.

> 정신박약자들을 보호하는 몇 가지 법률이 있긴 하지만, 밀어닥치는 타락의 물결과 우리 정상인들의 오염을 막기 위한 조치는 거의 없다시피 하다.…정신적, 도덕적으로 결함이 있는 자들이 빠른 속도로 태어나는 현상 때문에 국가의 생명이 독을 삼킨 듯 위험에 처해 있다. 이런 타락의 물결을 막고 사회에 적합한 사람들의 생존을 보장하는 유일한 방법은 후세를 낳는 모든 능력을 빼앗는 것뿐이라는 사실을 직시해야 한다.…그들은 아무것도 의식하지 못한 채 결백한 상태에서 저지른 일일지 몰라도, 정상적인 사람들을 독살하고 있는 한 그들은 정상인들에게 최악의 적이다.[67]

마틴 바 같은 임상의사들이 '인종 자살'이라는 무시무시한 예측을 내놓은 것은 장애에 대한 대중의 인식에 결정적인 영향을 미쳤다. 1937년에 《포춘Fortune》에서 실시한 여론조사에서 이 잡지를 구독하는 영향력 있는 경제인 중 3분의 2가 정신과 환자들에게 강제로 불임술을 시행하는 데 찬성했다.

사실 그런 계획은 이미 착착 진행 중이었다. 1909년 캘리포니아에서는 보건 공무원들에게 소노마 카운티Sonoma County에 있는 캘리포니아 정신박약아 보호교육원California Home for the Care and Training of Feebleminded Children 재소 아동은 물론, 입소가 결정된 어린이들까지 강제 거세 권한을 부여하는 법령이 통과되었다. 결국 미국 30개 주에서 비슷한 법령이 통과되어 불임술의 열풍이 미국 전역의 정신병원과 교도소를 휩쓸었다.

미국의 우생학자들은 고국에서도 영향력이 있었지만, 독일에서 한층 더 열렬한 환영을 받았다. 최근 전쟁에서 건강하고 명석한 젊은 세대를 대거 잃어버린 독일인들은 우생학이라는 관념을 열렬히 지지했다. 그렇지 않아도 강한 자부심에 큰 상처를 받은 이 나라의 야심 찬 지도자들은 인력의 손실이 자연선택이 거꾸로 작용한 것 같은 결과를 빚지나 않을까 우려한 나머지, 민족의 앞날을 위해 '정신적 결함이 있는 인간'을 지구상에서 영원히 쓸어내버린다는 계획에 착수했던 것이다.

VI

1920년의 어느 날, 작센 지방Saxony의 카타린넨호프 주립 교육불능 정신박약아동 보호소Katharinenhof State Home for Non-Educable Feebleminded Chidren 소장인 에발트 멜처Ewald Meltzer는 수용 중인 어린이 약 200명의 아버지와 남성 후견인들에게 설문지를 보냈다.[68] 멜처의 동료들 사이에서는 사회의 부담을 더는 전략이 빠른 속도로 지지를 얻고 있었지만, 부모들이 어떻게 반응할지는 알 수 없었으므로 그는 문구를 매우 조심스럽게 골랐다.

1. 귀하는 전문가가 자녀의 상태를 치료 불가능한 저능아라고 판단하는 경우, 고통을 주지 않고 자녀의 삶을 단축시키는 데 항상 동의하십니까?
2. 귀하는 더 이상 자녀를 돌볼 수 없는 경우(죽음이 임박한 경우 등)에만 그런 조치에 동의하십니까?
3. 귀하는 자녀가 심한 육체적/정신적 고통을 겪을 경우, 그런 조치에 동의하십니까?
4. 상기 1~3까지의 질문에 대한 부인의 의견은 어떻습니까?

수신인들에게 이 질문들은 오로지 이론적인 것에 불과하다고 재차 확인시킨 후, 멜처는 자녀의 삶을 '고통을 주지 않고 단축'시킨다는 생각에 얼마나 많은 사람이 긍정적으로 답변했는지 알고 깜짝 놀랐다. 일부 응답자는 자신들에게 동의를 구하여 고통을 주지 말고, 적절한 권위를 지닌 사람들이 현명하다고 판단되는 조치를 그냥 취해달라고까지 했다.

한 어머니는 이렇게 답변했다. "아무것도 묻지 말고 아이를 그냥 잠들게 해줬으면 좋겠어요." 또 다른 사람은 이렇게 썼다. "이런 질문으로 공연히 마음을 괴롭히지 않았으면 좋겠군요. 아이가 갑자기 죽었다는 소식이 들려온다고 해도 저희는 받아들일 겁니다." 멜처는 부모들이 '자신들은 물론, 어쩌면 자녀들도 무거운 짐을 벗어버리기를 원하지만, 명백한 과학적 판단에 의해 그렇게 되기를 원한다'고 결론지었다.[69]

멜처의 설문 조사는 1920년에 《살 가치가 없는 삶의 해방과 종말The Liberation and Destruction of Life Unworthy of Life》이라는 책을 공동 저술했던 정신과 의사 알프레드 호헤Alfred Hoche와 형사법 전문가인 칼 빈딩Karl Binding의 논쟁적인 이론에 대한 대중적 지지를 이끌어냈다. 그들은 음식과 의료가 모든 사람이 타고난 권리가 아니라 생산적인 노동에 의해 적절한 방법으로 벌어야 하는 것이라고 주장했다. 장애인을 '살 가치가 없는 삶Lebensunwertes Leben'으로 정의하고, 사회에 진 빚을 갚지 않고 귀중한 자원을 소비하는 '쓸모없는 밥벌레'이자 '밑바닥 인생'이라고 했다. 다른 사람까지 얼마나 비참하게 만드는지 깨닫지조차 못하는 '빈껍데기 인간'[70]의 삶에 종지부를 찍는 것은 사회에 도움이 될뿐더러, 그런 상황에서 가장 인도적인 행위라고도 주장했다.

> 그들의 삶은 절대적으로 무의미하지만, 그들 스스로는 참을 수 없다고 생각하지 않는다. 그들은 가족뿐만 아니라 사회 전체에 끔찍하고도 무거운 부담을 준다. 그들이 죽는다면 어머니나 헌신적인 간호사들은 약간 서운할지도 모르지만, 그 외에는 아무런 차이도 없을 것이다.

이런 생각에 반기를 들 가능성이 있는 조직은 가톨릭 교회였다. 그러나 1927년 로마 교황청의 신학자 요세프 마이어Josef Mayer는 '정신적 장애가 있는' 사람에게 강제 불임술을 시행하는 것은 전적으로 가톨릭 윤리와 전통에 부합한다고 주장하는 책을 출간하여 호헤와 빈딩을 신학적으로 옹호했다. 3년 후 교황 비오 11세Pius XI는 '치료적 목적' 이외의 목적으로 시행되는 불임술을 비난하는 회칙을 발표하여 이런 움직임에 제동을 걸었다. 그러나 '살 가치가 없는 삶'이라는 개념은 전후의 불황을 헤쳐나가느라 안간힘을 쓰던 사회의 문화에 쉽사리 지워지지 않는 흔적을 남겼으며, 그런 회칙은 나중에 가톨릭 성직자들에게 쏟아질 비난을 면하는 데 일정한 역할을 할 것이었다.

호헤와 빈딩의 슬로건은 로마에서 베니토 무솔리니Benito Mussolini가 권력을 잡은 데 영감을 얻어 바이마르 공화국의 지도자들에 반대하는 쿠데타를 일으켰다 실패하고 반역죄를 선고받은 한 야심 찬 정치가의 마음속에 깊은 울림을 남겼다. 바이에른Bavaria주 란드스베르크Landsberg 요새에 복역 중이던 아돌프 히틀러라는 젊은 청년은 민족을 자유민주주의라는 유해한 세력에 맞서는 영광스러운 싸움의 장으로 이끌겠다는 꿈에 젖어 있었다.

히틀러는 란드스베르크를 단기간의 집중적인 독학을 통해 우생학을 깨우친 '대학'이라고 회고했다.[71] (나중에 그는 호헤와 빈딩의 책을 홍보하는 데 자기 이름을 써도 좋다고 허락하기도 했다.) 이 주제에 관해 그가 성경처럼 떠받든 책은 키가 작고 말쑥하게 콧수염을 기른 예일 대학교 졸업생 메디슨 그랜트Madison Grant가 인종차별적 유사과학, 이민자에 대한 불만, 고고학적인 허튼소리를 마구 뒤섞어 잡탕처럼 써내려간 《위대한 민족의 연대기The Passing of the Great Race》였다. 책 전체에 걸쳐 그랜트는 메이플라워호를 타고 미국에 정착한 사람들의 후손을 진정한 '미국 원주민'이라고 한다. 요지는 북유럽 게르만 '민족'(스웨덴, 덴마크, 기타 북유럽인을 한데 섞은 가상의 개념이었다)이 무식한 니그로, '비굴한' 동양인 그리고 이미 '뉴욕의 거리에서' 백인을 '문자 그대로 재고품 신세로 전락시켜버린' 폴란드계 유태인들에게 밀려 빠른 속도로 멸종되어간다는 것이었다.

그랜트는 '천재 생산 계급'에 속하는 남녀에게 아이를 가져 숫자를 늘리라고 적극 권장하는 골튼의 전략이 우중愚衆에 의한 지배의 파도가 덮쳐오는 것을 막는 데는 역부족이라고 결론 내렸다. 대신, 동료 우생학자들에게 외국인의 점유와 기타 밑바닥 인생들을 축출하기 위해 좀 더 효율적인 방법을 개발해야 한다고 촉구했다.[72]

> 약하거나 부적합한, 다른 말로 사회적 실패자들을 제거하는 단호한 선별 시스템이야말로 금세기의 모든 문제를 해결할 수 있을 뿐 아니라, 우리의 감옥과 병원과 정신병자 수용시설에 우글거리는 악질분자들을 일소하는 길이다.… 모든 문제에 대한 실용적이고 자비로우며 불가피한 해결책으로, 증가일로에 있는 사회적 폐기물들의 집단에 적용할 수 있다.[73]

사회적 실패자, 결손자, 약자들에 대한 그랜트의 본능적인 혐오감을 공유했던 젊은 히틀러의 귀에는 진군가나 다름없었다. 비록 자신은 책에서 칭송해 마지않는 북유럽 게르만족의 특징과 전혀 다른 검은 머리와 검은 눈동자를 갖고 있었지만 말이다. 란드스베르크 투옥 중 부관 노릇을 한 루돌프 헤스Rudolf Hess에게 구술하는 방식으로 쓴 성명서 형식의 저서 《나의 투쟁Mein Kampf》에서 미래의 총통은 강제적 불임술을 새로운 사회에 대한 자신의 비전 중 핵심 요소로 제시하면서, 아직 태어나지 않은 미래 세대 어린이들의 생명에 대한 인도적인 방어책으로 포장했다. 국가는 "어떤 방식으로든 눈에 띄게 병들었거나 질병을 다음 세대에 유전시킬 수 있는 모든 사람을 생식에 부적합한 집단으로 선언하고, 이를 실행에 옮겨야 한다.…신체적, 정신적으로 건강하지 못하고 무가치한 인간들의 고통이 자녀의 신체를 통해 계속 이어지도록 해서는 안 된다."

1913년 게자 호프만Géza Hoffman이 출간한 《미국의 민족 위생학Die Rassenhygiene in den Vereinigten Staaten von Nordamerika》이라는 교과서는 독일 생물학과 학생들을 응용우생학으로 이끄는 결정적인 안내서였다.[74] 1930년대에 국가사회당National Socialist이 정권을 잡으면서 미국의 우생보호법은 북유럽 게르만족(이때는 이미 '아리안족'이라는 새로운 이름으로 불렸다)의 혈통과 종족Blut und Rasse을 열생학적 영향으로부터 방어한다는 나치 정책의 청사진이 되었다.

1931년 독일의 한 보수 일간지 편집자와의 대화 중 히틀러는 이렇게 거들먹거렸다. "우리는 스스로 검둥이로 변하는 것을 결코 허용하지 않을 겁니다. 영국, 프랑스 북부, 북미에 흐르는 게르만족의 혈통은 세계를 재편성하는 과정에서 영원히 우리와 함께할 것입니다."[75]

미국의 우생학자들과는 달리, 독일의 우생학자들은 정신병원, 교도소, 정신박약아 학교만 대상으로 하지 않았다. 전 국민을 대상으로 우생학 이론의 의미를 완전히 실현하는 것을 목표로 했다.

1933년 7월, 제국의 내무장관 빌헬름 프리크Wilhelm Frick는 유전질환자 출생방지법을 발효했다.[76] 조현병, 양극성 장애, 뇌전증(간질), 선천적 실명 또는 청각 소실, 헌팅턴Huntington 무도병, 알코올중독 징후를 보이는 모든 독일 시민을 강제 불임술에 처할 수 있게 된 것이다. 또한 이 법에 따라 개별적 사례의 처리 및 항소(거의 허용되지 않았다)를 결정하는 유전건강법원Genetic Health Courts이 설치되었다.[77] 1934년 한 해만 8만 4600명이 법정에 섰으며, 그중 6만 2400명이 강제 불임술을 받았다. 최종적으로 나치

에 의해 개인의 의지에 반하여 불임술을 받은 남녀 및 어린이는 40만 명이 넘었다.[78]

오스트리아의 의료인 중 나치즘의 발흥을 위험하다고 생각한 사람이 바로 아스퍼거였다. 1934년 4월부터 5월 말까지 그는 한스 하인즈Hans Heinze와 파울 슈뢰더Paul Schröder 등 독일 우생학을 이끄는 소아정신과 의사들과 함께 라이프치히와 포츠담에서 열린 실습 교육에 참여했다. 4월 10일, 그는 여행기에 이렇게 썼다. "모든 사람이 한 방향으로 가고 있다. 열광적으로 눈앞에 있는 것만 보면서, 확신에 가득 차서 정열과 헌신과 엄격한 원칙과 엄청난 자제력과 끔찍한 설득력을 발휘하며 치닫고 있다. 이제 오직 군인들, 군인 같은 사고방식 또는 기풍 그리고 독일 토속신앙만 남았다."[79]

독일 문화가 빠르게 군국주의화되는 데 몹시 불안감을 느낀 아스퍼거는 다른 쪽을 보려고 애쓰며 하인즈와 슈뢰더의 연구 역시 다른 동료 임상가들의 연구와 마찬가지로 냉정하게 평가했다. 그는 실습 교육 중의 경험을 이렇게 썼다. "교육은 나쁘지 않았다. 어느 모로 보나 전체적인 구조는 우리의 관점과 잘 맞았다. 많은 세부 사항도 확실히 그랬다.…근거가 확실한 구조에 명확하고 진단적으로 유용한 개념들이 잘 섞여 있었다. 누구나 많은 것을 배워 진료에 적용할 수 있을 것이다. 하지만 동시에 나는 프랑클 박사가 특수교육을 위한 진단법에 기울였던 노력들을 생각한다."

또한 그는 자폐증에 관해 아마 역사상 최초로 유쾌한 내용이라고 할 만한 관찰을 하기도 했다. "우리는 우리 연구를 개념적으로 아주 잘 이해하고 있지만, 외부 사람들이 전혀 다르게 알아듣는 전문용어로 표현하는 경향이 있기 때문에(자폐증에 관해 말하면서!) 다른 사람들을 이해시키기 힘든 것이다."[80] 그러나 오래지 않아 그는 다른 쪽을 바라보는 호사를 더 이상 누리지 못하게 된다.

아스퍼거가 실습 교육에서 돌아온 후 두 달이 지났을 때 히틀러의 친위대원들이 경찰로 위장하고 비엔나 총리 관저를 급습했다. 국무위원들은 공포에 사로잡혀 허술한 문 뒤로 몸을 숨겼지만 어림도 없었다. SS대원들은 총 개머리판으로 의원들을 후려치며 엥겔베르트 돌푸스Engelbert Dolfuss 총리가 은신해 있던 아파트로 돌진했다. 동시에 여덟 명의 나치대원이 도시에서 가장 큰 라디오 방송국을 점거했다. 그들은 방송국장을 총으로 쏘고, 성우 한 명을 수류탄으로 살해한 후, 뉴스 앵커에게 돌푸스가 사임했다는 소식을 전하라고 윽박질렀다.

한편, 총리관저에서는 히틀러의 부하들이 돌푸스를 구석으로 몰아 머리에 총을 쏜 후 피를 흘리는 그를 소파에 내팽개쳤다. 그는 의사를 불러달라고 애원하다가, 물 한 잔을 간청하더니 마지막으로 신부를 불러달라고 했다. 돌푸스는 자유주의자가 아니었다. 오히려 무솔리니를 추종하는 자부심 넘치는 파시스트였고, 조국 전선Fatherland Front이라는 우익 정당을 창설하여 크뤼켄크로이츠Krückenkreuz✦를 상징으로 삼았다. 이탈리아의 독재자는 새로운 정신병원의 청사진에 서명을 하던 중 돌푸스의 암살 소식을 듣고, 마침 두 명의 자녀와 함께 리치오네Riccione에 있는 자신의 별장에 머물고 있던 임신 중인 총리의 아내에게 직접 비보를 전했다.[81]

뻔뻔하기 짝이 없는 이 쿠데타 시도는 결국 실패로 돌아갔지만, 나치 당원들이 총통에 대한 충성심이 부족하다는 이유로 파시스트들을 암살했다는 사실을 통해 당시 오스트리아 정치계의 상황을 알 수 있다. 돌푸스의 후임자인 쿠르트 폰 슈슈니크Kurt von Schuschnigg는 하루아침에 친독일 반유대주의 노선을 취한 우파 정권을 떠맡았다. 또한 나치는 오스트리

✦ 나치의 상징인 만자卍字 휘장.

아의 정신병원 입원 환자들에 대한 선전전에 더욱 열을 올렸다. 나치당인 NSDAP의 공식 기관지에는 '온정의 잔인성'과 강제 불임술의 축복이라는 헤드라인 아래, 전면 기사로 이빨을 드러낸 채 웃는 '백치들', 좀비처럼 보이는 '미치광이들', 그리고 기형아들의 사진이 실렸다.[82] '인종 전시'에 내걸린 포스터들 속에는 건장한 아리안족 노동자들이 그들의 어깨 위에서 시소를 타는 정신병자들의 무게에 짓눌려 있는 모습과 함께, 이런 환자들을 고령이 될 때까지 수용하는 비용이 5만 라이히스마르크reichsmarks✦에 이른다는 문구가 적혀 있었다.

딸의 증언에 따르면, 대학에 붙어 있기 위해서는 강제적으로 NSDAP에 입당해야 했던 시대에도 아스퍼거는 입당하지 않았다.[83] 어쩌면 '방랑하는 학자들'에 대한 충심 때문에 특히 그런 일을 꺼렸을지도 모른다. 노일란트-분트Neuland-Bund✦✦라는 가톨릭계 청년 단체들의 네트워크는 원래 NSDAP를 지지했지만, 나치가 공개적으로 교인들을 박해하기 시작하자 반대 입장으로 돌아섰다.[84]

노일란트-분트 같은 진보적 청년단체들은 결국 오스트리아에서 금지된 반면, 우익 청년단체들은 히틀러유겐트Hitlerjugend(히틀러 청년운동)에 흡수되어 제3제국에 세뇌된 병사들을 파견했다. 한편, 아스퍼거의 스승 프란츠 함부르거와 치료 교육원 시절의 믿음직한 동료였던 에르빈 예켈리우스는 모두 열렬한 나치당원이 되었다.

1935년 바이스가 《미국 교정정신의학회지》에 고트프리드에 관한 논문을 발표했을 즈음에는 유대인의 재산과 직업과 기본 시민권을 박탈하는

✦ 1925~1948년 사이에 독일에서 사용된 화폐 단위.

✦✦ 신세계 연맹이라는 뜻.

새로운 법률이 시행되어 사람들이 오스트리아에서 대거 탈출하고 있었다. 시 전역에 걸쳐 유대인 소유의 사업체, 주택, 관광지가 '아리안화' 과정을 거쳐 유대인이 아닌 사람들의 손으로 넘어갔다. 모든 벤치에 '아리안족 전용NUR FÜR ARIER'이라는 팻말이 붙었고, 어린이들은 유대인을 위한 녹지 공간은 묘지에나 남아 있을 뿐이라고 조롱하는 노래를 부르며 놀았다.[85]

유대인 해외 이민국에는 모든 재산을 버리더라도 일단 나라를 빠져나가려는 사람들이 매일 수백 가족씩 몰려들었다.[86] 수많은 유대인이 집단 학살의 물결이 밀려올 때마다 부모와 조부모들이 피신처를 찾곤 했던 팔레스타인행 비행기에 몸을 실었다. 다른 사람들은 오스본이 2차 우생학회에서 자유로운 이민 정책을 펼쳐 안전한 보금자리를 제공한다며 비난했던 미국행을 택했지만, 어디까지나 고용 증명서를 제출할 수 있는 사람만 택할 수 있는 길이었다. '붉은 비엔나'를 전 세계 의학적 전문 지식의 횃불로 변모시켰던 소아과 의사들, 외과 의사들, 정신분석가들, 기타 전문가들의 공동체는 사면초가에 몰렸다. 비엔나에서 진료하던 약 5000명의 의사 중 3200명이 유대인이었다.[87] 중세에 흑사병이 대유행했을 때, 의업은 너무 위험했기에 유대인들에게 허용된 몇 안 되는 직업 중 하나였다.

오스트리아의 손해는 곧 다른 지역의 이익이었다. 가장 먼저 아스퍼거팀을 떠난 아니 바이스는 1934년에 미국으로 건너갔다. 진료팀의 탁월한 진단 전문의였던 게오르그 프랑클은 몇 년 전 오스트리아를 떠난 유대인 의사의 도움으로 1937년에 메릴랜드행 비행기를 탔다. 나치에 충성을 바친 사람들은 NSDAP의 세력과 영향력이 점점 커지면서 화려한 경력을 꽃피웠다. 영어로 된 소아과학 문헌에 유일하게 남은 업적이라고는, 직장이 대변으로 꽉 막혀 항문을 통해 대변이 누출되는 것과 장에 염증이 생기는 현상을 가리키는 역설적 변리paradoxal obstipation[88]라는 용어를 만들어낸 것밖에 없는 에르빈 예켈리우스는 비엔나 보건국장이 되었다. 지방 정부

요직을 제3제국 충성파들로 채우는 데 혈안이 된 복음교회 신도 대표 위원장의 천거를 받은 것이었다. 대중의 두터운 신망을 얻었고, 프로이트가 인간 정신에 대한 통찰을 처음 발표한 것으로 유명한 프랑크가세 의사협회Frankgasse Society ofPhysicians는[89] 유대인 의사를 깡그리 몰아내고, 이름까지 비엔나 의학회Viennese Medical Society로 바꾸었다.

1938년 아스퍼거의 스승이었던 함부르거는 비엔나 의학회에서 자신의 충성을 유감없이 증명한 '국가사회주의와 의학National Socialism and Medicine'이라는 강연을 했다. 그 정도 지위에 있는 의사에게 전혀 어울리지 않았던 그 강연은 그가 언급한 '소위 과학자들'의 연구라기보다는 신앙요법(그는 '자연 치유'라고 했다)의 힘을 강변한 데 불과했다. 그는 강연장을 가득 메운 유명한 의사들 앞에서 스포츠와 관광이 '모든 의사를 합친 것보다 건강에 더 이롭다'는 말로 강연을 시작했다. 이어, 아픈 사람들에게 '용기와 확신'을 심어주어 어디에도 흔들리지 않는 절대적 신념을 갖도록 한 '현실적인 향의鄕醫'(틀림없이 얼굴이 붉은 아리안족이었을 것이다)의 선행을 극구 칭찬했다. "이런 신념은 단 한 번의 예외도 없이 질병의 증상을 호전시켰으며, 아예 완치시킨 경우도 많았습니다." 그러면서 그는 히틀러 또한 제국 전체를 위해 비슷한 역할을 하고 있다고 설명했다. "이제 우리는 단 한 사람, 의사도 아닌 단 한 사람이 자신의 탁월함을 통해 8000만 독일 국민에게 건강으로 가는 새로운 길을 열어주었다는 사실을 직시해야 합니다."[90]

그런 길 중 하나가 총통이 정신병자들을 '호화찬란한' 기관에 수용하여 애지중지 돌보기를 거부한 것이라고 했다. 함부르거는 오직 '지성을 과신한 유대인 환자들'만이 의사의 진단이라는 지혜에 의문을 제기한다고 비난하듯 덧붙였다. 오직 유대인과 기타 악질분자들만이 사회적 병폐에 대한 히틀러의 진단에 이의를 제기한다는 뜻이었다. 자신의 '탁월함'이 지닌 거대한 힘으로 민중Volk의 질병과 불안을 완전히 치유한다는 것이 위대한 치유자Grand Placebo인 제국 총통의 비전이었다. 이어서 함부르거는 유전질환자 출생방지법에 대한 지지를 재천명하며, '삶의 수많은 쾌락'을 과감히 벗어던지고 제국을 위해 매년 아기를 출산하여 애국적 의무를 다하는 아리안족 여성들에 대한 상찬의 말을 덧붙였다. 그는 포효하듯 목소리를 높였다. "국가사회주의는 진정으로 인민의 건강이라는 목표를 달성할 수 있는 도구입니다. 국가사회주의 아래서 의사들은 실로 공식적인 인민의 지도자로서 인민의 건강을 이끌어낸다는 책무에 부응할 수 있습니다."

아스퍼거의 꼬마 교수님들에게 실로 거침없이 죽음의 그림자가 덮쳐오고 있었던 것이다.

VII

1938년 3월 11일, 수많은 오스트리아인들이 라디오에 귀를 기울인 가운데 마침내 폰 슈슈니크는 사임 성명을 내고 군대에 독일 국방군이 국경을 넘어 행군해오더라도 대응하지 말 것을 지시했다고 발표했다. 방송에서 오스트리아 국가의 마지막 소절이 채 사라지기도 전에, 거리에서는 전혀 다른 노래가 들려왔다.[91] 수많은 오스트리아인들이 폰 슈슈니크 정권이 공식적으로 축출되었다는 사실을 알리는 요란한 나치 찬가 〈호르스트 베셀의 노래Horst Wessel Song〉를 합창하는 소리였다.

> 갈색 군대에게 길을 열어라,
>
> 돌격대원들에게 길을 열어라!
>
> 수백만이 희망차게 크뤼켄크로이츠를 우러른다,
>
> 자유와 빵의 날이 밝았다!
>
> 수백만이 희망차게 크뤼켄크로이츠를 우러른다,
>
> 자유와 빵의 날이 밝았다![92]

오래도록 기다렸던 합병Anschluss(오스트리아와 독일의 '결합')의 날이 다가온 것이다. 이제 오스트리아 제1공화국이라는 명칭도 오스트마르크Ostmark('동쪽으로의 행군'이라는 뜻)로 바뀔 참이었다. 오스트리아 출신인 총통이 군대를 이끌고 귀향한 것을 축하하기 위해 시내 전역의 발코니와 창문에 나치 깃발과 휘장이 펄럭였다. 거리를 가득 메운 오스트리아인들이 환호하는 가운데 여자와 어린이들은 호송 차량의 행렬에 담배를 비오듯 뿌려댔다.[93]

독일 국방군 공식 기관지는 이날의 행사를 아스퍼거가 일기에 언급했던 독일 토속신앙에서 유래한 열광적인 천막 부흥회 같았다고 묘사했다.

> 티롤 지방Tyrolia의 산들, 잘츠부르크Salzburg의 언덕들, 오스트리아 북부, 다뉴브Danube강과 인Inn강을 거쳐 슈타이어마르크Steiermark, 케른텐Kärnten, 비엔나의 숲과 부르겐란트Burgenland 구석구석에 이르기까지 한 곳도 빠짐 없이 마음에서 마음으로 눈에 보이지 않는 자발적인 접촉이 일어나 자연과 연결된 신비로운 기운이 흐른다. 단순한 호감에 그치는 것이 아니다. 첫눈에 사랑에 빠지는 것이다. 회색 군복을 입었든, 푸른색 군복을 입었든, 우리의 병사라면 모든 도시와 마을의 거리를 가득 메운 모든 오스트리아인들의 눈에서 자신이 나아갈 길을 보았을 때의 기쁨을 어찌 잊을 수 있으랴! 목숨이 다하는 날까지 어디서든 기꺼이 그를 반기겠노라는 열광적인 외침을 어찌 잊을 수 있으랴?[94]

그러나 노련한 영국 종군기자 G. E. R. 게다이G. E. R. Gedye의 시각은 달랐다.

> 그라벤Graben가를 가로질러 사무실로 가면서 보니 거리마다 갈색 물결이 뒤덮고 있었다. 뭐라 형언할 수 없는 악마들의 연회 같았다. 탄띠를 매고 카빈

> 소총을 든 것 외에 유일한 권위의 상징이라면 나치 완장을 두른 것뿐인 돌격대원들은 아직 학생 티도 벗지 못했는데 전향한 경찰들과 어깨를 나란히 하고 행진했으며, 남자든 여자든 비명을 지르거나 울부짖듯 신경질적으로 인솔자의 이름을 부르며 경찰들을 껴안고 인간 소용돌이 속으로 끌고 갔으며, 오래도록 감춰둔 무기를 꽉 움켜쥐고 그 소란 속에서도 자신의 목소리가 들리기를 바라며 미친듯이 소리를 지르는 돌격대를 가득 실은 화물차가 지나가고, 머지않아 검은 연기가 피어오르며 등장하기 시작한 횃불의 빛 속에서 남녀 시민들이 펄쩍펄쩍 뛰면서 소리를 지르고 춤을 추는가 하면, "유대인들을 쓰러뜨려라! 히틀러 만세! 히틀러 만세! 승리 만세!"라고 외치는 소리가 어지러이 섞여 정신을 차릴 수 없을 만큼 시끄러운 소음이 사방을 가득 메웠다.[95]

자칭 돌격대Rollkommandos라는 시민들이 무리 지어 유대인 지역의 백화점과 상점들로 몰려가 문과 창문들을 때려 부수고 상품을 약탈하여 밖에 기다리고 있던 트럭에 옮겨 실었다. 경찰들이 돕는 모습도 종종 눈에 띄었다. 폭도들은 거리를 돌아다니며 눈에 띄는 것은 무엇이든 훔쳤고, 가정집에 침입하여 공포에 질린 사람들을 잠옷 바람으로 끌어냈다. 유대인들에게 가해졌던 특히 야만적인 모욕은 '바닥 청소 파티'Reibpartien로, 남녀를 불문하고 땅바닥을 기어다니며 부식성 산을 담은 양동이와 칫솔로 도로에 씌어진 통합 반대 슬로건을 지우라고 하는 것이었다. 게다이는 돌격대원들이 늙은 부부를 데리고 거리를 돌아다니며 동상 아래 새겨진 모욕적인 명판을 닦으라고 윽박지르는 모습도 목격했다. 군중들이 "드디어 유대인을 위한 일을 찾았다, 드디어 유대인을 위한 일을 찾았다!"라고 외치는 동안, 노인은 소리 없이 우는 아내의 손을 토닥거렸다.[96]

나치 보건성은 향후 세대에게 열등성을 대물림하여 내부로부터 제국을 위협하는 인간들에 대한 최후의 징벌을 준비했다. SS에서 주최한 의사들을 대상으로 한 저녁 세미나에서 비엔나의 신경과 전문의 발터 비르크마이어Walter Birkmeyer는 이렇게 말했다. "우리 종족의 순수성과 유전자의 건강만이 국민을 타락에서 구할 수 있습니다. 열광적인 지지자로서 우리의 의무는 병들고, 순수하지 못하고, 타락한 모든 것들을 근절하는 것입니다."[97]

비엔나 대학교는 의학적 인종 개량Aufartung과 인종 연구Rassenforschung를 최우선 목표로 하는 학문적 운동의 중심지로 변모했다. 합병 3주 후 다시 문을 열었을 때, 의대 학장으로 취임한 해부학자 에두아르드 페른코프Eduard Pernkopf는 양옆에 SS대원들이 늘어선 가운데 돌격대원 유니폼을 입고, 총통의 근엄한 초상화 앞에서 교수들에게 열렬한 연설을 했다.[98] 그는 나치즘을 의학과 과학을 초월하여 모든 것을 아우르는 세계관이라고 적극 옹호하면서 멸종Ausmerzung에 의한 '음성선택'의 사용을 지지하고, 히틀러를 '조국의 가장 위대한 아들'이라고 치켜세운 후 의기양양하게 '승리 만세!'를 세 번 외쳐 연설을 마무리했다.[99]

새로운 학장은 지체없이 유럽에서 가장 유명한 의과대학을 아리안화하기 시작했다. 모든 교직원에게 부모와 조부모, 배우자가 아리안족 혈통이란 사실을 '명확히 입증'하는 출생 증명서를 제출하라고 명령했다. 또한 히틀러에 대한 충성 서약서에 서명할 것을 요구하고, 거부하는 사람은 즉시 해직시켰다. 몇 주 사이에 의대 교수 중 80퍼센트가 해임되었다.[100] (다른 학부에서 해임된 사람으로는 1933년 폴 디랙 그리고 명석한 수학자 쿠르트 괴델Kurt Gödel과 함께 노벨 물리학상을 공동 수상한 에르빈 쉬뢰딩거도 있었다.) 대학 본관에는 나치 깃발이 휘날렸고, 잔류 허가를 받은 몇 안 되는 유대인 학생들은 캠퍼스에 들어올 때 '출입 허가증'을 제시해야 했다.[101]

합병 전 비엔나에서는 5000명이 넘는 의사들이 환자를 진료했다. 그러나 가을이 되자 남아 있는 의사는 750명도 안 되었다. 그들 세대에서 가장 명석한 사람들이었다. 비엔나 대학교 교수 중 수많은 사람이 강제 수용소에서 목숨을 잃었다.[102] 자살한 사람도 많았다. 그들의 자리를 차지한 열성분자들은 이전 스승과 동료들을 '돌팔이'라고 비난했다.[103]

제3제국은 충성스런 하인들에게는 적지 않은 보상을 베풀었다. 페른코프는 비엔나 대학교 총장Rektor Magnificus이 되었으며, 필생의 역작인 《인체 국소 해부학Topographische Anatomie des Menschen》이라는 해부학 도감을 편찬할 특별 허가를 받았다. 여러 권으로 이루어진 이 기념비적인 저작에는 신체의 모든 장기, 뼈, 혈관들의 자세한 모양은 물론, 색조까지 표현한 수채화 도판이 풍성하게 실렸다. 《미국 의학협회지Journal of the American Medical Association》가 '예술적인 역작'이라고 평가한 페른코프의 책은 전 세계 외과 의사들이 어려운 수술을 앞두고 신체 내부 장기에 대한 지식을 복습할 때 반드시 찾아보는 안내서가 되었다. 홀로코스트 전문학자와 함께 연구하던 한 유대인 외과 의사가 《미국 의학협회지》의 독자편지란에 조사를 요구한 1996년에 이르러서야 의학계는 거의 60년 동안 의대생들을 외과 의사로 교육시키는 데 사용했던 도판에 등장하는, 껍질이 벗겨진 몸들이 불구 아동과 정치범들의 것이었다는 사실을 인정했다.[104]

독일 교육부 장관이 내린 칙령에 의해 페른코프는 해부학 도감을 위한 원재료들을 항상 적절하게 공급받았다. 얼마나 주도면밀했던지 그의 해부실에 항상 신선한 사체를 제공하기 위해 처형 일자를 조정하기도 했다는 사실이 밝혀졌다. 이 거대한 작업에 동원된 화가들이 그 상황에 연민을 느꼈는지 아는 사람은 아무도 없다. 원본에서 그들의 서명은 나치 문양과 SS를 상징하는 번개 무늬로 장식되었지만, 나중에 출판사는 이 부분을 에어브러시로 조심스럽게 지워버렸다.

극단적 광기 속에서 1938년 10월 3일 아스퍼거는 비엔나 대학병원 강당에서 사상 최초로 자폐증에 관한 대중 강연을 열었다.[105] 함부르거는 아마도 나치 문양으로 넘쳐나는 청중 속에서 근엄한 표정을 짓고 있었을 것이다. 어린이병원Kinderklinik 환자들은 그의 레이더에 걸렸을 것이 확실하다. 1년 전 비엔나 정신신경협회Vienna Psychiatric and Neurological Association에서 법적으로 정신이상이라고 판정할 수 없는 '사이코패스들'은 사회에 영구적으로 해악을 끼치므로 지속적으로 감독을 받아야 한다는 포고령을 내렸기 때문이다.[106]

아스퍼거는 명백한 사실로 강연을 시작했다. "지금 우리는 엄청난 변화의 한복판에 서 있습니다. 이것은 의학의 영역뿐 아니라 우리의 지적인 삶 모든 측면에 영향을 미치고 있습니다.…국가의 가장 귀중한 자원, 바로 건강을 다루고 있는 것입니다."[107] 그는 총통이 요구한 대로 '우리의 모든 태도를 철저히 변화'시키려면 의료인들이 각 환자들이 필요로 하는 것(그는 이 말로 그들의 생명도 암시했다)보다 민중의 보건을 중시해야 한다는 점을 인정했다. "우리가 여기서 다루는 많은 증례가 유전질환"이라고도 인정했다. 그런 증례들을 적절한 위원회에 보고할 의무에 대해서도 한두 마디 입에 발린 말을 해주었다. "의사로서 우리는 이 분야에서 발생하는 모든 책무를 전적으로 책임감을 갖고 받아들여야 합니다." (1940년에 비슷한 말을 했을 때 진료팀에서 아스퍼거가 신뢰하는 동료였던 요셉 펠트너는 "그런 판에 박힌 말은 너무 나치적이라는 평판을 듣게 될 수 있네. 나 같으면 총통에게 감사를 표하는 말 따위는 하지 않을 거야"라고 충고했다.)[108]

하지만 아스퍼거는 바로 예상치 못한 방향으로 말을 돌렸다. "오늘 저는 민중의 보건이라는 관점에서 논의하지는 않을 생각입니다. 그렇게 하려면 유전적 질병을 예방하기 위한 법률에 대해 논해야 하기 때문입니다. 대신, 이 문제를 비정상적인 어린이의 관점에서 풀어보려고 합니다. 이 민중들을 위해 그들이 얼마나 많은 것을 할 수 있는가? 그것이 오늘의 주제입니다." 그는 청중 속에 앉아 있는 스승이 탐탁지 않은 표정으로 눈살을 찌푸릴 급진적 발언을 이어나갔다. "정해진 선에서 벗어난 '비정상적인 것'이라고 해서, 모두 '열등한 것'이라고 할 수는 없습니다."

아스퍼거는 이런 주장이 '처음 들으면 거부감을 불러일으킬' 수도 있다고 인정했다. 하지만 그는 교묘한 전략을 구사했다. 환자들의 병력을 늘어놓으며 청중을 익숙한 영역으로 끌어들여 안심시켰던 것이다. 우선 몇 가지 당황스러운 증상들로 아버지와 함께 진료실을 찾은 소년에 관해 설명했다. 아이는 갑작스럽고 격렬하게 짜증을 부리는 일이 잦았으며, 스스로 불안하고 '매우 우울하다'고 했다. 청력이 놀랄 만큼 예민하여 조그만 소리에도 잠들지 못했다. 또한 신 것만 먹어야 한다는 생각에 사로잡혀 극히 제한적인 음식만 먹었다.

하지만 그 위대한 소아과 의사는 소년에게 또 다른 측면이 있었다고 했다. 문법과 어휘 구사력이 또래에 비해 훨씬 성숙했으며, 철학적인 의문들을 깊이 탐구했다. 다른 사람은 물론 자신의 실수를 예리하게 감지하는 능력을 지닌 것으로 보아 관찰력이 매우 뛰어나다는 것을 알 수 있었다. 그 후 아스퍼거는 한 가지 도발적인 질문을 던졌다. 소년의 조숙한 능력이, 심한 말더듬이였지만 입에 자갈을 물고 정확히 발음하는 법을 익혀 결점을 극복하고 그리스 최고의 웅변가가 된 데모스테네스Demosthenes처럼 단지 '과다보상hypercompensation'의 결과였을까? **"아닙니다."** 아스퍼거는 말했다. "우리는 그렇게 믿지 않습니다. 우리는 이론이 아니라 이런 어린이들을 수없이 다루어본 경험으로 자신 있게 말할 수 있습니다. 소년의 긍정적인 자질과 부정적인 자질은 조화롭게 짜인 단일한 성격이며, 자연스럽고, 반드시 필요하며, 상호 연결되어 있습니다. 이렇게 표현할 수도 있습니다. 소년이 겪는 어려움, 특히 다른 사람은 물론 자기 자신과의 관계 형성에 영향을 미치는 문제들은 그가 지닌 특별한 재능에 대해 치러야 할 대가라고 말입니다."

이어서 아스퍼거는 민족 위생학이라는 도그마에 위배되는 인지장애를 근본적으로 다르게 바라보는 방식을 제안했다. "인간의 선과 악, 성공과 실패 가능성, 소질과 결함은 동일한 원천에서 생겨난 것으로 **상호 조건적** mutually conditional입니다. 치료 목표는 환자에게 그들이 겪는 어려움을 견뎌내는 방법을 가르치는 것이 되어야 합니다. 그런 어려움들을 없애주는 것이 아니라 특별한 전략을 세워 특별한 어려움에 대처하도록 하는 것입니다. 자기가 아픈 것이 아니라 삶을 스스로 책임져야 한다는 사실을 깨닫도록 하는 것입니다."

그리고 그는 아마도 하로가 모델이 되었을 어린 환자를 언급했다. 소년은 항상 수업에 방해가 되었고, 운동장에서는 '성난 황소에게 붉은 천을 흔든 것처럼' 행동했다. 엄마가 도와주지 않으면 옷도 입지 못했고, 주위 사람들에게 전혀 신경을 쓰지 않아 처음에는 귀가 안 들리는 줄 알았을 정도였다. 하지만 그들은 이렇게 '거칠고 난폭한 소년'도 자기 행동에 영리한 통찰력을 갖고 있고, 기회만 주어진다면 자신을 아주 창의적인 방식으로 표현한다는 사실을 발견했다. 그는 이런 특성들을 모두 합해야 자폐성 정신병증의 임상적 전모가 드러난다고 했다. 이들이 지닌 특별한 재능은 그들의 장애와 떼려야 뗄 수 없다는 것이었다.

"풍자 만화에나 나올 정도로 모든 일에 서툴고 감각도 떨어지지만, 고도로 전문적인 분야에서 놀라운 업적을 성취해낸 자폐성 과학자들이 있다는 것을 모르는 사람이 어디 있겠습니까?" 그는 당장은 아니더라도 때가 되면 '장점과 능력'이 드러날 수 있기 때문에 이들을 '절대로 포기해서는 안 된다'고 호소했다. 잠재력을 최대한 발휘하도록 도와준다면 열렬한 우생학자라도 지지할 수밖에 없는 목표, 즉 사회 전체에 기여할 수 있다는 것이었다.

이어 아스퍼거는 왜 훨씬 장애가 심한 어린이들이 아니라 수다스러운 꼬마 교수님들을 원형 증례로 삼았는지에 대해 결정적인 통찰을 주는 말을 했다. "너무 심하지 않아 좀 더 희망을 줄 수 있는 두 명의 환자를 예로 들어 저희의 치료적 접근법을 설명하는 것이 훨씬 도움이 되리라 생각했습니다." 애석하게도 어린 환자들의 생명이 위험하다는 사실을 알고서 나치 고위층에게 이들의 긍정적인 측면을 강조했던 전략은 이후 수십 년간 수많은 혼란을 불러일으킨다. 많은 임상의사들과 역사학자들은 논문에 실린 네 가지 원형 증례를 근거로 아스퍼거가 오직 '기능적으로 매우 뛰어난' 증례만 바라본 나머지, 가장 중요한 발견을 모호하게 만들었다고 생각했던 것이다.

전쟁이 일어나기 전 비엔나에서 그와 동료들이 인식하기 시작했던 자폐증은 '전혀 드물지 않았고',[109] 모든 연령대에서 발견되었으며, 말을 제대로 할 수 없는 상태에서부터 오랜 시간 주의를 흩뜨리지 않고 관심 있는 한 가지 주제에 놀랄 만큼 집중하는 능력이 잘 발달한 경우에 이르기까지 증상 또한 매우 다양했다. 다시 말해, 그것은 폭넓은 스펙트럼이었다. 무엇을 봐야 하는지 안다면 어디서든 쉽게 볼 수 있었다.

그날 밤 비엔나 거리의 버려진 카페들 너머로 해가 진 후, 유대교에서 가장 성스러운 날인 속죄일Yom Kippur이 시작되었다.[110] 그때부터 24시간 동안 나치 돌격대와 기동대는 한때 번영했던 유대인 구역을 잔혹하게 습격하여 물건을 훔치고, 불을 지르고, 건물을 때려 부수고, 사람들을 죽였다.

그러나 이렇게 격렬한 길거리 폭력 사태도 한 달 뒤 크리스탈나흐트Kristallnacht, 즉 '깨진 유리의 밤'으로 알려진 날의 공포에 비하면 전주곡에 지나지 않았다. 그날 비엔나에 있는 95개의 유대교 회당이 불길에 휩싸였고, 유대인들의 집과 병원과 학교와 상점들이 거대한 해머들의 공격에 완전히 파괴되었다. 베를린에서만 3만 명이 넘는 유대인들이 끌려 나와 다하우, 부헨발트, 기타 강제 수용소로 보내졌다. 그들은 대부분 거기서 생을 마감했다.

한편, 아스퍼거의 옛 동료 에르빈 예켈리우스는 나치당에서 빠른 속도로 진급을 계속했다. 그해 말, 그는 이전에 알코올 중독자들의 재활 시설이었던 암 슈피겔그룬트Am Spiegelgrund(이전 명칭은 암 슈타인호프Am Steinhof였다) 병원장이 되었다. 거기서 그는 히틀러의 '유대인 문제에 대한 최종 해결책Final Solution against the Jews'의 청사진이 된 고트프리드나, 프리츠, 하로 같은 어린이들의 세계를 완전히 없애버리려는 비밀 계획의 초안을 세우는 데 도움을 주었다. 예켈리우스 일당이 섬뜩할 정도로 효율적으로 수행했던 이 잔학한 계획은 의사들이 백치라고 진단한 한 어린이를 살해하는 것으로 시작되었다

VIII

1939년 2월 20일, 한때 바흐가 장례식에서 오르간을 연주하기도 했던 라이프치히 동남쪽 폼센Pomssen이라는 마을에서 게르하르트 크레취마르Gerhard Kretschmar라는 남자아이가 태어났다. 원래 작센 지방 시골에서는 사내아이가 태어나면 크게 축하했지만, 게르하르트는 날 때부터 앞을 보지 못했고, 지적장애가 있는데다, 팔이 한쪽밖에 없었다. 하나밖에 없는 다리 역시 불완전했으며, 툭하면 발작을 일으켰다. 부모인 리하르트Richard와 레나Lena는 열성 나치당원이었다. 리하르트는 아들을 라이프치히 대학교로 데려가 신경과 과장 베르너 카텔Werner Catel에게 '아이를 재워달라'고 간청했다.[111]

유명한 신경과 전문의였던 카텔은 그 요청에 동정심을 느꼈을 것이다. 저서인《삶의 극단적 상황들Grenzsituation des Lebens》에서 게르하르트 같은 어린이들을 가리켜 "그런 괴물들은…그저 '고깃덩어리massa carnis'에 불

과하다"라고 썼으니 말이다(고깃덩어리는 신학자 마르틴 루터가 영혼이 결여된 냉담한 육신을 가리킬 때 사용했던 말이다). 하지만 그는 어린이의 안락사는 불법이므로 도와줄 방법이 없노라고 했다. 그러나 리하르트가 총통에게 직접 편지를 보낸다면 특별 면책을 내려줄지도 모른다고 귀띔했다.

게르하르트 크레취마르의 출생은 란드스베르크 수감 이래 히틀러가 고대해 마지않던 기회를 주었다. 그는 개인 주치의 중 한 명인 카를 브란트Karl Brandt를 라이프치히로 보내 그 아이를 진찰하도록 했다. 브란트는 나중에 이렇게 증언했다. "아기 아버지가 말한 것들이 모두 사실이라면, 나는 〔히틀러의 이름으로〕 의사들에게 안락사를 시킬 수 있다고 알릴 수밖에 없었다. 중요한 점은 부모들이 자식의 죽음에 책임이 있다는 인상을 갖지 않도록 하는 것이었다."[112] 또한 그는 카텔과 다른 의사들에게 만에 하나라도 법정에서 그들에게 책임을 묻는다면, 총통이 직접 개입하여 그들 편을 들어줄 것이라고 말했다.

라이프치히의 의사들은 드러내놓고 말하지 않아 그렇지, 산과 병동에서는 안락사가 이미 표준 절차가 된 지 오래라고 대답했다.[113] 일을 편리하게 해주려고 카텔은 휴가를 떠나버렸다. 그 사이에 아랫사람 중 하나가 간호사들의 커피 휴식 시간을 틈타 주사로 아기를 살해했다.[114]

그해 여름 역시 히틀러의 주치의였던 테오 모렐Theo Morel은 장애인들을 장기적으로 보살피는 데 따른 제3제국의 재정적 부담을 자세히 분석한 보고서를 제출했다. "매년 5000명의 백치들이 각각 2000RM(라이히스마르크) = 연간 1억."[115](그는 심지어 계산조차 틀렸다. 5000 곱하기 2000은 1억이 아니라 1000만이다.) 그는 이 액수가 제3제국이 지불하는 진정한 비용의 극히 일부에 불과하다고 강조했다. 이런 '생물들'은 정상인들에게 공포심을 불러일으켜 전쟁 준비가 시급한 상황에서 힘을 뺀다는 것이었다.

8월 들어, 중증유전병 등록 위원회Committee for the Registration of Severe

HereditaryAilments는 종류를 불문하고 유전적 이상을 갖고 태어난 모든 어린이를 등록하라는 칙령을 내렸다. 의사와 조산사들은 청각장애, 실명, 다운증후군, 수두증, 틱장애, 기타 모든 질병을 위원회에 보고해야 했다. 보고할 때마다 약간의 장려금도 지급되었다.

9월 1일, 독일 국방군은 폴란드 군인들이 영토를 침범했다는 구실로 폴란드를 침공했다. 제2차 세계대전이 공식적으로 시작된 것이다. 1개월 후 히틀러는 베를린 치료보호 자선재단Charitable Foundation for Curative and Institutional Care의 주소인 티어가르텐가 4번지를 줄여 쓴 T-4 조치Aktion T-4라는 프로그램을 허가하는 비밀 명령서에 서명했다. 프로그램의 목적은 유전병과 만성장애를 지닌 사람들이 머무르는 병원, 진료소, 장기 요양 시설을 그대로 '죽음의 공장'으로 바꾸는 것이었다. 하이미 환자들을 죽이기 시작한 의사와 간호사들을 법적으로 보호하기 위해 히틀러는 명령 발효 일자를 한 달 전으로 소급 적용했다.

독일과 오스트리아 전역에서 어린이 안락사와 주로 성인 장애인을 표적으로 하는 T-4를 의대생들에게 교육시키는 비공개 회의가 열렸다. 이 프로그램은 이전 같으면 입 밖에도 낼 수 없었을 행동들을 논의의 대상으로 만들기 위해 의미가 탈색된 임상용어들을 개발함으로써 더욱 순조롭게 진행되었다. 장애인은 '난치성 증례refractory therapy case'라고 불렸다. 안락사를 권장하는 법률들은 '인구 감축 정책negative population policies'이라는 이름을 얻었다. 환자를 죽이는 것은 '최종 의학적 지원final medical assistance', 장애 어린이를 수용하는 병동은 '전문 어린이 병동Kinderfachabteilungen'으로 둔갑했다.[116]

베를린으로부터 쉴 새 없이 날아드는 공식 서류는 이 프로그램이 존경받을 만한 행동이라는 인식을 더욱 강화시켰다. 제3제국 위원회Reich Committee는 어떤 부모들이 최종 의학적 지원을 받을 대상자인지 판단하는 설문지를 수천 부씩 뿌려댔다. 의사들은 각 환자에 대해 똑같은 서식을 세 부씩 작성했다. 베를린에 있는 세 명의 의학 전문가 패널이 이 보고서를 검토한 후 각 서식에 마련된 네모 칸에 체크 표시를 했다. 플러스 기호는 죽여야 할 어린이, 마이너스 기호는 살려도 될 어린이, 드물지만 물음표는 재검토가 필요하다는 뜻이었다.

위원회는 진찰도 하지 않은 채 이 서식만을 근거로 각 지방 보건국이 플러스 표시가 된 어린 환자들을 전문 어린이 병동으로 옮길 수 있도록 조치했다. 플러스 기호와 마이너스 기호를 가르는 기준이 오로지 IQ검사 점수뿐인 경우도 많았다. 바야흐로 지옥문이 열린 것이다.

예켈리우스의 지휘 아래, 암 슈피겔그룬트는 오스트리아에서 어린이들을 살해하는 가장 중요한 장소로 떠올랐다. 예켈리우스 부임 당시 병원에는 640개의 병상이 있었는데, 그는 한 구역을 따로 분리한 후 240개의 병상을 추가하고, 치료적 교육은 시행하지도 않으면서 그곳을 하일페다고긱 클리닉이라고 불렀다.[117]

이후 5년간 예켈리우스와 후임자 에른스트 일링Ernst Illing, 하인리히 그로스Heinrich Gross는 이곳에서 336명의 유아를 포함하여 789명의 어린이를 살해했다. 대부분 정신박약, 뇌전증, 조현병으로 진단받은 어린이들로, 이 세 가지 질병은 자폐증이 아직 진단적 범주로 인정받지 못했던 시절에 자폐 어린이들에게 가장 흔히 붙여진 진단명이었다. 자기 의사를 언어로 표현하지 못하는 환자는 간호사들에게 추가적인 부담이 되었으므로 우선적인 근절 대상이었다. 나중에는 '그저 성가신' 어린이들조차 명단에 오르는 일이 다반사로 벌어졌다.[118]

예켈리우스의 팀과 다른 기관의 의료인들은 다양하지만 하나같이 야만적인 살해 방법을 사용했다. 석탄산이나 바르비트루산염을 과량 주사하는가 하면, 혹독한 오스트리아의 겨울에 폐렴에 걸릴 때까지 그냥 야외에 방치하기도 했다. 부모들에게는 자녀가 자연사했다는 통지서가 전달되었다. (히틀러는 1920년 멜처가 부모들을 상대로 시행한 설문 조사에서 얻은 교훈을 잊지 않았다.)[119] 통지서에는 종종 화장이나 매장 비용 청구서가 동봉되었다.

T-4와 어린이 안락사 프로그램은 부모가 자식의 회복을 바라는 상황에서는 결코 시행할 수 없을 의학 연구를 해볼 절호의 기회이기도 했다. 비엔나의 마리아 구깅 정신병원Maria Gugging Psychiatric Clinic에 근무하던 한 의사는 어린이들에게 엄청난 강도의 전기경련요법electroconvulsive therapy을 가하여 살해하는 데 전문가였다.[120] 전기경련요법은 이탈리아의 신경과 전문의 우고 체를레티Ugo Cerletti가 돼지를 도살할 때 목을 찌르기 전 전기 충격을 가해 꼼짝 못하게 하는 모습에서 영감을 얻어 개발한 것으로, 당시 정신과 영역에 새롭게 도입된 치료법이었다.[121] 어린이들에게 척수천자 등 정교한 시술을 시행하거나, 공기 뇌 조영술이라 하여 뇌 척수액을 뽑아내고 공기 또는 헬륨을 주입한 후 X선으로 뇌를 촬영하는, 끔찍하게 고통스러운 시술을 시행한 후 죽게 내버려두는 경우도 많았다. 전쟁이 끝난 후 그로스는 프로그램 중에 채취한 수백 개의 뇌를 연구한 경험을 바탕으로 유명한 정신과 의사이자 신경과 전문의로 발돋움했다.[122] 그 뇌들은 실험 용기에 담긴 채 수십 년간 암 슈피겔그룬트의 지하실에 보관되었다.

뮌헨의 에글핑-하어 클리닉Eglfing-Haar Clinic 소장이었던 정신과 의사 헤르만 판뮐러Hermann Pfannmüller도 어린이 안락사 프로그램에 열정적으로 참여했다. 그는 학생들을 이끌고 병동을 돌며 '빈껍데기 인간들'을 세상에서 하루속히 쓸어내야 한다고 가르쳤다. 자녀를 비참한 상태에서 구해줘서 감사하다는 부모들의 편지를 수없이 받았다고도 주장했다.

그가 선호한 최종 의학적 지원은 어린이에게 '특수식'을 제공하는 것이었다.[123] 루트비히 레너Ludwig Lehner라는 의대생은 판뮐러가 특수식의 이론적 근거를 설명한 말을 잊지 못했다. "국가사회당원인 내가 보기에 이 생물들은 건강한 국체國體에 부담을 안겨줄 뿐이라는 사실이 너무도 명백하네. 우리는 독극물이나 주사 같은 방법을 사용하지 않아. 그건 외국 언론에 선전 수단을 제공해줄 뿐이거든.…안 될 말이지. 우리는 자네가 보는 것처럼 훨씬 단순하고 자연스러운 방법을 쓴다네." 그는 자신이 고안한 특수식에는 지방이 전혀 들어 있지 않으며, 어린이가 생명을 유지할 수 없을 때까지 계속 양을 줄인다고 설명했다. 뒤룩뒤룩 살찐 정신과 의사가 이런 말을 내뱉는 동안, 간호사는 옆에 있던 아기 침대에서 앙상하게 뼈만 남은 유아를 들어올려 보여주었다. 판뮐러는 기분이 좋은 듯 가르랑거리는 소리로 이렇게 말했다. "이 녀석은 이제 2~3일 남았군."

공식적인 어린이 안락사 및 T-4 프로그램 중 20만 명이 넘는 장애 아동과 성인이 살해당했다. 의사와 간호사들이 자발적으로 실행에 옮긴 '자생적 안락사'를 통해서도 다시 수천 명이 희생되었다. 군대를 위해 항상 시원하게 뚫린 상태를 유지해야 할 도로를 통해 수많은 사체를 운반한다는 것은 상상할 수조차 없는 일이었다. 제3제국 전역의 병원, 진료소, 학교는 동원할 수 있는 모든 자원을 이 프로그램에 바친다는 생각으로 건물 바로 옆에 화장을 위한 소각 시설을 짓고 어린이 병동까지 컨베이어 벨트를 설치하여 사체를 바로 오븐 속으로 보냈다.[124] 기관에 따라 즉흥적으로 난방용 보일러 시설에 바퀴를 달아 사체들을 처리하기도 했다.[125]

비밀리에 시작된 일은 소문과 억측을 낳게 마련이다. 정신박약 아동이 어디론가 끌려갈 때면 노인들은 가족들에게 다음에는 자기들이 '쓸모없는 밥벌레들' 신세가 되어 끌려갈 차례라는 듯 윙크를 했다. 어린이들은 이유를 불문하고 의사를 만나러 간다고 하면 겁부터 냈다. 버스가 병원 앞에 서면 이렇게 말했다. "살인자들이 사는 곳에 또 왔네!" 자녀들이 자연사하는 것이 아님을 알게 된 엄마들 중에는 어떻게든 막아보려고 애를 쓰는 사람도 있었다. 아니 뵈틀Anny Wödl이라는 간호사는 아들 알프레드가 말이 늦다는 이유로 구깅에 입원시킨 후에야 아이의 운명을 알아차리고 혼비백산했다. (고트프리드의 할머니처럼 뵈틀도 아들이 말을 못할 뿐, 매우 머리가 좋고 '모든 것을 이해한다'는 사실을 직감적으로 알았다.) 기차로 베를린까지 가서 제3제국 위원회에 이의를 제기했지만, 그들은 안락사가 오히려 옳은 방법이라며 나가는 문을 가리킬 뿐이었다.[126]

결국 뵈틀은 직접 예켈리우스를 찾아가 아들의 구명을 호소했다. 그녀는 뉘른베르크 전범 재판에서 이렇게 증언했다. "예켈리우스 박사는 무슨 일이 벌어지고 있는지 분명히 알았습니다. 그의 말로 보아, 그가 '살 가치가 없는 삶'을 완전히 없애기 위한 모든 과정을 명백히 승인했으며, 나치가 요구하는 바를 행동으로 옮길 준비가 되어 있었다는 데 의심의 여지가 없습니다." 그녀는 예켈리우스에게 적어도 고통없이 신속하게 죽여달라고 간청했고, 그는 그렇게 하겠노라 약속했다. 1941년 2월 22일 당시 여섯 살이었던 알프레드는 '폐렴'으로 암 슈피겔그룬트에서 세상을 떠났다. 뵈틀이 시신을 보았을 때 아이가 끔찍한 고통 속에서 죽었다는 사실은 너무도 확실했다.[127]

당국의 행위에 개입하려는 시도 중 가장 아슬아슬했던 사건은 알로이지아 파이트Aloisia Veit라는 여성 조현병 환자를 둘러싸고 벌어졌다. 그녀는 일생 동안 자신을 보고 미소 짓는 해골의 환영에 사로잡혀 철제 침대에 쇠사슬로 묶여 있었다. 하루는 사무실에 앉아 있던 예켈리우스에게 귀한 손님이 찾아왔다. 총통의 여동생인 파울라 히틀러였다. 그녀는 육촌 형제인 알로이지아를 죽여서는 안 된다고 주장했다. 예켈리우스가 베를린의 승인을 받지 않고 그녀의 요구를 거부한다는 것은 상상하기 어려운 일이지만, 어쨌든 파울라의 노력은 수포로 돌아갔다. (틀림없이 오빠인 아돌프는 자신의 혈통에 '열성 계보'의 피가 흐른다는 사실이 알려지기를 원하지 않았을 것이다.) 49세의 나이로 알로이지아는 하르타임Hartheim 살해센터의 일산화탄소로 가득 찬 방에서 숨을 거두었다.

그러나 파울라의 진심 어린 간청은 전혀 다른 방식으로 예켈리우스에게 깊은 영향을 미쳤다. 그는 그녀와 사랑에 빠졌던 것이다. 그 감정은 상호적이어서 파울라는 오빠에게 그와의 결혼을 허락해달라고 요청했다. 일은 생각대로 풀리지 않았다. 그녀의 요청이 있은 지 얼마 안 되어 SS 친위대장 하인리히 히믈러Heinrich Himmler는 또 다른 나치 고위 간부이자 히틀러가 '철의 심장을 가진 이'라고 추켜세웠던 라인하르트 하이드리히Reinhardt Heydrich와 통화를 했다. 통화 중 히믈러가 메모장에 끄적거린 내용 중에는 두 단어가 눈에 띈다. "예켈리우스를 체포하라."

잠시 수감되었던 예켈리우스는 독일 국방군에 배속되어 러시아 전선에 투입되지만, 오래 버티지 못하고 적군의 포로가 되어 모스크바의 루뱐카Lubianka 포로 수용소로 호송되었다. 이곳에서 그는 동료 전쟁 포로와 친구가 되어 역사상 마지막 족적을 남긴다. 그 동료가 나중에 유명한 정신과 의사이자 작가인 빅토르 프랑클Viktor Frankl의 환자가 되었던 것이다. 프랑클은 아우슈비츠, 테레지엔슈타트Theresienstadt, 다하우 등의 강제 수용소에서 3년을 보내고 극적으로 생존하여 《죽음의 수용소에서》라는 체험 수기를 남겼는데, 이 구원의 기록 속에 이렇게 썼다.

> J 박사를 봅시다. 그는 제가 평생 만난 사람 중 감히 메피스토펠레스 같은 악마적 인물이라 할 수 있는 유일한 사람입니다. '슈타인호프Steinhof(비엔나의 대형 정신병원)의 대량 학살자'라고 불릴 정도니까요. 나치가 안락사 프로그램을 시작했을 때 그는 모든 권력을 손안에 넣고, 단 한 명의 정신병자도 가스실을 빠져나가지 못하도록 너무나 열정적으로 임무를 수행했습니다.…

> 그러나 최근 저는 철의 장막 뒤에서, 처음에는 시베리아에서, 나중에는 모스크바의 악명 높은 루뱐카 수용소에서 오래도록 포로 생활을 했던 전직 오스트리아 외교관을 진료했습니다. 신경학적 진찰을 하던 중 그가 갑자기 혹시 J 박사를 아느냐고 물었습니다. 안다고 하자 이렇게 말했습니다. "저는 그 사람을 루뱐카에서 알았습니다. 거기서 죽었지요. 아마 마흔 살쯤 되었을 겁니다. 방광암이었죠. 하지만 죽기 전에 그는 상상도 못할 정도로 훌륭한 친구였습니다. 모든 사람의 마음에 위안을 주었지요.…그는 오랜 수용소 생활 속에서 제가 만났던 최고의 친구였습니다!"
>
> 그가 바로 '슈타인호프의 대량 학살자' J 박사입니다. 그러니 어떻게 감히 인간의 행동을 예측할 수 있겠습니까?

IX

아버지가 방랑하는 학자들에 대한 충심으로 인해 나치당에 입당하지 않았다는 마리아 아스퍼거-펠더Maria Asperger-Felder의 주장은 신빙성이 있지만, 페른코프의 1938년 칙령을 고려했을 때 히틀러에게 충성 서약을 하지 않고 대학에서 자리를 지킬 수 있었을 리는 없다.[128]

그것으로도 충분치 않았다. 아스퍼거는 1974년 인터뷰 중에 '정말 위험했다'고 회상했던 상황에 처했다.[129] 진료실로 찾아온 게슈타포에게 두 번이나 체포되었던 것이다. 하지만 두 번 다 프란츠 함부르거가 저명한 NSDAP 멤버로서의 권한을 이용하여 그의 편을 들어주었다.[130] 1941년경 독일과 오스트리아의 모든 의학적 하부구조는 완전히 죽음의 산업으로 변모했다. 어쩌다 가톨릭 교회에 관련된 사람들이 저항하는 경우도 있었지만, 대개 끔찍한 대가를 치렀다. 자칭 흰장미 저항단White Rose이라는 뮌헨 대학교 학생들은 클레멘스 아우구스트 그라프 폰 갈렌Clemens August

Graf von Galen✦ 주교의 T-4 프로그램 비난 설교를 듣고 감명을 받아 나치의 민족 위생 정책에 용감하게 반대했다가 '인민 법정'에서 반역죄를 선고받고 참수되었다.[131]

아스퍼거는 상관들에게 꼬마 교수님들을 제3제국의 우수한 암호 해독가로 활용할 수 있다고 제안한 적도 있었다.[132] 그는 홀로코스트 생존자 프리모 레비가 '회색 지대gray zone'라고 일컬었던 상황 속에서 살았다.[133] 즉, 나치의 법에 따라 임무를 수행하는 제3제국의 국민이지만, 도덕적으로 모호한 위치에서 정상적인 상황이라면 생각조차 하지 않을 끔찍한 타협에 나섰던 것이다. 암 슈피겔그룬트에서 여동생 앤-마리를 잃었던 학자 발트라우트 호이플Waltraud Häupl에 따르면, 1941년 아스퍼거는 뇌염으로 심한 뇌손상을 입은 헤르타 슈라이버Herta Schreiber라는 어린 소녀를 예켈리우스에게 보내는 의뢰서에 서명했다.[134] 예켈리우스는 헤르타를 '매우 다정'하며 '쉽게 울음을 터뜨린다'고 기술했다. 아이 어머니는 자식이 다섯이나 더 있었고, 나치의 정책을 지지했으며, 딸을 무거운 짐으로 생각했다. 아스퍼거는 의뢰서에 '슈피겔그룬트로 영구 입원이 절대적으로 필요한 것 같다'고 적었다. 헤르타는 1941년 7월 1일 입원하여 2개월 후 사망했으며, 사인은 '폐렴'으로 되어 있다.

할아버지가 나치당원이었던 헤르비히 체히Herwig Czech라는 역사학자는 1942년 비엔나를 대표하는 선임 소아과 의사였던 아스퍼거가 어린이들의 '교육 가능' 여부를 판별하는 7명의 의사로 구성된 위원회의 일원이었다는 증거를 찾아냈다.[135] 이들의 임무는 예를 들어 210명의 어린이로 구성된 집단을 선별하여, 그중 35명은 교육이 불가능하므로 암 슈피겔그

✦ 독일 뮌스터의 주교로, 비밀리에 진행되던 안락사 프로그램이 알려지자 설교 중 이를 공개적으로 비난했다. 이 사건으로 대중의 저항이 거세지면서 프로그램이 종료된다.

룬트로 보내야 한다고 결정하는 역할이었다.

1943년 10월 학위 논문을 함부르거에게 보냈을 당시, 아스퍼거는 오스트리아와 독일 전역에서 헤르다와 비슷한 수천 명의 어린이가 회색 지대에서 일하던 다른 동료들에 의해 죽음의 길로 내몰렸다는 사실을 확실히 알았다. 논문의 결론부에 '존재의 온 힘을 다해 이들을 대변해야 할 의무'를 언급한 것은 아마도 향후 세대를 위해서였을 것이다. 논문은 이듬해 6월, 《정신신경병회보Archiv für Psychiatrie und Nervenkrankheiten》에 발표되었다.[136]

이때쯤 제3제국은 정신병원보다 전선에 더 많은 의사들이 필요했으므로 아스퍼거는 독일 국방군에 배속되었다. 처음에는 앰뷸런스 운전사로 복무하다 나중에는 크로아티아의 한 야전병원에서 외과 의사로 일했다. 그 와중에도 빅토린느 수녀를 비롯하여 남아 있는 치료 교육원 동료들과 계속 서신을 주고받으며, 멀리서도 환자들을 위한 원탁회의에 참여했다. 또한 언제나 지니고 다녔던 포켓용 공책에 크로아티아 문화를 관찰한 내용을 기록했다. 부대가 산속에서 길을 잃었을 때는, 방랑하는 학자들을 통해 배운 오리엔티어링 기술을 이용하여 나침반과 별만 보고 대원들을 안전하게 인도하기도 했다. 그는 일기에 이렇게 적었다. "어느 누구도 죽일 필요가 없다는 사실은 운명이 내게 준 크나큰 선물이다."[137]

1944년 여름은 비엔나로 진격하던 영국군과 미국군에게 극도로 힘든 시기였다. 오스트리아의 수도는 영국에서 출격하는 장거리 폭격기의 작전 범위가 미치지 못했을 뿐 아니라, 모르도Mordor계곡에 우뚝 솟은 사우론Sauron의 탑처럼 콘크리트로 지은 대공포탑Flaktürme이 도시를 반지처럼 둘러싸고 있어 '제3제국의 공습대피소'라 불렸다. 연합군 전투기는 육상 포대와 독일 공군 정예 파일럿의 협공을 받아 열 대 중 한 대꼴로 격추당했다.

그러나 마침내 전세는 결정적으로 히틀러에게 불리해졌다. 이탈리아를 공략한 후포지아Foggia✦ 앞바다에 포진한 미군 함대는 제3제국의 공습 대피소를 사정거리 안에 둔 채 다뉴브강에 기뢰를 부설하여 나치군 보급로에 결정적인 타격을 가했다. 그해 가을 연합군은 무수한 희생을 치른 끝에 도시의 방어선을 돌파했다.

아래에서 소구경 탄환들이 우박처럼 날아와 기체에 수많은 흠집을 내는 와중에 젊은 파일럿들은 방탄조끼를 벗어 바닥에 깔고 기도를 올린 후, 8000미터 상공에서 굉음을 울리며 도시를 향해 날아들어 어마어마한 양의 폭탄을 투하했다. 아스퍼거가 크로아티아에서 복무 중이던 9월 어느 날, 처음으로 비엔나 대학교가 표적이 되었다. 연합군의 폭탄이 어린이병원 지붕을 뚫고 빗발치듯 떨어져 치료 교육원을 가루로 만들어버렸다.

천장이 무너져내릴 때 빅토린느 수녀는 한 소년을 보호하려고 품에 안고 엎드렸다. 두 사람은 함께 그곳에 묻혔다.[138]

✦ 이탈리아 동남부의 항구 도시.

4

매혹적이고 기이한 특징들

공룡은 울지 않는다.

— 일레인 C.

I

아스퍼거는 전쟁에서 살아남았다. 하지만 자폐증이 '전혀 드물지 않은' 폭넓고 포괄적인 스펙트럼(진단 전문의 게오르그 프랑클의 말을 빌리자면, 하나의 '연속체')이라는 개념은 잿더미가 되어버린 병원과 입 밖에 낼 수 없는 어두운 시절의 기억 그리고 증례 기록과 함께 묻혀버리고 말았다. 대신, 자폐증에 관한 매우 다른 개념이 그 자리를 채웠다.

레오 로사가 진단을 받았을 무렵에는 레오 카너가 개발한 모델이 이미 반세기 이상 널리 퍼져 있었으므로, 볼티모어 출신 어린이 정신과 의사를 자폐증 분야의 외로운 개척자라고 생각한 임상의사들은 아무도 이의를 제기하지 않았다. 카너가 〈정동 접촉의 자폐증적 방해 요소들Autistic Disturbances of Affective Contact〉이라는 논문을 발표하고 나서 1년 뒤에 독일에서 발표된 아스퍼거의 학위 논문은 기념비적인 업적의 각주에 불과한 꼴이 되고 말았다. 세계 어디서든 자폐증은 그저 '카너 증후군'이라 불렸다. 두 명의 임상의가 대서양을 사이에 두고 서로 독립적으로 거의 동시에 이 질병을 발견했다는 것은 20세기 의학에서 가장 큰 우연의 일치일 것이다.

과학의 역사 속에는 중복 발견, 즉 오랫동안 숨어 있던 자연의 양상이 서로 다른 연구자들에 의해 동시에 밝혀지는 사건이 심심치 않게 일어났다. 17세기의 마지막 해에 아이작 뉴턴과 고트프리드 라이프니츠Gottfried Leibniz는 동시에 미적분학을 개발하여 라이프니츠가 세상을 떠날 때까지 서로 우선권을 주장하며 가시 돋친 말을 주고받았다.[1] 천문학자 아우구스트 페르디난트 뫼비우스August Ferdinand Möbius가 없었다면, 오늘날 뫼비우스의 띠는 기발하게 꼬인 종이 고리에 관한 논문을 먼저 발표한 요한 베네딕트 리스팅Johann Benedict Listing의 이름을 따서 '리스팅의 띠'라 불렸을 것이다.[2] 수학자 퍼르커시 보여이Farkas Bolyai는 말했다. "이런 것들은 때가 무르익으면 서로 다른 장소에서 이른 봄에 제비꽃 피어나듯 동시에 나타난다."[3]

카너 자신은 일생 동안 단 한 번을 빼고는 비엔나에 있는 적수에 대해 스핑크스처럼 침묵을 유지하여 아스퍼거의 연구가 진지하게 고려할 가치가 없다는 생각을 부채질했다. 자폐증에 대한 아스퍼거의 설명이 세계 최고의 권위자에 의해 한 번도 언급되지 않은 채 오래도록 세상에서 잊혔다는 사실을 두고, 사람들은 제3제국이 그토록 잔학한 행위를 저질렀기에 미국과 유럽의 임상의사들이 독일 논문의 번역본을 읽고 싶어하지 않았기 때문이라고 설명한다. 하지만 카너는 독일어가 모국어였기 때문에 번역이 필요 없었다. 그가 인용한 다양한 논문을 보면, 틀림 없이 그는 이 시기에 어린이 정신의학이라는 새로운 분야에서 씌어진 거의 모든 논문을 꼼꼼하게 읽었다. 독일어로 씌었든 영어로 씌었든, 또는 러시아어나 그가 유창하게 구사했던 다른 10여 개 언어 중 어떤 것으로 씌었든 말이다.

동료들에게 자신의 위대한 업적을 설명하며 카너는 스스로를 전설적인 페르시아의 왕자 세렌딥Serendip에 비유하여, "어느 날 아무 생각없이 산책을 나갔다가 예기치 않게 감추어진 어마어마한 보물을 발견했다"라고 말했다.[4]

아주 젊어서부터 사회에 지속적으로 공헌할 운명을 타고났다는, 주도면밀하게 만들어진 이미지와 잘 어울리는 훌륭한 설명이다. 그러나 그것이 사실의 전부는 아니다. 카너가 아스퍼거의 이론을 고의적으로 외면한 것은 자폐인과 그 가족들에게 심각한 영향을 미쳤으며, 그 영향은 오늘날까지도 지속되고 있다. 사실 미국의 임상의사 중에는 진실을 알지만 아무 말도 하지 않은 사람이 한 명 더 있었다. 카너에게 엄청나게 큰 빚을 졌기 때문이다. 그 빚은 다름아닌 그의 생명이었다.

II

레오 카너의 삶은 문화적으로 풍부하고, 영적으로 충만하며, 학문적이고 인간적이지만, 머지않아 사라질 운명인 세계에서 시작되었다. 그는 1896년 러시아 접경 지역인 우크라이나의 클레코티우Klekotów라는 작은 마을에서 하스켈 라이프 카너Chaskel Lieb Kanner라는 이름으로 태어났다. 매일 아침 그를 깨우고, 멘시mensch(고결한 사람)처럼 행동했을 때 격려하고, 나쁜 짓을 했을 때 나무라고, 매일 밤 그를 잠자리로 인도한 것은 동유럽의 소규모 유대인 정착지 주민들에게 사랑받는 마마-루신mame-loshn('모국어'라는 뜻)인 달콤한 이디시어Yiddish✦였다.[5]

그가 다섯 살 때 아버지인 아브라함은 토라Torah✦✦ 번역을 돕게 하여 히브리어를 가르쳤다. 부자가 성스러운 단어들의 의미를 곰곰이 생각하

✦ 중부 및 동부 유럽에서 아슈케나지 유대인들이 사용했던 언어.

✦✦ 유대교의 율법서.

는 동안 옆방에서는 할아버지 마이어Meir가 거대한 사모바르samovar✦에 차를 만드는 소리가 들려왔다. 아브라함은 나서기 싫어하고 세상에 관심이 없었다. 출간할 생각도 없으면서 모든 항목에 세심한 주의를 기울여 상호 참조해가며 유대 법률에 관한 책을 썼다. 카너는 애정을 듬뿍 담아, 아버지가 '고독을 벗삼아 즐기는 방식'이었다고 술회했다.[6]

역사가 아담 파인슈타인Adam Feinstein은 클레코티우에서 놀라운 기억력의 소유자로 명성이 자자했던 아브라함이 나중에 아들이 발견하여 유명 인사가 된 증후군에 관해 가벼운 성향을 지닌 정도가 아니었을 거라고 추측한다.[7] 반면, 카너의 어머니 클라라는 자신만만하고 외향적인 성격으로, 남편의 경건한 정통성을 남들 앞에서도 서슴없이 조롱하곤 했다. (형제자매들은 그녀를 '코사크 병사 같은 클라라Klara the Cossack'라는 별명으로 불렀다.)[8] 카너는 어머니가 아버지를 '태엽만 감아주면 어떤 방향으로든 보낼 수 있는 일종의 기계식 장난감, 쓸모는 없지만 남들로부터 기분 좋은 선망을 받을 수 있는 걸어다니는 백과사전' 정도로 생각했다고 주장했다.[9]

세속적인 어머니에 대해 복잡한 감정을 갖긴 했지만, 카너 역시 세속적인 데 마음이 끌렸다. 10대 때 그는 이디시어로 라이프Lieb가 히브리어로 '사자'를 뜻하는 아레Aryeh라는 이름에 해당한다는 사실을 알게 되었다. 그때부터 본명인 하스켈 라이프Chaskel Lieb 대신, 현대적으로 들리는 레오Leo라는 이름을 사용했다.[10] 동시에 전통 유대식 교육을 통해 사회정의에 대한 예리한 감각이 싹트기 시작했다. 그는 귀가 들리지 않는 노인이 장애인인 아들과 함께 변경되기 일쑤인 국경을 실수로 넘어갔다가 '정지!'라는 경고도 없이 보초병이 쏜 총에 맞아 숨진 사건에 몇 년간 사로잡혔다. 극악스럽게 유대인을 학살한 니콜라스 2세와 부패한 러시아 관료들

✦ 러시아에서 찻물을 끓일 때 쓰는 큰 주전자.

을 상대로 영웅적인 전투를 벌이는 장면을 끝없이 상상하기도 했다.

가족은 사업이 기울어 지역 중심지인 브로디Brody로 집을 옮겼다. 그곳에서 레오는 처음으로 반유대주의를 직접 경험했다. 새로 전학한 학교의 폴란드인 교사 하나가 툭하면 교실 창문을 열라고 하면서 이렇게 말했던 것이다. “악취가 코를 찌르는군! 유대인 놈들이 숨어 있는 게 틀림없어.” 그는 종교적 갈등이 없는 좀 더 인간적인 사회를 건설하자는 사상을 듣고 싶다는 열망에 학교를 빼먹고 불가지론자들을 비롯한 자유사상가들의 모임에 나갔다.

불교, 이슬람교, 개신교 경전들을 섭렵하고 나서 그는 갑자기 세속문학에 완전히 빠졌다. 대중잡지에 실린 셜록 홈즈 이야기를 읽는가 하면, 독일어로 셰익스피어를 공연하는 극단에 합류했다. 괴테의 시에 열렬히 빠진 뒤 시를 써서 문학 잡지에 투고하기 시작했다. 또한 아버지에게 물려받은 복잡한 말장난에 대한 재능을 이용하여, 아가씨들을 유혹할 때 쓰라고 운문과 재치 있는 유희시acrostic✦✦를 지어주어 친구들 사이에서 인정받았다. 나중에 카너는 자신이 시인으로 성공했다면 아마 강제 수용소에서 삶을 마쳤을 거라고 이야기하곤 했다.

자유사상가 모임에서 들은 내용과, 명석하고 반항적이며 자기보다 나이가 많은 한 소년과의 토론을 통해 카너는 평생에 걸쳐 삶의 기본적 태도가 될 개인적 철학을 형성했다. 그는 거의 모든 남녀가 진화의 중간 상태에 낀 채 모든 주요 종교의 교리 뒤에 도사린 조잡한 상징과 원시적인 미신의 노예가 되어 있다고 믿었다. 몇몇 대담한 선각자들만 낡은 믿음의 굴레를 벗어던지고 장차 모든 사람이 그렇게 살게 될 자유로운 방식으로 살고 있다는 것이었다.

✦✦ 각 행의 첫 글자를 아래로 연결하면 특정한 어구가 되게 쓴 시나 글.

카너는 자신이 이 엘리트 집단의 일원으로 사회를 변혁시킬 운명이라고 굳게 믿었다. 심오한 진실은 농담의 형태로 가장 잘 전달된다는 시인 호레이스Horace의 충고를 염두에 두고("우스운 말속에 진실을 담는 자를 어찌 당하랴?"), 그는 빈정대는 재담, 정교한 중의重意 어구, 우스꽝스럽고 기지 넘치는 농담을 개인적 특징으로 삼았다. 내적 해방을 겉으로 드러내는 방편인 셈이었다.

카너는 어머니의 능숙한 사교성과 대중의 지지를 간절히 원하는 성격도 물려받았다. 반에서는 항상 1등이었는데, 중학교 때 기말고사를 보던 중 두통이 너무 심해 작문을 마치지 못했다. 하지만 아주 좋은 점수를 받고 깜짝 놀랐다. 선생님이 글을 마쳤다면 대단한 걸작이 되었을 것이라고 평가했던 것이다. 그는 이렇게 말했다. "역시 좋은 평판을 쌓는 게 제일이지."[11]

아버지로부터는 언어의 섬세함에 대한 열정 외에 놀라운 기억력도 물려받았다. 1913년 베를린 대학교에 입학했을 때 그는 영어를 한마디도 못했지만, 고대 독일어Old German, 중세 고지 독일어Middle High German, 현대 독일어, 폴란드어, 프랑스어, 라틴어, 그리스어, 루테니아어Ruthenian✦를 완전히 정복하고, 약간의 산스크리트어도 구사했다.[12] 랍비가 되라는 할아버지의 조언을 무시하고 의학을 전공했고, 시도 계속 썼다. 그는 평생 시 쓰는 습관을 유지했다.

이 시기에 그는 공부에 몰입하여 정치적 격동으로부터 편안한 거리를 유지한 채 독일의 변화를 지켜보았다. 그러나 1914년 여름 오스트리아-헝가리 제국이 제1차 세계대전을 개전하면서 징집되어 의무대에 복무한다. 배속지로 향하던 중 그는 기차에서 내려 숲속을 산책하다가 러시

✦ 오스트리아 제국 시대의 서 우크라이나 지방에서 사용하던 언어.

아 병사들의 기습을 받고 말들과 함께 전사한 동포들의 시체 십여 구를 목격하기도 했다.[13] 최전선에 도착한 그는 응급수술대를 갖춘 새로운 야전병원을 건설하라는 명령을 받는다. 모르핀은 항상 부족했고, 파상풍이 휩쓸고 지나가면 사망률이 100퍼센트를 기록했다. 진정한 의학 교육이라고 할 수 있겠지만, 그가 꿈꾸었던 것과는 달랐다. 몇 달간 수많은 죽음과 고통을 겪고 난 그는 정신이 나가버리는 것 같았다.

그러다 은총의 순간이 다가와 모든 것이 변했다. 갈리시아Galicia의 한 작은 마을에서 어머니의 사촌인 하임Chaim의 딸 트치우니아 레빈Dziunia Lewin을 만난 것이다. 귀여운 얼굴에 긴 금발을 땋아 늘어뜨린 14세 소녀였다. 여섯 살의 나이 차이에도 불구하고 그는 첫눈에 반하고 말았다. 그녀가 심부름을 갈 때 잠깐이라도 얼굴을 훔쳐보려고 몇 시간이고 트치우니아의 집 앞에 서서 기다렸다. 카너는 이렇게 회상했다. "진눈깨비가 내리던 겨울 어느 날 저녁, 그전까지 불합리와 대학살과 전쟁만 가득했던 세상이 한 어린 소녀의 존재로 인해 한순간에 사랑스러운 낙원으로 변했다."[14] 전쟁이 끝나고 대학으로 돌아간 그는 하루가 멀다 하고 트치우니아에게 편지를 썼다. 그가 보낸 편지는 모두 2000매가 넘었다. 1921년 아버지의 축복 속에서 그는 그녀와 결혼한다.

어느 모로 보나 카너는 성공가도를 달렸다. 심장학 분야에서 말이다. 역설적으로, 대학에서 그저 그런 점수를 받았던 유일한 과목은 존경해 마지않던 선구자적인 신경과 전문의 카를 본회퍼Karl Bonhoeffer가 가르쳤던 심리학이었다.[15] 본회퍼는 질병명명법이 사람들을 기만적으로 현혹한다는 점을 지적하며, 진단 정신의학의 아버지라 불리는 에밀 크레펠린Emil Kraepelin과 결별했다. 그는 어떤 라벨을 붙이는 순간 마치 바이러스나 세균을 지칭할 때처럼 환자와 전혀 독립적으로 존재하는 질병이라는 실체를 인정하게 되는 것이 문제라고 했다. 정신의학에서 병명이란 수십 가지 질병과 관련될 수 있는 다양한 행동을 한데 묶어 기술하는 것에 불과하다는 것이었다. 본회퍼는 카너에게 가까스로 낙제를 면한 점수를 주었다.[16] 치료하지 않은 매독에서 생기는 신경변성 질환인 척수로tabes dorsalis 환자의 증상을 잘못 해석했기 때문이었다. 카너가 해석 오류로 큰 실수를 한 것은 그것이 마지막은 아니었다.

면허를 취득한 후, 그는 아내와 갓 태어난 딸 아니타Anita와 함께 살던 베를린의 작은 아파트에 진료실을 차리고 일반의로 개업했다. 찢어진 곳을 꿰매고, 종기를 째고, 복통을 가라앉히는 등 흔하고 소박한 진료를 했다. 출간되지 않은 회고록에서 그는 진찰 중 근심 걱정을 덜기 위해 그의 귀중한 시간을 낭비했던 성가신 독신녀 이야기를 들려준다. "솔직히 말해, 그녀에게 몇 분간 집중하는 동안 록펠러가 길거리의 부랑아에게 동전 한 닢을 던져주기 위해 잠시 발길을 멈추었을 때 느꼈을 법한 감정을 느꼈다."[17]

인플레가 아주 심했던 시절이었으므로, 그는 분명 자신의 전문 지식에 대해 건강보험을 통해 보잘것없는 대가밖에 지불할 수 없는 노인들을 돌보는 일보다 더 크고 멋진 일을 꿈꾸었을 것이다. 그의 자기 갱신 능력은 정부에서 치과 의사(전통적으로 독일 의학계에서 낮은 위계를 차지했다)도 학위 논문을 써서 박사 학위를 취득할 수 있다는 칙령을 발표했을 때 제대로 드러났다. 한 친구가 충치와 잇몸 출혈에 대한 논문이 자꾸 거절된다고 하자, 카너는 자기가 시골을 돌아다니며 농부들을 만나 치아와 관련된 옛 이야기를 수집해올 테니 그걸로 치과학이라는 분야를 인류학와 심리학이라는 좀 더 넓은 맥락 속에서 재해석해보자고 제안한다. 논문은 즉시 채택되었다. 소문이 퍼지자 베를린 전역에서 치과 의사들이 찾아와 자신들의 논문에도 똑같은 마법을 부려달라고 일을 맡기기 시작했다.

'치과 의사를 위한 문학원'이라는 도저히 말도 되지 않을 것 같던 카너의 부업은 가족에게 작은 금광과도 같았다. (결국 대부분 트치우니아의 일이 되어 그녀는 아니타를 돌보면서 모든 초록을 작성하고 타이핑까지 했다.) 더욱 유명해질 길을 찾던 그는 알베르트 아인슈타인이나 숄렘 알레이헴Sholem Aleichem 등 베를린을 방문하는 유명한 시온주의자들과 관련된 대중 행사를 기획한다. 카너는 사회적으로나 직업적으로 도움이 될 사람을 친구로 사귀는 데 비상한 재주가 있었다. 스스로 '인물 수집가'라고 할 정도였다.[18]

그가 사귄 친구 하나는 완전히 새로운 삶으로 통하는 문을 열어주었다. 1923년 심전도 교육 과정의 대리 강사로 일하던 중 카너는 대학을 방문 중이던 루이스 홀츠Louis Holtz라는 미국 의사를 만나 자주 저녁을 같이 하는 사이가 되었다. 홀츠는 레오와 트치우니아에게 미국의 삶에 대해 많은 이야기를 들려주면서, 아내가 갑자기 세상을 떠나 외롭다고도 털어놓았다. 당시 카너는 간절히 독일을 떠나고 싶지는 않았지만, 경제가 엉망인데다 삶이 더 나아질 기미도 보이지 않았다. 나치가 정권을 잡기 전에도 유대인 의사들이 교직을 얻으려면 동료들보다 훨씬 열심히 해야 했고, 과장이 되는 경우는 매우 드물었다.[19]

맥주홀 폭동사건Beer Hall Putsch✦으로 히틀러가 란드스베르크에 수감된 지 한 달이 되었을 때, 홀츠는 카너가 미국에 오고 싶다면 비자를 신청할 때 필요한 고용 보증서를 제공해주겠노라고 제안했다. 2주 후 홀츠는 사우스 다코타South Dakota에 있는 양크턴 주립병원Yankton State Hospital 정신과 보조의사 자리를 알아봐주었다. 가족에게 집과 식비까지 제공하는 조건이었다. 그 자리를 원한다면 즉시 가족과 함께 미국으로 가야 했다.

백과사전을 뒤져본 카너의 사촌이 양크턴은 악명 높은 '인디언 교역

✦ 1923년 11월 8~9일에 독일 뮌헨의 뵈르거브로이켈러 맥주홀에서 촉발된 히틀러의 쿠데타 기도 사건으로, 비록 쿠데타는 실패하지만 히틀러는 일약 전국적인 정치인으로 도약하였다.

소'라고 경고했다. 그러나 카너를 단념시키기엔 역부족이었다. 카너 가족은 수많은 친척과 친구들의 전송을 받으며 기차에 올랐고, 쿡스하펜Cuxhaven으로 가 크루즈 관광을 개발한 유대인 선박왕의 이름을 딴 SS의 호화 여객선 알베르트 발린Albert Ballin호에 몸을 실었다. 대서양을 건널 때 바다는 거칠었지만, 카너는 사랑하는 아내와 딸을 데리고 미지의 세계에 도전한다는 기쁨에 사로잡혔다. 그는 이렇게 썼다. "과거는 뒤로 물러나 우리가 앞으로 나아갈 때마다 멀어져갔다. 모든 것이 그토록 아름다울 수 없었다."[20]

III

내내 평온했던 카너는 뉴욕에 도착하자마자 큰 충격을 받았다. 처음 지하철을 탈 때는 아는 독일 사람의 아들이 동행해주었다. 옆에 있는 승객들이 이를 악물고 아래턱을 회전시키듯 돌리는 모습을 보고서, 카너는 저 불쌍한 친구들이 1918년 시작된 기면성嗜眠性뇌염encephalitis lethargica의 전 세계적 유행 후 후유증으로 틱장애가 생긴 것이 아니냐고 조심스럽게 말했다.[21] 그러나 어린 동승자는 전철 손잡이를 잡고 있는 사람들은 전혀 다른 유행병을 앓고 있다고 부드럽게 가르쳐주었다. 아직 베를린에는 상륙하지 않은 리글리Wrigley 껌의 광풍이었다. 카너는 풋내 나는 실수에 굴욕감을 느꼈다. "오랜 세월이 지난 후에도 그때 진단에 실패한 것만 생각하면 쥐구멍에라도 들어가고 싶었다."[22]

기차를 타고 대평원을 가로질러 양크턴 주립병원에 도착한 카너는 대리석으로 장식된 로비에 놓인 시스틴 성당의 성모상 복제품이 인상적인 그 거대한 병원이 600만 평방미터가 넘는 농장으로 둘러싸여 있다는 사실을 알고 깜짝 놀랐다.[23] 그 넓은 땅에 돼지를 치고, 옥수수를 재배하고, 젖소를 길러 환자들이 먹을 음식을 장만했다. 그는 베를린에 있는 친구에게 보낸 편지에서 마치 공원 안에서 일하는 것 같다고 썼다. 그러나 몇 주 후 그는 새로운 동료들 중 오직 한 사람, 그의 상사이자 병원장인 조지 애덤스George Adams만 정식 정신과 수련을 받았다는 사실을 알고 크게 실망했다. 간호 인력은 소일거리를 찾는 은퇴자로 구성되어 있었고, 병동 근무자들은 모두 푼돈이라도 벌어보려는 농부의 아들딸이었다.

병원의 정신의학적 진료 또한 놀랄 만큼 원시적이었다. 환자들에게 100에서 7을 계속 빼보라거나, '간장공장공장장'이나 '내가그린기린그림은' 같은 발음하기 힘든 문구를 반복해보라는 등 시시한 과제를 수행시킨 후 직원들이 투표를 해서 진단을 결정했다. 카너는 나이 많은 동료들이 "환자가 '확실히' 조발성 치매증, 조울 정신병, 편집증, 진행성 마비, 노인성, 알코올성, 간질성 또는 '진단 불명의' 정신병인지 결정하기 위해 투표권을 행사할 때 박식해 보이려고" 애를 쓰는 기막힌 광경을 보고 엄청난 충격을 받았다. 그는 이런 과정의 유일한 미덕은 병원 직원들의 불안한 에고를 강화시키는 것뿐이라고 결론 내렸다. "이골이 난 술꾼이 올드 포레스터Old Forester✦와 올드 그랜 대드Old Grand Dad✦✦를 척 보고 구분하는 것과 거의 마찬가지로, 조발성 치매증과 조울 정신병을 실수 없이 구분할 수 있어야 스스로 영리하다고 생각할 수 있다."

어느 날 카너가 '돌로 된 방Stone Room'을 회진할 때였다. 돌로 된 방이란, 직원들이 가장 난치성 정신병 환자만 모아둔 M 병동에 붙인 별명이었다. 수년간 긴장증✦✦✦으로 침상에 누운 채 아무 말도 하지 않던 찰리 밀러Charlie Miller라는 농부가 일어나 앉더니 이렇게 말하는 것이었다. "카너 박사님, 애덤스 박사님과 면담하고 싶습니다."[24] 이튿날 아침, 밀러는 침대

✦ 버번 위스키의 상표.

✦✦ 버번 위스키의 상표.

✦✦✦ 조현병으로 인해 움직이지 못하는 증상.

에서 일어나 간병인의 도움으로 옷을 입었다. 그리고 자신의 부인과 아이들의 재정적 안정을 위해 어떻게 할 것인지에 관해 애덤스와 오래도록 이야기를 나누었다. 그 후 2주간 그는 매일 아침 식당으로 가서 아침 식사를 하고, 직원들을 도와 더 이상 희망이 없다고 단념해버린 환자들을 돌보았다. 그러다 갑자기 침대에서 일어나기를 거부하더니 죽을 때까지 한마디도 하지 않았다.

또 한번은, 카너가 조현병을 겪는 농부에게 몹시 가슴 아파할 것 같은 소식을 전했다. 그의 아들도 조현병으로 진단되어 곧 같은 병동에 입원한다는 것이었다. 하지만 병원 복사실을 관리하며 하루에 한 시간씩 조용히 명상에 잠기곤 했던 농부는 침착한 태도를 잃지 않았다. 아들이 병원에 입원하자 그는 조판하는 법을 끈기 있게 가르쳤다. 그때부터 부자는 서로 도와가며 함께 일했다. 서로 아무 말도 하지 않았지만 만족스러운 것 같았다.

카너는 돌로 된 방에서 환자들을 인간적으로 존중하며 극진히 돌보는 장애인 자원자가 직원 중 가장 예리한 임상 관찰자라고 믿게 되었다. 그는 정신이상 진단을 받기 전까지 성장한 과정과 희망과 포부를 이야기하는 환자들 곁에 앉아 몇 시간이고 귀를 기울여주었다. 상주 '전문가'는 아니었지만, 그는 카너가 정신의학에 접근하는 방식에 결정적인 영향을 미쳤다. 양크턴 병원의 입원 환자들을 무의미한 설문지로 들들 볶는 대신, 카너는 병의 깊은 근원을 찾기 위해 환자들의 가족적 배경을 파고들기 시작했다.

병원에서 처음 맞는 성탄 전야에 카너는 폭력적인 행동을 하지 않는 환자는 구속복을 비롯하여 기타 신체 구속 장치를 풀고 자유롭게 지내도록 하자고 제안했다.[25] 관리자가 거부하자 성탄절에 병동을 직접 감독하겠다고 자원했다. 이 인간적인 실험은 성공을 거두었고, 그때부터 환자들은 훨씬 자유롭게 돌아다닐 수 있었다.

미술의 치료적 가치에 대한 논문을 읽고서 그는 병원의 모든 환자들에게 물감과 크레용, 연필, 종이를 나누어주고 행정동에 전시실을 꾸며 환자들의 작품을 전시했다(나름의 방식으로 대평원에 하일페다고긱의 이념을 도입한 셈이었다). 또한 요리사, 정원사, 병실 간병인들을 집으로 초대하여 카드놀이를 하기도 했다. 이런 행동은 직원들 사이에 암묵적으로 존재하던 신분제도를 뒤흔드는 것이었으므로 동료들을 분개시켰지만, 그는 병원 전체에 걸쳐 새로운 친구들을 얻게 되었다. 체코 출신 요리사는 카너와 부인에게 유럽식 페스트리와 그린토마토 파이를 갖다주기 시작했고, 폴란드 출신 정원사는 체리와 대황으로 집에서 담근 술을 가져왔다.

조현병을 겪는 메노파Mennonite 교도들은 카너가 자기들의 모국어를 할 줄 안다는 데 깊이 감사하며 그를 '독일 선생님'이라고 불렀다. 그러나 그는 동료들이 자신을 그저 '보통 사람'으로 받아들이기를 진심으로 바랐다. 트치우니아는 이름을 준June으로 바꿨다. 그는 프리메이슨Freemason에 가입하고, 골프를 시작했다. 또한 이달의 책으로 선정된 책들을 읽고, 《뉴욕타임스》 십자말 퍼즐을 풀고, 사전에서 찾은 단어들을 외워가며 부지런히 영어 실력을 갈고 닦았다. 그는 중부 유럽 억양을 완전히 없애지는 못했지만, 지방 특유의 방언과 관용구에 대한 타고난 감각을 바탕으로 엄청난 어휘력을 갖추게 되었다.

1925년 카너는 《이상심리 및 사회심리학 저널Journal of Abnormal and Social Psychology》에 헨리크 입센Henrik Ibsen의 《페르 귄트Peer Gynt》에 대한 '정신의학적 연구'를 발표하여 전문 연구자로 이름을 알리기 시작했다.[26] 논문이 발표되자마자 카너는 몹시 후회하며 정신의학적 문학비평이라는 모호한 분야에 다시는 함부로 뛰어들지 않겠다고 다짐했다. 그러나 한편, 유명 저널에 논문이 실리자 자기 분야에 의미 있는 기여를 하려는 욕구가 생겼다.

기회는 금방 찾아왔다. 그해 말 신문에 에밀 크레펠린이 그 지역을 찾는다는 기사가 실렸던 것이다.[27] 그는 혈청학자인 펠릭스 플라우트Felix Plaut와 함께 북미와 쿠바와 멕시코를 돌며, 정신병원에 입원 중인 흑인과 북미 원주민들을 대상으로 진행성 마비(매독을 치료하지 않아 생기는 치매의 한 종류)의 발생률을 조사 중이었다.

카너는 크레펠린과 플라우트가 캔턴Canton 인근 인디언 정신병원Asylum for Insane Indians에 나흘간 머무른다는 사실을 알아냈다. 그는 애덤스에게 부탁하여 그곳 병원장인 해리 허머Harry Hummer로부터 두 사람이 부인들을 동반하여 그곳을 방문할 수 있는 초대장을 얻어냈다.[28]

크레펠린과 플라우트는 흑인과 북미 원주민이 매독 감염률은 매우 높았지만 진행성 마비는 극히 드물다고 확신했다. (한편, 시설에 수용된 백인 환자들에게는 어찌나 흔했던지 '정신병자들의 진행성 마비'라는 이름을 얻을 정도였다.) 카너가 양크턴에 있는 '거의 순수 혈통 인디언'인 자기 환자가 진행성 마비 증상을 나타낸다고 말하자, 크레펠린은 크게 흥미를 나타내더니 모든 정밀 조사를 시행해보자고 제안했다.

이듬해, 카너와 애덤스는 특이하다고 알려진 이 환자에 대한 연구를 바탕으로 《미국 정신의학회지American Journal of Psychiatry》에 논문을 발표했다.[29] 논문 중 권위 있는 주장은 두말할 것도 없이 카너가 쓴 것이었다. 그는 북미 원주민 사이에 진행성 마비의 발생률이 너무나 낮기 때문에 '지금까지 문헌에 보고된' 증례가 한 건도 없다고 밝혔다. 이 말은 장차 자폐증에 관한 그의 첫 번째 논문에서 거의 한 자도 빼놓지 않고 그대로 반복된다. 그는 '이런 증례가 너무나 드물기 때문에 매우 흥미로운 것은 물론이고, 분명히 설명할 만한 가치가 있다'고 주장했다.

카너는 어떤 사실을 극적으로 서술하는 천부적인 재능을 드러내며, 수Sioux족 인디언 원로인 토머스 로버트슨Thomas Robertson이라는 환자에 대해 설명한다. 그는 한때 아내와 여섯 명의 자녀 그리고 귀엽고 젊은 스쿼squaw✦들을 첩으로 거느린 자존심 강한 부족의 추장이었다. 하지만 현재는 벌벌 떨리는 팔다리로 비틀거리며 하루 종일 정신병원 마루를 닦고 있었다.

카너는 로버트슨의 가족 배경을 조사하여 그가 순수한 수족 혈통이 아니라는 사실을 밝혀낸다. 그의 아버지는 '몸집이 크고 힘이 센' 스코틀랜드 사람으로, '좋은 가문 출신'이었다. 카너는 대담하게도 환자가 진행성 마비에 처참하게 유린된 이유를 추정한다. 고대 유럽에는 매독이 알려지지 않았지만 미주 대륙에서는 이미 퍼져 있는 질병이었기 때문에, 신대륙의 토착민들은 질병의 가장 심한 측면에 어느 정도 면역을 갖고 있다는 것이었다. 다시 말해, 로버트슨은 아버지의 혈통을 물려받은 탓에 진행성 마비에 취약했던 반면, 순수 혈통인 그의 형제자매들은 멀쩡했다는 것이다.

매독이 신세계에서 유래했다는 카너의 대담한 가정은 매독과 어린이 피부병인 매종 등 트레포네마병이라고 불리는 일련의 질병에 대한 계통 발생학적 분석에 의해 최근 지지를 얻고 있다.[30] 현재 역학자들은 매종이 신대륙에서 성적으로 전파되는 매독이라는 형태로 변이를 일으킨 후, 15세기에 콜럼버스의 선원들과 함께 나폴리로 유입되었을 것이라는 이론을 제시한다. 거기서 돌연변이를 일으킨 스피로헤타spirochete✦✦가 전 세계로 퍼졌다는 것이다.

✦ 북미 원주민 여성을 말하며, 최근에는 모욕적인 말로 여겨 거의 쓰지 않는다.

✦✦ 매독균을 포함하는 나선 모양의 세균.

카너와 애덤스는 거기서 멈췄어야 했다. 하지만 그들은 로버트슨이 '인디언 중 두드러진 인물'이 된 이유가 앵글로색슨 혈통 덕분이었을거라고 주장하기에 이르렀다. 당시 의료계에 깊이뿌리 내리기 시작한 인종차별적 이론에 가까운 불편한 가정이었다.

한편, 인디언 정신병원에서는 카너가 간과한 한 가지 비극이 펼쳐지고 있었다. 정부연구기구Institute for Government Research와 새뮤얼 실크Samuel Silk라는 정신과 의사가 추후 검사를 한 결과, 허머가 병원을 보호구역에 사는 원주민 중 정부에서 성가시다고 생각한 사람들을 가둬놓는 교도소로 소리 소문 없이 바꿔버렸다는 사실이 드러났던 것이다.[31] 의학적 근거도 없이 허머가 정신이상으로 진단했다는 이유만으로 그들은 족쇄나 쇠사슬에 묶이거나 구속복을 착용한 채 종종 평생을 가족 면회조차 허용되지 않는 상태로 살았다.[32] 바닥에 주저앉아 밥을 먹었고, 밤에는 갇힌 채 화장실에도 갈 수 없었으며, 기본적인 의료도 제공되지 않았다. 23년간 시설의 유일한 의사였던 허머는 의무 기록도 거의 작성하지 않았다. 심각한 사고가 나거나 환자가 자살한 경우에도 기록을 남기지 않았다. 실크는 병원의 상태가 '현대식 교도소의 기준보다도 한참 아래'라고 기록했다.[33] 허머는 가끔 신문에 "미친 인디언들을 보러 오라"[34]라는 광고를 내어 사람들을 초대한 후 병원의 깨끗이 정리된 구역만 보여주기도 했지만, 대부분의 환자들은 감금 상태에 이의를 제기할 법적 수단이 없었기 때문에 한번 입원하면 그곳에서 죽었다. 1934년 결국 내무장관은 추문에 휩싸인 이 정신병원을 폐쇄했다.

그런데 토머스 로버트슨은 정말 카너가 주장한 대로 특이한 증례였을까? 역사적 기록을 살펴보면 그는 진실을 많이 과장한 것 같다. 1902년에 열린 매독에 관한 심포지엄에서 빙엄턴 주립병원Binghamton State Hospital 원장은 원주민 중 진행성 마비 환자가 '놀랄 만큼 많다'고 했다. 앤 퍼킨스

Anne Perkins라는 의사가 미국 원주민의 보건 의료 상태를 종합적으로 평가한 결과, 빈곤 속에 방치된 이들 계층에서 정확한 데이터 수집에 방해가 되는 수많은 문제가 밝혀졌다. 인디언 사무국Bureau of Indian Affairs에 고용된 의사 중에는 조금이라도 정신의학 수련을 받은 사람이 거의 없었으며, 많은 부족이 종교적 또는 사회적 이유로 매독을 진단하는 바세르만Wasserman 혈액검사나 부검에 반대했다. 퍼킨스는 특히 인디언 정신병원의 '부실한' 의무 기록 관리를 언급하며 허머를 질타했다.[35]

그럼에도 카너의 논문은 미국 정신의학계에 그의 존재를 알리는 데 성공했다. 토머스 로버트슨의 증례 보고를 통해 그는 어떤 질병이 매우 드물다고 알려져 있기 때문에 '설명이 필요하다'고 주장한 후, 그 증례를 생생하고 매력적으로 설명하여 동료들의 관심을 사로잡는 성공 전략을 발견했던 것이다.

IV

유명 저널에 논문을 싣고 보니, 단지 설문지를 작성하는 것만으로 미국에서 의사 면허를 취득할 수 있었다는 사실이 카너를 괴롭혔다. "뒷문을 통해 정신의학계에 들어왔다는 생각에 괴로웠다. 그런 상황에서 내 노력에 일관성과 방향이 결여되어 있다는 느낌을 받았다."[36]

그는 예스러운 도심과 싸구려 잡화점과 영화관이 있는 양크턴에서 즐겁게 생활했다. 주말이면 아내 그리고 항상 찾아오는 병원 식구들과 함께 밤새 포커를 했고, 주중에는 네 살 된 딸아이를 진료실로 불렀다. 어린 나이에도 관찰력이 뛰어났던 아니타는 의사들은 항상 열쇠 꾸러미를 가지고 다닌다는 사실로 의사와 환자를 구분할 줄 알았다. 아빠가 일하는 진료실에 있을 때 누가 다가오면 항상 이렇게 말했다. "열쇠가 있는지 보여주세요."

그러나 카너의 젊은 아내는 불행했다. 준은 머리가 좋고 문화적으로 세련된 여성이었는데, 어린 시절 친구들은 모두 베를린에 남아 있는데다 그런 사실을 떠올릴 시간조차 거의 없었다. 새로운 생활 속에서 자기 집조차 손수 청소할 수 없었다. 병원 직원들이 항상 곁에 있다가 빨래와 집청소를 대신 해주었기 때문이다. 가족은 의사들이 사용하는 식당의 기다란 공용 테이블에서 삼시 세끼를 먹었는데, 식사 때면 항상 간섭하기 좋아하고 남을 지배하려는 원장 부인이 지켜보고 있다가 아니타의 어린이용 의자를 식탁 맨 끝으로 옮겨버렸다. 4년이 지나자 준은 더 이상 견딜 수 없었다. 그녀는 남편에게 빠른 시일 내에 사우스 다코타에서 아주 먼 곳에서 새로운 일자리를 찾지 않는다면 아니타를 데리고 시카고로 가버리겠다고 했다.

운명은 그들의 편이었다. 카너가 《미국 정신의학회지》를 뒤적이다 존스 홉킨스 병원에서 낸 광고를 보았던 것이다. 당시 APA 회장이었던 스위스 신경과 전문의 아돌프 마이어Adolf Meyer 아래서 일할 펠로를 모집한다는 내용이었다. 광고에는 이렇게 씌어 있었다. 지원자는 "가급적 독일어와 프랑스어를 구사해야 하며, 자발적이고 활기차게 일하며, 독립적으로 연구를 수행할 능력이 있어야 한다." 카너는 자기를 찾는 광고라는 느낌이 들었다. 미니애폴리스Minneapolis에서 열리는 다음 APA 학회에서 마이어와 만날 약속을 잡았다. 등록 장소에서 카너는 멋진 염소 수염을 기른 키가 작고 날렵한 사람이 학회장에 들어오자 모두 그쪽으로 고개를 돌리는 모습을 보았다. 그 사람이 단상에 올라 말을 할 때 카너는 희미한 중부 유럽 억양을 알아듣고, 옆에 있던 사람에게 혹시 그가 누군지 아느냐고 물어보았다. "저 사람을 모르다니, 바로 아돌프 마이어라오!"

그 유명한 신경과 전문의는 다음 날 카너를 만나 아주 꼼꼼하게 면접을 보고, 조지 애덤스에게 연락하여 양크턴에서 어떻게 근무했는지도 알아보았다. 하지만 볼티모어에서는 3개월간 연락이 없었다. 카너는 자신이 너무 부족한 탓이라며 자책했다. 그러나 마침내 마이어는 아리송한 편지를 보내왔다. 카너가 '명확한 사실에 입각하여 구체적인 연구를 하는 것보다는 문학적인 글을 쓰는 데 기울어' 있는 것 같아 망설여진다는 것이었다. 운명의 순간이 다가왔음을 감지한 그는 즉시 마이어에게 전보를 보내서 한 달 후까지 존스 홉킨스에 도착한다면 즉시 펠로 과정을 시작할 수 있을지 물어보았다.

마이어는 즉시 꿈에도 그리던 답장을 보냈다. "우리는 계속 자네를 기다리고 있었다네."

가족과 함께 볼티모어에 도착한 카너는 호텔에 있는 전화번호부를 보고서 눈에 띄는 부동산 중개인을 아무나 골라 셋집을 알아보았다. "뭘로 설득할 작정이슈?" 중개인이 물었다. 무슨 말인지 알아들을 수 없었다. 중개인은 아무렇지도 않게 어떤 지역에서는 유대인을 환영하지 않으며, 이런 지역을 피해도 집주인에 따라 유대인에게 집을 빌려주지 않으려는 사람이 많다고 알려주었다.

카너는 충격을 받았다. 양크턴에서는 그들 외엔 유대인이 거의 없었기 때문에 상대적으로 반유대주의를 느끼지 못했던 것이다. (한 목사는 아니타를 주일학교에 보낸다면 절대 개종시키려고 노력하지 않겠다는 약속을 해주기도 했다.) 그러나 볼티모어에서는 자신이 독일에서 그토록 피해 다녔던 것과 똑같은 차별이 공개적으로 행해지고 있었던 것이다.

그는 H. L. 멘켄H. L. Mencken 같은 자유사상가들의 고향이자 민주주의의 등대라고 생각했던 도시가 사실은 매우 인종차별적인 곳임을 알게 되었다. 많은 공립학교에서 흑인 아이를 받지 않았다. 흑인은 극장, 백화점, 음식점, 호텔, 수영장, 교회도 마음대로 출입할 수 없었다. 사람들은 그런 일을 당연하게 생각했다. 카너는 이렇게 썼다. "해가 뜨고 지는 것처럼 자연적인 현상으로 받아들였다."[37] 심지어 새로운 직장조차 드러나지 않는 이 병에 무심했다. 존스 홉킨스 병원 정신과 환자 중에는 흑인이 많았지만, 아주 오랫동안 엄격하게 백인 의사만 근무할 수 있었던 것이다.

하지만 카너는 마이어의 확고한 지도 아래 크게 발전해나갔다. 새로운 스승과 공통점이 많기 때문이기도 했다. 마이어 역시 미국에 왔을 때 외딴 시골의 정신병원에서 일했다. 1890년대 후반 미국의 의과대학은 정신과 수련 과정을 거의 제공하지 않았고, 정신과 의사는 대부분의 업무를 엄격한 보호 감시 아래 수행했다. 1894년 신경과 전문의인 사일러스 위어 미첼Silas Weir Mitchell이 동료 의사들을 통렬하게 비난했듯이, '희망이라는 것이 있다는 기억조차 잊은 채 절망감도 느끼지 못할 만큼 멍한 상태로, 병원 직원들의 감시를 받으며 나란히 줄 맞춰 앉아, 그저 먹고 자고 일어나서는 또 먹기만 하며 말 한마디 하지 않는 섬뜩한 기계에 불과한' 환자들이 신체의 자유조차 빼앗긴 채 바글거리는 인간 창고의 창고지기 노릇만 했던 것이다.[38] 어떤 병원에는 청진기도 없었다.

마이어가 취리히에서 처음 이민 와 일을 시작했던 캔카키Kankakee의 일리노이 이스턴 정신병원Illinois Eastern Hospital for the Insane도 다르지 않았다. 뇌 기능과 정신질환 사이의 관계에 대한 기본적인 지식을 확립하기 위해 그는 환자 부검을 몇 번 시행했지만, 종합적인 의무 기록이 없는 상태에서는 쓸데없는 짓임을 깨닫고 그만두었다. 직원들을 상대로 신경학 강의도 해보았지만, 학교에서 가장 기본적인 임상관찰 기법조차 배우지 않았다는 사실을 알고는 역시 포기하고 말았다.[39] 이런 형편에서도 그는 속기사를 데리고 병동을 회진하며 현대적 정신의학 병력 청취 기법을 개척했다.[40]

마이어의 위상은 급상승을 거듭하여, 미국에서 가장 큰 정신병원 네트워크인 뉴욕 주립병원 병리학 연구소Pathology Institute of the New York State Hospitals 소장직을 맡기에 이르렀다. 그는 인간 행동의 어떤 측면도 따로 떨어뜨려놓고 이해할 수는 없다고 주장했다. 환자의 정신 상태를 올바로 평가하려면 신경학, 유전학, 가족 배경, 사회적 역동을 모두 고려해야 한다는 것이었다. 1908년에는 존스 홉킨스 병원이 기부를 받아 건립한 헨리 핍스 정신병원Henry Phipps Psychiatric Clinic 원장으로 초빙받았다. 이 병원은 교육과 진료가 한 기관 내에서 이루어지는 비엔나 모델을 채택했다. 유럽의 전통을 몸소 구현한 인물로서 그는 엄청난 영향력을 갖게 되었다. 한때는 미국 내 교육병원에 근무하는 정신과 의사 10명 중 1명이 그의 제자로 소위 '마이어 학파'를 형성했다.[41] 또한 그는 정신의학 분야의 표준 실험 모델인 알비노 래트albino rat를 도입하기도 했다.[42] 정신생물학이라는 용어의 제창자로서 그는 제자들에게 이론에 얽매이지 말고 사실만 추구할 것을 끊임없이 강조했다.

1928년 10월의 어느 오후, 카너는 마이어의 진료실을 처음 방문하고서 경탄하고 말았다.[43] 비서는 완벽하게 예의 바른 태도로 진료실에 딸린 도서실로 그를 안내했다. 도서실은 어디가 끝인지 모를 정도로 넓은데다 서가 위쪽에 있는 책을 꺼낼 수 있도록 몇 개의 사다리가 아주 편리하게 배치되어 있었다. 20분 후 비서가 다시 나타나 공손히 인사하면서 안쪽에 위치한 마이어의 성소聖所로 안내했다. 많지 않은 가구들이 우아하게 배치된 그곳의 분위기는 책상 뒤에 앉은 사람의 존재감에 압도당하는 듯했다.

물고기가 물을 만난 격이었다. 새로운 상사는 동향인데다 언어학, 의미론, 문헌학에 대한 흥미는 물론, 정신분석에 대한 회의적인 시각에 이르기까지 카너와 일치하는 부분이 아주 많았다.[44] 마이어는 눈길 한 번으로 상대방을 한껏 고양시키거나, 완전히 기를 죽여놓을 정도로 기개가 대단하고 카리스마가 넘쳤다(그에게 배웠던 제자 하나는 '조용하면서도 웅장할 정도로 위엄'을 갖추었다고 묘사했다).[45] 거기에 비하면 귀가 축 늘어지고, 눈은 부석부석하며, 치열도 고르지 못하고, 전체적으로 비탄에 잠긴 비글처럼 슬퍼 보이는 인상인 카너는 누가 보아도 매력적인 모습과 거리가 멀었다.[46] 하지만 마이어는 존스 홉킨스의 다른 의사들이 사는 동네에 직접 셋집을 알아봐주겠노라고 제의하는 등 젊은 제자가 편안하게 느낄 수 있도록 최선을 다해 배려했다. 소개를 받고 찾아간 레이크 에버뉴Lake Avenue의 집주인은 임대 신청서를 받고 카너에게 이렇게 말했다. "당신들이 유대인인 걸 바로 알아봤지만 당신이 마음에 드는군. 그리고 아무도 내게 이의를 제기하지 않을 거요."[47]

핍스 정신병원의 일과는 마이어의 도서실에서 성스러운 의식처럼 엄숙하게 진행되는 증례 토론회로 시작되었다. 속기사가 노트와 연필을 준비하는 동안 펠로들은 의자 세 개를 비워놓은 채 자리에 앉았다. 위대한 신경과 전문의가 레지던트와 레지던트 보조를 대동하고 방에 들어오면 펠로들은 자리에서 일어나 마이어가 앉을 때까지 기다렸다. 그 후로는 그가 레지던트 쪽으로 몸을 돌려 어떤 경우에도 흐트러지지 않는 침착한 분위기로 "오늘 아침에는 어떤 환자에 대해 토론할 건가?"라고 말할 때까지 경건한 침묵이 이어졌다.

비엔나에서 온 특별한 손님이 한 학기 동안 아침 회의에 참석했을 때 카너는 이 의식의 신성함을 깨뜨린 대가가 어떤 것인지 똑똑히 알았다. 손님은 프로이트의 제자인 파울 실더Paul Schilder였다. 카너는 자신의 영웅 마이어가 기본적인 신경학조차 모르는 것 같은 사람에게 경의를 표하는 모습을 보고 깜짝 놀랐다. 실더가 뇌에서 '섹스 중추'와 '공포 중추'가 인접해 있다는 이유로 조현병을 겪는 10대에게 정신분석 치료를 했다고 이야기하자 더 이상 참을 수 없었다. 카너는 비난하는 어조로, 그렇다면 사람들이 배우자를 '허니'라고 부르는 이유는 뇌에서 섹스 중추와 당분 중추

sugar center가 인접해 있기 때문이냐고 질문했다. 고통스런 침묵이 방 전체를 내리누르는 가운데 마이어는 조용히 속기사에게 카너의 발언을 속기록에서 삭제하라고 지시했다.[48]

그 후 다른 곳에서 마이어는 '다른 사람의 전문 영역에 적대감을 불러일으키는' 방식으로 속마음을 표현한 데 대해 젊은 제자를 꾸짖었다. 카너는 중요한 교훈을 얻었다. 정신의학 분야에서 성공하는 지름길은 존경받는 동료들이 허튼소리를 하더라도 입을 꾹 다물어야 한다는 것이었다.

카너의 수련 기간이 끝났을 때 마이어는 의욕 넘치는 젊은 천재가 계속 자기 팀에 남도록 뒤에서 손을 써 재정 지원을 얻어냈다. 그는 제자를 위해 원대한 임무를 준비했다. 존스 홉킨스에 소아과학과 정신의학의 가교 역할을 하는 어린이-행동 클리닉Child-behavior clinic을 신설하는 것이었다.[49] 두 개의 진료과는 인접한 건물에 있었지만, 그 사이의 출입문은 항상 굳게 닫혀 있었다. 카너가 일을 맡고 1년이 지나자 누구도 그 문을 다시 잠근다는 생각조차 하지 않게 되었다.[50]

행동 클리닉은 해리엇 레인 진료소Harriet Lane Dispensary 안에 있었다. 1911년 장애 어린이 수용시설로 지어진 위풍당당하고 인상적인 건물이었지만, 제대로 관리가 되지 않은 상태였다. 카너의 새로운 진료실은 전에 감염성 질환자를 위한 별관으로 사용했던 건물의 식료품 저장고였던 방으로, 한쪽에 싱크대가 있고, 천장에서는 물이 샜으며, 잠시 한눈을 팔면 지하실에서 올라온 쥐들이 그의 점심을 갉아먹는 곳이었다. 그러나 초라한 환경에도 불구하고 그는 새로운 임무에 기뻐 어쩔 줄 몰랐다. "내 소신에 따라 내가 원하는 속도로 자유롭게 일을 추진할 수 있었다. 우리는 계획과 방법과 실행을 모두 독자적으로 결정했다.…우리는 다른 모든 것을 압도하는 한 가지 거대한 선물이 주어진 것에 너무나 감사했다. 그 선물이란 누구의 통제도 받지 않고 우리가 호기심을 느끼는 것을 개발하고 추구하며, 이론을 검증하고, 언제나 스스로에게 진실한 태도를 지킬 수 있는 기회가 주어진 것이었다."[51]

묘한 우연의 일치로, 그 건물은 클레멘스 폰 피르케의 지시로 지어진 것이었다. 그는 선구적인 면역학자로, 비엔나에서 아스퍼거의 클리닉을 설계한 사람이었다. 1908년 비엔나 어린이병원에서 존스 홉킨스 병원 초대 소아과장으로 초빙된 그는 병상이 세 개에 불과했던 신생과를 20년 후 카너가 물려받은 규모 있는 시설로 확장시켰다. 하지만 폰 피르케는 볼티모어가 마음에 들지 않았던지 1년 반 후 비엔나에서 다른 훌륭한 일자리를 제의받자 돌아가고 말았다. 1929년 오래도록 우울증에 시달린 끝에 아내와 동반 자살을 감행한 그는 흥미로운 유산을 남겼다.[52] 두 대륙에 걸쳐 그가 설계한 두 개의 건물에서 두 명의 임상의사가 서로 독립적으로 자폐증을 발견했노라고 주장한 것이었다.

마이어의 격려에 힘입어 카너는 자신의 인생에 있어 가장 야심 찬 계획에 착수했다. 영어로 된 최초의 어린이 정신의학 교과서를 쓰는 일이었다. 실질적으로 그는 단순히 책을 쓴 것이 아니라 정신의학, 소아과학, 심지어 하일페다고긱의 영향에 이르는 다른 분야의 요소들을 끌어모아 의학에 있어 전혀 새로운 분야를 창조했다.[53]

1935년 출간된 《어린이 정신의학Child Psychiatry》 초판은 의심할 여지 없이 마이어 학파의 틀 속에서 씌어진 것이었다. 카너가 틀을 잡은 대로, 마이어식 접근 방식의 정수는 어린이를 증상과 기능장애가 뒤범벅된 존재로 보지 않고 전인적全人的으로 바라보는 것이었다. 책의 목표는 정신의학의 특정 학파에서 제시한 도그마에 얽매이지 않고 어린이들에게 도움이 되는 실용적이고 학습 가능한 방법들을 제시하는 것이었다.

제자들 외에는 어느 누구의 눈에도 띄지 않는 스승의 존재를 부각시키려는 카너의 노력은 감동적일 정도였다. 스위스 출신의 위대한 신경과 전문의는 놀랍도록 명석했지만, 글과 강의가 모두 난해한데다 자기 이름으로 된 책을 한 권도 남기지 않아 그때까지 사실상 잊힌 존재였다. (고맙게도 카너는 마이어가 눈짓으로 가장 중요한 사실들을 전수한다는 점을 포착했다.)[54] 마이어의 입상에서는 젊은 제자가 자신의 지루한 가르침을 초보자도 쉽게 알아들을 수 있도록 명료한 지침으로 바꿔놓은 덕에 크나큰 선물을 받은 셈이었다. 그 가르침은 이랬다. "어린이와 함께해야 한다. 가족과 함께해야 한다. 지역사회와 함께해야 한다."[55]

《어린이 정신의학》은 '탁월한 성취'[56]라는 평을 얻으며 순식간에 베스트셀러가 되었다. 초판만 5쇄를 찍었으며, 세 번 개정되는 동안 수많은 언어로 번역되었다. 새로운 판본이 나올 때마다 마이어의 색채가 점점 옅어지고, 카너의 색채가 점점 강해졌다. '불수의적인 신체 일부의 기능장애라는 형태로 나타나는 성격상의 차이'처럼 장황하기 짝이 없는 서술(꼭 스위스어를 구글 번역기에 돌린 것 같다)은 '지능' '감정' '발화 및 언어 문제' 등 간단한 제목으로 바뀌었다.[57] 이 책은 소아정신의학 분야에서 1960년대 내내 결정판의 지위를 유지했으며, 놀랍게도 67년간 절판되지 않고 계속 인쇄되었다.[58]

카너는 새롭게 얻게 된 폭넓은 시야를 십분 이용하여 성교육, 손가락 빨기, 공포증 등 뜨거운 쟁점에 대한 의견을 거침없이 피력했다. 《워싱턴 포스트》에 기고한 글에서는 이렇게 선언했다. "엄마가 번갯불이 번쩍거리거나 천둥소리가 우르릉거릴 때마다 비명을 지르고 벌벌 떤다면, 폭풍우를 두려워한다고 어린이를 비난할 수 있을까요? 아버지가 항상 초조해하고 참을성이 없다면, 자녀가 똑같은 행동을 보인다고 나무랄 수 있을까요?"[59] 문화비평가 니콜라스 새먼드Nicholas Sammond가 썼듯이, 심리학자들의 영향으로 '국가 육아 프로젝트라는 개념에서…전문가들이 제공하는 도구[를 사용해서] 실질적인 중간 관리자'[60]가 되는 것이 자기들의 역할이라고 확신하게 된 부모들에게 최고의 조언자가 된 것이다.

행동주의심리학자 존 왓슨John B. Watson이 "오늘날 존재하는 가장 오래된 직업은 실패에 직면해 있다. 그 직업은 바로 부모 노릇을 하는 것이다"라고 하며 자신의 인기 육아 칼럼 독자들에게 충격을 던졌을 때,[61] 카너는 마음을 어루만지는 내용이 가득한《엄마들에 대한 변론In Defense of Mothers》이라는 수다스런 책을 써서 응수했다.[62] 그는 프로이트 학파인 동료들이 '무의식이라는 위대한 신'을 숭배한다고 점잖게 조롱하면서, 부모들에게 '남의 일에 참견하기 좋아하는 사람들이 마구 던져놓은 것들을 무슨 이론이라도 되는 양 포장하는 신비주의적 허깨비와 근거 없는 공포'에는 전혀 신경 쓸 필요가 없다고 조언했다.

미국 최고 의과대학의 대변인격인 지위에 올라 자기 의견을 설파하는 그에게 뒷문으로 정신의학에 입문했다는 것쯤은 이제 걱정거리도 아니었다. 그는 무대의 중심에 서 있었다.

1937년 카너는 볼티모어에서 커다란 추문을 폭로하여 전국에 걸쳐 뉴스의 헤드라인을 장식했다. 로즈우드 주립직업학교Rosewood State Training School라는 장애인 직업훈련센터 소장의 귀띔으로, 지역의 한 변호사가 우호적인 판사로부터 인신보호영장을 발부받은 후 학교에 입소한 '정신박약' 여성들을 부유한 가정에 싼값에 가정부로 제공하여 엄청난 재산을 모았다는 사실을 알아냈던 것이다.

볼티모어 사교계를 주름잡는 귀부인들은 소녀들을 일회용 상품처럼 취급하여 임금을 거의 주지 않고 부리다, 장기 휴가를 떠날 때면 그냥 거리로 내쫓았다. 어떤 고객은 13명을 연속 해고했는데도, 판사는 아무런 질문을 하지 않았다. 피해자 수는 엄청났다. 11명의 소녀가 죽었고, 6명의 소녀가 장기 징역형을 선고받고 복역 중이었으며, 29명은 창녀가 되었고, 알코올중독자와 결혼했다가 얼마 안 되어 버림받은 소녀는 셀 수도 없었다. 어떤 고객은 한 소녀를 신체적으로 학대한 후 집 밖으로 내쫓으며 불평했다. "이건 뭐, 동물계에 속한 것도 아니고, 아예 식물이나 다름없잖아!"

조사를 마친 후 카너는 5월에 열린 APA 연례 학회에서 전말을 보고했다. 언론의 집중 취재 경쟁에 불이 붙었다. 《뉴욕타임스》는 유명 정신과 의사가 '168명의 저능아가 노예 상태에 처한 것'을 밝혀냈다고 대서특필했다. 볼티모어의 《이브닝선Evening Sun》은 "백치들을 일반 가정에서 자유롭게 일하도록 하려던 계획 피소"라는 요란한 제목을 뽑았다. 《워싱턴포스트》는 "풀려난 백치 소녀들을 추적한 결과, 끔찍한 참상이 밝혀지다"라고 썼다. 이 추악한 사건으로 인해 카너는 시설에 수용된 장애인들의 취약한 상태와 정신보건 시스템에 만연한 감독 부재의 현실에 국가적 관심을 집중시킬 귀중한 기회를 잡았다.

하지만 그는 그렇게 하지 않았다. 대신 이 무시무시한 계획의 순진한 희생자들을 지역사회에 위협적인 존재로 묘사했다. 《뉴욕타임스》 기자에게 이 소녀들에게서 태어난 100명이 넘는 어린이들을 '의심할 여지없는 명백한 정신박약'이라고 하여, 강제적 불임술을 합리화하는 전형적인 서사에 도덕적 권위를 빌려준 것이다. "풀려난 환자들의 몸에서 사생아로 태어나 방치된 수많은 정신박약아들을 그저 지켜만 본다면, 결국 법원에서 무차별적으로 인신보호영장을 발부하고 나서야 그에 대한 사회적 대가를 치르게 될 것이다. 그 부담이 얼마나 클지는 오직 시간만이 말해줄 것이다."

카너는 범법자의 이름을 변호사 협회에 밝히기를 거부했다. 지역사회가 그들을 벌하기 위해 아무것도 할 수 없다는 사실을 분명히 한 것이다. 그는 판사가 이미 은퇴했고 사건을 일으킨 변호사는 "내가 보고한 것보다 훨씬 비도덕적인 행동"으로 자격을 박탈당했으므로(그 일이 무엇인지도 말하지 않았다) 이름을 공개하는 것은 불필요하다고 주장했다. '언론의 관심이…향후 비슷한 사건이 반복되는 것을 막는 데 큰 역할을 할 것'이라고 했을 뿐이다.[63]

로즈우드 사건 덕에 카너는 목소리를 낼 수 없는 사람들의 대변자이자 스스로를 지킬 수 없는 사람들의 수호자로 대중의 인식 속에 확고히 자리 잡았다. 그러나 그의 언론 인터뷰를 보면 정확히 누구를 보호하기 위해 관련자의 이름을 대지 않았는지 분명하지 않다. 그는《미국 정신의학회지》에 기고한 논평에서 '정신병원의 대부분을 채우고 있는 자연의 실수, 즉 가망 없는 환자들'[64]을 죽여야 한다고 주장했던 유명 신경과 전문의 포스터 케네디Foster Kennedy와의 공개 토론에서 안락사에 반대하기는 했지만, '지적 또는 정서적으로 자녀를 양육하기에 부적합한 사람들'에 대한 불임술을 오래도록 지지했다.

케네디와의 논쟁에서는 그들도 사회에 유용한 역할을 할 수 있다고 주장했지만, '정신적으로 부족한' 사람들에게 어떤 삶이 적합한지에 대한 카너의 관점은 가혹할 정도로 암울했다.

> 하수 처리, 배수로 파기, 감자 껍질 벗기기, 마루 닦기 등의 직업은 우리가 과학, 문학, 예술을 추구하며 살아가는 데 반드시 필요합니다. 목화를 따는 일은 섬유 산업에 필수 불가결합니다. 굴 껍질 벗기는 일 또한 해산물 공급에 중요한 부분입니다. 쓰레기를 수거하는 일은 공중위생 유지에 있어 필수적인 부분입니다.[65]

그는 이렇게 결론 내렸다. "우리에게 절실히 필요한 온갖 필수적인 직업을 수행할 사람들을 정말로 잃어버리고 싶습니까?"

1937년 가을 제3제국은 우생학 프로그램에 더욱 박차를 가했고, 유대인들의 탈출 행렬 또한 봇물을 이루었다. 히틀러의 부하들이 카너의 조국을 거침없이 유린하면서 그의 가족과 동료들은 심각한 어려움을 겪었다. 유럽 의학계에서 가장 뛰어난 사람들이 목전에 닥친 폭풍을 피하느라 아우성치는 와중에도(심지어 프로이트도 그중 하나였다) 미국에서 허용한 얼마 안 되는 독일 이민자 연간 입국 한도(2만 6000명 미만)조차 채워지지 않았다. 국무부에서 영사관에 공적 부조가 필요할 가능성이 조금이라도 있는 신청자는 비자를 거부하라는 훈령을 내렸기 때문이다.[66] 유대인이 비자를 받는 유일한 방법은 홀츠가 카너에게 해주었던 것처럼 미국 시민이 고용을 보증하는 선서 진술서를 제출하는 것뿐이었다.

배우자나 친척 중에 아리안족이 아닌 사람이 있거나, 제3제국에 충성심이 부족하다고 판단된 의료인도 축출 대상이었다. 사상 유래없는 인류의 대재앙이 구체화되는데도 딴전만 피우는 미국 관리들에게 카너는 적의를 느꼈다.

> 1886년 에마 라차루스Emma Lazarus가 쓴 후 자유의 여신상에 새겨진 인간미 넘치는 초대의 말은 거센 폭풍에 시달려 지치고, 헐벗고, 돌아갈 집마저 잃어버린 사람들에게 더 이상 적용되지 않는다. 목숨이 걸린 위태로운 순간에조차 성소聖所에 들어갈 자격은 황금으로 된 문의 좁은 틈새를 통해 운 좋게 선서 진술인을 찾은 사람들에게만 인색할 정도로 드물게 할당되었다.[67]

외국의사 정착지원 국가위원회National Committee for the Resettlement of Foreign Physicians 등 미국 망명 기회를 찾는 의사들을 지원할 목적으로 결성된 단체들은 이민자 할당 규모와 비자 요건 외에도 수많은 난관에 부딪혔다. 이민자들과의 경쟁을 우려한 각주 의사협회에서는 면허 발급 신청자에게 미국 시민이거나, 미국 내 의과대학에서 학위를 받았거나, 유럽에서 받은 교육에 대한 광범위한 기록을 제출해야 한다는 등 미로에 가까운 수속 절차를 요구했다. 나치가 장악한 대학들은 이런 요청을 묵살해버렸다. 성공적으로 정착한 의사들조차 환자들을 독살하기 위해 파견된 스파이라는 소문에 시달렸다.[68]

카너 가족은 역사적 난관 속에서 영웅적인 일을 해냈다. 그해 가을부터 유대인 의사, 간호사, 연구자들을 위한 비공식적 이민국 역할을 하며 비자 취득에 필요한 서류를 마련해주는 한편, 일자리도 찾아주었다. 카너는 권위를 이용하여 학회에서 만난 병원장들에게 의사가 일할 자리를 물어보았고, 준은 지역 심장 전문의들에게 연락하여 입주 간호사가 필요한 집을 알아보았다. 카너는 메릴랜드주 의사협회가 의사 면허 취득 요건을 완화하도록 설득하기도 했다. 노력의 결실로, 레오와 준은 거의 200명의 동료를 나치의 손아귀에서 구해낸 동시에 전국 클리닉, 병원, 연구소에 훌륭한 교육을 받은 뛰어난 인재를 소개했다. 심지어 망명자들이 새로운 문화에 적응하도록 볼티모어에 있는 자택을 개방하기도 했다.[69]

아이오와 아가씨와 결혼하여 모피 상인이 된 맥스와 팔레스타인으로 이주한 요제프Josef 등 카너의 형제들도 그들 덕에 목숨을 건졌다. 애석하게도 당시 일흔이었던 어머니는 집에서 체포되어 가스실로 보내졌다. 동생 빌리Willy는 폴란드에서 총에 맞아 죽었고, 숙부모는 네덜란드에서 살해당했다. 여동생 제니와 가족들은 스위스행 석탄 운반 트럭의 석탄 밑에 몸을 숨겨 탈출했다.[70] 그의 고향 브로디는 한때 1만 명의 유대인이 모여 사는 활기찬 공동체이자, 전 유럽을 통틀어 학문과 철학과 미술과 음악과 문화의 중심지로 찬사를 받던 곳이었다. 하지만 전쟁이 끝난 후 살아남은 유대인은 88명에 불과했다.[71]

카너는 자신을 돌보지 않은 노력에 대한 보상을 받았다. 나치의 손아

귀에서 구해낸 동료가 그가 평생 바라 마지않던 운명을 실현하는 중대한 순간에 결정적인 도움을 주었던 것이다. 그 운명이란 의학의 역사에 영원히 잊히지 않을 위치에 오르는 것이었다.

V

1938년 9월 어느 날, 올리버 트리플렛 주니어Oliver Triplett Jr.는 미시시피주 포레스트Forest에 있는 사무실에 앉아 비서에게 편지 한 통을 구술했다. 행간 여백 없이 33쪽에 이르는 이 편지는 다섯 살인 그의 장남 도널드에 대한 것이었다. 수신인은 미국 전역을 통틀어 자기를 도와줄 수 있을 거라고 생각되는 유일한 사람, 바로 레오 카너였다.

올리버와 아내인 메리Mary는 보기 드물게 명석하고 성공적인 부부인데다, 양가 모두 삼대에 걸쳐 포레스트에서 명망을 얻어온 터였다. 대공황 이후 제재소들의 운명이 걸린 소나무 숲이 거의 없어지면서 지역 경제는 어려운 국면을 맞았지만,[72] 트리플렛 가문의 재정은 여전히 탄탄했다. 메리의 아버지는 포레스트 은행 대표 이사였으며, 그녀 역시 인상적인 활동을 펼친 여성이었다. 여성이 고등교육을 받는 일이 드물던 시대에 그녀는 벨헤이븐 대학교Belhaven University 재학 당시 과 대표를 맡았고, 졸업 후에는 지역 고등학교에서 영어를 가르쳤다. 포레스트에서는 가운데 이름인 비먼Beamon으로 통하는 올리버는 예일 법대를 우등으로 졸업한 후 대법원 소속 변호사로 일하다 고향에 내려와 개업했다. 부부는 시내 외곽의 거의 3만 평방미터에 이르는 부지에, 멋지게 지붕을 단 테라스와 널찍한 잔디밭을 굽어보는 커다란 창문이 달린 아늑한 집을 짓고 살았다.[73]

열정적이고 꼼꼼한 사람으로 알려진 비먼은 조금 지나치게 열심히 일했던 것 같다. 아들이 태어나기 전에 이미 두 번이나 신경쇠약을 경험했다. 배회증fugue✦ 비슷한 상태로 오래도록 헤매는 일도 많았다. 집에 돌아와서는 아무것도, 심지어 길에서 누구를 만났는지조차 기억하지 못했다. 하지만 이런 것도 그의 아들이 보인 행동에 비하면 약간 특이한 정도에 불과했다.

도널드는 태어난 순간부터 명백히 혼자 있기를 좋아하고 현실에서 동떨어진 아이였다. 부모가 요람을 들여다봐도 여느 아이들처럼 꼼지락거리거나 기분 좋은 소리를 내며 행복한 반응을 한 번도 보이지 않았다. 메리는 7개월간 모유 수유를 한 후 분유를 먹였는데 아이는 어떤 것도 속에서 받지 않는 것 같았다. 혼자 있을 때 가장 행복하다는 것은 의심할 여지가 없었으며, 다른 사람이 방에 들어와도 거의 알아채지 못하는 것 같았다. 할아버지 할머니가 찾아와도 쳐다보지 않았다. 심지어 산타클로스 복장을 한 사람에게도 아무런 반응이 없었다.[74]

하지만 도널드는 아주 명석했다. 어떤 면으로는 신동이라 할 만했다. 절대음감을 타고나, 돌이 되자 좋아하는 노래들을 정확한 음정으로 허밍하거나 따라불렀다.[75] 기억력도 비상했다. 두 돌이 되자 100까지 셌고,[76] 올바른 순서는 물론 역순으로도 알파벳을 막힘없이 외웠으며, 주기도문과 장로교 교리문답에 나오는 25가지 질문과 답변을 암송하고, 역대 대통령과 부통령 이름을 줄줄 외웠다. 컴튼 백과사전Compton's Encyclopedia만 주면 책장을 넘겨 좋아하는 그림들을 찾아가며 몇 시간이고 혼자 놀았다. 밖에 데리고 나가면 머릿속에 지도라도 들어 있는 것처럼 수많은 집의 위치를 정확히 기억했다. 비먼은 카너에게 보낸 편지에 아이가 "항상 생각하고 또 생각하는 것 같으며, 내면의 의식과 바깥세상 사이에 정신적 장벽 같은 것이 있어서 주위를 끌려면 실제로 벽을 무너뜨릴 정도로 노력해야 합니다"라고 썼다.

✦ 갑자기 몽환적 상태에 빠져 여기저기 돌아다니는 병.

아이를 자신의 껍질 밖으로 끌어내기 위해 트리플렛 가족은 고아원에서 잘생긴 소년 하나를 어렵사리 찾아내어 여름 동안 집에 머물도록 했다. 도널드는 가족이 하나 늘었는데도 전혀 아랑곳하지 않았다. 하지만 소년에게는 한마디도 건네지 않았다. 부모가 자전거 타는 법을 가르치려고 하자 아이는 엄청난 공포에 사로잡혔다. 멋진 네발자전거를 사줘도 거들떠보지 않았다. 마지막으로 그들은 뒷마당에 미끄럼틀을 설치하고 이웃 아이들을 초대하여 마음껏 놀게 했다. 행여 아들이 그 모습을 보고 배우기를 바라는 마음에서였다. 하지만 미끄럼틀 꼭대기에 앉힌 후 등을 밀어 타고 내려가게 하자 역시 극심한 공포에 사로잡혔다. (다음 날 아침 아이는 몰래 집에서 빠져나가 혼자서 미끄럼틀을 타고 있었다.)

너무 좋은 기억력도 문제였다. 어떤 말을 들으면 대명사를 적절히 바꾸지 않고 단어 하나까지 정확히 따라했던 것이다. 우유를 마시고 싶으면 이렇게 말했다. "도니Donnie++, 너 우유 마실래?"[77] 저녁 식탁에서는 엄마에게 이렇게 말하곤 했다. "'거기까지 마시면 정말 좋겠는데'라고 해봐." 메리의 말투를 얼마나 똑같이 따라했던지 말뜻을 이해하는 것이 아니라 성대모사를 하는 것 같았다.

고트프리드처럼 도널드 또한 규칙과 질서에 유별나게 집착했다. 읽기를 배우자 왜 '바이트bite'라는 단어는 '라이트light'처럼 '바이트bight'라고 쓰지 않는지 몹시 불편해했다. 장난감을 항상 정확한 순서로 늘어놓고, 누구든 조금이라도 흐트러뜨리면 격분하여 짜증을 부렸다. 가장 좋아하는 것은 마루 위에서 장난감들을 팽이처럼 돌리는 것이었다. 빙글빙글 돌릴 수 있는 것이라면 무엇이든, 심지어 부엌에서 냄비 뚜껑만 봐도 기쁨에 겨워 펄쩍펄쩍 뛰며 어쩔 줄 몰랐다.

++ 도널드의 애칭.

트리플렛 가족의 가정의는 부모가 아이를 '과도하게 자극'했는지도 모른다며 환경을 완전히 바꿔보자고 했다.[78] 아들을 위해 어떤 일이든 하겠다는 마음으로 메리와 비먼은 아이를 약 60킬로미터 떨어진 미시시피 결핵 요양원Mississippi Tuberculosis Sanatorium에 무기한 입원시켰다. 아이가 세 살 때였다.

일상에 짓눌린 어린이라면 호반에 위치한 엄청난 규모의 빅토리아풍 요양 시설이 마음에 쏙 드는 피난처였을 것이다. 그곳은 결핵이 가난과 이민과 지나치게 붐비는 도시 때문에 생긴다고 믿던 시대의 유물이었다. 간호사들이 헌신적으로 환자들을 돌보는 것으로도 유명했다.[79] 도널드는 예방 수용소preventorium라는 특수 병동에 입원했다. 결핵균에 감염되었지만 아직 활동성 결핵이 발병하지는 않은 환자만 입원하는 곳이었다. 가정의의 조언에 따라 부모는 한 달에 두 번만 방문했다.[80] 친숙한 환경과 일상을 빼앗긴 도널드는 엄청난 어려움을 겪었다. 머리를 양쪽으로 시계추처럼 까닥거리는 버릇이 생기더니, 급기야 아무것도 먹지 않고 몇 시간씩 미동도 않은 채 한 자리에 앉아 '아무것에도 관심을 보이지 않는'[81] 지경에 이르렀다. 그러나 점차 낯설고 새로운 환경에 적응했다. 다시 먹기 시작했으며, 다른 어린이들 곁에 앉기도 했다. 그러나 거의 1년이 지나서 메리와 비먼은 요양원 원장의 격렬한 반대에도 불구하고 도널드를 다시 집으로 데려오기로 했다. 원장은 아이를 그냥 두라고 권유했다. "이제 아이는 앞으로 아무 일 없이 잘 지낼 수 있을 것 같습니다."[82]

트리플렛 가족이 도널드의 상태에 대해 자세한 소견서를 써달라고 부탁하자, 그는 단숨에 휘갈겨 써내려가더니 아이가 '일종의 선천적 질병'을 갖고 있다고 결론 내렸다. 비탄과 절망에 사로잡힌 메리는 도널드를 "가망 없는 나의 정신 나간 아들"[83]이라고 불렀다. 가족을 돌보던 소아과 의사는 당시 전국에서 가장 유명한 소아정신과 의사로 떠오른 카너를 소개했다.

그는 즉시 흥미를 느꼈으며, 비먼의 편지에 적힌 엄청난 양의 정보에 사로잡혔다. 카너는 트리플렛 가족에게 철저한 임상적 평가를 위해 도널드를 존스 홉킨스로 데려오라고 했다. 그해 10월 가족은 볼티모어의 위대한 의사를 만나기 위해 열차에 몸을 실었다.[84]

처음에 카너는 도널드의 행동을 도무지 이해할 수 없었다. 해리엇 레인에서 예비 검사를 한 후 그는 가족을 메릴랜드 어린이 연구소Child Study Home of Maryland로 보냈다. 그의 감독 아래 그해 문을 연 존스 홉킨스 병원 부속 기관이었다. 당시 도널드의 상태를 제대로 이해할 수 있는 임상의사는 몇 명 되지 않았으며, 대부분 비엔나의 치료 교육원에 있었다. 그러나 한 명은 카너의 도움으로 막 오스트리아를 탈출하여 어린이 연구소에서 정식 정신과 의사이자 소아과 의사로 근무했다.[85] 바로 아스퍼거팀의 진단 전문의였던 게오르그 프랑클이었다.

지금까지 역사가들은 자폐증이라는 분야를 개척한 두 명의 선구자 사이에 결정적인 연결 고리가 있다는 사실을 주목하지 않았다. 가장 큰 이유는 카너가 주도면밀하게 언급을 회피했기 때문이다. 그는 아스퍼거가 기여한 바를 절대 인정하지 않았다. 이에 따라 수십 년간 자폐증 연구자들은 혼란에 빠졌다. 1950년대에 쓰인 미발표 회고록에서 프랑클의 이름은 그가 전쟁 전에 미국으로 망명하는 데 도움을 주었던 임상의사들 사이에 등장한다. 하지만 어찌된 셈인지 이 기록은 그가 유명해지는 데 결정적인 역할을 한 놀라운 발견 바로 전에서 갑자기 끝난다. 카너의 동료들은 비엔나에서 거의 동일한 연구가 이루어졌다는 사실을 잘 몰랐을 뿐이라고 끝까지 강변했다.[86] 그 역시 그들의 말이 틀렸다고 한 번도 지적하지 않았다.

사실 프랑클은 카너가 그 중대한 발견을 했을 때 볼티모어에 있었던 아스퍼거팀의 유일한 핵심 멤버도 아니었다. 1937년 11월 뉴욕에 도착한 비엔나 어린이병원의 전직 수석 진단 전문의는 옛 동료를 다시 만났다. 고트프리드의 증례 보고서를 작성했던 젊은 심리학자 아니 바이스였다. 두 명의 생존자는 서로 살아 있다는 사실을 확인한 가슴 사무치는 감동 속에서 몇 주 후 결혼하기에 이른다. 이듬해 4월, 그들은 존스 홉킨스의 카너 팀에 핵심 멤버로 합류하여 어린이 연구소에서 몇 블록 떨어진, 고풍스럽게 지붕널을 댄 집으로 이사했다.[87]

2년간 카너와 프랑클은 몇몇 인근 소도시에서 '정신 클리닉'을 함께 운영했다.[88] 어린이구호협회Children's Aid Society 같은 단체들이 지역 신문을 보고 찾아온 부모들 앞에서 공개적으로 어린이들을 평가하는 곳이었다. 한편, 이제 바이스-프랑클이 된 바이스는 펍스에서 열리는 마이어의 세미나에 열렬히 참여했다.[89] 그녀는 세미나가 오스트리아를 떠난 이래 그 어떤 것과도 비길 수 없을 정도로 큰 깨달음을 주었다고 말했다.

카너는 프랑클을 고용하기 전까지 아스퍼거의 이름을 한 번도 들어본 적이 없을지는 몰라도, 비엔나 어린이병원의 설립자인 에르빈 라차르의 연구를 잘 알고 있었던 것은 확실하다. 1939년 마이어에게 보낸 편지에서 카너는 프랑클을 "소아과학에 든든한 배경지식을 갖고 있으며, 11년간 비엔나의 라차르 클리닉과 밀접한 관련을 맺었다"라고 칭찬했다.[90] 많은 교사와 작업치료 부서와 50명의 유아 및 어린이가 생활할 공간을 갖춘 어린이 연구소는 미국판 치료 교육원이라 할 만했다.[91] 프랑클은 비엔나에서 개발했던 친밀한 관찰 방식을 그대로 도입하여 자폐증이라는 영역이 있다는 사실을 두 번째로 의학계에 알렸다.

1938년 10월, 2주간에 걸쳐 프랑클과 정신과 의사 유지니아 캐머런Eugenia Cameron은 도널드의 행동을 자세히 기록했다. 결국 이 보고서는 카너가 소년의 '매혹적이고 독특한 특징들'[92]을 이해하려고 힘겨운 노력을 하는 과정에서 없어서는 안 될 귀중한 자료가 되었다.

> [도널드는] 미소를 띤 채 이곳저곳 돌아다니며 손가락을 허공에 교차시키기를 반복했다. 고개를 좌우로 흔들며 세 가지 음정으로 된 멜로디를 속삭이듯 노래하거나 허밍으로 반복했다. 손으로 잡아 돌릴 수 있는 것은 무엇이든 돌리며 엄청나게 즐거워했다. 물건들을 바닥에 던질 때 나는 다양한 소리에서 기쁨을 느끼는 것 같았다.…
> 대부분의 행동이 처음과 정확히 동일한 방식으로 수행되는 반복행동이었다. 블록을 돌린다면 언제나 똑같은 면이 위를 향하도록 돌렸다. 특정한 순서에 따라 단추를 한 줄로 늘어놓았는데, 처음에 아버지가 보여주었던 순서와 정확히 똑같았다.[93]

그동안 소년은 뜻이 아리송한 혼잣말을 계속 반복했다. "오른쪽은 켜졌고, 왼쪽은 꺼졌네" "어두운 구름을 뚫고 빛나네" 또는 "달리야, 달리야, 달리야" 같은 말이었다. 처음에 카너는 '아무런 뜻도 없는 말'이라고 생각했으나, 종종 상당한 개연성이 밝혀지기도 했다. 도널드는 크레용으로 그림을 그리며 "아넷Annette과 세실Cécile을 더하면 보라색"이라고 끝도 없이 반복했다. 나중에야 카너는 아이가 다섯 개의 수채화 물감에 디온의 다섯 쌍둥이들Dionne quintuplets✦ 이름을 붙였다는 사실을 깨달았다.[94] 빨간색 물감통이 '아넷'이고 파란색 물감통이 '세실'이었다. 두 가지 물감을 혼합하면 보라색이 되는 것이다.

숫자, 날짜, 주소, 백과사전 표제어들을 비상할 정도로 정확하게 기

✦ 1934년 캐나다에서 태어난 일란성 다섯 쌍둥이로, 당시 의학계에 알려진 다섯 쌍둥이 중 유일하게 돌이 지나도록 생존한 것으로 유명하다.

억하는 것 외에도, 도널드는 세귄 숫자판Séguin form board✦을 이용한 시각적 조합과 손재주 검사에서 또래들에 비해 우수했다.[95] 아스퍼거라면 소년의 탁월한 시각적 기능과 비상한 기억력, 주변 세계에 질서를 부여하려는 조숙한 시도 등을 자폐성 지능으로 파악했을지 모른다. 그들은 모래 위에 그린 삼각형에 넋이 나갈 정도로 마음을 빼앗긴 소년이 커서 천문학 교수가 될 수도 있다는 사실을 기꺼이 인정했다. 하지만 카너는 특수한 요구를 지닌 어린이를 위한 학교를 운영하는 것이 아니었다. 그는 정신의학의 새로운 분야를 출범시키는 데만 관심이 있었다.

그는 어린이의 정서적 문제를 전문으로 하는 임상의사로서, 특히 도널드가 엄마보다 생명이 없는 물체에 더 마음을 쏟는다는 사실에 흥미를 느꼈다. 인간의 가장 기본적인 본능에 반대되는 특징이라고 생각했던 것이다.

> 아이는 주변 사람에게 전혀 신경을 쓰지 않았다. 방에 데리고 들어가자 안에 있던 사람들을 완전히 무시하고 즉시 물건, 특히 돌릴 수 있는 물건 쪽으로 다가갔다. 도저히 무시할 수 없는 지시나 행동은 달갑지 않은 침범으로 간주하고 몹시 싫어했다. 하지만 방해가 되는 **사람**에게 화를 내는 일은 결코 없었다. 손으로 행동을 제지하거나, 갖고 노는 블록을 발로 밟아 만지지 못하게 하면 화난 표정으로 그 손이나 발을 거칠게 밀칠 뿐이었다. 한번은 블록을 딛고 선 사람의 발을 가리키며 '우산'이라고 하기도 했다. 방해물이 치워지면 방금 있었던 일을 깡그리 잊어버렸다. 다른 어린이의 존재에도 전혀 주의를 기울이지 않고 좋아하는 놀이를 바로 시작했으며, 다른 어린이들이 같이 놀려고 다가오

✦ 숫자가 적힌 나무판으로, 어린이들이 서로 조합하여 두 자리 이상의 숫자를 쉽게 익힐 수 있도록 고안된 놀이 학습 기구.

면 피해서 다른 곳으로 가버렸다.[96]

카너는 특히 아이가 유아기에조차 사람들에게 **단 한 번도** 일상적인 반응을 보이지 않았다는 메리와 비먼의 회상을 듣고 충격을 받았다. 이 사실은 도널드의 문제가 주변 환경으로부터 심리적 트라우마를 받은 데 대한 반응이라기보다 선천적으로 타고난 것임을 의미했다. '도널드 T.'의 증례로부터 그는 자신의 분야에서 새롭고 놀라운 것을 발견했다는 사실을 깨달았다. 최초로 유아기의 고유한 주요 정신병을 발견한 것이다.

VI

프랑클이 소년의 병명으로 자폐성 정신병증이라는 용어를 제안했더라도 카너는 두 가지 이유로 바로 거절했을 것이다. 우선 오이겐 블로일러가 원래 사용했던 맥락에서 **자폐증**이라는 용어는 개인적인 환상의 세계로 점차 퇴행해가는 상태를 가리키는 것이었다. 하지만 도널드는 상상력이 과도하게 활성화된 징후가 전혀 없었으며, 사회적 관계로부터 **퇴행**한 것도 아니었다. 아예 그 밖에서 태어난 것이었다. 게다가 카너는 **정신병증**이라는 용어를 **내향적**, **외향적**, **신경증적**이라는 용어만큼이나 혐오했다. 그런 용어는 하나같이 정신분석이 인기를 얻으면서 유행한 것으로, 칵테일 파티 같은 데서나 쓰는 것으로 여겼던 것이다. 엄마들에 관한 책에서는 사이코패스라는 용어를 조롱하는 투로 '전문가들이 성가시게 신경 쓰고 싶지 않은 녀석'[97]으로 정의할 정도였다. 그래서 트리플렛 가족의 첫 번째 방문에 대한 그의 기록은 임상적 불확실성을 담은 한마디 말로 끝났다. "조현병일까?"[98]

이런 예비 진단은 우리 눈에는 뜬금없이 보일 수도 있지만, 카너로서는 도널드의 행동이 조현병과 관련되어 있다고 의심할 만한 충분한 이유가 있었다. 우선 그가 말한 조현병이란 원래 수카레바가 진료했던 어린 환자들의 진단명으로 제안했던 조기 발생형 조현병을 일컫는 말로, 당시 정신의학계에서 빠른 속도로 인정되고 있던 개념이었다.

1933년 뉴욕정신병원New York Psychiatric Institute, NYPI의 하워드 포터Howard Potter가 발표한 미국의 '어린이 조현병'에 대한 첫 번째 논문에는 '정서적으로 친밀한 관계의 결핍' '언어발달장애', '정동情動반응 감소' '보속증保續症, perseveration✦과 상동증常同症, stereotypy✦✦이 동반된 기이한 행동' 등 나중에 자폐증의 특징으로 기술되는 증상들과 상당히 비슷한 행동들이 묘사되어 있었다.[99]

포터가 기술한 한 소년은 도널드의 형제라고 해도 좋을 정도였다. 유아기부터 엄마가 아무리 이름을 불러도 다가오지 않았으며, 안절부절못해하거나 우는 일이 잦아 엄마는 중이염이 낫지 않고 계속된다고 생각했다. 유치원에 들어가자 다른 아이들을 완전히 무시하고 교실을 이리저리 돌아다니며 낄낄거리고 혼잣말을 했다. 시간 가는 줄 모르고 전등 스위치를 켰다 껐다 하는 행동에 집착했고, 종이 조각들을 끌어모아 줄 맞춰 나란히 놓는 일에 빠지곤 했으며, '마치 글씨를 쓰는 듯 손을 허공에 휘젓는 행동을 끝없이 반복하고', 단조로운 목소리로 '뻐꾹뻐꾹' 소리를 내며 눈을 깜빡거렸다. 포터에 따르면, 아이의 '무관심한 주의'를 끌 수 있는 유일한 활동은 '체육 시간에 노래하고 춤추는 게임을 하는 것'뿐이었다.

곧 포터의 진료실을 찾는 환자들이 빙산의 일각에 불과하다는 사실이 분명해졌다. 트리플렛 가족이 멀리 볼티모어를 찾기 1년 전, 페인 휘트니 정신병원Payne Whitney Psychiatric Clinic의 루이즈 데스페르Louise Despert는

✦ 질문이나 지시에 의해 말이나 행동을 반복하는 증상.

✦✦ 무의미하고 목적이 없으며 상황에 부합되지 않는 말이나 행동을 반복하는 증상.

파리에서 열린 제1회 어린이 정신의학회에서 자신이 진료했던, '주변 환경과의 정서적 관계'가 크게 감소했거나 '완전히 단절된' 환자들에 대해 발표했다. S. K.라는 소년은 두 돌이 되자 100곡이 넘는 자장가를 외워 부를 수 있었지만, 정작 감정을 표현하는 어휘는 매우 제한적이었다.[100] 유모는 종종 아이를 공원에 데려갔는데, 거기서는 혼자서 재미있게 놀았다. 하지만 아버지가 해고를 당해 가족은 S. K.의 조부모가 살고 있던 비좁은 아파트로 이사해야 했다. 졸지에 친숙한 환경은 물론, 자기가 좋아했던 유모와의 외출까지 잃어버린 소년은 급격한 퇴행을 나타냈다. 이전에 가서 놀던 공원의 바로 그 장소에 데려가지 않으면 허공에 손가락을 휘저으며 마음을 달래는 주문이라도 된다는 듯 같은 말을 끝도 없이 반복했다. "소년은 놀았네-소년은 공원에서." 부모는 아이를 신경과에 데려갔지만 오히려 상태가 급격하게 나빠져, 결국 뉴욕정신병원을 찾았다. 병원에서는 '심한 발작'을 일으켰고, IQ검사에서 무려 70점이 떨어졌다. 11세에 이미 소년은 보호관찰 간호를 받는 신세가 되었다.

1930년대 말, 데스페르는 아스퍼거의 기록을 그대로 따온 것 같은 일련의 행동과 특성들을 밝혀내어 어린이 '정동장애' 분야의 대가로 부상했다. 그녀는 단어의 의사소통 기능보다 형태에 더 흥미를 느끼고, 부모에게 거의 관심이 없으면서 단짝 친구도 없고, 기저귀도 떼기 전부터 사전이나 백과사전을 뒤적거리고, 조숙한 나이에 수학, 고고학, 천문학 등 '추상적인' 분야에 빠져들고, 달력, 차량 번호판, 전화번호 등에 '과도하게 집착'하고, '기이한' 반복 동작이나 간헐적으로 '아무런 목적이 없는 격렬한 행동'을 나타내는 남녀 어린이들에 대해 기술했다. 그녀는 이런 결론을 내렸다. "어린이 조현병은 오랫동안 생각해온 것과 달리, 아주 드물지는 않을 가능성이 높다."[101]

카너는 데스페르의 연구와 그 연구가 정신의학의 역사에서 갖는 좀 더 깊은 맥락을 확실히 알았다. 그의 교과서에서 마지막 장을 성인이 되어 틀림없이 조현병으로 발전한다고 생각한 '정신병 전 단계' 어린이를 기술하는 데 할애했던 것이다. 그는 결국 외톨이로 살게 된 '조용하고, 수줍고, 내성적인 어린이들'에 대한 크레펠린의 기록을 인용했다. 또한 '본래의 의미에서 분리'된 어구들을 끊임없이 반복하며, '리듬에 맞춘 듯한 비정상적 움직임'을 나타내는 어린이들도 기술했다. '복잡한 고착'과 '일방적 집착'으로 발전하는 경향이 있는 '특별히 수줍어하는 경향이 있는 보기 드물게 조숙한' 어린이들에 관해서는 마이어의 설명을 인용했다. (마이어는 이런 어린이들이야말로 치료적 노력을 집중적으로 기울일 가치가 있다고 믿었다.)

그러나 카너가 보기에 당시 급속도로 받아들여진 어린이 조현병 모델에는 몇 가지 문제가 있었다. 무엇보다 이런 상태가 성인 정신병의 전 단계라는 이론이 확실히 검증된 적이 없었다. 대부분의 조현병은 사춘기가 지나서야 최초로 뚜렷한 증상이 나타난다. 유치원 연령의 정신병 환자라는 개념은 오랜 세월을 통해 검증된 이 병의 자연적 경과에 맞지 않을 뿐 아니라, 병의 원인을 설명하는 당대의 정신역동 이론을 송두리째 뒤집는 것이었다. 당시의 이론은 '조현병을 초래하는' 엄마가 따로 있다는 것이었다. S. K.에 대한 데스페르의 증례 연구도 서두부터 소년의 어머니를 불길하게 묘사한다. "공격적이고, 걱정이 지나치며, 남편을 지배하려 드는 유대계 미국 여성." 이것이 그런 유형의 엄마들을 묘사하는 전형적인 표현이었다.

프로이트는 조현병의 원인이 심리적인 것이 아니라 생물학적이라고 믿었다. 사람들은 종종 프로이트가 사람을 집어삼키는 메두사를 발명했다고 하지만 사실 이것은 미국 정신과 의사들이 프로이트의 믿음으로부터 결별하는 신호였다. 조현병을 초래하는 엄마라는 개념은 제1차 세계대전 후 문화적 불안이라는 온실 속에서 활짝 피어났다.[102] 이 시기에 여성들은 이전의 다소곳하고 복종적인 태도에서 벗어나 머리를 짧게 자르고, 담배를 피우면서 투표권을 요구하고, 남성의 전유물이었던 교육계 등의 분야로 진출하며, 많은 가정에서 경제적인 가장의 자리를 차지했다. 조현병을 초래하는 엄마라는 개념의 기초를 다진 정신분석학자 역시 존스 홉킨스의 유명한 마이어 학파였던 해리 스택 설리번Harry Stack Sullivan이었다.

그러나 도널드가 태어났을 때부터 그런 상태였다면, 메리 트리플렛의 성격이 어떤 식으로든 영향을 미쳤을 가능성에 대해 논하는 것 자체가 애초에 말이 안 되었다. 또한 카너는 데스페르의 임상적 해석을 지지하지 않았다. 환자들을 미리 짜놓은 틀에 맞춘다고 생각했던 것이다. 예를 들어, 그녀는 환자를 '급성 발병' '잠행성潛行性✦ 발병' '급성 삽화episode✦✦를 동반한 잠행성 발병'이라는 범주로 분류했다. S. K.는 급속도로 퇴행했다는 이유로 급성 발병으로 분류했지만, 그전부터 언어발달이 비정상적이었음은 분명했다. 또한 데스페르는 종종 환자들의 '기이한' 동작이 환각 때문이라고 주장했지만, 6세 미만 어린이에서는 단지 추측일 뿐이라는 점을 인정했다.[103] 이 연령에서 존재하지 않는 것을 듣거나 보았다고 말한 어린이는 없었다.

더욱이 어린이 조현병이라는 데스페르의 개념은 해를 거듭할수록 확장되어 점점 다양한 환자 집단을 포함했기 때문에 모든 연구 분야에서 조현병이 의심되는 어린이에게 매달리는 문제를 낳았다. 카너는 자신의 교과서에 한 임상의사의 말을 인용했다. "원한다면 모든 환자를 서로 다른 유형의 집단으로 분류할 수도 있을 것이다." 이런 태도는 어린이 정신의학

✦ 서서히 모르는 사이에 나타난다는 뜻.

✦✦ 질병의 발생이나 악화로 인해 나타나는 사건.

을 철저히 실증적인 의학 분야로 확립하려는 사람에게는 달갑지 않았을 것이 분명하다.

1939년 4월, 카너는 다른 어린이를 프랑클과 캐머런에게 보내 평가했다. 정신박약이며 귀가 안 들릴 가능성이 있다고 진단받은 일레인 C.Elaine C.라는 7세 소녀였다.[104] 두 가지 모두 아니란 사실은 분명했다. 일레인은 엄마가 집 안을 청소할 때마다 진공청소기의 굉음에 겁을 집어먹고 손으로 양쪽 귀를 두드리며 차고로 도망쳤다. 돌이 되었을 때 몇 개의 단어를 말했지만, 그 후 4년간 새로운 단어를 하나도 익히지 못했다. 의사들은 크면서 차차 좋아질 거라고 했으나 전혀 나아지는 기미가 없었다. 유치원에서 꽃을 예쁘게 꽂는 수업을 했을 때는 꽃잎을 먹고 꽃병 속에 든 물을 마셔버렸다.

일레인은 동물들을 매우 좋아하여 때로는 손발을 땅에 짚고 동물 울음소리를 흉내 냈다. 방에 장난감 강아지와 토끼들을 가득 넣어주자 인형들을 친구처럼 대했다. 하지만 프랑클과 캐머런이 관찰한 바로는, 억지로라도 다른 아이들과 가까이 있도록 하면 '낯선 존재처럼, 마치 방에서 가구들 사이를 움직이는 것처럼' 친구들 사이를 그저 돌아다니기만 했다. 어린이 연구소에서도 게임에는 참여하지 않고 혼자 여기저기 돌아다니다 책을 뒤적거리며 코끼리, 악어, 공룡 그림을 몇 시간이고 뚫어져라 바라보았다. 하지만 주변에 전혀 신경을 쓰지 않는 것처럼 보이는 중에도 다른 아이의 이름이나 눈 색깔, 잠자는 장소 등 많은 것을 알고 있었다. 친구를 사귀려고 노력하지는 않았으며, 그저 방에 혼자 앉아 그림을 그린다든지, 구슬을 실에 꿴다든지, 블록을 가지고 노는 등 단순하고 친숙한 활동에만 빠져 있었다. 그러면서 초현실주의 시 같은 짧은 경구警句들을 되뇌었다. **"나비들은 아이들의 뱃속에 산다네. 바지 속에도 살지. 가고일gargoyle✦들은 우유 주머니**

를 갖고 있네. 사람들이 사슴의 다리를 자르네. 공룡들은 울지 않네."

5월에 트리플렛 가족은 다시 볼티모어를 방문했다. 도널드는 탁자 위로 기어오르고, 머리카락에 음식을 짓이기고, 변기 속에 책들을 던져 넣었다. 하지만 집에서는 특별한 '치료'를 받지 않았는데도 상당히 호전되었다.

이후 3년간 메리는 카너와 편지를 주고받으며 아들의 발달 상태를 정기적으로 보고했다.

> 1939년 9월. 먹이거나 씻기거나 옷을 입히려면 여전히 끈질기게 설득해야 하고 옆에서 도와주어야 합니다. 하지만 블록으로 뭔가를 만들고, 이야기들을 나름대로 각색하고, 차를 물에 씻으려고 하고, 호스로 꽃에 물을 주고, 식료품을 늘어놓고, 장사하는 흉내를 내고, 가위로 그림들을 오려내는 등 여러 가지 재주를 익히고 있습니다. 아직도 숫자에 마음이 완전히 사로잡혀 있습니다. 놀면서 보이는 행동들은 확실히 좋아지는데 사람들에 관해 물어보는 일은 아예 없고, 저와 대화하는 것에도 전혀 관심이 없습니다.…
>
> 1940년 3월. 제가 알아차린 가장 큰 발전은 주변에 있는 물건에 신경을 쓴다는 점입니다. 말을 훨씬 많이 하고 질문도 아주 많아졌습니다. 학교에서 무슨 일이 있었는지 먼저 말을 꺼내지는 않지만, 제가 물어보면 정확하게 대답합니다. 이제는 확실히 다른 아이들과 함께 게임을 합니다. 하루는 학교에서 막 배워온 게임에 온 가족이 참여해야 한다고 우기며 각자 정확히 어떻게 해야 하는지 설명해주기도 했습니다. 혼자서 먹는 것도 약간 좋아졌고, 다른 일도 혼자서 곧잘 합니다.…

카너는 메리에게 아직도 정확한 병명을 알아내지 못한 것에 대해 사

✦ 서양 교회 등의 큰 건물에서 지붕 둘레를 장식하는 괴물 석상.

과했다. "사모님이나 남편께서 단 한 번도 명백하고 분명한…진단명을 들은 적이 없다는 데 대해 저만큼 애석하게 생각하는 사람은 아무도 없을 겁니다."[105]

카너는 여전히 올바른 병명을 찾고 있었을지도 모르지만, 질병의 양상을 알아보는 것만큼은 빨리 배워나갔다. 비먼이 미시시피에서 보낸 편지를 받고 얼마 후, 그의 진료팀 중 누군가가 1935년에 진료받은 알프레드 L.Alfred L.이라는 소년의 어머니에게 연락하여 아들의 최근 발달 상태를 물어보았던 것이다.[106] 프랑클이 오래된 기록들을 뒤지면서 무관심의 깊은 틈새로 떨어져버린 비슷한 증례들을 찾고 있었을까? 도널드와 일레인을 진찰하고 나서 카너는 알프레드와 엄마에게 추적 관찰을 위해 진료실을 방문해달라고 요청했다. 당시 11세였던 그 소년은 전에 진료했던 의사를 즉시 알아보고 병원의 창문과 창문 가리개와 X선 검사실에 관한 질문을 퍼부어댔다. 그는 환자들의 병력을 기록하는 종이마다 맨 위에 '존스 홉킨스 병원'이라는 글자가 인쇄되어 있다는 사실에 몹시 불안감을 느꼈다. **"의사들은 자기가 어디 있는지도 모르나요?"**

아는 사람들 사이에 카너가 특이한 어린이들에 관심을 갖기 시작했다는 말이 퍼지자, 동료인 웬델 먼시Wendell Muncie가 자기 딸 브리짓을 진찰해달라고 부탁했다.[107] (카너의 기록에는 먼시의 사생활을 보호하기 위해 바바라 K.라는 가명을 썼다.) 도널드와 마찬가지로 브리짓 역시 사람들에게 한 번도 따뜻한 반응을 보인 적이 없었다. 부모들이 요람을 들여다보며 애정을 듬뿍 담아 속삭일 때도 아이는 기분 좋게 옹알이를 하지 않고, 안아줄 것을 기대하며 어깨를 옹송그리지도 않았다. 8세가 되자 매우 명석하다는 사실이 확실히 드러났으며, 시계추, 공장 굴뚝, 군대의 수송 수단 등 주변의 모든 것들에 관해 알고 싶어 했다. 그러나 정신과 의사였던 아버지는 '경쟁심이 전혀 없으며' '선생님을 기쁘게 하려는 동기'를 전혀 보이지 않는다고 한탄했다. 카너가 일부러 핀으로 브리짓을 살짝 찌르자 아이는 두려운 표정으로 핀을 바라보며 이렇게 말했다. "아프잖아!" 그러나 정작 통증의 원인과 핀을 들고 있는 사람을 연결시켜 생각하지는 못하는 것 같았다.

카너는 이들 중에 놀랄 만한 기억력을 지닌 아이가 도널드뿐이 아니라는 사실도 알게 되었다. 찰스 N.Charles N.이라는 아이는 두 살도 되기 전에 18개의 교향곡을 정확하게 구별했다. 좋아하는 음반 중 한 장을 골라서 틀면 큰 소리로 외쳤다. "베토벤." 존 F.John F. 라는 아이도 멜로디를 인식하는 데 비슷한 재능이 있었다. 아버지가 어떤 곡을 휘파람으로 불면 즉시 '멘델스존의 바이올린 협주곡'이라고 이야기했다. 또한 수많은 기도문과 자장가를 암송하고, 노래 가사를 여러 가지 언어로 기억했는데 아이 어머니는 이 점을 매우 자랑스러워했다. 그러나 두 아이 모두 대명사를 제대로 구사하지 못했다. 색칠하던 중에 크레용이 부러지면 찰스는 이렇게 말했다. "너는 예쁜 보라색 크레용을 갖고 있었는데 이제 두 동강이 나버렸잖아. 네가 무슨 짓을 했는지 봐." 존은 네 살 반이 되도록 습관적으로 자신을 2인칭으로 지칭했다. 부모가 무슨 일을 시키면 무시하기 일쑤였다. 손을 흔들며 인사를 하거나 손바닥을 부딪히는 놀이를 매우 꺼렸으며, 어쩌다 하더라도 서툴기 짝이 없었다.

현실에서 동떨어져 있고 다른 사람들에게 다가가지 못하는 것만큼이나, 주변의 작은 변화나 비대칭을 예민하게 알아차리는 것 또한 이들의 특징이었다. 존은 모든 문과 창문을 항상 꼭 닫았는데, 어쩌다 엄마가 '아들의 강박관념을 뚫고 들어가려고' 문을 열어놓으라고 강하게 밀어붙이면 난폭할 정도로 세게 문을 닫아버렸다. 그때 다시 문을 열면 울음을 터뜨렸다. 프레더릭 W.Frederick W.라는 소년은 부모가 집에서 책꽂이에 놓인 장식물들을 다시 배치하자 즉시 원래 위치로 돌려놓았다. 카너의 진료실은 천장이 오래되어 여러 군데 금이 가 있었다.[108] 수잔 T.Susan T.라는 아이는 그것이 몹시 마음에 걸리는지 "누가 천장에 금이 가게 했어요?"라거나 "어떻게 저절로 금이 갔어요?"라는 질문을 끝도 없이 해냈다.

골초였던 카너는 어린 환자들 앞에서 주저하지 않고 시가를 피웠다. 하루는 길게 연기를 내뿜는데, 앞에 앉아 있던 조셉 C.Joseph C.라는 소년이 불쾌한 연기를 피워올리는 여송연을 그의 손가락에서 낚아채어 '원래 있던 자리'인 그의 입술 사이에 끼워넣기도 했다.

이 어린이들은 모든 사물이 처음 봤을 때 어떤 상태에 있었는지를 기준으로 어떤 상태로 있어야만 한다는 규칙을 끊임없이 만들어내는 것 같았다. 어느 날 어떤 경로로 길을 걸었다면, 그 뒤로는 항상 똑같은 경로로 걸어야 했다. 아무런 이유없이 어떤 순서로 했던 일, 예를 들어 화장실 물을 내린 뒤에 불을 끄고 침대에 누웠다면 그 순서가 즉시 하나의 규칙이 되어 항상 그 순서에 따라 행동했다. 가장 사소하고 일상적인 일들조차 이들에게는 두려울 정도로 중요한 의미로 가득한 의식儀式이 되는 것이다.

카너는 다루기 어렵고, 툭하면 화를 내고, 절대로 타협하지 않는 이 어린이들이 하나같이 놀랄 정도로 잘생겼다는 데 충격을 받았다. 그는 얼굴이 영혼을 들여다보는 창문에 불과한 것이 아니라 뇌의 복잡한 연결 회로 자체라도 되는 듯 그들의 '충격적으로 지성적인 얼굴 생김새'에 매혹을 느꼈다. 이들이 인지적으로 대단한 잠재력을 가지고 있다는 그의 믿음은 이미 몇 년씩 자녀의 행동을 합리적으로 설명해줄 소아과 의사, 정신과 의사, 신경과 의사, 기타 전문가들을 찾아다녔지만 아무 소득도 얻지 못했던 부모들의 마음에 말할 수 없을 정도로 큰 위안이 되었다. 부모 중 몇몇은 정신과 의사였는데 무슨 일이 있어도 카너의 의견을 듣고 싶어 했다. 자기 자식이 정신지체라는 사실을 믿고 싶지 않았기 때문이었다. 역사적으로 그런 진단은 노동자나 이민자, 그리고 유색인종들과 관련되었던 것이다.[109]

카너는 이들에게서 알아낸 양상이 훗날 백신 반대주의자들이 1920년대와 1930년대에 걸쳐 메르티올레이트merthiolate 등 수은을 함유한 항진균제와 백신 보존제들이 개발되었다는 사실을 지적하며 주장한 것처럼 현대에 들어 생긴 독특한 현상이라는 착각에 사로잡히지 않았다.[110] 의학사를 연구한 학자로서 자신의 환자들을 그대로 묘사해놓은 것 같은 인물들이 세계 각국의 문학 작품 속 도처에 등장한다는 사실을 알았던 것이다. 그들은 종종 자기도 모르게 악마나 사악한 세력의 하수인 노릇을 하는 것으로 그려졌다. 그는 이전 세대에 이런 아이들을 어떻게 생각했는지 보여주는 예로 18세기 스위스 시인 고트프리드 켈러Gottfried Keller의 기록을 인용했다.

이 7세 소년은 귀족 가문의 후손으로, 아버지는 첫 번째 결혼에 실패하고 재혼했는데, '고상하고 신심이 깊은' 새엄마에게 이상한 행동으로 불쾌감을 주었다. 최악이었던 것은 기도를 함께 하지 않는 것과, 어둡고 음산한 예배당에서 검은 가운을 입은 설교자 앞에 갈 때마다 공포에 휩싸여 소란을 일으키는 것이었다. 사람들이 찾아오면 아이는 옷장 속에 숨거나 집에서 도망쳐 절대로 만나지 않았다. 지역 의사는 아무런 도움이 되지 않았고, 아이가 미쳤을지 모른다고 말할 뿐이었다. 마침내 아이는 엄격한 정교 신앙을 고수하기로 유명한 목사의 관리를 받게 되었다. 목사는 아이의 행동에서 '사악한 지옥의 힘'이 술책을 부리는 것을 알아보고 치료를 위해 다양한 방법을 동원했다. 우선, 아이를 의자에 앉히고 아홉 가닥 채찍✦으로 후려쳤다. 캄캄한 식품 저장실에 가두는가 하면, 한동안 굶기기도 했

✦ 죄수에게 형벌을 주는 데 사용했던 채찍으로, 가닥마다 매듭이 지어져 있다.

다. 올이 굵은 삼베로 옷을 지어 입히기도 했다. 이런 상태에서 아이는 오래 버티지 못했다. 몇 개월 후 아이는 죽고 말았고, 모든 사람이 안도했다. 목사는 노력에 대해 후한 보상을 받았다.[111]

이들은 굶주림과 채찍의 고통에서 빠져나온 후에도 독일에서는 가스실로 끌려갔고, 미국에서는 사회 주변부로 밀려났다. 버지니아 S.Virginia S.도 그랬다. 호리호리하고 말쑥하게 차려입은 11세 소녀는 정신과 의사의 딸이었지만, 5세 때부터 정신박약아동 수용시설에서 지냈다. 어느 날, 핍스의 외래 환자 프로그램을 이끌던 에스터 리처즈Esther Richards는 버지니아가 조용히 상자 하나를 내려놓는 모습을 보았다. 상자 속에는 두 개의 그림 맞추기 퍼즐 조각들이 한데 섞여 있었다. 아이는 참을성 있게 퍼즐 조각을 분류하더니 재빠른 솜씨로 두 개 모두 맞춰버렸다. 학교 직원들은 버지니아가 벙어리이며 아마 듣지도 못할 거라고 자신 있게 말했지만, 리처즈는 아이가 색종이로 긴 고리를 만들며 성탄절 찬송을 허밍하는 소리를 들었다.

카너는 버지니아처럼 어느 누구도 진면목을 알아보지 못한 채 수용시설의 휴게실과 폐쇄 병동에서 시간만 보내는 아이들이 아주 많을 것이라고 확신했다. 똑같은 양상을 보이는 8명의 어린이를 보고 난 후 그는 자기의 발견을 전 세계에 알릴 준비를 했다.

VII

1942년 1월, 《불안한 어린이The Nervous Child》라는 새로운 저널의 편집자인 어니스트 함스Ernest Harms가 카너에게 초빙 편집자를 맡아줄 수 있는지 물어왔다. 자신의 연구를 어린이 정동장애 분야의 첨단에 위치시킬 기회임을 직감한 카너는 중대한 결과를 얻기 직전이라고 넌지시 알렸다. "매우 흥미롭고 독특하지만 아직 학계에 보고되지 않은 양상을 나타내는 어린이들을 꽤 많이 추적하면서 오래도록 흥미와 매력을 동시에 느껴왔습니다. 자료들을 엮어 언젠가 논문을 써볼 작정이었지요."[112] 함스는 미끼를 덥썩 물었다.

환자들의 증상이 '독특하고' 아직까지 '보고되지 않았다'는 카너의 주장은 어린이 조현병에 관해 발표된 많은 논문들을 생각할 때 다소 과장된 것이었다. 불과 몇 개월 후 데스페르트는 함스의 저널 창간호에 한사코 혼자 있으려고 하며, 변화나 새로운 상황을 두려워하고, 판에 박힌 버릇과 의례儀禮적인 행동을 고집하며, 수학과 천문학에 비상한 관심을 갖고, 천재적인 기억력을 타고난 어린이들을 기술한 논문을 발표했다.[113] 심지어 이들을 가리켜 블로일러적인 의미로 '자폐증'이라는 용어를 쓰기도 했다. 그러나 항상 그랬듯 그녀의 증례 보고는 환자들이 환각을 비롯하여 성인 정신병의 초기 단계에서 겪는 증상들로 고통받고 있을 것이라는 가정으로 인해 혼란스럽고 갈피를 잡지 못했다.

반면, 1943년 6월 《불안한 어린이》에 발표된 〈감정적 접촉을 가로막는 자폐증적 요인들Autistic Disturbances of Affective Contact〉이라는 카너의 논문은 임상적 명료성의 모범이라 할 만했다. 프랑클과 캐머런의 세심한 관찰, 부모들의 일기와 편지에서 발췌한 내용, 환자들의 행동에 대한 자신의 생각들을 치밀하게 엮어 정신분석적 혼란 상태로부터 새로운 증후군의 모습을 뚜렷이 부각시킴으로써 '정신병 전 단계'의 어린이라는 뭐가 뭔지 알 수 없는 집단으로부터 하나의 뚜렷한 진단적 실체를 정립했던 것이다. 처음 진료한 11명의 환자에 대한 생생한 묘사는 이후 반세기 동안 자폐증이라는 병의 양상을 뚜렷하게 보여주는 예로 굳게 자리를 지켰다.

카너의 논문은 군주가 신민들을 상대로 연설하듯 자신감에 가득찬 말투로 시작된다. "1938년 이후로 많은 어린이들이 우리의 주목을 끌었는데, 그 증상은 지금까지 알려진 어떤 병과도 현저히 다르며 독특하므로, 각 증례는, 결국 그렇게 되기를 바라지만, 그 흥미롭고 독특한 점들을 자세히 살펴볼 가치가 있다."

그의 문학적 배경은 큰 도움이 되었다. 카너는 삶의 사소한 독특함에서 보편적인 진실을 드러내는 시인이나 소설가처럼 자신이 관찰한 것들을 아주 세세한 부분까지 차곡차곡 쌓아 올리며 자폐증이라는 임상적 양상을 뚜렷이 드러냈다.

> 소년은 거의 하루도 빠짐없이 "발코니에서 개를 던지지 마세요"라고 말했다. 어머니는 그들이 영국에 살 때 아들에게 장난감 개를 던지지 말라며 똑같은 말을 했던 사실을 기억해냈다. 냄비를 보면 아이는 항상 소리쳤다. "피터-이터Peter-eater." 엄마는 이 특이한 연상이 아이가 두 살 때 자장가를 불러주다가 냄비를 바닥에 떨어뜨린 순간부터 시작되었다고 했다. 그때 들려준 구절이 "피터, 피터, 펌프킨 이터Peter, Peter, pumpkin eater"였던 것이다.

> 소녀의 문법은 전혀 융통성이 없었다. 그때그때 상황에 따라 문법적인 변형을 전혀 가하지 않고 들은 문장을 그대로 사용했다. "내가 거미를 그리길 원해"라는 말은 "거미를 그려주세요"라는 뜻이었다. 자기가 하고 싶을 때는 질문을 문자 그대로 반복했으며, 자기가 하기 싫은 일은 절대로 지시에 따르지 않았다.
> 검사를 받는 사이사이에 소년은 사람들에게 전혀 신경을 쓰지 않고 방 안을 돌아다니며 다양한 물건을 이리저리 살펴보거나 쓰레기통 안에 무엇이 있는지 뒤졌다. 쪽쪽 소리를 자주 내며 때때로 자기 손등에 입을 맞추었다. 놀이용 도형 중에서 원을 유난히 좋아하여 책상 위에 굴린 후 떨어지기 직전에 붙잡는 장난을 치며 놀았는데 몇 번은 성공하기도 했다.

카너는 그 시점에서 진단 기준을 제시하는 것은 시기상조라고 생각했다. 아직 환자들의 행동에서 가장 중요한 측면들을 파악하는 중이었다. 그러나 양상을 분명히 제시하기 위해 이 증후군을 겪는 모든 어린이들에게 공통적으로 나타나는 두 가지 '필수적 공통점'을 제시했다.

첫 번째는, 태어났을 때부터 스스로 고립되려는 강한 의지를 보인다는 점이다. 그는 이를 '극단적 자폐적 고립'이라 명명했다.

> 가장 두드러진 '질병 특이적' 기본 장애는 태어날 때부터 일반적인 방식으로 타인과 상황에 **자신을 연관시키지 못하는 것**이다. 부모들은 자녀가 언제나 '혼자 있어도 충분한' '어떤 껍질 속에 들어 있는 것 같은' '혼자 있을 때 가장 행복한' '다른 사람이 아예 없는 것처럼 행동하는' '자신에 관한 모든 것을 깡그리 잊어버리는' '침묵의 지혜를 깨달은 것 같은' '일상적 수준의 사회적 인식을 형성하지 못하는' '최면에 걸린 것처럼 행동하는' 경향이 있다고 말했다.… 이런 극단적 자폐적 고립은 처음부터 존재하며, 밖에서 다가오는 모든 것을 가능한 한 언제나 외면하고, 무시하고, 차단한다. 고립을 방해할 가능성이 있는 직접적인 신체 접촉이나 동작이나 소음은 '존재하지 않는 것처럼' 취급되거나, 그 정도로 안 될 경우 훼방으로 인해 엄청난 고통을 겪는 것처럼 극심한 분노 반응을 유발했다.[114]

두 번째는, 변화와 예기치 못한 일에 두려움을 느낀다는 점이다. 카너는 이를 동일성을 유지하려는 간절하게 강박적인 욕구라는 인상적인 용어로 표현했다. 이런 욕구는 오직 현상을 유지하려는 노력에 의해서만 억누를 수 있는 깊은 불안을 반영한다고도 했다.

> 일단 어떤 환경이나 순서를 경험하면 그들은 세계가 그것과 다른 환경이나 순

> 서를 절대로 용납하지 않는 요소들로 이루어져 있으며, 그런 환경이나 순서도 정확히 동일한 공간적 또는 시간적 질서 속에 원래 있었던 모든 구성 요소 없이는 용납할 수 없는 요소들로 이루어져 있다고 생각하는 것 같다.[115]

통념과 달리, 카너는 논문의 어디에도 이 증후군을 명명하지는 않았다. 당시에는 수많은 특징적 증상들의 갈피를 잡으려고 노력하고 있을 뿐이었다. (즉, '자폐증적'이란 말은 어린이들의 행동을 가리킬 뿐 어린이들 자신을 가리킨 말은 아니었다.) 카너는 1944년에야 논문의 축약판을 독자층이 훨씬 두터운 《소아과학Pediatrics》 저널에 실으며 자신이 발견한 증후군에 적절한 이름을 붙였다. 바로 **조기유아자폐증**early infantile autism이었다.[116]

이때 이미 자폐증에 대한 카너의 견해는 비엔나에서 아스퍼거와 동료들이 개발한 모델과 근본적으로 달랐다. 우선 카너는 첫돌 전에만 초점을 맞추었기 때문에 성인이나 10대는 아예 관심에서 벗어나 있었다. 자신의 증후군을 매우 다양한 양상을 보이는 폭넓은 스펙트럼으로 간주하는 대신, 환자들을 엄격하게 정의된 획일적 집단으로 규정하고, 그들 사이의 현저한 차이점조차 의도적으로 무시했다.

예를 들어, 그는 '말을 할 수 있는 여덟 명과 말을 하지 못하는 세 명 사이에는 근본적으로 아무런 차이가 없다'는 놀라운 주장을 폈다. 일레인의 초현실적 경구들, 창문 가리개와 X선 검사실에 대한 알프레드의 집요한 질문, 도널드가 장난감을 마루 위에 빙글빙글 돌리는 행동이 근본적으로 동일하다고 주장한 것이다. 모두 유아론적唯我論的 자기자극일 뿐, 그 이상도 이하도 아니란 것이었다. 그는 **대화**라는 단어를 비난하듯 따옴표로 묶어가며 수량에 대한 도널드의 집착이 **순전히 지루한 연습**에 불과하다고 주장했다.

그의 '대화'는 대부분 강박적인 질문들로 이루어져 있다. 그는 질문을 끝도 없이 조금씩 바꾸었다. "일주일은 며칠이지? 한 세기는 몇 년이지? 하루는 몇 시간이지? 하루의 절반은 몇 시간이지? 한 세기는 몇 주지? 천 년의 절반은 몇 세기지?"라거나, "1리터는 몇 밀리리터지? 4리터짜리 통을 채우려면 물이 몇 리터 필요하지?" 하는 식이었다. 때로는 이렇게 물었다. "1분은 몇 시간이지? 한 시간은 며칠이지?" 그는 아주 신중해 보였고, 항상 대답을 요구했다.[117]

하지만 자폐증에 대한 프랑클의 개념은 치료 교육원 시절 이래 전혀 변하지 않았다. 두 사람의 방법론적 차이는 카너의 기념비적인 논문이 실린 《불안한 어린이》에서 극적일 정도로 두드러졌다. 프랑클은 같은 호에 실린 〈언어와 정동 접촉Language and Affective Contact〉이라는 증례 연구에서 분명히 자폐증이라고 생각했던 칼 K.Karl K.라는 소년을 설명하면서 "가장 극단적인 형태로 사람들과 접촉을 회피했다"[118]라고 썼다. 고트프리드에 대한 아니의 묘사와 마찬가지로, 프랑클의 논문(역시 수십 년간 전혀 관심을 받지 못했다)도 자폐증에 대한 비엔나 연구팀의 포괄적인 시각을 들여다 볼 수 있는 드문 기회를 제공했다. 하지만 결국 카너의 훨씬 제한적인 모델에 가리워지고 말았다.

카너는 자신의 증후군과 정신지체를 분명히 구분했다. 그러면서 자기의 어린 환자들이 '영리해 보이는 용모'를 지녔는데, 이는 '상당한 인지적 잠재력'을 갖고 있다는 증거라고 극구 칭찬했다. 이런 개념은 높은 정신적 능력이 호감을 주는 신체적 대칭성을 통해 밖으로 표출된다고 생각했다는 점에서 우생학 이론과 상당히 공통점이 있다. 반면, 프랑클은 칼이 '원시적인 얼굴 생김새'와 '둔한 표정'을 지녔다고 묘사했다. 소년은 평생 단 한마디도 하지 않았지만 언어를 이해할 수 있었다. "아이는 좋아하는 것을 내밀면 다가왔다. 좋아하지 않는 일을 해달라고 하면 도망쳤다.…많은 사람 사이에 있을 때도 혼자 있는 것처럼 행동했다."

프랑클이 어린이병원에서 처음 칼을 보았을 때 아이는 침대에 묶인 상태였다. 그저 몸을 앞뒤로 흔들거나 규칙적인 동작들을 하며 '공허한 단조로움 속에서' 시간을 보냈다. 어쩌다 개방 병동으로 탈출하기도 했는데, 그럴 때면 '숨막힐 정도로 빠른 속도로' 내달리며 카트를 뒤집어엎는 등 업무를 방해하곤 했다. 소년이 실제로 어떤 능력을 갖고 있는지 분명히 파악하기 위해 프랑클은 비엔나 어린이병원의 전형적인 방식에 따라 아이의 집을 방문했다. '일상생활이 잘 확립된' 자기 집에서 프랑클은 아이가 훨씬 느긋하고 뚜렷한 목적을 갖고 행동한다는 사실을 알 수 있었다.

> 아이가 하고 싶어 하고, 실제로도 규칙적으로 하는 일들이 있었다. 책장 맨 위를 비롯하여 아이가 앉고 싶어 하는 장소들도 있었다. 아이는 어디는 올라가도 되고, 어디는 안 되는지, 어디에 음식이 있는지를 정확히 알았다. 엄마는 심지어 혼자 밖에 나가는 것도 허용했는데, 그럴 때는 절대 집에서 멀리 떨어지지 않았으며, 뭔가를 부수거나 위험한 일을 한 적도 없었다.[119]

소년이 카너가 《불안한 어린이》의 같은 호를 통해 전 세계에 소개한 증후군의 두 가지 필수적 특징(자폐증적 고립 그리고 정성스럽게 수행하는 의례적 행동)을 나타낸다는 사실은 분명했다. 하지만 카너라면 자폐증으로 진단하지 않았을 것이다. 왜냐하면 칼은 뇌에 종양들이 생기는 유전질환, 즉 결절경화증을 앓고 있었는데 카너는 이처럼 기질적 뇌손상이 있는 경우는 자폐증에 포함시킬 수 없다고 생각했기 때문이다. 칼은 뇌전증에 의한 발작을 일으키기도 했는데 이 또한 카너에게는 제외 기준이었다. 현재 뇌전증은 자폐증의 가장 흔한 동반 질환으로 생각되며, 자폐증으로 진단받은 사람의 거의 3분의 1에서 나타난다.[120]

프랑클은 칼이 심각한 지적장애에서 '놀라운' 신동에 이르는 연속선상의 한 점에 해당한다고 강조했다. 그러나 이렇게 포괄적인 그의 자폐증 개념은 다름 아닌 그의 생명을 가스실에서 구해준 사람에 의해 잊힐 운명에 처해 있었다. 미국에서 가장 유명한 어린이 정신과 의사로서 카너는 전문가들은 물론 외부로도 광범위하게 펼쳐진 인적 네트워크를 통해 자폐증에 관한 자신의 견해를 널리 퍼뜨리는 데 적절한 위치에 있었던 것이다. 논문의 축약본이 《소아과학》에 실리고, 이어 《신경과학, 정신의학 및 내분비학 연감The Year Book of Neurology, Psychiatry and Endocrinology》(의료인들 사이에 가장 널리 읽힌 연구 논문을 1년에 한 번씩 정리하여 발간하는 책)에까지 실리자, 《생물학 분기 논평Quarterly Review of Biology》의 한 논평자는 그해 어린이 정신의학 분야에서 '가장 중요한' 논문이라고 찬사를 퍼부었다.[121] 그는 다름 아닌 카너의 환자 바바라 K.의 아버지 웬델 먼시였다.[122]

카너가 논문을 발표하고 4개월이 지난 후, 아스퍼거는 자폐성 정신병증에 관한 논문을 지도 교수인 프란츠 함부르거에게 제출했다. 이미 함부르거의 상관들은 관심의 초점을 장애아의 근절로부터 유대인 말살 쪽으로 돌린 뒤였다. 1년 뒤 아스퍼거의 논문이 세상에 나왔을 때 어린이병원은 이미 잿더미가 되어 있었다.

5

유해한 양육의 발명

어린이는 내가 인간관계의 기계화라고 부르고자 하는 것에 의해 반복적으로 충격을 받는다.[1]

레오 카너

I

카너가 〈감정적 접촉을 가로막는 자폐증적 요인들〉이라는 논문을 썼을 무렵, 게오르그와 아니 프랑클은 이미 오래전에 볼티모어를 떠나 있었다. 자신들의 오랜 경험이 카너의 연구에 요긴한 역할을 할 수 있는 존스 홉킨스 병원에서 안정적인 자리를 얻고 싶었지만, 일은 그렇게 풀리지 않았다.

1940년 12월 4일, 아니는 마이어에게 편지를 보내 이제 세미나에 참석할 수 없다고 사과하며, 대학에서 자리를 얻으려던 계획이 '실현'되지 않았기 때문에 어쩔 수 없이 워싱턴주에서 정신의학 사회복지사 자리를 얻을 수밖에 없다고 설명했다. "매우 유감스럽습니다. [세미나가] 지난 몇 년간 제게 다른 무엇보다도 많은 것을 가르쳐주었고, 앞으로도 계속 그럴 것이기 때문입니다."[2] 카너는 마이어의 도움을 받아 게오르그에게 어린이 연구소보다 봉급이 더 많은 자리를 알아봐주었다.[3] 프랑클 부부는 결국 1950년대에 자폐증 연구의 중심지로 발돋움한 카너 연구팀에서 멀리 떨어진 캔자스 대학교 심리학과에서 교편을 잡았다.

이렇게 하여 카너는 그 증후군에 대한 개념을 혼자서 정립할 수밖에 없었다. 그는 도널드와 일레인을 관찰한 데 대해 게오르그의 공로를 인정했지만, 이후 연구에서 다시 그를 언급한 일은 거의 없었다. 자신의 기념비적 발견을 설명한 향후 기록에서 예외없이 트리플렛 가족이 포레스트에서 자신을 찾아왔던 '놀라운 우연'만을 강조했을 뿐이었다.[4]

게오르그와 아니는 오랜 세월에 걸쳐 성인기까지 이어지는 연속선상의 다양한 지점들을 나타내는 살아 있는 본보기로서 환자들을 관찰했다. 프랑클 가족이 떠났을 때 카너는 이렇게 균형 잡힌 관점만 잃어버린 것이 아니었다. 동시에 환자의 부모와 친척들의 특이한 점까지 포괄적으로 고려했던 비엔나식 관점의 선견지명까지 잃어버렸다. 아스퍼거는 환자들의 집안 내력 속에 천부적 재능과 장애라는 요소가 불가분의 관계로 얽혀 있다는 점을 꿰뚫어 보았다. 이런 경향은 자폐증의 복잡한 유전적 원인과 그가 말한 '이런 성격 유형의 사회적 가치'[5]를 입증하는 것이었다. 반면, 카너는 장차 대중문화 속에서 '냉장고처럼 차가운 엄마'라는 오명을 얻게 될 사악한 존재의 그림자를 보았다.

그는 예리한 임상 관찰자이자 설득력 있는 저자였지만, 환자들의 행동을 해석하며 저지른 이런 실수는 매우 폭넓은 악영향을 미쳤다. 부모가 자기도 모르게 자녀의 자폐증을 일으킨다고 규정하여 수십 년간 자폐증 연구를 엉뚱한 방향으로 이끌었을 뿐 아니라, 전 세계에 걸쳐 고통받는 가족들에게 도리어 낙인을 찍고 수치심을 느끼게 했던 것이다.

자녀에 대해 두 번째, 세 번째, 심지어 네 번째 의견을 들어보려고 카너의 진료실까지 찾아오는 부모들은 전반적으로 카너와 상당히 비슷했다. 즉, 상식적이고 사회적 관계도 탄탄한 중상류층 지식인들이 많았다. 웬델 먼시를 포함하여 처음에 연구했던 11명의 환자 중 아버지가 정신과 의사인 경우가 4명이나 되었다.[6] 알프레드 L.의 어머니는 심리학자였고, 아버지는 법학 학위를 받은 화학자로 특허국에서 일했다. 프레더릭 W.의 아버지는 식물병리학자였고, 리처드 M.Richard M.의 아버지는 임학 교수였다. 어머니들 또한 성공적인 여성들이었다. 미국 여성 중 대학을 마친 사람이 4명 중 1명이 안 되었던 시절에 이들 중에는 9명이 학사나 석사 학위를 갖고 있었다.[7] 심지어 부모의 형제자매나 조부모들 중에도 아주 명석한 사람이 많았다.

프레더릭 W.의 할아버지에 대한 카너의 간략한 묘사는 로렌스 올리비에Laurence Olivier가 주연을 맡은 총천연색 장편 영화의 홍보 문구를 보는 듯하다. 영국에서 열대의학을 공부하고 아프리카에서 활동할 의료 선교단을 조직하기도 했던 그는 미술관장이자 의과대학 학장으로 일하면서도 브라질의 망간 광산 개발 분야의 전문가가 되었다. 여류 소설가와 정분이 나서 홀연히 유럽으로 자취를 감추고 25년간 함께 살기도 했다. 카너는 경이로운 어투로 이렇게 썼다. "세 가족만 빼고 모두가 《미국 인명록Who's Who in America》이나 《미국의 유명 과학자American Men of Science》 또는 양쪽에 모두 이름을 올릴 만한 가족들이었다."

아스퍼거도 환자들의 부모나 친척 중에 매우 성공적인 사람이 많다는 데 주목했다. 프리츠 V.의 어머니는 오스트리아에서 가장 유명한 시인의 자손이었고, 종조부 역시 '매우 명석'했지만 평생 은둔자로 살았던 교육자였다. 그는 많은 경우에 '이들의 조상은 수세대에 걸쳐 매우 지성적인 사람들이었다'고 말했다. 두말할 것 없이 어린이의 장래 직업을 예측하는 라차르의 버릇에 영향을 받은 그는 환자들의 친척 중에 육체노동자가 있다면 '직업을 놓친' 사람일 가능성이 높다고 덧붙였다. 예를 들어, 하로의 아버지는 화가이자 조각가였지만 오스트리아 경제가 완전히 파탄나는 바람에 먹고살기 위해 빗자루와 솔을 만들었다.

그들의 천부적인 재능은 대가를 치렀다. 아스퍼거는 프리츠의 어머니를 매력 없고, 습관적으로 걱정에 빠지며, '사회적 관계를 직관적으로 이해하는 능력이 떨어지는, 뭔가 맞지 않고 약간 외톨이 같은' 여성으로 묘사했다. 살기 위해 해야만 하는 잡다한 일에 짓눌릴 때면 남편과 아들을 버려두고 일주일 정도 혼자 산으로 가버리곤 했다. 어느 날 아스퍼거는 프리츠가 '온갖 짓궂은 장난을 치며' 주위를 정신없이 뛰어다니는 동안, 뻣뻣하게 뒷짐만 진 채 서 있는 그녀의 모습을 보기도 했다. 두 사람은 서로의 존재를 완전히 잊은 것 같았다. 하지만 그녀는 아들이 자기처럼 성격이 유별나 서로 감정적으로 잘 이해할 수 있다는 사실을 힘주어 강조했다. 아스퍼거는 이렇게 썼다. "엄마는 아들을 하나부터 열까지 속속들이 알고, 아들의 어려움을 완전히 이해했다. 자신 속에서 그리고 자신과 사람들의 관계 속에서 비슷한 특징들을 찾으려고 노력했으며, 이 점에 관해 아주 조리 있게 설명했다."

여기에 비해, 확실히 카너의 관점은 훨씬 흐릿했다. 유해한 양육이라는 이론은 특히 존스 홉킨스를 전반적으로 지배했다. 마이어의 제자 중 시어도어Theodore와 루스 릿즈Ruth Lidz가[8] 조현병을 초래하는 엄마라는 가설을 만들었기 때문이다.[9] 릿즈 부부는 야심 찬 전문직 여성들을 의심했다. 엄마 노릇을 하느라 꿈이 좌절된 여성이 자식에게 깊은 적대감을 갖고, 그것을 은폐하느라 자식의 행복에 과도한 관심을 쏟으리라 예상했던 것이다.

이런 이론은 환자들의 특이한 관심과 유별난 기억력에 대한 카너의 관점에 결정적으로 나쁜 영향을 미쳤다. 그는 이들이 그토록 강렬하고 열정적으로 끊임없이 떠들어대는 사소하고도 유별난 것들에 실제로 관심이 있으리라고는 상상도 할 수 없었다. 아스퍼거와 동료들이 혼란스러운 세상에서 체계적으로 데이터를 획득하는 특수한 지성이라고 생각했던 바로 그 점을 카너는 부모의 애정을 갈구하는 절박한 몸부림이라고 보았다. "두 살에서 세 살 난 어린이에게 이 모든 단어나 숫자나 시구(장로교 교리문답에 나오는 질문과 답변, 멘델스존의 바이올린 협주곡, 시편 23편, 프랑스 자장가, 백과사전의 색인)는 성인으로 치면 아무 의미 없는 음절을 모아놓은 것에 지나지 않는다."[10] 그는 트리플렛 가족처럼 성취욕이 너무 높은 부모들이 자녀의 성격을 문화적으로 올바른 방향으로 형성하고 자존감을 강화시키기 위해, 외부의 영향에 쉽게 휘둘릴 수밖에 없는 어린 자녀의 마음속에 쓸데없는 정보를 '마구 채워 넣는다'는 이론을 제시했다.

임상가로서 카너는 사람들을 격려하면서 방어벽을 뚫고 들어가 삶의 가장 내밀한 부분을 털어놓게 하는 특별한 재능이 있었다. 양크턴의 돌로 된 방에서 환자들을 극진히 돌보았던 장애인 자원자에게서 배운 기술이었다. "그는 면담 시 부모들에게서 자녀의 발달과정 중 겪었던 우여곡절들에 대해 순서에 입각한 설명을 이끌어내는 놀라운 능력을 갖고 있었다."[11] 존스 홉킨스에서 수제자였던 정신과 의사 레온 아이젠버그Leon Eisenberg의 회상이다. "예민하지만 참을성 있게 귀 기울일 줄 알았던 그는 좀처럼 말을 끊지 않았다. 질문은 상대방을 완전히 무장해제시킬 정도로 부드러웠지만, 예리하게 핵심을 파고들었다." 자폐증의 원인에 대한 이론을 구축해가는 과정에서 카너는 어린이들의 발달과정을 생생하게 재구성하는 데 크게 도움이 된 부모들의 설명을 자세히 기록한 후, 그것을 무기로 바꾸어 '부모의 강박적인 집요함을 생생하게 보여주는 예'로 인용했다.

논문에서는 비먼 트리플렛이 보냈던 33페이지에 달하는 편지에 대한 묘사를 시작으로 환자와 가족들에게 강박적이라는 단어를 열 번 넘게 사용했다. 진료실을 찾아온 가족들에 대한 거들먹거리는 태도는 거기서 그치지 않았다. 자신을 두고 환자들의 삶에 대해 유일하게 신뢰할 수 있는 해설자라고 묘사하면서 한 소년의 어머니를 '아마 대학은 나왔을 것'이라고 하는가 하면, 알프레드의 어머니를 '자녀에 대해 정신과적 진단을 붙이기 좋아하는 자칭 정신과 의사'라고 썼다. (이런 태도는 카너에게 특히 짜증을 일으켰을 것이다. 마이어 밑에서 일자리를 얻은 후에야 스스로 정신과 의사라고 부를 수 있을지에 대한 불안감을 떨칠 수 있었으니 말이다.) 그는 리처드 M.이라는 소년의 어머니를 이렇게 묘사했다.

> 사소한 세부 사항에 대한 강박적 집착과 아이의 성취에 대한 온갖 희한한 해석을 꼼꼼히 챙겨 읽는 경향을 나타내는 엄청난 메모를 가지고 왔다.[12] 아이의 모든 몸짓과 '표정'을 주의 깊게 관찰하면서 (또한 기록하면서) 특별한 중요성을 찾아내려고 노력한 끝에 마침내 특별한, 때로는 황당무계한 설명을 찾아냈다. 이런 식으로 매우 정교하고 풍부한 예를 들기는 했지만, 전반적으로 실제로 일어난 일보다는 각 사건에 대한 자신의 생각을 드러내는 엄청난 양의 기록을 쌓아왔던 것이다.

거들먹거리는 비난을 피한 유일한 부부는 웬델 먼시와 그의 아내인 존스 홉킨스 병원 간호사 레이철 캐리Rachel Cary뿐이었다.[13] 카너는 이들을 두고 '뛰어난 정신과 의사'와 '훌륭한 교육을 받은 친절한 여성'이라고 썼다. 나중에 먼시는 《생물학 분기 논평》에 카너의 논문을 극찬하는 리뷰를 써서 호의에 보답했다.[14]

카너는 이렇게 결론 내렸다. "전반적으로 부모, 조부모, 친척들은 과학적, 문학적, 예술적 성격을 띤 추상적 개념에 강한 집착을 보이는 반면, 인간에 대한 진정한 관심은 매우 제한되어 있다. 이것만은 분명하다.…이들을 통틀어 진정 마음이 따뜻한 아버지나 어머니는 매우 드물다. 가장 행복한 결혼 생활조차 때로는 상당히 차갑고 형식적인 관계일 뿐이다."[15]

이렇게 하여 그는 그의 증후군을 세상에 소개하는 논문을 통렬한 양가감정의 기록으로 끝마쳤다. 자폐증이 태어날 때부터 타고난 상태일 가능성이 높다는 점을 강조하는 동시에, 불편한 가능성으로 통하는 문을 열어두었던 것이다. 즉, 이기적이고, 강박적이며, 정서적으로 얼음장 같은 부모들이, 자신들이 제공할 수 없는 따뜻한 사랑을 시와 교향곡과 교리 문답과 백과사전으로 대체하려다 자녀를 정신질환의 구렁텅이로 밀어넣는다는 것이다.

어린이 정신의학의 진보라는 면에서 두 이론은 각기 장단점이 있다. 태어날 때부터 존재하는 주요 정신병을 처음 발견해낸 덕분에 출생 전 및 출생 후 발달, 유전학 및 신경학 연구가 시급하다는 인식이 전례 없이 확산되었다. 모두 카너가 심리학에 통합시키기를 바라 마지않던 분야였다. 그러나 그 발견은 '아동 지도child guidance✦'라는 분야에서 많은 동료들이 힘들여 개척했던 역할, 즉 성인기의 비행과 정신질환의 예방이라는 측면을 폄하하는 것이기도 했다. 타고난 질병이라면 개선시킬 수 있을 뿐, 예방할 수는 없을 것이었다.

반면, 그는 자신의 증후군이 육아 스타일 때문에 생길 수 있다고 시사함으로써 어린이 정신과 의사들을 가족의 중심에 확고하게 위치시키면서 어쩌면 부모보다 더 강력한 역할을 부여했다. 바로 어린이를 위해 치료적으로 개입할 수 있다는 것이었다. 이런 시각이 정신분석적 개념으로 무장한 카너의 동료들 사이에 인기를 얻은 것은 당연했다. 자폐증이 정신발달에 대한 그들의 최신 이론을 적극적으로 펼칠 수 있는 이상적인 무대가 되었던 것이다.

이 문제에 대한 카너의 불가지론은 그의 배경과 수련 과정을 감안할 때 전략적인 동시에 불가피했다. 모든 가능성을 열어두는 것이야말로 지

✦ 발달이 늦은 아이를 정신의학적으로 치료하는 것을 말한다.

각 있고 독단에 사로잡히지 않는 마이어 학파다운 태도였다. 또한 뚜렷하게 프로이트 쪽으로 기울었던 당시 미국 정신의학계의 분위기상 정치적으로 현명한 방편이기도 했다. 그런 경향은 부분적으로 동유럽에서 쫓겨난 수많은 프로이트 학파의 학자와 의사들이 미국으로 밀려들었기 때문이기도 했다. 그 이론이 틀렸을 경우, 환자의 부모들이 부당하게 엄청난 대가를 치러야 한다는 사실은 계산에 넣지 않았다. 그는 이 질문이 다른 연구자들의 주목을 끌어 장차 그들 중 누군가가 자신이 해답을 발견할 수 있도록 도와주기를 바라며 미해결인 상태로 남겨두었던 것이다.

그러나 매우 애석하게도 카너는 데이터를 해석하면서 또 다른 실수를 저질러 향후 40년에 걸쳐 자폐증 연구 자체에 대한 관심을 전체적으로 떨어뜨리고 말았다. 자신이 발견한 증후군의 유병률을 추측하면서 '그런 어린이 중 일부는 그간 정신박약이나 조현병으로 생각되었을 가능성이 있다'고 하면서도, 이 병은 '매우 드물다'고 상정했던 것이다.

어린이 조현병에 관한 문헌 속에 나타난 비슷한 증례의 숫자와, 자기 환자들이 거의 모두 이전에 정신박약으로 진단받았다는 사실을 감안할 때, 이들을 다시 평가해본다면 더 많은 자폐증이 발견될 것이라는 생각은 전적으로 타당한 것이었다. 그러나 그 증후군이 드물다고 고집스럽게 주장한 것은 분명 미숙한 처사였다. 당시 카너는 미국 전역을 통틀어 몇 명 되지 않는 어린이 정신과 의사 중 하나였는데도 이미 정확히 들어맞는 환자를 13명이나 보았고(원래 논문에서는 11명이었지만 각주를 통해 2명을 더 언급했다), 머지않아 7명을 더 보았다.[16] 게다가 자신 같은 전문가는 물론 소아과 의사, 심리학자, 신경과 전문의를 찾아다닐 형편이 되지 않는 가족들은 무수히 많을 것이었다.

게다가 카너는 그 증후군에 의해 아주 심한 장애를 겪지 않는(대부분의 발달장애가 그렇다) 환자들을 완전히 놓칠 가능성이 높았다. 그가 해리엇 레인 병원 내에 구성해놓은 진료 의뢰 네트워크에 따르면, 그는 항상 가장 혼란스럽고, 다루기 어려우며, 어려운 환자만 보게 되어 있었기 때문이다. 그의 교과서가 출간된 후 해리엇 레인의 소아과 의사들은 자기들이 판단하여 덜 심한 환자를 어린이구호협회, 방문간호사협회Visiting Nurses' Association, 특수교육협회 볼티모어 지부Baltimore Division of Special Education 등 광범위한 사회적 서비스 단체 네트워크에 의뢰할 권한이 주어졌다고 느꼈다. 카너가 도널드를 진찰할 때쯤에는 해리엇 레인을 찾는 어린이 10명 중 1명만 정신과에 의뢰되었으며,[17] 그중에서도 '너무 복잡하거나' '시간이 많이 걸리는' 환자들만 카너의 팀에게 진료를 받았던 것이다.

간단히 말해, 그는 의료 시스템과 가장 연결이 잘 되는 가정 출신 중에서도 장애가 가장 심한 환자만 걸러내도록 되어 있는 피라미드의 꼭대기에 앉아 있었다. 전체적인 양상을 이토록 동떨어진 시각에서 바라보았으니 자신의 증후군을 극히 드물고 놀라울 정도로 균일하다고 본 것도 무리가 아니다. 비엔나에서 아스퍼거가 진찰한 200명의 어린이 중 덜 심한 환자라면 카너의 피라미드 꼭대기에 도달할 가능성이 결코 없었다. 더욱 놀라운 일은, 카너가 다른 연구자들도 자신의 증후군이 극히 드물고 균일하다고 믿도록 극히 무리한 일까지 강행했다는 점이다. 이런 행동은 심지어 반대되는 증거들이 발견되기 시작한 후에도 계속되었다.

II

《불안한 어린이》에 논문을 발표하고 3개월이 지난 후, 카너는 자신의 증후군이 '독특'하고 아직까지 '보고되지 않았다'는 주장에 화가 난 루이스 데스페르에게서 가시 돋친 편지를 받았다. "당신은 제 논문을 읽어보지 않았나요? 제가 보기에 이 논문의 가장 큰 업적은 임상적 증례들을 철저하고 정확하고도 이해를 돕는 방식으로 기술했다는 데 있는 것 같습니다. 그러나 이렇게 말해도 될지 모르겠지만, 저는 비록 이 정도로 주의 깊게 서술되지 않았다고 하더라도 이전에 보고된 실체적 질병들에 대해 새로운 용어를 창안하는 데 반대합니다."[18]

그녀의 말은 일리가 있었다. 카너는 경쟁 따위는 아예 존재하지 않는 것처럼 행동함으로써 경쟁이 일어날 가능성을 교묘하게 회피하려고 했던 것이다. 논문 속에서 어린이들이 조현병으로 '오진되고 있다'고 아무렇지도 않게 말한 것은 특히 터무니없는 처사였다. 환자들에 대한 데스페르의 묘사는 많은 부분 그가 기술한 것과 매우 비슷했다. 독특하다는 주장을 정당화시킬 수 있는 유일한 부분이 있다면, 데스페르는 발병 연령을 비교적 임의적인 범주들로 묶는 데 지나치게 관심을 보였던 반면, 카너는 이 증후군이 '처음부터', 즉 출생 시부터 존재하는 것 같다는 개념을 들고 나온 것이었다.

양쪽의 이론은 모두 문제가 많았다. 데스페르의 환자 S. K.처럼 감정을 표현하는 어휘가 매우 제한적이고, '단어를 기억하는 능력이 정상을 넘지만 단어들을 기계적인 방식으로 사용하며', 100곡이 넘는 자장가를 외워서 부를 수 있는 소년이 정말로 퇴행 전에는 정상적으로 발달했을까? (데스페르는 이런 특징들이 '이전에 적응하는 데 어려움을 겪었다'는 증거라고 인정했다.)[19] 카너는 진료할 당시 환자들의 평균 연령이 5세였는데도 자신의 증후군이 항상 출생 때부터 나타난다고 주장할 수 있을까?

당연히 그렇지 않다. 1955년에 이르면 그는 자신의 주장을 철회한다. "연구 증례가 확장되어, 부모들이 첫 18~20개월까지는 발달과정이 정상이었다고 보고한 어린이들이 많이 포함되었다."[20] 분명한 것은 카너의 '독특한' 증후군과 다른 의사들이 어린이 조현병이라고 불렀던 상태 사이의 경계는 그가 그렇게 보이게 하려고 노력했던 것보다 훨씬 희미했다는 점이다.

처음 발표했을 당시 카너의 논문에 주목하는 사람이 놀랄 만큼 적었던 것은 어쩌면 이렇게 도를 넘는 행동 때문이었는지도 모른다. 나중에 카너는 항상 그렇듯 과장된 분위기로 자신의 논문이 '즉각적으로 전문가들의 주목을 받았다'고 주장했지만, 동시에 '활자화된 최초의 반응은 몇 년 후에야 나타났다'고 인정했다.[21] (자신의 딸이 연구에 포함된 데 대해서는 입도 뻥긋하지 않은 먼시의 열광적인 리뷰는 제외하고 하는 말이다.) 사실 이후 10년간 이 주제에 관해 발표된 논문은 카너 자신이 쓴 것을 제외하면 두 편에 불과했던 반면, 어린이 조현병 연구는 참고 문헌만도 책 한 권 분량에 달할 정도였다.[22]

1946년 뉴욕 벨뷰 병원Bellevue Hospital 정신과장 로레타 벤더Lauretta Bender는 빙글빙글 돌기, 안절부절못함, 반향언어, 타인에 아예 관심이 없어 보이는 것 등 현재 자폐증의 전형적 증상이라고 생각되는 다양한 행동을 나타내어 조발성 조현병으로 진단받은 100명의 어린이를 보고했다.[23] 그녀는 신경계에서 소화 능력에 이르기까지 환자를 전반적으로 침범하여 몸과 마음의 모든 면에 영향을 미치는 것이 이 병의 특징이라고 주장했다. 하지만 동시에 가장 심한 장애가 있는 어린이, 즉 '발달이 늦고, 행동은 유아 수준이며, 신체적으로 주변 사람들에게 의존해야 하고, [자신의] 배설물이나 옷차림에 전혀 신경 쓰지 않고, [자신이] 누군지도 확실히 모르고, 무언증mutism✦이라고 할 정도로 언어표현능력이 떨어지고, 학교나 사회에 전혀 적응을 못하는' 아이조차 일부는 놀랍게도 음악과 미술에 '뛰어난 창조성'과 '피카소를 연상케 하는 실험성'을 나타냈다고 보고했다. 실제로

✦ 말을 거의 하지 않는 증상.

어린이 조현병에 대한 그녀의 설명은 자신의 증후군에 대한 카너의 좁은 관점보다 자폐성 정신병증에 대한 아스퍼거와 프랑클의 기술 쪽에 훨씬 가까웠다.

40년 후 다가올 자폐증의 '유행'을 예고하는 것처럼 20세기 중반 들어 어린이 조현병의 유병률은 오싹할 정도로 급격히 치솟았다. 1954년 벤더는 이전 3년간 추가된 250명을 포함하여 벨뷰 병원에서만 850명의 어린이 조현병 환자를 진료했다.[24] 벨뷰 병원에 국한된 현상이 아니었다. 1946~1961년까지 샌프란시스코 랭리 포터 신경정신병원Langley Porter Neuropsychiatric Institute에 입원한 어린이 7명 중 1명이 정신병으로 진단되었으며, 대부분 3세 이전에 발병한 것으로 보고되었다.[25]

이들의 증례 기록에는 '의례적' 동작, '물건을 빙빙 돌리는 행동', 음식에 대한 까탈스러움('특정한 냄비로 조리한 스파게티 외에는 아무것도 먹으려고 하지 않는' 어린이도 있었다), 장난감이나 가전제품을 분해하는 데 마음을 빼앗기는 것 등 나중에 자폐증의 전형적인 병력으로 생각되는 많은 행동 유형이 쓰여 있었다. 어린 환자 중 환각, 망상 또는 **정신병**이라는 단어와 흔히 연관되는 심각한 증상을 나타낸 경우는 한 명도 없었다. 전반적으로 이들은 말을 하지 못했으며 유별나게 감각이 예민하여 다른 사람들을 피하는 경향을 보였다.

어린이 조현병 연구자들은 이 병이 단일한 것이 아니라 놀랄 만큼 넓은 범위에 걸쳐 다양한 증상으로 나타날 수 있다는 사실을 잘 알았다. 1956년 S. A. 추렉S. A. Szurek은 이렇게 썼다. "질병의 중증도가 다양한 단계로 나타난다는 개념, 즉 정신병리학적 스펙트럼이라는 개념은 몇 가지 이유로 우리의 경험과 가장 잘 들어맞는다."[26]

사실 카너의 증후군이 병을 너무 좁게 정의한 반면, 어린이 조현병은 정반대의 문제를 갖고 있었다. 범위가 너무 넓어서 온갖 다른 유형의 환자들이 너무 많이 포함된다는 것이었다. 1958년 할렘Harlem에 있는 르파그 병원Lafargue Clinic의 힐데 모세Hilde Mosse는 어린이 조현병 환자가 '정신장애인을 위한 주립병원과 학교를 가득 메우고 있다'고 했다.[27] 어린이 조현병은 오리처럼 뒤뚱거리며, 오리처럼 꽥꽥거렸지만, 오리가 아니었다. 갑자기 모든 사람의 뒤뜰에 정신병에 걸린 거위가 나타난 격이었다.

카너는 불길한 징조를 잽싸게 알아차렸다. 자신의 증후군이 독특한 병이라고 주장하면서도, 1948년 교과서 개정판에서는 그 병을 조용히 조현병 챕터에 끼워 넣었다. 1년 뒤 그는 《미국 교정정신의학회지》에 이렇게 써서 공식적으로 백기를 들었다. "어쩌면 조기유아자폐증은…어린이 조현병에서 가장 일찍 나타나는 증상으로 볼 수 있을지 모른다. 저자는 향후 조기유아자폐증을 조현병과 구분해야 할 일이 생길 것으로 생각하지 않는다."[28]

실질적으로 카너는 데스페르나 벤더 등과 휴전 협상을 시도했다. 자신의 희귀하고도 좁게 정의된 증후군을 인정한다면, 추렉의 '스펙트럼'에 속하는 모든 병들을 계속 확장되는 어린이 조현병 속에 포함시키도록 양보한다는 것이었다. 경력이라는 면에서 볼 때, 전략은 주효했다. 카너는 조현병 학회의 좌장을 맡고, 자기 연구에 대한 관심이 급증하는 것으로 충분한 보상을 받았다. 하지만 돌이켜볼 때 이런 휴전의 숨겨진 비용은 만만치 않았다. 이후 모든 임상 문헌에서 **자폐증**, **어린이 조현병**, **어린이 정신병**이라는 용어가 사실상 동의어처럼 마구 섞여 사용된 것이다. 1974년 발표된 카너의 자폐증 논문 선집 제목도 《어린이 정신병Childhood Psychosis》이었다. 이런 현상은 이 분야의 연구를 혼란에 빠뜨렸다. '정신병을 앓는' 어린이 집단을 어떻게 정의하더라도 다양하고 이질적인 질병을 앓는 어린이들이 포함될 수밖에 없었다. 20세기 중반 자폐증의 유병률을 후향적으로 정확하게 평가하기도 사실상 불가능했다. 수많은 자폐증 어린이들이 다른 병명 뒤로 숨어버렸기 때문이다.

카너는 정신의학의 급변하는 경향을 최대한 이용하기 위해 자폐증에 영향을 미치는 육아 방식도 동료들의 일치된 의견에 양보했다. 1941년 아돌프 마이어가 은퇴하자 미국 정신의학계에서 마이어 학파가 차지했던 압도적인 지위는, 정신세계를 통일된 이론으로 설명하는 것보다 각 환자의 삶 속에서 '사실들'을 찾아내는 방식을 강조하는 경향과 함께 당시 크게 융성한 정신분석에 급속히 잠식당한다. 가까스로 학살을 피한 박식한 세대에게 이 어린이들의 운명이 날 때부터 결정되어 변하지 않는다는 카너의 주장은 거의 직업에 대한 반역으로 받아들여졌다. 하지만 자폐증이 가족 역동 문제에 기인한다면 아직 희망이 남아 있을 것이었다.

강력한 동료들에 대한 카너의 조건부 항복은 신속한 만큼이나 부모들에게는 가혹했다. 1948년 4월, 《타임Time》에 "얼어붙은 아이들_유아기 조현병 환자들Frosted Children: Diaper-Age schizoids"[29]이라는 제목의 기사가 실렸을 때는, 그가 자신의 증후군이 출생 시부터 존재한다고 고집을 피우지 않을 것이라는 사실이 명백해졌다. 맨해튼에서 열린 한 학회에서 동료들에게 강연하는 도중 카너는 환자의 부모들에게 맹비난을 퍼부었다. 실험실이나 다음번 전시회 개막식장으로 황급히 뛰어가느라 자녀들을 제대로 안아줄 시간조차 없는 냉정한 완벽주의자들이라는 것이었다. 그는 부모들이 나쁜 마음으로 그런 것은 아니라고 설명했다. 다만, '지나치게 성실한 주유소 직원들처럼 기계적인 서비스'가 곧 책임감 있는 육아라는 개념을 갖고 있다는 것이었다. (《타임》은 불길한 어조로 그가 진료한 환자들의 "어머니 중 다섯 명을 제외하고는 모두 대학 졸업장을 갖고 있었다"라고 보도했다.) 그는 이 어린이들이 타인에게 등을 돌리는 이유가 '성에 제거 기능이 없는 냉장고 안에서 깔끔하게 키워진' 결과, 혼자 있는 데서 오히려 위안을 찾게 되었기 때문이라고 덧붙였다.

냉장고 엄마라는 이미지는 대중의 상상력 속에 지워지지 않는 글자로 각인되었지만, 카너의 관점에서는 아빠들도 똑같이 책임이 있었다. 그의 열렬한 제자 레온 아이젠버그는 아버지들에게 초점을 맞춘 독자적인 증례 연구를 발표했는데,[30] 마치 정신과적 평가를 위해 해리엇 레인에 아들딸을 데려오는 아버지라면 스스로 정신질환이 있다는 사실을 인정하는 것과 다름없다는 말로 읽힐 정도였다. 사람을 주눅 들게 하는 논조로 그는 '해부학적 문제를 지닌 사람에게는 조금도 관심을 보이지 않고 감염된 담낭, 병든 창자, 종양을 처리하는' 부유한 외과 의사를 예로 들었다. 다른 아버지는 항상 '수학 논문'을 읽느라 '매우 서툰 방식으로' 사랑을 나누었기 때문에 아내가 욕구 불만과 분노에 차 있었다고 보고했다. 아이젠버그는 아버지들에게서 이런 특징이 '단조로울 정도로 규칙적으로' 관찰되었다면서, 기차가 탈선되어 뒤집혔는데도 원고를 찾아내라고 소란을 피웠던 한 남성을 상징적인 예로 인용했다.

1956년 카너와 아이젠버그는 10여 년간의 연구를 집대성하는 논문을 발표했다. 논문은 이스라엘의 키부츠kibbutz✦에서 행해지는 육아법에 대한 연구에서 영감을 얻은 것이었다. 키부츠에서는 전통적으로 부모가 수행했던 육아 역할 중 많은 부분을 '따뜻하고 애정을 드러나게 표현하는' 탁아소 직원들이 맡았다. 그들은 자폐증 환자의 가족들이 키부츠를 '뒤집어놓은 것' 같다고 설명했다.[31] 아이들은 대체로 부모에 의해 양육되기는 하지만, '따뜻하고, 융통성 있으며, 개인의 성장을 뒷받침하는 분위기' 속에서 키워지지 않는다는 것이었다. 대신, "유치한 행동주의의 엄격한 규율

✦ '집단'이라는 뜻으로, 이스라엘 땅에 유토피아를 건설하려는 이상주의자들이 만든 생활공동체.

에 따라 정해진 일정에 맞춰 신체적 욕구가 복수심과 함께 기계적으로 충족된다." 어린이들은 존재 자체로 인정받는 것이 아니라 '완벽한' 행동, 영리함, '자족성self-sufficiency' 등에 의해 보상받았다. 마지막으로, 그들은 이렇게 덧붙였다. "의미 없는 단어들로 이루어진 긴 구절을 낭랑한 목소리로 단순 암기할 수 있다는 것이 이 어린이들이 타고난 지적 능력을 측정할 수 있는 수단인지는 몰라도, 그것은 동시에 부모들이 자랑스럽게 내보이기 위해 집에서 그토록 쓸모없는 활동을 강조했다는 사실을 한층 뚜렷하게 드러낸다."

카너는 섣불리 치료 권고안을 내놓지는 않았지만, 그의 주장으로부터 예측할 수 있는 결론은 어린이들을 '그들을 위해' 부모의 품에서 떼어내어 오랫동안 벨뷰나 랭리 포터 병원 등의 기관에 수용하고, 부모들은 수년간 정신분석 치료를 받도록 하는 자폐증 치료 계획을 광범위하게 도입하는 것이었다. 언론에서 능글맞게도 **부모 절제술**parentectomy이라 부른 이런 방법을 가장 열렬히 주장한 사람은 역시 뒷문을 통해 정신의학계에 들어온 또 다른 동유럽 이민자였다.

III

"네 엄마와 똑같구나. 차갑고 딱딱하잖니." 세계적으로 유명한 소냐 샹크먼 장애학교Sonia Shankman Orthogenic School 교장은 화려하게 장식된 정원에서 있는 석상을 가리키며 자폐 어린이에게 이렇게 말했다. 시카고 대학교 내에 있는 이 학교는 교장인 브루노 베텔하임Bruno Bettelheim이 최초로 자폐 행동에 관한 통찰을 얻었다고 주장하는 장소들과 정반대로 설계되었다. 그 장소들이란 바로 다하우와 부헨발트 강제 수용소였다. 그는 그곳에 11개월간 수용된 적이 있었다.

학교의 벽은 베텔하임이 직접 고른 그림과 태피스트리로 장식했다.

어린이들은 각자의 방을 좋아하는 색깔로 칠했고, 린넨 식탁보로 덮인 식탁에서 세련된 도자기에 담긴 음식을 먹었다. 정교한 방식으로 자존감과 자기통제력을 키워주려는 것이었다. 출입문은 잠겨 있었다. 환자들을 안에 가두려는 것이 아니라, 바깥세상을 배제하려는 것이었다. 엄마들은 가급적 방문하지 못하게 했지만, 어린이들은 원한다면 언제든 집에 다녀올 수 있었다.

베텔하임이 치료적 환경을 설계하면서 롤모델로 삼은 사람은 아우구스트 아이크호른이었다. 에르빈 라차르에게 영감을 주어 비엔나의 치료교육원을 시작하도록 했던 바로 그 사람이다. 그러나 비엔나 어린이병원과 달리 장애학교는 정신분석의 원리와 실천을 기반으로 했다. 모든 환경은 단 한 가지 목적을 위해 설계되었다. 어린이들이 가족을 대신하는 교직원들의 도움과 지도 속에서 유독한 가정 환경으로 인해 정지된 자아발달 과정을 다시 시작하도록 한다는 것이었다(집단적 초자아의 역할에도 베텔하임의 영향이 드리워져 있었다).

목재상의 아들인 베텔하임은 스스로 '프로이트의 비엔나'라고 생각했던 도시에서 성장했다. 오토 페니헬Otto Fenichel에게서 정신분석이라는 말을 처음 들었을 때 그는 14세였다.[32] 페니헬은 베텔하임보다 나이가 많았는데 당시 이미 프로이트의 세미나를 들으러 다녔고, 나중에 유명한 정신분석가가 된다. 어린 베텔하임은 기회만 있으면 베르가세Bergasse가의 가파른 언덕길을 지나다녔다.[33] 19번지에 그 위대한 사람이 살고 있었던 것이다.

처음에 그는 왜 프로이트가 비엔나에서도 유독 황량한 지역에 있는 별 특징없는 거리에 사는지 이해할 수 없었다. 훗날 베텔하임은 베르가세 거리가 인생 역정의 외적 표상으로 프로이트의 마음을 사로잡은 것이 분명하다고 혼자 생각하곤 했다. 베르가세 거리는 가난한 유대인들 소유의 먼지 투성이 고물상들이 빽빽하게 들어선 곳에서 시작하여 비엔나 대학교가 있는 가파른 언덕 꼭대기에서 끝난다. 옳든 그르든 그 생각은 파란만장한 경험의 실타래로부터 의미를 직조하는 서사였다. 상징으로 가득 찬 서사를 스스로 만들어낸 화려한 장식으로 치장하는 것은 베텔하임이 세계와 소통하는 방식이었다.

그는 비엔나 대학교에 등록하여 6년간 열심히 공부한 끝에, 우등은 아니었지만 예술 이론 박사 학위를 받았다(나중에 주장한 것처럼 최우등으로 심리학 박사가 된 것은 아니다). 1926년 아버지가 매독으로 사망하는 바람에, 베텔하임은 학자의 꿈을 접고 가업인 목재상과 제재소를 떠맡아야 했다.[34] 4년 뒤 그는 똑똑하고 매력적이며 독립적인 젊은 여성 기나 알슈타트Gina Alstadt와 결혼했다. 그녀는 그를 '못생겼지만' 매력 있고 말을 잘한다고 생각했다. 그는 키가 작은데다 귀가 엄청나게 크고 두꺼운 안경을 써서 따분해 보였다. 결혼하자마자 그들의 관계는 악화되기 시작했다. 기나는 처음과 끝의 몇 페이지만 읽고 중간도 듬성듬성 빼먹는 주제에 책을 모두 읽은 것처럼 거들먹거리는 남편의 태도를 경멸했다.[35] 나중에는 한 번도 그를 사랑한 적이 없다고 말하곤 했다.

부분적으로는 결혼 생활에 대한 불만 때문에 기나는 정신분석에 입문했고, 결국 남편도 그 뒤를 따랐다. 심지어 그들은 똑같이 부부 분석가로 유명한 리하르트Richard와 에디타 슈테르바Editha Sterba를 만나기도 했다. 전 세계의 부유한 사람들이 비엔나로 날아와 수개월간 소파에 누워 정신분석을 받던 시절에, 기나는 몬테소리 스쿨에서 무급 교사로 일하며 안나 프로이트가 주최하는 세미나에 참석하는 등 정신분석 문화에 깊이 빠져들었다. 1932년 에디타 슈테르바는 그녀에게 끔찍할 정도로 낯을 가리는 팻시Patsy라는 미국 소녀가 다닐 만한 학교가 있는지 알아봐달라고 부탁했다. 소년처럼 머리를 짧게 자른 팻시는 공허한 표정이었다. 겁먹은 눈동자로 기나를 바라보며 강박적으로 손을 꼬기만 했다. 기나는 아이를 진정시키려고 크레용을 주었다가 뜻밖에도 팻시가 아름다운 동물 그림을 그리는 것을 보고서 깜짝 놀랐다. 그녀는 즉시 이상하고 조용하며 고통받는 소녀에게 애착을 느꼈다.

팻시가 심각한 정서적 문제를 겪고 있다고 생각한 기나는 아우구스트 아이크호른에게 조언을 청했다. "아이가 고통을 받고 있는지 판단할 수 없을 때는 다른 아이들의 반응을 보면 됩니다." 기나는 아이들이 팻시를 낯선 사람인 양 따돌린다는 사실을 알아차렸다. 그녀는 오래도록 베텔하임에게 아이를 갖자고 설득했지만 별 소용이 없던 터라 팻시를 집으로 데려가 친자식처럼 보살폈다. 사랑이 넘치는 보살핌 속에서 팻시는 읽고 쓰는 법을 배웠으며, 좀 더 느긋하고 사교적인 아이로 변해갔다. 팻시가 정확히 어떤 문제를 겪고 있었는지는 분명하지 않지만, 나중에 베텔하임은 아이가 좋은 방향으로 변한 것이 모두 자신의 덕인 양 떠벌리며 팻시를 자신이 성공적으로 치료한 첫 번째 자폐증 환자라고 주장했다.

1938년 5월 28일, 베를린의 명령을 받은 경찰들이 집에 들이닥쳐 베텔하임을 체포한 후 다하우행 열차에 태웠다. 죄목은 유대인이라는 것과 오스트리아의 독립을 주장했다는 것이었다.[36] 기나는 미국으로 탈출한 후였지만, 베텔하임의 비자 신청은 복잡한 관료주의적 절차에 묶여 계속 늦어지던 참이었다. 수용소로 가는 열차 안에서 그는 안경이 깨지고, 머리를 심하게 얻어맞았으며, 총검에 찔리기도 했다. 수용소에 도착한 후에는 죄수 번호 15029번을 배정받았다. 입소 장부에는 J자(독일어로 유대인을 뜻하는 Jude의 머릿글자)가 작게 적혔다.

수용소에서는 아무 이유도 없이 신체적, 정신적으로 고통을 주는 잔인한 행위가 반복적으로 이어졌다. 베텔하임은 특유의 이해력을 동원하여 자신이 목격하는 공포의 의미를 찾으려고 노력하면서 미쳐버리지 않으려고 안간힘을 썼다. 동료 수용수들을 면담하며 살아온 이야기를 듣고 빠짐없이 기억하려고 노력했다. 수용소에서 4년을 버틴 늙은 공산주의자의 조언을 듣고는 나치 대원들이 퍼주는 구역질 나는 수프를 즐겁게 먹었다. 명령이 아니라 자유의지에 따라 행할 수 있는 거의 유일한 일이 음식을 즐기는 것이었기 때문이다.

또한 그는 정신분석을 통해 배운 교훈을 실천에 옮겼다. 수용소의 비인간적인 일상에 적응하는 과정에서 자신의 정서적 반응이 변하는 모습을 면밀하게 관찰했으며, 도저히 현실이라고 믿을 수 없는 존재 조건에서 동료 죄수들의 인격이 조금씩 허물어지는 모습을 예리하게 추적했다. 정직한 사람이 거짓말쟁이가 되고, 강인한 사람이 조금씩 깎여나간 끝에 툭하면 울음을 터뜨리는 히스테리 환자가 되는 모습을 지켜보았다. 그는 아무 생각 없이 흘러가는 대로 따르기보다는 모든 일을 빠짐없이 알아차리고 의미 있는 교훈을 얻어냄으로써 자존심을 회복하고 스스로를 인간으로 느낄 수 있다는 사실을 깨달았다.

완전히 소진된 죄수들이 나타내는 무젤메너Muselmänner라는 행동은 특히 비참하고 충격적이었다. 이런 이름이 붙은 것은 갑자기 땅바닥에 쓰러지는 모습이 메카를 향해 기도를 올리는 무슬림처럼 보이기 때문이었다. 그들은 삶의 의지를 완전히 잃은 채 완벽한 무감각, 무기력, 무관심 속으로 무너져 내리는 것 같았다. 이런 상태에 이르면 얼마 안 있어 사망했다. 신체의 죽음에 앞서 심리학적 죽음이 먼저 찾아오는 것 같았다. 식사나 샤워, 화장실에서 순서를 기다리는 끝없는 행렬 속에서 그들은 유령처럼 그저 한쪽 발을 다른 쪽 발 앞에 가까스로 옮기며 느릿느릿 움직였다.

1939년 4월 14일, 아침 점호 후 누군가 베텔하임의 번호를 불렀다. 빨리 행정반으로 오라는 것이었다. 총살형에 처해지지 않을까 두려웠지만, 뜻밖에도 그날 수용소에서 풀려난다는 소식이었다. 친척들과 영향력 있는 친구들이 미 국무성에 집중 로비를 한 덕이었다. (훗날 그는 자기를 위해 엘리너 루스벨트Eleanor Roosevelt가 직접 개입했다고 떠벌였지만, 사실인지는 아무도 모른다.) SS대원들은 일주일 안에 나라를 떠나지 않으면 다시 체포하여 총살시키겠다고 으름장을 놓았다.

베텔하임은 5월 초 증기선 편으로 뉴욕에 도착하자마자 기나에게 이혼 통보를 받았다. 몇 개월 후 그는 시카고에서 자신의 인생 역정을 필요에 따라 이리저리 바꿔 장차 장애학교의 '닥터 B'라 불릴 인물로 재탄생한다. 예술 이론 박사 학위는 심리학 박사 학위로 둔갑했으며, 두세 가지 박사 학위가 추가되었다. 모두 최우등이라는 수식어가 붙었다. 팻시는 그의 특수 프로젝트로 각색되었다. 그가 집으로 데려가 완전히 변모시킨 어린이들의 숫자는 시간이 지날수록 늘어났다. 완벽한 정신분석 수련을 받았으며, 프로이트가 직접 "정신분석이 더욱 성장하고 발전하기 위해 우리에게 필요한 바로 그 사람"이라고 칭찬했다는 일화가 덧씌워졌다(그가 프로이트와 가장 가까이 있었던 것은 그의 집 앞을 걸어서 지나친 일이었다). 가업인 제재소를 운영했던 일은 억세게 운 나쁜 사람이라는 꼬리표와 함께 오스트리아에 두고 온 한 조각 추억에 불과했다. 누가 감히 강제 수용소에서 살아돌아온 사람의 진정성을 의심한단 말인가.

그는 개인적 매력과 전략적으로 말을 지어내는 천부적 재능을 발휘하여 장애학교 교장으로 채용되었다. 당시는 학교 자체도 재탄생하는 중이었다. 1912년 러쉬 의과대학Rush Medical College에서 '정신 상태가 의심스러운' 어린이들을 진찰할 수 있는 장소로 설립한 이 학교는 이후 시카고대학교와 제휴하여 교육적, 정서적, 사회적 측면 등 폭넓은 범위에서 '적응상 어려움'을 겪는 어린이들을 연구하고 치료하는 쪽으로 운영 목적을 넓혀가는 참이었다. 장애학교는 베텔하임이 자신만의 정신분석 이론과

자아심리학을 실현하면서, 평생 바라 마지않던 '영향력 있는 인물'이 되기 위한 이상적인 발판이었다.

교장으로 채용되기 조금 전, 그는 다하우와 부헨발트 수용자들의 행동을 회고한 〈극단적 상황에서 개인과 집단의 행동Individual and Mass Behavior in Extreme Situations〉이라는 논문을 발표했다. 개인적 회고담으로 처리했다가는 학술 저널에 실리지 못할까 봐, 우연히 피험자들과 같은 숙소에 살게 된 고도로 훈련받은 독립적 연구자의 논문으로 포장하고, 데이터를 얻기 위해 1500명이 넘는 수용자를 면담했다고 주장했다. 믿을 수 없는 말이었지만 논문은 《폴리틱스Politics》 등 일반 독자 대상 간행물에 널리 전재되면서 마이어 샤피로Meyer Schapiro, 테오도어 아도르노Theodor Adorno, 드와이트 아이젠하워Dwight D. Eisenhower 등 수많은 주요 인물들의 주목과 찬사를 받았다.[37]

베텔하임은 강제 수용소의 사회구조가 성인을 원시적이고 유아적인 상태로 퇴행시켜 나치 사회에 고분고분 복종하는 이상적인 시민을 양성하는 극악무도한 실험실이라고 묘사했다.

> 죄수들은 유아나 어린이 같은 행동 특징을 나타냈다.…그들은 옷을 입은 채 변을 봐야 했다. 변을 보는 것조차 엄격한 통제를 받았다. 오물을 치우는 것도 간수의 허가를 받아야 했다. 어린 시절 받았던 위생 교육을 다시 반복하는 듯했다. 간수들은 화장실에 가도록 허락하거나 가지 못하게 금지하는 권능을 갖게 된 것을 몹시 즐거워했다.…
>
> 죄수들은 어린이처럼 당장 그 순간만 생각하며 살았다. 시간의 흐름이라는 느낌을 잃어버렸던 것이다. 미래를 계획하거나 당장 눈앞에 있는 쾌락을 포기하여 향후 더 큰 만족을 꾀하는 구상을 하지 못하는 상태가 되었다.[38]

그는 개인적 차원에서 자폐 어린이의 행동을 사실상 동일한 현상으로 보았다. 카너는 엄마라는 존재를 냉장고라고 생각한 반면, 베텔하임은 강제 수용소의 사령관으로 보았던 것이다.

정신분석에 대한 대중의 열광이 최고조에 달하면서, 장애학교에서 수행된 연구인 '사랑만으로는 충분치 않아요Love Is Not Enough'와 《삶의 무단결석생Truants from Life》 등의 저서, 전형적인 비엔나식 억양, 가부장적인 태도에 힘입어 베텔하임은 엄청난 카리스마를 지닌 인물로 떠올랐다. 《패런츠Parents》와 《파퓰러 사이언스Popular Science》 등 유명 잡지에 실린 일련의 칼럼을 통해 그는 반유대주의가 어린이에게 미치는 영향에서부터 조현병적 예술에 이르기까지 다양한 사회적 이슈에 대해 논평했다.

1956년, 포드 재단에서 5년간의 자폐증 연구를 위해 장애학교에 34만 2500달러의 연구비를 후원하자, 베텔하임은 미국 최초로 스타덤에 오른 심리학자가 되었다. 요즘으로 말하자면, 오프라 윈프리의 정신분석 버전쯤으로 생각하면 맞을 것이다. 그는 연구비 신청서에 카너의 논문을 인용했으며, 학교에서 채택한 자폐증 모델 또한 1943년 카너가 발표한 증례들과 '냉장고' 부모의 역할에 대한 논평을 근거로 한 것이었다. 14년간 베텔하임의 조수로 일하다 나중에 장애학교 교장이 된 재클린 시백 샌더스Jacqueline Seevak Sanders는 이렇게 회상했다. "우리는 자폐 어린이가 대부분 매력적이고, 정상 이상의 지능을 갖고 있을 가능성이 높으며, 기질적 손상의 '아주 작은 징후soft signs'조차 나타내지 않는다고 믿었습니다."[39] 많은 직원들이 속으로는 이 어린이들이 날 때부터 심리학적 환경의 영향에 특별히 취약한 어떤 신경학적 특징을 갖고 있을 가능성이 있다고 믿었지만, 실제 치료상의 대전제는 어디까지나 자폐증은 잘못된 육아가 주원인이며 수년간의 환경 요법으로 완치시킬 수 있다는 것이었다.

어느 누구도 적어도 드러내놓고는 이런 가정에 의문을 제기하지 않았다. 학교 평가팀에 소속되어 있던 미국 최고의 정신분석 이론가 데이비드 라파포트David Rapaport는 그 가정을 실제로 믿었다. 학교를 방문했던 저명한 발달심리학자 에릭 에릭슨Erik Erikson은 그 가정을 지지했다. 가장 중요한 것은 자녀를 베텔하임에게 데려온(보통 정신분석가들의 소개를 받고 찾아왔다) 부모들 역시 샌더스의 말대로 '자신들의 양육 방법이 문제'라고 확신했다는 점이다. 그들은 자녀의 발달과정에 대해 그런 믿음을 확인시켜 주는 것 같은 이야기를 들려주기도 했다. 모든 과정이 하나의 폐쇄 회로를 이루었던 것이다. 어린이 조현병에 관한 벤더의 논문처럼 기질적 원인을 시사하는 연구는 이 분야에 열광적으로 뛰어든 정신분석가들의 귀에는 들어오지 않았다.[40]

장애학교의 생명줄이자 어린이들의 일상생활에 가장 밀접하게 접촉하는 젊은 심리학자나 상담사들에게 그곳은 경력을 시작하기에 믿을 수 없을 정도로 훌륭한 장소였다. 카너가 양크턴에서 그랬던 것처럼 베텔하임은 물려받은 치료 기관을 인간적인 곳으로 만들기 위해 많은 것들을 개선했다. 우선 모든 문의 자물쇠를 열쇠 한 개로 열 수 있도록 했다.[41] 상담사들이 교도소 간수처럼 허리춤에 열쇠 꾸러미를 철컥거리며 다니지 않도록 한 것이다. 장례식을 연상시키는 검은 커튼들은 예쁘고 산뜻한 것으로 교체했고, 뇌파 측정기와 수술대를 치우고 탁구대를 들여놓았다. 이부자리에 오줌을 싼 어린이에게 벌을 주거나 창피를 주는 일 따위는 더 이상 없었으며, 욕실마다 놓여 있던 완화제 투여 차트는 베텔하임이 직접 뜯어내버렸다. 시설 자체의 동선도 직원들의 편의가 아니라 어린이들의 심리적 치료에 맞춰 설계했다. 이제 어린이들은 수용시설에 흔히 놓이는 2층 침대 대신 맞춤 제작된 나무 침대와 한 세트를 이루는 서랍장, 직접 그린 그림들로 벽을 장식한 침실에서 잠들었다.[42] 샌더스는 거기서 근무하던 때를 다른 직원들과 마찬가지로 빛나는 단어들로 묘사했다. "학교의 전체적인 분위기는, 뭐랄까 탁월한 지성들이 모여 인간에게 가장 위대하고 중요한 일의 최전선에서 가장 위대한 희망을 품고 일한다는 느낌이었습니다."

그러나 《닥터 B의 탄생The Creation of Dr. B》이라는 베텔하임의 전기를 쓴 리처드 폴락Richard Pollak은 학교 생활을 훨씬 어둡게 묘사했다. 우선 그는 베텔하임을 사소한 규정 위반으로도 어린이들을 때리고, 허리띠를 풀어 채찍질하고, 샤워하는 도중에 끌어내고, 모욕적인 말을 퍼붓는 독재자 같은 존재로 묘사했다. 베텔하임에게 자폐증 진단을 받고 학교에 들어간 로널드 앵그리스Ronald Angres는 거기서 보낸 12년 동안 기숙사를 돌아다니는 그의 신발창에서 나는 끽끽 소리만 들어도 공포에 사로잡혔다고 썼다. "짐승처럼 비참한 공포였다."[43]

그러나 베텔하임이 동시대 자폐 어린이와 가족들에게 끼친 가장 큰 악영향은 학교에서 그가 한 행동이 아니었다. 그는 유해한 양육이라는 카너의 이론을 카너보다 더 넓고 깊게 대중문화 속에 퍼뜨렸다. 카너의 주장은 때때로 《타임》에 인용된 것 외에는 대부분 전문 학술지에만 실렸을 뿐이었다. 그러나 베텔하임의 주장은 1960년대 내내 어디에서나 볼 수 있었다. 그는 《하퍼스Harper's》("여성을 키운다는 것Growing Up Female"), 《레드북Redbook》("왜 일하는 엄마들은 죄책감을 느끼는가Why Working Mothers Feel Guilty"), 《뉴욕타임스 매거진New York Times Magazine》("어린이들은 공포를 배워야 한다Must Learn to Fear"), 《라이프Life》("왜 남성은 혐오자가 되는가?Why Does Man Become a Hater?") 등의 잡지에 글을 썼으며, 《레이디스 홈 저널Ladies' Home Journal》에는 정기적으로 칼럼을 쓰기도 했다("아기에게 읽는 법을 가르치는 것의 위험성The Danger of Teaching Your Baby to Read" "내가 아이의 일생을 망치고 있는 걸까?Am I Ruining My Child for Life?" 등). 또한 포드 재단에 제출한 경과 보고서를 바탕으로 저술하여 베스트셀러가 된 《텅 빈 요새The Empty Fortress》라는 책에서는 특유의 화려한 언변으로, 상상할 수 있는 가장 냉혹한 용어들을 동원하여 카너의 이론을 옹호했다. "유아자폐증의 유발 요인은 자녀가 타고난 것과 다른 방식으로 존재하기를 바라는 부모의 소망이다. 유아를 스스로 살아갈 수 있을 정도로 발달하기 전에 버린다면 죽고 말 것이다. 그러나 신체적으로는 생존할 수 있을 만큼 돌보면서 정서적으로 고립시키거나 스스로 대처할 수 있는 한계를 넘어 밀어붙인다면 자폐증이 되고 말 것이다."[44]

이 분야에 대해 알아보려는 사람들은 온갖 매체에서 열광적인 반응을 불러일으킨 이 책을 입문서로 선택했다. 《뉴욕타임스》의 엘리엇 프리몬트-스미스Eliot Fremont-Smith는 자폐증을 "영혼의 질병, 사실상 영혼의 자살"이라고 지칭하면서, 《텅 빈 요새》를 그해 최고의 논픽션 중 하나로 선정하고 '특별한 책'이라고 추켜세웠다. 사실상 베텔하임이 포드 재단에서 받은 돈만큼 값어치를 했다고 알리는 통지서나 다름없었다. 그는 표본 집단에서 말을 할 수 있는 어린이 중 92퍼센트가 '좋은' 또는 '괜찮은' 결과를 나타냈다고 주장했다. "우리가 '좋은' 결과를 얻었다고 분류한 17명의 어린이들은 어떤 기준으로 보더라도 '완치'되었다고 간주할 수 있다."

그러나 장애학교의 밝은 노란색 문 뒤에서 일하는 베텔하임의 팀원들은 그 주장이 아무리 좋게 봐도 과장이라는 사실을 알고 있었다. 나중에 샌더스는 "과장이다.…우리의 성공이 실제보다 질적으로, 양적으로 더 대단해 보이도록 그렇게 한 것이다"라고 인정했다. 11명의 자폐 어린이로 구성된 첫 번째 환자군의 치료는 1958년에 종료되었는데, 결과는 완치 근처에도 못 미쳤다. 샌더스는 이렇게 보고했다. "어떤 아이도, 향후 어느 시점에서든 독립적으로 살아가리라는 희망이 없다는 점에서 '성공적'인 치료라고 할 수 없다. 우리에게 그것은 실패였다. 왜냐하면 우리는 장애학교에 입학하는 모든 어린이가 완전하고 독립적인 삶을 살아갈 잠재력이 있다고 믿었기 때문이다. 나는 그리고 틀림없이 동료들도 그럴 테지만, 이런 실패를 나와 팀원들의 책임이라고 생각한다."[45] 하지만 그녀는 이렇게 덧붙였다. "우리는 이런 실패가 애초에 잘못된 전제 아래 치료했기 때문이라고 생각하지는 않았다."

샌더스는 나중에 학교에 입학한 자폐 어린이 중 일부는 현저히 개선되었다고 주장하면서, 이는 전적으로 어린이들의 행복을 위해 조성된 환경 속에서 24시간 내내 생활한 평균 기간이 10년에 불과하다는 점을 고려할 때 고무적인 것임에 틀림없다고 말했다. 그러나 1970년대에 교장직을 맡자 그녀는 그런 어린이들을 '매우 꺼리게' 되었다. 더 이상 교직원들이 이전 학생들과 '똑같은 목표를 이들에 대해서도 가질 수 있다'고 믿지 않았기 때문이다. 그녀는 베텔하임의 영웅적 구원 서사 속에 등장하지 않은 어린이들이 폐쇄 병동으로 돌아가는 모습을 보고 몹시 마음이 아팠다. 비록 장애 학교의 자폐증 치료가 부모들에게 말할 수 없이 깊은 슬픔을 안겨준 수없이 많은 오해와 날조를 근거로 했을 망정, 적어도 어린이들은 잔혹한 수용 시설보다 이 학교에서 전반적으로 훨씬 좋은 대접을 받았던 것이다.

IV

자폐증이나 조현병으로 진단받은 어린이가 일단 주립병원에 입원하면 더 이상 어린이로 취급되지 않았다. 병원에서는 이들에게 정신질환자 치료 시설에서 가장 치료하기 어려운 성인 환자에게 사용하는 강력한 약물, 최후의 수단, 실험적 치료들을 몽땅 쏟아부었다.

벨뷰 병원에서 벤더가 선호한 치료법은 전기경련요법electroconvulsive therapy, ECT이었다.[46] 그녀의 어린 환자들은 보통 스무 차례 이상 ECT를 받았다. 벤더는 이 치료가 IQ를 향상시키고, 뇌전도를 '안정화'시키고, 신체 이미지를 개선하고, 전반적으로 아이들을 '좀 더 정상적'으로 만들며, 때에 따라 완전 '관해'를 촉진한다고 주장했다. ECT를 보강하기 위해 인슐린 쇼크로 반 혼수 상태를 유발하거나 경련 유발제인 메트라졸Metrazol을 함께 사용하기도 했다.

'자폐증적 사고'를 치료하기 위해서는 1세대 정신병 치료제 클로르프로마진chlorpromazine이나 프로클로르페라진prochlorperazine을 투여했다. 소위 '소라진 경련Thorazine shuffle'이라는 비가역적 틱장애를 일으키는 것으로 악명 높은 약들이다. 자폐증을 겪는 10대에게는 비트 세대Beat Generation✦의 무용담 속에 전설처럼 등장하는 각성제 벤제드린Benzedrine✦✦도 사용했다. '성적 집착'에 특별히 도움이 된다는 이유에서였다. 정신병 치료제 레서핀reserpine은 악몽, 구토, 자살 충동 등 다양한 부작용을 일으키지만, 자폐 어린이 치료에 있어 '최고의 약물 중 하나'로 생각하기도 했다.

벤더가 유망하다고 생각한 다른 약물은 상표명 델리시드Delysid, 즉 LSD였다.[47] 그녀는 이 강력한 환각제를 산도스Sandoz Pharmaceuticals에서 합법적으로 공급받아 6~15세 사이의 자폐 어린이 54명에게 두 달간 매일 투여한 후, '불안과 우울에 기인한 태도'가 증가했지만 지각력이 향상되고, 말을 더 많이 했으며, '현실 지향적'이 되었다고 보고했다. 매일 델리시드를 투여한 환자는 진정제를 차차 줄여 끊을 수 있었다고도 주장했다.

설명 후 동의라는 절차도 없던 시절이었다. 큰 병원의 정신과장인 벤더가 어떤 약물을 사용하고 어떤 치료를 하는지 감시할 사람이 있을 리 없었다. 심지어 비대조군 임상시험을 시작하기 전에 윤리위원회에 시험 설계를 제출하거나 심사받을 필요조차 없었다.

운수 사납게도 그녀의 피험자가 된 어린이 중 하나가 《인형의 계곡

✦ 기성 질서를 거부하고 자유를 추구했던 1950~1960년대 초의 청년 운동 세대.

✦✦ 암페타민의 상표명.

Valley of the Dolls》으로 유명해진 재클린 수잔Jacqueline Susann과 어빙 맨스필드Irving Mansfield의 아들 가이 수잔Guy Susann이었다. 세 살이 될 때까지 가이는 다정하고 명랑한 아이였지만, 어느날 오후 공원에서 놀다 별다른 이유도 없이 마구 비명을 지르기 시작하여 집으로 데려와야 했다. 그날 밤은 물론 다음 날까지 아무리 달래도 계속 울부짖었다. 소아과 의사의 조언에 따라 부모는 가이를 벨뷰 병원에 데려갔다. 벤더는 아이에게 일주일간 쇼크 요법을 시행했다. 맨스필드는 자서전에서 이렇게 회상했다. "완전히 망가졌다.…아무것도 느끼지 못하고, 아무런 표정도 짓지 않았으며, 죽은 것이나 다름없었다."

그 뒤로 어린 소년은 딱 한 번을 빼고는 단 한 마디도 하지 않았다. "언제 말을 할 거니?" 어느 날 차 안에서 몹시 절망한 엄마가 묻자 아이는 이렇게 대답했다. "준비가 되었을 때."

수잔과 맨스필드는 아이를 입주 시설에 입소시킨 후 가장 친한 친구에게조차 천식 때문에 애리조나에 있는 전문의에게 보냈다고 말했다. 맨스필드는 아내가 《러브 머신The Love Machine》이나 《한 번으로는 충분하지 않아Once Is Not Enough》처럼 오로지 돈을 벌기 위한 소설을 계속 발표한 이유가 가이의 간호 비용 때문이었다고 밝혔다.

한편, 루돌프 엑슈타인Rudolf Ekstein 등 유명한 친프로이트 학파 정신분석가들은 환자들을 한 번에 몇 년씩 상담용 소파에 눕혀두었다. 어린이 조현병의 '스펙트럼'은 자신이 발견한 증후군에 대한 카너의 개념보다 훨씬 넓었기 때문에, 요즘 같으면 자폐증의 전형적 징후들을 갖고 있지만 언어 습득이 늦지 않은 어린이는 종종 어린이 조현병으로 진단받았다.[48]

1952년 애틀랜틱 시티Atlantic City에서 열린 미국 정신의학회에서 엑슈타인은 토미Tommy라는 이름의 열한 살 난 소년을 소개했다. 아이는 자기가 교사들보다 지질학과 생물학에 대해 훨씬 많이 알고, 별 다섯 개를 달고 우주선단을 지휘하는 힘세고 현명한 장군이 되는 상상을 하곤 한다고 말했다. 엑슈타인은 소년이 인간관계를 맺을 능력이 '거의 없다'고 했다. 그는 토미를 '우주 어린이'[49]라고 지칭하면서, 마치 가내수공업자처럼 10년이 넘도록 그 아이에 관한 논문을 줄기차게 발표했다.

베텔하임과 마찬가지로 엑슈타인도 비엔나 학파의 영향을 받았다. 1930년대에 오스트리아의 수도인 그 도시에서 성장한 그는 프로이트의 진료실 바로 맞은편에 살던 친구와 철학에 관한 이야기를 자주 나누었으며, 때때로 창가에 어른거리는 그 위대한 인물의 실루엣을 보면서 전율을 느꼈다. 우주 어린이에 관한 엑슈타인의 장대한 정신분석은 사실 환자의 정신세계보다 1950년대 들어 프로이트의 유산이 쇠락의 길로 접어들었다는 사실을 더 뚜렷이 드러냈다.

엑슈타인은 과학에 대한 토미의 조숙한 관심이 어머니나 유모의 성적 유혹에 의한 '초기 아동기의 강렬한 성적 외상'의 결과일 가능성이 높다고 주장했다. 그는 여성 치료자와의 심리분석 세션 중 소년의 성기가 자주 발기한 현상의 의미를 깊게 파고들었다. 분석의 궁극적인 결론은 우주여행에 대한 토미의 환상이 '강박적인' 부모와 거리를 두려는 무의식적인 노력을 표상한다는 것이었다. 그는 '공상과학소설, 공상과학영화, 기타 유사한 저작들'에 대한 토미의 집착이 이런 '매우 강렬한 파괴적 공상'의 원동력이라고 추정했다.

정신분석을 받은 첫해에 토미는 캔자스주 토피카Topeka에 있는 사우사드 정서장애아학교Southard School for Emotionally Disturbed Childrern를 벗어날 수 없었다. 그 학교는 대초원 지역에서 볼 수 있는 전형적인 농가 건물을 사용했다. 지붕 위에 올라가 사방을 둘러보면 예정에 없는 외출을 하겠다는 생각 따위는 싹 가실 정도였다.[50] 그 학교는 주디 갈런드Judy

Garland와 마릴린 먼로가 마약에서 벗어나기 위해 머물렀던 메닝거 클리닉Menninger Clinic의 부속 기관이었다. 부모들은 사우사드 방식이 '프로이트식 방법과 친절함을 혼합한'[51] 것이라고 들었지만, 언제라도 폐쇄 병동에 보낼 수 있다는 위협 또한 항상 배후에 깔려 있었다. 실제로 딕Dick이라는 10대 환자는 '하층계급의 유색인종 친구만을' 찾는다는 이유로 3개월간 폐쇄 병동에 보내지기도 했다.[52] 처음 몇 개월간 토미의 정신분석은 길을 건너는 등의 활동에 대해 느끼는 다양한 불안감을 가라앉히는 데만 초점이 맞춰졌다. 엑슈타인은 은근히 비난하는 어조로 '겁에 질린 어린 소년'에게 진정 필요한 것은 '세상의 분노로부터 자신을 보호해줄 개인 경찰'이었다고 말했다.

목가적인 시설의 벽 속에서 토미의 공상과학소설 같은 환상은 점점 심해졌다. 한번은, 의사들에게 '토미'는 더 이상 여기 없으며 애리조나로 탈출했다고 말했다. 물리학자들을 도와 원자폭탄 설계를 개선시키고 있다는 것이었다. 생명이 시작되었던 시점으로 시간 여행을 할 수 있는 기계를 만들었다면서, 자기는 물고기인데 빨리 헤엄쳐서 도망치지 않으면 더 큰 물고기에게 잡아먹힐지도 모른다고 했다. 현재로 돌아오는 시간 여행 속에서 그는 정복왕 윌리엄이 영국을 침략하는 장면을 목격하고, 중세 유럽을 돌아다니며 관광을 즐겼다. 4세기 후에는 마법사로 몰려 종교재판에 회부될 위기를 가까스로 피했다고 했다.

토미는 시간 여행을 하는 목적이 과거의 결정적인 순간에 개입하여 부모님을 실망시키게 된 수수께끼 같은 이 고통의 원인에서 스스로를 구하기 위한 것이라고 설명했다. 그러나 엑슈타인은 이런 공상을 통해 토미가 '자신의 무력함과 외로움과 거세 공포去勢恐怖, 잡아먹힐지도 모른다는 공포, 죽거나 누군가를 죽일지도 모른다는 공포를 부정'하고 있다는 의견을 피력했다. 애틀랜틱 시티에서 그는 동료들에게 '수백, 수천 광년'이라는 말은 사실 과학에 대한 이야기가 아니라고 설명했다. '다른 어떤 방식으로도 표현할 수 없는 심리적 문제들을 암시'한다는 것이었다. 토미가 시골에 있는 농장으로 은퇴하여 공룡을 키우고 살겠다며 여성 치료사에게 같이 가자고 권유했을 때, 그는 마침내 정신분석으로 결정적인 돌파구를 찾았다고 판단했다.

사우사드 학교에서 2년을 보낸 뒤 토미는 양부모와 함께 살게 되었다. 야구에 관심을 갖게 되자 '내셔널리그의 규칙에 따라 주의 깊게' 게임을 하는 소녀들로만 팀을 만든다는 새로운 공상을 펼쳤다. 한 시즌이 끝난 후 각 선수들의 기록을 계산해본 그는 치료사들에게 상상 속의 야구가 머릿속에서 은하계들 사이에서 벌어지는 치열한 전투만큼 짜릿하지 않다는 사실을 인정했다. 하지만 이즈음에 자신의 공상이 무엇보다 '논리적'이며 '과학적'이어야 한다고 굳게 결심했다. 그는 성장하고 있었다. 우주 어린이조차 성장하면 달라지는 법이다.

토미는 지방 대학에 다니며 과학 과목들을 수강했다. 엑슈타인은 양부모들이 토미의 행동을 나름대로 이해하고 받아들이게 되었다는 사실을 알아차렸다. 그는 그들이 토미의 태도가 '퉁명스럽고 무관심'하며, '자신들의 노력에 따뜻한 감사의 마음을 절대 직접적으로 표현하지는 않을 것'이라고 생각했지만, 점차 성숙하고 독립적인 인간이 되어 가는 모습에 매우 기뻐했다고 말했다. 그러면서 양부모들이 '토미가 점점 좋아지고 있으며, 자신들이 이런 변화에 적지 않은 역할을 했다는 데' 깊은 만족감을 느꼈다고 덧붙였다.

23세 무렵까지 토미는 총 1,236시간에 이르는 정신분석을 받았다. 양부모의 도움으로 물리학 학사 학위를 받은 그는 지방 단과대학에서 과학을 가르치기 시작했다. 엑슈타인은 그를 '매력적이며, 수줍음을 많이 타고, 약간 긴장해 있는' 젊은이라고 묘사하며, 아직도 '우주'에 사로잡혀 있으며, 자신의 이해하기 힘든 관심사에 흥미를 느끼는 사람들과 함께 있을 때 가장 편안하게 느낀다고 덧붙였다.

"그가 지금까지 성취한 것, 앞으로 성취할 것 그리고 그런 젊은이들을 치료하는 데 우리가 성취한 것들이 그토록 엄청난 노력과 시간을 들여야 했던 일인지는 알 수 없습니다." 엑슈타인은 생각에 잠겨 이렇게 말했다. 그러나 토미를 무려 10년간이나 정신분석한 것은 잘못이라는 생각을 일축하며 이렇게 말을 마쳤다. "이것이 과연 가치 있는 일이냐는 질문에 계속 대답해야 한다면, 그와 같은 아이들을 치료하는 일은 결코 성공할 수 없습니다."

토미(이때쯤에는 자신을 '톰'이라고 불렀다)는 이전 정신 치료사를 만나 새로운 공상을 시작했다고 말했다. 나중에 NASA라고 불릴 연구 기관에 참여하겠다는 것이었다. 이때 이미 우주여행은 '환상'이 아니었다. 그것은 국가적 강박관념이었다.

정신의학계는 결국 토미 같은 어린이들에게 붙일 진단명을 생각해냈다. 바로 아스퍼거 증후군이다. 하지만 아스퍼거의 연구는 동유럽 외부에 널리 알려지지 않은 채 사실상 잊힌 상태였다. 독일어로 쓰인 그의 논문을 읽었던 몇 안 되는 임상의들조차 카너가 어떤 이유로든 아스퍼거의 연구를 간과했을 것이라고 생각했다.

하지만 아스퍼거가 기술했던 놀라운 재능을 타고난 외톨이들은 계속 나타났다. 이들은 잊힌 종족이었지만 분명 정신의학이라는 울창한 숲 속에 살고 있었다. 다만 나무 사이를 너무 빠른 속도로 누비고 다녀, 공중에서 내려다봤을 때만 간혹 목격되는 존재였다. 1953년, 프랭클린 로빈슨J. Franklin Robinson과 루이스 비탈리Louis J. Vitale라는 두 명의 정신과 의사가 펜실베이니아주 윌크스배러Wilkes-Barre에 있는 어린이서비스센터Children's

Service Center라는 입주 시설에서 '제한된 주제에만 관심을 보이는 양상'을 나타내는 어린이들을 보고했다.[53] 이들은 천문학, 화학, 버스 시간표, 달력 등 '약간 이상한 것'에 매혹되는 경향이 있었다. 또한 조숙한 어휘를 구사했고, 기억력이 유별나게 뛰어났으며, 과학과 공상과학소설을 열렬하게 좋아했다. 하지만 또래 친구를 사귀는 데는 어려움을 겪었다.

톰이라는 소년은 초등학교에 다닐 때 어찌나 화학에만 빠져 있었던지 아버지가 책 속에 자꾸 '숨는다'고 생각할 정도였다. 친구들을 사귀지 못하자 어머니는 학교까지 쫓아가 좀 더 활발하게 행동하라고 소리를 지르곤 했는데, 그 때문에 오히려 왕따 신세가 되고 말았다. 어린이 서비스센터에서 톰은 기업 회계, 핵물리학, 식물학에 관한 책들을 읽었다. 식물과 나무들의 이름을 익히느라 오랫동안 숲속을 돌아다니기도 했다. 톰의 '제한된' 관심이란 결국 다른 아이들을 빼고 주변의 거의 모든 것에 흥미를 느끼는 셈이었다. 친구들은 이런 그를 '재수 없는 자식'이라거나 '골 때리는 놈'이라고 불렀다.

서비스센터의 심리학자와 처음 면담하는 자리에서 아이는 진료실 탁자에 놓인 분젠 버너를 보고 화들짝 반색을 했다. "여기 과학 실험실도 있어요?" 탐은 만면에 미소를 지으며 물었다. 심리학자는 왜 부모님이 너를 입주 시설로 데려왔는지 생각해보라고 다그쳤다. "여기는 멋진 학교니까요." 탐은 쾌활하게 대답했다. 심리학자는 멋진 학교가 아니라 정서적으로 불안한 어린이들이 모여 사는 곳이라고 알려주었다. "나도 알아요." 소년은 인정했다. 심리학자는 그 목소리가 '감정 없이 밋밋했다'고 적었다.

한 정신과 의사는 존이라는 소년에게 커서 뭐가 되고 싶냐고 물었다. 아이는 천문학에 관심이 있으며, 8학년 때 네 시간짜리 강의를 들은 적도 있다고 대답했다. 그 강의에 대해 좀 더 말해달라고 하자, 존은 설명하기엔 배경 지식이 '매우 어렵다'고 하더니 의사에게 태양계의 행성 아홉 개의 이름을 대보라고 했다. 의사가 머뭇거리자, 아이는 그중 하나가 그리스 신화에 나오는 바다의 신 이름을 따온 것이라고 힌트를 주기도 했다. 얼마 안 있어 존은 면담을 불편해하면서 우주선을 그리기 시작했다. 센터에서 몇 개월을 보낸 후 한 직원이 어떻게 지내느냐고 물었다. "저는 안에서 놀고 싶은데 애들은 밖에서 놀고 싶어 해요. 애들은 카우보이에 대해 잘 알죠. 저는 천문학에 대해 알아요. 우리는 서로에 대해 알게 되었지만, 사실 이 문제는 전혀 해결되지 않았어요." 직원들이 존을 게임에 참여시키려고 하면 아이는 옷을 벗고 샤워실로 들어가버렸다. 그리고 잔뜩 기대에 차 몰려든 아이들에게 '행성의 수수께끼'에 대해 말해주곤 했다. 센터에서는 존을 품행장애라고 생각했다.

로빈슨과 비탈리는 토미나 존 같은 어린이들이 대부분 조현병으로 진단되지만, 사실 '카너가 조기유아자폐증이라고 기술한 증후군을 상기시킨다'라고 지적했다. 트리플렛이나 먼시 가족과 달리, 부모들은 자녀가 돌이 될 때까지 '정상아'라고 생각했으며, 더 나이가 들어 또래 친구를 사귀지 못하는 것을 보고서야 어딘지 특이하다는 사실을 깨달았다(이 아이들은 주로 어른들과 어울리기를 좋아했다). 이 아이들은 다른 사람에 대해 '정상적인 정서적 반응'을 보였지만 자신만의 특별한 관심에 사로잡혀 사교적 활동을 전혀 하지 않았다. 흥미롭게도 로빈슨과 비탈리는 이런 관심을 추구하는 이유가 다른 사람들의 인정과 격려를 바라는 것이 아니라 '내면의 만족감'에 있다고 했다. 아스퍼거가 이미 10년 전에 간파했던 것처럼 아이들은 그저 배움 자체가 좋아서 즐길 뿐이었다.

카너의 환자들과는 달리, 이들은 언어 습득이 늦지 않았고 초현실적인 경구나 모호한 신조어 또는 주변의 말을 그대로 따라하며 자신을 3인칭으로 지칭하는 언어 습관도 나타내지 않았다. 오히려 조숙할 정도로 말을 잘했으며, 특히 자신이 빠져 있는 주제를 자세히 설명할 때는 더욱 그랬다. "한 13세 소년은 얼굴을 익히자마자 담보대출에 대해 이야기하고 싶어 했다." 다만 자기 말에 별로 관심이 없다고 생각하면 센터 직원들과 어울려 말하다가도 단호하게 중단해버렸다.

훗날 카너는 로빈슨과 비탈리가 기술한 어린이들과 자신의 증후군을 겪는 어린이들의 차이에 대해 '자폐증 집단에서 제한된 관심은 종종 부모에 의해 아이들에게 억지로 떠맡겨진 것'이라고 주장했다. 그러면서 한 독일 저널에 실린, 텔아비브Tel Aviv에서 대규모 어린이 환자군을 대상으로 시행한 연구 논문을 인용했다. 어린이들은 "다른 관심사나 활동을 일체 하지 않고 관심 있는 분야만 마치 중독된 것처럼 탐욕스럽게 읽어댔다." 그는 사회적 관계에 대한 무관심을 '엄마의 과잉보호' 때문이라고 주장했다. 또 하나의 폐곡선이었다. 어떤 어린이가 부모에 의해 '억지로 채워 넣어지지' 않고 스스로 특별한 관심사를 갖게 되었다면 진정한 자폐증일 수가 없다. 증명 끝.

바로 그해에 게오르그 프랑클은 클리블랜드Cleveland에서 어린이 조현병에 대한 너무나 실망스러운 학회를 마친 후, 동료 학자들에게 임상적 명명법과 유해한 양육에 대한 끝없는 논쟁에서 빠진 것이 무엇인지 설명하려고 애쓰고 있었다.[54] 결국 발표하지 못한 〈어린이 자폐증_분석의 한 시도Autism in Childhood: An Attempt of an Analysis〉라는 논문의 초안에서 그는 '매우 명석한 신동 자폐 어린이', 성인인 '조현병적 천재' 그리고 두 살이 되어 갑자기 말을 하지 않게 된 어린이 등 세 가지 증례가 '하나의 연속선상에 존재한다'고 주장했다. "우리는 이 연속선이 무엇인지 알고 있으며, 공통적인 특징 몇 가지를 지적할 수도 있다. 그러나 이 분야에 관한 거의 모든 것들은 향후 더 많은 연구가 필요하다."[55]

그런 연구들은 다시 25년이 지나서야 시작되었다. 그 사이에 자폐증 연구자들 사이에서는 카너가 아스퍼거의 연구를 전혀 언급하지 않은 이유에 대한 컨센서스가 이루어졌다. 두 사람은 매우 다른 어린이들, 즉 '기능적으로 매우 뛰어난' 어린이들(아스퍼거)과 '기능적으로 매우 뒤쳐진' 어린이들(카너)을 기술했다는 것이다. 아스퍼거가 당시까지 영어로 번역되지 않은 논문에서 능력 수준이 매우 다양한 어린이들(그리고 성인들)을 관찰했다는 점을 분명히 했지만, 나치의 관심을 돌리기 위해 의도적으로 '가장 유망한' 증례들을 강조했다는 사실은 아직 알려지지 않았던 사실이었다.

그러나 1955년 마침내 카너는 처음에 보았던 환자들을 추적 관찰하는 과정에서 하나의 연속선상에서 얼마나 많은 차이가 관찰되는지 스스로 깨닫기 시작했다. '기능적으로 매우 뒤쳐진' 어린이들도 자라면서 '기능적으로 매우 뛰어난' 성인이 될 수 있지만, 그렇게 되려면 시설에 수용할 것이 아니라 타고난 재능을 개발할 기회를 주어야 했다. 일찍이 1938년에 아스퍼거가 예측했던 바와 정확히 일치하는 소견이었다.

카너의 환자 중 하나였던 로버트 S.Robert S.는 8세 때 '의심할 여지없이' 조기유아자폐증의 특징적인 증상들을 나타냈다. 그러나 23세가 되었을 때 그는 2년째 기상학자로 해군에 복무 중이었으며, 작곡을 공부하고, 행복한 결혼 생활을 누리며 아들도 하나 두었다. 카너는 아들을 자랑스러워하는 아버지처럼 이렇게 썼다. "그가 작곡한 작품들을 여러 실내관현악단에 의해 연주되었다."[56] 다른 소년에 대한 기술은 아스퍼거의 파일에서 그대로 복사해온 것처럼 느껴질 정도다.

> 거의 15세가 된 제이 S.Jay S.는 저학년 때 매우 이해심 많고 포용적인 교사에게조차 상당한 골칫거리였다. 교실 안을 돌아다니고, 드러내놓고 자위행위를 했으며, 걸핏하면 바닥을 뒹굴며 분노발작을 일으켰다. 그러나 규범에 순응

> 하는 법을 배우고 나자 수학에 놀라운 재능을 나타내어 조기교육을 받고 최고 성적으로 11학년을 마쳤다. 다소 뚱뚱하고 성격이 유별난 그 아이는 남는 시간에 지도와 우표를 수집하며, 표면적인 교우 관계를 위해 절대적으로 필요한 경우가 아니라면 사람들과 거의 어울리지 않는다. 비네Binet식 지능검사법으로 측정한 IQ는 150이었다.[57]

세 번째 소년은 '수리물리학에서 놀라운 성적을 거두어' 컬럼비아 대학교에서 장학금을 받았지만, 애석하게도 뉴욕의 브로드웨이에서 길을 건너다 차에 치어 일찍 세상을 떠났다.

도널드 T. 역시 그때쯤에는 승승장구했다. 1942년 트리플렛 가족은 아들을 집에서 15킬로미터 정도 떨어진 한 농장으로 보냈는데, 거기서 루이스 부부라는 자애로운 사람들의 애정을 듬뿍 받고 재능을 꽃피웠던 것이다. 3년 후 카너는 메릴랜드에서 미시시피까지 가서 그 농장을 방문했다.

> 그들 부부가 너무나 현명하게 그를 돌보았다는 데 놀라고 말았다.…그들은 아이가 측정에 집착하는 성향이 있다는 것을 이용하여 우물을 파서 깊이를 측정하도록 했다. 아이가 죽은 새나 벌레를 계속 가져오자 '묘지'를 꾸밀 자리를 마련해주고 표식을 하도록 했다. 아이는 표식마다 첫 번째는 동물의 이름, 두 번째는 동물의 종류, 마지막에는 농부의 이름을 적어 넣었다. 예를 들면 이렇다. "존 달팽이 루이스John Snail Lewis. 출생일 미상. 사망일(동물을 발견한 날짜)." 옥수수밭에 심은 옥수수의 줄 수를 끝도 없이 반복해서 세자, 직접 쟁기로 밭을 갈면서 줄 수를 세게 했다.…아이가 말을 몰아 쟁기로 밭을 갈고 끝에 이르면 말을 돌려세우는 일을 얼마나 잘했던지 놀랄 정도였다. 루이스 부부가 아이를 매우 좋아한다는 것은 의심의 여지가 없었으며, 부드러우면서도 단호하다는 것 또한 너무나 명백했다. 도널드는 그의 특이한 점을 기꺼이 받아들

이는 시골학교에서 학문적으로 크게 성장했다.[58]

루이스 부부는 아스퍼거팀에서 환자들에게 했던 것처럼 무엇이든 숫자를 세고 수집하려는 도널드의 열정을 친부모처럼 받아들였다. 병적 강박관념으로 생각하지 않고, 자폐성 지능을 발휘할 기회를 찾아준 것이다. 카너는 이렇게 결론 내렸다. "매우 유용한 한 가지 인자가 있다면, 학교에서 어린이의 처지에 공감하고 너그럽게 받아들이는 것이다. 상태가 좋아진 어린이들은 하나같이 교사들의 남다른 배려를 받았다."[59]

1958년, 도널드는 불어 학사 학위를 받은 후 지방 은행에서 창구 직원으로 근무했다. 그의 어머니는 그가 '사람들을 매우 잘 응대한다'고 말했다. 그는 일주일에 4~5일 정도 컨트리클럽에서 골프를 쳤으며, 지역 골프 토너먼트에 출전하여 여섯 개의 트로피를 받았다. 투자자 클럽, 청년 상공회의소, 장로교회에서 활발히 활동했으며, 심지어 지역 키와니스 클럽Kiwanis Club✦에서는 한 임기 동안 회장직을 맡았다. 자동차를 두 대 소유하고, 독서와 레코드 음악 감상을 즐겼으며, 사람들과 어울려 브리지 게임을 했다(먼저 사람들을 불러 모아 게임을 시작하는 일은 거의 없었다). 어머니의 유일한 불만은 아들의 '내면 감정이 실제로는' 어떤지 알고 싶다는 것이었다.

카너의 추적 관찰 기록 중에는 귀담아들어야 할 경계의 메시지도 있었다. 결국 보호관찰 간호 시설에 수용된 어린이 이야기였다. 일레인 C.는 몇 년간 사립 학교에 그럭저럭 잘 다녔다. 아버지는 '다소 놀라운 변화'가 있었다고 하면서, 딸이 '키가 크고 목소리가 허스키하며 맑은 눈동자를 가진 소녀'로, '틀리는 일이 거의 없는' 기억력으로 '실로 폭넓은 정보'를 습득하여 '어떤 주제에 대해서든 잘 설명하는' 아이였다고 묘사했다. 그러나

✦ 미국 · 캐나다 상공인들의 봉사 단체로, 라이온스 클럽이나 로터리 클럽과 비슷하다.

그는 딸의 '장황하고 두서없는' 대화('재미있는 부분도 많았지만 억양이 희한했으며' 말할 때 '적절한 강조'가 없는 점 등)를 불안하게 생각하여 뉴욕시 외곽에 있는 레치워스 빌리지 주립 간질 및 정신박약아 학교Letchworth Village State School for the Epileptic and Feebleminded에 입원시켰다. 아이는 빠른 속도로 나빠졌다. '아주 산만하고 공격적'으로 변했으며, 말할 때는 '비논리적이고 감정 기복이 거의 없었다.' 발가벗은 채 병동을 뛰어다니며, 짐승처럼 울부짖고 머리를 벽에 찧었다.

레치워스는 진보적이고 인간적인 곳으로 선전되었지만, 담쟁이덩굴로 덮인 우아한 건물 내부는 지옥이었다. 일레인이 입소했던 1950년대에는 1200명이 정원인 건물에 무려 4000명의 어린이가 수용되었다.[60] 입소한 어린이들이 성탄절 연극을 위해 분장한 사진은 에드워드 고리Edward Gorey✦의 그림 속에 등장하는 소름끼치는 광경을 보는 듯하다. 1972년, 마침내 제랄도 리베라Geraldo Rivera가 제작한 TV 프로그램을 통해 그곳의 비참한 상태가 폭로되었다. 원래 그 프로그램은 스태튼섬에 있는 다른 주립 치료 기관인 윌로우 브룩Willowbrook의 끔찍한 상태를 폭로하기 위한 것이었다. 대중의 격렬한 항의 끝에 두 개의 치료 시설은 문을 닫았지만, 일레인은 이미 때를 놓친 뒤였다. 아이는 레치워스에서 6개월을 버틴 후 허드슨 밸리 주립병원Hudson Valley State Hospital으로 옮겨졌는데 신경안정제, 정신병 치료제, 기타 다른 약물을 엄청나게 복용해야 했다. 그녀가 39세가 되었을 때 병원에서는 '급히 어떤 일을 해야 하는 경우가 아니라면 대화에 참여할 수 없는 상태'라고 보고했다.

카너가 처음 관찰했을 때 말쑥한 차림의 11세 소녀였던 버지니아 S.

✦ 미국의 작가이자 일러스트레이터로, 섬뜩하고 불안한 분위기에 날카로운 위트가 깃든 펜화로 유명하다.

또한 비극적인 운명을 맞았다. 1970년 그녀는 전에 메릴랜드주 결핵 요양소였던 주립병원의 '성인 정신지체자' 병동에 수용되어 있었다. 직원들은 그녀가 시계를 볼 줄 알며 '기본적인 욕구를 해결하는 일은 혼자 할 수 있지만 지시해야만 한다'고 보고했다. 옆에서 돌보는 사람들은 그녀를 더 이상 귀머거리라고 생각하지 않았다. 말을 하면 분명히 알아듣고 '시끄러운 소리와 몸짓으로' 의사를 전달했던 것이다. 40세가 된 그녀는 어렸을 때처럼 그림 맞추기 퍼즐을 하며 하루를 보냈다. 그녀는 항상 '다른 환자들과 어울리기보다는 혼자 있는' 쪽을 택했다.

"주립병원에 입원하는 것은 종신형을 선고받는 것과 다름없다는 인상을 받을 수밖에 없다."[61] 카너의 합리적인 결론이다. 그런 환경에서는 어렸을 때 나타난 능력과 재능도 꽃피지 못하고 시들어버렸던 것이다.

> 리처드 M., 바바라 K., 버지니아 S., 찰스 N.(3, 5, 6, 9번 증례) 등은 대부분의 삶을 기관에 수용된 상태로 보냈는데, 입원 후 얼마 안 되어 빛나는 재능을 모두 잃어버렸다. 처음에는 혼자 있기 위해, 홀로 있는 만족감을 누리기 위해 싸웠던 그들이, 처음에는 달갑지 않은 변화에 유달리 민감하고 자신만의 방식으로 현상 유지를 위해 싸웠던 그들이, 처음에는 경이적인 기억력으로 주변 사람들을 놀라게 했던 그들이, 그저 방해받지 않는 자기 고립 상태에 쉽게 굴복하고 사실상 열반에 든 존재와 거의 다를 바 없는 삶에 이내 안주했던 것이다. 심리검사를 할 수 있다면 백치나 저능아 수준으로 낮은 IQ가 나올 것이다.[62]

환자들이 극적으로 다른 삶의 행로를 나타낸다는 사실을 확인한 카너는 마침내 자신의 증후군이 매우 좁게 정의되는 단일한 현상이라는 믿음에 의문을 갖게 되었다. 1971년 그는 이렇게 썼다. "의학에서는 어떤 질병이든 중증도가 다양하다는 사실이 잘 알려져 있다. 어떤 질병이든 소위 불완전형에서 전격성에 이르는 다양한 형태로 나타날 수 있다. 조기유아 자폐증에도 이런 원칙이 적용되는 것이 아닐까?"[63]

게오르그 프랑클이라면 이미 1938년에 확실히 대답했을 질문이었다. 하지만 카너는 비엔나에 있는 적수에게 자신의 권위를 한 발짝도 양보하고 싶지 않았던 것 같다. 설사 전에 자신의 조력자였던 사람이 역사적 망각 속으로 사라지더라도 말이다. 1971년 《자폐증 및 어린이 조현병 저널Journal of Autism and Childhood Schizophrenia》이라는 새로운 계간 학술지의 편집인이 되었을 때, 카너는 뜻밖의 우연이라는 자신의 환상을 재확인해 주는 네덜란드 정신과 의사 디르크 아른 판 크레벨런Dirk Arn Van Krevelen의 논문을 창간호에 실었다.

> 새로운 발견은 한 시점이라기보다 한 시기에 걸쳐 이루어진다. 지리적으로 멀리 떨어진 지역에서 동시에 새로운 발견이 이루어지는 경우도 종종 있다. 자폐증의 역사는 두드러진 예라고 할 수 있다. 1943년 카너는 볼티모어에서 5년간 자신의 주의를 끌었던 환자 집단을 대상으로, 태어날 때부터 주변 사람과의 효과적인 접촉에 문제를 겪는 장애에 대한 논문을 발표했다. 1년 후 비엔나의 소아과 의사 아스퍼거는 자폐성 정신병을 앓는 많은 어린이들을 보고했다. 우리는 당시 두 사람 중 어느 쪽도 서로의 연구를 알지 못했으리란 사실을 당연하게 받아들일 수 있다.[64]

몇 개월 후, 카너는 소아과 의사인 아이작 뉴턴 쿠글매스Isaac Newton Kugelmass가 저술한 《자폐 어린이The Autistic Child》라는 책을 권위 있게 깎아내리는 리뷰에서, 문헌상으로는 처음이자 마지막으로 아스퍼거의 이름을 언급했다. 쿠글매스는 감히 아스퍼거(책에는 안스퍼거Ansperger로 잘못 표기되었다)가 독립적으로 카너와 똑같은 발견을 했다고 주장하여 볼티모어로부터 날벼락을 맞았던 것이다. 책을 '노작勞作'이라고 평가한 후, 카너는 자신을 3인칭으로 지칭하면서 남의 기를 죽이는 문장을 통해 경쟁 가능성을 아예 싹수부터 잘라버렸다.

> 그 이름은 아스퍼거로, 당시 그는 카너의 논문을 알고 있었을 가능성이 높다. 그러나 독자적으로 '자폐성 정신병증'이라고 명명한 현상을 기술했다. 그것이 설사 유아자폐증과 관련이 있다고 할지라도, 학문적으로 진지한 관심을 받을 만하다거나 실제로 관심을 받았다는 면에서 본다면, 기껏해야 42번째 사촌쯤 된다고 할 것이다.[65]

아스퍼거의 연구는 그때까지도 미국에 전혀 알려지지 않았다. 가장 큰 이유는 카너가 논문이나 강연에서 한 번도 언급하지 않았다는 것이다. 자폐증에 관한 두 사람의 개념은 너무나 달라서 경쟁이 벌어진다면 통상 전문적인 영역 내의 우선권 논쟁과는 비교가 안 될 정도로 많은 것들이 위험에 처할 수 있었다. 1957년 카너는 해리엇 레인 병원의 피라미드 꼭대기에 앉아 있는 자신조차 남아프리카공화국에서 의뢰된 환자까지 전부 합쳐 진정한 자폐증 환자를 평생 150명, 즉 1년에 8명밖에 보지 못했다고 발표했다.[66] 그는 버나드 림랜드에게도 다른 의사가 '자폐성'이라고 자기에게 보낸 어린이 중 열에 아홉은 자폐증 진단을 내리지 않았다고 했다.[67]

현실적인 차원에서 본다면, 진단을 받지 못한다는 것은 종종 교육, 언어 및 작업 치료, 상담, 투약, 기타 다른 형태의 지원을 받을 수 없다는 의미다. 자폐증은 유아기 초기에 생긴다는 카너의 고집스러운 주장 때문에 진단을 받지 못한 성인은 결국 고용, 연애, 우정 등의 관계에서 왜 끊임없이 실패하는지에 대해 아무런 설명도 듣지 못한 채 다시 광야에 던져져 일상생활에서조차 엄청난 혼란을 헤쳐나가야 했다.

그러나 정신의학계가 유해한 양육이냐, 어린이 정신병이냐를 두고 갑론을박하는 동안 '아스퍼거의 잊혀진 종족'은 자폐성 지능을 이용하여 자신들의 필요와 관심에 들어맞는 사회의 기초를 다지고 있었다. 헨리 캐번디시처럼 그들은 상황을 주어진 대로 받아들이기를 거부했다. 자신들의 조건에 맞춰 사람들과 어울리는 방법을 찾아냄으로써 현대적으로 네트워크화된 세상의 청사진을 그려냈던 것이다.

6

무선통신의 왕자

인간만큼 또는 인간보다 더 생각을 잘 하지만, 전혀 인간 같지 않은 존재를 써 보시오.

_________존 캠블

I

자폐증 연구라는 거대한 옷감의 어디를 보든, 반쯤 드러나 있는 실가닥이 있다. 자폐인 중 많은 수가 정량화된 데이터, 고도로 조직화된 시스템, 복잡한 기계에 호기심을 갖고 매료된다는 점이다. 집에서 화학 실험을 하려고 화학약품들을 훔친 10대 과학자, 뭐든지 측정하는 데 집착했던 도널드 T., 공연장에서 청중의 숫자를 세는 버릇이 있었던 A. D. 등을 기술했던 아스퍼거는 이 환자들의 상상력이야말로 과학계에서 기대해 마지않는 발명품이라는 사실을 알아차린 첫 번째 임상의사였을 것이다. 그는 어린 교수님들의 관심사가 현실과 '동떨어져 있다'고 했던 말을 취소할 수밖에 없었다.[1] 그러나 그가 우주선을 설계하려는 사람은 자폐 성향을 갖고 있어야 한다고 농담 삼아 했던 말은 탁월한 선견지명이었다.

공상과학소설에 대한 강박적인 집착을 과학 분야의 경력으로 연결시킨 우주 소년 토미가 아스퍼거의 잊혀진 종족에 속한 유일한 부족민은 아니었다. 의학계에 존재가 알려지지 않았던 시기에도 많은 자폐인들은 공상과학소설 팬덤 속에서 자신들의 공동체를 발견했다. 유치하고, 불편하며, 멍청하다는 이유로 오래도록 따돌림과 학대를 당하다가 마침내 고향에 돌아와 자기처럼 고상한 취향을 지닌 동포들을 발견한 것 같은 느낌을 받았던 것이다. 20세기 초중반, 자폐인들이 타고난 장점을 최대한 살릴 수 있었던 또 다른 공동체는 바로 아마추어 무선통신이었다. 얼굴을 마주하는 것은 자폐인들에게 너무나 어려운 일이었다. 하지만 무선통신을 이용하면 대화로 의사를 전달하기가 거의 불가능한 사람들조차 관심사가 비슷한 사람과 소통하고, 멘토를 찾고, 사회의 생산적인 구성원이 되는 데 필요한 기술과 자신감을 얻을 수 있었다.

놀랍게도 두 가지 공동체는 한 사람에 의해 시작되었다. 그 자신도 자폐범주성장애를 겪었을 가능성이 높은 휴고 건즈백Hugo Gernsback은 선견지명을 지닌 기업가였다. 누구보다 먼저 21세기의 사회가 서로 긴밀하게 연결된 분산적 성격을 지닐 것이라고 내다보았던 그는 역시 매우 독특한 친구의 도움을 받았다. 바로 수많은 업적을 남긴 발명가 니콜라 테슬라Nikola Tesla였다. 이미 한 세기 전에 건즈백과 테슬라는 TV, 온라인 뉴스, 컴퓨터를 통한 데이트 서비스, 비디오폰, 그 밖에도 현재 당연하다고 생각되는 수많은 문명의 이기들을 예측했다.

건즈백은 1884년 룩셈부르크에서 유대인 와인상의 아들로 태어났다.[2] 태어날 때 이름은 후고 게른스바허Hugo Gernsbacher였다. 여덟 살 때 아버지의 대저택을 관리하던 수리공에게 초인종과 습전지濕電池, 전선을 생일 선물로 받고 전기에 매료되었다. 전선을 전극에 연결하면 불꽃이 튀면서 초인종이 울리는 모습에 즉시 마음을 빼앗겼던 것이다.[3] 어린 휴고는 부모를 졸라 파리까지 가서 여러 개의 전구와 배터리로 작동하는 전화기들을 사왔으며, 가족이 사는 집에 전기 배선을 하기도 했다. 또한 배터리 설계를 개선하는 연구에 착수하여 고체 전해질 심心을 이용한 건전지를 개발했다. 건전지는 부식성 액체가 누출될 위험이 없어 휴대할 수 있다는 장점이 있다. 아직 초등학생에 불과했지만, 휴대용 전자 장비가 널리 보급되지 못하는 요인을 정확히 파악했던 것이다.

2년 뒤 공업학교에서 기술 수업을 받던 중 그는 또 한 번 삶을 바꿔놓을 경험을 하게 된다. 미국의 천문학자 퍼시벌 로웰Percival Lowell이 쓴 《삶의 터전으로서의 화성Mars as the Abode of Life》이라는 책을 읽었던 것이다. 행성학과 진화론을 도발적으로 융합시킨 그 책에는 로웰이 직접 그린 삽화가 여러 장 실려 있었다. 로웰은 동료들의 조롱을 각오하고, 앞으로 언젠가 녹슨 철 색깔을 띤 이웃 행성에서 미량의 물이 발견될지도 모른다고 썼다(그 예측은 2009년 화성 탐사선 피닉스Phoenix호에 의해 확인되었다).[4] 더 나아가, 화성에는 이미 지적 생명체가 살고 있으며, 표면이 거대한 사막으로 덮여 있고 극지에만 계절에 따라 집중적으로 얼음이 어는 등 극한적인 조건을 고려할 때 화성인들은 행성 전체에 걸친 데이터 하부구조에 의해 조절되는 정교한 수로 시스템을 개발하여 1년 내내 안정적으로 식수를 확보한다고 주장했다.

로웰은 1877년 조반니 스키아파렐리Giovanni Schiaparelli가 처음 발견한 화성 표면의 직교 평행선(그 이탈리아 천문학자는 '자와 컴퍼스를 이용하여 그린 것'처럼 보인다고 썼다)들이 복잡한 수로 시스템이라고 추측했다.[5] 모든 것을 건조시키는 화성의 바람을 피해 은신처를 만들기 위해서 화성인들이 인공적으로 오아시스들을 조성한 후 서로 연결시켰다는 것이었다. 그리고 통신 기술만 개발할 수 있다면 이렇게 재능이 뛰어난 존재들을 '사귀어둘 만한 가치가 있을' 것이라고 주장했다.[6] 이 책은 미래의 기업가에게 결정적인, 심지어 치명적인 영향을 미쳤다. 역사가 샘 모스코비츠Sam Moskowitz는 이렇게 썼다.

> 어린 휴고는 전혀 다른 세상에 지적인 생명체가 존재할지도 모른다는 생각을 해본 적이 한 번도 없었다.…그는 의사가 내내 자기 옆에 붙어 있는 상태에서 이틀 밤낮을 꼬박 망상에 빠져 화성의 낯선 생명체, 환상적인 도시들, 정교한 솜씨로 만들어진 운하들에 대해 헛소리를 해댔다. 이 경험은 이후 휴고 건즈백의 사고에 엄청난 영향을 미쳤다. 그는 당시까지 축적된 과학적 지식에 결코 만족하지 못했다. 도서관을 찾아다니며 당대의 지식을 넘어 상상력의 지평을 넓혀주는 책들을 읽기 시작했다.[7]

게른스바허는 자신이 만든 건전지의 설계를 계속 향상시키는 한편, 쥘 베른Jules Verne과 조지 웰스H. G. Wells의 흥미진진한 모험담에 빠져들었다. 13세 때 이 조숙한 소년은 인근 카르멜회Carmelite 수녀원에 인터콤 시스템을 설치해주었다. 당시 그런 편의 장치는 수녀원은 말할 것도 없고 대부분의 개인 주택에서도 들어본 적조차 없었다. 그는 교황 레오 13세Leo XIII로부터 1년에 한 번씩 수녀원을 방문하여 시스템이 잘 작동하는지 점검할 수 있는 특별 허가를 받았다. 수녀원장은 노고를 치하하여 '새내기 전기 기사' 증명서를 발급해주기도 했다.

어른들에게 일찌감치 재능을 인정받았음에도 게른스바허는 스스로 외톨이라고 느꼈다. 17세 때에는 《불운한 녀석Ein Pechvogel》이라는 제목의 6000단어짜리 소설을 쓰기도 했다. 불운하고 세상과 겉도는 소년이 태양에너지를 이용하여 커피콩을 로스팅하려고 한다든가 하는 식으로 강박적으로 무언가를 시도하는 바람에 끊임없이 어려움을 겪는다는 내용이었다.[8]

하지만 그는 전문적인 지식을 이용하여 곤경에서 벗어날 수도 있다는 사실을 극적인 경험을 통해 배우기도 했다. 어느 추운 겨울날, 부모들이 여행을 떠난 사이에 비어 있는 지하 저장고를 탐색하려고 들어갔는데

세찬 바람이 불어 문이 닫히고 말았다.[9] 하나밖에 없는 창문은 열려 있었지만 밖으로 빗장이 걸려 있었다. 자칫 얼어 죽을 상황이었다. 다행히 두 개의 건전지로 작동하는 손전등을 갖고 있었던 그는 손전등에서 가는 구리 전선을 뽑아낸 후 건전지에 합선을 일으켜 백열 상태로 달구었다. 그리고 전선에 종이를 갖다 대어 불을 피운 후 나무토막을 주워 모아 지하실 문짝에 불을 붙여 빠져나왔다. 그야말로 과학의 힘이었다!

1903년 아버지가 세상을 떠나자 룩셈부르크의 예스러운 매력은 게른스바허의 마음을 오래 잡아두지 못했다. 그는 유산에서 100달러를 빌려 함부르크에서 호보켄Hoboken✦으로 가는 증기선 티켓을 끊었다. 마크 트웨인의 위트, 존 필립 수자John Philip Sousa의 행진곡 그리고 미국이야말로 젊고 부지런한 발명가가 자신을 재창조할 수 있는 곳이라 생각했던 것이다. 미국 땅에 닿자마자 그는 20달러를 투자하여 실크해트를 샀다. 무엇보다 적절히 두드러져 보여야 했다. 명함도 주문했는데 자기 자신을 '허크Huck' 건즈백이라고 소개했다. 두말할 것도 없이 미시시피강을 따라 펼쳐지는 마크 트웨인의 피카레스크 소설에 나오는 주인공의 이름을 딴 것이었다. 그리고 건전지 사업의 부품을 조달하기 위해 일렉트로 임포팅사Electro Importing Company라는 사업체를 시작했다. 가정용 전자 제품광狂들을 위한 미국 최초의 우편 주문 공급 회사였다. 19세가 되자 그는 이미 두 개의 스타트업을 운영했다.

건즈백은 기술적 재능도 대단했지만, 마케팅의 귀재이기도 했다. 일렉트로 임포팅사의 카탈로그에 실린 엄청나게 다양한 부품을 괴짜들이나 좋아할 만한 도구 모음으로 시장에 내놓는 대신, 과학적 발견과 흥분을 바탕으로 하는 20세기의 라이프 스타일에 어울리는 최신 유행 아이템으로

✦ 미국 뉴저지주 동북부의 도시로 허드슨강을 사이에 두고 뉴욕과 마주보고 있다.

홍보했던 것이다. 정전 발전기 홍보 문구는 이렇게 약속했다. "이 기계는 지금까지 보았던 어떤 물건보다도 많은 즐거움을 드립니다. 라이든병을 충전시키고, 화약에 불을 붙이고, 무선통신기를 작동시키고, 다른 사람의 머리카락을 사방으로 뻗치게 해보세요!" 괴짜라고 따돌림을 받아온 사람들은 카탈로그를 넘기며 이런 식으로 제품을 새롭게 정의하는 광고를 보고 스스로를 젊고 영웅적인 '실험자들'로 생각했다.

항상 사람들로 복닥거리는 월가와 브로드웨이가 교차하는 곳에 판매점을 연 건즈백은 지역의 모든 무선신호를 잡아내는 10센트짜리 광석 검파기를 선보이며 타고난 세일즈 기술을 입증했다. 얼마 지나지 않아 이 제품은 하루에 1000개가 넘게 팔려 수요를 감당할 수 없을 정도였다.[10]

하지만 단순한 반도체 장치들은 '시선을 끌기 위한 것', 즉 미끼 상품일 뿐이었다. 진짜 제품은 최초의 아마추어용 무선 송수신기 키트인 텔림코 무선전신기Telimco Wireless Telegraph(당시 출시된 제품 한 대가 미시간주 디어본Dearborn에 있는 헨리 포드 박물관Henry Ford Museum에 전시되어 있다)였다. 점심을 먹으러 나온 젊은 주식 중개인들은 말쑥하게 차려입고 빳빳한 깃을 세운 채 등산모를 쓴 회사 영업 사원들이 보여주는 무선전신기에 열광했다. 상업용 표준 장비의 가격이 5만 달러였던 데 비해 이 키트는 전체를 구매해도 7.5달러에 불과했다.[11] 당시 뉴욕 시장이 수많은 군중을 상점으로 끌어들이는 전시 행사에 금지령을 내릴 정도였다. 어느 날 파크 플레이스Park Place에 있는 건즈백의 사무실에 경관 한 사람이 들이닥쳤다.[12] 누군가 그 가격으론 도저히 제대로 작동할 리 없는 장비를 판다고 신고했던 것이다. 즉석에서 간단히 시범을 보이는 것으로 법적 조치를 면하는 데는 충분했지만 경관은 여전히 믿지 못했다. "나는 아직도 당신들이 사기꾼이라고 생각하오." 그는 으르렁거리며 의심스러운 눈초리로 방안을 둘러보았다. "광고에는 분명 무선 세트라고 씌어 있는데, 이 수많은 전선들은 어디다

쓰는 거요?"

텔림코의 첫 번째 버전은 비교적 원시적이었지만 당시 아마추어들이 구할 수 있는 것 중에는 가장 진보된 무선통신기였다. 아마추어 무선통신사(보통 '햄ham'이라고 한다)들은 이 장비로 1마일 범위 내에서 모스부호를 주고받을 수 있었다. 아직 음성신호는 처리하지 못했다.

그러나 눈에 보이는 연결 없이도 멀리 떨어져 있는 사람끼리 의사소통을 할 수 있다는 개념은 마법 같았다. 건즈백의 키트는 그의 상점뿐 아니라 메이시즈Macy's, 김블스Gimbels, 마셜 필즈Marshall Field's 등의 백화점에서도 날개 돋친 듯 팔려나갔다.[13] 초기 카탈로그에서 그는 의기양양하게 선언했다. "깨어 있는 모든 미국 소년과 젊은이들이 이 장비를 사야 한다고 느낄 것이라 확신합니다. 가까운 장래에 산업계에서 무선통신이 매우 중요한 역할을 하리라는 사실을 잘 알기 때문입니다."[14] 건즈백은 그 가까운 장래가 하루가 다르게 가까워진다고 믿었다. 아마추어들의 수요만으로도 기술 발전의 원동력이 되는 데 충분했기 때문이다. 텔림코는 1년도 안 되어 모스부호뿐 아니라 음성신호까지 주고받을 수 있었다.

부유해진 건즈백은 맞춤정장에 실크 넥타이를 매고, 광석검파기를 포장하듯 인생을 제대로 즐기며 사는 사람의 분위기로 자신을 포장했다. 그러나 불가피하게 그는 이상하고, 무례하며, 자기중심적이고, 심지어 냉담한 성격이었다. 가끔은 다른 사람들을 깜짝 놀라게 했다. 부품을 구매하기 위해 시카고로 기차 여행을 떠난 길에 그는 클리블랜드에서 잠깐 내려 일곱 살 난 조카 힐데가르드Hildegarde를 만나러 갔다. 이 뛰어난 사업가가 돔dome으로 덮인 도시들이 궤도를 따라 돌고, 로봇 의사들이 환자를 진료하고, 화성에는 은퇴자들을 위한 식민지가 건설된 미래 사회의 모습에 대해 장황한 독백을 늘어놓는 바람에 어린 소녀는 겁을 먹고 말았다(거리에 아직 마차들이 지나다니던 시절이었다). 전화벨이 울리는 바람에 공상에서 깨어날 때면 그는 주의를 주듯 손가락을 곧추 세우고 뻣뻣한 독일식 억양으로 조카딸에게 이렇게 말하곤 했다. "힐데가르드, 머리 모양 좀 다듬어라. 머지않아 전화를 건 사람이 전선을 통해 네 얼굴을 보게 될 테니 말이다."[15]

II

눈으로 보고도 의심을 거두지 않았던 경관의 모습은 오래도록 건즈백의 마음에 남았다. 50년 후 미시간에서 아마추어 무선사와 엔지니어들을 상대로 강연을 하던 중 그는 이렇게 말했다. "과학에 관련해서 그런 무지가 존재할 수 있다는 사실은 항상 저를 괴롭혔습니다. 상황을 변화시키기 위해 할 수 있는 일이라면 뭐든지 하겠다고 맹세했죠."[16] 그는 사업을 홍보할 강력한 도구를 확보하는 동시에 차세대 과학자들을 교육시킬 계획을 생각해냈다. 최초로 아마추어 무선통신사들을 위한 잡지를 발간하는 것이었다.

1908년 《모던 일렉트릭스Modern Electrics》가 가판대에 등장했다. 밝은 빨간색과 주황색으로 장식된 표지를 넘긴 독자들은 규격 부품을 주문하여 차고에서 미래의 온갖 경이로운 발명품들을 조립할 수 있는 세계에 빠져들었다(물론 부품들은 일렉트로 임포팅사에서 주문할 수 있었다). 《사이언티픽 어메리칸Scientific American》 등 전통적인 잡지들이 과학자와 발명가들을 대상으로 미국 특허국U. S. Patent Office에서 흘러나오는 뉴스들을 기사화한 반면, 건즈백의 잡지는 훨씬 폭넓은 독자층을 겨냥했다. 미래에 대한 꿈에 부푼 천재 소년들과 주말이면 집에 틀어박혀 무엇인가를 만드는 데 골몰하는 사람들이었다. "모두를 위한 전기 잡지The Electrical Magazine for Everybody"라는 모토는 80년 후 매킨토시 컴퓨터의 홍보 문구로 유명해진 애플사의 "나머지 우리를 위한 컴퓨터Computing for the rest of us"의 원조격이었다.

스티브 잡스Steve Jobs와 마찬가지로 건즈백은 시장을 지배하는 데 그치지 않고 새로운 시장을 창조해냈다.

폭발적인 열광과 중부 유럽 특유의 정교함을 접목시켜 호기심을 자아낸 《모던 일렉트릭스》는 비행선, 전자 사진, 무선통신, 모델 철도 그리고 인터넷의 원형이라고 할 수 있는 '전선을 통한 타이프라이팅' 계획에 관한 기사, 논평, 특집호 등을 기획하며 아마추어 무선통신을 넘어서 다양한 혁신 영역을 다루었다.

1909년 12월호는 당시 초보적인 실험 단계에 있던 한 가지 기술만을 전적으로 조명했다. 바로 텔레비전이었다. 또한 국제적인 네트워크로 연결된 건즈백의 특파원들은 무한한 에너지원으로 파도와 태양광을 이용할 수 있을 가능성이나 무선신호가 전서구傳書鳩*의 귀소 능력에 영향을 미치는지 조사하는 등 앞날을 내다본 주제들을 탐구했다.[17]

이 잡지는 가장 멋진 무선장비를 구축한 독자들을 대상으로 매월 사진 콘테스트를 시행하기도 했다. 건즈백이 판매 중인 '제품'을 줄줄 꿰는 공동체의 멤버 자격을 부여하는 절차나 다름없었다. 친구들과 밖에 나가 술을 마시며 흥청거리기보다 지하실에 홀로 앉아 정전 발전기나 라이든 병을 제작하는 취향의 독자들에게는 완벽한 접근법이었다.

이듬해 4월, 건즈백은 잡지의 방향을 대담하고도 새롭게 바꿨다. 단순히 미래의 기술을 예측하는 것이 아니라 아예 완전히 처음부터 상상하는 것이었다. 표지를 장식한 '랠프Ralph 124C 41+'라는 수수께끼의 문구는 이 잡지의 편집장이 소설가로 데뷔했음을 알리는 것이었다. 그는 자신의 영웅인 웰스와 베른의 어깨를 딛고 서서, 근거가 명확한 과학과 예측을

---

* 멀리 갔다가 다시 돌아오도록 훈련시켜 소식을 전하는 데 이용하는 비둘기.

바탕으로 한 픽션을 결합시키되, 첨단 기계를 강조한 형태의 대중적 스토리텔링이라는 장르의 개막을 선포했다. 장르를 '과학픽션scientifiction'이라 명명하고, 그 희한한 용어에 대한 특허까지 출원했지만 오래지 않아 '공상과학소설'이라는 말에 밀려 사라지고 말았다.[18]

랠프 124C 41+는 TV, 레이더, 형광등, 스테인리스 스틸, 비디오폰, 야간 야구 경기, 음성문자 변환 소프트웨어, 실시간 뉴스 업데이트 등 놀라운 기술적 업적을 폭넓게 예견했다. (무선송전, 생각을 글로 옮겨주는 '메노그래프Menograph', 전자식 기후 조절 등 현재까지도 실현되지 않은 것도 있다.) 삐딱하게 쓰인 제목은 과학픽션의 저자가 문화적 예언자가 될 수 있다는 건즈백의 생각을 폰트를 통한 말장난으로 표현한 것이었다. '모두를 위한 예언자One to foresee for more than one.'[19]

그 예언이 놀랄 만큼 정확했던 까닭은 그가 이미 미래에 살고 있던 사람을 친구로 두었다는 것이었다. '무선통신의 아버지'로 불리는 굴리엘모 마르코니Guglielmo Marconi보다 먼저 무선통신 실험을 했던 세르비아 출신의 명석한 발명가, 니콜라 테슬라 이야기다. 토머스 에디슨의 실험 조수였던 그는 로봇공학, 실내조명, X선, 최초의 트랜지스터, 리모컨, 교류 전기 등 놀라울 정도로 다양한 분야에서 선구적인 연구를 주도했다. 심지어 21세기 전쟁의 무시무시한 요소인 반자동화 드론을 예측하며 텔오토마타Telautomata라는 용어를 사용했다.[20]

1926년 테슬라는 한 인터뷰에서 이렇게 말했다. "무선기술이 완벽하게 적용되는 날에는 지구 전체가 하나의 거대한 뇌가 될 겁니다. 거리에 관계없이 즉시 의사를 주고받을 수 있을 거예요. 원격 영상 전송 및 음성 전송을 통해 수천 마일 떨어진 사람끼리 서로 얼굴을 마주보고 대화하는 것처럼 완벽하게 모습과 말을 보고 들으며, 이런 일이 가능하게 해주는 기구 또한 현재 사용하는 전화에 비해 놀랄 만큼 간단해질 것입니다. 사람들은 이 기계를 안주머니에 하나씩 휴대하고 다닐 테지요. 대통령 취임식이나 월드시리즈 야구 경기, 지진의 아수라장이나 전쟁의 공포를 마치 그곳에 있는 것처럼 보고 들을 수 있게 될 겁니다."[21] 건즈백은 그보다 스물여덟 살이나 연하였지만, 테슬라의 가장 유력한 지지자가 되었다. 《모던 일렉트릭스》의 첫 번째 테마 특집호는 전체가 테슬라의 연구를 소개하는 데 바쳐졌다.

테슬라의 모습과 가장 관계가 먼 단어를 꼽으라면 전형적이라는 단어일 것이다. 극단적 천재성은 그의 가계에도 흐르고 있었다. 어머니는 자신만의 바느질 도구를 설계했던 수많은 발명가 중에서 단연 눈에 띄는 방직 전문가였다. 형은 신동이었지만 그가 타고 있던 말을 테슬라가 놀래키는 바람에 떨어져 죽었다. 이 일은 평생 테슬라에게 죄책감을 안겨주었다. 미래의 위대한 발명가는 소년 시기에 요즘 같으면 뇌전증으로 진단되었을 법한 '특이한 병'에 시달렸다. 눈앞에 '강렬하게 번쩍거리는 빛'과 함께 정교한 환각이 나타나곤 했다. 아스퍼거의 꼬마 교수님들처럼 그 역시 결함에 대해 너무나 솔직했다. 두 명의 이모가 그에게 우리 중 누가 더 예쁘냐고 묻자 '한 이모가 다른 이모만큼 못생기지 않다'고 대답했던 것이다.[22] 커피잔, 수프 그릇, 식탁에 놓인 음식의 정확한 부피를 계산하지 않고는 못 배겼으며, 외출을 할 때면 밟고 지나간 계단의 개수를 정확히 세곤 했다. (캐번디시나 디랙과 마찬가지로, 매일 정확한 시간표에 따라 맨해튼을 13~16킬로미터 정도 걷는 긴 산책을 했다.) 10대 때 테슬라는 완고한 버릇과 혐오감을 갖게 되었고, 특정한 형태에 매혹당했다. 진주는 보기만 해도 몸이 아플 정도였고, 표면이 평평하고 반짝거리는 물체라면 무엇이든 완전히 마음을 빼앗겼다.

그는 이론적으로 생각한 기계를 마음속에서 세세한 부분까지 눈앞에서 보듯 떠올릴 수 있었다. 심지어 기계를 작동시키면서 다른 부품들로 설계를 바꿔볼 수도 있었다. 자신의 능력을 깨닫고 그는 발명가가 되기로 결심했다. 건즈백이 출간한 회고록에서 테슬라는 이렇게 회상했다. "나는 모델이나 설계도, 실험 따위가 필요 없었다. 모든 것을 실제와 똑같이 마음속에 그려볼 수 있었다.…터빈을 설계한 후 생각 속에서 작동시키든, 실험실에서 구동시키든 전혀 중요하지 않았다. 심지어 그것이 균형이 맞지 않는다는 것조차 알 수 있었다. 아무런 차이가 없었다. 어차피 결과는 똑같으니까."[23] (템플 그랜딘이 자신의 설계 과정을 묘사한 기록도 사실상 똑같다. "나는 어떤 물건이든 실제로 만들기 전에 상상 속에서 작동시켜본다. 가능한 모든 상황에서 소의 크기와 품종을 바꿔가며, 심지어 날씨조차 달리해가며 내가 설계한 장치가 작동되는 장면을 생생하게 눈앞에 떠올릴 수 있다. 이렇게 하면 실제 제작 전에 실수를 바로잡을 수 있다.")[24] 발명가와 편집자는 실로 호혜적 동맹 관계를 다져나갔던 것이다.

기술에 관해서라면 선견지명이 있었지만, 그럴듯한 사랑 이야기를 지어내는 것은 건즈백의 능력 밖이었다. 랠프 124C 41+에는 동명의 영웅(어찌보면 당연하지만 은둔의 삶을 사는 '위대한 미국 발명가')과 스위스에 사는 햄 무선통신사 앨리스 212B423라는 그의 뮤즈가 등장한다. 그들은 시종일관 수많은 상표명과 소수점 몇째 자리까지 계산한 숫자가 적힌 기술 문서를 읽는 것처럼 대화를 나눈다. 앨리스는 요즘으로 말하자면 스카이프가 고장난 것과 비슷한 사건으로 우연히 랠프를 만난다. "공교롭게도 동력 마스트와 통신 마스트가 한꺼번에 날아가는 바람에 아무런 통신수단도 없이 홀로 남겨졌어요." 그러자 랠프는 극초단파 빔을 원격 조정하여 덮쳐오는 눈사태를 녹여버리고 앨리스를 구출해낸다. 사랑이여, 영원하라!

공상과학소설이랍시고 항상 투박하고 뻣뻣한 작품만 썼지만, 건즈백은 공통 관심사를 지닌 공동체를 조성하는 데는 기막히게 뛰어났다. 《모던 일렉트릭스》 뒤표지에 무선 등록부라는 것을 만들어 구독자들의 이름과 무선 콜번호, 주소를 실었던 것이다. 발행 부수가 3년 만에 8000부에서 5만 2000부로 수직 상승했다. 전파나 우편을 통해 직접 연락을 주고받을 수 있는 무선통신 열렬 애호가들의 분산 네트워크를 형성함으로써 그는 잡지와 제품의 시장을 계속 확장시킬 수 있었다. 이 공동체는 정부 관료들이 군사적 통신수단과 상업방송을 위해 전파 규제 조치에 착수했을 때 없어서는 안 될 존재가 되었다.

1920년대 중반, 건즈백은 공상과학소설 시장을 확장시키는 데 온 힘을 쏟았다. 오로지 이 장르에만 집중하는 《어메이징 스토리즈Amazing Stories》라는 잡지를 창간하고 광고를 시작했다. 또한 표적 독자층의 주목을 끌기 위한 새로운 전략을 떠올렸다. 복수심에 불타는 외계인들, 사냥감을 찾아 돌아다니는 로봇들, 어마어마하게 큰 곤충들 그리고 거의 벌거벗은 채 그들의 손아귀에 붙잡혀 운명이 경각의 위기에 처한 여성들이 등장하는 야하고 충격적인 표지들이었다. 《어메이징 스토리즈》는 새로운 형태의 대중문학일 뿐 아니라 새로운 감수성이 싹트고 있다는 신호였다. 장차 해리슨 포드✦나 패트릭 스튜어트Patrick Stewart✦✦가 완벽한 재능으로 그려낼 합리적이고, 냉소적이며, 첨단 기술에 능통한 멋진 영웅들(아주 드물게 시고니 위버Sigourney Weaver✦✦✦나 케이트 멀그루Kate Mulgrew✦✦✦✦ 같은 강인한 여성도 등장한다)로 상징되는 감수성 말이다. "오늘의 황당한 공상이 내일은 엄연한 사실이 된다"라는 대담한 홍보 문구는 사실 독자들에게 차고에 실험실을 만들고 경이로운 미래를 창조하는 데 동참하라고 부추기는 것이나 마찬가지였다.

✦ 〈스타워즈〉의 주인공 중 하나인 미국의 유명 배우.

✦✦ 〈스타트렉〉 〈엑스맨〉에 등장하는 배우.

✦✦✦ 〈에이리언〉의 주인공.

✦✦✦✦ 〈스타트렉〉의 주인공.

10년도 채 지나지 않아, 미국과 유럽 전역의 서점과 잡화점 진열대는 《에어 원더 스토리즈Air Wonder Stories》《사이언스 원더 쿼털리Science Wonder Quarterly》《어스토운딩 스토리즈 오브 슈퍼사이언스Astounding Stories of Super-Science》 등의 이름을 단 싸구려 잡지로 뒤덮였다. 10센트라는 싼 값에 놀라움과 수수께끼의 세계로 통하는 문을 열어주는 이 잡지들은 거칠고 도련刀鍊하지 않은 목재 펄프나 재생지에 인쇄되었기 때문에 뭉뚱그려 '펄프pulp'✦라고 불렸다.

트레커Trekker✦✦, 후비안Whovian✦✦✦, 트와이하드Twihard✦✦✦✦, 포터헤드Potterhead✦✦✦✦✦ 등이 우후죽순처럼 생겨나 그들만의 세계를 창조하는 오늘날 미국의 창대한 팬덤 문화의 미미한 시작은 《어메이징 스토리즈》의 '독자 편지' 칼럼이라 할 수 있다. 이 잡지에서도 건즈백은 무선 등록부의 전통에 따라 편지를 보낸 독자의 이름과 주소를 실어주었다.[25] 칼럼을 통해 교환되는 의견이 원래 소설보다 정교한 경우도 많았다. 심지어 아인슈타인의 상대성이론에 관해 주류 과학 저널보다 훨씬 치열한 논쟁이 벌어진 일도 있었다.[26]

머지않아 펄프 팬들은 사방에 펜팔 네트워크를 만들었다. 다시 이들을 중심으로 시카고의 과학 통신원 클럽Science Correspondents Club이나 뉴욕의 10대들이 참여하는 사이언시어즈Scienceers 같은 단체가 결성되었다.[27] 사이언시어즈는 건즈백의 편집자 중 한 명이 적극적으로 권유하여 만

✦ 싸구려 통속 소설이나 잡지를 가리키는 말.
✦✦ 〈스타트렉〉의 열광적 팬.
✦✦✦ 영국 SF 드라마 시리즈 〈닥터 후〉의 열광적 팬.
✦✦✦✦ 〈트와일라잇 뱀파이어〉 시리즈의 열광적 팬.
✦✦✦✦✦ 〈해리 포터〉 시리즈의 열광적 팬.

들어졌다. 초대 회장인 미국계 아프리카인 열혈 우주팬 워런 피츠제럴드 Warren Fitzgerald의 소유인, 할렘에 있는 아파트에서 모임을 갖곤 했다.[28] 이들은 등사판 인쇄술이나 젤라틴판 인쇄술 등 초기 복사 기술을 활용하여 일일이 손으로 찍고 스테이플러로 고정시킨 인쇄물을 만들어 《더 커밋츠 The Comets》《더 플래닛The Planet》 같은 이름을 붙여 배포했다. 최초의 '팬진 fanzines'++++++이 탄생한 것이다.

'팬fan'이라는 용어를 펄프 열광자들이 만들어낸 것은 아니다('성스러운 광기에 사로잡힌'이라는 뜻의 라틴어 fanaticus에서 유래했다). 하지만 이들이 정교한 관습, 예술 형식, 특수한 은어, 규범, 터무니없이 과장된 집단 내 투쟁 등을 특징으로 하는 현대적 의미의 팬덤을 처음으로 확립한 것은 사실이다. (1954년 샘 모스코비츠가 발표한 팬덤의 초기 역사를 다룬 책 《불멸의 폭풍 The Immortal Storm》을 읽고 한 비평가는 이렇게 우스갯소리를 했다. "제2차 세계대전사를 읽고 나서 바로 읽더라도 시시하다는 느낌이 들지 않을 것 같다.")[29] 영화평론가 로저 에버트Roger Ebert와 〈긴 이별The Long Goodbye〉 〈스타워즈_제국의 역습〉 등으로 유명한 시나리오 작가 리 브래킷Leigh Brackett 등 주류 문화계에서 명성을 얻은 수많은 작가들은 이렇듯 괴팍하고도 풍요로운 환경에서 탄생했다. 레이 브래드베리Ray Bradbury, 아이작 아시모프Isaac Asimov, 프레더릭 폴Frederick Pohl, 어슐러 르귄Ursula K. LeGuin 등도 펄프 팬으로 시작하여 공상과학소설계에서 불멸의 스타가 되었다.

가장 중요한 것은 《어메이징 스토리즈》나 《위어드 테일즈Weird Tales》 같은 잡지가 사람들의 상상력에 불을 붙여 그들을 열광시킨 작가의 황당한 공상을 엄연한 사실로 바꾸었다는 점이다. 1933년 우주 탐험을 촉진하고자 설립된 영국 행성 간 학회British Interplanetary Society의 창립 멤버들

++++++ 팬들이 직접 만든 잡지.

은 열렬한 펄프 독자들이었다. 1948년 아서 클라크Arthur C. Clarke는 많은 미국 과학자들이 열렬한 공상과학소설 팬이라고 지적했다. "진보를 가로막는 심리적 장애물들을 깨부수는 데 큰 역할을 한 공상과학소설이 없었다면 항공학은 결코 오늘의 수준에 이르지 못했을 것이다." 클라크 자신도 케임브리지에 있는 캐번디시 연구소에서 끊임없이 늘어나는 건즈백의 잡지들 중 하나인 《스릴링 원더 스토리즈Thrilling Wonder Stories》를 유통시킨 바 있다.[30]

이 장르의 대표적인 학자 다르코 수빈Darko Suvin은 공상과학소설의 심층을 관통하는 체제 전복적 충동을 주류 사회에 대한 '인지적 소원疏遠함'이라고 설명했다.[31] 팬덤은 단조로운 존재 방식이라는 환경을 극복하고, 고상하고, 깊은 지식을 지니며, 많은 사람이 이해할 수 없는 무언가의 일부가 되려는 깊은 열망에 닿아 있다는 것이다. 제대로 이해하는 사람이 별로 없는 뭔가의 일부가 된다는 짜릿함은 삶의 대부분을 조롱거리로 살아온 사람들에게 특히 솔깃한 일이었다. 당신 말고는 어느 누구도 당신을 팬으로 만들거나 팬이 되는 것을 막을 수 없으며, 당신 스스로 선택한 동료들 외에는 어느 누구도 당신을 판단할 수 없다. 그 동료들이 바로 '펜fen'이다. 초기 펜들은 새로 찾아낸 확신감과 우월감을 최대한 즐기면서 펜이 아닌 멍청한 인간들이 세상을 '지루하기 짝이 없는 곳'으로 만든다고 비웃었다.

스포츠 팀이나 록스타를 추종하는 컬트 문화와 달리, 공상과학소설 팬덤은 본질적으로 고립적인 행위에 뿌리를 두었다. 바로 독서다. 주류 문화에서 흔히 병적이라거나 애처롭다고 치부되는 특징(쓸데없는 것들을 보물처럼 여겨 어마어마하게 쌓아두고, 극히 사소한 일에 강박적으로 집착하는)을 이 공동체 내에서는 '진정한 팬trufan'으로서 헌신하는 증표로 우러러보았다. 팬덤은 향수병에 시달리는 모든 우주 어린이들이 갈망해 마지않는 것을 제공했다. 그것은 미래에 대한 신념으로 하나가 된 외톨이들의 엘리트 클럽 회원 자격이었다. 일생 동안 낯선 사람들 사이에서 망명자처럼 살아왔던 사람에게 팬이 된다는 것은 마침내 고향으로 돌아온 것과 같았다.

III

편집자로서 건즈백은 주로 하드웨어에 집착했다. 은하계를 배경으로 하여 환상적인 장비, 교묘한 기계 장치, 아수라장을 만드는 끔찍한 엔진들(살인 광선은 그의 영원한 취향이었다)이 쉴 새 없이 등장하는 돈을 노린 통속 소설을 선호했다. 훗날 이 예술 장르에 등장한 좀 더 섬세한 대가들은 그가 추구한 스타일, 즉 기술이 심리를 압도하고 플롯과 등장인물은 사건의 부수적인 존재에 불과한 소설을 '기구 소설gadget fiction'이라고 비웃었다.[32] 미래에 어떤 도구들이 쓰일지만 나올 뿐, 그것을 사용하는 사람들에 관한 이야기는 거의 없다는 것이었다. 인물들 사이의 관계 역시 미묘한 뉘앙스는 아예 없었고, 여성은 구원의 대상에 불과한 불운한 소도구일 뿐이었으며, 영웅들은 하나같이 수도사처럼 순결한 존재였다. 공상과학소설의 진정한 주인공은 비합리성과 무지라는 어둠의 세력을 정복하는 과학 그 자체였다.

가판대에서 파는 건즈백의 소설 수십 권을 읽어봐도 대공황이나 건조 지대Dust Bowl✦에 대한 이야기는 한마디도 없었다. 히틀러 치하의 독일에서 《원더 스토리즈》가 출간된다는 소식에 한 독자가 항의하자, 건즈백(또는 그의 편집자 중 한 명)은 코웃음을 치며 그 문제에 대해 '완벽한 중립'을 유지할 것이라고 밝혔다. "독일 지도자들이 독일인들에게 또는 독일인들

✦ 1930년대 중반 미국 중남부의 극심한 가뭄으로 바람에 의해 표토가 모두 날아가 초래된 농업 위기를 말한다.

을 위해 어떤 일을 하는지는 독일인들이 생각할 문제입니다."[33]

1940년 캐나다의 국방 전문가 A. E. 밴 보트A. E. van Vogt는 《어스토운딩 사이언스》에 〈슬랜Slan〉이라는 소설을 연재했다. 이 작품은 나중에 역사가들이 공상과학소설이라는 장르에서 '인지적 소원함'이라는 주제를 한 단계 높은 수준으로 끌어올리며 '공상과학소설의 황금시대'라고 평가한 시기를 열어젖혔다.

3부작으로 구성된 이 소설은 유전공학에 의해 기계화된 문명의 빠른 속도에 맞춰 일을 처리하도록 만들어진 휴머노이드humanoid 종족에 관한 이야기다(제목의 '슬랜'은 휴머노이드를 가리킨다). 이 정교한 돌연변이 종족은 21세기에 새뮤얼 랜Samuel Lann이라는 생물학자가 자기 자식들에 대한 실험 프로젝트를 통해 창조한 것이다. 슬랜은 '정상적인' 인간을 구원자가 아니라 적으로 그려냄으로써 전혀 새로운 개념을 개척했다.

이야기의 서두에서 유전적으로 변형된 주인공 조미 크로스Jommy Cross와 그의 종족은 센트로폴리스Centropolis라는, 제멋대로 뻗어나가는 거대 도시의 퇴락한 거리에서 자신들을 멸종시키려는 사람들에게 쫓긴다. 어머니가 목숨을 던진 덕에 살아남은 조미는 술책이 뛰어난 늙은 여성 노숙자의 도움으로 도시의 구석구석에 명맥을 유지하는 지하 세계에 은신처를 얻는다.

제2차 세계대전이 끝난 후 단행본으로 재출간된 《슬랜》은 큰 반향을 일으켰다. 그것이 은유하는 세상이 새로 공상과학소설의 세계에 뛰어든 신세대에게 깊은 울림을 주었던 것이다.이 소설은 《듄Dune》의 정치적 책략, 〈스타트렉〉의 반半베타조이드Betazoid✦ 조언자인 디에나 트로이Deanna

✦ 인간의 감정을 읽고 생명의 존재를 감지하는 텔레파시 능력을 지닌 휴머노이드 종족.

Troi, 〈블레이드 러너〉의 복제 인간 사냥, 〈엑스맨〉의 돌연변이 초능력자 등의 원형이 되었다. 1세대 팬들에게도 《슬랜》은 특별한 공감을 불러일으켰다. 뛰어난 지성을 지니고, 감수성이 매우 예민하며, 전혀 이해받지 못하는 돌연변이 종족이 그들을 위해 만들어지지 않은 세상에서 살아남으려고 안간힘을 쓰는 이야기에서 자신들의 괴로움을 보았던 것이다. 이런 개념을 극단까지 밀어붙인 사람은 지금까지 존재했던 팬 중에서도 가장 별난 우주 어린이였던 클로드 데글러Claude Degler였다.

데글러의 배경은 그의 삶이 모두 그렇듯 자신의 허풍 속에 가려져 있다. 최초로 팬덤을 역사적으로 연구한 잭 스피어Jack Speer의 자료에 따르면, 데글러는 1920년 미주리주에서 태어났다.[34] 태어난 지 얼마 안 되어 아버지는 가족을 떠나버렸고, 어린 클로드와 어머니는 인디애나주로 옮겨갔다. 그는 건즈백처럼 아주 어린 나이부터 전기에 강박적인 관심을 보였으며, 공상과학소설을 접하자 물을 만난 물고기처럼 그 세계로 뛰어들었다. 펄프에 심취한 나머지, '광선을 물리치는' 반지를 '크림 오브 휘트Cream of Wheat'++ 박스 속에 넣어 제공하며 팬덤을 상업화하고자 했던 벅 로저스 클럽Buck Rogers Club에도 가입했지만, 이웃 아이들은 괴짜 책벌레라고 놀려댈 뿐이었다.

조숙하고 명석했던 데글러는 줄곧 우등생이었지만, 15세가 되자 불안과 우울증이 심해졌으며, 격렬하게 감정을 폭발시키는 일이 잦았다. 끊임없이 왕따를 당하자 증상은 더욱 심해졌고, 결국 퇴학을 당하고 말았다. 어머니는 정신박약아 학교에 등록시키라는 권유를 받았지만 거부했다. 그러나 1936년 그가 지방 검사 집 뒷마당의 공구 창고에 불을 지르자 이스턴 인디애나 정신병원Eastern Indiana hospital for the Insane에 입원시켰다. 이

++ 아침 식사용 핫 시리얼의 상표.

듬해 의사들은 '정신적으로 무능'하거나 '사회적으로 부적절'한 자녀를 낳을 가능성이 높다는 이유로 강제적 불임술 지시서를 발급했다.[35] 데글러는 어찌어찌하여 수술을 일시 유보시킬 수 있었다.

그가 《슬랜》을 읽은 것이 바로 그때였다. 그 책에 열광한 데글러는 갑자기 자신의 운명을 뚜렷하게 깨달았다. 그와 동료 펜fen들은 '별에서 태어난' 돌연변이체들로, 적진 속에서 궁지에 몰려 있었다. 공상과학소설 팬덤은 몽상에 젖은 10대나 지성적이지만 무기력한 교수들의 소일거리에 불과한 것이 아니었다. 괴짜들geek이 사상 최초로 그토록 오랫동안 자신들을 억압했던 삶의 온갖 따분함에 대항하여 분연히 일어선 일대 사건이었다. 그는 팬덤 사이로 바이러스처럼 퍼져나가는 밈meme✦이 될 슬로건을 생각해냈다. "팬들은 슬랜이다!Fans are Slans!"

데글러는 동료 '코즈멘Cosmen'✦✦과 '코즈위먼Coswomen'✦✦✦에게 이 사실을 일깨우고, 스스로 코즈믹 서클Cosmic Circle✦✦✦✦이라고 명명한 광대한 네트워크의 회원이 될 사람들을 찾아 과학 클럽 우편 주소 목록에 등록시키기 위해 장대한 미국 횡단 히치하이킹을 시작했다. 1941년 그는 덴버에서 열린 최초의 공상과학소설 학회에 나타나 화성인들이 원고를 써주었다고 주장하며 연설을 했다. 로스앤젤레스에서 뉴욕까지 장거리 버스를 타고 이동하며 여행 중 만난 팬들을 '아즈토르 모임Circle of Aztor' '발토스타의 철학자들Valdosta Philosophers' '우주의 사상가들Cosmic Thinkers' '로즈 시티 과학 모임Rose City Science Circle' '플로리다 우주 학회Florida Cosmos Society' '딕

✦ 유전 형질처럼 다음 세대로 전달되는 문화적 요소로, 유전자가 아니라 모방이나 학습에 의해 다음 세대로 전달된다.

✦✦ cosmos[우주]와 men[남성]의 합성어.

✦✦✦ cosmos[우주]와 women[여성]의 합성어.

✦✦✦✦ 우주인들의 사회라는 뜻.

시 환상 연맹Dixie Fantasy Federation' '엠파이어 스테이트 슬랜즈Empire State Slans' '먼시의 변종들Muncie Mutants' 등의 조직에 간부로 지명했다.

또한 그는 동료들이 성가신 일상사에 방해받지 않고 자신들의 열정을 추구할 수 있도록 슬랜 오두막Slan shack이라는 가정을 만들어야 한다고 주장했다. 정력 넘치는 코즈멘과 수태 가능성이 높은 코즈우먼들이 유전적으로 우월한 차세대 휴머노이드를 낳아 기를 수 있도록 오자크Ozark산맥에 코즈믹 캠프Cosmic Camp를 만들고, 그 안에 독자적인 '실험실 도서관'을 세워 어마어마한 양의 펄프 잡지들을 소장해야 한다고 외쳤던 것이다. **"공상과학소설에 안전한 세상을 만들기 위해 싸우자!"** 1940년대에 관여했던 어지러울 정도로 많은 출간물 중 하나인 《이미지 국가의 목소리Voice of the Imagi-Nation》라는 팬진에 데글러가 올린 격문이다.

코즈믹 캠프는 실현되지 못했지만, 최초의 슬랜 오두막('따분함의 바다 위에 떠 있는 팬들을 위한 섬'이라고 홍보했다)[36]은 1943년 미시간주 배틀 크릭Battle Creek에 설립되었다. 입주민이었던 댈번 코거Dalvan Coger는 이렇게 회상했다. "우리 계획은 팬진 룸을 만들어 모든 입주자들이 등사기를 나누어 쓰고, 예술가들을 위해 오로라를 볼 수 있는 아파트를 짓는 것이었습니다."[37] 차를 몰고, 기차를 타고, 버스를 타고, 심지어 히치하이킹을 하면서 사방에서 팬들이 모여들었다. "서로 친밀감을 느끼고, 생각을 터놓고 이야기하려는 거였죠. 우리끼리 모여 있어야 자기 생각을 가장 쉽게 표현할 수 있으니까요." 현관에는 더없이 간단한 표지판이 걸렸다. "문명."

오래지 않아 '삐딱한 집Oblique House' '진원지Epicentre' '정거장 XStation X' '상아색 조류 수반Ivory Birdbath' '주기지Prime Base' '덩굴손 탑Tendril Towers' 등의 이름을 지닌 슬랜 오두막이 미국과 영국 전역에 생겨나기 시작했다. 로스앤젤레스에서는 한 블록 전체를 완전히 슬랜 센터로 개조하여 주거용 조립식 주택들과 수경水耕 농장, 공용 출판 시설 등을 갖추자는 계획이 마련되었다. 데글러는 애리조나의 대농장주로부터 전쟁이 끝난 후 별의 자식들인 코즈믹 서클이 황당한 공상을 엄연한 사실로 바꿀 수 있도록 로켓 발사 실험을 시작해도 좋다는 허락을 받았다고 주장했다. 그는 이렇듯 야심 찬 계획들이 새로운 은하계 사회를 만들기 위한 출발점일 뿐이라고 강조했다. "우리 자손들은 지구뿐 아니라 우주 전체를 물려받게 될 것이다! 오늘날 우리는 22개 주를 손에 넣었지만 장차 아홉 개의 행성을 거느리게 될 것이다!"[38]

안타깝게도 로스앤젤레스 슬랜 센터는 실현되지 못했다. 데글러 또한 팬덤의 덧없는 별똥별이 되고 말았다. 코즈믹 서클에 소속된 수많은 단체가 그의 상상 속에서만 존재한다는 사실이 밝혀지면서 급속히 동료 펜fen들의 관심 밖으로 밀려났던 것이다. 심지어 "팬은 슬랜이다!"라는 슬로건조차 놀림감이 되었다. 팬덤이 구세주라도 되는 양 세상을 일시에 바꾸려는 망상에 사로잡혀 잔뜩 긴장한 모습을 묘사한 자기 풍자적 농담으로 치부된 것이다.

하지만 공상과학소설 팬들이 자신들을 이해하려고 하지 않는 사회 주변부에서 살아남으려고 몸부림치는 변종들이라는 데글러의 주장은 결코 무시할 수 없는 진실을 담고 있었다. 유명한 공상과학소설 역사가인 게리 웨스트팔Gary Westfahl은 건즈백을 비롯하여 데글러의 동료 펜fen들 중 상당수가 당시 그런 진단명이 존재했다면 아스퍼거 증후군으로 진단받았을 가능성이 매우 높다고 말한다. 병명조차 존재하지 않았던 시기에 자신들을 한없이 외롭고 무력한 존재로 만들면서 탈출구조차 없는 이해 불가능한 따분함의 바다보다는 공상과학소설이 만들어낸 대체 우주가 훨씬 덜 낯설게 느껴졌을 것이란 설명이다.

1930년대 펄프 잡지에 실렸던 공상과학소설들을 돌아보라. 지금 같으면 제대

> 로 진단받지 못한 아스퍼거 증후군으로 분류되었겠지만, 당시는 '외톨이'나 '괴짜' 취급을 받았던 젊은 남성들(그리고 일부 젊은 여성들)에게 자신만의 목적을 찾아 머나먼 행성과 까마득한 미래로 외로운 모험을 떠나는 이야기들이 얼마나 호소력을 지녔을지 쉽게 알 수 있다.…1930년대 아스퍼거 증후군을 겪었던 10대라면 화성에서 외계인들과 마주친 우주인에 관한 이야기는 앤디 하디Andy Hardy나 밥시 트윈즈Bobbsey Twins의 괴상하고, 설명 불가능하고, 철저히 사회화된 세계에서 진행되는 이야기에 비해 훨씬 마음 편한 친근감을 선사해주었을 것이다.[39]

초기 팬덤의 목격담인 해리 워너Harry Warner의 《모든 지난 날All Our Yesterdays》에는 '은둔자' '극도로 내향적' '사회의 은총을 전혀 받지 못한' '재능은 있지만 어울리지 못하는' '강박적이라고 생각될 만큼 오로지 패낙fanac✦에만 집중하는' 등의 수식어로 묘사된 다채로운 남녀 팬들이 수 없이 등장한다. 잭 스피어는 1940년대에 주류 사회에서 살아가기 어렵다는 점에서 대부분의 팬들이 어떤 방식이로든 '장애를 지닌' 존재였다고 추측했다.[40]

많은 팬들이 무선통신 애호가였는데 두 가지 하위문화는 겹치는 부분이 상당히 많았다. 20세기 초 실제로 슬랜들이 존재했다면 아마 건즈백의 카탈로그들을 뚫어져라 쳐다보며 마치 오리지널 〈스타트렉〉 시리즈 기념 에피소드에서 미스터 스폭Mr. Spock이 이디스 킬러Edith Keeler의 지하실에서 진공관으로 통신 장치를 조립하듯 자기들이 구할 수 있는 원시적인 장비들을 이용하여 좀 더 진보된 문명의 이기를 짜맞춰보려고 애썼을 것이다.[41]

하지만 미래가 그렇게 빨리 찾아올 수는 없었다. 1세대 팬 중 많은 사

✦ fan activity, 팬 활동의 줄임말.

람들은 과학과 공학에 열렬한 관심을 갖고도 사회적 기술이 부족했기 때문에 결국 하찮은 일을 하면서 살 수밖에 없었다. 역사가인 데이비드 윌리엄스는 이렇게 썼다. "오늘날 팬들은 1930년대에서 1940년대 초 수많은 팬들이 화물 열차를 훔쳐 타고 월드콘Worldcon✦을 찾아다니거나 투숙객들이 버린 《어메이징 스토리즈》를 찾아 호텔 뒤편의 쓰레기통을 뒤지곤 했던 구차한 생활을 상상도 못할 것이다. 그 시절 팬들의 숫자가 가뭄에 콩 나듯 했던 데는 이유가 있다. 먹을 것을 살 돈도 없었던 것이다."[42]

아마추어 무선통신과 공상과학소설 팬덤은 모두 전통적인 체제 밖에서 사회적으로 인정받을 수 있는 길을 열어주었다. 심지어 팬들 사이에서는 공동체에 기여하여 동료들의 존경을 받을 때 느끼는 짜릿함을 가리키는 단어까지 있었다. 바로 '이고부egoboo'✦✦다. 다양하게 해석될 여지를 남기는 대화 방식이 불편한 사람들에게 팬덤의 복잡하기 짝이 없는 관습과 의식儀式은 마음 편하게 상호 관계를 맺을 수 있는 대본 역할을 했다. 초기 팬들이 개발한 정교한 은어는 사실상 다른 세계의 언어와 다를 바가 없었으며, 멍청하고 따분한 일상사에 구애받지 않도록 막아주는 강력한 언어 장場 역할을 했다(한 문화비평가는 그들의 은어를 '이해하기 힘들다는 사실 자체에 대한 중독'이라고 했다).[43]

확실히 팬덤은 개개인의 별난 점과 차이를 포용적으로 받아들이는 흔치 않은 공동체였다.[44] 팬진이라는 단어는 1940년에 루이스 러셀 쇼브네Louis Russell Chauvenet라는 열렬한 팬이 만들어낸 것으로, 그 또한 토너먼트에서 우승한 경력이 있는 체스 선수이자 미 국방부 소속 컴퓨터 기술자였

✦ 세계 학회.

✦✦ 오늘날에는 그 의미가 확장되어 돈을 받지 않고 자발적으로 한 일에 대해 대중의 인정을 받았을 때 느끼는 뿌듯함을 뜻한다.

다. 건즈백의 잡지에 기고하던 팬 중에 스타가 된 사람으로는 데이비드 켈러도 있다. 그는 어려서 정신박약으로 진단받았으며, 여섯 살이 될 때까지도 자기 누나만 이해할 수 있는 말밖에 하지 못했다. 데글러와 함께 전국을 돌아다녔던 짐 케프너Jim Kepner는 신체적 장애가 있었으며, '우리가 사는 세계와 다른 관습을 지닌 세계들에 대해 읽고 생각한' 것에 용기를 얻어 게이라는 사실을 밝히고 활동한 최초의 저널리스트가 되었다.[45] 그는 처음에 《어메이징 스토리즈》와 《갤럭시Galaxy》 잡지를 강박적으로 수집하는 데서 시작하여 '매터친 소사이어티Mattachine Society'와 '빌리티스의 딸들Daughters of Bilitis' 같은 선구적 동성연애자 단체에서 발행한 뉴스레터를 끈질기게 추적하며 수집하는 단계까지 나아갔다. 케프너의 개인 수집품은 현재 서던캘리포니아 대학교University of Southern California 내에 있는, 동성애 역사에 관해 세계에서 가장 큰 규모의 기록 보관소인 '원ONE'에서도 가장 핵심적인 자료다.

건즈백의 전기를 쓴 게리 웨스트팔은 사회에 엄청난 영향을 미친 기업가이자 편집자였던 그가 진단받지 않은 아스퍼거 증후군이었다고 '생각하는 것이 합리적'이라고 믿는다.[46] 동료들은 그가 자신이 창조한 공동체와도 냉정하게 거리를 두는 비사교적 인물이라고 생각했다. 그가 친구라고 생각한 사람들은 대개 유명한 과학자, 영향력 있는 정치인, 편지를 주고받았던 저명인사들이었다. 역사가 제임스 건James Gunn은 자신의 저서 《대안적 세계Alternate Worlds》에서 건즈백을 '내성적인 성격과 공격적인 세일즈맨 기질이 미묘하게 결합된 인물'이라고 평했다.

두 번의 결혼 모두 이혼으로 막을 내리자 건즈백은 결혼이라는 너저분한 일을 첨단 기술로 해결해야 한다고 결론 내렸다.[47] 이 엄청난 과업을 수행하려면 우선 과학자들로 구성된 팀이 혼인신고를 하는 수천 명의 부부를 면담하여 건강과 병력, 음악과 미술에 대한 취향, 머리카락과 피부의 질감, 선호하는 냄새, 가족 대대로 내려오는 유전질환의 유무, 기타 수백 가지 '매우 중요한 점들'을 비롯한 삶의 모든 부분을 조사해야 했다. 그 후 수많은 연구자가 달라붙어 다양한 진단적 도구(심전도와 거짓말탐지기 포함)를 이용하여 각 개인의 'S. Q.', 즉 성적 지수Sexual Quotient를 측정해야 했다. 초기 조사 대상 부부들의 운명이 어떻게 되었는지 확인한 후, 성공 가능성을 최대화하는 알고리즘을 만들어 컴퓨터에 탑재시킨다. 이때부터 변덕스럽기 짝이 없는 큐피드는 빅 데이터가 지닌 난공불락의 객관성에 무릎을 꿇게 되는 것이다.

건즈백은 편집 원칙을 실행에 옮기는 데도 철저히 감상을 배제했다. 그는 잡지에 기고하는 사람들에게 이렇게 충고했다. "짧은 문장이 긴 문장보다 읽기 쉽습니다. 잘 알려진 광학 법칙입니다."[48] 원고 거절 서식에는 '플롯이 진부함'이나 '도덕적 규범에 위배됨' 등 작가들이 흔히 저지르는 30가지 실수를 열거하고, 각 항목마다 체크 박스를 달았다.[49] 그는 자기 잡지를 통해 발표되는 이야기 속의 모든 과학 이론이 입증 가능해야 한다고 고집했다. 자주 글을 싣는 작가들은 문학 작품에 이런 정확성을 요구하는 그의 태도를 '건즈백 망상'이라고 불렀다. 심지어 그는 일요판 만화에조차 이런 원칙을 적용하여 우주인이 완벽하게 밀폐되지 않은 우주복을 입은 장면을 보면 몹시 화를 냈다.

소리에 몹시 민감했던 그는 아무런 방해를 받지 않고 침묵과 고독 속에서 앞으로 다가올 세상의 모습을 생생하게 그려보기 위해 웨스트 엔드 애버뉴West End Avenue에 있는 펜트 하우스에 호화롭게 꾸며진 '사색실' 안에 틀어박히곤 했다.[50] 《라이프》에 그에 관한 기사를 실은 저널리스트는 그가 큰맘 먹고 대중 앞에 나타날 때면 '베를린의 국회를 향하는 비스마르크'처럼 선호하는 주제에 관해 '공작처럼 권위 있는 태도'로 장황한 연설을 늘어놓곤 했다고 썼다.[51] 식사 습관 또한 기세등등하게 고수했다. 거의 정기적으로 식사하는 음식점 중 한 곳에 도착하면(특히 델모니코Delmonico 식당을 선호했다) 그는 외알 안경을 꺼내 쓰고 조직 검사를 하는 외과 의사처럼 그날의 특별 요리를 꼼꼼하게 들여다보았다. 음식을 내온 접시가 충분히 데워지지 않았다고 생각하면 일말의 망설임도 없이 주방으로 돌려보냈다. 세 병의 와인을 연달아 퇴짜 놓은 적도 있었다. 데이비드 켈러는 애스터 호텔Astor Hotel에서 건즈백과 점심을 함께 먹었는데, 억만장자인 그가 85센트짜리 아이스 커피를 포함하여 계산서에 적힌 모든 음식의 가격을 하나하나 체크했다고 회상했다.

인근 상점 주인은 그가 주중에는 정확히 오전 8시 30분에 좋아하는 연한 향수의 은은한 향을 풍기며 '양 어깨에 세상을 짊어진 듯한' 표정으로 웨스트 14번가에 위치한 흠잡을 데 없는 사무실에 도착했다고 회상했다.[52] 전화기, 책상 위에 놓인 문구 세트, 보온병, 사무실 벽은 모두 같은 색조의 녹색이었으며(베트포드가에 있던 캐번디시의 도서관을 떠올려보라), 말쑥하게 보타이를 맨 그는 일정한 간격으로 책상 위를 입으로 불어 신경에 거슬리는 먼지를 깨끗이 날려 보내곤 했다. 1943년 테슬라가 가난에 찌들고 수척한 모습으로 뉴요커 호텔에서 숨을 거두었다.[53] 방문에는 '방해하지 말 것'이라는 팻말이 아예 영구 고정되어 있었다. 건즈백은 섬뜩한 애도의 표시로 사무실 구석에 그의 데스마스크를 놓아두었다.[54]

발명가로서 건즈백의 경력은 세르비아 출신 멘토의 그늘에 가려졌지만(가려지지 않을 사람이 있을까?), 그는 생전에 최초의 무전기, 최초의 골전도 보청기 중 하나, TV 보안경 설계도(아주 작은 안테나가 붙어 있었다), 잠수형 대회전 관람차 등 80가지가 넘는 다양하고도 혁신적인 제품의 특허권을 갖고 있었다.

하지만 자폐증적 성격이 가장 노골적으로 드러난 것은 시끄러운 사무실에서 주의를 분산시키는 감각적 자극을 줄여주는 '아이솔레이터

Isolator'✦라는 희한한 장치였다. 1925년 《사이언스 앤 인벤션Science and Invention》 7월호의 편집자는 그가 발명한 이 비현실적인 장치의 도면을 실었다. 거추장스러운 헬멧을 뒤집어쓴 심해 잠수부처럼 보이는 장치는 전용 산소 공급 장치가 있어 옆에 있는 탱크에 연결되었다. 헬멧에는 착용자가 한 번에 한 줄의 텍스트에만 집중할 수 있도록 두 개의 좁은 틈이 뚫려 있었다. 그림 설명은 이랬다. "외부 소음을 차단하여, 다루는 주제에 쉽게 집중할 수 있습니다."

아이솔레이터는 큰 인기를 얻지 못했지만, 건즈백의 아마추어 무선통신 네트워크는 그런 장치를 갈망할 가능성이 높은 사람들에게 매우 요긴했다. 차고에 틀어박혀 불꽃식 송신기를 조작하는 데만 빠져 있는 한 명의 무선통신사는 괴짜 취급을 받았지만, 이들의 네트워크는 무시할 수 없었다. 시카고에 있는 아마추어 무선통신사가 무선통신기를 계속 연결시켜 크라이스트처치Christchurch✦✦에 있는 동료에게 '똑같은 일을 시키면' 메시지를 전 세계로 전송할 수 있었다. 몇 개의 건전지와 불꽃식 송신기, '고양이 수염'처럼 예민한 수신기, 헤드셋을 갖고 방에 틀어박힌 무선통신사들에게 지구라는 행성이 갑자기 매우 작고 활기찬 곳으로 변해버린 것이다.

무선통신은 모든 사람이 이용할 수 있는 것은 아니었다. 건즈백도 인정했듯이, 그가 '무선통신 마인드'[55]라 부른 것이 없는 불쌍한 굼벵이들에게는 학습곡선이 지나치게 가파르다고 할 수 있었다. 하지만 그런 마인드를 가진 소년이라면 다른 녀석들처럼 바보 같은 것들을 쫓느라 시간을 보내지 않을 것이다(실제로는 그렇지 않았지만, 그의 상상 속에서 그런 존

✦ 격리 장치라는 뜻.

✦✦ 뉴질랜드 동부의 중심 도시.

재는 항상 소년이었다). 차라리 집에서 쫓겨나는 쪽을 택하리란 것이 그의 생각이었다.

제2차 세계대전 중 영국 정보 기관 MI8에서는 비밀리에 10대 무선통신사들을 동원하여(가족들에게도 알리지 못하게 했다) 나치의 비밀 메시지들을 가로챘다. 컴퓨터의 선구자 앨런 튜링Alan Turing이 이끄는 블레칠리 파크Bletchley Park의 암호해독반에 이 메시지들을 전송한 어린 아마추어 무선통신사들 덕분에 연합군은 독일군과 이탈리아군의 움직임을 정확히 예측할 수 있었다. 자신의 꼬마 교수님들이 언젠가는 전쟁에도 도움을 줄 수 있으리라는 아스퍼거의 예측은 정확히 들어맞았지만, 그런 이익을 본 것은 독일이 아니라 연합군이었다.

무선통신이 대두되면서 사방에 흩어져 있던 부족들은 마침내 집단적 세력을 구축할 방법을 찾았다. 무선통신은 장비와 시스템과 복잡한 기계에 푹 빠질 수 있는 활동이었으며, 기억력이 뛰어난 아마추어는 특히 유리했다. 1990년까지 미국의 모든 무선통신사는 모스부호를 외워야만 FCC 면허를 받을 수 있었기 때문이다. 건즈백과 경쟁업체들로부터 저렴한 가격에 부품들을 우편 주문하여 혼자서도 큰 비용을 들이지 않고 추구할 수 있는 취미이기도 했다. 말하는 데 어려움을 겪는 사람도 부호로 의사소통을 할 때는 전혀 문제가 없었다. (초기 무선통신사 모임을 찍은 사진 중에서는 두 명의 남성이 각자 테이블 끝에 앉아 우유병을 숟가락으로 두드려 모스부호로 의사소통을 하는 장면도 있다.) 그러나 수다떨기를 좋아하는 사람도 팬덤에서 사용하는 은어처럼 재치 있고 의식적儀式的인 어휘를 구사하며 몇 시간씩 다른 무선통신사와 이야기할 수 있었다. 무선통신 문화는 용모가 어떻고 겉으로 드러나는 태도가 얼마나 우아한지 등에 대해서는 신경쓰지 않는다. 철저한 능력 본위의 공동체였다. 장비를 설치하고 조작하는 방법만 알면 누구나 환영받으며 파티에 동참할 수 있었다.

클린턴 데소토Clinton DeSoto라는 아마추어가 쓴 《교신 개시 호출Calling CQ》이라는 책은 무선통신사들의 바이블이었다. (제목은 마르코니 시대 이래, 무선통신사들에게 신호를 들으면 누구든 답신하라고 초대하는 뜻으로 사용된 호출 문구다.) 그가 묘사한 아마추어 무선통신사 정신은 재능이 있으면서도 사회에 적응하지 못하는 젊은 사람들에게 멘토링을 해주기에 적합한 전혀 새로운 유형의 공동체를 건설하는 데 청사진이 되었다.

> 초보자가 완전한 아마추어 통신사로 탈바꿈하기란 쉬운 일이 아니다. 그러나 일단 번데기를 탈피하고 나면 새로운 세상이 활짝 펼쳐진다. 우선 새로운 이름을 갖게 된다. 무선통신 호출 부호다. 그때부터 새로운 정체성, 심지어 새로운 인격과 새로운 사회적 지위가 형성된다. 그는 누구를 친구로 두었는지, 어떤 옷을 입었는지가 아니라 송신하는 신호에 의해서만 판단된다. 그는 오로지 자신이 가진 것만으로 성공을 위한 자격이 결정되는 새로운 세상에 들어선다. 좋은 혈통이나 운전 기사나 거실을 장식하는 옛 거장의 명화 한 장 없이도 왕자가 될 수 있다. 바로 무선통신의 왕자다.[56]

무선통신 마인드를 갖추었고 데소토의 호출에 응답한 소년 중 하나가 로버트 헤딘Robert Hedin이었다.[57] 그는 나중에 아스퍼거 증후군으로 진단받았다. 고등학생 때 수학과 과학에 탁월한 학생에게 수여하는 렌셀러 메달Rensselaer Medal을 받기도 했지만, 친구들과는 전혀 어울리지 못했다. 그는 '다른 사람들과 위협적이지 않은 방식으로 어울리기 어려운 사람들에게 기회'를 제공했기 때문에 아마추어 무선통신에 빠져들었다.[58] 그것은 또한 전 세계에 걸친 '디엑싱DXing'(다른 나라에서 새로운 통신 상대를 찾는 일)이나 송신 장비 및 안테나 설계 경연 대회 등의 활동을 통해 타고난 능력을 인정받을 기회를 주었다. 유일하게 필요한 보디랭귀지는 '피스트fist',

즉 타이핑을 통해 빠르고 정확하게 입력하는 기술뿐이었다.

무선통신은 면접자의 마음에 들거나 직접 만나는 사람의 네트워크를 넓힐 능력이 없는 사람들에게 취업 시장에 뛰어들 기회를 제공하기도 했다. 헤딘은 스스로 조립한 송신기로 우연히 지역 TV 방송국의 수석 엔지니어와 교신했는데, 그는 헤딘이 6개월 안에 FCC 면허를 딴다면 기꺼이 고용하겠다고 했다. (그 방송국의 엔지니어링 부서는 이미 완전히 무선통신사들의 차지였다.) 헤딘은 도서관에서 수험서를 빌려 무선통신기가 있는 골방에 틀어박힌 끝에 6개월 안에 1급 무선전화 면허First Class Radiotelephone License를 땄다. 그는 일생 동안 TV 방송국의 보이지 않는 곳에서 일했다.

헤딘은 자신과 아들들이 모두 자폐범주성장애라는 사실을 알게 된 후에, 미국에서 가장 큰 자폐인 지지 단체인 '글로벌 및 지역 아스퍼거 증후군 파트너십Global and Regional Asperger Syndrome Partnership, GRASP'에 가입했다. 그는 55년간 전 세계의 전파를 누비며 만났던 수많은 무선통신사들도 아스퍼거 증후군이라고 확신한다.

무선통신의 세계에서는 수줍음을 많이 타는 내성적인 사람도 편안한 거리를 두고 개인적 관계를 맺는 규약들을 익힐 수 있었다. 1939년에 좀 더 많은 여성들이 대화에 참여하도록 권장할 목적으로 젊은 여성 무선통신연맹Young Ladies' Radio League을 공동 설립한 레노 젠슨Lenore Jensen은 이렇게 회상했다. "아마추어 무선통신을 통해…저는 사람들 사이의 의사소통에 관해 너무나 많은 것을 배웠습니다. 사람들이 서로 무엇인가를 주고받는 과정을 관찰하고 참여할 기회를 얻었는데, 사실 그것이 의사소통의 모든 것이었죠."[59] 그녀는 전파를 통해 다른 무선통신사들과 교류하며 다양한 사회적 상황에서 품위 있게 행동하는 방법을 배웠고, 이를 토대로 배우가 되어 〈비벌리 힐빌리스The Beverly Hillbillies〉 〈종합병원General Hospital〉 〈아빠가 최고야Father Knows Best〉 등에 출연하여 호평을 받았다.[60]

자폐인 중 일부는 순전히 기술적인 측면 때문에 무선통신에 매료되었다. 그저 마음을 사로잡은 신기한 기계들을 다루고 싶었던 것이다. 마크 굿맨Mark Goodman이라는 무선통신사가 태어나서 가장 먼저 했던 말은 라-요, 즉 라디오였다. 네 살 때였다. 거실에 있는 어떤 기계에서 흘러나오는 부드러운 소리가 어른들의 목소리보다 덜 무서웠던 것이다. 그는 이렇게 회상했다. "니스를 칠한 목재로 되어 있고 낭랑한 소리가 울려 퍼지는 커다란 기계는 제 가장 친한 친구가 되었습니다."[61] 삼촌이 성탄절 선물로 준 광석 라디오 키트를 조립하고 나자 그는 더 복잡한 프로젝트를 해보고 싶었고, 마침내 '전반적으로 어리둥절하고 혼란스러우며 무관심하기 일쑤'라고 느꼈던 이 세상에서 목적을 찾은 것 같다는 느낌이 들었다.

굿맨은 도서관에서 몇 시간씩 기술 매뉴얼을 공부하고 샌프란시스코 인근 무선통신 부품점들을 순례했다. 결국 고장난 라디오 콘솔 하나를 제대로 작동시키는 데 성공했다. 이 일로 자신감은 더욱 높아졌지만, 예기치 못한 부작용이 생겼다. 라디오를 통해 들은 이야기에 감정적으로 빠져들기 시작했던 것이다.

> 때때로 제 나이에 맞게 각색된 '탐 믹스Tom Mix'✦ '잭 암스트롱Jack Armstrong'✦✦ '슈퍼맨' 등의 라디오 시리즈물에 다이얼을 맞추었지요. 전에는 한 번도 그런 것들을 들어본 적이 없었어요. 뒤로 편안히 몸을 기대고, 좀처럼 느껴보지 못한 만족감에 사로잡혀 두 눈을 꼭 감고 나무와 철과 종이와 전선과 유리와 무선신호를 말과 음악으로 바꾸어 상상력에 불을 지피는 모든 것들이 한데 모여 만들어내는 소리에 완전히 빠져들었죠. 마법이었어요. 수백 수천 마일 떨어진

✦ 무성영화 시대 미국의 영화배우.

✦✦ 에이브러햄 링컨 시대의 유명한 레슬링 챔피언.

> 곳에서 나는 소리들이 뻣뻣하고 검은 원뿔 모양 종이의 진동을 통해 고스란히 귓속으로 전달되는 거잖아요.[62]

이런 경험은 흐뭇했지만, 자폐증이라는 상태가 널리 알려지지 않았던 시절에 학교에서 겪었던 어려움에서 굿맨을 구해주지는 못했다. 가학적인 교사에게 시달리다 그는 마침내 피난처를 발견했다. "공상과학소설을 닥치는 대로 읽었죠.…도저히 벗어날 수 없고 이해할 수도 없는 이 세상보다 까마득히 멀리 있는 상상 속의 세계가 훨씬 편안했어요." 열두 살 때 그는 스탠퍼드 대학병원에서 진찰을 받았지만, 정신과 의사는 어머니에게 나이가 들면 언젠가 대인 관계 문제들을 극복하게 될 것이라고 할 뿐이었다.

학교 도서관에서 《교신 개시 호출》을 찾아낸 굿맨은 끔찍한 홍수가 펜실베이니아주를 휩쓸고 지나간 후 월터 스타일즈Walter Stiles라는 젊은 무선통신사가 영웅이 되는 이야기에 짜릿한 흥분을 느꼈다.[63] 폭풍우가 몰아치던 어느 날, 스타일즈는 펜실베이니아주 레노보Renovo 근처에서 한 통신사가 보낸 희미한 무선신호를 잡아낸다. 'QRR', 긴급조난신호SOS였다. 그는 나머지 메시지를 해독하여, 마을이 물에 잠겼고 2000명이 넘는 주민이 즉각 구조와 의료적 조치를 필요로 한다는 사실을 알았다. "비행기 착륙은 불가능하다. 낙하산으로 접근하라.AIRPLANE LANDING IMPOSSIBLE COMMA DROP BY PARACHUTE." 급박한 메시지를 끝으로 더 이상 신호가 잡히지 않았다. 급히 적십자에 알린 후 스타일즈와 친구들은 의료용품, 식품, 방수 송신기를 트럭에 가득 싣고 레노보를 향해 길을 떠나지만, 다리가 홍수로 떠내려가 결국 장비들을 짊어진 채 재난 현장까지 먼 길을 걸어간다. 그곳에서 스타일즈는 48시간 동안 무선송신기의 키를 직접 두드려 다른 무선통신사들을 연결하여 외부에 이 소식을 전한다.

이 젊은 영웅들의 모험담을 읽은 굿맨은 그들의 세계에 동참하기로 마음을 굳혔다. 바로 자신의 무선통신기를 제작하고 FCC 면허를 땄다. 그러나 무선통신을 통해 필요한 모든 지원과 삶의 방향에 대한 안내를 받을 수 있는 것은 아니었다. 이후 수십 년간 그는 학교에서 쫓겨나고, 실직을 거듭하고, 정신병원을 들락날락하면서 살아남기 위해 안간힘을 썼다.

그 사이에 20명이 넘는 정신과 의사, 심리학자, 치료사들을 만났지만 자폐증의 진단 기준이 확대되어 성인을 포함하게 되기 전에는 의료인들도 그의 어려움을 전혀 이해할 수 없었다. 마침내 70세가 되서야 굿맨은 자폐증이라는 진단과 함께 필요한 지원을 받을 수 있었다. 그는 뉴잉글랜드 아스퍼거 협회Asperger's Association of New England에서 운영하는 성인 지원그룹에 가입하고 나서 이렇게 말했다. "사방을 둘러봐도 끝이 보이지 않는 망망대해에서 일생을 거친 파도에 시달리다가 마침내 뭍에 오른 것 같았습니다."[64]

IV

건즈백이 사망한 1967년에는 그가 예측한 많은 것들이 실현되었다. 1928년 건즈백의 라디오 방송국인 WRNY에서 주최한 실험적 방송을 통해 처음 대중에게 알려진 TV는 어디서나 볼 수 있었고, 그해에만 172대의 우주선이 지구 표면에서 날아올랐다.[65] 또한 자작 전자기기와 펄프 공상과학소설 속에서 자라난 신세대 공상가들이 무선 혁명을 구시대의 유물로 만들어버릴 전 세계적 네트워크의 기틀을 마련하고 있었다.

현대적 의미의 디지털 시대는 1950년대 후반 수학자이자 엔지니어인 존 맥카시John McCarthy가 매사추세츠 공과대학MIT에 최초의 컴퓨터 프로그래밍 학부 과정을 개설하면서 시작되었다.[66] 그는 당시의 거대한 컴퓨터를 영광스러운 계산기로 바라보지 않았다. 프로그래밍을 통해 그 기계들을 창의적인 방식으로 작동시키고, 환경에 적응하는 법을 가르치며, 복잡한 네트워크에 연결시키고, 스스로 진화하여 더욱 똑똑해지도록 하는 방법을 궁리했다. 연산에 관한 역동적인 비전을 기술하기 위해 그는 인공지능artificial intelligence, AI이라는 용어를 만들었다.[67]

제멋대로 자란 수염에 모호크족 인디언처럼 짧게 깎은 머리를 하고 두꺼운 뿔테 안경을 쓴 곰 같은 사내 맥카시는 특이하지 않은 구석이 하나도 없는 MIT에서도 전설적인 괴짜였다. 그는 생각에 빠질 때면 미친듯이 빨리 걷는 습관이 있었다. 질문을 하면 이렇다 저렇다 말도 없이 빠른 걸음으로 사라져버렸다가, 며칠 뒤에 다시 나타나 마치 대화를 계속하고 있었던 것처럼 아무렇지도 않게 답을 말했다. 동료들은 그가 어떤 논문을 읽어주기를 바랄 경우에, 연구실로 논문을 가져가지 않고 복사본을 만들어 자기 책상에 놓아두었다(연구실로 가져갔다가는 반드시 잃어버렸다).[68] 그러면 맥카시는 건물 안을 순시하듯 돌아다니다 불쑥 방에 들어와 논문을 집어 들고 말 한마디 없이 의기양양하게 걸어 나가며 읽곤 했다.

작가인 필립 힐츠Philip Hilts는 자신의 저서 《과학적 기질들Scientific Temperaments》에서 맥카시와 처음 만났을 때의 불편했던 경험을 이렇게 묘사했다.

> 그는 기대에 찬 눈길로 빤히 쳐다보는 것으로 인사를 대신했다. 한마디도 하지 않았다. 찾아온 사람이 뭐라고 말을 꺼내자 몇 마디 웅얼거리다 천천히 목소리가 커지고 내용이 또렷해지는 것이 마치 동굴 속에서 걸어 나오며 말하는 것 같았다. 정상적인 대화 비슷한 것은 그의 마음이 표면으로 솟아오를 때만 가능했다. 그의 동료들은 이렇게 말했다. 존 맥카시의 마음은 생각의 바다 속을 엄청난 속도로 이동하며 물과 마찰을 거의 일으키지 않고 마음먹은 대로 헤쳐갈 수 있도록 매끈하게 다듬어진 잠수함과 같다. 그러나 탁 트인 사회적 환경 속에서

는 그 매끈한 집중력이 이내 어색해지고 통제력을 잃는다는 것이었다.[69]

맥카시는 물리적 공간에서 움직이는 것도 어설프기 짝이 없었다. 대학 시절 체육 시간에는 "아무리 시도해도 실패 횟수만 늘어날 뿐이었다." 그렇다고 등산을 하고, 요트를 몰고, 자가용 비행기 조종하는 일을 포기할 사람은 아니었다. 동료 비행사 한 사람은 맥카시가 활주로에 진입하는 동안 각 단계마다 큰 소리로 외운 것을 반복하던 모습을 생생하게 기억했다.[70] "혼합기 최대 밀도,…기류 속도 체크,…오케이, 이제 시작해보자." 하지만 이렇게 말할 때면 비행기는 이미 착륙하여 활주로를 질주하고 있었다.

그가 평생에 걸쳐 이룬 업적은 너무도 뚜렷하다. 여덟 살 때 맥카시는《소년을 위한 전기의 모든 것Electricity for Boys》같은 건즈백 스타일 안내서에 자극받아 과학자가 되기로 결심했다.[71] 어머니는 여성참정권 운동가였고, 아버지는 노조 조직책이자 공산당원이었다. 많은 좌파들이 본능적으로 기술을 불신하던 시대에, 그들의 이상주의는 과학자가 되겠다는 아들의 희망 속에 컴퓨터가 민주주의의 촉진제가 될 수 있다는 생각을 불어넣었다. 고등학교 때 대학 교재로 미적분학을 독학한 그는 열다섯 살에 캘리포니아 공대Caltech에 들어갔다. 대학에서 그는 인간이 지식을 획득하는 과정을 모방한 기계를 설계한다는 아이디어를 떠올렸고, 프린스턴에서 대학원 과정을 밟으며 이 문제에 좀 더 깊이 파고들었다.

인공지능에 대한 획기적인 업적 외에도, 맥카시는 수많은 사용자가 분산된 단말기의 네트워크를 통해 중앙 집중식 컴퓨팅 자원에 접속하는 시분할 개념을 개발하는 데 중요한 역할을 했다. 그는 언젠가 사람들이 단말기를 이용하여 새로운 뉴스를 즉시 듣고, 좋아하는 작가의 책을 주문하며, 비행기와 호텔을 예약하고, 멀리 떨어진 곳의 문서를 편집하며, 환자

기록을 읽고, 의학적 치료의 효능을 측정하게 될 것이라 확신하면서 모든 가정에 단말기를 설치할 것을 주장했다.[72] 정보가 수도나 전기처럼 중앙화된 공공재가 될 것이라는 예측은 개인용 컴퓨터와 이동통신기기가 발명되면서 빛을 잃었지만, 그의 개념은 인터넷을 가능하게 한 광대한 서버들의 네트워크('클라우드') 속에서 살아 숨쉬고 있다.

MIT에서 그의 학생들이 아지트로 삼았던 곳 중 하나는 20동 건물에 있는 테크 모델 철도 클럽Tech Model Railroad Club이었다. 20동 건물은 전쟁 중 필요에 따라 합판으로 지은 임시 시설이었는데, MIT의 괴짜들은 톱으로 바닥에 구멍을 뚫어도 누구 하나 신경쓰는 사람이 없다는 사실을 알고 이곳을 점령해버렸다. 클럽 멤버들은 예술성이 뛰어난 학생들 그리고 상습적으로 씻지 않고, 코카콜라를 물처럼 마셔대며, 식사는 중국집에서 싸온 음식으로 대충 해결하며 한 가지 일에만 몰두하는 학생들로 나뉘었다.[73] 전자는 미국의 소도시를 그림처럼 재현한 레이아웃을 만들었고, 후자는 모든 것을 작동시키는 환상적으로 정교한 장치들을 개발했다. 레이아웃 아래 복잡하게 얽힌 전선, 스위치, 계전기들 등 인근 고물상을 돌아다니며 남는 부품 중에서 빼내온 것들을 모두 합쳐 '시스템'이라고 불렀고, 시스템을 관리하는 멤버들을 신호 동력 위원회Signals and Power Committee,SPC라고 불렀다.

20동 건물은 '마법 배양기'라는 별칭으로 불렸는데, 1950년대 후반 거기서 배양된 마법의 상표명은 해커 문화였다. 클럽 용어로 '굿 핵good hack'✦이라는 말은 필요에 의해서가 아니라 순수한 즐거움을 위해 기술적으로 놀라운 솜씨를 발휘하여 이루어낸 일을 가리켰다. 예를 들면, 단 한 곡을 연주하기 위해 냉장고를 열두 대 합친 크기의 연산 장치를 프로그래밍하는 것 같은 일 말이다. MIT의 원조 해커들은 공상과학소설, 무선통

✦ 좋은 시도라는 뜻.

신, 일본 괴수 영화의 골수 팬들답게 그런 모호한 단어들을 만드는 재미에 심취하여 거의 중독되어 있었다.[74] 멍mung*, 클루지kluge**, 크러프트cruft***, 푸foo**** 등 SPC에서 만든 은어들은 이후 수십 년간 컴퓨터 문화 전반에 퍼졌다. 시스템을 향상시키기 위해 기나긴 시간을 반복 실행하는 사이에, 맥카시의 학생들은 최초로 컴퓨터가 체스를 두도록 하는 프로그램을 고안했다. 진정한 굿 핵이었다.

맥카시가 자신의 분야에 미친 영향 중 가장 오래 지속된 것은 고급 프로그래밍 언어인 리스프Lisp다. 이 언어 덕분에 AI 연구자들은 실생활에서 벌어지는 사건들을 유래 없을 정도로 폭넓게 코드화시킬 수 있었다. 같은 시기에 고안된 대부분의 프로그래밍 언어와 달리(유일한 예외는 포트란Fortran이다) 리스프는 아직도 널리 사용된다. 하지만 1960년대 초 맥카시는 변화를 모색했다. 스탠퍼드 대학교에서 정교수직을 제의하자 그쪽으로 자리를 옮겼던 것이다. 케임브리지에 있는 집은 두 명의 젊은 하버드 교수에게 팔았는데, 그들은 인간의 뇌를 작동시키는 운영체제를 해킹하는 도구를 열렬히 지지했다. 바로 LSD다. 티모시 리어리Timothy Leary와 리처드 앨퍼트Richard Alpert는 맥카시의 낡은 도서실('과학, 소설 그리고 공상과학소설'을 똑같은 비율로 소장한)[75] 벽감을 개조하여 토끼굴rabbit hole*****로 만들었다. 좁은 통로를 따라 내려가면 쿠션들과 검은색 조명, 사이키델릭psychedelic 예술 작품들로 꾸며져 마약 체험을 극대화시키는 방으로 이어졌다.

맥카시는 유명한 스탠퍼드 인공지능 연구소Stanford artificial intelligence

---

* 몽땅 망가뜨린다는 뜻.

** 엉망이라는 뜻.

*** 불필요하게 남아도는 것.

**** 프로그램의 제1변수.

***** 《이상한 나라의 앨리스》 이후 초현실적 체험, 즉 마약 체험을 뜻하는 말로도 사용된다.

Laboratory, SAIL를 발족시켜 머지않아 실리콘밸리라는 이름을 얻게 될 혁신적 아이디어와 기술의 온상에서 재능을 활짝 꽃피웠다. 1980년대 초반, 그는 이미 10년 전에 예견했던 미래에 살고 있었다. 책상에 놓인 터미널에 몇 가지 명령어만 입력하면 이메일을 불러오고, 라디오를 듣고, 원격 서버상에서 논문을 고치며 오탈자를 체크하고, 체스나 바둑을 두고, 엘프Elf족 언어로 쓴 문서를 출력하고(그는 오크의 입장에 동정을 표하는 내용의 《반지의 제왕》 속편을 썼지만 출간하지는 않았다), AP 통신 기사들을 검색하고, 전 세계의 프로그래머들이 추천하는 음식점의 최신 목록('냠냠YUMYUM'이라고 불렀다)을 내려받을 수 있었다. 그의 온라인 파일인 .sig(signature의 준말)와 차량 번호판에는 데이터 중심적인 모토가 씌어 있었다. "연산하라. 그렇지 않으면 헛소리를 하는 저주를 받으리라."[76]

맥카시도 자폐범주성장애였을까? 무뚝뚝하고, 무례하다 싶을 정도로 한 가지 일에만 집중하고, 동작은 어설프고, 스트레스를 받으면 큰 소리로 스스로에게 지시를 내리는 등 아스퍼거 증후군의 여러 가지 전형적인 특징을 나타낸 것은 확실하다. 논리와 복잡한 기계에 빠져들고, 말장난과 경구에 특별한 재능이 있었으며, 개인적 윤리에 관해 절대 타협하지 않고, 사회적인 측면을 지향하는 동료들이 흔히 놓치기 쉬운 관점에서 문제를 바라보고 해결하는 능력 등 아스퍼거가 자폐증과 연관시켰던 뚜렷한 특징을 보이기도 했다. 하지만 맥카시는 진단을 받으려고 애쓸 필요가 없었다. 수많은 별난 구석들을 참아주는, 아니 오히려 인정하는 주변 환경 속에서, 자신의 장점에 완벽하게 들어맞는 새로운 분야에서 자기 자리를 찾아냈기 때문이다.

MIT와 스탠퍼드의 연구실은 클래팜 커먼에 있던 캐번디시의 집처럼 그의 비범한 정신이 마음껏 뛰놀 수 있는 정교한 공간이었다. 컴퓨팅을 통해 좀 더 많은 권한을 갖는 세상이 오리라는 비전을 공유하는 다른 후줄근

한 천재들을 끌어모으는 장소이기도 했다. 그들 중에는 홈브루Homebrew 컴퓨터 클럽이라는 모임에 소속된 두 명의 젊은이도 있었다. 애플사를 창립한 스티브 잡스와 스티브 워즈니악Steve Wozniak이었다.

실리콘밸리의 문화는 아스퍼거 증후군이라는 용어가 만들어지기 훨씬 전에 자폐 성향을 지닌 사람이 집중적으로 존재한다는 사실에 맞춰 시작되었다. 1984년 진 홀랜즈Jean Hollands라는 치료사가 여성들을 대상으로 《실리콘 증후군Silicon Syndrome》이라는 제목의 자기계발서를 출간하여 인기를 끌었다. '하이테크 인간관계'라고 명명한 관계 속에서 여성이 바람직한 방향을 찾아나가는 요령을 설명한 책이었다. 그녀는 강렬한 동기에 이끌려 기계들을 만지기 좋아하고, 감정적 신호를 읽는 데 서툴며, 자신의 전문 분야를 벗어나면 친구가 거의 없고, 미스터 스폭처럼 철저하게 논리적이고 문자 그대로 따르는 방식으로 살아가며, 친밀한 관계에서조차 '데이터를 찾아' 문제를 해결하려고 드는 독특한 유형의 '사이테크sci-tech'✦ 남성들이 있다고 기술했다. (홀랜즈는 긍지에 넘치는 사이테크 남성인 남편이 자신을 '도저히 이해가 안 되는 문화'에 속하는 사람으로 간주한다고 털어놓았다.)

책이 출간된 후, 홀랜즈는 전 세계의 엔지니어, 프로그래머, 수학 및 물리학 교수들의 부인들에게서 공감을 표하는 수많은 편지를 받았다. 당시 프랑스 대통령이었던 프랑수아 미테랑François Mitterrand은 영부인 다니엘Danielle과 함께 마운틴 뷰Mountain View에 있는 그녀의 사무실까지 찾아와 유럽에 컴퓨터가 대중적으로 보급된다면 프랑스의 많은 부부들도 똑같은 문제를 겪게 될지 모른다는 절박한 우려를 표명했다.[77] 홀랜즈는 책에서 자폐증에 관해 언급하지 않았지만 이 책이 10년 후에 출간되었다면 다른 부분은 전혀 건드리지 않고 '실리콘 증후군'이라는 말만 '아스퍼거

✦ 과학기술이라는 뜻.

증후군'으로 바꿀 수도 있었을 것이다.

결국 컴퓨터의 미래는 맥카시가 사랑했던 거대한 중앙 컴퓨터와 '단순 단말기dumb terminal'**들의 네트워크가 아니라 홈브루 컴퓨터 클럽 멤버들이 자기 집 차고에서 조립한 작고 똑똑한 기계들이 지배하게 되었다.[78] 대중을 위해 연산 능력을 요구하는 작업은 빈트 서프Vint Cerf와 팀 버너스-리Tim Berners-Lee 같은 인터넷의 선구자들과 버클리의 레코드 가게에서 최초의 소셜 네트워크를 출범시켰던 자폐 성향을 지닌 엔지니어의 손에 남겨졌다.

V

리 펠젠스틴Lee Felsenstein은 엔지니어 혈통을 타고났다. 할아버지 윌리엄 프라이스William T. Price는 기차나 트럭에 맞게 디젤 엔진의 크기를 줄여 설계함으로써 큰돈을 벌었다. 코넬 대학교에 다닐 때 동급생들은 프라이스를 가리켜 셜록 홈즈와 A. J. 래플스A. J. Raffles가 결합된 인물이라고 했다(래플스는 코넌 도일의 의붓형제인 E. W. 호넝E. W. Hornung이 셜록 홈즈와 반대되는 인물로 만들어낸 캐릭터로, 점잖은 신사이자 도둑이다).[79] 졸업 후 그는 유럽으로 자전거 여행을 떠나 결혼식을 불과 며칠 앞두고 돌아왔다.[80] 프라이스는 약혼녀가 왜 화를 내는지 도무지 이해하지 못했다. 말했던 날짜에 정확히 맞춰 돌아오지 않았는가?

맥카시와 마찬가지로 펠젠스틴도 빨간 기저귀 베이비Red Diaper Baby***였다. 부모가 1950년대에 공산당에서 활동했으며, 아버지 제이콥Jacob은 상업 미술가로, 항상 세 자녀 주변에 미술 재료들을 풍족하게 갖춰두었다.

** 연산 기능은 없고 온라인 송수신만 하는 단말기.

*** 부모가 공산당원이었던 사람.

초등학교 3학년 때 리는 대기오염을 줄이기 위해 자동차를 재설계하는 방법을 구상하면서 툭하면 공책에 배기관과 컴프레서를 그리곤 했다. 선생님이 수업 시간에 딴 생각을 한다고 야단치자 그는 이렇게 대답했다. "딴 생각하는 게 아니에요. 발명을 하고 있다고요."[81]

열한 살 때 펠젠스틴은 형에게서 반쯤 조립된 광석 라디오 키트를 건네받았는데, 바로 안테나를 연결하여 제대로 작동시켰다. 필라델피아의 프랭클린 연구소 과학 박물관Franklin Institute Science Museum 유리벽 뒤에서 찰칵거리며 작동하는 유니백UNIVAC✦을 처음 본 그는 완전히 마음을 사로잡혀 하루 종일 그 기계 주변에서 서성거리기 위해 박물관 회원이 되었다.[82]

어느 날 아버지 친구가 값진 선물을 주었다. 전압계, 오실로스코프, 기타 필요한 기구를 제공하는 라디오와 텔레비전 수리 통신 교육 과정 수강권이었다. 사업체를 경영하는 방법도 함께 가르쳤다. 머지않아 그는 이웃집들을 돌아다니며 일일이 문을 두드려 고장난 텔레비전 고치는 일을 시작했다. 지하실은 망가진 TV 본체와 글로관glow-tube으로 가득 채워졌다. 고장난 TV는 부품을 떼어내 다양한 실험에 재사용했다. 지하실은 그에게 일종의 성역, 자기만의 첨단 기술 수도원 같은 곳이었다. 완벽하게 작동하는 장치들이 어둠 속에서 빛을 발하며 서로 연결되어 만들어진 거미줄에 휘말려 꼼짝도 못하는 꿈을 꾸기도 했다. 결국 대학에 들어가기 전 여름에 그는 연구소에 전시된 유니백을 작동시키는 일을 맡게 되었다.

펠젠스틴은 아버지가 토지이용규제법을 개혁하기 위해 주민 위원회를 구성하는 모습을 보고 큰 영향을 받았다. 남부에서 인권 운동가들이 인종분리 정책에 항의하여 수많은 간이 식당에서 연좌농성을 벌이자, 그는

✦ 세계 최초로 시판된 컴퓨터.

울워스Woolworth** 매장 앞에서 피켓 시위를 벌여 지지를 표명했다. 버클리 대학교 입학 후에는 당시 막 불이 붙은 베트남전 반대 운동에 뛰어들었다. 나중에 학교 당국은 민주당과 공화당 동아리에 가입한 학생만 교내에서 정치적 활동을 할 수 있다며 학생들이 밴크로프트Bancroft가와 텔레그래프Telegraph가의 교차점에 마련한 안내 테이블을 단속했다. 학교 경찰이 신분증 제시를 거부하는 인권 운동가를 체포하려고 하자, 3000명에 달하는 성난 학생들이 경찰차를 둘러싸고 36시간 동안 꼼짝도 못하게 막아 경찰이 손을 들고 물러난 사건도 있었다.

1964년 12월 학생들은 스프라울 홀Sproul Hall에서 연좌농성을 벌이며 학교 당국에 교내 정치활동 규정을 고치라고 요구했다. 당시 막 시작된 자유언론운동Free Speech Movement의 지도자 마리오 사비오Mario Savio가 군중 앞에서 열정적으로 쏟아낸 연설은 전 세계 반전 운동가들의 슬로건이 되었다. "우리들 각자를 부속품으로 작동하는 기계가 돌아가는 꼴이 얼마나 끔찍한지 마음속 깊은 곳에서 혐오감이 솟아올라 더 이상 그 기계의 부품으로 살아갈 수 없습니다. 수동적으로라도 그런 기계의 부품이 될 수는 없습니다. 이제 스스로의 몸을 기어와 바퀴 위에 내던집시다.…레버와 모든 작동 부위에 내던집시다. 그리하여 기계를 정지시켜야 합니다." 그날 밤 거의 800명의 학생이 붙잡혀갔다. 연설에 대한 열광적인 반응으로 대학 자체가 마비될 정도였다.

자유언론운동 측에서는 당시 19세에 불과했던 펠젠스틴을 상주 기술자로 임명했다(등사기를 조작할 줄 알았기 때문이었다). 어느 날 밤, 한 무리의 학생들이 문을 박차고 들어와 경찰이 캠퍼스를 둘러싸고 다시 한번 대규

** 월마트나 타겟 등 대규모 염가형 잡화점의 효시가 된 업체로, 1960년대 초반 구내식당에 백인만 출입하도록 인종분리 정책을 썼다.

모 검거에 나선다고 외쳤다. 집행부 중 한 명이 펠젠스틴에게 외쳤다. "빨리 경찰용 무전기를 한 대 만들어줘!" 그는 그 일이 그렇게 간단하지 않다는 걸 알고 있었지만, 그 순간 한 가지 깨달음을 얻었다. "저는 사회에서 제 위치에 대해 한 가지 실수를 저질렀다는 사실을 깨달았습니다. 그때까지는 정치학, 사회학, 기타 다른 분야에서 저보다 훨씬 많이 아는 지성적인 사람들의 명령을 기다리기만 했습니다. 하지만 그때 사람들이 기술을 이용하여 실제로 어떤 일을 할 수 있는지에 대해 아무것도 모른다는 사실을 깨달았죠. 그건 제가 할 일이었습니다. 뭐가 가능한지를 아는 사람으로서 말해야 하는 거죠. '글쎄, 그건 안 돼요. 대신 이렇게는 할 수 있어요.' 그때부터는 명령을 기다리는 대신, 기술적으로 뭐가 가능한지 알려주기 시작했죠."[83]

자유언론운동 본부에는 전화기가 여러 대 있어 버클리 대학교에서 시작된 반문화 운동의 중추신경 역할을 했지만, 조직 내 서류 정리 시스템은 극히 비효율적이었다. 누군가 전화를 해서 활동가들의 차량을 무료로 고쳐주겠다고 한다면 그 내용을 메모지에 적어서 이미 비슷한 메모지들이 잔뜩 붙어 있는 게시판에 압정으로 꽂았다. 펠젠스틴은 더 나은 방법이 있다고 생각했다. 또한 그는 캠퍼스에 뿌려지는 전단의 역할이 변하고 있다는 사실도 알아차렸다. 1964년 전단을 나눠주는 일이 금지되자 학생들은 몰래 전단을 건네며 일대일로 무슨 일이 벌어지고 있는지 설명해주었다. 하지만 1967년이 되자 전단은 조잡하나마 대중에게 사실을 널리 알리는 매체가 되었다. 자유언론운동가들은 눈길을 사로잡는 대자보를 만들어 벽에 붙이고 그 앞을 지나는 사람들이 읽어주기를 고대했다.

어느 날 펠젠스틴은 반문화 운동이 대량 소비와 공허한 행사에 뿌리를 두지 않은 새로운 사회를 건설한다는 목표를 진지하게 생각한다면, 낡은 선전 모델에서 벗어나 각 개인과 지역사회에 권한을 부여하는 새로운 형태의 매체를 고안해야 한다는 생각을 떠올렸다. 이미 그의 마음속에는 분산적이며 사용자 중심적인 컴퓨터의 미래가 그려지고 있었던 것이다.

펠젠스틴은 아직 자신에게 자폐 성향이 있다는 사실을 알지 못했다. 정신의학계 자체가 그런 사람들의 존재를 몰랐던 때였다. 아는 것이라곤 사귀는 여자마다 그가 사회적 상황에 적절히 처신하지 않는다고 불평을 늘어놓는다는 사실과, 자신이 사람들 속에서 편안함을 느껴본 적이 한 번도 없다는 사실뿐이었다. 1968년이 되자 그는 제대로 진단받지 못한 자폐증을 지니고 문화적 혁명의 한가운데서 살아가는 스트레스를 더 이상 견딜 수 없었다. 심한 우울증에 빠진 그는 대학을 자퇴하고 암펙스Ampex사✦에서 하급 엔지니어로 일하며 심리치료를 받기 시작했다.

그는 매뉴얼을 읽어가며 당시의 첨단 프로그래밍 기법을 독학했다. 종이 테이프에 각각의 비트bit에 해당하는 구멍을 뚫고 테이프를 판독기에 넣어 컴퓨터에 명령을 전송하는 방식이었다. 운영체제도 없고, 소프트웨어도 없었다. 그저 구멍 뚫린 테이프 뭉치뿐이었다. 펠젠스틴은 처음으로 컴퓨터가 A라는 문자를 타자하도록 프로그래밍하는 데 성공했던 순간을 '초월적 경험'이었다고 회상했다.

암펙스사에서 근무하고 있을 때 더그 엥겔바르트Doug Engelbart라는 스탠퍼드 대학교 연구원이 샌프란시스코에서 열린 학회에서 발표를 했다. 이 강연은 '모든 데모의 어머니'로 역사에 기록된다. 엥겔바르트와 맥카시는 캠퍼스의 정반대편에서 근무하면서 정반대의 철학적 입장을 대변했다. 맥카시는 인간의 지능을 대신할 수 있을 정도로 강력한 기계를 설계하고 싶어 했던 반면, 엥겔바르트는 컴퓨터를 이용하여 인간 지능을 강화

✦ 자기磁氣 신호의 녹음 시스템, 특히 기록용 테이프로 유명했던 미국의 전자 회사.

시키는 방법을 개발하고자 했다.[84] 90분의 강연 중 엥겔바르트는 그래픽 사용자 인터페이스, 다중창 디스플레이, 마우스를 이용한 탐색, 워드프로세싱, 하이퍼텍스트에 의한 연결, 화상 회의, 실시간 협업 등 현대 디지털 시대의 가장 기본적인 요소를 단 하나의 매끄러운 개념 속에 모두 설명했다. 그날 강연에서 엥겔바르트가 선보인 개념들은 앨런 케이Alan Kay와 제록스Xerox PARC 소속 연구자들에 의해 개선되어, 스티브 잡스가 최초로 대중적 개인용 컴퓨터인 매킨토시를 제작하는 데 영감을 주었다.

한편, 베이 에리어의 반문화 운동은 여전히 컴퓨터 전 시대에 머물러 있으면서도 지하신문의 안내 광고, 게시판, 수동식 전화교환기, 우편을 통해 지역사회를 조직하며 계속 발전했다. 하지만 귀중한 정보가 끊임없이 유실된다는 사실이 펠젠스틴을 괴롭혔다. 누군가 중요한 연락처 목록이나 유용한 색인 카드들이 담긴 박스를 어딘가에 두고 느닷없이 영혼의 스승을 찾아 인도로 떠나버리면, 그간 축적된 모든 데이터가 어디론가 사라져버렸다. 그는 컴퓨터 네트워크를 이용하면 개인 파일 정리 시스템의 수많은 기능을 훨씬 빠르고 능률적으로 수행할 수 있다고 생각했다. 컴퓨터는 뭔가를 잊어버리는 일도 없었다.

또한 펠젠스틴은 도구를 이용하여 '상생conviviality'을 촉진할 수 있다는 사회비평가 이반 일리치Ivan Illich의 개념에 매료되었다.[85] 그것이야말로 그가 항상 어렵고 혼란스러워했던 사회적 상호작용의 수많은 측면 중 하나였다. 그는 에프렘 리프킨Efrem Lipkin과 마크 슈파코우스키Mark Szpakowski 등 두 명의 동료 프로그래머와 함께 버클리와 샌프란시스코의 헤이트 애시베리Haight-Ashbury✦ 등 하위문화의 중심지에서 지역사회 물물교환을 강화시킬 방법을 찾기 시작했다. 이 고상한 임무의 가장 큰 걸림돌

✦ 60년대 히피와 마약 문화의 중심지.

은 그 일을 처리할 수 있는 강력하면서도 저렴한 컴퓨터를 찾는 것이었다. 이 문제는 샌프란시스코 지역에서 하던 프로젝트 1Project One 소속 프로그래머가 트랜스아메리카 주식회사Transamerica Corporation✦✦에서 SDS 940(당시 판매가가 30만 달러에 이르렀다)을 장기 임대해주겠다는 허락을 얻어냄으로써 해결되었다.[86] 길이만 4미터가 넘고, 열을 식히기 위해 여러 대의 에어컨이 필요했던 이 거대한 기계는 전설적인 내력을 지니고 있었다.[87] 우선 그것은 맥카시의 시분할 개념을 직접 받아들여 설계된 최초의 컴퓨터였다. 또한 엥겔바르트가 모든 데모의 어머니라는 강연을 할 때 사용했던 컴퓨터이기도 했다. 특이할 정도로 좋은 인연이 얽혀 있는 하드웨어였던 셈이다.

MIT에서 싹튼 해커 하위문화는 스탠퍼드 인공지능 연구소, 제록스 PARC 그리고 이제는 전설이 된 쿠퍼티노Cupertino와 산호세San José의 개인 주택 차고에서 활발하게 자라났다. 얼마 안 있어 《홀 어스 카탈로그Whole Earth Catalog》✦✦✦의 발행인인 스튜어트 브랜드Stewart Brand는 아무것도 모른 채 살던 따분한 대륙Greater Mundania✦✦✦✦ 주민들에게 《롤링 스톤Rolling Stone》의 궁극적인 지지와 함께 이 하위문화를 퍼뜨린다. "컴퓨터가 다가온다. 좋은 소식이다. 어쩌면 사이키델릭 이후 가장 좋은 소식일지 모른다." 이 말은 1961년 펄프 공상과학소설에 심취한 맥카시의 학생 네 명이 개발한 기념비적인 컴퓨터게임 '스페이스워Spacewar'✦✦✦✦✦를 다룬 기사에

✦✦ 1904년 샌프란시스코에서 설립된 금융회사로, 현재는 보험과 투자, 은퇴 전략 등에 특화되어 있다.

✦✦✦ 60년대 후반 발간된 미국의 반문화 잡지이자 제품 카탈로그로, 창간호 표지에 우주에서 찍은 최초의 지구 사진을 실었던 것으로 유명하다.

✦✦✦✦ 직역하면 '(팬덤보다) 더 큰 따분한 땅'이라는 뜻으로 mundania라는 단어는 팬덤에서 외부의 일상적인 세상을 가리키는 속어.

✦✦✦✦✦ 우주 전쟁이라는 뜻.

실린 것이었다. 브랜드에게 가장 흥미로운 점은 이 게임이 대단한 것처럼 미화되었지만 사실은 찰칵거리며 숫자를 계산하는 기계에 불과한 존재를 부지불식간에 '인간 사이의 의사소통 장치'로 바꿔놓았다는 것이었다.[88]

펠젠스틴처럼 직접 대면한 상황에서 자신을 표현하는 데 큰 어려움을 겪는 사람(또는 아예 입을 열지도 못하는 사람)에게 컴퓨터 네트워크는 단지 의사소통을 '강화'시키는 것이 아니라, 아예 그것 없이는 의사소통이 불가능할 잠재력을 지닌 것이었다. 더욱이 눈길을 마주치고, 보디랭귀지를 구사하고, 말투를 변화시키고, 좋은 인상을 남기려고 노력하는 등 대화를 그토록 고통스럽게 만드는 모든 것을 피할 수 있으니 금상첨화였다.

온라인으로 대화를 나누려면 여러 가지 실질적인 제약을 극복하기 위해 정상적인 상황에서 암시적으로 이루어지는 사회적 상호작용의 많은 부분을 명시적으로 표현해야 했다. 1982년 리스프의 해커인 스콧 팔먼Scott Fahlman이 처음 만든 :-) 같은 이모티콘은 빈정대거나 비꼬는 말을 잘 알아듣지 못하는 사람들에게 일종의 사회적 캡션 같은 것이었다.[89]

펠젠스틴은 리프킨과 슈파코우스키의 도움을 받아 역사상 최초의 전자 게시판인 '커뮤니티 메모리Community Memory'✦를 개발했다. 1977년 8월 8일 버클리 텔레그래프가에 있는 레오폴드 음반점Leopold's Records 계단 맨 위에 마침내 사이버 스페이스로 통하는 최초의 문이 활짝 열렸던 것이다.[90]

디지털 미래로 향하는 관문은 그리 볼품 있는 모습은 아니었다. 사실 덩치만 커다란 타자기(해군에서 사용하기 위해 개발된 ASR-33 모델 텔레타이프)를 소음을 줄이기 위해 펠젠스틴이 직접 스폰지를 안에 붙인 판지 상자에 넣고 위쪽에 플라스틱 창을, 앞쪽에는 손을 집어넣어 타자를 칠 수 있도록

✦ '공동체의 기억'이라는 뜻.

두 개의 구멍을 뚫은 후, 고양이가 드나드는 문처럼 덮개를 벨크로로 고정시킨 것이었다. 계단을 올라가면 텔레타이프기가 먹통이 될 때마다(실제로 걸핏하면 먹통이 되었다) 원상태로 돌려놓는 임무를 띠고 공동체에서 파견된 사람의 안내를 받아 누구든 조작해볼 수 있었다.

설립자들은 전단에 커뮤니티 메모리의 임무를 이렇게 적었다. "컴퓨터 같은 기술적 도구에 의해 진행되는 과정을 통해 대중이 스스로 삶과 공동체를 건전하고 자유로운 방식으로 바꾸어나가는 것입니다.…누구나 오셔서 체험해보고 좋은 의견을 들려주십시오."[91] 그들은 초기 네트워크(샌프란시스코 지역에서 하루 종일 무료 통화를 제공하는 오클랜드Oakland 전화교환 회사를 통해 초당 열 글자라는 굼벵이 같은 속도로 베이 에리어에 전송했다)를 '정보 벼룩시장'이라고 불렀다.[92]

누가 관심이나 있을까 의구심이 일었지만, 놀랍게도 계단을 올라갈 수 있는 모든 사람이 이곳을 찾았다. 터미널은 비가상적, 즉 메모를 적어 핀으로 꽂는 게시판 바로 아래 있었으므로 초기에 커뮤니티 메모리에 게시된 내용은 대개 "퓨전 음악을 좋아하는 베이스 연주자가 라가raga** 공연에 함께 할 기타 연주자를 구함" 같은 것이었다. 그러나 곧 온갖 사용자가 접속하여 무수한 물건과 서비스를 교환했다. 한 시인이 습작들을 올리는가 하면, 로스앤젤레스까지 태워줄 사람을 구하는 광고와 누비아종 염소Nubian goat***를 판매한다는 글도 올라왔다. 누군가는 아스키 아트ASCII art****를 게시했고, 수십 년간 베이 에리어 주민이 궁금해했던 질문도 올라왔다. "도대체 맛있는 베이글은 어디서 파나요?"(이 질문에는 한 제빵사가 무료

** 전통적 인도 음악 양식으로 된 곡.

*** 아프리카 누비아 사막이 원산지인 염소 품종.

**** ASCII 표준에 의해 정의된 128개의 문자와 기호를 사용하여 그림을 만드는 그래픽 디자인 기법.

베이글 만들기 강습을 제안했다.) 베트남전쟁, 게이 해방, 에너지 위기에 대한 의견을 장황하게 늘어놓는 사람도 있었다. 이 네트워크는 단순히 전산화된 게시판에 그치지 않고, 펜젠스틴의 말을 빌리자면 삽시간에 '지역사회 전체의 스냅샷'이 되었다.

최초의 대중 소셜 네트워크는 필연적으로 최초의 온라인 스타를 낳았다. 자칭 '닥터 벤웨이Dr. Benway'(윌리엄 버로스William Burroughs✦의 소설에 나오는 마약중독자 외과 의사)라는 익살꾼이 나타나 온라인 대화 중에 우스갯소리나 그레이트풀 데드Grateful Dead✦✦의 가사를 맛깔스럽게 끼워 넣었던 것이다. "관능적인 키보드 조작 금지"라든지 "본인이 와야 함. 복제품을 보내지 마시오" 같은 말이었다. 온라인 스타의 원조격인 수수께끼의 인물이 누구인지는 끝내 밝혀지지 않았다.

지속 가능한 수익 모델이 없었던 프로젝트 1 공동체는 애석하게도 SDS940의 상당한 유지비를 감당할 수 없었다. 그러나 상생을 지향하는 도구의 원형으로서 커뮤니티 메모리는 엄청난 성공을 거둔 셈이었다. 그 인기는 펠젠스틴에게 특히 흐뭇한 것이었다. 어디에도 어울리지 못하는 사람에게 소속감을 제공한다는 반문화 운동에 몸담고 있으면서도 따뜻한 공동체에 소속되어 있다는 느낌이야말로 그로서는 끝내 붙잡을 수 없는 것이었기 때문이다.

"어렸을 때, 저는 어떤 움푹 들어간 구석, 벽 뒤의 벽감 같은 곳에 틀어박혀 있다는 느낌이 들었습니다. 사람들이 다니는 거리는 '저 밖에' 있었죠. 모두가 여기저기 돌아다니며 활기차게 사는 모습을 볼 수는 있었지만 다가갈 수는 없었어요. 그래서 커뮤니티 메모리를 가지고 제가 틀어박

✦ 마약 중독자의 삶을 묘사한 소설과 에세이로 유명한 미국 작가.

✦✦ 1960년대 중후반 히피 문화를 이끌었던 미국의 록 그룹.

혀 있던 벽감을 확장시키려고 노력했던 겁니다."[93] 그는 바로 다른 계획에 착수했는데 오스본 1Osborne 1을 설계하는 것도 포함되었다. 오스본 1은 매킨토시가 나오기 3년 전에 선보인 최초의 진정한 휴대형 개인용 컴퓨터였다. 그러나 그는 끊임없이 우울증과 싸워야 했으며 수년간의 심리치료에도 불구하고 여전히 사람들의 의도를 읽을 수 없었다.

1990년대 들어 마침내 펠젠스틴은 아스퍼거 증후군에 대해 들었다. 설명을 들으며 자신뿐 아니라 다른 가족도 아스퍼거 증후군을 겪고 있다는 사실을 알 수 있었다. 놀라운 재능을 타고난 발명가였지만, 끊임없이 아내를 당황시켰던 할아버지 윌리엄 프라이스도 예외가 아니었다. 프라이스의 딸인 캐롤라인Caroline은 전문대학도 졸업하지 못했지만 제본과 고서 복원 분야에서 뉴욕에서 제일가는 전문가가 되었다. 하지만 펠젠스틴은 고모를 만날 때면 어딘지 답답하고 정서적으로 먼 곳에 있다는 느낌을 받았다. 그녀의 아들 크리스Chris는 펠젠스틴과 같은 또래였는데 항상 어딘지 이상해 보이고, 지나치게 단호한 어조로 말했으며, 사람들을 불안하게 만드는 눈초리로 쏘아보았다. 크리스는 50세가 되어 물리학 박사 학위를 받았지만, 사람들과 어울리는 데 어려움을 겪었기 때문에 여전히 한 곳에 오래 근무하지 못했다. 그는 1990년대에 들어 마침내 아스퍼거 증후군이라는 진단을 받고, 펠젠스틴에게도 의사를 만나보라고 권유했다. 온라인을 통해 자폐증에 관해 읽고 난 후 펠젠스틴은 자신의 몇 가지 결함뿐 아니라 '날카로움', 즉 할아버지에게 대물려받아 40년간 첨단 기술 분야에서 일할 수 있었던 그 날카로운 재능마저도 아스퍼거 증후군의 일부라고 생각하게 되었다.

온라인을 통한 인간관계가 지닌 텍스트 기반 성격은 결국 레오 카너가 상상하지도 못했던 것의 기초가 되었다. 바로 자폐증 공동체의 탄생이다. 그러나 이를 위해서는 두 가지 사건이 선행되어야 했다. 우선, 자폐증이 매우 드문 어린이 정신병이라는 카너의 개념이 영원히 폐기되어야 했다. 또한 아스퍼거의 잊혀진 종족이 오랜 그늘에서 벗어나 모습을 드러내면서 자폐인들 스스로 전 세계적 유행병의 희생자라는 개념을 뒤집어야 했다.

7

괴물과 싸우기

따라서 내 아이가 이런 새로운 빛을 만들어내는 데 작지만 한몫할 수 있도록 이야기를 들려주는 것이다.

—— 펄 벅, 《자라지 않는 아이》

I

공교롭게도 유해한 양육이라는 이론을 역사의 뒤안길로 사라지도록 한 사람은 자폐증을 겪는 아들을 둔 다정한 아버지였다. 따뜻하고, 수다스러우며, 매사에 강박적일 정도로 호기심이 많았던 그의 이름은 버나드 림랜드다. 자폐증 전문가는 아니지만, 해군 심리학자였던 그는 독학으로 공부한 후 《유아자폐증_증후군 및 신경행동이론에서 갖는 의미Infantile Autism: The Syndrome and Its Implications for a Neural Theory of Behavior》라는 책을 썼다. 그는 자폐증이란 정신이 발달하면서 생기는 온갖 복잡한 특징들이라기보다는, 유전학 및 신경학적 근거를 지닌 선천적 상태라는 개념을 확립했다.

책이 예상치 않게 큰 인기를 얻자 림랜드는 비슷한 처지의 가족들이 수십 년간 겪어온 수치와 고립에 종지부를 찍고, 발달장애를 포함하여 모든 어린이가 교육을 받을 수 있다는 원칙에 입각하여 입법부에 로비를 하고자 전미 자폐어린이협회National Society for Autistic Children, NSAC를 발족시켰다. 자폐증이 매우 드물다고 생각하여 사실상 연구가 정지되었던 시대에,

그는 크라우드 소싱으로 효과적인 자폐증 치료법을 찾으려고 노력하여 네트워크로 연결된 부모들에게 희망과 진보의 비전을 제시했다. 많은 측면에서 그의 연구는 아스퍼거의 잊혀진 종족을 재발견하고, 오늘날 자폐증 연구가 폭발적으로 늘어나는 환경을 마련해주었다.

역설적으로 처음에 림랜드는 자신의 우상이었던 레오 카너와 마찬가지로 자폐증이 연속적인 스펙트럼으로 존재한다는 개념에 격렬히 반대했다. 아들 마크 같은 어린이들이 평생 기관에 수용된 채 지낼 가능성이 높다는 사실을 알고 그는 심리학자 올라 이바 로바스와 함께 어린이들을 '또래와 구별할 수 없을 정도로'(로바스의 표현이다) 교육시킬 방법을 찾아나섰다. 또한 자신이 구축한 부모 네트워크의 도움을 받아 특수 식이와 고용량 비타민 보충제, 대체의학을 통해 자폐증의 가장 심각한 특징들을 치료한다는 혁신적인 방법을 추구했다.

자폐증이 단일한 상태가 아니라 뚜렷하게 구분되는 수많은 하위 유형으로 이루어져 있다는 개념 등 림랜드가 제시한 논쟁적인 이론들은 주류 과학계의 중대한 변화 경향을 수십 년 앞서간 것이었다. 그러나 생의학적 치료를 통해 자폐증을 '완치'할 수 있다는 희망을 지나치게 부추겨 결국 스스로 불붙인 자조 운동의 에너지와 집중력을 끝없이 완치에 매달리는 경향으로 바꿔놓기도 했다.

버나드 림랜드는 1928년 클리블랜드에서 태어났다. 부모는 제1차 세계대전 후 미국으로 건너온 러시아 이민자들이었다. 그는 정통파 유대교 전통 속에서 자랐지만, 사고방식은 놀라울 정도로 독립적이었다. 엄격하게 전통을 고수하지는 않았지만, 그의 삶은 틱쿤 올람tikkun olam, 즉 분열된 세상을 치유하고 바로잡는다는 탈무드 사상의 깊은 영향을 받았다. 그가 12세 때 아버지는 캘리포니아에 있는 콘베어Convair라는 방위 산업체에서 금속가공직을 얻었고, 가족 모두가 오하이오 북부에서 샌디에이고의 캔싱턴Kensington으로 이사했다. 야자나무와 미션 건축양식으로 지어진 집들이 늘어선 작고 아늑한 곳이었다. 예스러운 느낌을 풍기는 중심가와 아르데코풍 영화관이 있었고, 유대인 지역사회가 활발했다.

"클리블랜드는 후덥지근하고 지저분했죠. 여기 오자 절로 이런 말이 나오더군요. '여긴 천국이로군. 절대 떠나지 않겠어.'"[1] 그 말대로 림랜드는 평생 그곳에 살았다. 70년이 지난 지금도 그의 사무실은 여전히 애덤스가Adams Avenue에 있다. 다만 현재는 그의 연구를 실행에 옮기려는 자폐증 연구소Autism Research Institute라는 단체의 본부로 쓰인다.

부모는 고등교육의 필요성을 전혀 인정하지 않았지만(그와 여동생 로즈Rose는 대학이란 '부잣집 자식들'만 가는 곳이라는 말을 듣고 자랐다), 림랜드는 샌디에이고 주립대학교에 입학했다. 1학년 때 적성과 지능을 양적으로 측정하는 심리측정학에 관심을 갖게 되었다. 당시 학생들 사이에 유행했던 무의식에 관한 관념적 추론보다, 실질적이고 데이터를 중시하는 방법론에 훨씬 더 마음이 끌렸다. 그의 말에 따르면, '사람은 무엇이 사실인지 또는 사실일 가능성이 있는지 어떻게 결정하는가' 같은 것들이었다.[2] 그는 1950년에 실험심리학 학사 학위를, 이듬해 석사 학위를 취득했다.

그 무렵 이웃에 사는 푸른 눈의 유대인 소녀 글로리아 앨프Gloria Alf를 만났다. 성격이 야무진 그녀는 인근 공원에서 세계 정상급 배드민턴 선수들이 매년 샌디에이고에서 열리는 세계 선수권 대회에 대비하여 연습 게임을 치르는 모습을 보곤 했다.[3] 글로리아의 오빠 에디Eddie는 운동을 좋아하고, 친구들 사이에 인기가 있었다. 어찌나 친구가 많았던지 하루는 벼락치기로 시험공부를 하면서 여동생에게 문 밖에 있다가 누가 자기를 찾거든 들이지 말고 이름만 적어놓으라고 부탁했다. 버니라는 친구가 배드민턴 라켓을 들고 찾아왔다. 글로리아는 들여보내지 않았다. 그러나 림랜드는 집요한 성격대로 그녀를 밀치고 계단을 뛰어올라갔는데, 글로리아가 뒤에서 붙잡고 늘어지면서 다시 끌어내리려는 바람에 옥신각신하게 되었다. 어찌어찌하여 이들이 방문 앞까지 오자, 에디는 여동생에게 보초 역할도 제대로 못한다고 핀잔을 주었다. "라켓 줄을 다시 매러 가야 하는데 누구랑 같이 가란 말이야?" 림랜드가 친구에게 으르렁댔다. 당돌함에 마음이 끌린 글로리아는 자기가 함께 가겠다고 나섰다.[4] 그들의 첫 번째 데이트였다. 박사 학위를 위해 동부의 펜실베이니아 대학교로 떠나기 전에 버니는 지역 유대교 회당에서 글로리아와 결혼식을 올렸다.

그들은 서해안에 향수병이 생겼다. 그때 해군에서 포인트 로마Point Loma✦에 인사 연구소를 연다는 소식이 들려왔다. 마침 림랜드가 박사 학위를 받게 될 무렵이었다. 림랜드는 신설된 해군기지 연구소장으로 샌디에이고에 돌아왔다. 젊은 부부는 가족을 이룬다는 꿈에 부풀어 샌디에이고 주립대학교 인근에 수수한 집을 마련했다. 아들인지 딸인지는 별로 중요하지 않았으므로 곧 태어날 아기 방은 노란색으로 칠했다. 1956년 봄, 마침내 아들 마크가 태어났다.

신생아실이 들여다보이는 커다란 창문 앞으로 늘어선 줄에서 림랜드는 세 번째였다.[5] 앞에 있는 새내기 아빠들은 기쁨에 겨워 별짓을 다했지만, 갓 태어난 아기들은 헝겊 인형만큼이나 주변에서 벌어지는 일에 관심이 없었다. 마크는 좀 다른 것 같았다. 림랜드는 회상했다. "눈을 크게 뜨고 할 말이라도 있는 것처럼 주변을 두리번거렸지요. 그런 모습이 매우 자랑스러웠습니다. '맙소사, 저렇게 조숙해 보이는 녀석이라니.'"

마크는 너무 일찍 주변에 관심을 보이는 데서 그치지 않았다. 너무

✦ 샌디에이고 남쪽 태평양 연안에 있는 관광 명소.

일찍부터 시끄럽게 울어대기도 했다. 글로리아는 병원에서 집으로 데려가기 훨씬 전부터 그 사실을 알았다. 다른 아이들이 시끄럽게 울어대는 중에도 귀청을 찢는 듯 날카로운 마크의 울음소리는 복도 저 끝에서도 알 수 있었다. 그녀는 쾌활하게 아빠를 닮아 폐활량이 큰 모양이라고 남편에게 말했다. 림랜드는 어렸을 때부터 수영을 아주 잘했다.

하지만 이후 그 찢어지는 듯한 울음소리는 결코 꺼지는 법이 없는 삶의 배경음악이 되었다. 갓 태어난 아기는 울다 지쳐 깜빡 잠이 드는 순간을 빼고는 항상 소리를 지르며 울어댔다. 달래려고 품에 안으면 더 화를 내는 것 같았다. 어찌나 심하게 울어댔던지 젖을 먹일 수도 없었고, 일상이 평소와 조금이라도 다르면 분노를 터뜨리며 폭발했다. 글로리아가 큰맘 먹고 머리를 감기기라도 하는 날엔 머리가 말라 원래대로 돌아갈 때까지 잠시도 쉬지 않고 울었다. 여름에는 시원한 바닷바람이 들어오라고 뒷문을 열어두었는데, 저녁이 되어 선선해진 뒤에도 문을 닫을 수 없었다. 문을 다시 열 때까지 아이가 몇 시간이라도 집 안이 떠나갈 듯 고함을 질러댔기 때문이었다. 견디다 못한 이웃들이 얼마나 자주 신고를 했던지 림랜드 가족은 지역 경찰들과 친구가 될 정도였다. 그들도 마크가 자기 아이가 아니라는 데 안도감을 느꼈다. 글로리아는 아들이 얼마나 길게 우는지 시간을 재보았다. 돌이 되자 마크는 하루에 열두 시간을 울어댔다. "정말 살 것 같았어요. 너무 멋진 일이었죠. 겨우 열두 시간이라니!"[6]

그 후 마크는 자해를 시작했다. 얼마나 자주 벽에 머리를 찧었던지 눈 주변에 항상 시퍼렇게 멍이 들어 있었다. 조그만 팔로 요람을 얼마나 세게 잡아당겼던지 안전 가드가 부러질 정도였다. 소리를 지르며 울거나 마구 몸부림치며 돌아다니지 않을 때면, 끝없는 몽상에 잠긴 것처럼 멍하니 허공을 응시하며 몸을 앞뒤로 흔들었다. 잠시나마 주의를 끌 수 있는 것은 기계가 작동하는 소리뿐이었다. 진공청소기의 윙윙 소리에는 완전히 마음을 빼앗기곤 했다.

글로리아는 집 안에 갇힌 죄수가 된 기분이었다. 이를 닦는 시간이라도 혼자 있을 수 있다면 운이 좋은 날이었다. 마음 놓고 샤워를 할 수 있다면 천국 같을 것이라는 생각이 들었다. 한두 시간이라도 혼자 있고 싶은 마음이 너무나 절박한 나머지, 가정부가 인심 좋게 마크를 봐주겠다고 제안했을 때 선뜻 호의를 받아들였다. 차를 몰고 시내를 이곳저곳 돌아다니고 아무 생각없이 쇼윈도를 들여다보는 것은 상상할 수 없을 정도로 드문 기회였다. (지갑을 갖고 가는 것도 잊어버렸다.) 하지만 탈출할 기회를 그토록 오랫동안 간절히 바랐음에도 '물 밖에 나온 물고기 같은' 기분이 들었다.[7] 집에 돌아가보니 아들과 가정부가 함께 마룻바닥에 주저앉아 흐느껴 울고 있었다. 글로리아는 두 번 다시 그런 부탁을 하지 않았다.

하지만 신생아실에서 아이가 영특하다고 느꼈던 림랜드의 예감 또한 맞는 것 같았다. 8개월 때 마크는 "자, 이제 게임을 시작하지!" 같은 말을 불쑥 내뱉어 운동을 좋아하는 아버지의 마음을 자부심으로 한껏 부풀게 했다. 하지만 차차 림랜드는 아이가 주변에서 들려오는 소리를 반복할 뿐이라는 사실을 깨달았다. 아이는 할머니와 할아버지를 모두 '할부지'라고 불렀다. 하루는 남편이 퇴근해서 집으로 돌아오기 전에 글로리아가 마크를 창가로 데려가 이렇게 말했다. "밖이 온통 깜깜해졌네, 아가." 그 후로 몇 달간 아이는 '창문'이라는 말 대신, '밖이 온통 깜깜해졌네, 아가'라는 말을 사용했다.

소아과 주치의는 35년간 진료한 베테랑이었는데, 마크의 상태를 어떻게 진단할지 혼란스러워했다. 대학 시절 림랜드는 심리측정학이 자기가 갈 길이라고 바로 알아보아 심리학 학부 과정을 건너뛰었다는 사실을 자랑스러워했지만, 적성검사를 고안하는 따위의 전문성은 아들을 이해하는 데 아무 도움이 되지 않았다. 부부는 넓은 세상에 단둘이 버려진 느낌이 들었다.

그러나 결국 마크의 반향언어는 수수께끼 같은 상태를 이해하는 열쇠가 되었다. 어느 날 아이가 라디오에서 들려오는 시엠송을 단조로운 목소리로 따라 부르는 소리를 듣다가, 글로리아는 문득 대학 시절에 아이들이 자장가를 강박적으로 반복해서 따라부르는 희한한 질병에 대해 읽은 것을 떠올렸다. 운좋게도 오래된 교과서들을 버리지 않고 차고에 쌓아 두었다. 버니와 글로리아는 상자를 뜯고 책을 뒤져 마침내 병명을 찾아냈다. 조기유아자폐증이었다. 이제 최소한 싸워야 할 적의 이름이 무엇인지는 알게 된 것이다.

림랜드 가족은 마크가 겪는 문제의 근원에 자리 잡은 깊은 정서적 문제를 틀림없이 밝혀낼 수 있다고 장담하는 심리치료사를 일주일에 두 번씩 찾아갔다.[8] 그는 지치지도 않고 끊임없이 같은 질문을 반복했다. "자, 이제 말해보세요. 왜 아들을 미워하는 거죠?"[9] 그는 아이를 전문 기관에 입소시켜 치료받게 하라고 조언했다.

버니와 글로리아는 아들을 버릴 생각이 조금도 없었다. 키우면서 온갖 어려움을 겪었지만 여전히 아들을 끔찍이 사랑했다. 오직 행복한 아이가 되기만을 바랄 뿐이었다. 자신들이 아이의 감정을 냉담하게 무시했기 때문에 이런 일이 생겼다는 말은 도저히 이해할 수 없었다. 깨어 있는 동안 한순간도 빼놓지 않고 애지중지 돌보며 고통을 덜어줄 수 있는 방법을 찾으려고 노력하지 않았던가.

마크는 유모차에 타고서 동네를 돌아다니는 걸 좋아하는 것 같았다. 울퉁불퉁하고 고르지 않은 곳을 지나갈 때는 더 좋아했다. 집 안에서도 거친 길을 갈 때처럼 덜그럭거리는 느낌을 받을 수 있게 마룻바닥에 기다란 막대를 테이프로 붙여놓고 그 위로 요람을 밀었다 당겼다 해주었다. 엄마가 항상 같은 옷을 입지 않으면 큰 소리로 울어대기 때문에 글로리아는 시어즈Sears✦에서 똑같은 옷을 잔뜩 주문하여 자신은 물론 아이의 할머니들에게도 입도록 했다. 아들이 만족을 느낄 수만 있다면 무엇이든 할 준비가 되어 있었다.

원래 림랜드 부부는 아주 사교적이었지만, 점차 거의 완전히 고립되어갔다. 정말 오랜만에 친구 부부와 함께 외식을 하는데, 도중에 그 집 부인이 글로리아에게 이렇게 말했다. "있잖아요, 당신이 그런 사람은 아니겠지만, 저는 아이들을 핑계로 온갖 문제를 일으키는 사람들이 정말 싫어요." 버니와 글로리아는 그들과 다시는 어울리지 않았다.

그러던 중에 딸 헬렌Helen이 태어났다. 천만다행하게도 헬렌은 다정하고 사랑스러운 아이였다. 버니와 글로리에게 문제가 있어서 요람에 있는 아들의 마음에 정신적 상처를 입혔다면, 왜 딸에게는 그런 증상이 일어나지 않는단 말인가? 그들은 전문가들이 뭔가 놓치고 있다고 생각했고, 스스로 그것을 찾아보기로 결심했다.

림랜드가 어렸을 때 그의 어머니는 수학 천재였던 삼촌에 관해 교훈적인 이야기를 들려주었다. 제1차 세계대전 중 그는 독일군들이 한데 모여 나이 많은 유대인을 괴롭히는 모습을 우연히 보게 되었다. 말리려고 뛰어들자 오히려 군인들은 그를 무자비하게 구타한 후 길거리에서 피를 흘리며 죽도록 버려두었다. 어머니는 다른 사람의 일에 주제넘게 뛰어들지 말라는 뜻으로 이 끔찍한 이야기를 자꾸 들려주곤 했다. 그러나 어린 버니는 마음속으로 삼촌이 영웅이라고 생각했다. 이제 정체불명의 병에 맞서 아들을 구해내기 위해 엄청난 전쟁을 시작할 참이었다.

✦ 미국의 대형 백화점 체인.

II

샌디에이고 지역에서 구할 수 있는 연구 자료는 제한적이었다. 의과대학도 없었고, 도서관에서도 자폐증에 관한 책은 찾을 수 없었다. 다행히 그는 직업상 전국 각지의 해군 기지에 들러 인사관리 프로그램을 평가하느라 여행을 다니는 일이 잦았다. (그는 평생 동안 심리측정학에 관한 보고서와 논문을 40편 넘게 발표했다.) 그는 출장길에 시간이 나면 의과대학 도서관들을 샅샅이 뒤져 단서가 될 만한 정보를 닥치는 대로 긁어모으기 시작했다.

이런 노력은 모든 것을 빨아들이는 강박관념으로 변해갔다. 글로리아는 이렇게 회상한다. "당시 자폐증에 관한 자료가 얼마나 없었는지 믿지 못할 거예요. 그나마 찾을 수 있는 것도 전부 추측에 불과했지요. 하지만 버나드는 그 주제에 관한 것이라면 한 글자도 빠짐없이 읽으려고 했지요." 1960년대 초만 해도 그것은 현실적으로 가능한 목표였다. 하지만 필요한 정보는 각기 다른 곳에 수천 갈래로 흩어져 있었다. 복사기가 막 대중화되기 시작한 때였다. 림랜드는 도서관 상호 대출 제도를 통해 전국의 도서관에 복사본과 책을 요청했다. 임상 문헌 중에는 영어로 쓰이지 않은 것들도 많아 해군 번역가팀을 꾸려 국제적 저널들을 뒤졌다.[10] 국립 의학 도서관에 소장된 희귀본들을 보려고 여러 번 워싱턴 D. C.를 찾기도 했다.

해군 일로 뉴올리언스에 갔을 때는 바와 스트립 클럽을 돌아다니자는 동료들을 뿌리치고 툴레인 대학교Tulane University를 찾아가 친절한 경비원의 도움으로 문을 닫은 의학 도서관에서 밤새 논문을 읽었다.[11] 출장에서 돌아온 남편의 수척한 모습에 글로리아는 깜짝 놀랐다. 그는 주말 내내 자동판매기에서 파는 닭고기 수프 외에 아무것도 먹지 못했던 것이다.

대학 시절 그는 강의 시간에 필기를 하는 법이 없었다. 무엇이든 한 번 보면 사진으로 찍은 듯 외웠기 때문이다. 이번에는 달랐다. "그건 전쟁이었어요. 저는 자폐증이 내 아이를 손아귀에 쥐고 있는 강력한 괴물이라고 생각했습니다. 실수를 용납할 여유 따윈 없었지요."[12]

자폐증에 관해 찾을 수 있는 모든 자료를 읽다가 림랜드는 그 병의 아버지를 직접 찾아갔다. 1959년에 편지로 아들의 행동을 자세히 설명하면서 카너에게 자폐증에 관한 논문을 쓰고 싶다고 알렸던 것이다. 이듬해 그는 카너에게 이렇게 말했다. "그간 저는 이 병을 집중적으로 연구했습니다. 이제 적어도 제가 보기에 지금까지 알려진 대부분의 사실에서 놀랄 만한 일관성을 발견할 수 있다는 이론을 세우게 되었습니다." 그는 당시 의학 저널에 문제 아동을 위한 '정신 자극제'로 홍보되었던 디너Deaner라는 신약을 실험해본 일도 언급했다.

머지않아 림랜드는 자신의 계획이 몇 개월 정도 연구한다고 끝날 일이 아니라는 사실을 깨달았다. 이후 몇 년간 그는 자주 카너에게 연락하여 마크의 경과를 알렸다. 편지의 기조는 충실한 제자가 스승에게 말을 건네듯 세심하고도 자기 겸양적이었다. 편지에서 종종 그는 얼마 전 카너의 연구실로 보낸 논문들을 언급하며 의견을 듣고자 했다. 림랜드는 끊임없이 아첨을 했다. "주제와 발현 양상을 꿰뚫는 단어의 선택과 수사법에서 당신에 필적할 작가를 대라고 한다면 처칠 외에 떠오르는 사람이 없습니다."[13] 카너의 답장은 보통 짧고 간단했다.

이 시기에 마크는 빠른 속도로 발달하여 놀라움과 기쁨을 안겨주었다. 림랜드는 카너에게 이렇게 썼다. "정말로 진전이 있는 것 같습니다. 이제 조금씩 말도 합니다. 새된 소리로 짧은 어구를 말하는 것뿐입니다만. 처음으로 책에 있는 그림들을 보고서 이름을 대고, 대소변 가리기도 조금 좋아졌습니다. 감정 면에서도 크게 향상되었습니다. 이전에는 제가 집에 돌아오면 비명소리가 들렸고, 한 시간째 저러고 있다는 말을 듣는 일이 흔했습니다. 이제는 아이가 직접 문을 열어주며 제게 미소를 짓습니다."[14] 당시에는 자폐 어린이는 배울 수 있는 능력이 없다는 생각이 널리 퍼져 있었기 때문에(이런 오해는 주로 이들을 '정신박약아' 수용 기관에 보냈고, 그런 곳에서는 교육이 이루어지지 않았기 때문에 생긴 것이었다), 림랜드는 실험적 치료 덕분에 마크가 좋아졌다고 생각했다. "대부분 디너 덕분이라고 생각합니다."[15] 심지어 마크를 미니애폴리스로 데리고 가 카너에게 진찰받게 하려던 계획도 취소했다. "마크가 디너를 먹고 너무 많이 좋아져 자폐증이라고 진단하기도 어려울지 모르겠습니다."[16]

5년간의 연구 끝에 림랜드는 의학 도서관을 열어도 될 만큼 많은 기록과 색인 카드를 갖게 되었다. 그는 '자폐증처럼 보이는 카너 증후군'이라는 논문을 쓰기 위해 그간 관찰한 것들을 정리했다.[17] 논문이 계속 길어지자 내용을 등사기로 찍어 이 분야의 노련한 연구자들에게 보냈다. 자신의 전문 분야를 훨씬 벗어나는 일이었기에 의견과 비판을 듣고 싶었던 것이다.

해군 근무는 상대적으로 약간 따분하게 느껴졌다.[18] 본업 외에도 그는 지역 단과대학에서 이상심리학을 가르쳤다.[19] 자폐증 연구를 통해 그는 인사관리를 위한 성격검사와 찰칵거리는 컴퓨터로 숫자를 계산하는 일에서 훨씬 넓은 영역으로 나아가 유전학, 신경생리학, 생화학, 의료인류학 등 새롭게 대두된 학문들의 첨단을 탐구할 수 있었다.[20] 아들의 상태를 이해하려면 수많은 분야의 전문가들에게 도움을 받아야 했다. "옛날에 한 현자는 어떤 자연물에 온 마음을 바쳐 충분히 오랫동안 집중하면 물체를 넘어서는 대우주가 갑자기 모습을 드러내는 순간이 온다고 했다. 열쇠 구멍 뒤로 아름다운 풍경이 펼쳐져 있는데, 누군가 충분히 가까이 다가가 열쇠 구멍을 들여다본다면 갑자기 모든 풍경이 눈에 들어오는 것과 같다."[21]

글로리아는 산더미처럼 쌓인 자료 위로 계속 늘어만 가는 기록을 논문으로 발표할 것이 아니라 책으로 써보라고 남편을 설득했다. 그러나 림랜드는 이 분야에서 명망 있는 사람이 아니었으므로 대형 출판사에서 원고를 출간해줄 가능성은 거의 없었다. 전문가도 아닌 사람이 희귀한 정신질환에 대해 쓴 책을 쉽사리 받아줄 리 만무했다. 그때 애플턴-센츄리-크로프츠Appleton-Century-Crofts라는 명망 있는 출판사가 심리학 분야에서 매년 우수한 원고를 발굴하여 시상할 계획을 세우고 그 첫 번째 후보를 찾고 있다는 소식이 들려왔다. 제출된 원고는 몇 명의 편집자로 구성된 패널들이 맹검 방식으로 심사한다고 했다. 글쓴이의 이름을 가린 채 오로지 원고만으로 수상자를 선정한다는 뜻이었다.[22] 림랜드는 원고를 제출했다. 몇 개월 후 판정단은 만장일치로 그에게 첫 번째 센추리 심리학 시리즈상Century Psychology Series Award을 시상하기로 결정했다. 1,500달러의 상금과 함께 유리한 출간 계획이 부상으로 따라왔다. 마침내 1964년 카너가 직접 서문을 쓴 림랜드의 《유아자폐증_증후군 및 신경행동이론에서 갖는 의미》가 세상에 나왔다.

카너는 서문의 전반부 절반을 할애해 이 분야의 탁월한 전문가로서 자신의 우월성을 주장했다. 늘 그랬듯 자신의 우연한 발견에 대해 설명한 후, 조기유아자폐증('더 좋은 명칭을 생각할 수 없었다'고 덧붙였다)이라는 개념이 너무 폭넓게 적용된 나머지, '아무 상관 없는 다양한 상태를 욱여넣을 수 있는 허위 진단의 쓰레기통처럼 사용되었다'고 불평했다. 그는 림랜드가 자폐증 분야를 '우연히 스쳐지나가던 사람'이었지만 오랫동안 '길 옆에…머무르며 관찰한' 끝에 '삼가 진지하게 읽어볼 만한' 책을 썼다고 결론지었다.

철옹성 속에 깊숙이 자리 잡고 앉아, 아무리 근면하다 한들 건방진 애송이가 단 한 발짝이라도 자기 영역에 발을 들이는 것을 허용하지 않을 전문가가 면밀한 계산 끝에 하사한 보석 같은 칭찬이었다. 하지만 림랜드는 스승이 써준 소개문에 짜릿한 흥분을 느끼면서도 자신의 성취에 대해서는 매우 겸손한 태도를 견지했다. 그는 서문에 이렇게 적었다. "이것은 미완성의 논문일 뿐이다. 그렇지 않다고 해도 나는 언제 그렇게 되었는지 알지 못한다."

그렇게까지 겸손할 필요는 없었다. 림랜드의 책은 자폐증이 어린 시절의 정신적 외상으로 인해 생기는 정신병이 아니라 선천적 '지각知覺장애'라는 사실을 설득력 있게 주장함으로써 마침내 자폐증의 과학을 올바른 궤도에 올려놓았던 것이다. 베텔하임 같은 친프로이트주의자의 주장이 잘못임을 밝혀 부모들을 영혼이 짓이겨지는 듯한 죄책감에서 해방시키는 한편, 어린이 '자신을 위해' 기관에 수용하여 보호해야 한다는 개념을 용도 폐기했다. 또한 이들의 특별한 재능과 능력을 카너보다 훨씬 더 섬세하게 이해하여, 어딘지 부족하고 장애가 있다는 통념에서 벗어나 독립적인 존재라는 개념을 부여했다. "말도 하지 않고, 닿을 수 없는 곳에 있는 것처럼 보이는 자폐 어린이가 사실은 '생각에 잠겨' 있을지 모른다는, 즉 경험한 것들을 아주 세밀한 부분까지 되새기거나, 다른 사람들은 이미 오래전에 잊어버렸거나 어쩌면 한 번도 듣지 못했던 음악을 다시 듣거나, 뇌의 깊은 구석에서 수많은 물체들을 만지작거리며 놀이를 하고 있을지도 모른다고 추측하는 것은 흥미로운 일이다."[23]

심지어 그는 때때로 책 속에 등장하는 어린이의 시각으로 세상을 바라보기도 했다. "인지적으로 준비가 안 된 상태에서 어떻게든 환경에 적응해보려고 노력하는 어린이를 방해했을 때 그가 겪는 피로감과 절망,…항상 지나친 것을 요구하고, 쓸데없는 의례적儀禮的 행동을 강요하며, 일관성 없고 제멋대로인 정신병자들이 지배하는 이해할 수 없는 세상에서 살아야 하는 공허함을 느꼈을 때 어린이가 어떤 반응을 보일지 상상해보라. 그 정신병자들이 바로 우리다!"[24]

카너가 기꺼이 서문을 써준 이유는 두말할 것도 없이 림랜드가 자기와 아이젠버그에게는 눈에 띄게 잘해주면서, 유해한 양육 이론에 대한 비난을 베텔하임에게 뒤집어 씌웠기 때문이었다. 실제로 그는 카너와 아이젠버그가 무고한 구경꾼들이며, 자폐증이 심리적 원인에 의해 생긴다는 개념을 그저 '용인해주었을 뿐'이라고 했다.[25] 이렇게 하여 베텔하임은 사실 카너와 아이젠버그의 이론을 앵무새처럼 반복하며 차별적인 수식어 몇 마디만 보탰을 뿐인데도 그 이론의 주창자인 것처럼 모든 죄를 뒤집어 쓰고 역사의 뒤안길로 사라졌다.

III

림랜드는 문헌을 종합적으로 고찰하여 수십 년간 자폐증 분야에서 널리 받아들여지지 않던 개념에 정통해졌다. 심지어 책 속의 한 곳에 동유럽 밖에서는 사실상 알려지지 않은 아스퍼거 증후군이라는 용어를 쓰기도 했다(설명하지는 않았다).

책의 가장 중요한 쟁점은 자폐증이 가족 역동보다는 주로 유전적 요인에 의해 생긴다는 것이었다.[26] 이 개념은 이후 수많은 연구를 통해 확인되었다. 하지만 어떤 경우에는 유전적 소인에 알 수 없는 환경적 요인이 작용하여 생긴다는 선구적인 주장을 펼쳤다. 그는 어떤 분야에 특별한 재능을 타고난 부모들이 높은 지능과 관련된 유전 인자들과 함께 이 병에 대한 취약성을 자녀들에게 물려줄 것이라고 추측했다. 따라서 자폐증이란 천재의 잠재성이 전해지는 과정 어디선가 정상적인 궤도를 벗어난 것, 즉 '명석함이 길을 잘못 든 것'이었다. "유아가 고도의 지능에 이르는 길은 칼날만큼 좁으며, 지능의 잠재력이 클수록 그 길의 경사는 더욱 가파르고 위태롭다는 가설을 진지하게 받아들여야 한다."[27]

이런 개념의 근본 아이디어는 애초에 아스퍼거가 자신이 진료한 환자의 부모들이 명석한 괴짜들이라고 기술했을 때부터 존재했던 것이지만, 림랜드가 번역팀까지 운용했음에도 책의 방대한 참고 문헌 속에 아스퍼거의 논문은 보이지 않았다. 이 또한 그가 얼마나 철저히 역사 속에서 지워졌는지 보여주는 예라 할 것이다. 자폐증과 높은 지능 사이에 상관성이 있다는 개념은 환자들의 부모가 고등교육을 받은 사람들이라는 카너의 주장 속에도 암시되어 있었다. 그러나 '명석함이 길을 잘못 든 것'이라는 가설을 냉장고 육아라는 이론과 분리함으로써 림랜드는 의심할 바 없이 스승에게 호의를 베풀겠다는 의도를 드러냈다.

이 가설은 1970년대에 마이클 러터Michael Rutter 등이 자폐증 유병률은 IQ나 교육 수준에 따른 차이가 없으며, 모든 사회 경제학적 계층에 걸쳐 동일하다는 사실을 입증함으로써 빛을 잃었다. 그러나 이런 증거에도 불구하고, 카너와 림랜드 모두 자신들의 임상 경험상 틀림없는 사실이라고 주장하면서 이 이론을 철회하지 않았다. 림랜드가 자폐증이 스펙트럼이라는 개념에 그토록 완고하게 저항했던 이유는 진정한 카너 증후군 환자들만이 천재가 될 잠재성과 연관이 있다고 확신했기 때문이다. 1994년 그는 이렇게 썼다. "당시 내가 도달한 결론 그리고 지금도 지지하는 결론은 카너의 주장대로 자폐증에 대한 엄격하고 제한적인 정의를 적용한다면, 또한 그런 정의를 적용했을 때만 카너의 소견을 반박할 수 없다는 것이다."[28]

림랜드가 뭔가 중요한 것을 발견했을지도 모른다는 단서는 처음부터 지금까지 계속 발견되고 있다. 2003년 비엔나 대학교의 카트린 히플러Kathrin Hippler는 세계대전 후 아스퍼거가 진단한 환자들의 기록을 연구했다. 그녀는 대조군에 비해 많은 환자의 아버지들이 전문 기술직, 특히 전기공학 기술자였다는 사실을 발견했다.[29] 2015년 에딘버러 대학교 연구진은 자폐증과 관련된 유전자들이 높은 인지능력, 특히 언어와 관련 없는 실무 지능을 요구하는 문제 해결 능력과 관련된다는 사실을 발견했다.[30]

어쩌면 림랜드의 오류는 자폐증을 특정한 적성들이 아니라 전반적인 지능과 연결시킨 것이었을지도 모른다. 어쨌든 자폐인의 전반적인 지능은 측정하기도 매우 어렵다.

책에서 자신이 자폐 어린이의 아버지라는 사실을 밝히지는 않았지만 림랜드는 잘못된 이론이 자폐증 가족을 황폐하게 만들 정도로 나쁜 영향을 미친다는 사실을 기록하는 데 지면을 아끼지 않았다. "자폐증이 기질적 요인에 의해서만 결정된다면, 심리적 원인에 의해 생긴다고 가정했을 때 동반되기 마련인 수치심, 죄책감, 불편과 재정적 비용, 결혼 생활의 파탄 등을 겪을 필요가 없을 것이다."[31] 그는 자녀를 데리고 '이 병을 이해하는 사람을 찾을 수 있으리라는 희망 속에 이 병원 저 병원을' 돌아다녀야 했던 수많은 가족을 묘사했다.[32] 닥터 쇼핑을 할 여유가 없는 부모들에게는 상황이 훨씬 어려웠을 것이다. 이는 오늘날까지도 사회 소수 집단에서 자폐증이 실제보다 훨씬 적게 진단된다는 점에서도 분명히 드러난다.[33]

책에서 가장 시대에 뒤떨어진 부분이라면, 카너가 자폐증을 협소하게 정의한 데 대해 림랜드가 아무런 의문을 제기하지 않고 지지를 보냈다는 점이다. 여러 군데에서 그는 어린이들을 진단에서 배제하는 데 점점 더 창의적인 방식을 생각해냄으로써, 심지어 스승조차 뛰어넘으려는 것처럼 보인다. 림랜드는 자폐 어린이를 "거의 예외없이 건강하고 잘 생겼으며, 체격이 균형 잡혀 있고, 보통 까무잡잡하다"라고 묘사했다(반대로, 조현병을 겪는 어린이들은 금발에 푸른 눈동자, 반투명한 피부, 작고 뒤로 들어간 턱, '거의 유아처럼 보이는 외모'로 묘사했다). 그는 '신체 전체의 움직임과 손가락의 정교한 움직임이 모두…뛰어난, 종종 비범한 운동 능력'에 놀라움을 표하며, 놀랄 정도로 '알레르기, 천식, 대사 장애, 피부 질환이 없다'고 주장한다.

또한 카너의 모델과 마찬가지로 퇴행의 징후들, 발작, 비정상적 EEG, 창백한 피부, '둔하고 지능이 떨어져 보이는' 외모, '부드럽고 말랑말랑한'

근육 긴장도, 비범한 기술이 없음, 눈에 띌 정도로 불안하고 혼란스러워함, 가계도 상의 정신질환, 제자리에서 빙빙 돌거나 발끝으로 걷는 것 등 자폐증이라고 할 수 없는 수많은 요인을 언급했다. 마지막 두 가지 행동은 특히 흥미롭다. 카너의 환자 중 많은 수가 그런 행동을 보였을 뿐 아니라, 오늘날에는 자폐증의 특징적인 증상으로까지 생각되기 때문이다.

하지만 림랜드는 담으로 둘러싸인 스승의 정원에 어느 누구도 발을 들이지 못하게 했다. 심지어 독자들에게 미리 사과하기조차 했다. "그런 오류를 범하지 않으려고 애쓰기는 했으나, 본 저자가 이 책에서 자폐증이라는 현상을 설명하기 위해 예로 든 증례 중 일부에서 실제로는 일부 증상만이 유아자폐증에 해당하는 경우도 있을 것이다."[34] 림랜드가 보기에는 진정한 카너 증후군 환자는 진짜 스코틀랜드 사람true Scotsmen✦ 만큼이나 드문 존재였던 것이다.

림랜드가 진단 기준을 엄격하게 정의하고 싶었던 데는 그럴 만한 이유가 또 하나 있었다. 마음 한구석에서 자폐증도 또 다른 유전질환인 페닐케톤뇨증phenylketonuria, PKU처럼 식이요법으로 극복할 수 있는 단일 대사 경로의 사소한 결함으로 판명되기를 바랐던 것이다.

펄 벅Pearl S. Buck이 딸 캐롤Carol을 키운 과정을 감동적으로 기술한 《자라지 않는 아이》를 처음 읽었을 때 림랜드는 그것이 자폐증에 관한 이야기라고 생각했다. 펄 벅은 간호사에게 이렇게 말했다. "아기가 나이에 비해 아주 현명해 보이지 않아요?" 아주 어렸을 때도 캐롤은 축음기로 교향곡을 들려주면 열광하는 것 같았다. 그러나 세 살이 되자 뭔가가 잘못되었다는

✦ '진짜 스코틀랜드 사람의 오류no true Scotsman'에서 차용한 표현이다. '진짜 스코틀랜드 사람의 오류'는 일반화에 대한 반례에 임기응변으로 대처하기 위해, 완벽하게 순수한 존재라면 그러지 않는다고 주장하는 논리적 오류로, 사실상 현실 속에 존재하지 않는 것을 가리킨다.

사실이 분명해졌다. 아이는 걸핏하면 엄청난 분노를 폭발시켰다. PKU 발견에 관한 이야기는 림랜드에게 하나의 모델이 되었고, 그는 어떤 면에서는 역사가 스스로 반복되도록 하려는 노력 속에서 책을 썼던 것이다.

1920년대 오슬로에서 해리Harry와 보그니 에걸란드Borgny Egeland 부부가 첫아이를 낳았다.[35] 이름은 리브Liv였다. 캐롤 벅이나 마크 림랜드처럼 리브 역시 어려서는 똑똑해 보였지만 세 살이 될 때까지 한마디도 하지 못했다. 소아과 의사는 아이가 완벽하게 건강하며, 때가 되면 말을 시작할 것이라고 안심시켰다. 그러다 아들 대그Dag가 태어났다. 처음에는 곧잘 재롱도 부리고 초롱초롱했지만, 그 또한 점차 주변 세계에 전혀 관심을 보이지 않았다.

어느 날 보그니는 아이들의 기저귀를 갈다가 퀴퀴하다고 해야 할지, 이상한 냄새가 나는 것을 알아차렸다. 혹시 이 냄새가 발달지연과 관계가 있는 게 아닐까? 에걸란드 부부는 여러 명의 의사들을 찾아다닌 끝에 결국 대그를 오슬로 대학병원으로 데려가 온갖 검사를 받게 했다. 아무 이상도 없었다. 지푸라기라도 잡는 심정으로, 민간치료사와 약초요법사, 심지어 심령술사까지 찾아다니며 온갖 차를 달여 먹이고, 치료 효과가 있다는 약초를 우려낸 물에 목욕시키고, 환각 체험을 통해 원인을 찾아보려고도 했다. 그러다 해리는 자기가 다녔던 치과대학 교수인 압존 폴링Asbjørn Følling을 떠올렸다. 그는 대사질환 전문의였다. 보그니는 폴링을 개인적으로 잘 아는 여동생에게 아이들의 소변에서 나는 냄새에 대해 물어봐달라고 부탁했고, 그는 정밀 검사를 제안했다.

우선 폴링은 그간 아이들에게 먹여왔던 모든 생약을 즉시 중단시켰다. 원인이 무엇이든 신호가 통계적 잡음 속에 묻히지 않도록 하려는 것이었다. 그 후에야 검사를 시작했다. 혈액, 백혈구, 알부민, 요당 검사는 모두 정상이었다. 하지만 리브의 소변 검체에 염화 제2철 용액을 가하자 이상한 일이 벌어졌다. 염화 제2철은 보통 소변 속의 케톤과 반응하여 적갈색으로 변하는데, 아이의 소변은 불길한 녹색으로 환히 빛났다가 즉시 색깔이 사라져버렸다. 대그의 소변에서도 똑같은 결과가 나타났다. 이런 반응을 한 번도 본 적이 없었으므로 폴링은 수많은 화학 교과서를 뒤져보았지만 아무런 단서도 찾을 수 없었다. 그는 두 달간 실험실에 처박혀 20리터가 넘는 아이들의 소변을 분석했다.

질소를 이용하여 시험관에서 공기를 제거하는 방법을 통해 마침내 그는 아이들의 소변에서 페닐피루브산이라는 화합물의 결정을 분리해냈다. 정상적으로는 소변 속에 존재하지 않는 물질이었다. 그는 인근 정신병원에 연락하여 환자들의 소변 검체를 보내달라고 요청했다. 정신박약 어린이로부터 채취한 430건의 소변 검체 중 8건에서 같은 화합물이 검출되었다. 연구 끝에 그는 이 결정체가 식품 속에 흔히 존재하는 페닐알라닌이라는 아미노산을 대사하지 못하는 경우 일종의 부산물로 생긴다는 사실을 알아냈다. 페닐알라닌은 우유나 모유 속에도 들어 있다. 그 결과, 어린이들의 혈액 속에 페닐피루브산이 서서히 축적되어 발달 중인 뇌를 손상시키고, 결국 소변으로 배출되어 퀴퀴한 냄새가 나는 것이었다.

이 증후군은 폴링에 의해 '페닐피루브산 정신박약증imbecillitas phenypyruvica'이라고 명명되었지만, 결국 페닐케톤뇨증으로 불리게 되었다. 증상이 나타난 가족들을 연구한 끝에 그는 병이 단일 열성 유전자를 통해 유전된다는 사실을 밝혀냈다. 양쪽 부모로부터 모두 질병 유전자를 물려받은 경우에만 생긴다는 뜻이다. 펄 벅의 책이 출간된 후 생후 수주 만에 기저귀를 검사하여 PKU를 진단하는 방법이 개발되었고, 얼마 뒤 병원에서 집으로 돌아가기 전에 혈액검사로 진단하는 더 좋은 방법이 나왔다. 한편, PKU의 치명적인 영향을 피할 수 있는 저 페닐알라닌 식이도 개발되었다. 혈액검사로 질병을 발견한 후 유아기에 특수식을 먹이기 시작하면 지능

저하를 막을 수 있게 된 것이다. 대부분의 어린이가 우수한 의료 서비스를 받을 수 있는 국가에서 PKU에 의한 지능장애는 이제 먼 옛날의 이야기가 되었다. 림랜드는 폴링 박사가 리브와 대그를 그저 단순한 정신지체로 생각하고 주의를 기울이지 않았다면 이런 획기적인 발견을 할 수 없었을 것이라고 생각했다.

IV

책을 내면서 림랜드가 품었던 가장 큰 소망은 자폐증 연구의 새로운 시대를 여는 원동력을 제공하는 것이었다. 그는 책을 통해 독자들로부터 데이터를 수집하는 영리한 방법을 생각해냈다. 부록에 '어린이 행동 문제 진단 체크리스트(E-1 서식)'라는 설문지를 수록했던 것이다.[36] 원래 의사들이 복사하여 부모들에게 나눠주도록 고안된 것이었다. 자폐증이 유아의 질병이라는 카너의 개념에 따라 76개 문항이 대부분 생애 첫 6년간 나타나는 행동에 초점을 맞추었다.

> 아이가 생각에 빠져 있는 것처럼 장시간 가만히 허공을 응시했습니까(합니까)?
>
> 아이가 귀가 안 들리는지 의심해본 적이 있습니까?
>
> 아이가 마치 아무도 없는 것처럼 사람들을 '보면서도 개의치 않는다'거나 '그 앞을 무심히 지나치는' 식으로 행동합니까?
>
> 아이가 아무런 목적도 없이 앵무새처럼 또는 메아리처럼 공허한 목소리로 어떤 말을 계속 반복했습니까(합니까)?
>
> 아이가 '나'라고 말해야 할 때 항상 '너'라고 말했습니까(합니까)?
>
> 아이가 끊임없이 자신을 좋아해주기를 바라는 것 같았습니까(같습니까)?

설문지의 다른 부분은 자폐증의 생화학적 차원에 대한 림랜드의 흥미를 반영하여 어린이의 식습관과 소화 능력, 피부 상태, 체온 조절 등에 관한 질문을 담고 있었다. 그는 책을 읽은 한 생화학자가 자폐증이 대사적 문제와 연관되어 있는지 찾아보고, 가능하면 저 페닐알라닌 식이와 비슷한 영양 처방을 개발할 수 있을지 연구해보겠다고 하자 뛸 듯이 기뻐했다.

놀랍게도 E-1 서식은 최초의 표준화된 임상적 자폐증 평가 도구였다. 그때까지 자폐증은 카너와 아이젠버그의 방법을 교육받은 의사들이 철저히 주관적 관찰을 근거로 진단했다. 림랜드는 카너의 모델을 받아들여 설문지에 정확히 들어맞지 않는 어린이는 '유사 자폐증'으로 분류했다. 이렇게 철저한 선별을 통해 다른 의사에게 자폐증 진단을 받고 의뢰된 어린이 10명 중 9명은 '진짜 증례'가 아니라고 했던 스승의 발자취를 다시 한번 따랐던 것이다.[37]

책이 출간된 후 림랜드는 이 분야에서 특별히 다른 책을 쓸 계획은 없었다.[38] 그저 본업으로 돌아가리라 생각했을 뿐이었다. 그러나 익명의 존재로 켄싱턴에 묻혀 가족과 함께 조용히 살 수 있으리라는 생각은 현실을 한참 빗나간 것이었다.

출간된 지 일주일도 안 되어 부모들이 작성한(대개 엄마) E-1 서식이 책 표지에 적힌 미해군 인사관리연구소U. S. Naval Personnel Research Laboratory를 수신 주소로 하여 림랜드의 우편함에 날아들기 시작했다.[39] 설문지와 함께 편지가 동봉된 경우도 많았다. 글로리아는 회상한다. "처음에 버나드는 깜짝 놀랐지요. '이 사람들에게 내 책이 도대체 무슨 짓을 한 거야!'" 그러나 그는 이내 알아차렸다. 눈앞에 쌓여가는 서식들은 자신과 비슷한 처지에 있는 다른 부모들의 마음속 가장 깊은 곳에서 우러난 찬사였다. 그는 사무실에 앉아, 고통받는 아이를 둔 부모들이 보내온 파일들을 하나하나 손수 열었다. 이후 몇 개월간 수백 장의 E-1 서식이 우송되었다. 그는 체크리스트들을 자신이 개발하여 특허를 받은 알고리즘으로 분석한 후 결과를 우편으로 보내주었고, 대부분 직접 전화를 걸어 경과를 추적했다.

수년간 고립된 생활을 해보았기 때문에 글로리아와 그는 자폐증 아이를 키우는 부모들이 얼마나 외로운 존재인지 잘 알았다. 그는 원래 사교성 있고 이해심이 많은 사람이었다. 부모들과 대화할 때도 이런 면이 드러나, 결국 당시의 자폐증 가족들에게 '버니 아저씨'라는 별칭으로 불리게 되었다. 버니 아저씨는 낮이든 밤이든 전화를 받아주었고, 정신이 반쯤 나간 상태로 자기 집 문을 두드리며 도움을 청하는 부모들에게 기꺼이 시간을 내주었다.

또한 그는 부모들이 E-1 서식의 여백에 갈겨 쓴 메모들을 이용하여 설문지를 더욱 향상시켰다.[40] 수년 후 《유아자폐증》 2판이 나왔을 때 책 속에는 부모가 작성하여 림랜드에게 직접 우송하도록 고안된 개정판 체크리스트, 즉 E-2 서식이 들어 있었다. 자식에 대한 정보를 절박하게 원하는 부모들에게 서식을 작성해달라고 부탁하는 것은 다른 연구자들에게 자기 데이터를 이용하라고 권유하는 것보다 훨씬 쉬운 일이었다. 전문가 상호 검토 저널에 발표된 E-1과 E-2 서식에 관한 논문들은 그 정확성에 의문이 제기되었다. 한 가지 문제는 설문지들이 유아기 행동에 대한 부모의 기억에 의존하기 때문에 신뢰성이 떨어진다는 것이었다. 또한 그의 알고리즘을 이용해 얻은 결과는 다른 방법으로 시행한 임상적 평가와 상관관계가 아주 좋지는 않았다. 사실 매우 까다로운 선별 과정을 거쳤기 때문에 이런 결과는 불가피했지만, 어쨌든 그가 사용한 방식의 정확성에 대한 의문을 증폭시켰고 결국 그는 전문가적 자존심에 상처를 입었다.

결국 림랜드는 훨씬 체제 전복적인 행보를 취하게 된다. 직접 편지를 보내오는 부모들과 연결을 강화함으로써 정신의학계의 권위에 전면적으로 도전했던 것이다. 림랜드의 설문지는 자폐증 평가의 권위 있는 표준이 되는 대신 혁명의 씨앗을 뿌린 셈이다.

V

1960년대 마크 같은 자녀를 둔 부모들이 가장 만나기 어려운 것은 희망이었다. 의사들은 아이를 수용 기관에 보내고, 가족 앨범에서 사진을 조용히 없애버리라는 판에 박힌 조언 외에는 별로 해줄 것이 없었다. 클라라 클레이본 파크(제시 파크의 엄마)나 유스타시아 커틀러(템플 그랜딘의 엄마)처럼 아이를 집에서 키우기로 결심한 부모들은 심리적으로 매우 유독한 환경 속에서 자신들의 행복마저 위험에 처할 각오를 해야 했다.

아스퍼거가 자폐 어린이를 올바르게 교육시키는 방법에 대한 지침을 쓴 지 20년이 지났지만 여전히 미국의 심리학자들은 대부분 이들이 태어날 때부터 학습 능력이 없다고 단정지었다. 림랜드의 책 속에도 교육에 대한 내용은 한마디도 없었다. 다만, 행동주의심리학자들이 파블로프의 방식처럼 동물에게 어떤 자극을 가했을 때 일정하게 반응하도록 훈련시키는 과정을 기술할 때 사용하는 훈련training과 조건형성conditioning이라는 용어를 사용했을 뿐이었다. 림랜드는 "진정한 자폐증 증례가 성장해서 어떻게 되는지에 대한 문헌은 거의 없다"[41]라고 썼으며, 그나마 구할 수 있는 연구 결과 또한 매우 실망스러웠다.

1956년 아이젠버그는 해리엇 레인 병원의 의무 기록을 근거로 〈자폐 어린이의 청소년기The Autistic Child in Adolescence〉라는 제목의 논문을 발표했다.[42] 그가 찾아낸 63명의 10대 중에서 반 이상이 보호 시설에 수용되어 있었다. 그는 경과를 우수, 보통, 불량 등 세 가지 범주로 나누었다. 우수한 경과란, '여전히 다소 이상한 면이 있지만, 학교와 사회와 공동체 수준에서 정상적으로 생활하며 친구들과도 관계가 좋은 환자'로 정의했다. 불량한 경과란 '자폐증에서 조금도 벗어나지 못한 채 현재 발휘할 수 있는 기능이 명백한 정신박약 및/또는 전반적인 장애 행동을 특징으로 하는 현저한 부적응 상태에 있는' 환자였다. 전체 환자 중 단 3명이 우수한 경과로 분류된 반면, 46명이 불량한 경과를 나타냈다. 아이젠버그는 환자들의 경과에 대한 가장 좋은 예측 인자가 '유용한 언어능력'이라고 했다.

베텔하임조차 몇 년간 장애학교에서 생활하는 경우, 냉담하고 지배적인 어머니로 인해 유아의 정신세계에 맺힌 매듭이 풀릴 수도 있다고 주장하여 자폐증 가족에게 왜곡된 희망을 제시했다. 림랜드는 자폐증을 심리적 질병이 아닌 유전질환으로 재정의함으로써 마음 편한 환상을 부추겨 '치료적 무력감'[43]이라는 태도를 조장한 것이 아닐까 하는 생각에 시달렸다. 수백 명의 부모가 자신의 도움과 조언을 간절히 원하는 지금, 과연 무엇을 제안할 것인가?

1964년 10월 어느 날, 림랜드는 UCLA 소속으로 말투가 퉁명스럽기 짝이 없는 올라 이바 로바스라는 심리학자를 통해 해답을 찾았다. 겉보기에 둘은 정반대였다. 림랜드가 중서부 출신으로 따뜻하고 배려심 넘치는 다정한 사람이라면, 로바스는 야외 활동을 좋아하는 다혈질의 북유럽 게르만족으로 만찬장에 둘러앉은 동료들에게 살인 미소를 날린 후 이렇게 말할 수 있는 사람이었다. "이 테이블에 앉은 사람들을 모두 합친 것보다 여기 놓인 샐러드의 지능이 더 높겠군."[44] 그러나 두 사람은 모두 투지가 넘치고, 야심만만하며, 당대의 심리학에 환멸을 느꼈다. 잘 알려지지 않은 어린이의 질병에 빠져 있어 동료들 사이에 소외당하는 것도 비슷했다.

수많은 1세대 자폐증 연구자들이 그랬듯, 로바스도 히틀러의 그림자 아래서 자랐다. 그는 1927년 수많은 과수원과 비옥한 들판으로 유명한 오슬로 인근 리어lier라는 마을에서 태어났다. 아버지는 신문기자였고, 어머니는 농부의 딸이었다. 어렸을 때는 가족과 함께 기차를 타고 눈으로 덮여

다이아몬드처럼 빛나는 산으로 여행을 다녔다. 그러나 1940년 4월 9일 아침, 모든 것이 변해버렸다. 학교에 가보니 선생님들이 모여 울고 있었다. 그들은 나치가 노르웨이를 자기들 영토라고 우기며 바다와 하늘을 통해 침공해오고 있으니 빨리 집으로 돌아가라고 했다. 그날 오후 어린 이바는 '녹색 옷을 입고 우스꽝스러운 헬멧을 쓴 사람들'이 그가 살고 있던 계곡으로 '에덴동산을 침입한 진드기처럼' 몰려오는 모습을 보았다.[45]

6월이 되자 연합군 방어 세력은 완전히 괴멸되고, 노르웨이 왕 하콘Haakon은 망명길에 올랐다. 오슬로의 모든 유대인 가족은 강제 수용소에 끌려가기 전에 라디오를 압수당했다. 이후 5년간 로바스 가족은 날품팔이로 여기저기 옮겨다니며 자기들이 키운 것만 먹고 살았다.[46] 살을 에는 바람 속에서 하루 열 시간씩 양배추와 순무를 뽑다 보면 팔다리에 아무 감각이 없을 정도였다.

전쟁이 끝나자 로바스는 바이올린 연주 재능을 인정받아 미국으로 이민할 수 있었다. 음악 장학생으로 아이오와주 루터 칼리지Luther College에 들어가 하루에 서너 시간씩 자며 1년 만에 학사 학위를 땄다.[47] 신문에서 눈 덮인 올림픽산맥의 사진을 본 그는 그레이하운드 버스를 타고 시애틀로 갔다. 집집마다 문을 두드리며 묻고 다닌 끝에 집안일을 돌봐주는 대신 방을 빌려줄 가족을 찾았다. 그 후 워싱턴 대학교를 찾아가 사람들을 설득하여 심리학 대학원 과정에 들어갈 수 있었다.[48] 그의 룸메이트가 바로 글로리아 림랜드의 오빠 에디 앨프였다.[49] 자폐증 역사 속에서 볼 수 있는 또 하나의 기이한 우연이다.

로바스는 당시 미국의 거의 모든 심리학 전공자들과 마찬가지로 정신분석가가 될 생각이었다. 하지만 그는 그 직업에 전혀 맞지 않았다. "내담자들은 이렇게 물었죠. '그러니까 당신과 이야기를 나누고 나면 내가 좋아진다는 거요?' 저는 대답했죠. '물론입니다.' 하지만 좋아지지 않는 사람이 훨씬 많았어요. 아니, 오히려 나빠지더군요."[50] 정신분석용 소파에 누운 사람들의 자유연상에 관심이 있는 척하는 데 진력이 난 그는 피넬 연구소Pinel Institute 정신과 보조원으로 자리를 옮겼다. 시애틀 상류층의 다루기 힘든 아이들을 수용하는 사립 정신병원이었다. 어느 여름날, 두 명의 환자가 2층 창문에서 뛰어내려 자살했다. "의사들은 의학적으로 생각해야 한다는 관념에 사로잡혀 그 사건을 '자살 유행'이라고 하더군요. 그게 무슨 전염병이라도 된다는 듯이 말이죠."[51] 로바스는 역겹다는 듯 회상했다. 그는 극단적인 추론이 판치는 이론 중심의 정신의학에 이내 흥미를 잃었다. 한 심포지엄에서 끊임없이 떠드는 소리를 듣다가 그는 이렇게 말했다. "모두 네로 황제 같은 녀석들이로군. 세상이 불타는데 바이올린을 연주하는 꼴이야. 너희들이 전쟁을 겪어보고 그게 얼마나 끔찍한 일인지 안다면, 뭔가 의미 있는 일을 하고 싶어질 거야. 뭔가 세상에 도움이 되는 일을 하고 싶어질 거라고."[52]

천만다행히도 워싱턴 대학교 교수 중에도 비슷하게 생각하는 사람이 많았다. 그의 지도 교수는 심리치료사가 아니라 행동주의심리학자였는데, 그에게 연구직 쪽으로 나가보라고 격려했다. 연구 쪽의 스타는 시드 비주Sid Bijou로, 지적장애 어린이에게 조작적 조건형성, 즉 시행착오를 통한 학습법을 개척한 B. F. 스키너의 제자였다.[53] 조작적 조건형성의 전형적인 예는 스키너의 래트rat 실험이다. 그는 래트가 우연히 발판 근처에 접근하기만 하면 먹이(보상)를 주어 발판을 누르도록 훈련시켰다. 발판을 발로 건드리면 또 먹이를 주고, 발판을 발로 힘껏 누르면 또 주었다. 이렇게 많은 시간과 노력을 들여 단계적 과정을 수행하면 대부분의 래트는 보다 많은 먹이를 얻기 위해 미친듯이 발판을 눌러댔다.

반대로 발판 누르는 행동을 중단하도록 조건을 형성할 때는 래트가 그 행동을 멈출 때까지 먹이를 주지 않았다(이 과정을 소거extinction라고 한다). 행동을 멈추는 또 다른 방법은 먹이를 주는 대신 전기 자극을 가하는 것이다(전문용어로는 처벌punishment이라고 한다). 동물에게 처벌을 가하는 것은 행동주의심리학자들 사이에서 논란의 대상이 되었다. 잔인하다는 이유는 아니었다. 당시는 동물의 내면 상태(만일 그런 것이 있다면)는 외부 조건과 전혀 무관한 블랙박스라고 생각했다. 그러나 사실 처벌은 어떤 행동을 소거시키는 방법으로는 비효율적이었다. 목표 행동과 전혀 관계없는 행동이 드러나는 경향이 있었기 때문이다. 공포에 사로잡힌 동물이 고통스러운 전기 충격을 벗어나기 위해 다른 행동을 시도했던 것이다.

비주는 스키너의 모델을 인간에게 적용시키기 위해 행동을 선행자극(환경 속에서 그 행동을 촉발하는 요소들)과 후속자극(실험자가 그 행동을 증가시키고 싶다면 보상, 감소시키고 싶다면 처벌)으로 나누었다. 그는 이런 순서를 세심하게 기록하고 연구하는 과정을 **행동분석**behavior analysis이라고 명명했다. 비주는 선행자극과 후속자극을 실험적으로 조절함으로써 행동분석이 인간 피험자의 반응을 변화시키는 데 강력한 도구가 될 수 있다는 사실을 발견했다. 사용할 수 있는 보상과 처벌이 먹이와 전기 자극에만 국한되는 것도 아니었다. 어린이에게 "정말 착하구나!"라고 말하면 래트에게 음식을 주는 것만큼 보상 효과가 있을 수 있으며, 날카롭게 "안 돼!"라고 외치면 전기 자극과 비슷한 처벌 효과를 나타내기도 했다. 전문용어로 언어는 인간 피험자에게 강력한 **변별자극**discriminative stimulus이다.

정확히 말하자면, '대부분의' 인간 피험자라고 해야 할 것이다. 워싱턴 대학교에서 박사 학위를 받은 후 로바스는 시애틀에 3년간 머물며 대학 근처, 어린이발달연구소Child Development Institute에서 강의와 연구를 병행했다.[54] 거기서 그는 자신의 삶에 결정적인 영향을 미친 두 가지 경험을 했다. 어느 날 그는 말도 못하고, 눈을 맞추지도 않으며, 장난감을 가지고 놀지도 않으면서, 하루 종일 몸을 앞뒤로 흔들고 양손을 뒤집는 행동만 반복하는 소녀를 보았다. 그는 소녀에게 가장 가능성 높은 운명은 주립병원의 폐쇄 병동에서 여생을 보내는 것임을 알고 있었다. 그것 말고는 정말 아무것도 해줄 수 없을까?

그때 어떤 실험을 관찰하다 희망적인 아이디어가 떠올랐다. 전형적인 발달과정을 보이는 소년이 장난감을 손에 넣기 위해(아무리 높게 평가한다고 해도 사소한 과업에 불과했다) 언어를 사용하도록 조건형성시키는 모습을 보다가, 갑자기 발달지연 어린이의 언어능력을 향상시킬 수 있다면 스스로 문제 행동을 조절할 수 있는 힘을 갖게 될지 모른다는 생각을 했던 것이다.[55] 1961년 그는 UCLA 심리학과 조교수가 되었다. 그곳에서 자폐 어린이들을 보고 그는 가설을 실험해볼 이상적인 피험자들, 즉 언어능력이 매우 부족하면서 행동이 완전히 통제불능인 것 같은 어린이들을 발견했다고 생각했다.

로바스의 사고에 결정적인 영향을 미친 또 한 가지 요소는 인디애나 대학교의 심리학자 찰스 퍼스터Charles Ferster였다. 퍼스터는 카너 증후군이 희귀한 조발성 조현병이라고 굳게 믿었다. 그 병이 희귀하다는 확신이 얼마나 강했던지 1961년 〈긍정적 강화와 자폐 어린이의 행동장애Positive Reinforcement and Behavioral Deficits of Autistic Children〉라는 논문의 서두에서 이렇게 애매한 주제로 독자들의 시간을 뺏어서 미안하다고 했을 정도였다. 그는 자폐증이 "역학적 관점에서는 중요하지 않다"라고 인정하면서, "그러나 자폐 어린이를 분석하는 것은 이 정신병이 성인 정신병의 원형일 수 있기 때문에 이론적으로 중요할 수 있다"라고 주장했다.[56] 그 후 퍼스터는 자폐 어린이의 기이한 행동이 행동심리학적 용어로 **강화**(보상을 받는 것)에 좌우된다는 점에서 전형적인 어린이의 전형적인 행동과 전혀 다를 것이 없다고 기술했다. '사탕'이라는 단어를 계속 반복하여 말하는 어린이가 결국 사탕을 얻게 된다면 그 행동이 강화될 것이다. 격렬한 분노발작을 일으킨다면 그 행동에 대한 보상은 걱정 가득한 얼굴을 한 엄마가 무슨 일인지 보려고 황급히 뛰어오는 모습을 보는 것일 터였다. 하지만 분노발작을 일으켰는데 아무도 오지 않는다면 어떻게 될까?

퍼스터는 자폐 어린이를 1년간 매일 작은 방에 혼자 가두어둔 실험을 소개했다. 이것 봐라? 분노발작이 점차 사그러드는 것이 아닌가! 그는 이것이 분노발작 역시 강화에 달려 있는 행동임을 입증하는 뚜렷한 증거라고 생각했다. 그러면서 부모들이 잘못된 행동에 지나친 관심을 보임으로써, 미처 느끼지 못한 사이에 자녀가 점점 심한 자폐증이 되도록 조건형성을 했다고 주장했다. 퍼스터는 이 실험에서 향후 치명적인 악영향을 끼칠 교훈을 이끌어냈다. 문제 행동을 나타내는 자녀를 다루는 가장 좋은 방법은 바람직하지 않은 행동이 제풀에 없어질 때까지 자녀의 고통을 완전히 무시하는 것이라고 주장했던 것이다.[57]

로바스는 프로이트 학파의 심리학을 참을 수 없을 정도로 싫어했지만, 자폐 어린이의 부모들이 자녀의 상태에 뭔가 결정적인 역할을 했을 것이라고 생각했기에 감정을 배제한 퍼스터의 분석에 감명을 받았다. 결국 그는 로스앤젤레스 북쪽에 위치한 카마릴로 주립병원Camarillo State Hopital 등의 수용시설에서 무릎으로 자신의 코를 부러뜨리고, 뼈가 드러나도록 팔을 물어뜯는 어린 자폐증 환자들의 일상을 촬영하기 시작했다.[58] 올리비아 드 하빌랜드Olivia de Havilland의 느와르 심리 스릴러 〈스네이크 핏The Snake Pit〉의 실사판인 셈이다. 겉보기에는 어떤 약물에도 반응하지 않는 것 같은 어린이들을 보면서 로바스는 인간이라고 생각할 수 없는 잔혹함 속에도 일정 부분 구원받을 잠재력이 있다는 사실에 충격을 받았다. "눈과 귀, 이빨과 발톱을 갖고 이리저리 걸어다니면서도 사회적 또는 인간적이라고 할 만한 행동이 거의 나타나지 않는 사람들을 관찰하는 데 마음이 끌렸다.[59] 이제 그런 것이 전혀 존재하지 않는 상태에서 언어와 기타 사회적,

지적인 행동들을 구축해줄 기회를 얻은 것이었다. 학습 기반 접근법이 얼마나 많은 도움이 될지 알아볼 절호의 기회였다."

그는 《사이콜로지 투데이Psychology Today》에 이렇게 설명했다. "그러니까, 자폐 어린이를 다룰 때는 거의 완전히 처음부터 시작하는 셈입니다. 신체적으로는 분명 사람이죠. 머리카락이 있고, 코도 입도 있어요. 하지만 심리적으로는 사람이라고 할 수 없습니다. 자폐 어린이를 돕는 일은 어떤 의미에서 인간이라는 존재를 구축하는 작업입니다. 원재료는 다 있지만, 그걸로 하나의 인간을 만들어내야 하는 겁니다."[60]

VI

절망스럽게도 UCLA에서 일을 시작한 첫해에 로바스에게 의뢰된 어린이는 한 명뿐이었다. 통통하고 푸른 눈에 갈색 머리를 한 아홉 살 소녀 베스Beth는 하는 말이라곤 거의 모두 반향언어였고, 온몸이 벽과 가구에 스스로 세게 부딪혀 생긴 흉터로 덮여 있었다.[61] 연구실을 일정 시간 사용하는 데다 대학원생들이 팀을 짜서 도와주었으므로 아무것도 하지 않을 수는 없는 노릇이라, 로바스는 하루 종일 베스와 지냈다.[62] 일주일에 5일간 아침 9시면 아이를 데려와 오후 3시에 데려다주었다. 자기 아이들보다 베스와 더 많은 시간을 지낸다고 생각하니 민망하기도 했다.[63] 1년간 베스는 피험자가 한 명인 역사적 실험의 피험자였다. 로바스는 몇 개의 방으로 생활 공간을 꾸민 후, 벽에 한쪽 방향에서만 보이는 유리를 설치하고 이곳저곳에 마이크를 숨겨놓았다. 조수들은 누름 버튼 장치를 이용하여 아이가 나타내는 행동의 빈도와 지속 시간을 기록할 수 있었다. 이렇게 꾸며진 첨단 판옵티콘panopticon✦ 속에서 로바스는 학계에 지대한 영향을 미친 업적

✦ 교도소나 병원 등에서 모든 공간을 감시할 수 있게 만든 원형 구조의 일정한 공간.

을 남겼다. 일종의 집중적 개입이라고 할 수 있는 **응용행동분석**이었다.

그의 천재적 아이디어는 옷을 입고, 화장실에 가고, 이를 닦는 등 복잡한 일상활동을 잘게 쪼개보면 결국 무수한 반복을 통해 조건화시킬 수 있는 작고 단순한 행동들이 순차적으로 나타나는 것이라고 생각했다는 점이다. 그는 이 방법을 **불연속 개별시도 훈련**Discrete-trial training이라고 불렀다. 각각의 조건형성 세션을 시작과 끝이 분명한 일련의 구간으로 나눌 수 있었기 때문이다. 치료자는 각각의 자극(유도prompt)을 항상 특정한 행동과 강력하게 결합시켜 명확한 인과관계의 고리를 형성할 수 있었다. 언뜻 들으면 기계적이고 판에 박힌 과정 같지만, 실제로 로바스가 시도한 것은 어린이들에게 카마릴로 같은 시설에서 벗어나 반쯤 독립적인 삶을 살아가는 데 필요한 기술을 가르치는 것이었다. 건장한 게르만족 심리학자는 응용행동분석을 과학인 동시에 기술로 생각했다. 이 과정에 소질을 타고난 사람이 있는가 하면(물론 로바스는 여기 포함되었다),[64] 전혀 소질이 없는 사람도 있다. 그러나 무엇보다 중요한 것은 그것이 가르칠 수 있는 기술이라는 점이었다.

이 기술은 실제로 어떻게 적용될까? 로바스가 어린이에게 끌어안기를 가르치는 법에 대해 직접 기술한 내용을 보자. (페이딩fading이란 유도자극을 점점 불규칙적으로 제공하여 결국 유도자극 없이도 표적행동이 나타나게 하는 것을 말한다.)

> 1단계: "나를 안아줘"라고 말하며 아이가 자신의 뺨을 치료자의 뺨에 잠깐 갖다대도록 유도자극을 준다(몸을 끌어당긴다든지).[65] 아이의 뺨이 닿는 순간 보상으로 먹을 것을 준다.
>
> 2단계: 크고 분명하게 지시를 계속하며("나를 안아줘") 유도자극을 점차 페이딩시킨다.

3단계: 안고 있는 시간을 점점 늘리면서 점차 보상을 줄인다. 처음에는 1초 동안 안고 있다가 5초, 10초 동안 안고 있을 수 있도록 천천히 시간을 늘려간다. 동시에 아이의 팔을 치료자의 목에 두른다든지, 더 꽉 껴안는다든지 하는 식으로 좀 더 완벽하게 끌어안기를 유도한다. 필요하다면 추가적인 행동에 유도 자극을 부여한다.

4단계: 이런 학습 방법을 다양한 아이들의 다양한 행동에 일반적으로 적용시킨다. 보상 간격을 점차 늘려 점점 자주 길게 끌어안으면서 보상은 점점 줄인다.

로바스는 불연속 개별시도 훈련에서 가장 중요한 점은 '치료자가 주도권을 갖는 것'이라고 했다. 강인한 정신력이 필요한 이 방법은 아이를 기쁘게 하거나 지지해주는 것이 아니라고 강조하며 이렇게 덧붙였다. "목소리가 아주 부드럽거나, 자신을 과감하게 주장하는 데 어려움을 느끼거나, 옳고 그름에 지나치게 집착하는 사람은 발달장애 어린이들에게 훌륭한 교사가 될 수 없습니다." 그는 이상적인 응용행동분석 치료자는 '자기주장이 강하고, 확신에 차 있으며, 외향적'이라고 기술했다. 모든 형용사가 로바스 자신에게 적용되는 것들이다.

응용행동분석 프로토콜이 처음 개발되었을 때는 로바스 자신의 성격과 뗄 수 없을 정도로 얽혀 있어, 지배적인 동시에 상대방의 마음을 편안하게 만들어주는 면이 있었다. 조작적 조건형성은 흔히 행동수정요법이라고도 하지만 그런 말은 그에게 너무 약하게 들렸다. 그는 다루기 어려운 어린이들에게 접근하는 방법을 행동공학behavioral engineering이라고 지칭했다(대부분의 부모들은 그저 '로바스 방법'이라고 불렀다). 평생 스키를 탄 사람으로서 슬로프에서도 연구실에서만큼 경쟁적이었던 그는 자신을 비판하는 사람들을 '늙은 말에 채찍질하는 놈들'이라고 하거나, 자신을 보조하는 대학원생들을 꾸짖을 때 "너는 네 책임을 난장이로 만들고 있잖아"라고 하는 등 미국식 관용구를 축약 인용해가며 제자들을 매혹시켰다. 그는 대립을 피하는 타입이 아니었다. 비난을 들으면 더욱 힘이 나고, 정치적 올바름 따위에는 놀랄 정도로 초연한 타입이었다. 학생들이 그를 심리학과에서 제일가는 '남성우월주의자 새끼'로 선정했다는 소식을 듣자 오히려 즐거워했다.[66]

그러나 로바스가 제자들에게 가장 깊은 인상을 남긴 것은 자신이 돌보는 어린이들에게 대한 책임감을 절대로 '난장이로 만들지' 않았다는 점이다. 그는 UCLA에서 한 세대에 걸쳐 심리학자, 치료사, 교사들의 멘토였으며, 응용행동분석의 강력한 구원적 힘을 굳게 믿었다. 언젠가 그는 《로스앤젤레스Los Angeles》 기자에게 이렇게 으스댔다. "히틀러가 네 살이나 다섯 살 때 이곳 UCLA로 데려왔더라면 내가 선량한 인간으로 키워냈을 텐데 말이오."

림랜드는 처음에 로바스 방법에 대해 회의적이었다. "그런 방법은 사람보다 개나 물개를 훈련시키는 데 더 맞을 것 같군 그래."[67] 하지만 로바스가 스스로 자해하는 어린이들을 응용행동분석으로 치료하기 전후의 장면이 담긴 자료들을 보자 의심을 거두고 이 기법을 연구실에서 끌어내어 현실에 적용할 방법을 모색했다. 대학원생들에게 가르칠 수 있다면 부모들이라고 안 될 게 있을까?

"아내는 겁에 질렸지만 저는 어떻게 해볼 도리가 없을 정도로 자폐 증상이 심한 아들을 여덟 살 때부터 로바스 기법으로 훈련시키기 시작했습니다."[68] 림랜드는 1987년 이렇게 회상했다. "저는 이전까지 권위자들이 주장했던 극도로 허용적이고 관대한 태도가 사실은 자폐증 어린이들에게 놀랄 만큼 해롭다는 사실을 알았습니다. 아들 녀석을 '다듬기' 위해 행동수정요법을 사용했지요. 만족감을 얻기 위해 스스로 자극하는 행동은 더 이상 허용하지 않았습니다. 로바스 기법을 이용하여 자기가 들은 말과 주변에서 일어나는 일에 정신을 바짝 차리고 집중하게 했죠."

또한 그는 로바스 밑에서 대학원 과정을 공부하던 데이비드 라이백David Ryback을 불러들여 엠앤엠 초콜릿과 코카콜라를 보상으로 유도자극을 이용하여 눈을 맞추고 음소音素를 따라하도록 가르쳤다. 안절부절못하며 자신을 자극하는 행동을 보이면, 라이백은 자기 몸을 찰싹 때리며 큰 소리로 "안 돼!"라고 외치는 것으로 벌을 주었다. 라이백은 이렇게 회상한다. "마크는 멋진 아이었어요. 주변에서 일어나는 일에 관심을 갖고 주의를 기울였죠. 금방 가르칠 수 있었어요."[69] 머지않아 마크는 '할머니'와 '할아버지'를 정확하게 구분했다.[70]

이미 로바스는 초기 연구에서 드러난 단점을 해결하는 과정에 부모들을 초대할 계획을 세워놓고 있었다. 단점이란 응용행동분석을 통해 학습한 행동이 연구실이라는 인공적인 환경을 벗어난 일반적인 환경에서 나타나지 않는다는 점이었다. (항상 그렇듯 이런 현상은 방법의 문제가 아니라 어린이들의 학습 및 일반화 능력이 결여된 탓으로 돌려졌다.) 행동 변화를 지속시키는 가장 좋은 방법은 처음부터 자연스러운 환경, 즉 가정에서 훈련시키는 것일 터였다. 로바스의 동료, 토드 리슬리Todd Risley는 이미 한 환자의 엄마를 교육시켜 아들의 응용행동분석 치료사로 만들었다.[71] 그녀는 아이스크림을 이용하여 집에서 아들의 행동을 교정 중이었다.

림랜드가 책을 읽고 편지를 보내온 몇몇 부모들을 초청하여 마련한 저녁 식사 자리에서 로바스는 행동공학과 앤 설리번이 헬렌 켈러에게 말하는 법을 가르칠 때 사용했던 기법을 비교했다. 스파게티 접시가 쌓이고 적잖은 레드와인이 돌았을 무렵,[72] 그는 부모들에게 응용행동분석이야말로 '자폐증의 껍질'[73] 속에 영원히 갇혀 살 위험에서 자녀를 구해낼 가장 좋은 기회라고 역설했다. 식사가 채 끝나기도 전에 그들은 로바스를 붙잡고 그 기법을 가르쳐달라고 애원하다시피 했다. 그는 림랜드에게 그 저녁이 일생에서 가장 중요한 밤이었다고 말했다.[74]

어떤 분야든 지배적인 패러다임을 전복시키려는 연구자는 따돌림을 당하게 마련이지만, 외롭게 연구를 계속했던 두 사람은 특히 소외당하기가 쉬웠다. 그러나 서로 힘을 합쳐 직접 부모들과 소통함으로써 그들은 전문가 상호 검토 저널을 통해 이론을 발표하고 인정받기를 기다리는 통상적인 방법에 의해 얻을 수 있는 것보다 훨씬 높은 수준의 신뢰성과 영향력을 갖게 되었다. 그들은 함께 제국을 건설했다. 그것은 전문 의료인이 아니라 부모들이 자녀의 행복에 관해 궁극적인 권위를 갖는 자폐증 연구 분야의 비공식 하부구조였다.

림랜드의 거대한 야망은 1964년 스탠퍼드 대학교 행동과학 첨단연구센터Center for Advanced Study in the Behavioral Sciences에 1년 과정의 펠로십 지원서를 냈을 때 분명히 드러났다. 센터에서는 매년 50명의 뛰어난 학자들에게 초대장을 보냈는데, 그는 이 초대장을 받고 우쭐한 기분이 되었다.

센터의 설립자이자 원장에게 보낸 편지에서 그는 그토록 명망 있는 대학에서 연구하는 동안 가장 우선적으로 추구할 것은 자신의 책에서 언급한 자폐증의 유전적 기원이 '지각, 동기, 사고 및 지능의 본질'에 관해 어떤 해결의 실마리를 던져줄 수 있는지에 관한 생각을 더욱 확장시키는 것이라고 썼다. 대부분의 객원 연구원은 이런 주제만으로도 1년을 정신없이 바쁘게 보냈겠지만, 림랜드는 거기서 그치지 않았다. 정신의학의 근간을 정면으로 겨누며 심리학적 요인이 자폐증이나 조현병 같은 정신질환의 '원인'일 수 있다는 개념이 '터무니없이 끈질기고 널리 퍼져 있는 근거 없는 믿음, 과학적으로 승인된 현대판 미신에 불과하다'는 점을 입증하려고 했다. 그는 대학 측에 "심리학은 왜 그 모양인가?"라는 제목으로 심포지엄을 열자고 제안했다.

제안서의 다음 항목 또한 도도하기는 마찬가지였다. 태아가 자궁 속에 있을 때 모체의 호르몬과 기타 출생 전후의 인자들을 조작하여 인간의 지능을 강화시키는 방법을 연구한다는 것이었다. 그는 이렇게 선언했다. "인간은 석기 시대와 그전에 대부분 진화가 끝난 뇌를 갖고 원자 시대를 살아간다. 이걸로는 충분치 않다."

두말할 것도 없이 그는 펠로 자리를 얻었다. 가족과 함께 팰로 앨토Palo Alto의 학구적인 생활에 정착하자마자, 그는 20세기 과학의 진정한 르네상스인이라 할 수 있는 라이너스 폴링Linus Pauling에게 매혹되었다. 폴링은 날카로운 재치와 사진처럼 정확한 기억력을 지닌 인물로, 화학은 물론 분자생물학, 양자역학, 면역학 등 수많은 분야에 끝없는 호기심을 갖고 있었다. 그는 화학결합의 특성에 관한 일련의 발견으로 1954년 노벨 화학상을 수상했다. 또한 자연과학에서 얻은 통찰력을 생물학에 적용하여 낫형 적혈구 빈혈을 발견하며 분자의학을 개척했다. 냉전이 한창일 때는 전 세계적으로 지표면 핵실험을 금지하자는 운동에 불을 붙인 공로로 두 번째 노벨상을 수상했다. 이번에는 노벨 평화상이었다.

1941년 폴링은 브라이트병Bright's disease(현재는 신염이라고 부름)이라는 콩팥의 만성 염증에 시달리면서도 항체 연구를 시작했다. 신염은 C형 간염, 단핵구증, 제2형 당뇨병 등 수많은 질병에 의해 유발될 수 있다. 그는 토머스 애디스Thomas Addis라는 신장 전문의를 만났다. 애디스는 엄격한 저염, 저단백 식이로 콩팥이 '휴식을 취하게' 하면 병을 치료할 수 있다고 주장했다.[75] 애디스의 엄격한 식단(비타민과 미네랄 보충제를 복용하면서 엄청난 양의 물을 마셨다)을 충실히 따른 폴링은 4개월 만에 심각한 증상에서 완전히 벗어났다.

애디스는 스탠퍼드의 붐비는 진료실에서 공개적으로 진찰했기 때문에 누구나 그 과정을 볼 수 있었다. 그는 축음기로 브람스나 베토벤의 실내악을 틀어놓고 환자들의 부인과 어머니를 '동료'로 대우했다. 오후에 정해진 때가 되면 진료실에서 일하는 모든 사람이 일손을 멈추고 티타임을 갖기도 했다.[76]

애디스의 질병 치료 전략을 보고 폴링은 큰 깨달음을 얻었다. 이 현명한 의사는 환자에게 온갖 약물을 들이붓는 대신, 이미 몸속에 존재하는 물질인 물, 비타민, 미네랄, 단백질, 소금의 양을 세심하게 조절하여 병을 완치시키지 않는가! 폴링은 그 방법을 정분자 의학orthomolecular medicine(그리스어 어원인 orthos는 '곧은' '올바른'이란 뜻)이라 명명하고 이를 통해 조현병에서 암에 이르는 온갖 질병을 완치시킬 수 있다고 믿기에 이르렀다.

결국 폴링은 비타민 C 대량 투여 요법으로 감기를 낫게 하고, 노화를 지연시키며, 기분을 개선할 수 있다는 개념을 지지하는 가장 유명한 사람이 되었다. 이 주제에 관해 세 권의 베스트셀러를 썼으며, 그의 이론은 《뉴욕타임스》를 비롯한 명망 있는 매체를 통해 널리 알려졌다.[77] 1970년에 발표한 대히트작 《비타민 C와 감기Vitamin C and the Common Cold》는 발표된 지 한 달 만에 미국 전역의 잡화상에서 전례 없는 매출을 올렸으며, 출판사 대변인은 인쇄 속도가 수요를 감당할 수 없다고 볼멘소리를 했다.[78] 노벨상을 두 번이나 받은 폴링에 대한 신뢰에 힘입어 보충제 산업은 건강식 상점에 납품하는 소박한 장사에서 벗어나 대체의학이라는 기치 아래 연매출이 제약 산업과 맞먹는 황금알을 낳는 암탉으로 변모했다. 게다가 FDA의 성가신 규제로부터도 자유로웠다.

위약대조군 임상 시험으로 검증한 결과, 비타민 C에 대한 폴링의 화려한 주장은 기껏해야 의견이 엇갈리는 정도였다.[79] 하지만 그가 비타민이 정신질환에서 어떤 역할을 할 것이라고 믿은 데는 그만한 이유가 있었다. 1926년 그의 어머니 벨Belle이 만성 비타민 B-12 결핍증에 의해 생긴 빈혈로 오리건주의 한 정신병원에서 세상을 떠났던 것이다. 사망 후 과학자들은 그런 빈혈은 생간을 먹으면 쉽게 치료된다는 사실을 발견했다. 15년 후 폴링의 동료 칼 폴커스Karl Folkers와 알렉산더 토드Alexander Todd가 밝은 분홍색으로 빛나는 비타민 B-12 결정을 정제 분리하는 데 성공했다.[80] 이로부터 폴링은 일부 지능장애는 고도로 가공된 식품의 광범위한 보급 등 현대 문명이 초래한 전반적 영양부족에 의해 생긴 일종의 '대뇌 괴혈병'이라고 추정했다.[81]

정분자 정신의학이라는 폴링의 개념은 PKU와 자폐증에 관한 림랜드의 생각과 완벽하게 맞아 떨어졌다. 한편, 림랜드는 자녀들에게 정분자 의학 실험을 해보고 유망한 결과를 보고하는 부모들의 편지를 점점 더 많이 받았다. 캐나다의 한 어머니는 서스캐처원Saskatchewan에 있는 한 정신병원에서 에이브럼 호퍼Abram Hoffer와 험프리 오스몬드Humphry Osmond가 수행한 조현병 연구에서 힌트를 얻어 아들에게 비타민 B군을 대량 투여한 결과, 자폐증이 현저히 개선되었다고 알려왔다. 오스몬드는 논쟁적인 연구에서 낯선 인물이 아니었다. 올더스 헉슬리Aldous Huxley에게 메스칼린mescaline을 투여하여 《지각의 문The Doors of Perception》을 쓰는 데 영감을 주었을 뿐 아니라, 1957년에 '사이키델릭psychedelic'이라는 단어 자체를 만든 장본인이었던 것이다. 편지를 보낸 어머니의 말에 따르면, 간호사들은 호퍼와 오스몬드가 주장한 비타민 B 요법을 투여한 후 환자들에게 놀랄 만한 변화가 생겼다고 느꼈지만, 림랜드의 말에 의하면 병동의 노련한 정신과 의사들은 "모든 사람들에게 너무나 뚜렷한 현상을 보려고 하지 않았다"[82].

처음에 림랜드는 비타민 정제처럼 사소한 것이 자폐증에 큰 영향을 미칠 수 있다는 생각에 회의적이었지만, 똑같은 보충제(특히 비타민 B와 마그네슘)를 언급하는 부모들의 편지는 끊임없이 날아들었다. 이것이 모두 우연의 일치일까?

1965년 가을이 되자 림랜드에게는 전 세계로부터 편지와 체크리스트들이 쏟아져 들어왔다. 워싱턴에서 열리는 해군 주최 회의에 참석하기 전에 그는 뉴욕과 워싱턴 D. C. 일대에 사는 부모들에게 편지를 보내 상당히 유망한 새로운 종류의 자폐증 행동요법에 대해 직접 만나 이야기를 나누자고 제안했다.[83] 수신인 목록에 올라 있던 엄마 중 하나가 바로 루스 크라이스트 설리번Ruth Christ Sullivan이었다. 젊은 간호사였던 그녀는 TV에서 최초로 자폐증에 관한 특별 방송들을 내보낼 당시 그중 하나를 보고 아들 조Joe의 문제를 상의하기 위해 연락했었다.

조가 태어났을 때 설리번 가족은 루이지애나주 케이즌Cajun 지역 근처 레이크 찰스Lake Charles에 살고 있었다.[84] 첫 18개월 동안 조는 놀랄 만큼 똑똑하고 주변에 관심이 많았지만, 점차 세상에서 멀어지기 시작했다. 가족사진에서는 누군가의 무릎에서 미끄러지는 모습으로 찍히는 일이 많았다. 또래 아이들과 비슷한 시기에 말을 시작했지만, 어느 날부터인가 한마디도 입 밖에 내지 않았다. 하루는 아이가 문 바로 안쪽에서 그림 맞추기 퍼즐을 하고 있는데 엄마가 급한 일로 갑자기 뛰어들어오다 퍼즐을 온통 흐트러뜨리고 말았다. 하지만 깜짝 놀라 지켜보는 사이에 아이는 퍼즐 조각을 제대로 보지도 않고 그림을 거꾸로 놓은 상태로 삽시간에 다시 맞춰버렸다. 곧이어 "성조기여, 영원하라The Star Spangled Banner"를 허밍으로 흥얼거리며 미국 지도를 그리기 시작했다.

조는 말을 멈췄을 때와 마찬가지로 별다른 이유없이 다시 말을 시작했는데, 그때는 과거나 미래의 어떤 날짜를 대도 즉시 무슨 요일인지 알아맞히는 능력까지 생겼다. 또한 몇 년 전에 있었던 일을 사진을 들여다보며 이야기하듯 세세한 부분까지 기억해 엄마를 놀라게 했다. 조는 아주 잽싸고 겁이 없기도 해서 탁자와 의자들을 테트리스처럼 쌓아 올려 책장 꼭대기까지 기어올라가곤 했다. 이웃 사람이 전화를 걸어 아들이 지붕 위를 기어다닌다고 알려준 적도 있었다. 인근 보건소에 있던 한 젊은 의사가 조를 보고는 자폐증이 의심된다고 말했는데, 갑자기 세상을 떠나버리는 바람에 주변에는 더 자세한 이야기를 들려줄 사람이 아무도 없었다.

그때 설리번 가족은 조의 아버지 윌리엄William이 단과대학에서 교편을 잡게 되어 뉴욕주 북부로 이사했다. 거기서 루스는 존스 홉킨스에서 카너와 직접 일한 적이 있는 두 명의 소아정신과 의사를 만날 수 있었다. 그들은 조가 자폐증이라는 사실을 확인해주면서, '걱정이 지나친 엄마들'을 위한 치료 그룹에 참여하라고 조언했다. 첫 번째 모임에서 심리학자의 조수가 그녀에게 신청서 뭉치를 주면서 다른 엄마들이 향후 세션에 등록할 수 있도록 돌려달라고 요청했다. 그녀는 몰래 엄마들끼리만 따로 모임을 갖자는 쪽지를 돌렸다. 올버니Albany에서 각자 집을 돌아가며 가진 만남은 미국에서 자폐증 부모 운동을 탄생시키는 계기가 되었다.

사람들을 조직하는 일은 설리번에게 낯선 것이 아니었다. 그녀는 웃으며 말했다. "처음으로 투표를 통해 직위에 선출된 것은 7학년 때 일이었지요." 흑인 차별 정책이 최고조에 달했던 시절에, 미국 남동부에서 간호대학에 다니던 때에는 흑인에게 루이지애나 간호협회Louisiana Nurses' Association를 개방하자고 제안하여 만장일치로 의결되었다. 또한 강인하고 독립적이었던 어머니의 영향을 받아 미국 여성유권자동맹League of Women Voters에서 활발하게 활동하기도 했다. 그녀는 림랜드와 편지를 주고받으며 자폐 어린이들의 권리를 옹호하는 전국 모임 결성을 제안했다. 림랜드도 비슷한 생각을 하고 있었다.

1965년 11월 14일 설리번은 올버니에서 뉴저지주 티넥Teaneck까지 차를 몰았다.[85] 주간州間 고속도로가 개통되기 전이라 구불구불한 시골길로 네 시간이 걸렸다. 허버트Herbert와 로저린 칸Rosalyn Kahn 부부의 거실에는 35명의 부모들이 빽빽이 들어차 그녀를 기다리고 있었다. "바로 모두가 서로에게 빠져들었죠. 놀라운 경험이었어요. 처음으로 희망을 갖기 시작한 거죠."

저녁 여덟 시에 시작된 모임은 자정까지 계속되었다. 림랜드는 전국 조직을 만들어야 할 필요성을 강조하며, 로바스의 잠재성을 극구 칭찬했다. 앞으로 수없이 반복될 연설이었다. 그는 로바스가 UCLA 대학원생들을 보내 부모들을 교육시켜줄 것이라고 하며, 그때까지 아이의 행동을 개선시키기 위해 집에서 자녀와 함께 할 수 있는 활동을 정리한 목록을 나눠주었다.

그 후 뉴욕주 쿠퍼스타운Cooperstown에서 온 메리 굿윈Mary Goodwin이라는 소아과 의사가 시대를 크게 앞선 강연을 했다.[86] 지금 돌이켜보면 30년 후의 미래에서 전송된 것처럼 보일 정도다. 그녀는 '말하는 타자기'로 알려진 에디슨 반응형 환경학습 시스템Edison Responsive Environment Learning system, ERELS이라는 실험적 장비를 통해 수십 명의 말하지 않는 어린이를 가르쳐본 경험이 있었다. ERELS는 에디슨 연구소Edison Research Laboratory의 발명가 리처드 코블러Richard Kobler와 인상적인 이름을 지닌 예일 대학교 소속 사회학자 오마르 카이얌 무어Omar Khayyam Moore가 개발했다. 코블러는 자주 쓰는 전화번호를 저장할 수 있는 전화기를 최초로 발명하고, 보이스라이터Voicewriter라고 하여 간호사들이 구술한 내용을 타자로 쳐서 의무 기록을 작성하는 신기한 기계를 만들기도 했다.[87] 무어는 학습 과정이 놀이와 비슷하다면 아주 어린 나이에도 스스로 읽고 쓰고 타이핑을 익힐 수 있다고 주장했다. 코블러와 함께 그는 키보드와

TV 스크린, 테이프 레코더, 아날로그 연산 장치를 결합시켜 오늘날 컴퓨터의 원형과도 같은 장치를 개발했다.

ERELS의 인터페이스는 최대한 친근하게 설계되었다. 어린이가 기계 앞에 앉으면 화면에 컬러사진(예를 들어, 보트 한 척)이 나타나며, 미리 녹음해둔 차분한 목소리가 흘러나온다. "이것은 보트예요. 보트는 B-O-A-T라고 적지요. 그럼 이제 타자기에서 글자 B를 입력해보세요." 화면에 손가락을 B키로 안내하는 프롬프트가 나타나고, B키를 제외한 모든 키가 작동하지 않는 상태가 된다. 실수를 하려야 할 수가 없는 것이다. B키를 누르면 목소리가 흘러나온다. "아주 좋아요! 이제 글자 O를 입력해보세요." 모두 올바로 입력하면 즉시 "정말 잘했어요!"라고 칭찬한 후 큰 소리로 따라 해보게 하고, 어린이 자신의 목소리로 단어를 반복해서 들려준다. 간단한 게임도 준비되어 있어 어린이들이 기계를 편안하게 느끼도록 해주는 기능도 있었다. 무어는 이렇게 생각했다. '실수할까 봐 겁내는 것이야말로 학습의 가장 큰 장애물이다. 실수를 지적하면 어린이들은 아무것도 할 수 없다. 이 타자기는 절대로 야단치지 않는다. 절대로 초조해하지 않는다.'[88]

뉴 헤이븐New Haven에 있는 한 학교에서 무어의 말하는 타자기를 사용하는 모습을 보자마자, 굿윈은 이 기계가 자폐 어린이들에게 귀중한 학습 방법이 될 것이라는 기대를 품었다. 역시 소아과 의사였던 남편 캠벨Campbell과 함께 그녀는 3만 5000달러를 모금하여 자신들이 근무하던 쿠퍼스타운의 병원에 기계를 한 대 들여놓고 연구 시설을 만들었다. 이후 2년간 ERELS로 65명의 자폐 어린이를 지도하여 매우 긍정적인 결과를 얻었다.[89] 처음 기계 앞에 앉은 어린이는 말을 한마디도 하지 않았으며, 난폭한 행동으로 보호관찰 간호를 권고받은 6세 남자아이였다. 그는 자판을 이리저리 살펴보더니 TV에서 들은 상표 이름을 입력하기 시작했다. 얼마 안 있어 아이는 일주일에 세 번씩 병원을 찾았고, 결국 학교에 들어갈 수 있었다. 다른 어린이도 비슷한 발전을 보였는데, 그중에는 긴장증catatonia✦에 가까운 상태로 퇴행했던 14세 소년도 있었다. 유감스럽게도 기계를 사용하는 데 너무 많은 비용이 들었기 때문에 굿윈 부부의 선견지명적인 실험은 1966년에 막을 내리고 말았다. 그러나 메리의 강연은 어떤 형태의 의사소통도 불가능하다고 내팽개쳐진 어린이들의 삶을 변화시킬 수 있는 첨단 기술의 잠재성을 예견하는 것이었다.

그날 밤 티넥에서 논의했던 내용 중 많은 부분은 어떻게 힘을 합쳐 교육과 기타 서비스의 접근권을 효율적으로 요구할 것인가에 초점이 맞춰졌다. 끝날 무렵에는 회장과 자문 위원회, 뉴스레터 발행인 그리고 모임 이름을 확정지었다. 전미 자폐어린이협회였다. 림랜드는 말했다. "어느 누구도 우리를 갈라놓지 못하도록 아주 단단히 결속을 다져야 합니다."[90]

이틀 뒤 그는 베데스다Bethesda에 있는 미 국립보건원에서 또 다른 모임을 주최했다. 이후 몇 년간 자폐 어린이의 부모들은 전국에 걸쳐 수백 개에 이르는 자폐어린이협회 지부를 출범시켰다. 림랜드는 이렇게 썼다. "자폐 어린이의 부모들에게서 수치심과 죄책감, 비난의 부담을 덜어주자 자녀들을 대신하여 생산성과 창의성의 거대한 물결이 터져 나왔다."[91] 그와 설리번은 강력한 군대를 양성한 셈이었다. 마침내 자녀들의 미래를 위한 전쟁의 막이 오른 것이다.

자녀들의 질병을 자초했다는 비난 속에서 희생양이 되었던 부모들의 분노가 원동력이 되어 이들은 처음부터 대담하고 급진적이었다. 오래도록 활동했던 프랭크 워런Frank Warren은 이렇게 말한다. "자폐어린이협회는 자폐 어린이와 부모들의 삶에 밀접한 영향을 미친 많은 것들이 완전히 잘못되었다는 자각 위에 설립되었습니다. 부모들은 자녀에게 도움이 필

✦ 특히 정신분열병에서 거의 움직이지 않는 증상.

요하며, 어느 누구도 진정한 문제가 뭔지 모르며, 도움을 주어야 할 전문직 리더들이 하나같이 장애를 부모 탓으로 돌리고 있다는 사실을 잘 알았죠.…당연히 분노했습니다. 새로 만들어진 협회가 매우 공격적이고 강경한 단체가 된 것은 자연스러운 일이었습니다."[92]

부모들의 투지와 전문적인 로비에 힘입어 자폐어린이협회는 비교적 짧은 시간 내에 많은 것들을 이루어냈다. 설리번은 동료 부모 활동가들이 어린이들의 상태에 대해 아는 것이 거의 없는 소위 전문가들의 '트레이너'라고 생각했다. 협회는 웨스트 버지니아에서 공공 대출 의학 도서관을 설립한 후 500명에 이르는 소아과 의사, 정신과 의사, 일반의, 청각 전문가들에게 서신을 보냈다. 서신의 제목은 이랬다. "선생님의 진료실에 걸어 들어오는 다음 환자는 자폐증일지도 모릅니다. 그 가족들에게 무슨 이야기를 해주실 건가요?" 그 후 협회는 전국에 비슷한 도서관들의 네트워크를 만들어 교육, 입법, 주거에 관한 최신 정보를 제공했다.[93]

1967년 클래런스Clarence와 크리스틴 그리피스Christine Griffith는 조지아주 구석구석을 뒤져 아들 조셉Joseph을 받아줄 학교를 찾았지만 허사였다. 그들은 다른 부모와 공동 노력을 기울여야 한 가지라도 이룰 수 있다는 사실을 깨닫고, NSAC의 지부인 조지아 자폐어린이협회를 결성했다. 또 이후 몇 개월간 드칼브 카운티DeKalb County 교육위원회를 설득하여 주 자금을 지원받는 시험 프로그램을 시작했다.[94] 샌디 스프링스 여성협회Women's Club in Sandy Springs에서 취학 전 아동을 위한 수업을 개설했고, 디케이터Decatur의 제일침례교회First Baptist Church에서는 유치원에서 자폐 어린이의 교육 차별을 철폐할 방법을 연구했다. 그리피스 부부에 따르면, 가장 중요한 부분은 여성유권자동맹이나 청년상공회의소 등 다른 단체와 네트워크를 형성하는 것이었다. 또한 텔레비전과 라디오 방송국, 학부모회, 교회 등을 통해 자폐증에 대한 대중의 인식을 높이는 것도 중요했다.

그해 하반기에 조지아주 의회에서 특수교육 예산을 마련하는 특수아동법 Exceptional Child Act을 심의하던 중, 지방 TV 방송을 통해 그리피스 부부의 프로그램을 본 주의원 한 명이 자폐 어린이를 위한 서비스를 법안에 추가하자고 제안했다. "'자폐'라는 말은 과거에 이들에게 교육 제공을 거부하는 데 사용되었던 낙인입니다. 저는 이제 그 말이 단 한 번만 자폐 어린이를 위하여 사용되기를 바랍니다." 법안은 통과되었다.

또한 입법 목표를 달성하기 위해 미국 뇌성마비협회United Cerebral Palsy Association, 미국 뇌전증재단Epilepsy Foundation of America, 정신지체 시민협회 Association for Retarded Citizens, ARC 등 다른 장애인 권리옹호 단체들과 전략적 제휴를 맺기도 했다. 이들과 발맞춰가며 전문가들의 인식 속에서 자폐증이라는 개념을 아동기 '정서장애'가 아니라 일생에 걸쳐 보살핌과 지지를 필요로 하는 선천성 장애로 재구성했다. 1967년 이들은 의회 산하 기구인 어린이정신건강 합동위원회Joint Commission on the Mental Health of Children의 권고안을 신랄하게 비난하며, 부모의 불화로 인한 가족의 단절과 불행한 가정생활을 자폐증 같은 질병의 원인으로 추정한 데 대해 맹공을 퍼부었다.

같은 해, 협회 이사인 에이미 레틱Amy Lettick은 코네티컷주에 벤헤이븐 Benhaven이라는 학교를 열어 특수교육에 다양한 진보적 방법을 적용했다.[95] 뉴 헤이븐 산비탈에 세워진 방이 21개에 이르는 튜더 양식 대저택에 자리잡은 이곳은 다른 학교에서 따돌림당하고 쫓겨난 레틱의 아들 벤Ben과 비슷한 처지의 어린이들을 위한 안식처로 만들어졌다. 자폐증을 겪는 10대라는 존재가 임상 문헌에서도 아직 보이지 않던 시절에, 이 학교 학생들은 공부하고 수영을 배우고 채소밭과 온실과 헛간과 닭장이 갖춰진 14만 평방미터에 이르는 학교 소유 농장에서 일하며 어른이 될 준비를 했다.[96]

벤헤이븐의 전반적인 환경은 학생들에게 꼭 필요한 것들과 편안함을 제공한다는 것을 염두에 두고 조성되었다.[97] 주의를 산만하게 하는 광경이나 소리를 최대한 줄이도록 설계되었고, 교실은 통풍이 잘 되었으며, 부엌과 화장실과 세탁실은 살아가는 기술을 현장에서 가르칠 수 있도록 보통보다 훨씬 큰 공간에 마련되었다. 공부 외에도 학생들은 빵을 굽고 가구를 만들고 식용작물과 장식용 꽃을 키우고 활자를 조판하고 책을 제본하는 기술을 익혔다. 10대 이상의 학생들에게는 성교육도 제공했다. 그때까지 발달장애인 학교로서는 유례없는 일이었다.

1972년에는 자폐증이면서 귀가 들리지 않는 학생들을 최초로 등록시켰다. 이들을 위해 모든 직원이 수화를 익혔다. 결국 수화는 귀가 들리는 학생들에게도 아주 인기 있는 의사소통 수단이 되었다.[98] 레틱은 자폐증 어린이에게 정말로 필요한 것은 의사소통인데 그간 말하는 법을 너무 강조했다는 사실을 깨달았다. 수화를 이용하니 읽고 쓰는 법을 배울 수 없었던 학생들도 읽고 쓸 수 있었다. 레틱은 이렇게 썼다. "어린이들이 수화를 배우면서 사고 과정을 표현하는 모습을 보는 것은 환상적이다. 우리는 아이들이 수화로 대화를 나누며 말을 할 수 있는 어린이들이 작은 소리로 대화를 주고받을 때와 똑같이 만족해하는 모습을 자주 본다."

설리번은 협회에서 자기 안에 세상을 바꿀 힘이 있음을 깨닫고 그늘에서 벗어나 자랑스럽게 나서는 부모들을 보고 짜릿한 기쁨을 느꼈다. "자녀가 자폐증 진단을 받았을 당시 이 드물고도 심각한 장애에 대해 잘 알고 있던 부모는 드물지만, 조금 나이가 든 어린이의 부모 중에는 자폐증에 대해 아주 잘 아는 사람이 많다. 상처받고, 두렵고, 자신감 없고, 절망하고, 실의에 빠지고, 화가 난 부모들이 스스로를 조리 있게 표현하고, 장애에 대해 많은 것을 알고, 적극적으로 자기 뜻을 주장하고, 활력에 넘치며, 성공적으로 자녀의 권리를 주장하는 사람으로 활짝 피어나는 모습을 보는 순간, 부모 교육자로서 가장 큰 보람을 느낀다."[99]

웨스트 버지니아주 헌팅턴Huntington으로 거처를 옮긴 그녀는 자폐어린이협회 주 지부와 지역 지부를 설립하는 한편, 자신의 집에 협회의 정보 및 의뢰 서비스Information and Referral Service를 출범시켜 부모와 의료인들에게 다양한 자료와 서비스를 제공했다. 교환수나 자동 응답기를 쓰지 않고, 걸려오는 모든 전화를 직접 처리했다. 뉴욕에서 아들이 학교에서 쫓겨났다는 엄마, 앨라배마의 한 모텔에서 주변에 다른 부모들이 있는지 물어온 아빠, 도쿄에서 부모들과 이야기를 나눌 협회의 전문직 조언자를 찾는 일본의 소아과 의사, 억울하게 감옥에 간 아들을 석방시킬 방법을 찾아 플로리다에서 전화를 걸어온 엄마 등 도움을 요청하는 전화는 24시간 끊이지 않았다. 정보 및 의뢰 서비스는 결국 연방 정부의 자금 지원을 받아 워싱턴에 별도의 사무실을 열었다. 오랜 세월 동안 두 달에 한 번씩 협회에서 발행해온 뉴스레터는 수많은 가족들에게 자폐증에 관한 새로운 소식을 전해주는 유일한 정보원이었다.[100]

1974년, 림랜드와 협회의 다른 부모들은 워싱턴에 있는 어린이 뇌 연구센터Children's Brain Research Clinic 원장인 메리 콜먼Mary Coleman과 함께 자폐증의 생물학에 대한 심층 연구를 시작했다.[101] 굿윈의 말하는 타자기와 마찬가지로 이 연구도 시대를 앞선 것이었다. 연구자들은 전국의 회원들이 데려온 78명의 어린이를 철저히 검사하여 자폐증이 단일한 임상적 실체가 아니라 뚜렷하게 구분되는 여러 가지 아형으로 이루어진다는 이론을 제시했다. 이런 관점은 최근 들어서야 주류 과학계에서 널리 받아들여졌다.

또한 림랜드는 설문지를 통해 얻은 데이터를 근거로 서번트적 재능에 관한 획기적인 연구를 수행하여 아스퍼거가 '자폐성 지능'이라고 명명했던 음악, 기억, 미술, 수학, 과학기술 분야에서 나타나는 놀라운 능력들을 재발견했다. 림랜드는 아주 어린 나이에 몇 가지 언어를 말하고 쓴다든지, 다양한 통계적 사실을 빠짐없이 기억한다든지, 피아노 소리를 듣고 즉시 정확한 음정을 알아낸다든지, 암산으로 제곱근을 계산한다든지, 그림을 그리는 데 나이에 맞지 않게 조숙한 능력을 나타낸다든지, 주변의 미묘한 변화를 민감하게 감지하여 초능력을 지닌 것처럼 보이는 예를 기술했다(대부분, 전에 '심각한 저능아'로 판정된 아이들이었다). 한 엄마가 아들을 묘사한 것을 보면 아무도 알아차리지 못한 이들의 잠재력을 생생하게 느낄 수 있다.

> 저희 아이는 전자 제품에 관한 책을 읽고 이해하며, 여러 가지 이론을 이용하여 기계 장치들을 만듭니다.…전자 기술, 천문학, 음악, 항해술, 기계공학의 개념을 이해합니다. 물건들이 어떻게 작동하는지에 대해 깜짝 놀랄 만큼 많이 알고, 기술적인 전문용어에도 익숙해요. 열두 살 때 지도와 나침반만 있으면 시내 어디든 자전거를 타고 찾아갈 수 있었어요. 바우디치Bowditch의 항해학 핸드북을 즐겨 읽지요. 그런데 IQ검사에서는 80밖에 안 나왔어요. 아이는 지금 굿윌Goodwill✦ 매장에서 물건 조립하는 일을 합니다.[102]

이런 연구를 근거로 림랜드는 자폐증이 폭넓은 연속선상에 존재하는 스펙트럼이라는 생각을 좀 더 열린 마음으로 받아들이게 되었다. 그는 아인슈타인, 뉴턴, 세계 체스 챔피언 바비 피셔Bobby Fischer 같은 천재들의 성취가 '자폐증의 징후, 때로는 한꺼번에 나타난 여러 가지 징후'와 연관이 있다는 이론을 세웠다. "자폐인 중 일부는 평범한 모습에서 너무 많이 벗어나 있고 정상적인 생활을 할 수 없기 때문에 '정상적인' 세상에 참여할 수 있는 길이 봉쇄당한 미완의 천재들이라고 생각해도 큰 잘못은 아닐

✦ 지역사회의 다른 곳에서 일자리를 얻는 데 어려움이 있는 사람들을 위해 직업 교육, 일자리 연결, 기타 프로그램들을 제공하는 미국의 비영리 단체다. 전국에 걸쳐 중고 물품 상점 네트워크를 운영하여 자금을 마련한다.

것이다."[103]

어두운 시대의 한가운데서 자폐어린이협회는 더 나은 미래를 위한 기초를 다져갔다. 모든 일이 소수에 불과하지만 극히 헌신적인 회원들의 힘으로 이루어졌다.[104] 클라라 클레이본 파크는 협회 뉴스레터에 이렇게 썼다. "전 세계에 걸쳐…너무나 많은 어린이들이…너무나 많은 것을 필요로 합니다. NSAC에 헌신하는 시간(또는 돈)이 지나치다는 생각이 들 때면 당신이 일으킨 파도가 수천 마일 떨어진 해안에 가 닿아 한 번도 보지 못한 가족들에게 희망을 준다고 생각해보세요."[105]

이들의 공격적인 운동은 1969년 7월 워싱턴에서 열린 NSAC 제1차 연례 회의를 통해 최초로 전국에 알려졌다. 회의의 주제는 행사의 반항 정신과 당시 용어를 반영하여 "정신장애 어린이를 위해 더 나은 모든 것"[106]으로 정해졌다.

이전에는 자폐증 학회Austism Society of America, ASA에 환자 가족을 초대한다는 것은 '환자' 자신을 초대하는 것만큼이나 생각하기 어려웠다. 하지만 부모들이 직접 마련한 학회는 달랐다. 정신 워크숍 세션 사이에는 강연자와 청중이 복도와 만찬장에서 한데 어울려 동등한 입장에서 정보를 공유했다.[107] 언어치료사, 심리학자, 생화학자들이 가족들과 격의 없이 어울리며 자기 연구에 관해 대화를 나누었다. 그 주에는 아폴로 11호가 달에 착륙하는 또 하나의 역사적인 사건이 벌어졌지만, 참석자들은 회의장에서 벌어지는 일에 몰입한 나머지, 달 착륙에는 거의 관심이 없었다.

부모들이 자발적으로 나서서 자폐증을 겪는 딸을 키우는 어려움이라든지, 자폐증이면서 눈이 보이지 않는 어린이를 어떻게 키울 것인지 등 의학계에서 귀 기울이지 않는 문제를 해결하기 위한 지원 단체들을 결성하면서, 쉐라톤 팰리스Sheraton Palace 호텔의 분위기는 후끈 달아올랐다.[108]

강연자 명단에는 림랜드와 로바스는 물론, 에릭 쇼플러Eric Schopler도 있었다. 그는 시카고 대학교의 베텔하임 밑에서 공부한 대학원생이었지만, 부모들을 희생양으로 삼는 데 반발하여 크게 다투고 뛰쳐나왔다.[109] 쇼플러는 나중에 노스캐롤라이나에서 미국 최초의 전국적 자폐증 교육 프로그램이자 수많은 진보적 프로그램의 모델이 된 TEACCH 사단Division TEACCH✦을 발족시켰다.

기조연설자는 다름 아닌 카너였다. 그는 평소처럼 과장된 떠벌림과 삼가는 태도가 뒤섞인 느낌을 풍기며 순진한 체 말을 꺼냈다. "신사 숙녀 여러분, 제게 이토록 애정과 존경의 말씀을 많이 해주셔서 얼마나 기쁘고 가슴 뭉클한지 모릅니다. 물론 여러분이 저에게 좋은 감정을 갖게 된 이유 중에는 약간 과장된 것도 몇 가지 있습니다. 저는 자폐증을 발견한 사람이 아닙니다. 자폐증은 그전부터 있었습니다." (게오르그와 아니 프랑클이 그 자리에 있었다면 그 말이 진실임을 입증할 수 있었겠지만, 그들은 그날 초대받지 않았다.)

그리고 카너는 베텔하임의 《텅 빈 요새》를 언급했다. "그 책이 아무런 내용 없이 텅 빈 책이라는 사실을 굳이 말할 필요는 없을 것입니다. 이 자리를 빌어 저는 그렇게 선언합니다." (청중은 환호로 답했다.) 그는 책 속에 '어쩌면' '아마도' '단지 추측일지도 모르지만' 같은 말이 자기가 센 것만 해도 150차례나 나온다고 말했다. "무려 150차례입니다!"

카너는 국왕의 포고문이라도 낭독하듯 격식을 갖추어, 모든 사람이 간절하게 듣고 싶어 했던 말을 했다. "그리고 특히 이 자리를 빌어, 저는 여기 계신 모든 분들이 부모로서 아무런 죄가 없다고 선언하는 바입니다."[110] (청중은 감격에 겨워 모두 벌떡 일어나 기립 박수를 보냈다.) 이토록 열

✦ Treatment and Education of Autistic and Related Communication Handicapped Children, 자폐 및 관련 의사소통 장애 어린이의 치료와 교육을 하는 단체.

광적인 반응을 보인 청중 앞에서 카너는 주저하지 않고 자신에게도 면죄부를 주었다. "수많은 사람이 저의 이론을 잘못 인용했습니다. 처음 발표한 논문에서부터 가장 최근에 이르기까지 저는 이 질병이 '선천적'이라는 사실을 한치의 애매함도 없이 주장했습니다. 그러나 인간으로서 일부 부모들의 일부 특징을 기술한 것 때문에 '그건 모두 부모들의 잘못'이라고 말한 것처럼 잘못 인용되었던 것입니다. 자녀와 함께 저를 찾았던 부모들이 이 자리에 계신다면 제가 그렇게 말하지 않았다는 사실을 알 것입니다.…다시 한번 여러분들께 매우 매우 감사드립니다. 계속 노력하시기 바랍니다."

그러나 열광하는 군중들의 뜻과는 전혀 달리, 카너는 이후에도 논문과 책을 통해 자폐증을 계속 '어린이 정신병'이라고 지칭했으며, 1973년에는 진료했던 환자들의 부모를 '진정한 따스함'이 결여된 '차갑고 건조한 완벽주의자들'이라고 기술한 자신의 에세이들을 아무런 주석 없이 재발간했다.[111]

그러나 카너가 자폐증 분야에서 이미 영향력을 상실했다는 사실은 너무도 명백했다. 올버니로 돌아오는 길에 설리번은 공항에서 TV 앞에 앉아 닐 암스트롱이 달 착륙선에서 걸어 나와 먼지가 풀썩이는 새로운 세계의 표면에 어색한 몸짓으로 첫발을 내딛는 모습을 지켜보았다. 그녀와 NSAC 동료 부모들 또한 새로운 세계로 통하는 문턱을 막 넘은 참이었다. 그 세계에서 그들은 오래도록 침묵했던 아들딸들의 목소리가 세상에 메아리치도록 할 터였다.

이 약속은 1970년 샌프란시스코에서 열린 제2차 NSAC 학회에서 지켜졌다. 사상 최초로 젊은 자폐인이 단상에 올라 부모들과 전문가들 앞에서 강연을 했던 것이다. 어머니의 짧은 소개말에 이어 단상에 오른 21세의 윌리엄 도노반William Donovan은 사람들이 자기를 아무것도 모르는 녀석이라고 생각할 때도 주변에서 벌어지는 일들을 뚜렷이 인식했다고 분명히 말했다. 그는 이렇게 이야기를 시작했다. "자폐증 어린이로서 저는 모든 것이 너무 불편했습니다. 신문을 찢고, 침대보를 걷어내고, 책장에서 책들을 몽땅 꺼내고, 음료수 캔들을 집어던지고, 팽이를 갖고 놀다가 몽땅 망가뜨렸지요. 이 자리를 빌어, 그것들을 망가뜨린 것은 말을 할 수 없었기 때문이었다고 분명히 말씀드립니다. 저는 말을 할 수 없었기 때문에 물건들을 집어던졌습니다. 물론 그렇게 하면 기분이 풀리기도 했죠."

그것은 시작일 뿐이었다. 그는 계속 말을 이었다. "학교에 가기 싫었습니다. 교실이 너무 답답했거든요. 다른 아이들이 저를 놀리고, 저에 대해 좋다 나쁘다 판단을 내린다는 생각만 해도 너무 싫었습니다." 그는 교사들이 자신을 자로 때리고, 붙박이장 속에 가두고, 그 자리에 없는 사람처럼 자신에 대해 이야기했다고 말했다. 청중 가운데 누군가가 열 살이 될 때까지 반향언어로만 말한 이유가 정상적으로 말을 '할 수 없었기' 때문인지, '하기 싫었기' 때문인지 물었다. 도노반은 분명히 대답했다. "할 수 없었기 때문입니다."

자폐증 외에도 도노반은 심한 백내장이 있어 맹인학교에서 직업훈련을 받은 후 포장 회사에서 일했다. 그는 처음 직장에 나갔던 날이 살면서 가장 행복했던 날이었다고 털어놓았다. 찰리 브라운과 음악 연주를 좋아한다고도 했다. 그는 이렇게 말을 맺었다. "오늘 여기 오니 너무 기분이 좋군요. 대통령이 된 것 같아요. 모든 자폐 어린이가 사회에서 따뜻하게 받아들여지며 성장하면 좋겠습니다."

그런 목표를 달성하는 길은 두 가지가 있었다. 학회 프로그램 또한 그 사실을 반영하여 두 가지로 마련되었다. 우선 사회를 변화시켜 도노반 같은 사람들을 좀 더 따뜻하게 받아들이고 포용하는 환경을 만드는 데 초점을 맞춘, '학교는 모든 어린이의 것' '주 의회와 협상하는 법' '지역사회가 장애 어린이를 돕는 법' 등의 세션이 마련되었다. 도노반의 엄마는 자신을 소개하는 자리에서 집에서만 숨겨두었던 아들을 어떻게 용기를 내어 데리고 다니게 되었는지 설명했다. (그들 부부는 아이를 벨뷰 병원에 데려가라는 충고에 따르지 않았다.)

> 아이들을 데리고 어디를 가든 민망해할 필요 없어요. 주디 갈란드Judy Garland✦가 뉴욕에서 공연했을 때 우리는 빌이 그녀를 직접 볼 수 있도록 극장의 박스석을 샀어요. 아이가 평소에 그녀의 음반들을 아주 좋아했거든요. 아 정말, 주디 갈란드는 너무 멋진 사람이더군요. 우리 자리는 바로 그녀의 머리 위였는데 예상대로 빌은 난리를 치기 시작했어요. 주디는 위를 올려다 보더니 이렇게 말했죠. "무슨 문제라도 있니, 얘야?" 사소한 일이지만 자기 존재를 인정받자 태도가 완전히 달라지더군요. 조용히 앉아 공연이 끝날 때까지 즐겁게 봤지요.[112]

또 한 가지 방법은 아이들을 좀 더 '사회적으로 받아들여지는' 존재로 변화시키는 것이었다. 로바스의 응용행동분석이나 림랜드가 정분자 의학을 통해 완치법을 찾는 것은 이런 접근이라고 할 수 있었다. NSAC 모임에 갈 때마다 설리번은 더 나은 사회적 서비스를 위해 로비를 펼치는 것보다 완치법을 찾는 데 초점을 맞춰야 한다고 믿는 사람은 손을 들어보라고 했다. "거의 모든 부모들이 사회적 서비스를 개선시키는 방향을 지지했어요."

1974년 웨스트버지니아는 미국의 주 중에 처음으로 의무 공교육법에 자폐증을 구체적으로 명시하여 수백 명의 어린이에게 교육의 길을 열

✦ 1930~1950년대를 풍미했던 미국의 가수이자 배우.

어주었다. 설리번은 장애아동교육법의 가장 열렬한 제안자 중 한 명이었다. 미 공법 94-142로 발효된 이 법안은 미국의 모든 교육구에서 장애 어린이들이 가능한 한 '가장 제한이 적은 환경'에서 '무상으로 적절한' 공교육을 받을 권리를 보장하고, 적절하다면 차등 교육을 시키지 말 것을 권장했다. (이 법이 통과되기 전에는 대부분의 주에서 교육구가 장애 어린이를 교육시킬 것인지 선택할 수 있었기 때문에 100만 명이 넘는 어린이가 공교육에서 배제되었다.) 1975년 제랄드 포드 대통령이 서명한 이 법은 현재 시행 중인 장애인교육법의 전신이 되었다. 또한 이 법은 어린이의 필요가 충족되지 않을 경우, 부모가 정식 항의서를 제출할 수 있다고 명시했다.

장애아동교육법을 통과시킨 후 설리번은 자폐를 겪는 성인들을 위한 사회적 서비스를 요구하는 데 집중했다. "성인들을 위해서는 아무런 서비스도 제공되지 않았어요. 아무것도 없었죠. 우리는 완전히 처음부터 시작했습니다." 이 일이 특히 중요했던 이유는 자폐증이 있는 성인들이 시설에 수용되지 않을 경우, 보통 어머니가 집에 머물면서 돌봐야 했는데, 1960년대 들어 점점 많은 여성이 직업을 갖기 시작했기 때문이다. 사립 기관이나 공공 기관을 통해 도움을 받고 싶어도 절차가 혼란스러울 정도로 복잡할 뿐더러, 선택의 폭이 매우 좁았다. 증례 관리자들도 저임금을 받으며 고된 일에 시달리다가 툭하면 자리를 옮겼다. 설리번은 이렇게 썼다. "성인이 된 자녀들이, 인도적인 사회라면 존엄과 가치를 위해 당연히 필요하다고 인식하는 필수적인 서비스들을 받지 못한 채 다시 한 세대를 흘려보낼 수는 없다."[113]

NSAC의 창립자들이 각기 다른 방식으로 대표해왔던 두 가지 길, 즉 사회적 서비스에 초점을 맞추는 설리번의 전략과 완치법을 찾으려는 림랜드의 노력 사이에는 시간이 갈수록 점점 큰 간극이 생겼다. 결국 림랜드는 투표에 의해 자신이 설립한 기관의 이사회에서 탈락하기에 이른다. 균

열의 조짐이 처음 나타난 것은 1965년 유력한 대중매체를 통해 자폐 어린이들을 '사회적으로 받아들여질 수 있는 존재로' 만들기 위해 로바스가 얼마나 무리한 일을 벌였는지 몇 차례 보도된 후 벌어진 논란이었다.

VII

로바스가 베스에게 시행한 최초의 실험 중 하나는 지옥에서 진행된 음악 감상 수업 같았다. 수개월간 로바스와 조수들은 베스에게 기타로 동요를 들려주며, 박수를 치거나 노래를 따라부르면 미소를 짓고 "아이 착하지!"라고 말하여 적절한 사회적 행동을 강화시켰다.[114] 사회적 맥락을 이해하게 될수록 자해 행동이 줄어들 것이라는 로바스의 가설을 검증한 것이다.

아닌 게 아니라 베스는 착한 아이였다. 2개월도 안 되어 리듬에 맞춰 손뼉을 치고 '버스에서 친구들이 실룩, 실룩, 실룩!'이라는 활기찬 후렴을 따라 불렀다. 로바스의 예측대로, 음악에 참여하는 일이 늘어날수록 가구에 머리를 찧고 손을 마구 흔드는 행동은 줄었다.

여기까지가 첫 번째 **획득 시험**acquisition trial이었다. 그 후 첫 번째 **소거 시험**extinction trial이 시작되었다. 이제 실험자들은 베스가 스스로 노래를 부르거나, '실룩, 실룩, 실룩!'이라는 후렴구에 맞춰 엉덩이를 실룩거려도 미소를 짓거나 칭찬하지 않았다. 처음에 아이는 더 힘차게 박수를 치고 노래를 불러서 갑자기 냉담해진 분위기를 바꿔보려고 애썼다. 그러나 일주일이 넘도록 아무 반응이 없자 전보다 훨씬 심한 자해 행동을 시작했다. 비슷한 방식으로 수개월간 획득 시험과 소거 시험이 번갈아 시행되었다. 로바스팀은 며칠씩 단조롭고 기복이 없는 목소리로 베스에게 노래 가사를 들려주는 방식으로 실험 설계를 체계적으로 변경했다. 획득 시험 중에는 행동이 극적으로 향상되었지만, 소거 시험을 시작하면 자해 행동이 너무 심해져 실험을 중단시켜야 할 정도였다.

베스에게 막대 누르는 법을 가르쳐주고, "너무 사랑해"라거나 "정말 귀여워" 같이 과장된 말을 해서 막대를 계속 누르도록 했을 때도 비슷한 양상이 나타났다. 그러다 소거 시험이 시작되면 베스는 방 안을 가득 채운 어른들이 느닷없이 아무 반응도 보이지 않는 상황을 맞았다. 아이는 다시 격렬하게 자해 행동을 시작했고, 로바스는 실험을 중단시켰다.

당시 정신분석 이론에서는 자해 행동의 근원을 내면화된 죄책감으로 보았다. (프로이트 학파의 용어로는 '적대적 함입'이라고 한다.) 안전을 기하기 위해 로바스팀은 자해 행동을 시작하면 "네가 나쁜 아이라고 생각하지는 않아"라고 말해주었다. 하지만 판에 박힌 말을 반복하는 것은 행동을 격렬하게 만들 뿐이었다. 로바스는 주변 사람들이 기이한 행동을 할 때 베스가 사람들이 이해할 수 있는 방식으로 반응할 수도 있다는 생각을 아예 고려하지도 않았다.

대신, 로바스는 아이를 무시하는 편을 택하고서 자해 행동을 없애는 과정이 '수차례의 세션 또는 상당한 기간이 걸리는 느린 과정'이 될 것이라고 예상했다.[115] 당연히 유일한 피험자가 자기 몸에 너무 심한 상처를 입혀 더 이상 실험을 할 수 없으면 어쩌나 하는 불안감을 갖고 있기도 했다. 국립정신보건연구소National Institute of Mental Health, NIMH의 연구비가 베스에게 달려 있었기 때문이다. 그래서 좀 더 효율적인 해결책을 찾게 되었다. 어느 날 우연히 떠오른 방법이었다.

그때 그는 동료와 이야기를 나누고 있었는데, 베스가 갑자기 금속 캐비닛의 날카로운 모서리에 머리를 찧기 시작했다. 행동주의심리학자라면 으레 그렇듯 로바스 역시 피험자의 정신 상태를 선불리 추측하지 않았지만, 이날은 예외였다. 그는 베스를 거의 딸처럼 여겨 '자폐증의 껍질' 뒤에 도사린 내적 존재를 들여다볼 수 있는 독특한 입장에 있다고 생각했는데, 그 광경을 보고 격분했던 것이다. 아홉 살밖에 안 된 녀석이 교활한 책략을 쓰다니!

나중에 로바스는《사이콜로지 투데이》의 폴 챈스Paul Chance에게 이렇게 말했다. "아이는 오직 강철 캐비닛만 골라서, 그것도 항상 날카로운 모서리에 대고 머리를 찧었습니다. 아시다시피 피를 내고 싶었던 거죠." 그는 자기 아이에게 하듯 "자동적으로 반응했습니다. 손을 뻗어 엉덩이를 한 대 때려줬죠." 그는 손을 멀리 뻗지 않아도 된다는 사실에 안도감을 느꼈다. 베스는 '몸집이 크고 뚱뚱'해서 '쉬운 표적'이었기 때문이다. 그는 자신을 3인칭으로 지칭하면서 챈스에게 이렇게 말했다.

> 아이는 30초 정도 자해 행동을 멈췄는데, 뭐랄까, 상황을 가늠해보고 전략을 짠 후 다시 한번 머리를 찧더군요. 하지만 녀석이 전략을 짰던 30초 동안 로바스 교수도 전략을 짰단 말입니다. 처음에 그는 이렇게 생각했어요. '이런, 내가 무슨 짓을 한 거지.' 그러나 다음 순간, 그는 아이가 자해 행동을 멈췄다는 사실을 알아차렸습니다. 죄책감을 느꼈지만, 동시에 기분이 아주 좋더군요. 그러고 있는데 아이가 또 머리를 찧는 거예요. 그래서 전략을 실행에 옮겼죠.…그 녀석에게 한 번만 더 자해 행동을 하면 죽여버리겠다는 생각을 했다는 걸 똑똑히 알려준 겁니다. 그걸로 거의 상황 끝이었어요. 몇 번 더 머리를 찧기는 했지만, 문제를 간단히 해결할 수 있었죠.[116]

캘리포니아 대학교 규정에 따르면, 로바스는 연구 제안서를 인간 피험자 위원회Human Subjects Board에 제출하여 승인을 받아야 했다. '그래서 전략을 정말로 실행에 옮기'겠다고 하면 통할 리 없었다. 그러나 행동주의 심리학 용어를 이용하면 기본적으로 동일한 내용을 허용 가능한 것으로 바꿀 방법이 있었다. 그는 자해를 소거하는 데 시간을 절약하기 위해 혐오 자극aversive stimuli을 사용하는 방법에 대해 연구하기 시작했다. 그것은 심리학 용어로 '처벌'의 다른 이름이었다.

로바스의 동료들 사이에서 인간 피험자에 대한 처벌의 사용은 논란거리였다. 고전으로 손꼽히는 교과서 《과학과 인간 행동Science and Human Behavior》에서 스키너는 혐오자극이 바람직한 행동을 신속하게 소거하는 것처럼 보이지만, 처벌을 중단하면 마치 앙갚음을 하는 것처럼 그 행동이 더 심하게 재발하는 경우가 많다고 했다. 피험자가 좀 더 적응적인 방식으로 행동하는 방법을 배우지 못하기 때문이다. 또한 처벌이 공포, 죄책감, 수치심을 일으키기 때문에 결국 전반적으로 학습 효율을 떨어뜨린다고 지적했다. (엉덩이를 때리겠다고 위협해서 억지로 피아노 연습을 시키면 아이는 피아노의 대가가 되는 것이 아니라 음악을 혐오하게 된다는 뜻이다.) 또한 스키너는 혐오자극이 연구자에게도 부정적인 영향을 미쳐 실험 상황을 일종의 사디즘적 권력 행사의 장으로 변질시킬 위험이 있다고 경고했다. "결국 처벌은 강화와는 달리 처벌받는 유기체organism와 처벌하는 행위자agency에게 모두 불리하게 작용한다."

로바스는 이런 조언을 무시했다. 베스 같은 어린이들은 자해 행동을 먼저 소거시키지 못하면 사회적 관계를 맺는 방법을 결코 배우지 못한다고 확신했기 때문이었다. 머지않아 그는 처벌 대상 행동의 범위를 확장시켜, 손을 파닥거리는 것, 몸을 흔드는 것, 빙글빙글 도는 것 등의 다양한 자기자극까지 포함시켰다. 자신의 실험들을 근거로 그는 자폐 어린이가 자기자극 행동 때문에 청각 신호에 덜 민감해지고, 결국 학습에 방해를 받는다고 결론 내렸다.[117] 실험실에서 그는 자기자극을 '쓰레기 행동'이라고 지칭했는데,[118] 어린이가 좀 더 생산적인 활동에 참여하는 동안에는 자기자극이 줄어드는 경향이 있다는 이유에서였다.

또한 그는 아무런 의미가 없는 것이 분명한 이 행동을 소거시킬 수 있다면, 자폐인과 가족에 대해 사회적 낙인을 찍는 동기를 크게 줄일 수 있다고 믿었다. 그는 NSAC 부모들에게 이렇게 설명했다. "우리 치료 프로그램은 혐오자극을 이용하여 아주 심하고 괴상한 자기자극 행동을 억제하려고 합니다. 어린이를 최대한 단정하게 만들고, 사회적으로 적절하게 보이도록 하려는 것이지요. 펄쩍펄쩍 뛰거나 툭하면 팔을 들어올려 얼굴을 찰싹 소리가 나도록 때리는 행동을 반복하는 아이가 있다면, 사람들이 매우 당황스러워할 것은 불 보듯 뻔합니다. 그런 행동은 어린이를 사회적으로 고립시키고, 가족을 난처하게 만들 뿐입니다."[119]

나중에 자폐인들은 불안감을 감소시키는 동시에, 그렇게 하면 기분이 좋기 때문에 자기자극 행동을 한다는 사실이 밝혀졌다. 사실 무해한 자기자극 행동(손을 펄럭거리거나 몸을 꼼지락거리는 것 등)은 뇌에서 그런 충동을 억제하는 데 사용될 실행 자원들을 해방시켜 오히려 학습을 촉진할 수 있다.[120] 그러나 로바스의 생각에 자해, 자기자극, 반향언어는 모두 근원이 같은 것으로, 소거 대상일 뿐이었다. 헌신적인 대학원생들로만 구성된 연구팀과 불평을 늘어놓을 입장이 못되는 피험자들 외에는 실험실에서 혼자나 다름없던 그는 연구 심사 위원회를 통과할 수 있는 처벌 방법을 찾는 데만 골몰했다.

베스를 대상으로 한 연구가 끝난 뒤, 그는 마이크와 마티라는 다섯 살배기 쌍둥이를 대상으로 일련의 실험을 시작했다.[121] 그는 쌍둥이들이 깨어 있는 시간의 70퍼센트는 '소리를 지르고, 물건을 집어던지고, 자기 몸을 때리는 등 빈번한 분노발작 행동'을 하고, '반복적이고 정형화된 방식으로 몸을 흔들고, 자기 몸을 만지고, 팔과 손을 움직이는 데' 사용한다고 추정했다.[122] 아이들은 한 번도 말을 한 적이 없었으며, 대소변도 가리지 못했다. 첫 번째 실험에서 그가 선택한 처벌 방식은 엄청나게 시끄러운 소리였다. 그는 아이들에게 '100데시벨이 훨씬 넘는' 굉음을 들려주었는데, 그 정도면 바로 옆에서 전기톱을 작동시키는 것과 맞먹는 소음이었다.[123] 목표는 어린이들이 밤에 악몽을 꾸었을 때 안전한 곳을 찾아 엄마 옆으로 오는 것처럼, 쌍둥이들에게 '고통 또는 공포'를 일으켜 상대적으로 어른의 존재를 '의미 있고 가치 있게' 만드는 것이었다.

결과는 실망스러웠다. 고막에 물리적 손상을 가할 정도로 큰 소리에도 마이크와 마티는 "동요하지 않았으며, 특히 처음 두세 번은 꿈쩍도 하지 않았다."[124] 로바스는 포기하지 않고 행동주의심리학자들이 오랫동안 동물 실험에 사용한 방식으로 처벌 방법을 바꾸었다. 바로 전기 충격이었다. 학교도 들어가지 않은 어린이들에게 그토록 가혹한 방법을 사용한다는 비난을 사전에 막기 위해 그는 이런 설명을 덧붙였다. "도덕적이고 윤리적인 이유를 들어 전기 충격을 사용해서는 안 된다는 관점도 있을지 모르지만, 그대로 둔다면 이 아이들에게 확실히 보장된 미래는 수용시설에 들어가는 것뿐이라는 사실이 중요하다."

그는 금속 호일을 길게 잘라 연구실 바닥에 테이프로 고정하고, 하버드 유도전류 발생장치Harvard Inductorium라는 전문적으로 들리는 이름의 장치에 연결했다.[125] 사실 이것은 패러데이 코일Faraday coil을 개조한 것으로, 0에 이르기까지 전기 출력을 미세하게 조절할 수 있는 장치였다. 금속 호일 가닥은 1센티미터가 조금 넘는 간격으로 방바닥 전체에 배치했기 때문에, 어린이가 방에 들어오면 최소한 두 가닥이 신체에 접촉하여 폐쇄 회로를 구성했다. 이 장치가 혐오자극을 전달하는지 확인하기 위해 먼저 대학원생들이 돌아가며 직접 시험해보았다. "전기 충격은 세 명의 E(실험자)가 각자 맨발로 바닥 위에 섰을 때 명백히 고통스럽고 끔찍하다는 데 동의하는 수준에 맞추었다."

시험은 이렇게 진행되었다. 연구자들이 1미터 정도 떨어져 서고, 그 사이에 마이크나 마티를 세운다. 연구자 중 한 명이 "이리 와"라고 말하며 양팔을 뻗어 오라고 손짓한다. 아이가 3초 내에 다가오지 않으면 전기 자극을 가한다. 그 후 다른 한 명에게 똑같은 과정을 되풀이한다. 총 시험 횟수는 400회에 달했다. 마이크나 마티가 '앉거나 혹은 창 쪽으로 가 창틀에 기어오르는' 방법으로 전기 충격을 피하려고 하면 가차 없이 또 한 번 전기 충격을 가했다.

로바스는 소음 실험과 달리 이 실험이 놀라운 성공을 거두었다고 간주했다. 불과 몇 차례 시행 후 마이크와 마티는 고통스러운 전기 충격을 피해 거의 뛰어들 듯 실험자의 품속에 안겼던 것이다. 이어진 실험에서 로바스는 전기가 통하는 바닥 대신, 리-렉트로닉 훈련기구Lee-Lectronic Trainer이라는 원격조종 장치를 소년들의 엉덩이에 고정시켰다. 원래 개들에게 복종 훈련을 시킬 때 사용하는 담뱃갑만 한 작은 상자 모양 기구였다.[126] 연구자는 마이크나 마티를 똑바로 쳐다보고 서서 "나를 안아줘" 또는 "나에게 입맞춰줘"라는 명령을 내리고, 3초 안에 움직이지 않으면 전기 충격을 가했다. 로바스는 만족스러운 어투로 쌍둥이의 행동이 '친근감이 늘어나는 방향으로 현저히 변화했다'고 기록하며, 치료적 이익이 기대 이상이었다고 덧붙였다. (S와 E는 각각 피험자subject와 실험자experimenter를 가리킨다.)

> 일단 충격을 피하도록 훈련시킨 후 S들은 미소를 짓거나 웃는 일이 빈번해졌으며, 다른 행복이나 편안함의 징후도 나타났다. 예를 들어, 소년들은 흔히 유아가 부모에게 하듯 E의 신체를 '꼭 끌어안거나' '두 손으로 얼굴을 감싸곤' 했다. 그런 행동은 실험 전에 관찰되지 않았던 것들이었다.

조심스럽게 그는 이런 행동이 '고통의 회피가 만족을 이끌어냈다'고 했다. 불합리한 추정은 아니었다.

자폐 어린이도 학습 능력이 있다는 사실을 입증하기 위해 개나 가축

사육장에서 사용하도록 고안된 장치를 쓴 것은 로바스가 처음이 아니었다. 그 영예는 그의 동료인 캔자스 대학교의 토드 리슬리에게 돌아간다. 1963년 리슬리는 미니애폴리스에 있는 핫샷 프로덕츠Hot Shot Products✦라는 회사에서 만든 '가축들에게 전기 충격을 가하는 상업용 장치'를 용도 변경하여, 말을 할 줄 모르고, 걸핏하면 발작을 일으키는 6세 소녀가 책장에 기어올라가지 못하게 할 목적으로 사용했다.[127] 행동심리학 분야의 선구자이자 혐오자극에 반대하는 진영에 있던 스키너와 마찬가지로, 로바스와 리슬리도 정상에서 벗어난 사람들로 인식될 위험이 있었다. 그러나 1964년 동물들이 고통을 회피하기 위해 어디까지 행동을 변화시킬 수 있는가 하는 문제(전문용어로 '회피학습avoidance learning'이라고 한다)에 관해 최고의 전문가인 리처드 솔로몬Richard L. Solomon이 《아메리칸 사이콜로지스트American Psychologist》에 발표한 처벌에 관한 증례 보고는 로바스의 입장에서 더 좋은 시점을 찾을 수 없을 정도로 시기적절한 것이었다.[128]

심리학의 경향이 바뀌고 있다 해도, 솔로몬의 논문은 학습 이론을 발전시킨다는 미명 아래 노아의 방주를 방불케 할 정도로 다양한 동물을 굶기고, 목 조르고, 전기 충격에 빠뜨려 고통을 주는 장면을 생생하게 묘사하여 독자의 마음을 몹시 불편하게 했다. 그는 먹이를 주는 그릇에 전기를 흘려 개와 고양이의 식욕을 영구적으로 억제할 수 있다고 했다. 거미원숭이들은 한데 모여 식사하는 습성이 있는데, 식사 중에 장난감 뱀을 던져 계속 겁을 주면 일부는 '이상한 성적 행동, 틱, 오래도록 우는 행동'을 나타내지만, 대부분 모여서 먹기를 완전히 단념했다. 강아지에게 말고기를 던져주고 그것을 먹는 도중에 신문을 둘둘 말아 때리는 일을 반복하면 영구적으로 말고기에는 입도 대지 않았으며, 발판을 누르면 음식을 주는 방식으로

✦ '멋진 제품들'이라는 뜻.

훈련시킨 래트에게 예기치 않게 발판을 누르면 전기가 통하게 했더니 제자리에 얼어붙은 듯 꼼짝도 하지 않고 숨을 거칠게 몰아쉬면서 대소변을 지리는 행동이 관찰되었다. 솔로몬은 가장 원시적 본능인 짝짓기 충동도 혐오자극을 충분히 가하면 소거시킬 수 있다는 것을 발견하고 경탄했다.

그는 딱 한 가지 쓸 만한 제안을 했다. 수많은 학습 이론가들이 아직도 전기 충격이라는 구태의연한 방식에 의존한다고 지적한 것이었다. "어쩌면 부분적으로 알량한 양심의 가책 때문에 우리의 창의력이 제한되는지도 모른다. 종교재판관, 야만족, 청교도들이 벌인 일은 모두 훌륭한 힌트가 될 수 있다!" 로바스는 탁월한 동료에게 적절히 감사를 표하며, 솔로몬의 연구가 감상주의에 대한 합리주의의 승리라고 평가했다. "심리학은 물론, 관련 전문직종들은 지금까지 고통을 치료 목적으로 사용하는 행위를 꺼리거나 종종 비난해왔다. 우리는 고통을 그런 목적으로 사용하는 데 대한 반대가 과학적 근거가 있다기보다 도덕적인 것이라는 솔로몬의 견해에 동의한다.…처벌은 행동을 변화시키는 데 매우 효과적인 도구가 될 수 있다."[129]

학습을 촉진시키는 혁신적인 방법을 찾던 중 로바스는 실험 전에 어린이들이 아무것도 먹지 못하도록 해보았다.[130] '나를 안아줘' 시험 이후로 하루도 빠짐없이, 마이크와 마티에게 실험 전에는 전혀 음식을 먹지 못하게 하는 엄격한 행동주의적 식단을 실험했던 것이다. 전기 충격을 피하기 위해 발판을 누른 상태에서 복잡한 사회적 과제 수행 능력을 획득했을 경우에만 아주 소량의 음식을 제공했다. 물을 마시는 것도 엄격하게 금지했다. 다만 '탈수를 막기 위해' 매일 오후 6시 이후에는 '마음대로' 물을 마시도록 했다. 쌍둥이 중 하나는 자기자극을 멈추지 않아 이 시험에서 좋은 결과를 내지 못했지만, 여전히 로바스는 향후 실험에서 굶주림이 피험자에게 강력한 동기를 제공할 수 있다는 희망을 거두지 않았다.

그는 강의실을 가득 메운 NSAC 부모들에게 이렇게 말했다. "분명히 말하지만, 음식을 가볍게 박탈시킨 어린이를 치료하는 것은 환영할 만한 일입니다. 특히, 전에 식욕이 좋았다면 더욱 그렇죠. 그런 경우야말로 진정한 학습 동기가 마련될 테니 말입니다."[131]

자신의 방법 중 일부가 정통적이 아니라고 간주되지 않도록, 로바스는 기자들을 연구실로 초대하여 실험 과정을 보여주었다. 평소처럼 그는 실험에 앞서 자기 팔다리를 물어뜯거나 이로 손톱을 뜯어내는 어린이의 모습을 찍은 영상을 보여주었다. (그는 영상 속의 어린 소녀를 가리키며 부모들에게 "둥그스름한 모서리에는 머리를 찧지 않습니다. 피가 나기를 원하거든요"라고 설명했다.)[132] 의도는 명백했다. **이것이 바로 자폐증을 치료하지 않고 방치했을 때의 모습이다.**

정상적인 상황이라면 다섯 살배기 사내아이가 맨발로 서 있다가 바닥에 전기가 통할 때마다 움찔하는 모습을 보고 몹시 마음이 불편했을 기자들조차, 한 어린이를 신체적으로 때릴 책임을 떠맡았다면 도적적으로 그의 운명을 책임져야 한다는 로바스의 엄숙한 선언에 설득당하고 말았다. 로바스는 한 기자에게 이렇게 말했다. "삶의 중요한 일부를 헌신할 준비가 되어 있지 않은 사람은 어느 누구도 어린이를 벌주어서는 안 됩니다. 어린이를 사랑하지 않는 사람이 벌을 주어서는 안 됩니다. 누구든 일단 어린이에게 손을 댔다면 도덕적으로 끝까지 책임져야 합니다. 단언하건대, 이것이야말로 사람들이 처벌을 꺼리는 이유입니다. 완전히 헌신하고 싶지 않은 거죠. 어린이를 한 대 때린 다음에 나 몰라라 하고 다른 데로 가버릴 수는 없는 노릇입니다. 그때부터 그 어린이에게 묶이는 거죠." 그 기자는 너무나 감동을 받은 나머지, 로바스를 선지자이자 '소몰이용 작대기를 든 시인'이라고 추켜세웠다.[133]

투명성을 위한 그의 노력은 예상보다 큰 논란을 불러일으켰다. 《라이프》는 "비명, 구타 그리고 사랑"이라는 인상적인 제목의 기사를 실어, 로바스에게 일약 국제적인 명성을 가져다주었다. 이 기사는 로바스의 연구를 '완전히 제정신이 아닌 정신적 불구자를 돕는 놀랍고도 충격적인 치료법'이라고 추켜세워 이후 수십 년간 자폐증에 관한 대중의 인식에 결정적인 영향을 미쳤다. ("끔찍한 광기의 순간들"이라는 해설이 붙은 사진 역시 급속도로 퍼졌다.)

이 주제에 관해 이보다 더 충격적인 소개는 상상하기 어렵다. 첫 페이지부터 한 대학원생이 '언어치료 중 집중하지' 않았다는 이유로 빌리Billy라는 일곱 살짜리 소년의 뺨을 때리는 장면이 독자들을 압도했다. 다음 페이지에서 소년은 얼굴을 바싹 들이대고 고함을 지르는 대학원생 앞에서 눈물을 흘리고 있다. 한편, 다른 소년은 벽에 등을 기댄 채 '금방이라도 부서질 것 같은 모습으로…영원히 아무것도 생각하지 않는 부처처럼' 멍하니 허공을 응시한다. 어린이들이 가득 찬 방들 중 어디에도 장난감이나 게임 기구가 없다는 점이 눈길을 끈다면, 그것은 '이런 어린이들은 놀이를 하지 않기' 때문이었다.

관련 기사에서 《라이프》 기자 돈 모저Don Moser는 빌리의 엄마 팻Pat이 "너무나 교활하고 난폭해서 엄마를 거의 신경쇠약 상태로 몰고 가는 어린아들 앞에서 속수무책인 상태에 있다"라고 묘사했다. 특정 패스트푸드 체인점에서 파는 햄버거 외에는 아무것도 먹지 않는 아이 때문에 아버지는 매일 아침 동네 프랜차이즈에 가서 '기름이 줄줄 흐르는 싸구려' 햄버거를 봉지 가득 사와야 했다. 빌리가 여동생의 인형을 변기에 넣고 물을 내려버린 일도 있었다. "악마랑 사는 것 같아요." 그의 엄마가 말했다. 귀신 들린 것 같은 이 소년의 마음속에 두려움을 일으킬 수 있는 유일한 것이 있다면, 알프레드 히치콕Alfred Hitchcock의 시무룩한 얼굴뿐이었다.[134] 엄마는 히치콕의 초상화를 집 안 여기저기 테이프로 붙여놓았다. 욕실 문에도 붙여놓았는데 그래야 샤워라도 평화롭게 할 수 있었기 때문이었다. 그러던 어느 날 희망이 찾아왔다. 십자가 대신 소몰이용 작대기를 손에 든 로바스가 영화 〈엑소시스트〉의 주인공 막스 폰 시도우Max von Sydow처럼 눈앞에 나타났던 것이다. 《라이프》에 따르면, 무려 9만 회의 개별시도discrete-trial 훈련 세션을 받은 후 빌리는 '어떤 음식이든 이름을 대며 달라고 요청'하게 되었다.

기사가 보도된 직후 열린 NSAC 회의에서 림랜드가 평소와 마찬가지로 따뜻한 환대 속에 조작적 조건형성에 관한 강연을 시작하자, 참석한 부모들은 앞다투어 손을 들었다. 부모들은 우려스러운 표정으로 이렇게 말했다. "《라이프》의 기사를 읽었어요. UCLA에서 아이들을 너무 가혹하게 치료하는 것 아닌가요?" 예상 밖의 소요 사태를 진정시키기 위해 림랜드는 짧고 분명하게 응수했다. "기사에 나온 어린이들이 부당한 대접을 받았다고 생각하신다면, 같은 건물에서 두 층 아래서 어린이들이 어떤 꼴을 당하는지 한번 보셔야 할 겁니다. 거기선 어쩌다 한 번씩 소리를 지르거나 뺨을 때리는 정도가 아닙니다. 어린이들을 독가스에 중독시키고, 날카로운 칼로 찌릅니다."[135] 방 안에 있던 부모들은 헉 하고 숨을 들이쉬었다. 극적인 효과를 위해 잠시 말을 멈췄다가, 그는 결정적인 구절을 꺼냈다. "그런 방법을 쓰지 않는다면 도대체 어떻게 맹장 수술이나 편도선 절제술을 할 수 있단 말입니까?"

집에서도 강력한 혐오자극을 사용하도록 권장하기 위해 림랜드는 리-렉트로닉 같은 장치에서 생성되는 전기 자극을 '건조한 날에 문 손잡이나 엘리베이터 버튼을 만졌을 때' 발생하는 정전기처럼 아무렇지도 않고 무해한 것에 빗대어 말했다. 소몰이용 작대기 역시 '따끔한 막대기'라고 불러 거부감을 줄이려고 노력했다.[136]

고맙게도 부모들에게 로바스 훈련법을 가르치기 위해 UCLA에서 전국 NSAC 지부로 파견한 대학원생은 아이들에게 과제를 가르칠 때 처벌보다는 칭찬과 엠앤엠 초코볼 등의 보상을 주는 방법에 중점을 두었다.[137] 곱슬머리에 키가 크고 목소리가 작은 그는 바로 마크 림랜드의 언어치료를 맡았던 데이비드 라이백이었다. 라이백이 사용하는 혐오자극은 자기 허벅지를 찰싹 때리며 "안 돼!"라고 소리지르는 정도였다. 라이백은 한 도시에서 일주일간 머물며 몇몇 학교에서 강연을 했는데, 이때는 부모들과 그룹 토론을 시작하기 전에 교내 방송이나 폐쇄 회로 TV를 통해 먼저 개요를 설명했다. 따라서 부모들은 치료 과정에서 자신들이 자녀의 '공동 치료자'로 중심적인 역할을 한다는 사실을 처음부터 명백히 알 수 있었다. 오랫동안 의료인들에게 쓸모없는 존재로 취급당하는 데 분개하던 부모들은 마침내 자녀의 치료에 강력한 동맹군으로 인식되었다는 점을 크게 고마워했다.

라이백은 부모들뿐 아니라 어린이들에게도 존경받을 만한 태도를 유지했다. 스스로 자폐 어린이를 '인간이라는 건축물을 짓기에' 부적합한 기초로 보지 않고, 그들의 비범한 재능과 능력에 경탄했던 것이다. "이 아이들은 몇 블록 떨어진 곳에서 들리는 사이렌 소리나 두 층 아래서 축음기에 올려놓은 바늘이 지직거리는 소리를 들을 수 있어요." 하루는 교실에서 토론이 시작되기를 기다리던 중, 말은 한마디도 못하지만 말끔하게 차려입은 열한 살 난 미키Mickey라는 소년이 자리에서 일어서더니 밑그림도 그리지 않고 구상도 하지 않은 채, 칠판에 정교한 풍경화를 그리기도 했다. "아이는 한치의 망설임도 없었고, 그린 것을 돌아보지도 않았어요. 하지만 처음 선을 그을 때부터 그림은 완벽 그 자체였습니다."[138]

림랜드는 지칠 줄 모르고 혐오자극을 옹호했지만, 많은 NSAC 부모들은 그 방법을 거부했다. 그중에는 루스 설리번도 있었다. "아니요, 어느 누구도 조에게 그런 짓을 하지 못하게 할 겁니다. 직감적으로 좋은 생각이 아닌 것 같아요."[139] 맨해튼 지부장인 아니타 재틀로우Anita Zatlow도 시류에 편승하기를 거부했다. 그녀는 림랜드가 충격요법을 지지하는 논평을 쓴 데 대해 이런 의견을 보냈다. "오늘날 우리 주변에는 '치료사'를 자칭하면서, 그렇지 않아도 상처받기 쉬운 어린이들에게 온갖 DIY식 혐오자극 기법을 시행하는 실험주의자가 점점 늘고 있습니다. 누가 우리 아이들을 폭력적인 '돌팔이들'로부터 보호할 건가요? 이미 올바른 방향으로 발달하는 데 어려움을 겪는 자폐 어린이들에게 이런 혐오자극이 실제 어떤 의미로 전달될까요? 불안감을 일으키지는 않을까요? 만일 그렇다면 소위 '치료'란 것이 병적 행동을 오히려 증가시키지 않을까요? 아무도 확신할 수 없을 겁니다."[140] 림랜드는 재틀로우 같은 부모들은 '비합리적'이며 '고상한 체하는 위선자'라고 응수했다.[141]

행동주의심리학자들 사이에서도 논쟁이 가열되었다. 자폐 행동을 소거시키지 않는다면 아무것도 학습할 수 없다는 논리를 근거로, 로바스는 인간 피험자에게 처벌을 사용해서는 안 된다는 원칙에도 예외가 있을 수 있다고 스키너를 설득했다. 1988년 심리학의 대가는 마지못해 자신의 입장을 밝혔다. "짧고 무해한 혐오자극을 정확하게 자기 파괴적인 행동 또는 기타 과도한 행동에 대해서만 사용하여 그 행동을 억제하고 어린이가 그 행동에서 벗어나 다른 방향으로 발달하도록 할 수 있다면 그런 방법도 정당화된다고 믿는다." 그러나 그는 신중하게 덧붙였다. "비징벌적 대안을 모색하지 않고 계속 처벌을 이용하는 데 만족한다면 큰 실수가 될 것이다."[142]

과로에 시달리는 병원 행정가들이나 지나치게 의욕에 넘치는 병동 직원들이 위험을 감수하리라 생각하는 것 자체가 큰 실수였다. 로바스는 혐오자극의 사용이 어린이들을 시설에 수용하지 않는 방법이라고 선전했지만, 그가 UCLA에서 정당화시킨 이 가혹한 방식은 전국의 주립병원에서 문제 환자를 통제하기 위한 방법으로 적극 수용되었다. 행동치료사의 행위에 대한 전문적 표준과 윤리적 가이드 라인도 마련하지 않은 채 '행동 수정behavior mod'의 광풍이 심리학의 모든 분야를 휩쓸었다.

일부 주에서는 호텔 만찬장에서 열리는 하루짜리 워크숍에만 참석하면 '행동 전문가' 명패를 걸 수 있었다. 병동 직원들은 혁신적인 처벌 방법을 생각해내는 데 '창의성을 발휘'해보라는 재촉을 받았고, 새로 문을 연 행동교정 병동의 잡역부들은 매운 소스병을 몇 개씩 갖고 다니면서 말 안 듣는 환자들의 입술과 혀에 사정없이 뿌려댔다.[143]

VIII

1966년 샌프란시스코 마운트 자이언Mt. Zion 병원에서 인턴, UCLA에서 레지던트 과정을 마친 젊은 신경과 전문의가 브롱크스 정신병원Bronx Psychiatric Center 폐쇄 병동에서 일하기 시작했다. 그는 의사가 되는 것 외에도 프로이트나 다윈처럼 과학적 정확성에 입각하여 세상을 예리하게 관찰하고, 그것을 문학적 아름다움을 지닌 글로 옮기는 작가가 되겠다고 결심했다. 영감에 도취된 채(때로 메탐페타민methamphetamine✦의 힘을 빌렸다) 밤을 새워 공책에 수백 페이지에 달하는 글을 쓰기도 했다. 헬스 엔젤스Hells Angels✦✦, 시인들, 자유분방한 비주류 예술가들과 어울리던 샌프란시스코의 밤의 세계에서 턱수염을 기른 이 건장한 수련의는 역도 스쾃squat 부문에서 270킬로그램을 들어올려 캘리포니아주 기록을 보유하기도 했다. 그는 중간 이름을 따서 자신을 울프Wolf라고 불렀다. 하지만 마약에 절어 살

✦ 각성제이며, 상표명은 필로폰.

✦✦ 미국의 악명 높은 오토바이 폭주족 단체.

던 시절을 뒤로 하고 동부로 건너온 뒤에는, 런던에서 태어났을 때 부모가 지어준 이름을 다시 사용했다. 바로 올리버 색스였다.

가망 없는 환자만 수용하여 음울한 창고 같은 분위기를 자아내던 제23병동Ward23에서 그는 자폐증, 조현병, 정신지체 등 다양한 진단명을 지닌 일란성 쌍둥이 조지 핀과 찰스 핀을 만났다. 그토록 피폐한 환경에서도 쌍둥이들의 머릿속에는 수학적 대칭성이 찬란하게 빛나고 있었다. "날짜를 대봐!" 그들은 한목소리로 이렇게 외쳐댔고, 수천 년 전이라도 날짜만 대면 그날이 무슨 요일이었는지 즉시 답했다. 이렇게 불가해한 사고 능력을 발휘할 때면 그들의 집중력은 내면을 향했다. 마음속에서 수만 년치의 달력을 뒤적거리기라도 하듯 두꺼운 안경 뒤에서 눈알이 빠른 속도로 이리저리 움직였다.

쌍둥이의 날짜 계산능력은 비범한 인지적 재능 가운데 하나에 불과했다. 색스가 다시 만났을 때 이들은 오로지 숫자로만 이루어진 대화에 완전히 몰입해 있었다. 조지가 수많은 숫자를 대면 찰스는 마음속에서 숫자들을 말로 바꾼 후 고개를 끄덕였다. 그 후 찰스가 똑같은 방식으로 대답하면 이번에는 조지가 동의한다는 듯 미소를 지었다. 20년 후 출간된 《아내를 모자로 착각한 남자》에 실린 증례 보고에서 색스는 이들 형제가 '희귀한 맛을 느끼고 희귀한 감상을 공유하는 두 명의 와인 감정가'처럼 보였다고 썼다(책에는 존과 마이클이라는 가명을 사용했다).[144] 처음에는 이들이 뭘 하는지 전혀 몰랐지만, 어찌어찌하여 수수께끼 같은 대화를 받아 적었다. 그는 '그들의 기묘한 유사성, 쌍둥이로서의 애착 관계에 매료되었다'고 설명하며, 자신도 '숫자에 관해 특이한 구석'이 있었기 때문에 핀 형제에게 특별한 동류의식을 느꼈다고 덧붙였다.[145] 집에 있던 수표數表✦들을 기록한 책을 뒤져보고 그는 쌍둥이들이 여섯자리 소수素數들을 즉각적으로 계산했다는 사실을 알고서 충격을 받았다. 당시로서는 컴퓨터로도 하기 어려운 일이었다. 다음번에 그는 수표 책을 챙겨가 대화 중에 아무렇지도 않은 것처럼 여덟자리 소수를 대며 더 어려운 계산을 시켜보았다. 한편 놀랍고, 한편 기쁘게도 핀 쌍둥이들은 그를 천상天上의 대화에 끼워주면서 더 긴 소수로 인사하고 대화를 주고받았다. 그런데도 그들은 간단한 곱셈이나 독서는 물론, 신발끈도 제대로 묶지 못했다.

그 후 색스는 호세José를 만났다. 자폐증을 겪으며 잦은 발작에 시달리는 21세 남성이었다. 병동 직원들은 그가 언어는 물론, 시간의 흐름 같은 기초적인 개념조차 이해하지 못한다며, 아예 대놓고 '백치'라고 불렀다. 그러나 색스가 시계를 건네주며 "이걸 그려보게"라고 하자, 그는 정신을 집중하여 들여다보더니 연필을 집어들었다. 색스는 놀라고 말았다.

> 호세는 '몇 시인지'뿐 아니라 모든 특징(그러니까 WESTCLOX, SHOCK RESISTANT, MADE IN USA 따위는 제외한 필수적인 특징들)을 묘사해가며 놀랄 정도로 실제에 가깝게 시계를 그려냈다.…물체의 전반적인 모습, 그것의 '느낌'이 실로 잘 드러났다. 직원들이 조롱하듯 실제로 시간에 대한 개념이 없다면 더욱 놀라운 일이었다. 그 속에는 철저한, 심지어 강박적인 정확성과 흥미로운(내가 느끼기로는 기발한) 정교함과 변주가 묘하게 뒤섞여 있었다.[146]

색스는 이렇게 회상했다. "그런 능력을 가진 사람은 한 번도 본 적이 없었다. 호세는 인간 세상이 아닌 다른 세상을 좋아했다. 특히 나처럼 식물의 세계를 좋아했다. 그가 그린 민들레나 다른 식물 그림 역시 내 시계처럼 엄청난 정확성과 함께 생생한 느낌이 그대로 전해졌다."[147] 호세나 쌍둥이 형제 같은 환자를 본 데서 영감을 얻은 색스는 제23병동 환자들과 소

✦ 로그표 · 삼각함수표, 도함수표 등.

통할 방법을 찾기 시작했다. 환자들과 뉴욕 식물원New York Botanical Garden을 산책하고, 주간 휴게실의 수영장 옆 테이블에서 함께 시간을 보내고, 자기 피아노를 병동으로 옮겨 음악을 연주하며 환자들을 즐겁게 해주었다. "피아노를 연주하기 시작하면 환자들이 모여들었다. 장단을 맞추고, 미소 짓고, 춤을 추고, 노래를 부르기도 했다. 음악적 재능이 있거나 몇 가지 음정을 흥얼거리는 사람도 있었다. '이것도 연주할 수 있어?' 라는 뜻이었다." 색스는 환자들과 식물원을 산책하던 중 스티브라는 소년이 꽃을 꺾어 가만히 들여다보다 말하는 소리를 들었다. "민들레." 이전까지 어떤 의사도 그가 말하는 모습을 본 적이 없었다.

색스는 날카로운 관찰력으로 환자들이 의사소통을 할 능력이 없는 것이 아니라 한시도 쉬지 않고, 특히 자기들끼리 의사소통을 한다는 사실을 깨달았다. 단어를 사용하지는 않았지만 몸짓이나 기타 비언어적 형태로 자신을 표현했던 것이다. 그는 동료들이 주변에서 항시 일어나는 좀 더 미묘한 상호작용에 좀 더 주의를 기울이도록 병원 저널에 "정신장애자들의 문화와 공동체Culture and Community among Mental Defectives"라는 에세이를 기고했다.

하지만 직원 사이에 만연한 소위 '치료적 처벌'에 반대하자, 결국 그는 병동에서 근무할 수 없었다. "결국 참다 못해 수요일마다 열리는 정례 회의에서 이 문제를 꺼냈고, 도덕적으로 부끄러운 일이라고 생각한다고 했죠. 개인적으로 그 일에 관여하고 싶지 않으며, 기꺼이 환자들과 접촉할 수 있는 다른 방법을 찾을 거라고 강조했습니다." 탁자에 둘러앉은 사람들의 얼굴빛이 하나같이 어두워졌다. 며칠 뒤 행정 관리자는 그의 병동 근무를 금지시켰다.

이후 몇 주간 색스는 자신의 첫 번째 책을 쓰며 마음을 달랬다. 흥미로운 증례들을 기록한 그 책에 그는 《제23병동Ward 23》이라는 제목을 붙였다. 하지만 느닷없이 회의에 빠져 사본도 없는 원고 뭉치를 벽난로 속에 던져 넣고 말았다. 그는 그 기억이 몹시 고통스러운 듯 말했다. "조너선 스위프트도 《걸리버 여행기》를 불 속에 던져버렸지만, 친구인 알렉산더 포프Alexander Pope가 끄집어냈죠. 내게는 포프 같은 친구가 없었습니다."

그날 밤 그는 생생한 꿈속에서 독일어로 된 성악곡을 몇 구절 들었다. 그는 독일어를 몰랐다. 하지만 달갑지 않은 그 멜로디는 다음 날 하루 종일 마음속에 큰 소리로 울려퍼졌다.[148] 색스가 전화를 통해 허밍으로 몇 마디를 들려주자, 그의 친구는 그 곡이 말러의 〈죽은 아이를 그리는 노래〉라고 알려주었다.

IX

이상 행동을 '정상화'하려는 로바스의 성전聖戰은 자폐 어린이에 국한되지 않았다. 1970년대에 그는 UCLA 소속 심리학자 리처드 그린Richard Green이 시작한 '여자 같은 소년 프로젝트Feminine Boy Project'라는 실험에 자문을 제공했다. 성전환 수술을 신청한 100명의 남녀를 면담한 후, 그린은 성적 정체성의 근원을 어린 시절까지 추적하는 데 흥미를 느꼈다. 그는 로바스와 팀을 이루어 성전환 수술의 필요성을 미연에 방지하기 위해 성적 혼란을 겪는 사람에게 조작적 조건형성을 이용하여 조기에 개입할 수 있는지 알아보고자 했다.[149]

이 프로젝트의 가장 빛나는 성공 스토리는 다섯 살 때 부모가 등록을 시킨 커크 앤드류 머피Kirk Andrew Murphy였다. 영리하고 조숙한 커크는 좋아하는 간식거리의 상표를 정확하게 기억했다가 슈퍼마켓에 가면 사달라고 졸랐다. 하지만 TV에서 그린이 '계집애 같은 남자아이 증후군'(그는 조발성 성별 위화감early-onset gender dysphoria을 이렇게 불렀다)에 대해 인터뷰하는 것을 본 후 부모는 아들이 어린 소년으로서 적절치 않은 행동을 보이는 것이 아닌지 걱정하기 시작했다. 하루는 아버지가 부엌에서 긴 티셔츠를 입고 이리저리 포즈를 취하는 아들을 발견했다. 아이는 말했다. "제 드레스가 예쁘지 않아요?" 그린은 이 증후군을 겪는 어린이들은 자라서 성전환자나 동성애자가 되는 일이 많다고 주장했다. 로바스는 커크의 행동치료자로 조지 렉커스George Rekers라는 젊은 대학원생을 배정했다.

나중에 대학 심리학 과정의 고전이 되는 증례 보고를 통해 렉커스와 로바스는 커크가(논문에서는 크레이그Kraig라는 가명을 썼다) '성인 여성의 미묘한 여성적 행동들을 모방하는 데 탁월한 능력'을 지녔다고 썼다.[150] 그들은 아이가 '엄마를 도와주겠다며 지갑을 들어주겠다고 제의한 것'을 엄마가 '자신의 여성적인 취향을 만족'시켜주기 바라는 기만적인 술책이라고 주장했다. 어린 소년의 행동에 대한 기술은 그린이 커크의 부모를 처음 면담할 때의 기록에 비해 훨씬 극단적이어서 다섯 살에 불과한 소년이 세계 수준의 여장 남자로 발돋움하는 것처럼 보일 정도였다.[151] 그들은 커크가 화장을 하려고 할머니의 화장품 상자를 빼앗아간 것을 비롯하여, '집에서든 진료실에서든 완전히 정장을 한 여자처럼 긴 드레스를 입고, 머리에는 가발을 쓰고, 손톱을 칠하고, 높고 날카로운 목소리로 말하며, 난잡할 정도로 유혹적인 눈초리를 한 채 이곳저곳을 돌아다니는' 등 온갖 '복장 도착 병력'이 있다고 주장했다. (가족 앨범 속에서 커크는 복장 도착이라기보다 삼총사의 등장인물처럼 보인다.)

게이 해방론자들이 거리를 행진하기 시작하던 시대에, 로바스와 렉커스는 관용의 정신을 가져야 한다며 "사회는 당연히 성적 역할에서 이탈한 사람들에게 좀 더 관용적인 태도를 보이는 여유를 가질 수 있다"라고 립서비스를 한 후, "변치 않는 사실은 이런 행동이 용납되지 않는다는 점이다. 현실적으로 사회의 행동을 변화시키는 것은 크레이그의 행동을 변화시키는 것보다 훨씬 어려울 가능성이 높다"라고 주장했다.

어린 소년의 부적절한 행동을 아예 싹부터 잘라버리기 위해 그들은 로바스의 자폐증 연구를 근거로 완전 몰입 프로그램을 고안했다. 여기서 소거 대상 행동은 손을 펄럭거리고, 눈길을 피하고, 반향언어를 사용하는 것이 아니라, '호모 같은 태도', 고분고분하게 순종적으로 '살짝 손을 잡는 것', 악명 높은 '여자 같은 걸음걸이', 기쁘고 활기에 넘칠 때 팔을 소녀처럼 '쭉 뻗으며 과도하게 신전伸展시키는 행동', 얌전을 빼면서 "어머나"라거나 "어쩜 좋아" 같은 말을 하는 것 등이었다.

집에서는 커크가 남성적인 행동을 하면 사탕이나 다른 선물로 교환할 수 있는 파란색 칩을 주어 보상하고, '여성적인' 행동을 보이면 그간 쌓은 점수를 차감시키는 빨간색 칩을 주어 처벌했다. 2011년 커크의 증례를 면밀히 조사했던 블로거 짐 버로웨이Jim Burroway와의 인터뷰에서 커크의 동생 마크는 아버지가 형을 (렉커스의 승인 아래) 빨간색 칩의 숫자만큼 '손바닥으로 때려' 벌을 주었다고 회상했다. 마크는 형이 학대받는 것을 견딜 수 없어 수북이 쌓인 빨간색 칩을 덜어내 몰래 숨겼다고 고백하며 울음을 터뜨렸다.[152]

한편, UCLA에서는 커크에게 가지고 놀 것들을 잔뜩 적은 표를 보여주었다. '올바른' 표에는 럭비 헬멧, 손도끼 걸이가 달린 군용 벨트, 플라스틱 수갑, 장난감 총, 고무 칼, 전기면도기 등 성적性的으로 적합한 물건들이, '틀린' 표에는 모조 보석 장신구, 화장품, 바비 인형, 베이비 파우더, 미니 빨랫줄 등의 물건들이 적혀 있었다. (예비 연구에서 연구팀은 "정상적인 피험자들도 놀이를 할 때 장난감들을 양쪽 표에서 모두 고르는 일이 자주 있어 점수가 일정하게 나오지 않는다"라는 사실을 발견하고 크게 실망했다.) 실험자들은 커크만 남겨놓고 방을 나가며 '올바른' 장난감만 갖고 놀라고 지시했다. 그리고 한쪽에서만 보이는 유리를 통해 아이의 행동을 관찰하며 점수를 매겼다. 지침과 직접 연관되지 않은 질문을 하면 무시했다. 나중에는 엄마가 방 안에 있는 의자에 앉아 있다가 아이가 럭비 헬멧을 쓰거나 고무 칼을 휘두르면 미소를 지으며 착한 아이라고 말하는 방식으로 보상을 주고, 다리를 꼬고 앉거나 예쁜 팔찌를 들여다보면 책을 읽는 체하여 벌을 주었다. (그린은 TV에 출연하여 불길한 어조로 진지하게 "다섯 살 때 바비 인형을 갖고 논 남자아이는 스물다섯 살이 되면 다른 남자와 자게 됩니다"라고 말했다.)[153]

60번의 치료 세션을 마친 후 렉커스와 로바스는 커크의 '계집애 같은 남자아이' 행동에 대해 승리를 선언했다. 그들은 소년이 '치료로 인해 근본적으로 변했다는 데 의심할 여지가 없다'라고 쓰면서, 더 이상 색깔에 맞춰 옷을 입는 데 '까탈스럽지' 않고, 머리카락이 헝클어졌다고 안달하지 않으며, 아버지와 함께 인디언 가이드Indian Guide✦ 캠프에 참여하고 싶어 했다는 사실을 증거로 들었다. 그들은 자신들의 실험이 성공함으로써 성적 선호가 '비가역적인 신경학 및 생화학적 결정 요인'의 산물이라는 개념에 의문을 제기했다고 주장하며, 자신들의 모델을 정상에서 벗어난 어린이들의 치료에 응용할 잠재력이 있다고 극구 칭찬했다.

여자 같은 소년 프로젝트는 대학의 캐쉬카우였다. 1986년까지 국립정신보건연구소와 플레이보이재단Playboy Foundation으로부터 수십만 달러에 이르는 연구비를 지원받았던 것이다.[154] '틀린' 장난감을 갖고 놀고 싶어 하는 어린이들은 피험자 표시 손목 밴드를 한 채 행동을 감시받았고, 부모들은 아이의 옷장을 뒤지고, 남자아이들을 부엌에 접근하지 못하게 하고, 여자아이들은 차고✦✦에 접근시키지 말라는 요청을 받았다.

커크는 렉커스에게 베스 같은 존재였다. 그때부터 그의 경력이 화려

✦ YMCA에서 주관하는 캠프 프로그램으로 아들과 아버지가 함께 참여한다. 인디언 프린세스Indian Princess라고 하여 딸과 아버지가 함께 참여하는 프로그램도 있다.

✦✦ 북미에서 차고는 차를 세워두는 곳이라기보다 차량을 정비하거나 목공, 기계 조립을 위한 공간인 경우가 많다.

하게 뻗어나갔던 것이다. 렉커스는 커크의 소위 변태變態에 대해 거의 20편의 논문을 발표했는데, 그중 일부는 로바스가 공동 저자였다. 커크의 증례로 인해 렉커스는 마이애미 대학교, 캔자스 주립대학교 등에서 가르칠 수 있었고, 국립정신보건연구소와 국립과학재단National Science Foundation으로부터 100만 달러가 넘는 연구비를 받았다. 또한 상원과 하원의 수많은 위원회에서 성적 도착의 치료라는 주제에 관해 가장 인기 있는 강연자가 되었다.

1983년 그는 가족연구위원회Family Research Council라는 단체를 공동 설립했다. 2012년 공화당의 선거 공약 중 헌법을 개정하여 결혼을 '한 남성과 한 여성의 결합'으로 정의할 것을 촉구하는 정책을 개발하는 데 도움을 주었던 영향력 있는 기독교계 로비 단체다. 렉커스는 중요한 사건이 터지면 어디서든 법정에 출두하여 동성 간 결혼이나 동성 커플의 입양에 반대하는 전문가 증언을 제공했다. 《뉴욕타임스》의 프랭크 리치Frank Rich는 '동성애 혐오의 젤리그Zelig'라고 부를 정도였다.[155] 한편, 그의 간판 스타였던 환자는 그렇게 잘 풀리지 않았다. 커크는 수십 년간 우울증에 시달리다 2003년 38세의 나이로 목을 맸다.

전문가 증인으로 짭짤한 수익을 올리던 렉커스의 경력은 2010년 두 명의 사진기자가 마이애미 국제공항에 잠복했다가 젊은 남성과 마드리드에서 휴가를 즐기고 돌아오는 그의 모습을 찍어 보도한 일로 급작스럽게 막을 내렸다. 파트너는 '렌트보이닷컴Rentboy.com'에서 돈을 주고 조달한 것으로 밝혀졌다. 추문이 퍼지는 와중에 그는 언론에 잘생긴 '여행 보조원'은 탈장 수술을 받고 완전히 회복되지 않아 짐을 들어줄 사람이 필요해 고용했으며, 스페인에서 함께 시간을 보내며 '동성 간 성교를 금지하는 것이 바람직하다는 주제에 관해 과학적인 정보를 공유했다'고 주장했다. CNN의 앤더슨 쿠퍼Anderson Cooper로부터 커크가 자살했다는 소식을 들고, 그는 경험적으로 입증되지 않은 '가설'에 불과한 이론 때문에 UCLA에서 겪은 일이 아들이 느낀 절망감의 원인이 되었다는 머피의 주장을 일축했다.[156]

렉커스는 애초에 커크의 치료 아이디어를 낸 것이 로바스였다고 했지만, 정작 로바스는 그저 위원회 멤버 중 한 명으로 참여했을 뿐이라고 주장하며, '여자 같은 소년 프로젝트'에서 자신이 맡았던 역할을 축소했다.[157] 자폐증에 관한 그의 연구를 볼 때 '계집애 같은 남자아이 증후군' 치료에 있어 그의 역할은 부차적인 것이었음이 분명하다. 그러나 두 가지 프로젝트는 기본적으로 동일한 관점을 근거로 한다. 동성애든 손을 퍼덕거리는 행위든, 사회적 낙인을 없애는 것보다 어린이의 행동을 변화시키는 편이 더 쉽다는 생각이다.

혐오자극에 대한 로바스의 확고한 열정에도 불구하고, 치료라는 이름으로 고통을 가하는 것이 비록 자폐증이나 자해 행동이라고 해도 어린이에 대한 치료라고 할 수 있는지에 대해 응용행동분석학계 전반에 걸친 윤리적 논란은 점점 심해졌다. 응용행동분석 전문가인 게리 라비냐Gary LaVigna와 자폐증 연구자인 앤 도넬란Anne Donnellan은 《처벌의 대안Alternatives to Punishment》이라는 책에서 이렇게 썼다. "예를 들어, 철가면을 씌운 후 자물쇠로 잠그는 것이 손톱을 물어뜯는 버릇을 예방한다고 주장할 수 있겠지만, 그렇게 강제적인 조치가 법과 건전한 상식에 부합한다고는 볼 수 없다."[158] 2년 후인 1988년 미국 자폐증 학회 이사회는 혐오자극 기법의 금지를 촉구하는 결의안을 통과시켰다.[159] 그러나 학회는 그 후로도 한참 동안 혐오자극의 사용을 계속 권장했으며, 일부 응용행동 분석가는 오늘날까지도 행동을 교정하기 위해 음식을 주지 않거나 신체적 체벌을 가하는 방법을 사용한다.[160] 또한 매사추세츠의 저지 로텐버그 교육센터Judge Rotenberg Educational Center 같은 기관에서는 대중의 격렬한 항의에도 불구하고, 아직도 자폐 어린이들에게 처벌 목적으로 고통스러운 전기 자극을 사용한다.[161]

1970년대 후반에 이르러 로바스는 몇 가지 점에서 마음을 바꿨다. 어린이에게 말하는 법을 가르치는 것이 더 이상 내면에 갇힌 정상적 자아를 해방한다고 확신하지 않게 되었던 것이다. 모든 '자폐증의 껍질' 안에는 자폐증을 겪는 **인간**이 있을 뿐이다. 그는 이렇게 인정했다. "우리는 실망했습니다. 갑자기 깨어나는 일 따위는 없습니다. 내면적으로 큰 부분이 재구성되는 일도 일어나지 않는 것 같습니다. 어느 날 어린이가 갑자기 '이제 말을 잘 할 수 있어요. 그동안 제가 얼마나 아픈 상태였는지 깨달았어요. 하지만 이젠 다 나았어요'라고 한다면 얼마나 멋지겠습니까. 그러나 그런 일은 없습니다."[162]

색스가 제23병동에서 깨달았듯이, 로바스는 심지어 자해 행동을 보이는 어린이도 나름의 방식으로 의사소통을 한다는 사실을 알게 되었다. 반향언어를 심하게 사용하는 것 또한 자폐 어린이가 언어를 습득하는 특이한 방식으로 밝혀졌다. 자기가 좋아하는 디즈니 영화나 포켓몬 만화의 대사를 앵무새처럼 따라하는 어린이들은 표현언어를 더 쉽게 배운다는 사실이 밝혀진 것이다. 지옥 같은 고통을 가해서라도 소거시키려고 했던 많은 행동이 자신을 표현할 방법을 찾으려는 시도였다는 사실도 깨달았다. 1989년 놀랄 정도로 솔직한 인터뷰를 통해 로바스는 심리학자인 리처드 심슨Richard Simpson에게 자신의 가혹한 방법이 통하지 않을 것 같은 어린이를 구별할 수 있게 되었노라고 말했다.

> 제가 1960년대에 치료했던 아이들을 돌이켜 생각해보면 너무 자해 증상이 심했기 때문에 그땐 이렇게 생각했지요. '아이쿠, 이건 너무 심하잖아!' 그런데

사실 아이들이 정말로 하고 싶었던 말은 이런 거였어요. "당신들이 나를 올바로 가르치지 못했어요. 당신들이 내 의사를 전달하고 주변 환경을 통제할 도구를 주지 않은 거예요." 그러니까 아이들이 보였던 공격성은 자기 자신을 향했든 다른 사람을 향했든, 사회의 무지를 표현한 셈입니다. 그런 의미에서 저는 그 아이들이 고결한 시위자였다고 생각합니다. 그 아이들을 대단히 존경하게 된 거죠.[163]

그러나 로바스는 한 가지에 대해서만은 마음을 바꾸지 않았다. 이런 어린이들이 지닐 수 있는 최선의 희망은 눈에 보이는 모든 자폐 행동의 흔적을 완전히 몰아내 '정상'이 되려고 노력하는 것이라는 확신이었다.

경력 중 대부분의 기간 동안 로바스는 자폐증에서 완전히 회복되는 것은 가장 집중적인 행동공학적 방법으로도 도달할 수 없는 목표라고 주장했다. 그는 제2차 NSAC 학회에서 부모들에게 주의를 주었다. "이 프로그램을 통해 정상이 된다는 뜻은 아닙니다. 저희가 아이를 치료하여 정상이 된다면, 틀림없이 치료를 시작할 때부터 이미 많은 것이 정상이었기 때문입니다."[164] 대중적으로 잘 알려진 《ME 매뉴얼The ME Book》이라는 응용행동분석 지침서에서 그는 부모와 치료사들에게 완치를 기대하지 말라고 썼다. "조금이라도 앞으로 나가는 데서 기쁨을 느껴야 한다. 정상 상태라는 달성할 수 없는 절대적 이상을 바라며 안간힘을 쓰는 것보다, 작은 목표를 여러 개 세우고 하나하나 달성하는 데서 기쁨을 느껴야 한다."[165]

그러나 1987년 로바스는 폭탄선언을 하여 세상을 놀라게 했다. UCLA에서 시행한 실험 중 3세부터 집중적 응용행동분석을 받기 시작한 어린이 중 거의 절반이 '지적 및 교육적으로 정상 기능'을 달성했다는 것이었다.[166] 그는 그것이 부모, 교사, 어린이의 집으로 찾아가 교육을 도와주는 대학원생팀을 비롯하여 '의미 있는 모든 환경에서 의미 있는 모든 사람들'이 참여해야 하는 완전 몰입 프로그램이었다고 설명했다. 사실상 어린이가 적응할 수 없는 세상을 잘라버린 후 그 자리에 적응하는 방법을 가르치는 세상을 끼워 넣은 것이었다. 그는 이렇게 썼다. "정상적인 어린이는 깨어 있는 시간의 대부분을 일상적인 환경으로부터 뭔가 배운다. 반면, 자폐 어린이는 그런 환경에서 아무것도 배우지 못한다. 우리는 자폐 어린이에게 아주 어릴 적에 집중적이며 포괄적인 특수 학습 환경을 만들어주면, 일부는 같은 또래의 정상적인 어린이들을 따라잡을 수 있으리라는 가정을 세웠다."

주류 언론과 CBS의 특집 보도를 통해 화려한 수식어로 치장되어 널리 알려진 로바스의 연구는 수많은 부모들이 바라 마지않던 돌파구였다. 충분한 비용을 들이고 헌신적으로 노력한다면, 자신의 자녀를 또래 아이들과 구분할 수 없는 상태로 만들 수 있다는 경험적 증거가 나온 것이다. 비록 논문 속에서는 **완치**라는 단어를 주의 깊게 피해가며 좀 더 중립적으로 들리는 **회복**이라는 용어를 썼지만, 그 의미는 명확했다. 로바스는 《뉴욕타임스》와의 인터뷰에서 이렇게 말했다. "지금 〔그 어린이들을〕 만난다면…이전에 문제가 있었다는 사실조차 알 수 없을 겁니다. 이제 저는 자폐증이 반드시 만성병은 아니라고 확신합니다."[167]

신경학적 문제가 거스를 수 없는 운명이 아니라는 사실을 입증하기 위한 전략 중 하나는 어린이와 진단명을 분리시키는 것이었다. 유치원 교사 중에는 실험에 참여한 피험자들이 자폐증을 겪는다는 사실조차 듣지 못한 경우도 있었다. (로바스는 이렇게 말했다. "어린이에게 문제가 있다는 사실을 인정해야만 할 경우, 우리는 '말이 늦는다'라고 했습니다.") 심지어 그는 학교 행정 당국에 말이 새어나가지 않도록 UCLA 연구 시설의 이름도 자폐증 클리닉Autism Clinic에서 어린이 행동치료 클리닉Clinic for the Behavioral Treatment of Children으로 바꾸었다. 그럼에도 진단명이 새어나가면 부모들에게 학교를 옮기라고 지시했다. 또한 로바스는 '다른 자폐 어린이에게 노출되어 발생하는 유해한 효과'를 완전 차단하는 것이 필수적이라고 믿었다. 그는《타임스Times》에 실린 글에서 그런 어린이가 단순히 같은 반에 있기만 해도 '죽음의 키스'와 같다고 선언했다.

어린이 한 명당 평균 1만 4000시간 동안 개별시도 세션을 시행한 것 외에도, 지칠 줄 모르는 그의 대학원생들은 부모들이 교육기관을 배정받기 위해 협상하는 일을 돕고, 집안일을 거들고, 그 밖에도 어린이와 가족들을 위해 수많은 일을 해결했다. 친구가 없는 아이를 위해 동네 아이들을 모아놓고 파티를 열어 '아이를 일종의 스타로 만들어'주기도 했다. 말할 것도 없이 로바스의 프로그램은 대부분의 가족들이 꿈도 꿀 수 없는 헌신과 지원이 있어야 가능했다. 하지만 그는 일생 동안 기관에 수용하여 격리시키는 데 비하면(비용을 200만 달러로 추산했다) 사소한 비용에 불과하다고 말했다.

로바스를 지지하는 사람들은 이 연구를 역사적인 사건이라고 치켜세웠다. 레온 아이젠버그는《타임스》와의 인터뷰에서 이렇게 말했다. "사실이라면 정말이지 놀라운 결과입니다." 림랜드 역시 부모들에게 보낸 뉴스레터에서 이 소식을 일면에 대서특필하여 보조를 맞췄다. 이듬해 로바스의 연구는 다큐멘터리로 만들어져 상을 받았다.[168] 응용행동분석을 하지 않는다면 '[자폐 어린이의] 95퍼센트 이상이 일생 동안 보호관찰 간호가 필요할 것'이라는 내용이었다.

그러나 전문가들은 여러 가지 이유로 회의적인 입장을 취했다. TEACCH의 설립자인 에릭 쇼플러는 로바스가 이례적으로 IQ가 높은 아이들을 선호하는 한편, '기능적으로 매우 뒤처진' 어린이들을 배제하여 데이터를 인위적으로 부각시켰다고 비난했다. 또한 로바스의 실험군에 포함된 가족들이 전반적으로 대조군에 비해 자원이 풍부했다는 점을 지적했다. 여기에 대해 로바스는 양쪽 가족을 모두 지원할 만큼 충분한 대학원생

조수들을 확보할 수 없었다고 설명했다. 쇼플러는 한 반에 있는 자폐 어린이를 '죽음의 키스'라고 부른다면, 전국적으로 이 어린이들이 학교에서 거부당하는 결과를 초래할 것이라고도 경고했다.

림랜드는 자신이 발간하는 뉴스레터의 한 페이지를 전부 할애하여 로바스를 옹호했다. "인류가 선구자를 적대적으로 대한 것은 드문 일이 아니다."[169] 그러나 로바스의 이전 동료였던 캐서린 로드Catherine Lord(그녀 자신도 자폐증 연구의 선구자였다)조차 나중에 로바스가 "여러 가지를…실제로 일어난 일을 반영하지 않는 방식으로 조직해놓았기 때문에 과학적 증거로 사용할 수 없다는 것이 명백하다"라고 인정하기에 이르렀다.[170] 독립적 연구자 중 1987년 논문을 통해 로바스가 보고한 놀라운 소견들을 재현한 사람은 아무도 없었다.[171]

그의 극적인 주장은 심지어 UCLA의 다른 연구자들에게도 문제를 일으켰다. 자녀의 완치를 절박하게 원하는 부모들의 전화가 빗발치는 바람에 일을 제대로 할 수 없었던 것이다. 정신과 의사이자 자폐증 전문가 에드 리트보Ed Ritvo는 이렇게 회상했다. "하지만 우리 의과대학 신경정신과학 연구소 사람들은 완치를 약속한 적이 없어요. 심리학과의 이바 로바스가 그런 약속을 한 거죠."[172]

머지않아 림랜드도 똑같은 약속을 하기 시작했다. 그러나 그가 제시한 회복의 길은 집중적 행동공학과 사뭇 달랐다.

X

《유아자폐증》을 출간한 지 얼마 안 되어 림랜드는 특정 영양소를 대량 투여한 후 자녀가 훨씬 차분해지고 주변 상황에 관심을 나타낸다고 주장하는 부모들의 편지를 받기 시작했다. 특히 두 가지 비타민, 비타민 B와 C가 계속 언급되었다.

전혀 예상치 못한 일은 아니었다. 폴링은 베스트셀러가 된 자신의 책에서 엄청난 양의 비타민 C를 만병통치약이라고 극구 칭찬했고, 호퍼Hoffer와 오스몬드Osmond의 비타민 B군群과 조현병에 대한 실험은 당시 급증하던 대체의학 신화의 일부가 되어 있었다. 림랜드는 애초에 이런 주장에 회의적이었지만, NSAC 모임을 통해 그에게 연락한 부모들을 만나본 뒤 그들이 매우 통찰력 있고 세심하며 신뢰할 만하다는 사실을 알고 깜짝 놀랐다(실제로 많은 수가 동료 심리학자들이었다). 비타민 대량 투여의 치료 효과를 확신하는 의사들과 이야기를 나눠본 후 림랜드는 '도의적으로 이 사실을 계속 추적해보지 않을 수 없다'고 결론 내렸다.[173] 샌디에이고에 있는 사무실에 어린이 행동 연구소Institute for Child Behavior Research라는 간판을 내걸고(나중에 자폐증 연구소Autism Research Institute로 이름을 바꾼다), 그는 자신의 부모 네트워크를 자원자들의 원천으로 삼아 야심 찬 연구를 시작했다.

우선 림랜드는 어린이들에게 매일 고단위 복합 비타민 B 정제와 몇 그램 단위의 비타민 C를 먹이기 시작했다. 2주 후 1일 최소 권장량의 수백 배에 달하는 용량으로 B군에 속하는 다른 비타민(니코틴산아마이드와 피리독신)을 추가했다. 그 후 또 다른 비타민인 판토텐산을 추가했다. (나중에 그는 영양학자로 유명 인사가 된 아델 데이비스Adelle Davis의 조언에 따라 비타민에 마그네슘을 추가했다.) 각 단계별로 부모들이 위촉한 한 명의 의사가 어린이의 행동을 평가했으며, 부모들은 격주로 언어, 식습관, 분노발작, 의식 상태에 대한 보고서를 제출했다. 마지막으로 데이터를 IBM 컴퓨터용 펀치 카드로 전환하여 컴퓨터로 분석했다.

제약업계에서 신약 개발 시 가장 믿을 만한 표준으로 생각하는 방법은 이중맹검 위약대조군 임상 시험이다. 이 방식에서는 자원자를 무작위 배정하여 활성 의약품 또는 아무런 효과가 없는 위약을 투여하지만, 누가 진짜 약을 투여받고 누가 똑같이 생긴 설탕 정제를 투여받는지 자원자도 연구자도 알 수 없다. 흥미롭게도 양쪽 시험군에 속한 환자들 모두 어느 정도 효과를 나타낸다. 위약 효과라는 현상 때문이다.

위약 효과가 나타나는 이유는 치료적 환경에서 전문가인 의료인이 자신의 상태에 주의를 기울인다는 사실이 약을 복용하지 않은 환자들에서도 정신적, 신체적으로 유익한 변화를 이끌어내기 때문이다. 하버드 대학교의 테드 캡척Ted Kaptchuk과 밀라노 대학교의 파브리치오 베네데티Fabrizio Benedetti 같은 연구자들은 알약같이 생긴 것을 삼키기만 해도 일련의 호르몬과 신경전달물질이 순차적으로 분비되어 통증과 염증이 감소하고, 동작 조정력이 향상되며, 뇌의 활동이 자극되고, 기분이 좋아지면서 소화가 촉진된다는 사실을 발견했다. 이런 효과는 보살핌을 받는다는 사실을 알기만 해도 활성화되는 자가 치유 네트워크가 몸속에 숨어 있기라도 한 것처럼 신체 어디서든 관찰된다. (운동과 명상도 이런 네트워크를 활성화시킨다.) 설탕 정제로 암을 완치시키거나 폐렴을 물리친 사람은 없지만, 강력한 위약 효과는 파킨슨병에서 고혈압에 이르기까지, 만성 우울증에서 크론병에 이르기까지 놀랄 정도로 다양한 질병에서 관찰된다. 위약대조군 임상 시험에서 위약군과 실험군에 속한 자원자가 비슷한 효과를 나타냈다면, FDA에서는 약이 효과가 없다고 판정한다. 제약회사가 수년간 투자한 수억 달러의 비용이 물거품이 되는 것이다.[174]

하지만 림랜드는 자신의 연구에 이렇게 잘 확립된 약품 시험 모델을 사용하지 않았다. 대신, 전문 분야인 심리 측정 기술을 이용하여 직접 데이터 분석 방식을 개발하고, 이를 '컴퓨터 클러스터링'이라고 명명했다.[175] 간단히 말해, 알고리즘을 이용하여 빅 데이터의 바다에서 일어나는 임상적으로 유의한 잔물결을 찾아내는 방법이다. 표준적인 임상 시험 수행 방법은 환자가 단 한 가지 균일한 질병을 갖고 있다고 가정하기 때문에 자폐증처럼 뚜렷한 하위군들로 이루어진 질병에는 맞지 않는다고 생각했던 것이다. 그는 지능장애와 페닐케톤뇨증을 예로 들었다. "'저능아'라는 집단을 페닐케톤뇨증, 크레틴병, 갈락토오스혈증, 몽골증 등 하위군으로 분류할 수 있는 능력을 갖기 전에는 예방이나 치료법을 고안해낼 가망이 없었습니다. 저는 '자폐증' 또는 '조현병'이라고 느슨하게 한데 묶어 분류하는 어린이들이 사실은 각기 원인이 다른 수십 가지 질병이나 장애를 갖고 있다고 생각합니다."[176]

비타민이 자녀에게 '확실히 도움이 되었다'고 보고한 부모가 45퍼센트에 달하자, 림랜드는 짜릿한 흥분을 느꼈다. 그는 《정분자 정신의학 저널Journal of Orthomolecular Psychiatry》에 이렇게 썼다. "비타민이 일부 어린이들에게 도움이 된다고 보는 것 외에 이런 소견을 합리적으로 설명할 수 있는 방법은 없다." 이어서 그는 비타민을 끊자 아이들이 현저히 퇴행했다는 부모들의 증언을 예시했다.

하지만 그는 위약대조군을 포함시키지 않아 다른 연구자들로부터 맹렬한 비난을 받았다는 사실을 인정했다. "비난하는 사람들은 이런 소견이 희망 사항을 반영한 데 불과하다고 지적합니다. 많은 부모들이 자녀가 좋아지기를 간절히 바란 나머지, 비타민의 효과를 과대평가하고 싶기 때문에 긍정적인 결과가 나왔다는 거죠." 그는 사람들이 '실험 설계를 이해하지 못한다'고 주장하는 한편, 희망 사항을 반영한 것뿐이라는 비난은 '부모들의 기대가 컴퓨터 클러스터링에 영향을 미치지 못하므로 전혀 타당하지 않다'고 응수하며 무력화시켰다.

구멍 뚫린 카드에 입력한 모든 데이터는 프로젝트에 열광적이었을 가능성이 높은 부모와 의사들의 주관적 보고에서 나온 것이므로 그의 주장은 과학적이라고 할 수 없었다. 실제로 데이터 세트를 각기 다른 세 곳에서 독립적으로 분석한 결과, 실험 설계에 그가 주장한 것보다 훨씬 많은 문제들이 발견되었다. 미가공 데이터를 열람한 해군 소속 통계학자는 림랜드의 컴퓨터 클러스터링 계획에 따라 표본 집단에서 다양한 하위군별로 비타민에 대한 반응을 분석한 결과, 신뢰성 있는 정보를 얻을 수 없다고 결론 내렸다.[177]

더욱이 부모가 직접 자녀의 행동 변화를 평가하는 설계는 통계적 의미의 '맹검'과는 거리가 멀었으며, 오히려 위약 효과를 조장하는 방식이었다. 림랜드는 자폐증의 양상이 너무나 다양하기 때문에 새로운 치료의 효과를 정확하게 측정하기 어렵다는 사실을 잘 알았다. "어린이들은 뚜렷한 이유 없이 주기적으로 능력이 갑자기 향상되거나 크게 떨어집니다. 바로 그때 뭔가 치료를 한다면 그 치료가 인정을 받거나 비난을 받게 되죠." 하지만 림랜드조차 희망 사항이라는 함정에서 결코 자유로운 것은 아니었다.

그의 책에는 '의심할 여지없이 카너의 범주에 속하는 익명의 네 살짜리 자폐 어린이'에게 디너를 투여한 실험이 다소 모호하게 설명되어 있다. 그는 약을 먹고 난 후 무언증이 갑자기 '사라졌다'고 썼다. 난생처음 "'그걸 이리 가져와'라거나 '문을 닫아' 등의 간단한 명령을 이해하고 따랐다. 나중에는 즐거운 기색이 역력한 채 집에서 기르는 고양이가 나갈 수 있게 문을 열어준다거나, 우유병들을 현관에 내놓는 간단한 과제를 해냈다." 그는 디너의 효과가 너무나 빠르고 극적으로 나타나 익명의 소년이 '골치 아픈 행동'을 나타낼 때마다 소년의 누나가 부모에게 달려가 빨리 약을 한 알 더 먹이라고 했다고 썼다.

책에서 림랜드가 디너를 '새로운 정신 자극제'라고 묘사한 것이 전단지에나 어울릴 법한 판촉 문구처럼 미심쩍게 들린다면, 그것은 리커 연구소Riker Laboratories가 의학 저널에 이 약을 광고한 문구를 그대로 따왔기 때문이다.[178] 이들은 소아과 의사와 어린이 심리학자를 대상으로 디너가 '문제' 행동, 정서 불안정, 과다 활동, 성적 부진 등 모호하게 정의된 다양한 증상에 효과가 있다고 공격적으로 홍보했다. 또한 내약성이 아주 좋아 이미 신경안정제를 투여 중인 어린이에게 정신 기능 억제 효과를 상쇄하기 위해 사용해도 좋다고 권고했다.

미국 의학협회AMA가 이 약을 대단치 않게 생각했던 것은 분명하다. 림랜드가 카너를 찾아가 자기 아들에게 그 약이 얼마나 놀라운 효과를 나타냈는지 열광적으로 말하기 몇 달 전, 미국 의학협회 산하 약물위원회는 공식 저널을 통해 디너에 관한 경고문을 발표했다. 흔히 이 약을 처방하는 '모호한 증상들'에 대한 장황한 설명은 '평가하기도 어렵고 저절로 호전과 악화를 반복하며 암시에 의해 크게 변동하는 특징이 있다'고 지적한 것이다.[179]

다시 말해, 디너는 완벽한 위약이었다. 그러나 1983년 FDA가 '효과가 있을 가능성'조차 없고, 오히려 뇌전증 어린이가 복용할 경우 대발작 위험을 증가시킨다는 결론[180]을 내린 독립적 연구들을 철저히 검토한 후 최종적으로 시장에서 퇴출시킬 때까지,[181] 이 약은 리커 연구소에 황금알을 낳는 거위나 다름없었다. 보충제 제조사들은 잽싸게 틈새시장을 파고들었다. 디너에 지방산, 대두(콩), 기타 건강식품에 으레 등장하는 성분을 결합시켜 '혼합 과일 맛'이 나는 DMAE라는 유사품을 내놓은 것이다. 홍보 문구는 이랬다. "소리를 지르고, 애원하고, 하소연을 해도 숙제를 하지 않는다면 이 약을 써보세요."[182]

림랜드는 고용량 비타민제 실험에 동료들이 실망스러운 반응을 보인 것이 마음에 걸렸다. 한때 그는 자신의 혁신적인 아이디어가 아주 탁월한 것으로 받아들여지리라 확신하며 의학계에서 중요한 인물이 되기를 갈망했지만, 이제는 빠른 속도로 의학계에 등을 돌렸다.

생각이 바뀐 전환점은 자신의 뉴스레터에 두 개의 표를 발표한 후 험프리 오스몬드가 던진 질문이었다. 첫 번째 표는 다양한 비타민을 고용량으로 투여한 어린이들의 결과를 비교한 것이었고, 두 번째는 덱세드린 Dexedrine이나 멜라릴Mellaril 등 처방약의 효과를 비교한 것이었다. 두 개의 표를 나란히 놓고 들여다보며 오스몬드는 림랜드에게 물었다. "왜 약들을 비타민과 직접 비교하지 않았죠?"[183] 림랜드는 처방약의 심각한 부작용을 지적하며 주류 의학에 미래가 없다고 결론 내렸다. 또한 표를 보며 부모들이 똑같이 높은 기대를 갖고 있었음에도 약물이 비타민에 비해 효과가 매우 떨어졌으므로 위약 효과는 무시할 수 있다고 확신했다. 점차 림랜드는 그의 주변에 모여드는 부모-실험자들에게 몇 가지 치료법을 한꺼번에 시도해보라고 권장함으로써 어떤 치료법도 효과와 부작용을 정확히 구별하기 어렵게 만들었다. "우리는 전문 저널에 논문을 싣기 위해 과학적인 실험을 하는 것이 아니라, 그저 자녀들을 도우려는 것뿐입니다. 시간을 낭비할 수는 없습니다."[184] 그의 모토 중 하나는 이랬다. "먼저 돕고, 정확히 무엇이 도움이 되었는지는 나중에 걱정하라."

주류 과학계에서 자폐증에 관한 연구가 아주 느린 속도로 진행되던 시절, 그의 네트워크에 참여한 부모들은 모든 것을 한꺼번에 시도해보는 방식에 엄청난 희망을 걸고 동기를 부여받았다. 그러나 림랜드가 폴링이 페닐케톤뇨증을 발견한 데서 영감을 얻어 정분자 의학을 통해 자폐증의 완치법을 찾아나섰다는 사실은 역설적이다. 주의 깊은 의사였던 폴링이 보그니 에걸란드에게 소변을 화학적으로 분석하기 전에 아이들이 먹는 강장제, 생약 달인 것, 기타 모든 엉터리 약들을 즉시 중단하라고 지시하지 않았다면 수수께끼의 열쇠가 된 페닐피루브산 결정을 절대로 발견하지 못했을지도 모른다.[185]

또한 림랜드가 위약대조군 임상 시험, 전문가 상호 검토, 기타 전통적인 안전 보장 조치를 깡그리 무시해버렸기 때문에 다른 연구자들은 심지어 그가 옳은 경우에도 진지하게 받아들이지 않았다. 네트워크에 속한 부모들은 그를 광야에서 외치는 유일한 목소리로 생각했지만, 동료들 사이에서는 점점 외톨이가 되어갔다.

루스 설리번이 보기에 자폐증의 완치법을 찾아내겠다는 림랜드의 강박관념은 자녀들을 위해 좀 더 나은 세상을 만든다는 거대한 도전 앞에 오히려 방해가 되었다. "버니는 비타민에 완전히 빠져 있었어요. 항상 뭔가를 몰아붙였죠. 제 생각에는 그 때문에 궤도를 벗어난 것 같아요." 결국 NSAC(그때쯤에는 미국 자폐증 학회로 이름이 바뀌었다) 내부에서도 문제가 곪아 터졌다. 림랜드가 모든 회원에게 자녀가 진단받은 즉시 고용량 비타민 B-12 요법을 투여하라고 촉구했던 것이다. 에드 리트보는 일어나 이렇게 말했다. "이곳은 부모들이 이끌어가는 조직입니다. 비타민 B-12가 효과가 있다는 증거는 없으며, 우리는 그런 말에 따르고 싶지 않습니다." 림랜드는 주장을 굽히지 않고 극단적인 길을 택했다. "리트보의 말에 따른다면, 나는 사임하겠습니다." [186]

하지만 그는 이미 그 정도의 권력 투쟁을 할 만한 영향력이 없었으며, 투표에 의해 자신이 만든 단체의 이사회에서 밀려나고 말았다. 한때 단단한 결속을 다졌던 NSAC는 결국 둘로 쪼개졌다.

림랜드는 켄싱턴에 있는 사무실로 서둘러 돌아가 향후 계획을 세웠다. 거기서 그는 로바스의 연구실에서 유일한 대학생이었던 19세의 심리학/사회학 전공 학생 스티브 에델슨Steve Edelson과 매우 생산적인 협력 관계를 맺었다. 에델슨은 림랜드와 마찬가지로 종교적 불가지론자였지만 문화적으로는 유대인이었다. 레이먼스Ramones✦의 팬이었던 이 호리호리한 곱슬머리 청년은 앤디 워홀Andy Warhol의 저자 사인회에 가기 위해 어린이 발달 강의를 빼먹을 수 있는 사람이었다.[187] 에델슨이 오리건에서 성

✦ 1970년대 후반을 풍미했던 펑크록 그룹.

장할 때, 어머니와 누나가 크리스천 사이언스Christian Science로 개종했다. 1875년에 선지자를 자처하며 스스로 머리에 성유를 바른 메리 베이커 에디Mary Baker Eddy가 설립한 이 교단의 중심 사상은 질병이란 의사의 치료가 아니라 신에게 모든 것을 맡김으로써 치유할 수 있다는 것이었다. 교인들은 전통적으로 약물, 검사, 병원, 백신 등 대부분의 현대의학적 조치를 멀리했다. 에델슨은 개종하지 않았지만, 그의 어머니는 종교적 이유로 백신 접종 포기 각서에 서명을 해가며 아들의 백신 접종을 거부했다.

그가 처음으로 자폐증이라는 단어를 들은 것은 UCLA 재학 중 림랜드, 로바스, 설리번 부부의 인터뷰가 담긴 〈보이지 않는 벽The Invisible Wall〉이라는 다큐멘터리를 보았을 때였다. 림랜드는 멋진 모습으로 등장하여 자폐증의 생물학적 측면에 관해 수십 년을 앞서 가는 미묘한 관점을 설명했다. 자폐증이 천재성과 관련이 있다는 자신의 믿음을 반복해서 강조하며, 이 어린이들은 '극도로 집중할 수 있는, 아주 작은 물체를 엄청난 강도로 비추는 서치라이트처럼 미세한 한 점에 집중하는 능력을 두 배로' 타고났다고 설명했다.

에델슨은 자해 행동이 환경으로부터 집중 포화처럼 쏟아지는 감각에 압도당한 나머지, 그 영향을 줄여보려는 시도가 아닐까 생각했다. 그가 이 주제에 관해 발표한 논문에 주목한 로바스는 에델슨에게 카마릴로 주립병원의 데이터 수집을 부탁했다. 그곳에서 기록들을 검토하다가 에델슨은 자폐인들이 마취 시 특이한 반응을 보인다는 사실을 알고 그들의 뇌에서 세로토닌이 어떤 역할을 하는지에 대해 생각하기 시작했다. 로바스는 그 말을 듣고 친구인 버니를 찾아가보라고 제안했다.[188] 에델슨은 그때 로바스가 그려준 자폐증 연구소 약도를 아직까지 보관하고 있다. 자폐증의 신경화학에 관한 그의 호기심은 정분자 의학에 대한 림랜드의 관심과 완벽하게 어울리는 짝이었으며, 결국 그는 자폐증 연구소의 생의학적 치료

연구에 핵심 역할을 맡게 된다. 그들은 공저자로 쓴 《자폐 어린이의 회복Recovering Autistic Children》이라는 책은 재클린 맥캔들리스Jacqueline McCandless의 《뇌가 굶주린 어린이》와 함께 생의학 운동의 바이블이 되기도 했다.

이런 노력은 임상의와 대체의학 치료사들의 네트워크인 DAN!을 발족하는 계기가 되었다. 2002년 레오가 자폐증 진단을 받은 후 새넌 로사가 찾아가 GFCF 식이요법과 다른 치료들을 받아보라는 조언을 들었던 바로 그 단체다. 전국에 걸쳐 DAN!이 후원하는 수많은 행사에서는 천막 부흥회 같은 분위기 속에서 '회복된' 어린이들이 환호하는 군중 앞을 행진하는 모습이 연출되었다. 카너의 환자였던 도널드 T.나 리처드 S.처럼 조발성 유아 자폐증의 전형적인 증상을 나타냈던 일부 어린이는 정교한 제외식이elimination diet와 세크레틴secretin(림랜드가 대대적으로 홍보했던 소화 호르몬으로, 위약대조군 연구에서 아무런 효과가 입증되지 않았다)[189] 같은 회색 시장 약물을 사용하지 않고도, 행복하고 사회에 잘 적응하는 성인이 되었다는 사실에는 아무도 주목하지 않았다. 환자들의 최종 경과를 결정하는 데 가장 중요한 요인은 교사들이 '관용적이고 공감 어린 태도로 받아들이는 것'이었다는 카너의 관찰 또한 잊혔다.[190]

이때쯤 자폐증의 추정 유병률은 극적으로 치솟고 있었다. 림랜드는 수십 년간 정분자 의학을 연구한 끝에 이토록 놀라운 증가의 원인이 유전뿐 아니라 독성물질로 둘러싸인 현대 세계 어디엔가 숨어 있다고 믿게 되었다. 결국 그는 한때 카너가 희귀한 질병이라고 정의했던 자폐증이 점점 빠른 속도로 증가하는 유행병이 된 가장 가능성 높은 원인으로 백신과 수은을 지목하고, 절박한 심정으로 '자폐증 전쟁'을 선포했다.

림랜드는 자녀들의 회복에 모든 것을 바쳐 헌신하는 부모 네트워크의 중심에 선 사람이 갖는 독특한 시각으로 20세기의 마지막 10년간 봇물처럼 터져 나온 자폐증의 유행을 추적할 수 있는 이상적인 위치에 있었다.

하지만 주류 의학에서 소외된 나머지, 다른 요인들을 보지 못했다. 그중에는 그의 아들 마크와 상당히 비슷한 영국 소녀의 어머니에 의해 촉발된 사건에 미국 정신의학협회의 막후 음모들이 겹쳐 자폐증의 진단 기준이 근본적으로 바뀌었다는 사실도 있었다.

8

자연이 긋는 선은 항상 주변으로 번진다

이름을 붙이기 전에는 어떤 것도 존재하지 않는다.

__________로나 윙

I

로사 부부처럼 자녀가 막 자폐증으로 진단받은 부모들에게 2000년대 초반은 엄청난 공포와 희망이 공존했던 시기였다. 공포란 임신 중 의사가 권고하는 약을 복용하거나 자녀에게 홍역 백신을 맞추는 등 일상적인 일에 의해 무시무시한 수수께끼의 질병이 유발되어 자녀의 생명을 앗아갔다는 것이었다. 희망이란 응용행동분석이나 DAN! 치료법 같은 집중적인 치료를 통해 자폐증을 극복하고 일반 학교에 보낼 수 있을 정도로 자녀를 정상화시킬 수 있다는 것이었다. 더욱이 초고속 DNA 염기분석법 같은 새로운 기술이 대두되면서, 언론에서는 오래도록 기다렸던 돌파구가 마련되어 마침내 '자폐증 유전자'가 밝혀지고 수수께끼에 싸여 있던 이 병이 과거의 기억 속에 묻힐 순간이 다가왔다고 앞 다투어 떠들어댔다.

아내 리즈Liz가 임신했을 때 피터 벨Peter Bell은 노스웨스턴 대학교를 갓 졸업한 사회초년생이었다.[1] 두 번째 임신이었다. 첫 임신이 유산으로 끝났기 때문에 그녀는 산과 의사의 조언에 따라 임신 초기 3개월간 프로

게스테론을 투여받았다. 아들 타일러가 태어났을 때 피터는 필라델피아 근교의 존슨앤존슨 판촉부에서 모트린Motrin과 타이레놀Tylenol 등 처방전 없이 구입할 수 있는 약들의 판촉 업무를 맡고 있었다.

타일러는 1993년 1월에 태어났다. 피터는 '완벽한 아기'였다고 회상한다. 또래들과 잘 어울리고, 밤새 깨지 않고 평화롭게 잤으며, 다른 아이들처럼 말을 많이 하지는 않았지만 '음매'라든지 '야옹' 등 좋아하는 동물들의 소리를 흉내 내곤 했다. 몇 년 후 벨 부부는 둘째 아들 데렉Derek을 낳았다. 둘째는 처음부터 언어 습득이 늦었다. 두 돌 정기 검진 때 타일러를 진찰한 소아과 의사는 벨 부부의 걱정을 일축하며 원래 남자아이들은 여자아이들보다 말이 늦는다고 안심시켰다.

그러다 아들 둘이 동시에 가볍게 수두를 앓았다. 부부는 아들들에게 수두 백신을 맞히지 않았었다. 수두 백신은 당시 막 미국에 도입되었는데, 친구들이 새로 나온 백신은 맞히지 않는 편이 낫다고 했던 것이다.

수두는 타일러에게 엄청난 재앙을 불러온 것 같았다. 걸핏하면 분노발작을 일으켜 장난감을 사방에 던졌으며, 그나마 익혔던 몇 마디 안 되는 말도 모두 잊어버린 채 갑자기 자기 안으로 위축되어버린 것 같았다. 여러 차례 심한 설사를 겪기도 했다. 아이에게 귀신이 들린 것 같다고, 리즈는 피터에게 말했다.

으레 그렇듯 부부는 아들을 병원에 데려가 청력검사를 비롯한 여러 가지 검사를 받았다. 1996년 타일러는 '**달리 분류되지 않는 전반적 발달장애**pervasive developmental disorder not otherwise specified, PDD-NOS'라는 진단을 받았다. 자폐범주성장애 중 하나로, 불과 한 해 전에 《정신질환 진단 및 통계 편람》에 추가된 병명이었다. 의사는 진단 결과를 알려주며 모든 어린이를 나타내는 종 모양의 정규 분포 곡선 맨 왼쪽에 작은 X표를 그렸다. 벨 부부는 크게 상심했다. 아들이 자폐증이라고는 한 번도 생각해보지 않았던 것이다. 의사는 용기를 주려고 애썼다. "자폐증은 아니에요. PDD-NOS일 뿐입니다. 전혀 다른 병입니다." 그날 밤 피터와 리즈는 울면서 친척들에게 전화를 걸었다. 아이를 영원히 잃어버린 것 같았다.

로사 부부와 마찬가지로 이들도 부모들이 이해하기 쉽게 설명된 자폐증에 관한 정보를 거의 찾을 수 없었다. 기껏해야 카너 시대에 수행된 몇 안 되는 연구 결과를 수록한 소름끼치는 것들뿐이었다. 심지어 존스앤존슨의 의학 도서관에도 PDD-NOS에 관한 논문은 몇 편 없었다. 그러다 피터는 캐서린 모리스의 책 《네 목소리를 들려줘》를 발견했다. 이 책을 통해 부부는 충분한 시간과 노력과 비용을 투자한다면 언젠가는 타일러가 병을 이겨낼 수 있다는 희망을 갖게 되었다. 한 달 후, 그들은 아이에게 매주 40시간씩 집에서 일대일 응용행동분석을 시행할 치료팀을 고용했다. 언어치료와 작업치료는 별도였다.

피터는 DAN! 학회에 나가기 시작했다. 림랜드의 네트워크에서 추천하는 일부 대체요법은 타일러에게 도움이 되는 것 같기도 했다. 그러나 아이는 여전히 '회복' 근처에도 가지 못했다. 1997년에 피터는 뉴욕시에서 열린 학회에 참석했다가 '당장 자폐증을 완치하자Cure Autism Now, CAN'라는 새로운 단체의 공동 설립자인 포셔 아이버슨Portia Iversen의 강연을 들었다. 향후 세대에서 자폐증을 근절시키기 위한 조치들에 대한 것이었다. 피터와 리즈는 필라델피아에 이 단체의 지부를 설립했다. 자폐증 완치를 위한 걷기 대회를 통해 100만 달러를 모금하고, 골프 토너먼트와 기업 조찬 모임을 통해서도 많은 금액을 기부받은 피터는 CAN 이사회에 합류해달라는 요청을 받았다. 2004년에 그는 이 단체의 상임 이사가 되었다.

CAN은 1990년 후반에 환자 부모들에 의해 발족된 비슷한 이름의 수많은 단체 중 하나다(2000년에 출범한 '자폐증 완치에 대해 이야기해봐요Talk About Curing Autism'와는 다르다). 가족들의 서비스 접근성을 향상시키는 일보다는 주로 생의학적 치료와 유전 연구에 중점을 두었다. 벨 부부 같은 부모들의 눈에는 자폐증을 영원히 격파할 가능성이 있다는 들뜬 분위기 속에서 서비스 접근성에 초점을 맞추는 것은 패배를 인정하는 것처럼 보였다.

2012년에 내가 프린스턴에 있는 벨 부부의 집을 방문했을 때 피터는 세계에서 가장 큰 자폐증 모금 기관인 오티즘 스피크스의 프로그램 및 서비스 담당 부회장이었다. 햇빛이 잘 드는 거실에서 이야기를 나누는 동안, 이제 키 크고 잘생긴 10대가 된 타일러는 여동생이 피아노를 연주하는 가운데 캔버스 주위를 우아하게 오가며 아무 말 없이 그림 그리는 데 열중했다. 지하실 벽을 따라 그가 그린 그림들이 쭉 걸려 있었다. 아이가 좋아하는 자동차나 오토바이를 생생하고 빛나는 색조로 표현한 것이 많았다. 또한 벽에는 자유로운 형식으로 작성한 거대한 표가 걸려 있었다. "타일러의 지도"라는 제목의 표는 피터가 만든 것으로, 미술, 교육, 자기표현, 지지, 취업, 타인의 삶에 긍정적인 영향 미치기 등 성인으로서 만족스러운 삶에 이르는 길의 여러 가지 이정표들을 표시한 것이었다.

영국의 젊은 정신과 의사 로나 윙이 자기 딸과 비슷한 자녀를 둔 가족들에게 가장 유용한 사회적 지원과 서비스가 무엇인지 찾아 나선 지 40년 후까지도 부모들은 여전히 지도에서 빠진 부분을 메꾸려고 노력했던 것이다.

1960년대 후반 로나는 런던 대학교에서 조현병을 연구하던 남편 존을 도와 영국 국민건강보험National Health Service이 인지장애 자녀를 둔 가족들에게 적절한 자원을 제공하는지 알아보기 위해 캠버웰Camberwell이라는 자치구의 증례 기록 데이터베이스를 정리했다. 딸이 전형적인 카너 증후군이었으므로 그들은 이런 가족들이 일상에서 겪는 어려움은 물론, 수많은 역사적인 사정이 얽혀 오래도록 방치되었던 이 어린이들의 문제가 전면에 드러났다는 사실에 대해 특별한 통찰을 가질 수 있었다.

독일군의 대공습 기간 중 런던 중심부에서 소개疏開되어 한동안 부모와 떨어져 살았던 세대가 겪은 정서적 어려움은 애착 이론에 관한 존 볼비John Bowlby의 연구를 통해 1950년대에 발달심리학 분야에서 대단한 관심을 모았다. 연구를 자극한 또 한 가지 사건은 전국적으로 '정상 이하인 사람'을 수용하는 정신병원과 요양원의 과밀 수용과 비인간적 조건에 관해 몇 차례의 스캔들이 터진 후 1959년 정신보건법Mental Health Act이 통과된 것이었다.[2]

데번주 엑스민스터 병원Exminster Hospital에서는 440명이 정원인 시설에 1,400명을 몰아넣었다. 누워서 잘 공간이 부족해 침대들을 한쪽에 쌓아놓을 정도였다. 80퍼센트가 넘는 환자가 '보증부保證附' 상태였다.[3] 자신의 의지에 반해 수용되었다는 뜻이다. 운동을 하러 나갈 때는 탈출하지 못하도록 세 명씩 쇠사슬로 묶기도 했다.

정신보건법은 이런 보증 과정을 뒷받침하는 법적 근거를 해체시키고, 평생 시설에 있어야 할 수많은 사람을 지방 보건 당국이 책임지고 돌보도록 했다. 이전 같으면 기억에서 완전히 잊혔을 수많은 어린이가 자원과 서비스가 갖춰지지 않은 지역사회로 쏟아져 나왔다. 이들의 정서적 문제와 예후를 이해하는 것이 급박한 사회적 필요가 된 것이다.

새로 떠오르는 이 분야를 이끄는 사람은 런던 도심에 위치한 그레이트 오몬드 병원Great Ormond Hospital의 정신과 의사 밀드레드 크릭Mildred Creak이었다. 빅토리아 시대에 어린이병원Hospital for Sick Children이라는 이름으로 설립된 이 기관은 영국 최초로 형편이 넉넉지 못한 어린이들에게 첨단 의료를 제공하는 시설이었다. (부잣집 아이들을 헌신적으로 돌봐줄 하인, 간호사, 유모, 왕진 의사들은 넘쳐났다.) 초기에 이 신망 있는 기관을 후원한 유명인 중에는 런던에서 가장 가난한 가족들이 겪는 고난을 누구보다도 잘 알았던 찰스 디킨스도 있었다.

《황폐한 집》과 《올리버 트위스트》를 쓴 이 유명 작가는 새로운 시설의 건물 구입 비용을 모금하기 위해 당시 인기 잡지 《하우스홀드 워즈Household Words》에 "시들어버린 새싹Drooping Buds"이라는 글을 기고했다. 그는 독특한 연민이 깃든 문체로 영국의 수도인 잿빛 도시에서 태어나는 어린이 100명 중 65명만이 살아서 8세 생일을 맞는다는 사실을 알렸다. "생각해보라. 런던에서 만들어지는 관棺이 셋 중 하나는 어린이, 그것도 아직 나이가 두 자릿수도 되지 않은 아이의 것이라는 사실을." 나이츠브리지Knightsbridge나 벨그레이비어Belgravia에 사는 부유한 독자들은 턱을 문지르며 생각에 잠겼다가 호사스런 소파에서 몸을 일으켜 그레이트 오몬드 가로 기부금을 보냈으리라. 디킨스는 세인트 마틴 홀St. Martin's Hall에서 《크리스마스 캐럴》 자선 낭독회를 열어 하룻밤에 3천 파운드가 넘는 거금을 모금하기도 했다.[4]

1800년대 후반 이 병원에 근무하던 윌리엄 하우십 디킨슨William Howship Dickinson이라는 의사는 다양한 신경학적 질병을 앓는 수십 명의 어린이들에 대해 아주 상세한 기술을 남겼다. 의사학자醫史學者 미치 왈츠Mitzi Waltz는 디킨슨의 기록에서 자폐증일 가능성이 높은 환자를 몇 명 찾아냈는데, 그중에는 랠프 세지위크Ralph Sedgwick라는 소년이 있었다.[5] 이 아이는 깨어 있는 동안 작은 주먹을 불끈 쥐었다가 눈을 문지르고, 뺨을 찰싹 때리고, 목을 앞으로 구부리고, 머리를 갑자기 흔들고, 얼굴 앞에서 손가락을 흔드는 등 같은 동작을 끝없이 반복했다. 아이는 생존했던 2년 반 동안 딱 한 단어만 말할 수 있었다. "엄마."

1946년 크릭이 이 병원에 영국 최초로 어린이 심리학과를 개설했다. 그녀는 어린이에게서 '정신병'이 결코 드물지 않다는 사실을 동료들에게 입증해야 했다. 어린이들이 공통적으로 나타낸 수많은 증상, 즉 '사회적

인식'의 부족, 행동의 '뻣뻣함', 특이한 언어 표현 등은 카너의 기록을 그대로 옮겨온 것처럼 보일 정도였다.

> 동작을 한번 시작하면 끝도 없이 계속한다. 단어, 구절, 행동, 심지어 수면이나 입맛 등 반응 양상조차 정형화되는 경향이 있다. 초콜릿을 좋아하지만 네모난 모양으로 잘라줘야만 먹는 환자도 있다. 아이는 동그란 모양의 초콜릿 크로켓은 고집스럽게 거부했다.[6]

다양한 임상의들이 저마다 다른 진단명과 용어를 사용하는 것은 이 어린이들의 진단과 치료에 심각한 장애 요인이었다. 이들을 카너 증후군으로 분류해야 할지, 아니면 데스페르의 어린이 조현병이나 볼비의 반응성 애착 장애, 마가렛 말러Margaret Mahler의 공생 정신병이라고 해야 할지, 그도 아니면 어디에도 해당하지 않는지가 항상 모호했다. 말도 안 되는 이런 상황은 1958년 제임스 안소니James Anthony라는 어린이 심리치료사가 비꼬는 투로 남긴 기록에 잘 요약되어 있다. "이름에 집착하는 경향은, 그렇지 않아도 혼란스러운 상황을 난장판으로 몰고 갔다. 온갖 탐구자들이 공통적으로 인정하는 증상이 충분하지 않았고, 대부분 서로 겹쳤기 때문이다."[7] 이 사실은 카너도 인정했다. "어떤 임상의사는 '솔직히 말씀드리면, 제 기준으로는 그렇게 판정할 수밖에 없기 때문에 이 아이는 조현병입니다'라고 말하지만, 다른 임상의사는 '아주 솔직히 말해서, 제 진단 기준으로는 그렇게 판정할 수 없기 때문에 이 아이는 조현병이 아닙니다'라고 말하는 단계에 이른 것 같다."[8]

이렇게 뒤죽박죽인 상황을 정리하기 위해 로레타 벤더는 크릭에게 전문가들로 특별조사위원회를 꾸려, 그녀의 표현에 의하면 '소아기의 조현병적 증후군'이라는 병에 대해 최초로 표준화된 진단 기준을 마련하자고 요청했다. 9 항목 기준Nine Points[9]으로 불리는 이 진단 기준은 자폐증 연구 분야에서 전면적으로 받아들여졌다.

1. 전반적이고 지속적인 정서적 관계 형성 장애
2. 연령에 부적합할 정도의 뚜렷한 개인 정체성 불인지
3. 일반적으로 인정되는 기능에 관계없이 특정 물체들 또는 그 물체들의 특정한 특징에 대한 병적 집착
4. 환경 변화에 대한 지속적 저항 및 동일함을 유지하거나 확보하려는 노력
5. 비정상적인 지각 경험(뚜렷한 기질적 이상이 없는 상태에서)
6. 빈번하게 나타나는 급작스럽고 과도하며 외견상 비논리적인 불안
7. 말하는 능력을 상실하거나, 한 번도 획득하지 못했거나, 아주 어린 연령에 적합한 수준 이상으로 발달시키지 못함
8. 동작 양상의 왜곡
9. 전반적으로 심각한 지체를 보이면서도 정상, 거의 정상 또는 비범한 지적 기능이나 능력이 나타날 수 있음

이 목록은 카너의 모델에서 상당히 벗어난 것이다. 특히 지적장애나 결절경화증 등 기질적 질병이 비슷한 임상 양상을 나타낼 수 있다고 생각한 점에서 더욱 그랬다. 카너는 자신이 기술한 증후군의 범위를 어디까지로 할 것인지 명확하게 선을 긋지 못한 것이 분명하지만, 크릭의 9 항목 기준은 실제 진료에 적용하기가 너무 어렵다는 단점이 있었다.[10] 환자가 '개인 정체성을 인지하지 못한다'는 사실을 임상의사가 도대체 어떻게 확실히 알 수 있단 말인가? 존 윙은 바로 이런 불확실성을 몰아내고자 노력했다. 컴퓨터가 개발되기 전이었지만, 그는 정신의학연구소 회의에 참석할 때면 데이터를 검증하기 위해 수동식 계산기를 가져갔다. 수십 년간 정

신과 의사들은 자신들의 경험을 철저히 검토하지도 않은 채 어린이 정신병에 대해 온갖 장황한 이론을 늘어놓았던 것이다.

머지않아 존은 그런 관행을 변화시키게 된다. 로나에게서 그는 자신과 똑같은 주파수로 작동하는 지적 동등성 이상의 뭔가를 발견했다. 소울메이트를 찾아낸 것이다.

II

1930년대에 영국 남동쪽 끝 질링엄Gillingham이라는 작은 도시에서 자란 로나는 으레 여자아이들의 몫이었던 요리나 바느질, 기타 잡다한 집안일에 따분함을 느꼈다.[11] 대신, 그녀는 엔지니어였던 아버지를 롤모델로 삼았다. 불과 여섯 살 때, 평생 사물이 작동하는 원리를 밝혀내며 살겠다고 결심했던 것이다. 여자아이라면 듣기 마련인 미술 수업에 등록하지 않고 생물학과 화학을 공부했으며, 남학교에서 가르치는 물리학 과정을 수강하러 다녔다.

전쟁이 시작되었을 즈음, 가족은 북쪽으로 올라가 런던 근교 미첨Mitcham에 자리를 잡았다. 아버지는 해군과 함께 외국으로 파견되었는데, 로나는 아버지의 편지를 열심히 읽으며 전쟁의 포화 속에 배 위에서 펼쳐지는 삶에 완전히 마음을 빼앗겼다. 동네 극장의 스크린을 장식하기 시작한 독일발 뉴스를 보고 겁에 질렸지만, 자신만만한 젊은 미국인들이 갑자기 나타나 지역 술집과 상점에서 흥청거리는 모습에 매력을 느끼기도 했다. 그들은 그녀에게 익숙한 사람들보다 훨씬 외향적이었으며, 이상하고 다채로운 억양으로 크게 서로의 이름을 부르는 소리도 듣기 좋았다.

16세 때 로나는 런던 유니버시티 칼리지에서 의학을 전공하기로 했다. 이 대학은 임상 진료보다 과학적인 면을 강조했다. 여의사에 대한 오랜 편견이 한풀 꺾이던 시기였지만, 교수들 또한 여학생들에게 친절하다고 알려져 있었다. (20년 전 밀드레드 크릭 역시 여기서 학위를 받았지만, 런던에서 90군데가 넘는 병원에 지원서를 넣고도 자리를 잡지 못하다 가까스로 요크에서 퀘이커 교단이 운영하는 정신병원에 취직했다.)[12]

존의 어린 시절은 더 어려웠다.[13] 다섯 살 때 서점을 하던 아버지가 제1차 세계대전 중 독가스에 노출된 후유증으로 폐렴이 생겨 세상을 떠났던 것이다. 존과 누나 바바라는 고아들을 위한 기숙 학교에 들어갔는데, 그는 열심히 노력하여 더 나은 학교로 옮겼다. 13세 때 의사가 되기로 결심했지만, 친척 중 누구도 그를 대학에 보낼 여유가 없었다. 제2차 세계대전이 일어나자, 그는 살아남는다면 정부 장학금으로 의과대학에 갈 수 있으리란 희망에서 해군에 입대했다. 군에서는 대부분 오스트레일리아에서 적군의 보급로를 폭격하는 임무를 수행했다. 전쟁이 끝나 영국으로 돌아온 그는 유니버시티 칼리지 장학금을 받을 수 있었다. 그리고 그곳 해부실에서 미래의 아내를 만났다. 로나는 내게 이렇게 말했다. "아주 로맨틱했지요. 같은 시체를 배정받았으니까요." 그녀는 존이 늠름하고 영리하다고 생각했으며, 얼마 후 그와 결혼했다.

로나가 대학병원에서 1년간 일반의 과정 레지던트를 마치자 그들은 앞으로 낳을 많은 아이들 중 첫아기가 될 것으로 기대하며 아기를 갖기로 했다. 1956년 딸 수지가 태어났다. 부부는 짜릿한 기쁨을 느꼈지만 아이는 거의 날 때부터 젖을 잘 빨지 못했다. 엄마 젖을 한사코 거부하여 젖병을 물린 후 눌러서 짜주어야 했다. 모유는 그대로 말라버렸다. 그 기억이 얼마나 고통스러운지 50년이 지난 후에도 로나는 그 말을 하며 얼굴이 일그러졌다. 하지만 병원의 의사와 간호사들은 그 이야기에 대수롭지 않다는 반응을 보였다. 어찌어찌하여 아이는 굳은 음식을 먹게 되었고, 차차 몸무게도 늘어났다. 그녀는 마음속에서 걱정을 몰아내려고 애썼다.

그러나 일은 쉽게 풀리지 않았다. 수지가 밤새 한잠도 자지 않고 비명을 질러대는 바람에, 로나와 존은 이틀에 한 번이라도 제대로 자기 위해 번갈아 아기를 돌보았다. 의과대학 교육은 딸을 키우는 데 전혀 도움이 되지 않았다. 자폐증이라는 말조차 들어보지 못했던 것이다.

6개월 후 로나는 기차에 타 수지를 무릎에 앉혔다. 맞은편에 비슷한 또래의 아들을 데리고 온 젊은 엄마가 앉았다. 초록색 들판에 접어들자 사내아이는 흥분하여 창밖으로 보이는 양과 소들을 가리켰다. 기대에 찬 눈빛으로 엄마를 쳐다보고 웃으며, 자신이 무언가를 손으로 가리킬 때마다 엄마도 거기를 보는지 확인했다. 기대한 반응이 나오면 웃음을 터뜨렸다. 로나는 몸이 떨렸다. **수지는 한 번도 저런 적이 없는데.** 아이는 한 번도 엄마의 주의를 끌기 위해 어딘가를 가리킨 적이 없었다. 원하는 것이 있으면 엄마의 손을 꼭 붙잡고 그것 위에 올려놓았다.

수지는 판다 인형을 갖고 있었다. 그걸 좋아하는 것은 분명했다. 어딜 가든 갖고 다녔고, 인형이 없으면 행복하지 않아 보였다. 냄새를 맡고, 볼에 대고 비비고, 손으로 쓰다듬으며 털의 감촉을 즐겼다. 하지만 로나는 아이가 판다 인형을 진짜 곰처럼 생각하며 놀이를 하는 모습을 한 번도 본 적이 없다는 사실을 깨달았다. 로나가 아이에게 준 선물 중에는 작은 찻잔 세트도 있었다. 아이는 가끔 그것들을 늘어놓고 티 파티 흉내를 내긴 했지만, 다른 아이들을 초대하는 법은 없었다. 상상 속의 티 파티에서 아이는 항상 혼자서 차를 마셨다.

하루는 존이 퇴근 후 집에 돌아와 아이가 어떤 상태인지 알아낸 것 같다고 했다. 조기유아자폐증에 대한 크릭의 강연을 듣고, 수지 이야기 같다는 느낌이 들었던 것이다. 윙 부부는 크릭에게 연락했다. 그녀는 진단이 맞다고 확인해주었다.

머지않아 존과 로나는 수지 같은 자녀를 둔 가족에게 도움이 될 만한 자원이 거의 없으며, 수용시설에 보내는 것 외에는 어떠한 미래도 없다는 사실을 깨달았다. 정신병을 겪는 어린이는 교육이 불가능하다고 생각되었기에 학교에 갈 수 없었고, '현저히 정상에 못 미치는 아동훈련센터Junior Training Centres for the Severely Subnormal'의 보호 작업장에서 그저 인력을 놀리지 않고 시간을 때우기 위해 바구니 짜기 같은 작업을 가르쳤다. 아이들이 나이를 먹으면 어떻게 될지 아는 사람은 아무도 없는 것 같았다. 마크가 진단을 받은 후 림랜드 가족이 그랬듯, 윙 부부도 지독한 고립감을 느꼈다. 그러나 그들은 혼자가 아니었다.

1958년 한 학교의 주사主事로 근무하던 시빌 엘거Sybil Elgar는 몬테소리 교사가 되기 위해 통신강좌를 수강하다가 집 근처에서 말버러 데이 병원Marlborough Day Hospital이라는 '중증 정서장애 어린이'를 위한 기관을 방문했다.[14] 정신분석학 원리를 근거로 하는 진보적 시설이라고 홍보했지만, 그녀는 자신이 본 광경에 깊은 충격을 받았다. 그곳 어린이들이 비참한 상태라는 사실은 의심의 여지가 없었다.

상황을 개선시키겠다고 다짐한 엘거는 헬렌 앨리슨Helen Allison와 페기 에버라드Peggie Everard라는 두 명의 엄마에게 요청을 받아 런던의 세인트 존스 우드St. John's Wood에 있는 자기 집 지하실에서 몇 명의 자폐 어린이를 가르치기 시작했다.[15] 첫 2주간 헬렌의 아들 조는 전구란 전구를 모조리 깨부수며 집 전체를 쑥대밭으로 만들었다. 엘거는 흔들리지 않고 아이의 마음에 닿으려는 노력을 계속했다.[16] 그녀는 자폐증에 관해 아는 것이 거의 없었지만, 성격이 강인한데다 학생이 생각하고 느끼는 것을 알아차리는 능력이 비범했다. 확고하고도 인정 어린 가르침 아래서 조 앨리슨은 점차 차분해지면서 말하는 법을 익히기 시작했다.

수지 윙도 그녀가 초기에 가르친 학생이었다. 아이는 학교에 갈 시간이 되면 열망하는 듯한 목소리로 "엘거 선생님!"을 외쳐댔다. 엘거의 성공이 부모들 사이에 알려지자, 머지않아 그녀의 지하실만으로는 대기 명단에 이름을 올린 어린이를 모두 수용할 수 없게 되었다.

1961년 헬렌 앨리슨은 아들과 함께 BBC 방송의 인기 프로그램 '여성시간Women's Hour〉에 출연했다. 방송이 나가자 수백 통의 전화와 편지가 쏟아졌다. 이듬해 1월 몇몇 부모가(많은 수가 BBC 방송을 본 사람들이었다) 모여 정신병어린이협회Society for Psychotic Children를 결성했다. 이 단체는 곧 로나의 조언을 받아들여 명칭을 북부 런던 자폐어린이구호협회로 바꾸었다(현재는 전국자폐증협회National Autistic Society라고 불린다). 2년 후 미국에서 설립되는 NSAC와 마찬가지로, 이들도 언론을 통해 회원 수를 늘리는 것이 중요하다고 생각했다. 그래야 지역 당국에 압력을 가해 목표를 달성할 수 있기 때문이었다. 이듬해 《이브닝 뉴스Evening News》는 한 면 전체를 할애하여 이 단체에 대한 기사를 내보냈다("사슬에 묶인 어린이들"이라는 유쾌하지 못한 제목이 달려 있었다). 기사가 나가자 다시 한번 편지와 전화가 쇄도했다. 협회의 로고(제럴드 게슨Gerald Gasson이라는 환자의 아버지가 그린 퍼즐 조각)는 나중에 전 세계에 걸쳐 자폐증 부모 단체들의 공통적인 상징이 되었다.

충분한 자금이 모금되자 이들은 일링Ealing에 있던 철도 옆 낡은 호스텔을 개조하여 자폐 어린이를 위한 구호협회학교Society School for Autistic Children(나중에 시빌 엘거 학교로 이름이 바뀐다)를 설립했는데, 여기서 비틀즈가 공연을 열기도 했다. 존 레논은 원래 한 시간만 있기로 했지만, 막상 와서는 어린이들과 함께 마룻바닥에서 뒹굴며 오후 내내 즐거운 시간을 보냈다.[17] 그는 학교의 최초 기부자 중 하나로, 다른 유명 인사도 여럿 끌어모았다.

처음 가르친 학생들이 10대가 되자 엘거는 자폐증 성인을 돌보고 지원하는 일에 관심을 돌렸다. 어린 시절에 많은 발전을 보였어도 '완치된' 것은 아니어서 일생 동안 자신들만의 필요를 충족시킬 수 있는 생활환경이 필요했다. "어린이들은 칭찬과 격려가 필요하지만 교육으로 얻은 능력을 유지하고 확장시키기 위해…그리고 직업에 필요한 기술을 익히기 위해 계속 교육과 훈련을 받을 기회가 무엇보다 중요합니다."[18] 1972년 협회는 서머셋 코트Somerset Court를 건립한다.[19] 이 건물은 유럽 최초로 자폐증 성인을 위해 입주 시설 및 학교를 통합한 것이었다. 엘거와 남편은 맨 꼭대기에 있는 아파트로 이주했다.

이런 성취로 인해 로나와 동료 전문가들은 자폐증의 이해라는 면에서 미국의 전문가들을 훨씬 앞서 나갔다. 카너는 1973년에야 자폐증이 다양한 중증도로 나타날지도 모른다고 인정했지만, 런던에서 그 사실은 이미 상식에 속했다. 또한 그녀는 카너, 아이젠버그, 베텔하임이 미국 부모들에게 뒤집어씌운 엄청난 죄책감에서도 자유로웠다. 로나는 이렇게 말했다. "카너의 후기 논문들을 읽어보고 정말 멍청한 소리라고 생각했지요. 제가 냉장고 엄마가 아니라는 사실은 누구보다 스스로 잘 알고 있었으니까요."

런던 그룹을 이끈 사람 중 하나는 역시 정신의학연구소 소속 마이클 러터였다. 그는 수잔 폴스타인Susan Folstein이라는 펠로 연구원과 함께 쌍둥이의 자폐증을 연구하여 사상 최초로 자폐증의 유전적 증거를 제시했다. 러터의 초기 연구는 두 가지 질병이 매우 드물게 한 사람에게 나타나는 경우는 있지만 기본적으로는 전혀 다르다는 사실을 입증하여 자폐증과 조현병을 확실히 분리했다.[20]

수많은 부모들의 경험에 의해 반대 증거가 쌓였지만, 1960년대에 들어서도 확실히 해명되지 않은 가장 큰 실증적 질문은 카너가 끊임없이 주장하듯 자폐증이 정말로 드문 병이냐는 것이었다. 사회적 서비스 제공은 전적으로 이 문제에 달려 있었으므로 이미 오래전에 검증되었어야 마땅한 것이었다. 그 질문에 확실한 답을 제시하는 것이야말로 캠버웰의 모즐리 병원Maudsley Hospital에서 존 윙이 이끌었던 의학연구위원회Medical Research Council, MRC 사회정신의학부Social Psychiatry Unit의 핵심 목표였다.

III

1964년 미들섹스주(템스강 북쪽과 런던 서쪽에 걸친 넓은 지역) 보건소장 가이 위글리Guy Wigley가 MRC에 한 가지 문제를 들고 왔다. 관할 구역에 자폐 어린이가 몇 명이나 되는지 알 길이 없다는 것이었다. 한 번도 유병률 연구가 진행된 적이 없었던 것이다.

존은 이 문제에 빅터 로터Victor Lotter라는 대학원생을 배정했다. 그는 교사들, 직업훈련원 원장들, 간호사와 부모들에게 수천 장의 설문지를 배포하여 미들섹스주에 사는 8~10세 어린이들을 거의 전부 조사했다. 크릭의 9 항목 기준을 근거로 로터는 54명의 어린이에게서 병력과 사회력을 완벽하게 얻을 수 있었다. 자폐증 추정 유병률은 1만 명당 4.5명이었다.[21] 총 32명이 자폐증인 셈이니 실제로 매우 적은 것이 분명했다. 비슷하게 제한적인 기준을 적용한 다른 연구자들도 비슷한 결론을 내놓았기에 이 수치는 향후 수십 년간 자폐증 유병률을 추정할 때 자주 인용되는 기준치가 되었다.

하지만 숫자를 자세히 들여다보면 많은 문제가 드러난다. 애초에 카너는 조기유아자폐증이 출생 시부터 뚜렷이 나타난다고 주장했지만, 이 연구에서는 어린이 중 거의 절반이 아주 어릴 적 어느 시점에 '분명하고도 쉽게 알아볼 수 있는 발달상의 문제'를 겪었다. (나중에 백신 반대 운동가들은 '퇴행적 자폐증'이 홍역-볼거리-풍진 혼합백신과 연관된 새로운 현상이라고 주장했지만, MMR은 1988년에야 영국에 도입되었다.) 또한 카너의 진단 기준에 따르면 9

명의 어린이는 자폐증의 범주에 포함되지 않을 신경학적 이상의 증거를 나타냈다.

로터의 면담 또한 당시 의료인들이 환자에게 취했던 냉담한 태도를 드러냈다. 한 소아과 의사는 3세 어린이의 엄마에게 이렇게 말했다. "정신적으로 결함이 있습니다. 가망이 전혀 없어요." 앞으로 어떻게 돌봐야 하는지 묻자, 의사는 조언이랍시고 "정원에서 공을 가지고 놀게 하세요"라고 했다. 어린이 중 절반이 아무런 교육도 받지 못했다. 로터는 '사회적 서비스가 매우 부족하다'고 결론지으며, 엘거 학교를 아주 드물고 유망한 예외로 언급했다.

MRC 연구원 중 이 문제의 중요성을 로나 윙보다 더 잘 아는 사람은 없었다. 비슷한 처지에 있는 부모들과 10년 동안 이야기를 나누다가 카너 진단 기준의 경험적 타당성을 의심하게 된 그녀는 1970년대 초반 마침내 미들섹스 연구를 추적하기로 결심한다. 로터가 카너의 정의에 맞는 어린이를 찾는 하향식 방법을 이용한 반면, 그녀는 이미 인지장애가 있다고 분류된 캠버웰의 어린이 중 자폐 행동을 나타낸 경우를 찾는 상향식 접근법을 택했다.

로나와 역시 MRC 연구원이었던 주디스 굴드Judith Gould는 소아과 의사, 심리학자, 교사, 보건직 종사자, 병원 행정가 등 직업상 지역 내 특수한 요구를 지닌 어린이들을 접촉하는 모든 사람에게 연락했다. 가장 절실하게 도움이 필요한 가족들을 찾기 위해 그들은 표본 중 IQ가 70 미만인 어린이만 고른 후, 로나가 개발한 '장애, 행동 및 기술 일정Handicaps, Behaviour and Skills Schedule'이라는 설문지를 통해 자폐증 증상을 보이는지 조사했다. 그들은 수개월간 전화를 하고, 편지를 쓰고, 병의원과 수용시설, 특수학교 등을 직접 방문하여 먼지 쌓인 기록을 뒤졌다. 로나는 상당히 내성적이었지만 필요한 데이터를 얻기 위해서라면 수단 방법을 가리지 않았다. 굴드는 이렇게 회상한다. "한 정신과 의사가 있었는데 얼마나 강경하게 거부하던지 저는 완전히 포기했지요. 하지만 로나는 그 정보를 꼭 얻어내겠다고 결심한 후 모든 매력과 여성적인 술책을 동원하여 마침내 손에 넣고 말았어요."

미들섹스 연구에서 예측한 것과 마찬가지로, 캠버웰 지역에서 카너의 기준을 충족시키는 어린이는 1만 명 중 4.9명으로 매우 드물었다. 그러나 로나와 주디스는 거기서 멈추지 않았다. 지역사회 어디에서든 카너의 진단 기준에는 맞지 않지만 카너 증후군을 연상시키는 특성을 뚜렷이 나타내는 어린이가 훨씬 많다는 사실을 쉽게 알 수 있었다. 이들은 카너가 볼티모어에서 진료했던 환자들과 마찬가지로 사회적 무관심, 반복행동, 동일성에 대한 집착을 나타냈지만, 양상이 훨씬 다양하고 범위가 넓었다.

그들은 손을 파닥거리고 대명사를 바꿔 말하지만 장난감을 줄 맞춰 정렬하지는 않는 어린이들을 보았다.[22] 정교한 의식적儀式的 행동을 반복하고 일상생활에 조그만 변화라도 있으면 겁에 질리지만, 엄마가 상 치우는 일을 돕고, 일이 끝나면 조용히 한쪽 구석으로 가서 축음기로 음악을 듣는 것에 빠져드는 10대들도 보았다. 일부는 말을 한마디도 못했지만, 다른 어린이들은 천체물리학, 공룡, 왕가의 계보 등 관심 분야를 아주 세밀한 부분까지 파고들었다.

로나는 관찰한 것들의 의미를 알아보려고 노력하던 중 카너의 자폐증과 아스퍼거 증후군이 전혀 다른 질병이라고 주장하는 디르크 아른 판 크레벨런의 《자폐증 및 어린이 조현병 저널》에 실린 논문을 우연히 발견했다. 두 가지 증후군을 기술한 부분을 읽는 동안, 머릿속에 계속 캠버웰의 어린이들이 떠올랐다. 그녀의 연구에서는 일반 학교에 다니는 어린이들을 제외했기 때문에 아스퍼거가 기술한 범주에 드는 어린이들이 대부분 제외되었을 텐데도 그랬다. 굴드는 이렇게 말했다. "이 어린이들은 어떤 범주에도 딱 들어맞지 않았어요."

아스퍼거의 논문은 그때까지도 영어로 번역되지 않았으므로 로나는 존에게 번역을 부탁했다. 논문을 읽고 난 그녀는 캠버웰에서 본 것이 아스퍼거가 비엔나 클리닉에서 본 것과 똑같다는 사실을 깨달았다.

로나가 자신이 보았던 '아무도 어떻게 해줘야 할지 모르는 어린이들'을 동료들에게 보내기 시작하자, 아스퍼거 모델의 타당성은 한층 뚜렷해졌다. 어린이들은 명백히 카너의 좁은 범주에 들어맞지 않았으므로 대부분 조현병으로 진단받았다. 또한 확실히 지능이 매우 높았지만 사람들이 보내는 미묘한 사회적 신호들을 알아채지 못하여 너무 고지식해 보였다.

한번은, 다리에서 템스강으로 뛰어내린 한 젊은이를 경찰이 건져내어 모즐리 병원으로 데려왔다. 로나가 보니 청년은 손목시계를 두 개 차고 있었다. 하나는 그리니치 표준시에, 다른 하나는 지방 표준시에 맞춘 것이라고 했다. 두 가지 시간이 똑같았는데도 말이다. 그는 최근 런던 시간이 일광 절약 시간에 맞춰 변경된 데 몹시 분개했다. 그는 세 살이 될 때까지 말을 못했고, 열네 살이 될 때까지 친구가 한 명도 없었다. 하지만 물리학책과 화학책을 매우 즐겨 읽었을 뿐 아니라 두 가지 학문에 관계된 수많은 사실을 기억했다. 시대에 매우 뒤떨어진 옷을 입고 있었으며, 자신의 물건을 질서정연하게 정리하고, 엄격한 일정에 따르는 데 특히 예민했다. 하지만 사람들이 대체로 자신을 좋아하지 않는다는 사실을 알았으며, 그 점에 대해 매우 괴로워했다. 그의 아버지는 아들이 어딘지 다르다는 것을 알고 있었지만 정확히 뭐가 문제인지 짚어낼 수 없었다.

그는 예의 바르게 행동하려고 무척 애를 썼지만 툭하면 칠칠맞지 못하다거나, 무례하다거나, 촌스럽다고 놀림을 당했다. 생각을 분명히 표현했지만, 대화 중에는 관련없는 것까지 시시콜콜 설명하는 경향이 있었다. 아버지와의 관계를 물었더니 이렇게 대답했다. "아버지와 저는 잘 지내요. 아버지는 가드닝을 아주 좋아하죠." 자살하려고 다리에서 뛰어내렸지만 수영을 너무 잘해 실패한 후, 목을 매달려고도 해보았다. 그가 일상생활을 해나가는 데 도움과 지원이 필요하다는 사실은 분명했지만, 어떤 책을 찾아보아도 정신과 진료를 받는 데 필요한 진단명을 붙일 수 없었다. 로나는 이런 젊은이들이 자폐증 진단을 받기가 쉽지 않다는 사실을 알고 있었다. 자폐증은 말을 못하는 취학 전 어린이에게만 붙일 수 있는 병명으로 못 박혀 있었기 때문이다. 비슷한 나이의 젊은이들이 겪는 신체적 장애는 한결같이 고통이 너무나 생생했고 전문가의 도움을 필요로 했지만, 그들은 거의 눈에 띄지 않는 존재였다.

1979년 발표한 캠버웰 연구 논문에서 윙과 굴드는 이렇게 보고했다. "카너가 기술한 행동 양상은 확실히 식별할 수 있지만, 본 연구에서 밝혀진 소견들을 고려할 때 어린이 자폐증을 특정한 한 가지 질병으로 간주하는 것이 과연 유용한지는 의문이다." 정부의 의료 서비스 제공 가이드라인을 권고하는 것이 MRC의 임무라는 점을 생각해볼 때, 그들의 말은 더욱 큰 의미를 지녔다. 카너 증후군을 겪는 어린이들뿐만 아니라 모든 연령에 걸쳐 훨씬 많은 사람이 자신의 고통에 대해 도움은 고사하고 설명조차 듣지 못한 채 하루하루 살기 위해 안간힘을 쓰고 있었기 때문이다.

IV

로나는 카너가 자신의 정원에 담장을 둘러쳐 체계적으로 배제시켜버린 사람들에게까지 자폐증의 개념을 확장시키기 위해 조용하지만 단호한 캠페인을 벌였다. 동시에 두 개의 전선戰線에서 싸움을 벌이는 전략이었다.

우선, 그녀는 자폐증이 범주적 진단이라기보다 **차원적** 진단, 즉 '자폐증이다, 아니다'의 문제라기보다 '어떤 유형이냐?'의 문제라는 점을 동료들에게 이해시키려고 했다. 단일한 증후군이라는 카너의 개념 대신, 그녀는 **자폐증 연속선**autistic continuum이라는 용어를 제안했다. 그 연속선상에는 분명 수많은 명암과 색조가 있지만, 모든 자폐인은 정확히 아스퍼거가 예견한 대로 고도로 체계화되고 포용적인 교육법에 의해 도움을 받을 수 있었다.

또한 동일한 사람이 삶의 특정 시기에는 연속선상의 한 점에 있다가 나중에는 다른 점에 있을 수 있다는 사실도 분명했다. 수지 같은 아이들은 중년 이후까지도 심한 장애 상태에 머물러 있을 것이었다. 그러나 어떤 사람은 교사가 허용적인 환경과 특별한 배려를 제공해주면 전혀 예상치 못했던 방식으로 재능을 꽃피웠다(카너의 환자였던 도널드 T.나 리처드 S.처럼). 예를 들어, 협회학교 졸업생인 데이비드 브라운스버그David Braunsberg는 나중에 대학에서 미술을 전공하고 유명한 화가이자 직물 디자이너가 되었다.

두 번째로, 로나는 자폐증이라는 용어에 동반되는 사회적 낙인을 의식하여 새로운 진단명을 도입했다. 그것은 엄격한 경험적 결정이라기보다 영리한 마케팅 전략 같은 것이었다.

> 특수한 경험이 없는 부모들은 사회적으로 서투르고 고지식하며 수다스럽고, 칠칠맞은 자녀들이 자폐증일지도 모른다는 생각을 거부하거나 무시하는 경향이 있다.[23] 영국 각지의 조수 간만 시각이나 영국식 일광 절약 시간을 해지해야 할 필요성 또는 TV 연속극에 한 번이라도 얼굴을 내민 모든 극중 인물의 이름과 관계 등에 열렬한 관심을 보이는 성인들도 마찬가지다. 그러나 자녀가 아스퍼거 증후군이라는 흥미로운 질병일 수도 있다는 생각은 훨씬 받아들이기 쉽다.

로나가 아스퍼거 증후군이라는 이름을 처음 떠올린 것은 아니다(아스퍼거 자신도 이런 용어를 쓰지는 않았다). 1970년 게르하르트 보슈Gerhard Bosch라는 독일 심리학자가 《유아자폐증Infantile Autism》이라는 책을 출간하면서 '아스퍼거와 카너' 증후군이라는 용어를 처음 사용했다. 그는 이렇게 결론 내렸다. "우리의 경험상, 두 가지 증후군 사이에는 쉽고 명백하게 이쪽 또는 저쪽이라고 판단할 수 없는 중간 영역이 존재하는 것으로 보인다." 카너가 조기유아자폐증에 대해 그렇게 했던 것처럼, 로나 역시 〈아스퍼거 증후군_임상 기록Asperger's Syndrome: A Clinical Account〉이라는 제목으로 두 개의 손목시계를 차고 있던 남성과 5명의 다른 젊은 성인 등 자신이 진료했던 증례들을 기술하여 이 병을 체계화했다. 이 논문은 1981년에 발표되었다.

어느 누구도 기억하고 싶지 않은 장소와 시점에서 아스퍼거의 이름을 다시 불러내는 일은 쉽지 않았다. 1980년대 후반 독일의 인지심리학자 우타 프리트가 자신의 저서에 수록하기 위해 마침내 아스퍼거의 논문을 유려한 영어로 번역했을 때 출판사는 원고를 거부했다(결국 케임브리지 대학교 출판부에서 출간했다). 로나의 제안 역시 에릭 쇼플러로부터 이제 막 자폐증과 조현병 사이의 혼란에서 벗어나기 시작한 이 분야에 또 다른 진단명을 추가한다는 공격을 받았다(그는 고기능 자폐증이라는 용어를 선호했다). 아스퍼거가 나치에 복무했다는 소근거림은 끊이지 않았다. '그런 사람을 굳이 인정해야 하나?'

시간이 흐르면서 로나는 연속선이라는 용어를 그리 좋아하지 않게 되었다. 어감상 가장 가벼운 경우에서 가장 심한 경우까지 중증도가 점점 증가한다는 암시를 주기 때문이었다. 그녀가 표현하고 싶었던 것은 좀 더 개인적이고 미묘한 차이를 나타내며 다면적인 어떤 것이었다. 좀 더 나은 용어를 생각해내려고 애쓰는 동안, 마음속에서 윈스턴 처칠의 말이 떠올랐다. “자연이 긋는 선은 항상 주변으로 번진다.” 그 말은 특히 자폐증에 잘 들어맞는 것 같았다. 로나의 개념에서 가장 급진적인 측면은 이 연속선이 알아차리지 못하는 사이에 매우 다양하고 특이한 상태들로 변해간다는 점이었다. 그녀는 이렇게 썼다. “아스퍼거 증후군의 모든 특징은, 정도의 차이는 있지만 정상적인 사람에게서도 찾아볼 수 있다.”

결국 그녀는 자폐스펙트럼이라는 용어를 채택했다. 그녀는 그 어감이 좋았다. 무지개 또는 무한하게 다양한 자연의 창조성을 입증하는 현상들을 기분 좋게 떠올려주기 때문이다.[24] 임상의사들도 앞다투어 이 용어를 받아들였다. 수십 년간 실제로 생생하게 경험했던 것을 설명하는 데 도움이 되었던 것이다. 말하자면 이 용어는 쉽게 입소문을 타고 퍼져나갈 운명을 지닌 일종의 밈meme이었다. 로나는 미처 예측하지 못했지만 그 전파 과정에는 문화적 힘이 복합적으로 작용했다. 그 중심에는 잘 알려지지 않았던 카너의 질병을 하루아침에 누구나 입에 올리는 말로 바꿔버린 한 편의 영화가 있었다.

9

〈레인맨〉 효과

그는 온갖 것을 기억해요. 아주 사소한 것들을.

—— 찰리 바빗

1

배리 모로우Barry Morrow는 1954년 모델 스튜드베이커Studebaker를 몰고 모퉁이를 돌아 미니애폴리스의 미니카다 클럽Minikahda Club 뒤로 들어섰다.[1] 칵테일 웨이트리스로 일하는 갓 결혼한 아내 베벌리Beverly가 근무를 마치고 나올 시간이었다. 얼어붙을 듯 추운 차 안에서 기다리는 동안 주차원들이 거대한 공장처럼 보이는 클럽하우스 앞 주차장을 가득 메운 캐딜락과 링컨을 몰고와 대기시키려고 뛰어다녔다. 로큰롤 밴드에서 노래하며 먹고살기 위해 온갖 잡다한 일을 마다하지 않는 23세의 모로우는 고물 자동차의 고장난 히터를 빨리 고칠 생각이 전혀 없었다. 집집마다 백과사전을 팔러 다닌 지 이틀째(그날이 마지막이었다), 한 가난한 할머니에게 길 아래 도서관에 가면 훨씬 좋은 백과사전 세트가 있다고 알려주며 주문을 취소하라고 설득했던 것이다.

아내가 근무 중 입어야 하는 노출이 심한 프랑스식 드레스를 갈아입고 나오기를 기다리는 동안, 위층 창문에서 미소 지으며 손을 흔드는 사람의 모습이 모로우의 시선을 붙잡았다. 그도 손을 흔들어주었다. 다음 날 밤에도 똑같은 일이 일어났다. 그다음 날도 마찬가지였다. 그들의 작은 의식은 몇 달간 계속되었다. 매일 밤 자기가 나타나기를 기다리는 것처럼 보이는 수수께끼의 인물에게 약간 섬뜩한 느낌도 들었다. 모로우는 그를 '손 흔드는 사람'이라고 불렀다. 베벌리는 그의 이름이 빌이며, 야간 근무 중에 클럽의 오븐을 닦는다고 알려주었다. '정신지체'가 있지만, 자신이 만나본 사람 중 가장 행복하고 친절하다고도 했다.

그해 미니카다 클럽에서 직원들을 위해 열어준 성탄절 파티에서 모로우 부부는 빌이 파티장 맞은편 테이블에 혼자 있는 모습을 보았다. 현악 사중주단이 돌아다니며 캐럴을 연주하고, 검은 넥타이를 맨 웨이터들이 카나페 접시를 들고 이리저리 움직이는 와중에, 그는 파카 속에 몸을 웅크리고 물 한 잔을 조심스럽게 든 채 앉아 있었다. 머리에는 광이 나는 검은색 비틀즈풍 가발이 위태롭게 얹혀 있었다. 호기심을 참지 못한 모로우는 사람들을 헤치고 빌의 테이블로 다가가 성탄 인사를 건넸다. 그는 나이가 많았지만 자리에서 일어나 왼손으로 가발을 들어올리고 오른손은 옆으로 쭉 뻗어 지나치게 격식을 갖춘 인사를 했다. 그들은 함께 앉아 무료로 제공되는 샴페인을 몇 잔 마셨다. 이내 취기가 올랐다.

함께 웃음을 터뜨리며 즐기는 동안, 모로우는 빌의 입속에 몇 개 남지 않은 치아가 담배로 찌들어 갈색으로 변했으며, 목은 갑상선종으로 부풀어오른 것을 보았다. 가발 또한 아쿠아 네트Aqua Net*를 너무 많이 뿌린 탓에 뻣뻣해진데다 볼링공처럼 번들거렸다. 천성적으로 호기심이 많은 모로우는 빌의 삶에 대해 이것저것 캐묻기 시작했다. 빌은 수줍음을 타지는 않았지만, 너무 다양한 주제를 되는 대로 끄집어내는 바람에 대화를 따

---

* 헤어스프레이 상표.

라잡기 힘들었다. 나중에 모로우는 이렇게 말했다. "내게 들려줄 대서사시가 있는데, 세부 사항을 하나도 기억하지 못하는 것 같았지요."[2]

결국 모로우는 빌의 삶에서 자세히 말하고 싶지 않은 상당히 긴 시기가 있다는 사실을 알게 되었다. '그 지옥 구덩이'라고 부르는 패러보 주립병원Faribault State Hospital에서 44년을 보냈던 것이다. 불과 80킬로미터 떨어진 곳이었다. 빌은 1920년 7세의 나이로 그곳에 입원했다. 부모인 샘Sam과 메리 색터Mary Sackter는 러시아에서 태어난 유대인들로, 구멍가게를 운영했다. 샘이 35세라는 젊은 나이로 심장마비를 일으켜 갑자기 세상을 떠나자 사업은 엉망이 되었고, 빌의 학교생활 역시 한 교사가 보고서에 썼듯이 '추잡한 버릇' 때문에 빗나가기 시작했다.

교장은 완강했다. 빌이 정신박약이며, 공교육 시스템에는 그런 아이들을 위한 자리가 없다고 했다. 어머니는 힘닿는 데까지 아들의 권리를 위해 싸웠지만 지역 정신보건 당국에서는 빌이 지역사회에 부담이 될 위험이 있다고 판단했고, 결국 주립병원에 수용해야 한다는 결정이 내려졌다. 당시 병원의 이름은 패러보 주립 정신박약 및 간질 학교Faribault State School for the Feebleminded and Epileptic였다.

첫 5년간 그는 어머니가 보낸 편지와 식료품이나 옷가지가 들어 있는 소포들을 받았다. 그러나 '저능아'로 진단받았기 때문에 아무도 읽고 쓰는 법을 가르쳐주지 않았다. 메리의 편지에는 아주 가끔(그나마 이름을 잘못 적어) 병원 직원이 답장을 보냈다. 1925년 메리는 병원 측에 아들을 잠깐 '가석방'시켜(패러보에서는 이런 용어를 썼다. 그곳에서 생활하는 사람은 '수감자'라고 불렀다) 주말을 가족과 함께 보낼 수 있는지 물어보았다. 병원을 벗어나기에는 너무나 '정상 이하'라는 대답을 듣자 그녀는 마지막으로 한 가지 부탁을 했다. 아들의 사진을 달라는 것이었다. 가족 중에 정신병자가 있다고 낙인찍히면 장차 딸들이 남편감을 찾는 데 나쁜 영향이 있을 것을 두려워한 메리는 아이들에게 빌이 죽었다고 생각하라고 신신당부했다.[3] 그녀는 재혼한 후 캐나다로 건너가 다시는 연락하지 않았다.

빌이 건강이 나쁘고 외모가 단정치 못한 것은 거의 반세기 동안 수용시설에 방치되고 학대당했기 때문이었다. 그는 시계 보는 법이나 돈 관리하는 법을 배운 적이 없고, 제대로 치과 진료를 받아본 적도 없었다. 다른 수감자들처럼 병원 이곳저곳을 연결하는 축축한 터널을 따라 음식 운반 카트를 미는 등 등골이 빠질 정도로 힘든 노동을 하고 월 30센트에서 1.5달러를 받았다.[4] 그나마 돈으로 준 것이 아니라 병원 매점에서 해당 액수의 물품을 구매할 수 있었다. 훨씬 장애가 심한 동료 수감자들에게 밥을 먹이거나, 이런저런 것들을 돌봐주는 일에도 자원했다. 빌은 모로우에게 이렇게 말했다. "이봐, 친구(그는 모든 사람을, 심지어 자기가 키우는 잉꼬까지도 '친구'라고 불렀다). 나는 거기 너무 오래 있었어. 나중에는 거기 있다는 사실도 몰랐지 뭐야." 수용시설 주변을 따라 둘러쳐진 높은 담장은 곧 그의 세계를 규정하는 지평선이었다.

하루는 같은 병동에 있던 사람이 갑자기 발작을 일으켰다. 그가 죽을까 봐 겁이 난 빌은 술을 잔뜩 퍼마시고 곯아떨어진 당직자를 깨웠다. 당직자가 격분해서 머리채를 단단히 움켜잡은 채 계단 아래로 내던지는 바람에 빌은 그만 머리 가죽이 벗겨지고 말았다. 그것이 가발을 쓰게 된 이유였다. 다리에도 궤양이 있었지만 한 번도 제대로 치료받은 적이 없었다. 1960년대에 정신지체시민협회 미네소타 지부의 부모들이 주립 보호관찰 간호 시설의 생활 조건을 좀 더 면밀히 들여다보겠다고 나섰다. 상원 의원 부인들 모임에서 패러보에 갔다가 구역질나는 환경을 견디지 못하고 중간에 둘러보기를 포기한 일도 있었다.[5] 진보적인 개혁의 바람이 밀어닥쳤고, 마침내 빌은 지역사회에서 충분히 생활할 수 있는 상태로 판정받았다. 난생처음 혼자 기차를 타본 그는 미니애폴리스로 가 하숙방을 얻었다. 시설에 수용되었던 동료들과 몇 년간 함께 살며 정원 일, 눈 치우기, 자동차 정비소 청소 등의 일을 했다. 그러다 사회복지사가 미니카다 클럽의 일자리를 소개해준 것이었다.

모로우는 빌이 그토록 어려운 세월을 헤쳐왔음에도 너무나 쾌활하다는 데 깊은 인상을 받았다. (그는 여러 번 외쳤다. "시내에 놀러 나온 것처럼 기분이 좋은걸!") 사람들이 대부분 무시하는데도 아랑곳하지 않고 나서기를 좋아했다. 그날 밤 파티가 끝날 무렵, 빌은 가발을 벗어 주머니에 쑤셔 넣고 하모니카를 꺼내더니(수용시설에서 죽은 친구가 물려준 것이었다) "뚱뚱보 폴카 Too Fat Polka"의 코러스를 멋들어지게 불어젖혀 조금 답답했던 그곳을 삽시간에 열광적인 댄스 파티장 분위기로 바꿔놓았다. 헤어질 무렵, 모로우는 종이에 전화번호를 적어 빌에게 건네며 필요한 일이 있으면 언제든 주저하지 말고 전화하라고 말했다.

빌은 주저하지 않았다. 다음 날 아침 6시 모로우는 전화벨 소리에 지끈거리는 두통을 느끼며 잠에서 깨어났다. 수화기 저편에서 한 여성이 자신을 '전화 걸어주는 사람'이라고 소개하더니 빌을 바꿔주었다. 그는 새로 사귄 친구에게 치약이 떨어져 잡화점까지 가야 하는데 차로 데려다줄 수 있느냐고 물었다. 두 시간 후 모로우가 스튜드베이커를 그의 집 앞에 세웠을 때 빌은 온몸에 눈이 쌓인 채 눈사람 같은 모습으로 현관에 앉아 있었다. 전화를 끊자마자 밖으로 나와 모로우가 도착하기를 기다렸던 것이다. 자폐증의 역사를 바꿔놓을 아름답고 믿기 어려운 우정이 싹트는 순간이었다.

II

패러보의 바글바글한 병동에서는 어린이 조현병이 흔한 진단명이었지만, 빌은 자폐증이 아니었다. 오히려 그 반대였다. 거리에서 낯선 사람을 만나도 친절할 것 같기만 하면 바로 인사를 건네는 타고난 수다쟁이이자, 남들에게 자기를 맞추는 성격이었다. 패러보에서는 빌 같은 사람을 공공연하게 '또라이들crack-minded'이라고 불렀다. 심지어 13년 동안 IQ검사 한 번을 하지 않았다.

모로우 부부는 빌을 동정의 대상이 아닌 친구로 받아들였다. 친구들 중에 꾀죄죄한 화가, 작가, 음악가들이 있듯이 그 역시 자기대로 특이한 사람일 뿐이라고 여겼다. 치약이나 '가발 스프레이' 심부름은 이내 빌의 끝없는 독백을 들으며 한가롭게 시내 이곳저곳을 드라이브하는 만남으로 바뀌어갔다.

"그는 주변에서 어떤 일이 일어나든 그쪽으로 고개를 돌리고 세심하게 관찰했죠." 모로우는 이렇게 회상하며 병원 매점에서 파는 독한 올드 립Old Rip 담배를 수십 년간 피운 탓에 걸걸해진 빌의 목소리를 흉내 냈다. **"버스 좋네, 좋아. 저 버스들 좀 봐. 진짜 크고, 사람도 진짜 많이 탔네. 학생들이구만. 그래, 공부하는 애들이지. 그리고 저 사람들은 일을 열심히 하는구만. 사람은 일을 해야 하는 법이지. 좋은 직업을 가져야 하고."** 모로우는 덧붙였다. "나중에야 빌이 난생처음 보는 세상의 모습을 표현하고 있다는 사실을 깨달았죠."

미네소타 대학교 학부생이었던 모로우는 슈퍼 8Super 8이나 소니 포르타팩Sony Portapak 등 당대의 첨단 기술인 소형 휴대용 비디오 시스템에 폭 빠져 빌과 다른 친구들이 도시를 돌아다니며 겪는 대장정을 필름에 담기 시작했다. 빌은 중서부 지방 보헤미안 중 누구보다도 나이가 두 배 이상 많았지만 스스럼없이 어울렸다. 친구들은 그저 끊임없이 경탄하는 특이한 사람이 추가되었다고 생각했다. "빌은 방 안에 있는 코끼리가 아니었어요." 모로우는 웃음을 터뜨렸다. "방 안에는 코끼리가 아주 많았죠. 반 정도는 약에 취해 있었고요."

모로우 부부의 아들 클레이Clay가 태어나자, 빌은 비공식적 '할부지'가 되어 클레이의 진짜 조부모가 참석하는 일요일 밤의 닭고기 디너에 자주 초대받았다. 모로우의 밴드인 블루 스카이 보이스Blue Sky Boys가 바나 호텔 라운지에서 연주를 할 때면 '와일드 빌'이 무대에 등장하여 환상적인 하모니카 실력으로 청중을 열광의 도가니로 몰아넣었다. 60세가 되어서야 어린 시절 이후 처음으로 가족이 생긴 것이다.

빌은 모로우의 친절에 자기 방식으로 보답했다. 자신만의 성소聖所에 출입할 수 있도록 허락했던 것이다. 미니카다 클럽 뒤편 잔디깎기를 넣어두는 헛간 옆에 있는 작은 방에는 침대 하나와 아쿠아 네트 캔이 가득한 철제 로커 외에는 거의 가구가 없었다. 빌은 목소리를 한껏 낮춘 채 경건한 어조로 자신의 가발 스탠드를 보여주었다. 스탠드는 어린이들이 뛰노는 모습, 개가 뛰어오르는 모습, 태양이 솟아오르는 모습을 담은 사진들을 직접 잡지에서 오려내어 꾸민 성소에서도 중심을 차지했다. 한구석에는 낡은 흑백 TV가 놓여 있었다. 그걸로 빌은 가장 좋아하는 〈지니 꿈을 꾸었네I Dream of Jeannie〉를 보았다. 거의 한 편도 놓치는 법이 없었다. 모로우의 친구들을 만나면 이렇게 묻곤 했다. "자네도 지니 꿈을 꾸나?"

모로우는 빌에게서 느낀 깊은 연대감을 다른 사람들에게는 설명하기가 불가능하다고 인정한다. 그들의 대화는 슬쩍 장난기가 돌면서도 선문답 같은 구석이 있었다.

빌: 이봐, 정상적이고 훌륭한 사람이 되려면 말이야, 삶에 세 가지가 필요하다고. 우선 좋은 직업이 있어야 해. 이건 내가 계속 생각하는 거고, 그리고 좋은 친구가 있어야지.

모로우: 두 개뿐이잖아요, 빌. 세 번째는 뭔데요?

빌: 머리카락이지. 자네 머리카락 같은 거. 그래서 자네가 정상적이고 좋은 친

구인 거야, 알았어?

오랜 세월 동안 아쿠에 네트에 절인 탓에 어느 날 빌의 가발이 '고장' 나버렸다. 모로우는 새로운 가발 대신 기품 있는 턱수염을 기르라고 설득했다. 빌을 치과 의사에게 데려가 틀니를 맞춰주기도 했다. 외모에 신경을 쓰자 사람들은 빌을 더 정중하게 대했고, 이것이 그의 자긍심을 높여주었다. 선순환이 시작된 것이다. 모로우는 이렇게 말한다. "빌의 친구로서 호의를 베푼 것은 아니에요. 저는 순수한 이타심 같은 건 믿지 않아요. 그와 어울리는 게 재미있지 않았다면 절대로 어울리지 않았을 겁니다."

그러나 젊은 영화 제작자는 가족을 부양하기 위해 돈을 벌어야 했다. 아이오와 대학교 사회사업학과에서 멀티미디어 전문가 자리를 제안하자 받아들이기로 했다. 친구를 놓고 가자니 몹시 마음이 아팠지만 어쩔 수 없었다. 주 정부의 피후견인으로서 빌은 정신건강위원회의 승인을 받지 않고 미네소타주를 벗어날 수 없었다. 1974년 가을 모로우 가족은 눈물 어린 작별을 한 후 대학에서 멀지 않은 칼로나Kalona의 한 농장으로 이사했다.

몇 달 후, 모로우의 전화가 울렸다. 사회복지사였다. 빌이 궤양이 있는 다리의 통증 때문에 길에서 정신을 잃은 채 발견되었다고 했다. 모로우 가족이 떠난 후 상처 돌보기를 소홀히 했던 것이다. 버림받았다고 느낀 그는 다시 옛날로 돌아갔다. 방에 틀어박혀 〈지니 꿈을 꾸었네〉 재방송만 수없이 보았다. 다리를 절단해야 할 것 같았으므로 사회복지사는 모로우에게 수술 준비를 도와달라고 부탁했다. 장시간 운전을 하여 미니애폴리스로 가는 길에 그는 빌에게 해줄 말을 계속 연습했다. 빌의 다리가 악화되어 얼마나 마음이 아픈지, 하지만 결국 이 일은 의사가 일러준 대로 건강을 위해 해야 하는 간단한 일들을 하지 않아 자초한 것이란 점, 다리를 자르지 않으면 죽게 된다는 점 등을 설명해야 했다.

병원에 도착한 모로우는 의료진을 만나 수술 후에 빌이 어떻게 해야 할지 상의했다. 의족을 맞추고 재활 프로그램을 열심히 받으면 다시 일할 수 있으리라 생각했다. 그러나 의사는 환자의 정신 건강을 고려할 때 의족을 맞추거나 재활 치료를 받을 수 있는 상태가 아니고, 패러보로 돌아가 여생을 침대에 누운 채 보내야 할 것이라고 했다. 빌의 병실로 간 모로우는 몇 번이나 연습했던 말 대신 이렇게 말했다. "이봐요, 친구. 당신을 데리고 나가야겠어요. 아이오와에서 우리와 함께 살면 어때요?" 빌은 기뻐서 어쩔 줄 몰랐다. 둘은 함께 남쪽을 향해 떠났다.

모로우는 빌이 스스로 다리를 보살펴 건강을 회복하도록 돕는 한편, 그에게 하숙방을 구해주었다. 또 사정을 딱하게 여긴 아이오와 대학교 상담사 토머스 왈즈Thomas Walz를 설득하여 빌을 발달장애 상담사로 고용하고, 그가 보람 있게 할 수 있는 일이 있을지 함께 생각해보았다. 이때 예상치 못한 법적 문제가 생겼다. 미네소타 당국의 관점에서, 모로우가 빌을 데리고 주 경계를 넘은 것은 위법 행위였다. 납치죄로 기소될 수도 있었다. 결국 두 사람은 다시 미니애폴리스로 돌아갔다. 정신건강위원회에 출석하여 모로우가 나이는 빌의 절반도 안 되지만 법적 후견인이 되겠다고 설득해야 했다.

청문회 날, 모로우는 긴 금발을 뒤로 묶어 옷깃 아래로 단정하게 집어넣었다. 스포티한 상의를 걸치고 서류 가방을 들어(빈 가방이었다) 누가 보더라도 후견인 자격이 충분한 사람처럼 외모를 다듬었다. 청문회 중에 예상치 못한 감정의 폭발을 일으키지 않도록 그는 빌에게 무슨 일이 있어도 입을 열지 말라고 신신당부했다. "빌, 이 사람들은 만만치 않아요. 그러니 말은 모두 제가 할게요."

이렇게 신경 써서 차려입고 갔지만 청문회는 순조롭지 않았다. 긴 테이블에 둘러앉은 위원들은 예상치 못한 질문을 퍼부어댔고, 결국 모로우는 스스로 생각해도 이상하게 들리는 법적 자가당착에 빠지고 말았다. 빌의 운명을 결정할 사람들은 어떤 말도 믿지 않는 것 같았다. 기본적으로 질문은 오직 한 가지에 집중되었다. 도대체 왜 20대에 불과한 사람이 누가 봐도 정신적으로 지체되어 있으며 건강조차 나쁜 늙은이의 법적 후견인이 되겠다고 나섰는가?

갑자기 침울한 분위기를 깨고 빌이 불쑥 끼어들었다. "기도합시다!" 위원들은 본능적으로 경건하게 고개를 숙였다. 빌은 기도를 시작했다. "하늘에 계신 우리 아버지, 그 무릎을 거룩하게 하옵시고…" 그는 주기도문의 운율을 그대로 따르면서 내용은 자기 이야기로 채워갔다. "그리고 주여, 감사합니다. 제 친구 배리 씨를 보내주셔서. 그는 저를 너무 잘 돌봐줍니다. 저는 처비Chubby라는 새가 있나이다. 이제 저는 착하고 좋은 삶을 갖게 되었나이다. 그리고 저는 그 지옥 구덩이에는 정말로 다시는 돌아가고 싶지 않나이다. 잘 아시지 않나이까, 주여!" 이런 식으로 한참을 계속하더니 마침내 기도를 끝맺었다. "아멘."

잠시 침묵이 흐른 후, 테이블 끝에 앉아 있던 사람이 헛기침을 하더니 이렇게 말했다. "에, 이걸로 충분하다고 생각합니다." 그는 공식 문서에 서명하더니 반대쪽 끝으로 밀어보냈다. 빌은 이것을 자신의 '독립 문서'라고 불렀다. 이제 공식적으로 자유인이 된 것이다.

III

모로우와 왈즈의 도움으로 빌은 아이오와 대학교에 와일드 빌스 커피숍Wild Bill's Coffeeshop이라는 자기 소유의 카페를 냈다. 이 카페는 현재까지도 영업 중이며, 발달장애 성인들을 고용한다. 사실 그는 금전 등록기를 다룰 줄 몰랐지만(자바 커피 한 잔이 때로는 25센트, 때로는 250달러로 찍혀 나왔다),

어쨌든 모든 일이 잘 돌아갔다. 그는 지역사회의 소중한 일원이 되었다. 1978년 그해의 자랑스런 아이오와 장애인으로 선정되었고, 지미 카터 대통령이 백악관으로 초대하기도 했다. 사방에서 축하 편지가 쏟아져 들어왔다. 인근 미용실 주인이 보낸 편지도 있었다. 머리카락이 멋지게 희끗희끗한 새 가발을 만들어주겠다는 것이었다. 그는 세상을 떠날 때까지 그 가발을 자랑스럽게 쓰고 다녔다.

모로우는 노화나 아동 학대 등의 주제에 관해 대학에서 사용할 동영상을 제작했는데, 어느 날 문득 빌의 이야기를 다큐멘터리로 만들면 아주 감동적일 거란 생각이 떠올랐다. 제작비를 지원받기 위해 여기저기 다니며 아이디어를 설명했지만, 지적장애인의 삶에 관한 영화에 관심 있는 사람은 아무도 없었다. 그러나 1980년 모로우는 뉴욕의 모빌 오일Mobil Oil사에 초대받아 데모 영상을 선보일 기회를 잡았다. 그 자리에는 NBC 중역도 몇 명 참석했는데, 독립을 얻기 위한 빌의 오랜 여정을 TV용 드라마로 제작하는 데 관심을 보였다.

미키 루니Mickey Rooney가 주연을, 데니스 퀘이드Dennis Quaid라는 잘생긴 무명 배우가 모로우 역을 맡은 드라마 〈빌Bill〉은 1981년에 전파를 탔다. 〈레즈Reds〉 〈황금 연못On Golden Pond〉 〈불의 전차〉 등이 발표된 해였다. 이 드라마는 에미상과 피바디상 그리고 골든 글로브에서도 2개 부문을 수상했다. 당시 루니는 밤에 브로드웨이의 〈슈가 베이비스Sugar Babies〉에 출연하면서도, 낮에는 촬영장에서 아이처럼 순진한 경이로움과 가슴 저미는 진지함이 묘하게 공존하는 빌이라는 인물의 특징을 절묘하게 포착한 명연을 펼쳤다. 빌은 골든 글로브 시상식에 초대받아 루니 대신 남우주연상을 수상했다. 혹시 몰라 관계자들은 하모니카를 두고 단상에 오르게 했다. 하지만 마지막 순간에 그는 나름의 방식으로 문제를 해결했다. 예비용으로 갖고 다니는 미니 하모니카를 잽싸게 꺼냈던 것이다. 제인 폰다가 가락에 맞춰 박수를 치기 시작했고, 각본대로 매끄럽게 진행되던 행사 중간에 즉흥적으로 자발적인 열정이 터져 나오는 진기한 장면이 연출되었다.

2년 후 모로우는 속편인 〈빌, 혼자 살아가다Bill: On His Own〉의 각본을 썼다. 그는 할리우드로 옮겨 시나리오 작가로서의 운을 시험해보고 있었다. 그가 아이오와 시티를 떠난다고 하자 빌은 이렇게 말했다. "나는 여기 남고 싶네. 여기가 내 집이니까." 그는 불과 일곱 살 때 학습 불능 판정을 받았지만, 자신들의 삶 속에 그를 위한 자리를 마련해준 사람들의 존중에 힘입어 50대와 60대에 삶을 활짝 꽃피웠던 것이다. 1983년 6월 16일 아침, 빌의 하숙집 여주인은 막 샤워를 마치고 단정하게 옷을 차려입은 채 평소 좋아하던 의자에 쓰러져 있는 그를 발견했다. 옆에는 도시락이 놓여 있었다. 평소처럼 카페로 출근하려고 버스를 기다리고 있었던 것이다. 빌은 천수를 누리고 평화롭게 세상을 떠났다. 그는 주머니 속에 독립 문서를 넣은 채 하모니카와 함께 땅에 묻혔다.

"빌이 제게 가르쳐준 것은 빌 같은 사람들이 사회를 필요로 할 뿐 아니라, 사회 역시 빌 같은 사람들을 필요로 한다는 것입니다." 모로우의 말이다.

빌이 세상을 떠난 지 한참이 지나서도 모로우는 이 교훈을 잊을 수 없었다. 그는 할리우드에서 경력을 쌓으면서 빌이 패러보에서 풀려나 자유의 몸이 되도록 이끈 개혁을 위해 싸웠던 부모들과 장애 성인들의 네트워크인 아크Arc 같은 권리옹호 기관에서 활발하게 활동했다.

1984년 어느 날 밤, 모로우는 텍사스주 알링턴Arlington에서 열린 아크 회의에서 세상에서 가장 비범한 사람 중 하나를 만났다. 킴 피크Kim Peek는 엄마의 자궁 속에서 두개골이 제대로 융합되지 못한 채 태어났다. 출생 시 대뇌피질의 일부가 머리 뒤편에 난 야구공만 한 물집 속으로 튀어나와 있었다.[6] 뇌에는 뇌량腦梁도 없었다. 뇌량이란 백질로 이루어진 굵은 구조물로, 좌우 대뇌반구 사이의 소통을 조절한다. 9개월 때 그를 진찰한 신경과 의사는 골프 약속에 늦는다고 급히 자리를 떠나며, 정신지체가 심해서 가망이 없으며 뭔가가 될 수도 없고 평생 수용시설에 있어야 할 것이라고 했다.[7] 그러나 부모인 프랜Fran과 진Jeanne은 아들을 버리지 않고 최선을 다해 집에서 돌보겠노라 결심했다.

유아기에 피크는 부모들이 묘한 느낌을 받을 정도로 인지능력이 비상하게 발달했다. 18개월이 되자 읽어준 모든 책을 한 단어도 빠짐없이 외웠다. 시간을 낭비하지 않도록 부모들은 한 번 읽었던 책을 거꾸로 꽂아 놓았다. 세 살이 되자 혼자 사전에서 단어를 찾아 음운에 맞게 읽었다. 숫자도 금방 깨쳤다. 재미삼아 전화번호부를 읽는가 하면, 지나치는 차들의 번호판 숫자들을 더하곤 했다. 나중에는 책의 양쪽 페이지를 한 쪽은 오른쪽 눈으로, 다른 쪽은 왼쪽 눈으로 동시에 읽었는데, 책을 거꾸로 들거나 거울에 비춰도 아무런 어려움이 없었다.

피크는 수업에 지장이 된다는 이유로 학교에서 영구 배제되었으나, 가정교사들의 도움을 받아 열네 살 전에 고등학교 교과 과정을 끝마쳤다. 하지만 지역 교육청에서는 고졸 학력 인증서를 주지 않았다. 장애인을 위한 보호 작업장에 일자리를 얻은 그는 계산기 없이도 복잡한 급여 계산을 척척 해내어 '킴퓨터Kimputer'라는 별명을 얻었다. 하지만 혼자서는 옷도 입지 못했고, 기본적인 일상활동조차 도움을 받아야 했다. 마침내 혼자 면도를 하게 되었을 때도 거울 앞에서 눈을 감곤 했다. 자기 얼굴의 좌우가 바뀌어 보이는 것을 견디지 못했던 것이다.

피크는 서번트였다. 19세기에 에두아르 세겡이나 서리Surrey의 로열 얼스우드 정신병원Royal Earlswood Asylum 원장 존 랭던 다운John Langdon Down 같은 임상의들이 기술했던 '천재성을 타고난 백치'를 현대적으로 이르는 말이다.[8] 랭던 다운의 환자였던 지적장애 소년은 《로마 제국 흥망사The Rise and Fall of the Roman Empire》를 단 한 번 읽고 나서, 비록 부자연스럽고 기계적이긴 했지만 한 단어도 빼놓지 않고 암송했다. (처음 읽었을 때 한 줄을 빼놓고 넘어갔지만 이내 돌아와 다시 읽었는데, 암송할 때도 그 구절을 만나면 똑같이 성가신 과정을 되풀이했다.) 또 다른 소년은 런던에서 케이크를 사먹었던 모든 빵집의 주소를 거기 갔던 날짜와 함께 외웠다. 세 번째 소년은 심지어 의사가 종이에 적기도 전에 암산으로 두 개의 세 자릿수를 곱해 답을 얻을 수 있었지만, 정작 매일 대화를 나누는 주치의의 이름은 기억하지 못했다. 랭던 다운은 '말도 잘 하고 이해력도 뛰어나지만, 이갈이를 할 때쯤 말을 할 수 없게 되면서 정신적 성장도 중단된 수많은 아이들'을 봤다고 회상했다.[9] 오늘날 자폐 어린이의 부모들이 이야기하는 것과 똑같은 현상을 100년 전에 기술했던 것이다.

얼스우드의 서번트와 달리, 피크의 특별한 능력은 한 가지 영역에만 국한되지 않았다. 그는 악보를 음표 하나 빠짐없이 외웠다가 지휘자들에게 오케스트라가 어디서 실수를 했는지 알려주었다. 셰익스피어 연극을 보다가 중간에 벌떡 일어나 "연극을 멈춰요!"라고 소리를 지른 적도 있었다. 배우 중 한 명이 무슨 일이냐고 묻자, 대사에서 단어 몇 개를 빼먹었다고 알려주었다. 배우가 그 정도는 아무도 알아차리지 못하고 신경도 쓰지 않을 거라고 볼멘소리를 하자, 그는 이렇게 대꾸했다. "셰익스피어는 신경 쓸걸요!"[10]

드라마 〈빌〉을 본 후 피크의 아버지(아크의 대외 협력 담당자였다)는 모로우를 알링턴으로 초대하여 지적장애에 대한 대중의 인식을 향상시키는 데 협조해달라고 요청했다. 피크는 극적인 말로 자신을 소개했다. "자신에 대해 생각해보세요, 배리 모로우 씨." 프랜은 아들이 흥분하면 대명사를 빼먹는다고 설명했다. 정말로 하고 싶었던 말은 "당신 생각을 많이 했어요, 배리 모로우 씨"였던 것이다. 모로우는 피크가 드라마 〈빌〉의 엔딩 크레딧을 한 단어도 빼지 않고 줄줄 외웠을 때에야 왜 한 번도 만나본 적이 없는 사람을 생각했는지 알 수 있었다. 그들이 우편물을 보낼 주소 목록을 검토할 때 피크는 즉석에서 틀린 우편번호를 골라냈으며, 미국과 캐나다에서 두 개의 지명을 대면 그 사이를 어떻게 자동차로 이동하는지 단계별로 설명했다. 또한 아이는 스포츠 세계의 온갖 시시콜콜한 기록을 빠짐없이 기억했다. 가족과 몇 안 되는 친구들 사이에서 피크는 거의 항상 방에 처박혀 있는 괴짜이자 경이로운 존재였다. 그러나 모로우의 눈에는 자신을 위한 줄거리를 찾고 있는 비범한 영화 주인공으로 보였다. 로스앤젤레스로 돌아오는 비행기 안에서 그는 다음 영화의 아이디어를 썼다.

모로우의 에이전트는 더 이상 장애에 관한 작품은 쓰지 말라고 경고했지만, 그는 피크를 잊을 수 없었다. "예전에 팔러 다녔던 백과사전보다도 더 많은 정보를 머릿속에 담고 있는 사람이었다." '정신지체자'가 주인공인 할리우드 영화라는 개념은 아무리 좋게 표현해도 특이한 것이었지만, 딱 한 번 성공한 일이 있었다. 1969년 클리프 로버트슨Cliff Robertson은 대니얼 키스Daniel Keyes의 가슴 아픈 중편소설 《앨저넌에게 꽃을》을 각색한 영화 〈찰리Charly〉에서 지적장애가 있는 제빵사 역을 섬세하게 그려내 아카데미상을 받았다. 이 영화가 대중에게 어필한 것은 피그말리온적인 스토리에 공상과학소설의 요소를 가미하여 살짝 비틀었기 때문이다. 영화 속에서 느려 터진 찰리 고든Charlie Gordon은 실험적 수술을 받고 일시적으로 천재가 된다. 수술을 받은 후에야 비로소 완전히 인간적인 면모를 드러내어 사랑에 빠지고, 정욕에 불타고, 야망을 품고, 슬픔과 분노를 느낀다. 피크는 이미 자연이 그를 천재로 만드는 수술을 해놓은 셈이었지만, 과연 관객들이 영원한 장애를 안고 살아가는 주인공을 인간으로 받아들일 수 있을까?

레이먼드 배빗이라는 캐릭터에 대한 모로우의 원래 계획은 피크와 빌이 섞인 인물을 창조하는 것이었다. 서번트인 사람이 알고 있던 유일한 세계인 수용시설에서 '납치'된다는 것이었다. 극적 긴장감을 높이기 위해 레이먼드의 동생 찰리는 완전히 반대되는 인물로 설정했다. 형이 우직하고 선의로 가득찬 중서부 사람의 전형인 데 반해, 찰리는 거칠고 이기적이다. 럭셔리 스포츠카 딜러로 수상쩍은 거래를 통해 먹고살던 그는 존재하는 줄도 몰랐던 다루기 힘든 형과 친해지면서 300만 달러에 이르는 신탁자금을 좌지우지하게 된다.

관객을 흥분시키기 위해 계산된 장면에서 찰리는 형의 서번트 능력을 부당하게 이용한다. 레이먼드를 라스베이거스의 한 카지노로 데려가 카드 카운팅으로 블랙잭에서 돈을 따는 것이다. (모로우가 피크를 리노Reno의 카지노로 데려가 정말 그런 일이 가능한지 알아보려고 했을 때, 피크는 거부하며 이렇게 말했다. "이건 옳지 않아요. 배리 모로우 씨.")

모로우는 피그말리온의 주제를 거꾸로 뒤집었다. 레이먼드가 장애를 극복하고 인간이 되는 것이 아니라, 찰리가 그와의 관계를 통해 삶에서 진정 중요한 것이 무엇인지를 깨닫도록 했다. 자신이 빌을 통해 배웠듯이 말이다. 또한 전혀 어울리지 않는 이 형제들에게 자동차 여행을 시키고, 그 과정에서 악덕 사채업자와 사막에 사는 생존주의자들을 등장시켜 위험천만한 모험을 하는 것으로 그려냈다. 영화의 끝에서 두 형제는 함께 살기로 결정하고 행복하게 어울린다.

드라마 〈빌〉이 크게 성공했지만, 모로우는 아직 자신의 능력을 확신하지 못했다. 소득세 보고서에 직업을 '타이피스트'라고 적을 정도였다.[11] 그러나 1986년 가을 그는 유나이티드 아티스츠United Artists✦로부터 엄청난

✦ UA, 영화, 텔레비전, 음악 사업을 영위하는 미국의 거대 엔터테인먼트 회사.

피드백을 받았다. UA의 조연출은 이렇게 썼다. "아름답게 쓰인 이 각본은 장편 극영화로 거의 다뤄진 적 없는 인물을 묘사한 감동적인 희비극이다. 탁월한 초안에는 수많은 유명 배우에게 어필할 것이 분명한 두 명의 개성 넘치는 주인공이 등장한다.…마음을 사로잡는 독창적이고 감동적인 대본으로 고전의 대열에 오를 것이다."[12]

성탄절 개봉작으로 가볍게 즐길 수 있는 액션 버디 코미디를 기대했던 UA 측은 각본을 수락하는 대신 조건을 내걸었다. 형제가 생존주의자들이 쳐놓은 덫에 걸려 불타는 가솔린으로 채워진 해자로 둘러싸인 헛간에 갇히는 '불의 고리' 시퀀스를 추가하자는 것이었다. 레이먼드는 서번트적 초능력을 발휘하여 건초 시렁에 있던 부품들로 오토바이를 조립하여 탈출에 성공한다.

조감독의 열광적 반응은 앞을 내다본 것이었지만, 그전에 각본은 〈비버리 힐스 캅〉의 마틴 브레스트Martin Brest, 〈추억〉의 시드니 폴락Sydney Pollack, 〈이티〉의 스티븐 스필버그Steven Spielberg 등 몇몇 거장 감독의 손을 거쳤다. 모로우로서는 천만다행하게도 각본은 거물급 에이전트 마이클 오비츠Michael Ovitz를 통해 영화 산업계에서 가장 중요한 사람에게 건네졌다. 바로 더스틴 호프만이었다. 당시 호프만은 영화 〈투씨〉에서 원하는 배역을 얻기 위해 여배우로 변장하는 배우 역을 연기하여 최고의 배우로 상종가를 치고 있었다. 오비츠의 아이디어는 호프만에게 찰리 역을 맡기고, 레이먼드 역에는 빌 머레이를 캐스팅하는 것이었다.

호프만은 각본이 너무나 마음에 들었다. 그러나 레이먼드의 풋내기 동생 역을 맡고 싶지는 않았다. 그는 레이먼드를 원했다. 몇 년 전 그는 세 명의 서번트에 관한 내용을 다룬 〈60분60 Minutes〉을 본 적이 있었다. 지적 장애가 있는 흑인 조각가 알론조 클레몬스Alonzo Clemons는 미술 교육을 받은 일이 없는데도 놀랄 정도로 실물에 가까운 말馬 조각상을 만들어냈다.

맹인이자 뇌성마비 환자인 레슬리 렘키Leslie Lemke는 한 번만 들으면 아무리 복잡한 곡이라도 피아노로 완전히 재현할 수 있는 능력을 타고난 음악 서번트였다. 마지막이 바로 올리버 색스가 브롱크스 정신병원에서 만나 1985년 자신의 베스트셀러 《아내를 모자로 착각한 남자》에 자세히 기술했던 계산 천재 쌍둥이 조지 핀이었다. 〈60분〉의 진행자인 몰리 세이퍼Morley Safer가 핀에게 1958년 11월 3일 고향 마을 날씨가 어땠느냐고 묻자, 핀은 주저하지 않고 정확하게 대답했다. "구름이 많이 낀 날이었죠. 월요일이었고요. 아침에는 눈발이 날리고 아주 추웠어요. 비도 약간 흩뿌렸지요." 다음 질문에 그는 눈 깜짝할 새에 서기 91,360년 6월 6일이 금요일이라고 대답했다. 하지만 7 곱하기 5는 계산하지 못했다.

어쩌면 머레이도 레이먼드라는 어려운 역할을 멋지게 해냈을지 모르지만, 호프만은 〈졸업〉에서 나이 많은 유부녀에게 유혹당하는 불안하면서도 지적인 청년으로, 〈미드나잇 카우보이〉에서 타임스 스퀘어의 퇴락한 사기꾼으로, 〈크레이머 대 크레이머〉에서 의욕 넘치는 광고 회사 중역으로 인상 깊은 연기를 보여 독보적인 경지에 오른 인물이었다. 하지만 오비츠는 호프만이 출세작 〈졸업〉에 출연하기 한참 전에 전 세계가 보게 될 아스퍼거의 잊혀진 종족을 연기하는 데 필요한 기술을 갈고 닦았다는 사실은 미처 몰랐다.

IV

1958년 로스앤젤레스에서 뉴욕으로 건너온 호프만은 웨스트 109번가와 브로드웨이가 만나는 곳에 있던 엘리베이터도 없는 6층 아파트에서, 역시 나중에 최고의 스타가 될 다른 배우와 함께 살았다. 바로 로버트 듀발이다. 여기에 또 다른 재능 있는 연기자 진 해크먼이 의기투합했다. 그들은 어디를 가든 삼총사처럼 붙어 다니며 거의 광신도처럼 맹렬하게 연기력을 향상시키는 데 전념했다. (듀발은 당시 그들의 목표가 '아무 노력을 기울이지 않고도 자연스럽게…상상한 환경 속에서 실제로 살 수 있는' 경지에 오르는 것이었다고 회상했다.)[13] 집단 오디션에 응시하여 칠흑처럼 캄캄한 반향실에서 콜드 리딩cold readings✦을 하는 사이에도 그들은 얻을 수 있는 온갖 직업을 전전하며 사람들의 말투와 행동을 연구하고, 무대에서 바로 써먹을 수 있는 리듬과 몸짓이 완전히 몸에 밸 때까지 연습했다. 호프만은 브로드웨이 극장의 옷 보관소에서도 근무하고, 하와이에서 쓸 환영 화환 제작사에서 난초 꽃을 실에 꿰는 일도 하고, 폴 리비어Paul Revere✦✦처럼 차려입고 타임스스퀘어에서 큰 소리로 외치며 전단을 나눠주기도 했고, 업종별 전화번호부의 타이피스트로도 일했다. 프랑스 억양을 구사하기 위해 레스토랑에서 웨이터로 일하며 자신을 프랑스 원어민이라고 소개하기도 했다(손님이 프랑스인인 경우에는 영어 연습 중이라고 설명했다).[14]

그러나 가장 풍부한 재료를 얻은 일자리는 아파트에서 몇 정거장 떨어진 뉴욕정신병원의 간호 보조직이었다. 그는 오전 6시 30분부터 8시간 동안 환자들과 탁구를 치고, 스크래블Scrabble✦✦✦ 게임을 하고, 더러운 침대보를 세탁하고, 환자들을 수水치료 세션에 데려가고, 전기 충격 치료 시 움직이지 못하게 잡았다(전기 충격 치료는 1939년 바로 그곳 NYPI에서 어린이 조현병으로 진단받은 소년을 치료하는 과정을 대중에게 공개하면서 미국에 도입되었다).[15] "일생 동안 나는 아이들이 동물원에 가고 싶어 하는 것만큼 감옥이나 정신병원에 들어가보고 싶었다. 행동, 즉 인간의 행동이 무엇으로도 가려지지 않은 채 완전히 드러나는 곳을 보고 싶었다. 그들은 우리가 느끼고 겉으로

✦ 즉석에서 받은 대본을 보고 연기하는 오디션.

✦✦ 은 세공업자로 미국 독립 전쟁의 영웅.

✦✦✦ 글자 만들기 보드게임.

드러내지 않으려고 항상 조심하는 모든 것을 드러냈다. 마치 몸에 구멍이 뚫려 스며 나오듯 말이다."[16]

가장 깊은 인상을 받은 환자는 '더 닥터'라고 불린 노인이었다. 원래 NYPI에 근무하는 뛰어난 병리학자였던 그는 몇 차례 뇌졸중을 겪고 거의 움직이지 못했다. 역시 의사였던 아내는 매우 헌신적이어서 매일 점심 그를 찾아왔다. 환자는 횡설수설하는 식으로밖에 말할 수 없었는데, 그 말을 들으면 호프만은 똑같이 횡설수설하는 식으로 대답해주었다. 올리버 색스가 브롱크스 정신병원에서 했던 것처럼 호프만도 피아노를 연주하여 환자들을 즐겁게 해주었는데, 더 닥터는 특히 〈잘 자요, 아이린Goodnight, Irene〉이라는 노래를 즐겨 불렀다. 하루는 그가 노래를 따라부르는데 그의 아내가 들어왔다. 더 닥터는 갑자기 벌떡 일어나더니 방 가운데까지 걸어가 아내를 맞은 후 흐느껴 울기 시작했다. "무슨 일이에요?" 그녀는 묻더니 부드럽게 덧붙였다. "점심 먹으면서 이야기해볼까요?" 일순 그의 얼굴에 냉혹한 현실을 깨달은 것 같은 표정이 떠올랐다. "난 못해, 난 모오옷해!"[17] 그는 탄식했다. 호프만도 그만 울음을 터뜨리고 말았다. 얼마 후 그는 병원을 그만두었다. 하지만 모로우가 쓴 〈레인맨〉의 각본을 읽는 동안 그때의 기억이 마음속에서 고스란히 살아났다.

호프만, 피크, 피크의 아버지, 모로우 그리고 그때까지도 프로젝트에 관여하고 있던 브레스트는 마침내 할리우드에서 만났다. 호프만의 오랜 친구 머레이 시스걸Murray Schisgal도 참석했다. 여러 번의 수상 기록이 있는 극작가로 〈투씨〉의 각본을 함께 썼던 그녀는 그의 자문역이었다. 스타를 만난다는 생각에 한껏 마음이 부푼 피크는 영화에 대한 지식을 외워갔다. 그가 흥분해서 양손을 퍼덕거리며 방을 돌아다니는 동안, 호프만은 그 뒤를 계속 따라다녔다. 모로우는 이렇게 말한다. "지금도 더스틴이 걸음걸이와 여러 가지 제스처와 손의 움직임과 심지어 머리를 기울인 모습까지 그대로 따라하며 킴 뒤를 따라 다니던 모습이 생생하게 떠올라요. 마치 외투를 입듯이 킴을 완전히 자기 몸에 붙이려는 것 같았지요. 모든 일이 잘 풀리는 것 같았어요. 사실 킴 같은 사람을 만나는 데 어떻게 흥미를 느끼지 않을 수 있겠어요? 하지만 그때 머레이가 쭈뼛거리며 다가오더군요. '아무래도 안 될 것 같아. 더스틴이 킴 역을 할 수 없을 거야. 너무 복잡하고 이상하잖아.'"

이 미덥지 못한 만남은 하마터면 몽땅 취소될 뻔했던 프로젝트의 수많은 걸림돌 중 첫 번째일 뿐이었다. 이후 수년간 호프만은 〈레인맨〉과 관련된 사람 중 가장 지칠 줄 모르는 투사로 떠오르며, 다른 영화 같으면 진작에 좌초되고 말았을 거친 파도와 풍랑을 헤쳐나갔다. 그의 확고한 신념은 당시 신학 대학을 다니다 〈탑건〉과 〈컬러 오브 머니〉의 주연을 맡아 급부상하던 젊고 잘생긴 배우 톰 크루즈Tom Cruise의 흥미를 끌었다. 그는 호프만을 우상으로 숭배했기 때문에 그의 깐죽거리는 동생 역을 맡을 기회를 놓치지 않았다.

모로우는 〈레인맨〉의 초고를 쓸 때 자폐증이라는 단어를 한 번도 들어본 적이 없었다. 호프만은 레이먼드의 캐릭터를 단순히 지적장애인이 아니라 구체적인 자폐인으로 설정하는 데 중요한 역할을 했다. 호프만의 협력 제작자였던 게일 무트로Gail Mutrux와 심리치료사 브루스 게인슬리Bruce Gainsley가 서로 만날 기회가 없었다면 자폐증을 겪는 성인이라는 개념을 전 세계에 알린 이 영화는 어쩌면 자폐증이라는 주제를 아예 건드리지 않았을지도 모른다.

어느 날 무트로는 우연히 게인슬리에게 서번트 증후군에 대해 알아봐야 한다고 말했다. 그는 그녀에게 모로우의 각본을 읽고 피드백을 해줄 두 명의 심리학자를 소개해주었다. 한 사람은 NIMH로부터 연구비를 받아 UCLA에서 소셜 커뮤니케이션을 연구하던 피터 탕게이Peter Tanguay였고, 다른 사람은 림랜드였다. 자기 아들의 병이 할리우드 블록버스터 영화의 주제로 다뤄진다는 것은 림랜드가 오래도록 기다려왔던 절호의 기회였다.

탕게이와 림랜드는 동일한 결론을 내놓았다. 라스베이거스에서 블랙잭 딜러를 이길 수 있는 '백치 서번트'를 발견할 가능성은 통계적으로 매우 희박하다는 것이었다. 하지만 그런 능력을 지닌 자폐증 서번트가 존재할 가능성은 훨씬 높다고 했다. 사무실에 보관하고 있던 파일에서 림랜드는 그런 조건에 딱 들어맞는 젊은이들을 대여섯 명 이상 찾아냈다. 또한 감정을 표현하기 어렵다든지 하는 자폐증의 별난 특징들이 영화를 훨씬 흥미롭게 만들 것이라고도 했다. 탕게이도 같은 생각이었다. "게일에게 말했죠. '이 친구는 자폐증이라야 해.'"

호프만의 입장에서 평소 동료 배우나 팬들과 연결되었던 방식을 완전히 부정하는 배역을 맡는 것은 너무나 유혹적인 도전이었다. 그러나 레이먼드를 그런 식으로 설정한다면 영화 자체가 가슴 따뜻한 성탄절용 오락물의 범위를 크게 벗어날 우려가 있었다. 그 시점에 브레스트는 극작가인 론 배스Ron Bass를 끌고 들어와 모로우의 각본을 고쳐 썼다. 호프만은 브레스트와 배스에게 영화의 핵심은 오래도록 남남으로 지냈던 형제 간의 사랑이라고 강조하며 이렇게 덧붙였다. "어쩌면 이 사람을 사랑한다는 건 너무 쉬운 일일지도 몰라. 그 자체로 너무 사랑스러운 인물이니까. 하지만 이 사람이, 그러니까 자폐증이나 뭐 그런 거라면, 정말로 처지 곤란한 인물이라면 어떨까?" 브레스트는 일단 화제를 돌린 후, 배스에게 따로 자기가 호프만을 설득하여 잘못된 판단을 바로잡겠노라고 일렀다. 당연히 일은 그의 생각대로 흘러가지 않았다. 급기야 브레스트는 '창작상의 의견 차'를 이유로 프로젝트를 방치하여 사실상 영화는 창고에 처박히는 신세가 되었다.

하지만 몇 개월 후 오비츠는 배스에게 좋은 소식을 알렸다. 〈컬러 퍼플〉의 성공에 한껏 고무된 스티브 스필버그가 〈레인맨〉 프로젝트를 되살리기로 했다는 것이었다. 스필버그는 배스와 처음 이야기를 나누는 자리에서 무뚝뚝하게 레이먼드가 자폐증이라는 아이디어가 좋다고 말했다. "더스틴 호프만이 옳고, 당신이 틀렸소. 왠지 알아요?" 배스는 이미 이런 상황을 예상하고 있었다. "압니다. 사랑 이야기라는 것, 장애물이 있어야 하는데, 이 사람이 자폐증이라면 장애물이 훨씬 커지니까요. 저도 멋진 아이디어라고 생각해요. 그러니 한번 해봅시다." 배스가 이 아이디어를 지지한 또 다른 이유는 여동생이 UCLA에서 자폐인들을 연구하고 있었기 때문이었다. 그러나 몇 개월간 브레인스토밍을 거친 끝에 스필버그는 이 영화를 포기하고 〈인디아나 존스_최후의 성전〉의 메가폰을 잡았다.

〈레인맨〉은 영원히 사장될 것 같았다. 그때 〈청춘의 양지〉 〈내츄럴〉 〈굿모닝 베트남〉으로 승승장구하던 배리 레빈슨Barry Levinson이 나섰다. 그는 발달장애라는 주제를 심각하고 칙칙하기보다 명랑한 색채로 다룬다면 '끝에 가서 훨씬 큰 공감'을 얻어낼 거라고 생각했다.[18] 마침내 자폐증이 은막에 데뷔하는 데 필요한 모든 스타들이 포진한 셈이었다.

V

1986년 배스와 무트로는 켄싱턴에 있는 림랜드의 사무실에서 책과 논문을 한가득 실어왔다. 호프만은 템플 그랜딘의 《어느 자폐인 이야기》를 읽고 저자를 찾았다. 그랜딘은 평생토록 무엇보다 원했던 일은 누군가 자신을 안아주는 것이었는데, 정작 누군가가 자신을 안아주려고 하면 그 순간을 견딜 수 없었노라는 이야기를 들려주었다. 호프만은 이렇게 말했다. "그 말이 완전히 나의 마음을 찢어놓았다."

또한 그는 성지순례를 하듯 시티 아일랜드에 사는 올리버 색스도 찾아갔다. 시티 아일랜드는 브롱크스의 한 섬에 있는 뉴잉글랜드풍의 작은 마을이다. 병원에서 색스의 환자 중 한 명을 만난 후에 그들은 뉴욕 식물원으로 향했다. 거기서 호프만은 색스가 수행단 중 한 명과 이야기를 나누는 동안 몇 미터 뒤에서 그들을 따라갔다. 색스는 이렇게 회상했다. "갑자기 내 환자 중 한 명이 이야기하는 소리를 들은 것 같았어요. 너무 놀라서 돌아섰는데 더스틴이 혼자 생각에 잠긴 모습이 보이더군요. 머리로 생각하는 것이 아니라, 몸으로 하는 생각이었죠. 동작으로 막 병원에서 보고 온 젊은 자폐증 환자를 표현하고 있었어요."

림랜드 역시 몇 명의 환자들을 무트로와 만나게 해주었다. 그중에는 루스 크라이스트 설리번도 있었는데, 그녀의 아들인 조는 〈한 자폐증 젊은이의 초상Portrait of an Autistic Young Man〉이라는 영화에 출연한 바 있었다. 루스와 그녀의 딸이 바라 마지않던 휴가를 위해 캘리포니아를 찾았을 때 무트로는 차를 보내 그들을 스튜디오로 데려왔다. 설리번은 이 모임에 참석하며 전 세계 자폐 어린이의 어머니들을 대변하는 듯 무거운 책임감을 느꼈다. 그러나 호프만은 청바지에 테니스화 차림으로 나타나 그녀에게 아들의 이야기를 자세히 물어보면서도 편안한 느낌이 들도록 배려했다.

모임이 한 시간 정도 지속되자 그가 갑자기 대화에서 빠진 것 같았다. 그는 심각한 표정을 지으며 약간 고쳐 앉더니 갑자기 "투흐-래애이이저디tragedy"라고 말했다. 모음을 길게 끄는 것이 영락없이 조가 가장 좋아하는 단어 중 하나를 장난스럽게 발음하는 모습과 똑같았다. 설리번은 유명한 배우가 아들의 행동을 그토록 면밀하게 연구했다는 데 깊은 감동을 받았다. 영화에서 레이먼드가 즉석에서 복잡한 숫자의 곱셈을 척척 해내고, 소금통과 후추통을 강박적으로 줄 맞춰 정리하고, 차에 탄 채 작은 카메라로 사진을 찍어대는 장면은 모두 조의 행동을 그대로 따라한 것이다.

피크는 '진짜 레인맨the real Rain Man'(그의 아버지가 쓴 책 제목이다)으로 기록되었지만, 그것은 영화 관계자들이 림랜드의 네트워크에 존재했던 두 번째 가족의 신원을 비밀로 유지하기 위해 지어낸 선의의 거짓말이다. 사실 레이먼드는 조 설리번과 뉴저지에 사는 피터 거스리Peter Guthrie라는 젊은이를 합성한 캐릭터였다. 특징적으로 발을 끄는 걸음걸이, 어리벙벙하게 머리를 기울이는 것, 음성 틱처럼 습관적인 말투("어오Uh-oh" "확실히Definitely" "물론Of course") 등 호프만이 캐릭터를 창조하는 데 가장 중요한 역할을 했던 특징들은 모두 거스리를 모방한 것이다. 영화가 개봉된 후 피크는 쏟아지는 관심을 한껏 즐겼지만, 피터는 유명인이 되는 데 전혀 관심이 없었다. 무트로가 가족에게 연락을 취하자 그는 부모에게 이렇게 말했다. "제 이름이 사람들 사이에 오르내리는 건 싫어요. 저는 확실히 제 이름이 《유에스에이 투데이USA Today》에 나오는 건 싫어요." 하지만 그는 호프만의 캐릭터 연구에 도움을 주는 데는 동의했다. 무트로는 그의 동생 케빈Kevin에게 촬영용 카메라를 빌려주어 집에서 피터의 모습을 촬영했다.

로버트Robert Guthrie와 베키Becky Guthrie는 카너가 기술했던 재능 있고 크게 성공한 부모의 기준에 완벽하게 들어맞았다. 물론 자녀에게 애정이 없다는 것은 빼고 말이다. 로버트는 사성 장군으로 1958년 미국 최초의 인공위성 익스플로러 1호Explorer 1를 발사할 때 육군 프로젝트 담당관을 맡았다. 블랙호크 헬리콥터와 패트리어트 미사일 개발을 지휘하기도 했다. 베키는 제1세대 자폐증 '엄마 전사들' 중 하나다. 1970년대에 NSAC 북부 버지니아 지부장을 맡아 자폐 어린이를 일반 학교에서 받지 않는 현실에 맞서 공교육을 받을 권리를 위해 싸웠다. 피터보다 몇 살 아래인 케빈은 톰 크루즈와 상당히 닮은 대학 미식축구 스타였다. 〈레인맨〉이 개봉된 후 그는 각종 저널과 기타 연구 자료의 디지털 기록 보관소인 JSTOR✦

✦ 저널 저장소Journal Storage의 줄임말로 1955년에 설립된 전자도서관.

을 설립했는데, 이 단체는 현재 160개국이 넘는 나라에서 8000개에 이르는 각종 기관에 서비스를 제공한다.

거스리 부부는 불과 몇 개월 만에 피터가 다른 아이들과 다르다고 생각했다. 베키는 아기가 자기를 볼 때 마치 투명한 물체를 통해 먼 곳을 바라보는 듯한 느낌을 받았다. 몇몇 의사를 만났지만 하나같이 심한 정신지체라는 진단을 내렸다. 그러나 두 살이 되기 직전 성탄절에 다른 형제자매들이 선물을 풀고 있는 동안, 피터는 자석식 글자판을 집어 들고 '에소Esso' '그리스 빵Grecian Bread' '스미노프 보드카Smirnoff Vodka' 등의 단어를 만들었다.[19] 머지않아 그림 맞추기 퍼즐을 거꾸로 놓고도 척척 맞추고, 아무런 도구도 쓰지 않고 축소판 미국 지도를 그리고, 자 없이도 판지 상자에서 똑같은 크기의 알파벳 글자들을 오려냈다. 아이는 말 대신 단어의 스펠링을 불러 부모와 소통했다. 치리오스Cheerios 시리얼을 말할 때는"C-h-e-e-r-i-o-s"라고 했다(두 살이 될 때까지 아이는 치리오스 시리얼만 먹었다). 월터 리드 육군병원Walter Reed Army Medical Center의 어린이 정신과 의사는 마침내 자폐증이라는 진단을 내렸다.

베키는 글자, 숫자, 순서에 대한 피터의 열정적인 집착을 병적인 증상으로 보고 치료하는 대신, 오히려 격려했다. 열 살이 되자 아이는 포켓판 사전으로 키릴 문자를 독학했다. 나중에는 프랑스어, 아랍어, 히브리어, 스페인어, 고대 영어를 읽고 쓰고 말할 수 있었다. 아버지가 도쿄 주둔군으로 근무할 때는 스모 경기 기록에 빠졌다. 다시 미국으로 돌아와서도 수년간 계속 일본 신문에서 경기 결과를 추적하며 스프링 노트와 마닐라지로 된 서류철에 기록을 보관했다. 나중에는 방이 노트와 서류철로 가득 찼다. 스포츠 역사와 데이터를 모두 외우고, 요일과 날짜를 즉석에서 계산하는 것 외에도 1950년대까지의 빌보드 차트 음반 판매 기록을 몽땅 외웠다. 사람들이 개인용 컴퓨터란 것을 사야 한다고 생각하기 10년 전부터

그는 PC를 사용하여 넘쳐나는 온갖 자료들을 정리했다.[20]

호프만과 크루즈가 거스리 형제를 처음 만난 것은 1987년의 밸런타인 데이로, 맨해튼에 있는 칼라일 호텔Carlisle Hotel에서였다. 피터도 피크처럼 이들을 만나기 전에 출연한 모든 영화에 관한 시시콜콜한 사실들을 외웠지만, 사람 얼굴을 잘 알아보지 못했다. 크루즈가 손을 내밀자 이렇게 말했다. "당신 이름이 뭐였더라?" 호프만에게도 마찬가지였다. 경직된 분위기 속에서 두 시간 동안 이야기를 나눈 후 케빈은 두 배우에게 이렇게 말했다. "있잖아요, 피터가 느긋한 걸 보고 싶으시면 볼링장에 데려가세요. 볼링을 진짜 좋아하거든요."

며칠 후, 형제는 유니온 광장에 있는 볼모어 레인즈Bowlmor Lanes✦에서 호프만과 크루즈를 다시 만났다. 배우들이 영화 속에서 서로의 배역을 어떻게 살릴 것인지 열띤 논쟁을 펼치는 동안, 피터는 레인으로 걸어나갔다. 그리고 크루즈의 차례가 되자 이렇게 외쳤다. "탑건, 탑건, 당신 차례예요."

호프만이 캐릭터를 개발하는 과정을 도우며 가족 아닌 사람들에게 존중받은 경험은 피터에게 좋은 영향을 미쳤다. 케빈은 회상한다. "사람들은 피터를 진지하게 대하기 시작했어요. 단순히 이상한 놈 정도로 여기지 않았지요. 피터도 적극적으로 사람들하고 사귀려고 했어요. 자신의 속으로 파고들어 그런 것이 있는지조차 몰랐던 감정을 끌어내는 모습을 여러 번 봤어요. 분명 자신이 할 수 있는 것을 자랑스럽게 내보이며 즐기고 있었지요."[21]

영화 속의 대화를 더 실감나게 이끌기 위해 호프만은 정기적으로 케

✦ 뉴욕에 있는 유명 볼링장으로, 현대적 라운지로 꾸며진 사교장과 당구, 탁구, 미니 골프 시설, 스포츠 바와 레스토랑이 한 건물 안에 있다.

빈에게 전화를 걸어 그날 연기할 대사를 읽어주고, 피터가 어떻게 생각하는지 물어보았다. 무트로 또한 루스 설리번에게 계속 연락했다. 영화의 클라이막스에서 화재 감지기가 큰 소리로 울리자 레이먼드가 기겁하는 장면, 즉 찰리가 형이 수용시설로 돌아가야 한다는 사실을 깨닫는 결정적인 순간은 그녀가 집에서 쓰레기통에 불을 지른 후 조의 반응을 관찰하여 알려준 것들을 근거로 구성되었다. "그 장면은 전부 촬영 10분 전에 전화해서 알아냈죠."[22] 무트로의 회상이다.

영화가 실제 삶을 근거로 출발할 수 있었던 가장 중요한 이유는 조 설리번과 피터 거스리가 (빌 색터와 킴 피크처럼) 가족의 도움으로 완전히 수용시설 외부에서 살았기 때문이다. 이들이 영화 속에 묘사된 월브룩Wallbrook 같은 수용시설에 갇혀 있었다면 그토록 인상적인 능력과 기술을 개발시켰을 가능성은 거의 없다. 피터는 프린스턴에 있는 자기 아파트에서 룸메이트와 함께 살며 장을 봐다가 직접 요리를 만들고, 은행 계좌를 관리하고, 정기적으로 기차를 타고 버지니아에 있는 부모를 만나러 갔다. 지난 40년간 그는 대학 도서관에서 참고 문헌 사서로 조용히 일했다. 조 역시 부모가 지역사회 내에서 살아갈 공간을 만들어주려고 힘겨운 싸움을 벌인 덕에 한 번도 수용 기관에 들어간 적이 없었다.

그러나 무트로가 만난 전문가들은 자폐인이 수용 기관 밖에서 살아갈 수 있을 가능성은 거의 없다고 단호하게 말했다. 서번트 증후군에 관해 세계 최고의 전문가인 위스콘신의 정신과 의사 대럴드 트레퍼트Darold Treffert는 자신의 저서 《천재들의 섬Islands of Genius》에 이렇게 썼다. "각본에 있는 '해피엔딩'은 전혀 사실성이 없다. 6일간 전국 일주 여행을 한다고 자폐증이 낫는 일 따위는 없는 것이다." 림랜드 역시 마크를 수용시설에 보낸다는 생각은 한 번도 해본 적이 없지만, 레이먼드 배빗 같은 사람이 살아가기에 적합한 유일한 장소는 월브룩 같은 주립 수용시설이라고 딱 잘라 말했다.

영화가 개봉된 뒤 언론에서 레이먼드를 '기능적으로 매우 뛰어난' 또는 '행운아 중 행운아'라고 지칭한 데 반해, 극 중에서는 그의 실제 모델이었던 어느 누구보다도 독립적으로 살 수 있는 능력이 모자란 존재로 그려졌다는 사실은 매우 역설적이다. 출연자 명단에 이름을 올리지는 않았지만 영화 속에서 레이먼드의 주치의로 출연한 레빈슨은, 극적인 효과로 본다면 그가 월브룩으로 돌아가는 가슴 아픈 장면이 관객들에게 훨씬 큰 감동을 줄 것이라고 고집했다. 모로우는 색터가 패러보로 돌아갈 필요가 전혀 없었다고 강조했지만, 결국 〈레인맨〉의 결말을 좋은 뜻으로 이해했다. "정치적으로 배신감을 느꼈지만, 예술적인 면에서 본다면 그건 승리였습니다."

개봉하기 몇 주 전까지도 사람들은 영화의 성공 여부를 반신반의했다. 자폐증이라는 질병이 너무나 알려지지 않았던 탓에 시사회에서도 관객들의 반응은 엇갈렸다. 어떤 사람은 이렇게 썼다. "그 쬐끄만 친구는 왜 그 상태에서 그냥 빠져나오지 못하는 거지?" 루스 설리번은 영화가 뉴욕에서 공식 개봉하기 이틀 전에 헌팅턴에서 자폐증 서비스 센터Autism Services Center, ASC를 위한 자선 행사로 깜짝 시사회를 갖자고 호프만을 설득했다. 이 행사는 키스-앨비 극장Keith-Albee Theater이라는 크고 오래된 보드빌 공연장에서 열렸는데, 행사 훨씬 전에 티켓이 매진되어 ASC가 최초로 부동산을 구입하는 데 큰 도움이 되었다. 펠리컨 하우스Pelican House라는 이 공동 주거 시설에는 아직도 설리번의 아들이 살고 있다. 시사회에서 호프만은 영화를 이렇게 소개했다.

> 우리가 지금 막 만든 이 영화는, 더 길 수도 짧을 수도 있지만, 앞으로 한두 달간 전 세계 도시에서 상영되고, 비디오 테이프로 상점에서 팔리고, 사람들은

> 한두 번 보고 말겠죠. 하지만 조는 앞으로 평생 동안 여러분과 함께 이 지역사회에서 살아갈 겁니다. 저는 그렇게 믿습니다.…[〈한 자폐증 젊은이의 초상〉에서 조의 모습을 담은] 영상을 처음 보았을 때 저는 이렇게 말했습니다. "저 친구는 너무 사랑스럽군." 그리고 오늘 저는 조를 지역사회의 일부로 받아들여주신 여러분 모두를 사랑합니다.[23]

그리고 그는 조 뒤에 앉아 반응을 관찰했다. 루스는 이렇게 회상한다. "조는 자기 모습이 나오는 부분이 특히 좋다고 했어요. 레이먼드가 이쑤시개로 치즈 과자를 찍어 먹는 장면 같은 거요." 영화를 두 번 보고서야 루스는 찰리도 치즈 과자를 이쑤시개로 찍어 먹는다는 사실을 알았다. 호프만은 자폐증 어린이의 가족들이 자녀의 행동에 적응하는 법을 배운 힘겨운 과정에 미묘하게 경의를 표한 것이었다.

평론가들은 〈레인맨〉 자체보다 자폐증에 대한 사회적 시각을 놓고 논쟁을 벌였다. 《타임》의 리처드 쉬클Richard Schickel은 통상 방영되는 '질병을 다룬 TV 영화'와 비교하면서 호프만이 수용시설에 들어가거나, '동생을 졸졸 따라다니며 손을 파닥거리고 시끄러운 소리를 내는 일종의 살아 있는 장난감'이 되는 두 가지 선택밖에 없는 '진정 가망 없는 환자'의 모습을 생생하게 그려낸 데 경의를 표했다. 한편, 폴린 케일Pauline Kael은 《뉴요커New Yorker》에 기고한 글에서 영화가 끝난 후 '얼빠진 듯한' 느낌으로 극장을 나섰다며 신랄한 혹평을 했다.

그러나 관객들은 열광했다. 〈레인맨〉은 전 세계적으로 약 3억 5500만 달러의 흥행 수익을 기록하여, 할리우드 역사상 가장 큰 성공을 거둔 영화 중 하나가 되었다. 오스카상 시상식에서 작품상, 남우주연상, 감독상, 각본상을 휩쓸었고, 두 개의 골든 글로브와 한 개의 피플스 초이스상을 비롯한 수많은 수상 기록을 남겼다. 독자적인 팬덤까지 형성되었다. 도쿄에서 개봉된 후에는 시내 전역의 담벼락에 손으로 그린 포스터들이 나붙는가 하면, 2007년 월브룩의 외부 세트로 사용되었던 켄터키 수녀원 앞에 있는 떡갈나무들을 벨 때는 영화의 열렬 팬들이 모여 레이먼드가 병원에서 풀려나는 장면을 재연하기도 했다.

모로우는 영화가 개봉되고 난 후 한 엄마가 보낸 편지를 읽고 자신의 작품이 어떤 현상을 일으켰는지 처음으로 느꼈다. 그녀는 아들을 데리고 쇼핑을 하는 것이 가혹한 시련이었다고 설명했다. 항상 주저앉아 소란을 피우고, 다른 엄마들은 아이를 버릇없이 키운다고 그녀를 비난하기 일쑤였다. 그러나 얼마 전 마트에서 한 여성이 자기를 잡아먹을 듯 노려보자 그녀는 이렇게 물었다.

"혹시 〈레인맨〉 보셨어요?"

"아, 네. 그 영화 정말 좋았죠."

"저기, 제 아들 조니Johnnie도 레이먼드 배빗과 비슷하답니다."

상대방의 얼굴이 부드럽게 풀렸다. "오, 조니, 너도 자폐증이니? 아줌마가 몰랐구나."

NSAC의 공동 설립자 필리스 테리 골드Phyllis Terri Gold는 호프만에게 자기 어머니도 영화를 보기 전까지는 친구들에게 손자의 존재 자체를 알리지 않았다고 했다.[24] 어떤 부모는 편지에서 영화를 보고 돌아오는 길에 평소에는 거의 말을 하지 않는 아들이 자랑스럽게 선언했다고 썼다. "나는 자폐증이야!" 자폐인 한 명에 관한 영화를 통해 무수한 사람들의 존재가 가족에게, 이웃에게, 교사와 의사들에게 그리고 그들 자신에게 새롭게 인식된 셈이다.

림랜드의 전화통에 불이 났다. 제리 뉴포트Jerry Newport라는 40대 남성은 평생 왜 다른 사람과 함께 있으면 편안함을 느낄 수 없는지 의아했다고 털어놓았다. 아주 어렸을 때 그는 암산으로 수많은 네 자리 숫자들을 더하고 제곱근을 구할 수 있다는 사실을 깨달았다. 처음에는 신이 나서 친구들에게 자랑했지만, 결국 희한한 재주를 지닌 괴상한 놈 취급을 받게 되었다. 단과대학을 마치고도 직업을 구할 수 없었던 그는 20년간 택시를 몰았다. 우울증이 너무 심해 자살을 시도하기도 했다. 어느 날 〈레인맨〉을 보고 그는 즉시 자신의 모습을 그린 영화라는 사실을 알아보았다. 림랜드는 진단을 위해 그를 UCLA에 의뢰했다.

레이먼드 배빗이라는 캐릭터에 힘입어 자폐증은 직접적으로 관련이 없는 사람들조차 쉽게 알아보고 친숙하게 생각하는 주제가 되었다. 프로모션 중 호프만은 자폐증을 항상 인간적으로 그려냈다. 뉴욕에서 열린 기자회견에서는 울음을 터뜨리며 이렇게 말했다. "정확히 설명할 수는 없지만, 우리 안에 있는 무언가를 건드립니다. 우리는 원하는 만큼 삶에 밀착된 상태로 살지 못합니다. 뭔가가 가로막지요.…우리는 항상 스스로의 자폐증을 마개로 단단히 막아놓고 있습니다."[25] 얼마 안 있어 루스 설리번은 영국, 프랑스, 일본, 이탈리아, 스웨덴, 오스트레일리아 등지에서 NSAC와 같은 단체를 출범시키기 위해 실질적인 전략을 모색하는 부모들에게서 수많은 전화를 받게 되었다.

자폐증에 대한 전례 없는 관심은 주류 언론을 통해 널리 퍼졌다. 림랜드는 이렇게 말했다. "〈레인맨〉이라는 영화가 전국의 모든 신문과 잡지에 (자폐증에 관한) 기사를 쓰도록 부추긴 것 같았다."[26] 과장이 아니었다. 영화가 개봉되기 전 해에 미국의 주요 신문에 실린 자폐증에 관한 기사는 100건이 채 되지 않았다. 이듬해 이 숫자는 4배로 불어나 지금까지도 줄지 않고 있다. 호프만이 아카데미 시상식에서 피터 거스리에게 감사를 표하자, 그 후에 《워싱터니언Washingtonian》은 "더스틴과 나Dustin and Me"라는 제목으로 심층 기사를 내보냈다. (그는 자기 이름이 사람들 사이에 오르내린다는 생각에 즐거워했다.) 필연적으로 피터는 법칙에서 벗어난 예외이자 드문 사람 중에서 가장 드문 존재, '상당히 정상적인 삶'을 사는 행운아로 '사실상 자폐인 중에는 들어본 적 없는' 존재로 묘사되었다.[27]

《피플》은 조 설리번에 관한 양면 기사를 내면서 그를 교육시키기 위해 어머니가 기울인 노력을 다루었다. 조용히 말하는 잘생긴 젊은 청년은 '오프라 윈프리 쇼'와 '래리 킹 쇼'에서 놀라운 계산능력을 선보여 진행자들의 눈을 휘둥그레지게 했다. 1993년 디즈니사는 엡콧 센터Epcot Center✦에서 상영하는 멀티미디어 프레젠테이션 '의학의 최전선Frontiers of Medicine'에 조의 이야기를 추가했다. 이 작품은 연간 100만 명이 넘게 관람한다.[28]

곧이어 자폐증을 겪는 주인공들이 대중의 상상력을 파고들었다. 〈레인맨〉이 개봉되고 몇 개월이 지난 후 앤 마틴Ann Martin은 《크리스티와 수잔의 비밀Kristy and the Secret of Susan》을 출간했다. 역사상 가장 많이 팔린 젊은 성인 대상 연작물 베이비시터 클럽The Baby-Sitters Club의 32번째 작품이었다. 수잔의 '비밀'이란 바로 자폐증이었다. 사실 이 인물은 자폐증에 딱 들어맞지는 않았지만(줄거리의 진행에 크게 중요하지는 않지만 손을 파닥거리며 어머니의 삶을 힘들게 만든다), 이 책은 열두 살 정도만 돼도 이해할 수 있는 용어로 자폐증을 생생하게 그려냈다는 점에서 주목할 만하다.

영화가 개봉되고 몇 개월 후 루스 설리번은 피츠버그에서 열린 가족 결혼식에 참석했다. 결혼식 리허설 디너에는 양가 부모의 형제들만 초대되었기 때문에, 조는 낯선 도시에서 혼자 저녁을 먹어야 했다. 평소 같으면 매우 불안한 상황이었다.

루스는 호텔 도어맨에게 가까운 곳에서 아들이 저녁 먹을 장소를 찾

✦ 미국 플로리다주 디즈니월드 안에 지어진 두 번째 테마파크.

아달라고 부탁하며, 조가 자폐증이라 길을 일러줘도 듣지 않는 것처럼 보일지 모른다고 덧붙였다. 도어맨이 눈을 크게 떴다. "레인맨처럼 말이죠!" 그녀가 보는 앞에서 두 사람은 길을 건너 아주 짧은 시간 만에 완전히 달라져버린 세상 속으로 사라졌다. "단 한 편의 영화가 그런 일을 해냈어요. 단 한 편의 영화가 자폐증에 대해 전 세계에 걸쳐 우리 모두가 25년간 해낸 일보다 더 많은 일을 해낸 거죠."

그러나 〈레인맨〉은 시작에 불과했다.

10

판도라의 상자

그건 진단의 문제예요.

——로나 윙

I

〈레인맨〉의 여파로 자폐증이 빠른 속도로 주류 사회의 인지도를 얻는 동안, 정신의학계 내부에서는 자폐증이 단일한 질환이라는 카너의 원칙이 조금씩 허물어지고 있었다. 런던의 로나 윙과 동료들이 추진하던 《정신질환 진단 및 통계편람DSM》을 전략적으로 개정하자는 움직임에 의한 것이었다.

DSM을 개정해야만 타일러 벨 같은 어린이들이 '달리 분류되지 않는 전반적 발달장애PDD-NOS'라는 진단을 받을 수 있었다. PDD-NOS는 1994년에 아스퍼거 증후군과 함께 DSM에 추가된 자폐범주성장애의 새로운 진단명 중 하나였다. 물론 로나는 DSM 진단 기준을 재구성하자는 캠페인을 시작했을 때부터 정확히 이런 방향을 염두에 두었다. 예전 진단 기준에 따르면 지원 서비스를 받을 수 없는 어린이들도 서비스를 받도록 하자는 것이었다. 그러나 1990년대 말 이런 진단이 놀랄 정도로 늘어난 현상(그리고 온갖 매체에서 자폐증이 유행병이 되었다고 경고한 것)은 로나에게조차 충격적이었다. "아스퍼거의 연구에 대한 논문을 발표한 후 저는 마치 호기심으로 상자를 열어본 판도라 같은 기분을 느꼈어요."[1]

정신의학의 바이블이라 할 수 있는 책의 제1판, 즉 DSM-I에 자폐증이 실린 것은 1952년의 일로, 당시 진단명은 '조현병적 반응, 어린이형'이었다. 당시에는 별로 도움이 되지 않는 방식, 즉 무엇이 이 병이 아닌지를 규정하는 방식으로 정의되었다. "임상 양상은 이 반응의 최초 발생 당시 환자의 미성숙과 가소성 때문에 다른 연령에서 발생하는 조현병적 반응과 다를 수 있다." 임상 양상이 일상용어로 어떤 것인지는 임상의사의 상상력에 맡겨둔 셈이었다.

정신과 의사들을 위해 진단 용어를 표준화한 지침을 만들자는 움직임의 원동력이 된 것은 바로 전쟁이었다. 1940년대 이전, 유일한 지침은 대규모 수용 기관에서 임상 데이터를 수집하는 데 도움을 주기 위해 쓰인 《정신병원용 통계편람Statistical Manual for the Use of hospitals for Mental Diseases》이었다. 그러나 보훈처 소속 정신과 의사들은 유럽과 아시아의 전장에서 심리적 외상을 입고 돌아온 젊은이들의 문제를 진단 및 치료하는 데 이 지침이 거의 도움이 되지 않는다는 사실을 깨달았다. 폭격으로 폐허가 된 도시들과 강제 수용소에서 굶어 죽은 시체들의 기억을 털어버리지 못하는 재향 군인들에게는 '정신병질' 또는 '정신신경증' 성격이라는 진단이 붙었다. 그것 말고는 달리 붙일 진단명이 없었던 것이다.

DSM-I에서는 진단 목록에 '총체적 스트레스 반응grossstress reaction'과 '성인 상황 반응adult situational reaction'이라는 두 가지 범주를 추가하여 이 젊은이들이 평생 정신병자라는 낙인을 안고 살지 않아도 재향 군인 연금을 받을 수 있도록 했다. 이때만 해도 언젠가는 132페이지에 불과한 이 간소한 문서(부랑 생활, 단어들을 말하려는 충동, 급성 동성애적 공황 등의 단어로 가득 찬)의 개정판이 발간되어 어린이들이 교육과 행동치료, 보험 보장, 기타 필수적인 서비스를 받을 수 있으리라는 생각은 아무도 하지 않았다.

1968년 베텔하임의 이론이 맹위를 떨치던 시기에 발간된 DSM-II에는 좀 더 구체적으로 '조현병, 어린이형'이라는 진단명이 등재되었지만, 현실을 잘못 반영하여 '자폐증적, 비전형적 및 위축된 행동'과 '전반적인 변덕스러움'을 '어머니로부터 분리된 자기 정체성을 확립하는 데 실패'한 증거로 기술했다. 아직도 모호하고 뒷받침하는 이론도 말이 안 되는 것이었지만, 이때까지 DSM의 영향력은 제한적이었다. 제1판과 마찬가지로 얇았던 제2판은 정신병원 내부에서나 볼 수 있었다. 정신병원이 아닌 곳에서 책을 주문한 몇 안 되는 사람은 주로 의사 자격이 없는 병원이나 병동 관리자로(이들의 숫자는 계속 늘고 있었다), 자신들의 편의를 위해 환자에게 진단적 낙인을 찍기 위해 이 책을 사용했다.

반면, 1980년 APA의 로버트 스피처Robert Spitzer가 기획한 DSM-III는 훨씬 포괄적인 목표를 염두에 두었다. 바로 정신의학 자체를 파멸에서 구해내는 것이었다. 당시에는 불만에 찬 학계 연구자들, 긴밀하게 연결된 보험 업계 로비스트들 그리고 정신이상자 해방 전선Insane Liberation Front을 비롯해 우후죽순처럼 생겨난 '반정신의학' 단체들(기름을 부은 것은 1975년 개봉된 할리우드 블록버스터 영화 〈뻐꾸기 둥지 위로 날아간 새〉였다) 등 정신의학에 반대하는 강력하고 다양한 세력들이 구축되어 있었다. 이들의 압력과 스피처 자신의 특이한 사고로 인해 DSM은 정신의학을 샤머니즘에 가까운 불가사의한 영혼 치유술로부터 제약 산업의 최전선에 위치한 학문으로 탈바꿈시켰다.

1974년 개정을 맡았을 때 스피처에게 떠오른 핵심 단어는 바로 '신뢰성'이었다. 일관성 있고 재현 가능한 결과가 나와야 했다. 똑같은 증상을 나타내는 두 명의 환자가 각기 다른 정신과 의사를 찾아갔을 때 전혀 다른 진단을 받을 수도 있다는 사실은 공공연한 비밀이었다. 진단 시스템의 이런 '융통성'은 카너의 멘토였던 아돌프 마이어의 지속적인 영향력을 반영하는 것이었다. 마이어 학파에게 비전형적 행동이란 환자가 삶의 특정한 상황에 적응하기 위해 안간힘을 쓰는 과정에서 생겨난 근원적인 '반응'의 표면적 양상일 뿐이었다. 정신과 의사가 할 일은 자신이 동의하는 학파의 이론에 입각한 도구를 사용하여 증상을 해석하고, 환자의 배경을 철저히 조사하여 그 상황이 무엇인지 이해하는 것이었다(어느 학파에 동의하는지는 문제가 되지 않았다). DSM 제1판과 제2판은 프로이트, 오토 랑크Otto Rank, 알프레드 아들러Alfred Adler 등 인간의 정신이라는 전인미답의 세계를 탐험했던 대가들의 기념비적인 저서들 옆에 그저 다소곳이 꽂아두기 위해 기획된 것이었다.

스피처는 약속만 많을 뿐 실제로 환자들의 삶을 향상시키지 못하는 태도를 견디지 못했다. 컬럼비아 정신분석 수련 및 연구센터Columbia Center for Psychoanalytic Training and Research 레지던트 시절, 그는 환자를 정신분석으로 치료하려는 시도에 별다른 인상을 받지 못했다. "그게 정말 도움이 되는지 단 한 번도 확신이 들지 않았다. 환자의 말을 들어주고 공감하는 것이 불편했다는 소리는 아니다. 그저 뭘 어떻게 해줘야 할지 몰랐다는 뜻이다."[2] 그는 진단적 신뢰성이 떨어진다는 문제를 깊게 파고들어 정신과 의사 중에 컴퓨터란 것을 본 사람조차 거의 없었던 1965년에 컴퓨터 지원 진단 소프트웨어 프로그램을 개발하여 DIAGNO라는 이름을 붙였다.

1970년 무렵에는 비슷한 절망감을 느끼는 의사들이 크게 늘어나 DSM에 대한 비난이 계속 터져 나왔다. 연구자들은 '부적절한 성격' '사회적 부적응' '기타 신경증'(심지어 글씨를 너무 많이 써서 손가락에 경련이 생기는 증상도 포함되었다)처럼 정의가 모호하고 맥락에 따라 달라져 경험적 증거가 존재한다고 해도 밝혀낼 가능성이 거의 없는 불명확한 기술에 진저리를 쳤다. 클로르프로마진 같은 강력한 약물이 '다루기 어렵고' '감정적으로 동요된' 환자들을 달래는 데 대화 치료보다 훨씬 효과적이라는 사실이 입증되었지만, 제약회사들이 '히스테리성 신경증'이나 '청소년의 적응 반응'('학교생활의 실패를 동반하며 감정의 폭발, 우울한 생각의 반추, 낙담 등으로 나타나는 짜증과 우울'이라고 기술되었다) 같은 질병을 겨냥해서는 블록버스터를 터뜨릴 수 없었다.

보험회사와 연방 메디케이드Medicaid✦ 프로그램에서 심리치료 비용을 지불하는 일이 갈수록 늘면서, 양측 의사 결정자들은 주주와 납세자들의 돈을 진료 타당성 조사에 쏟아붓는 일을 크게 우려했다. 정신분석용 소파에 누워 보내는 시간은 스프레드시트 항목으로 바꾸어 비용편익분석을 하기가 쉽지 않았다. 심지어 비밀 유지를 위해 내담자와 치료자 사이에 존재하는 전통적인 유대 관계조차 책임성 관리accountability의 걸림돌로 생각되었다. 책임성 관리란 당시 의회에서 정신보건 정책을 논의할 때 많이 사용된 일종의 유행어였다. 1975년 블루 크로스Blue Cross✦✦ 부회장이었던 로버트 라울Robert J. Laur은 이렇게 말했다. "정신과적 진단, 치료, 시설에서 제공하는 진료 및 간호 유형에 관련된 용어는 다른 종류의 [의료] 서비스에 비해 명료성과 일관성이 부족하다. 문제의 한 가지 원인은 많은 서비스의 특성이 잠재적이거나 프라이버시에 관계된다는 것이다. 어떤 서비스가 왜 제공되었는지 제대로 알 수 있는 사람은 환자와 치료자밖에 없다."[3] 상원 의원 제이콥 재비츠Jacob Javits도 동의하고 나섰다. "유감스럽게도 현행 정신보건 진료전달 시스템이 임상적 책임성 관리라는 면에서 명확성을 제공하지 못한다는 의회의 합의에 동의한다."[4]

✦ 미국 저소득층을 대상으로 한 의료 보호 제도.

✦✦ 1929년 미국에서 시작된 입원비 보장 건강보험.

수십 년간 베텔하임 같은 정신분석 권위자들은 미국 문화 속에서 세속의 성직자에 가까운 지위를 누렸지만, 이제 심리학자와 사회복지사들이 APA의 고객 기반을 상당 부분 잠식해 들어왔다. 정신의학이 진정한 의학이 아니라면 의사 자격증이 있는 사람이 더 낫다는 근거가 어디에 있는가?

한편, 《광기의 제조The Manufacture of Madness》라는 책을 써 인기를 끌었던 정신과 의사이자 작가 토머스 사즈Thomas Szasz 같은 변절자와 이단아들은 DSM의 존재 이유를 공격했다. 사즈는 정신질환이란 환상에 불과하다며, 사회적으로 허용되는 행동의 한계를 제한하기 위해 야만적으로 도입된 개념이라고 주장했다. 1960년 그는 이렇게 썼다. "우리의 적은 악마나 마녀나 운명이나 정신질환이 아니다. 싸우거나 몰아내거나 '치유'에 의해 떨쳐버려야 할 적 따위는 없다. 실제로 존재하는 것은 삶의 문제들뿐이다. 그 문제가 생물학적이든 경제적이든 정치적이든 사회 심리적이든 말이다."[5] 이런 비판자들은 스피처에게서 예기치 못했던 우군을 발견한 셈이었다. 어쨌든 그는 조현병이라는 진단명의 사회적 낙인 효과에 대해 글을 쓴 바 있고, 1974년 DSM-II 7쇄를 발간하며 동성애를 정신질환 목록에서 급작스럽게 '삭제'시킨 태스크포스를 이끌며 정신의학의 무류성無謬性이라는 신화에 타격을 입히는 데 결정적인 역할을 하지 않았던가.

스피처의 전략은 정신질환에 대한 현장 지침서에 최대한 경험적인 연구를 반영한다는 것이었다. 그는 범주별로 질환들을 상세히 기술하기 위한 25개의 위원회를 구성하면서 스스로 임상의사라기보다 과학자라고 생각하는 정신과 의사들을 위주로 했다. 위원들은 '데이터 지향적인 사람들data-oriented people'의 약자인 DOP라고 불렀다.[6] 의학적 배경이 없는 임상가들은 기본 체계가 확립된 후에야 참여할 수 있었다. (APA 감독위원회가 더 많은 정신분석가를 참여시키라고 개입할 정도였다.) 스피처의 전체적인 목표는 DSM 진단 기준을 '운용 가능'하게 만드는 것이었다. 즉, 세계 대부분의 지역에서 사용되는 진단 매뉴얼인 국제 질병 분류법International Classification of Diseases, ICD 표준과 일치하면서 임상가들과 연구자들의 임무 수행에 필수적인 것이 되어야 했다. 스피처 자신이 확고한 DOP였다는 사실은 놀라운 일이 아니다. 그는 6년간 심지어 붐비는 회의실에 앉아 있을 때도 상대적으로 고립된 상태에서 주당 70~80시간씩 DSM-III에 매달렸다.

논란을 교묘하게 피하는 그의 비상한 능력은 일종의 개인적 고립성과 관련이 있었다. 스피처는 자신이 정신의학 교수로 재직했던 컬럼비아 대학교 주변에서 어느 누구에게도 인사를 건네지 않고, 동료들의 얼굴은 물론, 때로는 직접 말을 거는 사람의 존재조차 알아보지 못하며, 아무에게도 주의를 기울이지 않고 붐비는 복도를 쌩 하고 지나다니는 것으로 악명 높았다. 인간의 심리에 관해 현존하는 가장 자세한 지도를 그리는 데 선봉에 섰던 사람치고, 다른 사람의 내면을 알아차리는 데도 놀랄 정도로 서툴어 보였다. 그는 심지어 동료에게 줄 작은 선물을 사는 것처럼 사소한 문제에 있어서도 상대방의 관점을 고려하는 데 어려움을 겪었다.

그가 새로운 진단명을 승인하는 데 가장 중요하게 생각한 기준은 전체적인 맥락에서 의미가 있는지였다. "맥락에 들어맞는가? 가장 중요한 것은 말이 돼야 한다는 것이다. 항상 논리적이어야 한다." 〈스타트렉〉의 스폭Spock✦을 연상시키는 이런 방식 때문에 스피처 주변에는 친구가 없었지만, 바로 그 방식 덕분에 정신의학계는 20세기 초 비엔나 이래 끈질기게 따라다니던 부담을 벗어던질 수 있었다.

간단히 말해, 스피처가 아스퍼거 증후군의 진단 기준을 만족시킬 정도는 아니었을지는 몰라도, DSM-III는 자폐성 지능의 고전적인 특징들을 꽤 많이 나타냈던 사람에 의해 만들어진 셈이다. 이런 특징들로 인해 스

✦ 스타트렉의 주요 등장인물. 벌칸 족으로서 이성과 논리를 무엇보다 중요시한다.

피처는 정신의학의 다양한 분야에서 혹시라도 불쾌하게 생각하는 사람들이 있으면 어떻게 할 것인지 따위의 문제에 거의 신경쓰지 않고 일을 해냈다. 나중에 DSM-IV 개발 태스크포스를 이끌었던 동료 앨런 프랜시스Allen Frances는 스피처를 '특징적인 백치 서번트'라고 평했다. "그는 사람들의 감정을 이해하지 못해요. 자기도 그걸 알지요. 하지만 바로 그것이 증상들을 규정하는 데 실제로 도움이 됩니다. 마음속에 성가신 잡음이 덜 일어나거든요."[7]

1980년 발표된 DSM-III에 '유아자폐증'이 포함된 것은 카너에게 승리의 순간이었다. 마침내 그의 '독특한 증후군'이 조현병이라는 진창에서 건져져 '전반적 발달장애'라는 새로운 범주의 핵심으로 확고히 자리 잡은 것이다. 자폐증은 그가 제시한 두 가지 기본적인 징후, 즉 '타인에 대한 반응의 전반적 소실'과 '변화에 대한 저항'이 결합된 상태로 협소하게 정의되었다. 최초 발병 연령은 이 증후군이 태어날 때부터 존재한다는 그의 이론에 따라 '30개월 전'이라고 명시되었다. 이로 인해 나중에 아스퍼거 증후군으로 진단받는 모든 어린이들이 사실상 배제되었다.

중요한 것은 진단을 내리기 위해 반드시 존재해야 하는 임상적 특징들의 체크리스트('언어발달의 전반적 부족'과 '주변 환경에 대한 기이한 반응' 등이 포함되었다)에 전혀 융통성이 없었다는 점이다. 카너가 요구했듯이 단 한 가지 특징도 빠져서는 안 되었다. (전문용어로 체크리스트는 단일원칙적, 즉 모든 핵심적인 측면이 동일하다고 생각되는 한 가지 질병을 기술한 것이었다.) 자폐증에 대한 기술에는 '사회 경제적 계층이 높은 집단에 더 흔한 것 같다'는 말도 포함되었다. 적어도 카너의 의뢰 네트워크에 있는 가족들을 정확히 기술한 말이었다.

이런 기준들은 하나같이 자폐증이라는 질병이 영원히 카너가 기술한 개념, 즉 드문 질병이라는 범주에 머물 가능성을 증가시켰다. 유아라는 말까지 붙었으니 앞으로도 계속 아주 어린 연령에 생기는 병으로 생각될 것이었다. 수많은 나이든 템플 그랜딘들에게 남겨진 유일한 진단명은 '유아 자폐증, 잔류 상태' 뿐이었다. 이 이상야릇한 합성어는 유아기에 이 증후군의 진단 기준을 완전히 충족시키고, 나이가 들어서도 '특이한 의사소통의 문제와 사회적 어색함'을 나타내는 사람들을 기술하기 위해 만들어진 것이었다.

30개월이 지나 특정 기능을 잃어버린 어린이들에게는 '소아기 발병 전반적 발달장애Childhood Onset Pervasive Developmental Disorder, COPDD'라는 진단명이 붙었다. 특징은 '적절한 사회적 반응도의 부족'(역시 매우 모호한 말이다), '부적절한 집착'('비사회성'이 동반된다고 되어 있다. 의심할 여지없이 뒤죽박죽이다), '감각 자극에 대한 민감성 항진 또는 저하'(실제로 모든 경우가 포함되는 셈이다), '모든 일을 매번 같은 방식으로 하려는 집착' 등이었다. COPDD는 자폐증보다도 훨씬 드물다고 기술되었는데, '기이한' 공상과 '병적인' 생각 및 흥미에 사로잡히는 것까지 특징에 포함된다는 것을 생각하면 놀랄 일도 아니다. (머나먼 과거나 미래의 요일을 알아맞히고, 숫자들의 곱셈을 척척 해내고, 화학을 파고들고, 날씨를 정확히 기억하는 것을 병적이라고 할 수 있을까?) 실제 진료 중 이렇게 개념이 불명확한 진단 기준을 불편하게 생각하는 임상의사는 거의 없었다. 한 병원에서는 5년간 COPDD 기준을 충족시키는 어린이가 단 한 명에 불과했다고 보고했다.[8]

그러나 전반적으로 스피처가 완전히 탈바꿈시킨 DSM은 APA의 기대를 훨씬 넘어서는 대성공을 거두었다. 스프링 제본된 빈약한 이전 판들과 달리, 제3판은 494페이지에 걸쳐 265개의 정신질환(DSM-II에서는 182개였다)을 기술하여 분량부터 압도적이었다. 이전 판의 거의 네 배에 달하는 위압적인 부피에서 이미 권위가 느껴졌다. "[DSM-III는] 매우 과학적으로 보입니다. 책을 펼쳐보면 뭔가 알고 하는 말처럼 보이지요."[9] 스피처의 회상이다.

머지않아 모든 사람들이 뭔가 알게 되었다. 신판의 독자층은 예전의 병원 관리자와 질병 분류학적 데이터 연구자들을 훨씬 넘어섰다. DSM이라면 돌아보지도 않던 정신과 의사들도 미래의 경제적 성공으로 이끄는 로드맵(그 길은 바로 거대 제약회사로 연결되었다)이라는 사실을 깨닫고 비상한 관심을 보였다. 결국 이 책은 심리학자, 교육자, 사회복지사, 교도 행정가, 약물 개발자, 판사, 보험사, 정부 관료, 사회 서비스 제공자, 보건 및 연구에 관련된 모든 사람의 필독서가 되었다.

스피처는 단순히 지침서를 개정한 것이 아니었다. 전국적으로 정신의학을 일상적 대화와 학문과 연구에 있어 새로운 차원으로 격상시킨 것이었다. DSM-III는 전 세계적 베스트셀러가 되어, 스피처의 말에 따르면 'APA에 믿을 수 없을 정도로 많은 돈'을 벌어주었다. 이후 오래도록 대형 판형의 DSM 판매와 '포켓 가이드' 등 관련 상품을 만들어 파는 소규모 제조업은 예전에 자금난에 허덕이던 이 단체에 캐쉬카우 역할을 톡톡히 해냈다.

APA 외부에는 아는 사람이 거의 없었지만, DSM-III에는 어두운 비밀이 있었다. 데이터 지향적인 사람들이 만든 문서치고는 근거 데이터가 개략적이고 임시적인 경우가 너무 많았던 것이다. 나중에 앨런 프랜시스는 스피처가 이끈 위원회의 의사 결정에 '올바른 방향으로 이끌어줄 과학적 증거가 거의 없었다'고 인정했다. 전반적 발달장애에 대해서는 애매한 말이 묘하게 섞여 있고("모든 종류의 음악이 어린이의 특별한 관심을 끌 수 있다"), 지나치게 구체적인(유아자폐증과 COPDD 사이를 임의적으로 구별한 것) 기술 외에 명확한 정의를 어디서도 찾아볼 수 없었다.

DSM-III의 인기는 (특히 자폐증과 관련하여) 오래 지속되지 못했다. 머지않아 이 기준을 실제 진료에 응용하기가 어렵다는 사실을 깨달은 임상의사들의 불만이 터져나왔다. 다음 개정판을 준비하기 위해 스피처는 정신의학계에서 가장 똑똑한 세 사람의 임상의사이자 과학자에게 문헌 고찰을 맡기고 개선된 진단 기준 초안을 마련하도록 했다. 로나 윙과 두 명의 미국 심리학자 린 워터하우스Lynn Waterhouse 그리고 브라이너 시겔Bryna Siegel이었다. 이들이 마련한 초안을 정교하게 다듬고 현장 시험을 하기 위한 태스크포스가 구성되었다. 이런 노력의 결실이 1987년 발표된 전면 개정판 DSM-III-R이다.

DSM-III-R은 DSM-III보다 훨씬 야심 차고 길었다. 27개의 새로운 정신질환과 73페이지에 달하는 상세한 기술이 이 고통스러운 분류학 서적에 추가되었다. 베텔하임이 미국의 토크쇼에 출연하여 나치 엄마들에 관해 허튼소리를 지껄이는 동안, 전반적 발달장애의 진단 기준은 런던에서 진행된 심층 인지 연구 결과를 반영하여 과감하고도 포괄적으로 변경되었다.

유아라는 단어는 마침내 영원히 사라졌다. 카너 증후군은 '자폐성 장애'라는 새로운 이름으로 명명되었는데, 태어났을 때(또는 태어난 지 얼마 안 된 이후)부터 세상을 떠날 때까지 지속된다고 생각되었다. 발병 연령 기준은 임상의사가 처음으로 징후가 나타난 때를 인식하는 시점이 출생 직후가 아니라는 의견에 따라 개정되었지만, 잔류 상태라는 개념은 완전히 폐기되었다. COPDD라는 진단명도 삭제되었다.

가장 중요한 것은 융통성 없는 체크리스트 대신, 진단 전문의가 선택할 수 있는 옵션이 아주 많이 주어졌다는 점이었다. "다음 16가지 항목 중 9가지 이상이 존재하되, 목록 A에서 2개 이상, 목록 B에서 1개, 목록 C에서 1개 항목이 포함되어야 한다." 진찰 당일 한두 가지 행동이 나타나지 않는다는 이유로 진단에서 누락되는 어린이를 줄이고자 했던 것이다. 행동에 대한 설명 또한 덜 엄격하게 개정되었다. 예를 들어, 목록 A에서는 카너가 정의했던 '타인에 대한 반응의 전반적 소실'이라는 기준이, 윙이 정의한 '사회적 상호작용의 질적 장애'라는 말로 바뀌었다. 장애 정도가 자폐증으로 진단하기에 충분한지 판단하는 것은 임상의사의 몫으로 남겨졌다. 목록 B의 항목들 또한 전혀 '의사소통 방법이 없는' 상태로부터(표정이나 몸짓이 전혀 없는 것 포함) '빈번하지만 상황과 전혀 무관한 말(항구에 대한 대화 중에 열차 시간표에 대한 이야기를 시작한다든지)'에 이르기까지 광범위한 영역에 걸쳐 있었다. '제한적 행동 유형'을 기술한 목록 C의 항목들도 '손가락을 딱딱거리거나, 잡아 비틀거나, 몸을 빙글빙글 돌리거나, 머리를 격렬하게 흔드는' 것에서 '기상학 관련 사실들을 수집하는 것'을 포괄했다. 이렇게 극단적인 모순들이 한데 모여 있는 것 같은 진단 기준은 다른 질병에서는 상상하기 어렵다.

새로운 진단 기준이 DSM-III에 비해 훨씬 크고 다양한 집단에 적용되리란 것은 누가 보아도 명백했다. 말을 하지 못하고 한쪽 구석에서 하루 종일 몸을 흔드는 6세 소년도, 〈닥터 후Doctor Who✦〉에 나오는 사라 제인 스미스Srah Jane Smith처럼 말할 때 반사적으로 눈을 뒤집고 뜨개질을 하며 조용히 앉아 있지만 마음속으로는 온갖 공상을 펼치는 20대 후반의 여성도 모두 진단 기준을 만족했다. 윙과 동료들은 DSM-III-R이 자폐증 진단을 크게 증가시킬 가능성이 있다는 사실을 알고 있었다. 사실, 현장 테스트를 통해 이미 그런 결과가 관찰되었다. 개정된 진단 기준이 이전 같으면 '정신지체'로 진단되었을 어린이들을 포함하여 모든 능력 수준에서 자

✦ 영국 BBC에서 제작했으며 세계에서 가장 오래 방영 중인 드라마 시리즈로 기네스북에 올라 있다. 극 중에서 사라 제인 스미스는 영국의 기자이자 역대 닥터들의 동행자.

폐증 증례를 발견하는 데 훨씬 뛰어나다는 사실은 후속 연구에서도 확인되었다. 윙과 동료들이 일을 제대로 해낸 셈이다.

그러나 오랫동안 주목받지 못하다 예상 외로 갑자기 부각된 진단명도 있었다. 바로 '달리 분류되지 않는 전반적 발달장애'였다. 기본적으로 PDD-NOS는 자폐증이라고 하기엔 약간 부족하지만 의식적儀式的 행동, 비상한 집중력, 반복행동이 함께 나타나는 상태였다. (DSM의 조언에 따르면 '이 진단명에 해당하는 사람 중 일부는 행동 유형과 관심 영역이 크게 제한되지만, 다른 일부는 그렇지 않다.') 현장 테스트와 추가 연구를 근거로 태스크포스는 PDD-NOS가 주 진단명에 따라붙는 사소한 역주로 남을 것이라고 예상했다. 하지만 여기 해당하는 사람이 너무 많아, 이내 자폐성 장애를 압도하고 PDD 중 가장 흔한 진단명이 되었다. 아스퍼거 증후군과 마찬가지로 자폐증이라는 말이 들어가지 않은 자폐증 진단이어서 부모나 보건 관계자들이 좀 더 쉽게 받아들일 수 있었던 것이다.

일선 임상의들은 어쨌든 진단명을 그다지 심각하게 고려하지 않았다. 전직 NIMH 소아정신과장 주디 라포포트Judy Rapoport는 인류학자 로이 리처드 그린커Roy Richard Grinker에게 이렇게 말했다. "연구를 할 때는 진단적 분류 기준을 믿기지 않을 정도로 엄격하게 적용합니다. 하지만 진료를 받으려고 찾아온 환자가 필요한 교육 서비스를 받을 수만 있다면, 저는 아이를 얼룩말이라고 부르라고 해도 주저하지 않을 겁니다."[10]

DSM-III-R은 이전 판보다도 훨씬 큰 히트작이었다. DSM-III는 6년에 걸쳐 18쇄를 찍으며 50만 부가 팔렸다. DSM으로는 유례없는 일이었다. 하지만 DSM-III-R은 단 2년 만에 28만 부가 판매되는 기록을 세웠다.[11]

APA 내부에서는 윙의 진단 기준이 '한계가 불명확하다'며 설왕설래가 있었지만, 이전 기준에 비하면 확실히 개선된 면이 있었으므로 다음 개정판을 기약하자는 수준에서 마무리되었다. 모든 과정이 끝날 때쯤 자폐증은 카너가 보았다면 알아보지도 못했을 정도로 전혀 다른 질병이 되어 있었다. 하지만 윙이 일으킨 변화는 그것으로 끝이 아니었다.

II

DSM-III와 DSM-III-R이 출간되자 전 세계적으로 자폐증 추정 유병률이 치솟기 시작했다. 윙과 스웨덴 출신 동료 크리스토퍼 일베리Christopher Gillberg에게는 전혀 놀라운 일이 아니었다. 자폐증의 경계가 확장되면서 의료인들 사이에 인지도 역시 크게 향상되었다. 새로 보고된 숫자는 의료인들이 스펙트럼이라는 현실에 발맞춘 결과를 반영하는 것이었다.

캠버웰에서 수행된 윙과 굴드의 조사 이후 몇몇 연구를 통해 그들의 이론을 뒷받침하는 결과들이 보고되었다. 추정치는 조사 범위에 따라 큰 차이를 보였지만, 전반적인 경향은 분명했다. 새로운 진단 기준을 좀 더 최근에 적용한 연구일수록 추정치가 높게 나왔다. 윙과 일베리는 조심스럽게 말했다. "자폐범주성장애(즉, 자폐증과 유사 자폐증)의 유병률은 어린이 100명 중 1명에 이를지도 모른다. 자폐증을 더 이상 극히 드물다고 생각해서는 안 된다.…적절한 자원 배분이 이루어지도록 유병률이 이토록 높다는 사실을 행정가들, 의료 서비스 제공자들, 연구비 심사 위원회들과 널리 공유해야 한다."[12] 그러나 의료인과 육아 전문가들 중에는 아직 이런 사실을 전달받지 못한 사람도 많았다.

유병률이 크게 늘고 있다는 사실에 최초로 경종을 울린 임상의사 중 하나가 런던의 마틴 백스Martin Bax였다. 그는 놀랄 만큼 다채로운 경력을 지닌 소아과 의사로 전위미술, 시, 성애물性愛物을 다루는 《앰비트Ambit》라는 잡지를 창간하기도 했다.[13] (J. G. 발라드J. G. Ballard, 랠프 스테드먼Ralph Steadman, 데이비드 호크니David Hockney 등이 정기적으로 기고했다.) 1970년대에는 전 세계적으로 정신병이 유행하여 수많은 어린이가 자폐증이 된다는 내용의 디스토피아 소설 《병원선The Hospital Ship》을 발표하기도 했다.[14] 1994년 그는 자신의 묵시록적 상상이 실현되지 않을까 하는 두려움에 사로잡혔다.

백스는 《발달의학 및 어린이 신경학Developmental Medicine and Child Neurology》이라는 저널을 통해 독자들에게 경고했다. "서구에서 자폐증 유병률이 상승하는 것으로 보인다." 그는 어떻게 알았을까? '유럽과 북미를 돌아다니며 동료들에게 이전보다 더 많은 환자를 진료하느냐고 물어본 결과, 비록 연구를 통해 입증된 것은 아니지만 항상 그렇다는 대답을 들었던' 것이다. 두려울 정도로 늘고 있다는 또 다른 증거로, 백스는 패밀리 펀드Family Fund(영국에서 장애 어린이를 키우는 저소득층 가정에 보조금을 지급하는 기관)에 등록한 자폐증 환자가 '최근 들어 해마다 늘고 있다'는 점을 들었다.

백스의 관찰은 정확했다. 1990년에서 2000년 사이에 패밀리 펀드 데이터베이스에 등록한 자폐증 환자는 놀랍게도 연 평균 22퍼센트씩 증가했다. 1990년대 후반에 이르자, 16세 이하 어린이가 보조금을 받는 가정을 기준으로 자폐증 관련 장애는 모든 장애의 4분의 1을 차지했다. 1990년에는 5퍼센트에 불과했다. 도대체 무슨 일이 일어나고 있는가? 논평에서 백스는 자신을 자폐증 연구의 '문외한'이라고 규정하여 질병 분류학과 역학이라는 미묘한 주제를 회피하면서, 한 동료 의사가 제시한 이론 쪽으로 주의를 환기시켰다. 어떤 경우 자폐증은 역시 증가 추세로 생각되는 양극성 장애가 '전면적 또는 부분적으로 생애 초기에 발현된 것'이라는 주장이었다.

영국 교육기술부의 의뢰로 패밀리 펀드 데이터베이스를 종합적으로 분석한 초대형 감사 기관 프라이스워터하우스쿠퍼스PricewaterhouseCoopers는 윙과 일베리가 말한 것과 정확히 일치하는 결론을 내렸다.[15] 보조금을 받는 영국 학생 중 자폐증과 관련 질환이 뚜렷하게 증가한 것은 거의 확실히 '인지도가 향상된 결과'이며, '진단 방법과 인지도가 향상된 결과, 특정 장애로 보고되는 어린이가 늘어났다'고 했던 것이다.

영국 내에서 환자 의뢰 패턴이 크게 변한 것도 필연적으로 자폐증 진단을 급증시켰다. 이런 증가 양상은 아직도 안정적인 수준으로 떨어지지 않았다. 1970년대 이전까지는 대부분의 학습장애 어린이가 전문의를 만나 정확한 진단을 받지 않은 채 특수학교, 직업훈련원, 수용시설로 보내졌다. 그러나 1990년대에 이르자 의료 서비스를 신청하기 전에 전문의에게 의뢰하는 것이 예외가 아닌 일상이 되었다.[16] 자신의 관찰을 '우울한 일'로 규정한 백스의 생각과 달리, 패밀리 펀드에 등록한 자폐 어린이가 증가한다는 것은 마침내 시스템이 제대로 작동하기 시작했다는 증거였다.

미국에서도 비슷한 변화가 일어났다. 15년 전 루스 설리번과 베키 거스리를 비롯한 자폐어린이협회 부모들이 격렬히 맞서 싸웠던 장애아동교육법이 장애인교육법으로 이름이 바뀌며 몇 가지 조항이 개정된 것이 계기가 되었다. 1991년 자폐증이 사상 최초로 장애인교육법에 독립적인 범주로 등록되며 자폐증 어린이들이 맞춤형 교육과 기타 사회적 서비스를 받을 수 있게 되었다. 이런 변화의 영향은 전국적으로 퍼져 임상의들은 좀 더 적극적으로 자폐증 진단을 내리기 시작했으며, 각급 학교 교사와 교직원들 사이에서 자폐증에 대한 인식이 크게 향상되었다. 개정된 장애인교육법에 따라 학교는 교육 서비스를 제공하는 어린이의 숫자를 매년 교육부에 의무적으로 보고하게 되었다.[17] 마침내 전국적으로 자폐증이 통계의 사각지대에서 벗어난 것이다.

모든 국민에게 '무상으로 적절한 공교육'을 제공한다는 장애인교육법의 약속에 발맞춰 각주 의회는 필요한 가정에 공적 자금을 투입하여 조기 치료를 제공하는 법률들을 통과시켰다. 일주일에 40시간의 응용행동분석을 시행할 경우 완전한 회복이 가능하다는 로바스의 주장에 힘을 얻은 부모들의 압력에 굴복한 것이었다. 재정 지원을 받지 않고 일주일에 40시간씩 일대일 치료를 받는 것은 가장 부유한 가정에서나 가능한 일이었지만, 자녀의 발달과정 중 행동치료가 효과를 발휘할 '시기를 놓칠'지도 모른다는 공포가 널리 확산되면서 시간을 허비해서는 안 된다는 인식이 자리 잡았기 때문이다. 자폐증은 곧 평생 수용 기관에 머물러야 한다는 선고나 다름없던 시절이었기에, 임상의들은 어린 환자들에게 조금이라도 이른 시기에 자폐증 진단을 내려줘야 한다는 윤리적 의무감을 느꼈다.

때를 같이하여 표준화된 자폐증 선별 임상 도구들이 사상 최초로 널리 보급되었다.[18] 1980년대 이전 미국에서 자폐 어린이들은 보통 '검사 불능'으로 간주되었다.[19] 정신과 의사들은 자신이 속한 학파에서 그때그때 유행하는 개념에 따라 자폐증 진단을 내렸다. 똑같은 아이를 두고 어떤 의사는 조기유아자폐증, 다른 의사는 조현병, 또 다른 의사는 경미한 뇌손상으로 진단을 내리는 일도 얼마든지 있었다. (흑인이나 가난한 집 어린이는 결국 정신지체로 진단받을 가능성이 높았다.) 이것이야말로 스피처가 DSM을 '운용 가능한 것으로 만들어' 해결하려고 했던 문제였지만, 적절한 진단 및 평가 도구 없이 진단 기준만 개정하는 것은 또다시 결함과 장애라는 틀 속에서 행동의 특징들을 기술하는 데 지나지 않았다.

표준화된 임상 도구를 개발 보급하려는 최초의 시도는 림랜드의 E-1 행동 체크리스트와 후속판인 E-2였다. 그의 체크리스트는 동정심을 느끼는 의사를 만날 수만 있다면 마침내 자녀의 상태를 이해해줄 것이라는 희망을 부모들에게 던져주는 데 성공했지만, 실제로 적용하기에는 심각한 방법론적 결함이 너무 많았다. 직접적인 임상 관찰이 아니라 전적으로 부모의 기억에 의존했으며, 부모 중 어느 쪽이 작성하는지에 따라 점수 변동이 너무 심했다.[20] 데이터의 타당성을 독립적으로 분석했을 때 매우 고르지 못한 결과가 나온 것도 당연한 일이었다. 림랜드가 평점 기준을 끝내 공개하지 않았기에 데이터 검증도 쉽지 않았다.[21] 다른 연구자들에게 그의 알고리즘은 하나의 블랙박스였다.

이후 오랜 세월에 걸쳐 림랜드의 체크리스트보다 신뢰성이 높고 다양한 상황에 적용할 수 있는 평가 도구를 개발하려는 시도가 이어졌지만 이렇다 할 돌파구가 없었다. 그러나 마침내 1980년 에릭 쇼플러와 TEACCH 동료들이 어린이 자폐증 평가 척도Child Autism Rating Scale, CARS를 들고 나왔다. 이 척도는 자폐증을 지능장애 등 기타 발달지연과 구분하는 데 특히 유용했다.[22] 평가자는 한쪽 방향에서만 보이는 유리를 통해 체계화된 상호 반응에 참여했을 때 어린이가 나타내는 행동을 관찰한 후 각 평가 항목마다 7점 척도를 적용하여 점수를 매겼다. 평가 항목은 언어 및 비언어적 의사소통, 사람 및 물체와의 상호 반응, 감각 반응성, 지적 기능성, 신체적 움직임, 변화에 대한 적응 등이었다. 다양한 행동을 중증도별 척도에 따라 평가하는 CARS는 DSM-III-R보다 앞서 자폐증의 스펙트럼 모델을 도입한 셈이다. 독립적 분석 결과, 이 척도는 신뢰성과 일관성이 매우 높았으며, 부여된 점수 또한 다른 방식으로 평가한 결과와 일치도가 뛰어났다. 무엇보다도 한 시간 정도면 평가자를 훈련시킬 수 있다는 점이 매력적이었다.

또한 CARS는 어린이의 장점을 정확히 포착했는데, 이는 향후 적절한 교육 계획을 수립하는 데 결정적으로 중요한 점이었다. 쇼플러는 뛰어난 암기력과 높은 시각적 처리 능력을 고려하여 자폐증에 접근한다면 좀 더 효과적으로 교육시킬 수 있을 뿐 아니라 정확한 신경학적 연구에도 도움이 될 것이라고 생각했다.[23] 1988년 쇼플러팀은 한층 사용하기 쉬워진 CARS 제2판을 발표했다. 설명서를 읽고 30분 길이의 동영상을 본 후에는 의과대학생, 언어병리학자, 특수교육 교사들도 노련한 임상 관찰자만큼 정확한 평가를 할 수 있었다.[24] 또한 10대나 성인을 진단하는 데도 사용할

수 있었다. 이 평가 방법은 당연히 큰 인기를 얻었으며, 쇼플러의 예측보다 훨씬 널리 보급되었다.[25]

이제 자폐증 진단은 더 이상 소수 엘리트에게 국한된 영역이 아니었다. 자폐증이 마침내 대중적 인식 속으로 퍼져나가려는 역사적인 순간, 상태를 쉽게 선별하고 다른 장애와 구별할 수 있는 신뢰성 높은 도구가 널리 확산되었던 것이다. 진단의 필요성과 그 필요성을 충족시키는 임상적 수단이 완벽하게 조화를 이룬 셈이었다.

〈레인맨〉이 개봉되고 6개월이 지난 후, 캐러린 로드와 마이클 러터가 이끄는 국제 연구팀에서도 5~12세 어린이의 의사소통, 사회적 상호작용, 놀이의 문제들을 평가하는 포괄적인 도구를 개발했다. 향후 DSM-IV에 수록될 진단 기준들을 근거로 한 자폐증 진단 관찰 일정Autism Diagnostic Observation Schedule, ADOS과 자폐증 진단 면담Autism Diagnostic Interview이라는 도구는 한 쌍을 이루어 사람들이 오래도록 고대했던 자폐증 평가의 공통 표준이라는 지위에 단숨에 뛰어올랐다. 이 도구들은 단시일 내에 일련의 개정을 거쳐 유아, 10대 및 성인을 포괄하게 되었다. 소문이 퍼지자 부모들이 자녀를 관찰한 내용을 기록한 두툼한 공책을 손에 든 채 진료 예약을 하기 시작했다. 트리플렛 가족이 카너에게 도널드의 상태를 적어 보냈던 33페이지짜리 편지를 연상시키는 대목이다. 이제 임상의사들은 부모가 제공하는 정보를 환영했다. 부모와 의사의 협력이 무엇보다 중요하다는 사실을 모든 사람이 인식하게 된 것이다.

임상적 환자 집단은 크게 변하고 있었지만, 어린 환자들이 장차 무엇을 할 수 있을지에 대한 임상의사들의 생각은 거의 바뀐 것이 없었다. 1994년 발표된 《어린이와 성인의 자폐증Autism in Children and Adults》이라는 논문집에서 한 저자는 이렇게 선언했다. "자폐증 환자 집단의 50퍼센트는 말을 할 수 없으며, 평생 그런 상태로 살아간다."[26] 또 다른 저자는 이렇게 주장했다. "심지어 IQ가 높은 자폐증 청소년도 가장 기초적인 사회적 관계만을 유지하며, 공감능력이 없고 감정이 피상적이라는 특징이 지속되는 것 같다."

자폐증의 임상적 정의는 계속 가지를 치면서 변화하여 무한한 빛깔을 지닌 무지개처럼 다양해졌다. 그러나 자폐인들의 삶과 잠재력에 대한 전망은 집요할 정도로 변화가 없었다.

III

DSM-IV에 수록할 새로운 진단 기준을 개발하기 위해 조직된 APA 산하 위원회 위원장을 맡은 사람은 주름이 자글자글한 얼굴에 멋진 콧수염을 기른 프레드 볼크마Fred Volkmar였다. 성격이 사근사근한 그는 예일 대학교 어린이연구센터Yale Child Study Center 자폐증 연구 프로그램 책임자이기도 했다. 그의 할 일 목록에는 다음 개정 시 아스퍼거 증후군을 독립된 진단명으로 수록하자는 윙의 제안을 고려하는 일도 있었다. 1990년 그녀의 로비에 힘입어 세계보건기구WHO에서 발표한 국제질병분류법ICD 제10판에 아스퍼거 증후군이라는 진단명이 수록되었으므로, DSM에도 같은 진단명을 수록하는 것은 거의 불가피했다. 그러나 연구는 아직 걸음마 수준이었다. 아스퍼거 증후군에 대한 최초의 국제 학회는 1988년에야 열렸는데, 이때는 이미 개정 작업이 진행중이었다.[27] 진단 기준 초안은 다시 1년이 지나도록 나오지 않았다.

아스퍼거 증후군이 임상적으로 주목받지 못하고 기이한 성향 정도로 묻혀버렸다는 사실은 정신의학계의 핵심을 꿰뚫는 의문을 불러일으켰다. 아스퍼거 증후군이 진정한 정신질환일까, 아니면 흔한 성격 유형이 극단적 형태로 나타난 것일까? 아스퍼거의 1944년 기술은 좀 더 전체론적인 시각을 제안한다. 즉, 환자와 주변 사람들이 적절하게 서로 적응하지 못할 경우 심각한 장애를 초래하는 성격 유형이라는 것이다. 볼크마는 동료들에게 경고했다. "기이하고 별난 행동들은 그것 자체로는 그리고 그것만 있다면 특정 개인의 심각한 기능장애와 관련되지 않는 한 '장애'라고 할 수 없습니다."[28] 하지만 볼크마의 예일 대학교 클리닉에서조차 어떤 요소들이 '심각한 기능장애'에 해당하는지는 혈액검사 수치가 높다거나 비정상적인 뇌파가 나타나는 것에 비해 검사자의 해석에 좌우될 여지가 훨씬 많았다.

볼크마와 동료인 애미 클린Ami Klin이 '비교적 고전적인' 아스퍼거 증후군이라고 요약했던 11세 소년 로버트 에드워즈Robert Edwards를 보자.[29] 아이는 첫돌 때 말을 시작했고, 유치원에 다니면서 C. S. 루이스C. S. Lewis의 일곱 권짜리 판타지 소설《나니아 연대기》를 힘들지 않게 읽어냈다. 천재적인 언어능력에도 불구하고, 세 돌이 되었을 때 아이는 부모(모두 의사였다)의 '크나큰 근심거리'였다. 유치원에서 친구를 한 명도 사귀지 못했던 것이다.

클린과 볼크마는 로버트의 '사회적 문제들'을 천문학에 조숙한 관심을 나타낸 탓으로 돌렸다. "아이는 기회만 있으면 천문학에 대한 관심을 충족시키려고 했다. 그 관심은 사실상 삶의 모든 측면을 파고들었다. 예를 들어, 친구들하고 이야기할 때는 언제나 별과 행성과 시간과 측정법에 관한 말을 꺼내거나, 거기 관련된 놀이를 하려고 했던 것이다." '별난' 관심은 '컴퓨터게임들, 즉 규칙은 어떻게 되는지, 프로그래머는 누구인지, 어느 회사에서 만들었는지'로 뻗어갔다. (몇 년 후에는 열한 살짜리 소년이 그런 관심을 갖는 것은 전혀 이상하거나 희한한 일이 아닌 세상이 되었다.)

클린과 볼크마가 진료했을 무렵, 로버트는 이미 생애의 대부분을 임상적 관찰을 받으며 보낸 터였다. 다섯 살 때 부모는 아이를 작업치료사에게 데려가 '낮은 운동 긴장도'에 대한 평가를 받았다. 3년 뒤에는 정신과 의사로부터 불안장애 진단을 받았다. 열 살이 되어서는 필체가 엉망이고 '사회적 고립' 상태에 있는 이유를 찾기 위해 또 일련의 검사를 받았다. 그러나 학교 선생님이 아이에게 '약간 맞춰주자' (클린과 볼크마는 이 점을 기술하지 않았다) 수학 속성 프로그램에 들어갔다. 그럼에도 아이는 여전히 심각한 장애가 있다고 간주되었다.

클린과 볼크마는 아이의 '다소 격식을 갖추고 지나치게 세세한 것에 얽매이는 의사소통 스타일'이 마음에 거슬렸다. '부르다'라는 말과 뜻이 같은 단어를 대보라고 하자, 아이는 '소환하다'라고 대답했다. 《사자와 마녀와 옷장》에서 그려낸 세계에서나 어울릴 법한 단어였다. '가늘다'는 말의 동의어를 묻자 '공간적으로 제한되다'라고 대답했는데, 검사자들은 그 재치 있는 익살을 이해하지 못했다. 그들은 공통 관심사에서 생겨난 우정이라는 개념이 임상적으로 수상쩍기라도 하다는 듯 로버트와 친구들 간의 우정이 '거의 예외 없이 컴퓨터에 대한 공통의 관심 위에 있다'고 적었다. 또한 자신들이 요청하여 로버트가 적어온 삶의 기록에도 별 흥미를 못 느끼고, 소년의 특수한 관심이 삶의 다른 측면을 '침범한' 또 하나의 증거라고 기록했다.

> 제 이름은 로버트 에드워즈입니다. 영리하고, 비사교적이지만 어디든 적응을 잘합니다. 저에 관해 사실이 아닌 소문들은 모두 몰아내버리고 싶어요. 저는 먹을 수 있는 음식이 아닙니다. 저는 하늘을 날 수 없습니다. 저는 염력을 사용할 수 없습니다. 제 뇌는 펼친다고 해도 전 세계를 파괴해버릴 만큼 크지 않습니다. 저는 제가 기르는 털이 긴 기니피그 크로노스Chronos에게 보이는 건 뭐든 먹어치우라고 가르치지 않았습니다(그건 털이 긴 기니피그의 천성입니다).

정신과 증례 병력이 아니라면, 유치원 때 《나니아 연대기》를 읽었다든지, '공간적으로 제한된' 같은 농담을 한다든지, 초등학교에 다닐 때 컴퓨터를 좋아하는 친구들과 어울렸던 일은 실리콘밸리에서 크게 성공한 기업가가 될 운명을 타고난 사람에게 더할 나위 없이 어울린다. 이런 이유로 아스퍼거 증후군의 임상적 측면들은 중립적이거나 심지어 긍정적인 행동조차 결함이나 장애로 재구성되는 경향이 있었다. 강렬한 호기심은 **이상 언행 반복증**이 되었다. 조숙할 정도로 말을 잘하는 것은 **과독증**으로 해석되었다. 검사에서 평균 점수가 나오면 **상대적 결함**으로 판정되어 고르지 **못한 인지적 특성**의 증거로 해석되었다.

로버트가 아스퍼거 증후군의 고전적 증례라면, 이 질병은 중증도가 다양하며, 장애 정도가 사회적 맥락에 따라 크게 달라진다는 점이 명백했다. 세계적 권위자인 토니 애트우드Tony Attwood는 이렇게 말한다. "제가 늘 부모들에게도 설명합니다만, 아스퍼거 증후군을 완치하는 방법은 아주 간단합니다. 수술도, 약도, 집중치료도 필요 없어요. 아이를 자기 침실로 데려가 혼자 남겨두고 문을 닫고 나오는 겁니다. 혼자 있으면 사회적 결함 따위를 겪을 수 없지요. 혼자 있으면 의사소통의 문제도 생기지 않습니다. 혼자 있을 때는 어떤 행동을 아무리 반복해도 방해가 되지 않지요. 혼자 있을 수만 있다면 모든 진단 기준이 저절로 해소됩니다. 바로 그것이 아스퍼거 증후군을 겪는 10대들이 학교에 가지 않고 방에만 틀어박히는 이유입니다. 자폐증의 징후들, 다양한 수준의 스트레스와 사회적 위축은 주변에 얼마나 많은 사람이 있는지에 비례합니다."[30]

자기가 좋아하는 기계들만 가지고 혼자 있을 수 있다면, 로버트는 전혀 정신적인 문제를 겪지 않았을지도 모른다. 확실히 차트에 뭔가 기록하는 사람들이 끊임없이 괴롭힌 것이 불안장애의 요인이 되었을 가능성이 있다. 생각이 비슷한 친구들과 자유롭게 의사소통을 할 수 있는 기술적 수단이 주어졌다면, 그는 오히려 다른 친구들에게 문제는 그들이 아니라 그들을 환자이자 열등한 존재로 규정하는 시스템에 있다는 사실을 알리고 격려했을지도 모른다.

정신의학에서 이런 문제를 고려하는 것은 보통 사회학자들의 몫이지만, 아스퍼거 증후군의 진단 기준이 공개되자 그들은 DSM-IV의 편집자들을 끊임없이 괴롭혔다. 볼크마의 소위원회에서 10년도 지나기 전에 공식 진단을 받지 않은 사람들조차 아스피Aspie라는 단어가 명예와 저항적 자긍심의 상징으로 생각되리라는 사실을 예측한 사람은 거의 없었다. 바야흐로 자폐성 지능이라는 이름의 지니가 50년간 갇혀 있던 병을 탈출할 준비를 갖추고 있었다.

DSM-IV 태스크포스 의장인 앨런 프랜시스는 사회적 낙인이 걷잡을 수 없이 확산될 것을 경계하며 몹시 마음이 불편했다. 동료들이 특이한 성격을 병으로 규정하는 데 적극성을 띠고 있었던 것이다. 그러나 자신의 임무를 '합의를 도출하는 학자'로 규정한 그는 자폐증이라는 주제를 볼크마가 이끄는 위원회에 전적으로 맡겨버렸다. 그들은 제4판에서 변경하기로 예정된 사항들로 인해 크게 바뀌는 것은 없을 거라고 안심시켰다. 결국 진단명을 추가하자는 윙의 실용적 주장에 따라 사회적 서비스에 접근하기를 원하는 더 많은 가족들이 짜릿한 승리를 거두게 된 것이다. DSM 제4판에는 새로운 진단명으로 제안된 94개 중 오직 두 가지, 즉 아스퍼거 증후군과 제II형 양극성 장애만이 최종 등재되었다.

한 가지 사소한 문제가 남아 있었다. 1980년 세상을 떠난 아스퍼거가 나치당원이었다는 소문이었다. 볼크마는 이렇게 털어놓았다. "미칠 노릇이었죠. 그 문제를 해결하는 데 몇 주가 걸렸는지 몰라요."[31] 마침내 그는 윙에게 전화를 걸어 소문이 사실일 가능성이 있느냐고 직접 물어보았다. 그녀는 완벽한 대답을 준비해놓고 있었다. 아무 관련도 없지만 볼크마가 새로운 진단명을 승인해줄 수밖에 없을 말이었다. 런던에서 전화를 받은 그녀는 그를 안심시켰다. "오, 세상에 말도 안 돼요. 아스퍼거는 아주 신앙심이 깊은 사람이었답니다."

DSM-III가 스피처와 데이터에 미친 그의 팀원들을 '록스타'(그의 아내인 재닛 윌리엄스Janet Williams의 표현이다)로 만들었다면, 제4판의 영향력은 마이클 잭슨의 "스릴러" 정도라고 해야 할 것이다. DSM-IV는 국제적으로 엄청난 판매고를 기록하며 첫 10개월간 인쇄본만으로 1800만 달러를 벌어들였고, 상표를 새겨넣은 관련 상품과 수익성이 뛰어난 주변 사업들을 하나의 활기찬 산업으로 급부상시키며 총 1억 달러의 수익을 창출했다. DSM-IV 증례집, 학습 가이드, 비디오 테이프, 소프트웨어가 쏟아져 나왔고,[32] 제작 과정의 뒷이야기에 관심이 있는 독자들을 위해 네 권짜리 DSM-IV 자료집DSM-IV Sourcebook까지 발간되었다. 자폐증의 징후를 알아내는 일은 한때 극소수에게 비전秘傳되는 신비로운 능력이었지만, 이제 소아과학, 심리학, 교육 분야에 종사하는 거의 모든 사람의 일상사가 되었다.

14년간 개정을 거듭한 끝에 DSM은 수용시설의 책꽂이에 꽂힌 채 아무도 거들떠보지 않던 얇고 볼품없는 책에서 900페이지에 달하는 대작으로 재탄생하여 교실, 법정, 지역사회의 각급 병원, 연구 기관, 국회 청문회, 제약회사 주주총회, 사회적 서비스 단체, 학생 생활지도 상담교사의 책상에 이르기까지 모든 곳에 보급되었다. 자폐증의 전체적인 임상적 하부구조 또한 고립된 증례들을 선택에 따라 보고할 수도 있고, 하지 않을 수도 있는 상태에서, 전체 인구를 대상으로 적극적인 조사 네트워크를 구성하는 방향으로 변모했다. 임상의사와 교육자들이 관심을 가지면서 더 많은 증례가 발견된 것은 필연적이었다. DSM-III-R이 발간된 후 상승세를 탄 발병률은 DSM-IV가 발표되자 거대한 눈덩이처럼 걷잡을 수 없이 치솟았다.

사실, 발병률 수치가 다소 지나치게 급격한 상승을 보인 것은 DSM-IV의 편집자들이 발간 최종 준비 단계에서 작지만 결정적인 실수를 저질렀기 때문이다.[33] 어린이에게 PDD-NOS 진단을 붙이려면 반드시 사회적 상호작용 장애, 의사소통 장애 그리고 행동장애가 있어야 한다고 기술된 부분에서 '그리고' 대신 '또는'이라는 단어를 사용한 것이다. 다시 말해서, 범주 A에서 한 가지만 체크해도 자동적으로 진단이 붙게 되어버린 것이다. 이런 결정적인 오자는 6년간 수정되지 않았으며, 2002년 DSM-IV 본문 개정판DSM-IV Text Revision의 편집자인 마이클 퍼스트Michael First가 잘 알려지지 않은 저널에 발표된 논문에서 눈에 띌 정도로 절제된 표현을 통해 지적할 때까지 어떤 문헌에서도 주목받지 못했다.[34]

그렇다고 1994~2000년 사이에 PDD-NOS로 진단받은 모든 어린이가 오진되었다고 할 수는 없지만, 이런 표현상의 실수는 생각보다 훨씬 큰 영향을 미쳤을 수 있다. 잘못된 단어를 사용하여 현장 테스트 데이터를 재분석한 결과, 볼크마는 '임상의사들이 질병이 없다고 확진한(진음성) 어린이 중 약 75퍼센트가 DSM-IV에 따르면 질병이 있는 것으로 보고되었다'는 사실을 발견했다.[35] 의학의 역사에서 수수께끼의 '자폐증 유행'이 일어난 시기로 기록되는 이 결정적인 기간 동안 DSM-IV가 미친 영향을 평가하는 역학자들에게 그것은 통계학적 악몽이었다. 하지만 작가인 로이 리처드 그린커Roy Richard Grinker가 2008년에 쓴 《낯설지 않은 생각Unstrange Minds》에서 이 오자에 대한 주의를 환기시킬 때까지 극소수의 전문가 집단 외에는 어느 누구도 이 사실을 인식하지 못했다.

IV

APA 소위원회에서 파스트라미pastrami✦ 샌드위치와 크림 소다를 앞에 놓고 질병 분류학의 문제에 관해 논쟁을 벌이고 있을 때, 자폐증 진단이 급증하는 이유에 대한 설명은 전혀 엉뚱한 모습을 갖춰가고 있었다. 그것은 진단 기준, 선별 도구 또는 정신의학이 의학의 틀을 갖춰가는 경향과 아무 관련이 없는 영역에서 시작되었다. 비정한 기업이 순수한 어린이들에게 독극물을 투여했다는 끔찍한 이야기로 나타났던 것이다.

보스턴에서 북서쪽으로 약 70킬로미터 떨어진 레민스터Leominster는 사과 과수원들 사이에 포근하게 자리 잡은 고전적 뉴잉글랜드풍 공장 도시다. 중심가 주변으로 교회의 소박한 흰색 첨탑들과 무질서한 점포들이 늘어서 있다. 조니 애플시드Johnny Appleseed✦✦의 고향으로도 유명한 이곳은 1940년대에 또 다른 명성을 얻었다. 주민 5명 중 1명이 포스터 그랜트Foster Grant를 비롯한 플라스틱 공장에서 일한다는 점이었다. 포스터 그랜트는 병자들이나 쓰고 다녔던 선글라스를 대도시 중심가를 누비고 다닐 때 없어서는 안 될 패션 아이템으로 변화시킨 회사로 유명하다.[36] 멋진 안경테를 제조하기 위해 포스터 그랜트사는 내슈아강Nashua River을 따라 거대한 플라스틱 사출 공장을 건설했다.[37] 자부심 넘치는 마을 설립자들은 고속도로를 따라 레민스터와 '플라스틱 도시Plastic City'라는 별칭을 함께 표기한 표지판들을 세웠다.[38]

하지만 머지않아 그 이름은 공해의 도시Polluted City로 바뀌고 말았다. 도시 상공에는 썩은 달걀과 페인트 시너 냄새를 번갈아가며 풍기는 녹색 연무가 가실 날이 없었다. 주민들은 공장 굴뚝에서 피어오르는 연기 색깔

✦ 훈제하여 얇게 저민 소고기.

✦✦ 각지에 사과씨를 뿌리고 다녔다는 미국 개척 시대의 전설적 인물.

을 보면 그날 어떤 색깔 선글라스를 만드는지 알 수 있다고 했다. 내슈아 강을 흐르는 물은 때로는 빨간색, 때로는 흰색, 때로는 파란색을 띠었다. 농부들은 채소밭에 설탕을 뿌린 듯 내려앉은 PVC 입자들을 보며 망연자실했고, 주부들은 불붙는 듯한 느낌이 드는 목구멍을 달래기 위해 빅스Vicks 기침 드롭스를 달고 살았다.[39] 그러다 한 다국적 기업에서 포스터 그랜트를 인수한 후, 안경테 제조업을 멕시코로 아웃소싱했다. 주 당국은 쓸모없어진 공장을 유해 폐기물 처리장으로 지정했다.

공장이 폐쇄되고 몇 년이 지난 후 레민스터에 살던 로리Lori와 래리 앨토벨리Larry Altobelli라는 부부가 둘째 조슈아Joshua를 낳았다. 얼마 지나지 않아 아이는 심각한 발달지연을 나타냈다. 대소변을 가리지 못했으며, 언어는 몇 가지 단어를 말하는 것이 고작이었다. 아이는 좋아하는 장난감을 꼭 쥔 채 한없이 같은 자리에서 빙글빙글 돌다가 거실을 몇 바퀴씩 뛰기도 했다. 3세가 되었을 때 조슈아는 PDD-NOS 진단을 받았다. 엄마인 로리는 이 병을 '어린이 자폐증'이라고 불렀다. 셋째인 제이Jay 역시 PDD-NOS로 진단되었다.

조슈아의 언어치료사는 부부에게 최근 아들이 PDD-NOS로 진단받은 다른 부부가 있는데 지역 보건 서비스와 기타 도움이 되는 정보를 알려줄 수 있느냐고 물어보았다. 그들의 이름은 멜라니Melanie와 랠프 팔로타Ralph Palotta였다. 서로 만나 이야기를 주고받는데 랠프는 아무래도 래리를 어디선가 본 것 같았다. 마침내 초등학교 5학년 때 아침마다 스쿨버스에서 본 것을 기억해냈다. 몇 개월 후, 지체시민협회 모임에서 랠프는 역시 최근에 자폐스펙트럼장애로 진단받은 남자아이의 아버지 리치 프리네트Rich Frenette를 만났다. 랠프는 어릴 적 그와 같은 어린이 야구팀에 있었고, 겨우 한 블록 떨어진 곳에 살았다는 사실을 기억해냈다. 세 사람이 같은 동네에 살았다는 사실은 그저 우연으로 치부하기에 너무 큰 의미가 있는 것 같았다. 어쨌든 그들은 모두 포스터 그랜트가 공기 중에 드리운 독성 그늘 아래서 자란 것이다.

앨토벨리 부부는 10년 전 고속도로를 따라 65킬로미터 정도 떨어진 워번Woburn에서 벌어진 연쇄 사건의 기억을 떨칠 수 없었다.[40] 워번에는 주로 노동 계층이 거주했다. 거기 살던 지미 앤더슨Jimmy Anderson이라는 소년이 겨우 네 살 때 급성 림프성 백혈병이라는 진단을 받았다.[41] 엄마 앤Anne은 보스턴의 매사추세츠 종합병원Massachusetts General 대기실에서 주변을 둘러보다 동네 슈퍼마켓에서 자주 마주친 엄마들의 얼굴을 알아보았다. 그 뒤로도 이웃 아이들이 똑같은 병에 걸렸다는 소식이 끊이지 않았다. 이게 대체 무슨 일이람?

앤의 머리속에 엄마로서의 직감이 번득였다. 물이었다. 워번의 수돗물은 항상 이상한 냄새와 매캐한 맛이 났다. 맑은 물이 나오는 법이 없었다. 그러나 의사들과 공무원들은 그 말을 듣고 코웃음을 쳤다. 심지어 친구들조차 그녀가 유난을 떤다고 생각했다. 그러나 이스트 워번 주민들이 건강 상태가 갈수록 나빠지고 두통과 시력장애, 지독한 발진에 시달린다는 사실은 아무도 부정할 수 없었다. 젊은 여성들에게 이렇게 유산이 많다는 것이 정상일 수 있을까? 앤은 자신의 직감이 허무맹랑한 것이 아니라고 확신했다. 그녀는 이웃 부모들과 연합하여 모임을 만든 후, 시 당국에 답변을 요구했다. 지방신문 기자 하나가 이스트 워번 수원지 중 두 곳 주변에 발암성과 신경 독성이 있는 산업 폐기물이 담긴 거대한 통들이 묻혀 있다는 사실을 밝혀냈다. 앤의 조사 활동은 조너선 하Jonathan Harr의 베스트셀러 《민사소송A Civil Action》의 소재가 되었으며, 나중에 영화화되어 오스카상을 수상하기도 했다.

보건행정학으로 석사 학위까지 받은 로리는 자폐증 지지 모임에 나오는 부모들에게 남편이 어릴 때 살았던 동네에 산 적이 있는지 묻기 시작했다. 얼마나 많은 사람이 그렇다고 대답했는지 충격을 받을 정도였다. 그녀는 벽에 주변 지역 지도를 걸어놓고 자폐 어린이의 엄마나 아빠가 살았던 장소를 X자로 표시했다. 머지않아 X자가 수십 개에 이르렀다.

1990년 3월 25일 로리는 애틀랜타의 질병관리본부CDC에 편지를 보내 조사를 요청했다. 시장에게도 똑같은 편지를 보냈다. CDC에서는 편지를 매사추세츠 공중보건국Massachusetts Department of Public Health, MDPH으로 전송했다. 몇 개월 후 역학자가 파견되어 데이터를 수집하기 시작했다. 사람들이 공포에 사로잡히지 않도록 MDPH 당국에서는 로리에게 버려진 공장과 확실한 연관성이 있다는 사실이 입증될 때까지 조사를 비밀로 해줄 것을 요청했다. 그녀는 기꺼이 협력할 생각이었지만, 얼마 후 시에서 공장 부지 주변에 어린이 놀이터를 만든다는 소식을 들었다. 격분한 로리는 시장 스티브 펠라Steve Perla에게 전화를 걸었다. "당신이 독성 폐기물 처리장에서 겨우 60미터 떨어진 곳에 놀이터를 지을 수 있는지 두고 봅시다!"

펠라는 그네 세트에 필요한 나사 하나를 잃어버렸다는 가짜 뉴스를 퍼뜨려 놀이터의 개장을 연기했지만, 익명의 제보자가 지방신문 기자들에게 실상을 흘렸다. 앨토벨리 부부와 매트 윌슨Matt Wilson이라는 환경 운동가는 버려진 공장의 그늘에서 기자회견을 열고 안전한 환경을 위한 레민스터 시민연합Leominster Citizens for a Safe Environment을 출범시켰다. 이내 앨토벨리 부부는 깜짝 놀란 부모들에게서 감당하지 못할 만큼 많은 전화를 받았다. 포스터 그랜트 공장과의 연관성은 부정할 수 없어 보였다. 문헌상으로도 자폐 어린이의 부모 중 믿을 수 없을 정도로 많은 숫자(4명 중 1명)가 독성 화학 물질에 노출되었다고 주장하는 연구가 한 건 있었다(1974년 림랜드를 비롯한 NSAC 부모들에 의해 수행된 메리 콜먼의 연구다).[42] 1960년대에 임신한 여성의 입덧을 가라앉히기 위해 처방 없이 판매되었다가 무려 1만 건의 심각한 사지 기형을 일으켰던 탈리도마이드thalidomide가 오랜 세월에 걸친 수많

은 연구에서 자폐증과 관련이 있는 것으로 밝혀진 뒤였다.[43]

앨토벨리 부부는 싸움의 무대를 확대시키기로 했다. 우선 ABC 뉴스 의학 담당 수석 편집자인 티모시 존슨Timothy Johnson에게 연락했다. 존슨은 보스턴의 채널 5Channel 5 기자로 일한 적이 있어 이미 이 이야기를 알고 있었다.[44] 1992년 3월 13일 유명 뉴스 앵커 휴 다운스Hugh Downs는 수많은 상을 휩쓴 뉴스쇼 〈20/20〉를 통해 수백만 시청자들에게 길이 남을 소식을 전했다. "의학계를 깜짝 놀라게 할 소식을 먼저 전해드리겠습니다. 오늘 밤 전해드릴 정보는 실로 놀랍습니다. 여러분은 물론 수많은 전문가들도 처음 접할 것입니다."[45]

ABC의 방송 제목 "그들이 살았던 거리The Street Where They Lived"는 큰 반향을 일으켰다. 존슨은 이렇게 말했다. "생각해보세요. 지금까지 자폐증이나 PDD 증상을 나타내는 어린이는 1만 명 중 15명 수준이었습니다. 하지만 로리는 포스터 그랜트 공장을 중심으로 한 작은 동네의 약 600가구 중에서 자폐증과 PDD 증례를 42건이나 찾아냈습니다." 그는 환경 독성이 정확히 어떤 역할을 했는지 확고한 증거를 찾기란 절망스러울 정도로 힘들다고 인정했다. "두부 외상에서 육아 방식, 유전에 이르기까지 수많은 이론이 제시되었지만, 과학자들은 아직 자폐증의 정확한 원인을 모릅니다." 바바라 월터스Barbara Walters는 로리가 '외로운 성전聖戰'에 나서 의학계의 무지를 드러냈다고 칭찬을 아끼지 않았다.

그 뒤로 부모들의 증언이 이어졌다. 한 아빠는 이렇게 말했다. "우리는 완전히 정상적인 가족으로, 완전히 정상적인 일만 했습니다. 그리고 완전히 정상적으로 아기를 갖고 싶어 했을 뿐입니다. 저희 아이들은 완벽하게 정상적으로 보였습니다." 로리가 거들었다. "모두 완벽해 보였죠." 또 다른 엄마는 레민스터를 '환상 특급Twilight Zone'✦에 비유했다.

래리는 어린 시절 강에서 아이스하키를 하며 놀았던 기억을 떠올렸다. 엄청난 양의 산업 독성 폐기물이 방류되어 강에는 얼음이 고르게 얼지 않았다고 했다. 그다음에는 예전에 포스터 그랜트사에서 근무했던 사람이 카메라 앞에 서서 '수천 갤런의 스티렌styrene을…많은 아이들이 놀고 있던' 강에 몰래 버렸다고 시인했다. 존슨은 공장이 가동 중이었던 당시 상황을 생생하게 그려냈다. "27개의 공장 굴뚝에서 염화 비닐이라는 강력한 화학 물질이 쉴 새 없이 쏟아져 나왔습니다. 암을 비롯하여 다른 심각한 문제들을 일으킨다고 알려진 물질입니다." 자폐증도 들어갈까? 이 대목에서 제작진은 겁에 질린 한 엄마에게 카메라를 돌려 확실한 연관성이 없다는 사실을 교묘하게 피해 갔다. 그녀는 레민스터의 자폐증 발생률이 '다른 곳과 비교가 안 될 정도로 높다'는 점에서 관련성을 확신한다고 말했다.

하지만 사람들의 경험이 통계는 아니다. 〈20/20〉 제작진은 레민스터에서 역사적으로 자폐증 유병률이 어떻게 변했는지에 관해 아무런 통계도 없다는 사실을 언급하지 않았다. 정상적인 상태에서 기저 발생률이 얼마나 되는지 연구한 적이 없으므로 통계가 있을 수 없었다. 실제로 PDD-NOS라는 진단명 자체가 너무나 새롭고 생소했기에 발생률이 상승하는지 아닌지 알 길이 없었다. ABC의 카메라는 다시 존슨을 잡았다. 그는 플라스틱 도시에서는 '자연유산'과 '환경적 노출과 관련된 특정한 암들'이 만연해 있다는 오싹한 주장을 펼쳤다. 그리고 다음 뉴스로 넘어가기 전에 냉담한 경고를 덧붙였다. "우연한 발생에서 인과관계를 입증하기까지는 갈 길이 멀지만, 이건 진실을 규명해볼 만한 가치가 있는 이론임에 분명합니다."

✦ 1960년대 초반 미국에서 인기를 끌었던 텔레비전 시리즈로, 초자연적인 이야기나 SF, 호러, 미스터리 등의 내용을 방송했다.

방송이 나간 후 앨토벨리 부부의 전화통에 불이 났다. 벽에 걸린 지도는 너무나 많은 X자 표시로 뒤덮여 검게 보일 정도였다. 〈샐리 제시 라파엘 쇼Sally Jessy Raphael Show〉에서도 이 이야기를 다루었다. 일주일 뒤 〈20/20〉에서는 훨씬 더 충격적인 후속 보도를 냈다. 존슨은 전국에 걸쳐 수많은 부모들이 연락해왔다고 밝히며, '자신들이 혼자가 아니며, 똑같은 처지에 있는 사람이 너무나 많고, 아마도 자신들은 자녀의 병에 아무런 책임이 없을 거라는 사실을 알고 큰 안도감'을 표시했다고 전했다(마치 누군가가 그들이 자녀의 상태에 책임이 있다고 암시라도 한 것처럼).[46] 로리는 강경했다. "오늘 아침 래리가 출근하면서 이렇게 말했어요. '당신, 정말 판도라의 박스를 열어버렸군. 그렇지?' 저는 대답했죠. '이제야 활짝 열린 거지. 아무도 닫지 못하게 할 거야.'"[47] 그녀는 다른 부모들과 함께 '자폐증에 관한 책을 새로 쓸 것'이라고 예상했다.

스탠퍼드 대학교에서는 유전학 연구팀을 파견하여 혈액 검체를 채취한 후 잠재적으로 유해한 돌연변이가 있는지 분석했다. MDPH에서 파견된 독성학 연구팀은 폐쇄된 공장 주변 토양에서 각종 용제溶劑, 중금속, 기타 오염 물질이 잔존하는지 검사했다. 브라운 대학교의 대학원생 마사 랭Martha Lang은 앨토벨리 부부와 레민스터의 가족들을 3년간 연구하여 공해를 유발하는 대기업에 맞서 싸우는 지역사회에서 엄마들이 가진 리더십에 대한 학위 논문을 쓰기도 했다.[48]

랭의 연구는 또 다른 잔존 오염물 때문에 난항을 겪었다. 바로 자폐증 자녀를 둔 데 대한 사회적 낙인이었다. 많은 가족이 데이터 수집 과정에 참여하기를 거부했다. 그러나 로리의 파일에 있는 어린이들의 의무 기록을 조사한 결과, 마을에서 자폐증으로 확진된 숫자는 그녀가 믿었던 것보다 낮다는 사실이 밝혀졌다. MDPH에서 의무 기록을 분석한 24명의 어린이 중 6명은 자폐증이나 PDD-NOS의 '진단 기준을 충족시키지 않는다는 사실이 분명했고' 또 다른 7명에 대한 데이터도 결정적이지 않았다.[49] 몇몇 증례는 포스터 그랜트 공장 근처에 살았다는 주장이 아무리 좋게 봐줘도 근거가 미미하다고밖에 할 수 없었다. 로리의 파일에 포함된 몇몇 부모들은 아예 레민스터에 산 적이 없었다. 지역사회 내에서 염색체 이상의 증거를 찾아내지 못한 스탠퍼드 연구팀은 실제로 유병률이 증가했다기보다 '장기적으로 자폐증의 정의가 변한 것'을 환자 증가의 원인으로 제시했다. 랭은 '레민스터 자폐증 집단 발병' 이야기는 생각보다 훨씬 불분명하다고 결론 내렸다. 그러나 흥미 위주의 선정적인 보도는 이미 새로운 국면으로 접어든 뒤였다.

지역 신문에 이 이야기를 터뜨렸던 기자 중 한 명인 데이비드 로페이크David Ropeik는 현재 위험 인식 과학 분야에서 컨설턴트로 일하고 있다. 플라스틱 도시에서 벌어진 일이 전개되는 과정을 바로 곁에서 지켜본 그는 그곳에 사는 수많은 사람들이 (그리고 〈20/20〉의 시청자들이) 왜 어린이들이 마을에 잔존하는 독성물질에 중독되었다는 설명에 마음이 끌렸는지 이해한다고 말한다.

"부모로서 가장 중요한 일은 자녀를 돌보는 겁니다. 심각한 위험이 있는데 자기는 아무것도 할 수 없다는 무력감을 느낀다면 해답을 찾으려는 깊은 정서적 욕구를 느끼게 됩니다. 이럴 때 사람의 마음은 암시의 영향을 받기 쉽지요. **혹시 플라스틱이 문제일까?** 왜냐하면 그런 암시 속에는 일종의 희망이 있기 때문입니다. 로리는 매우 합리적인 사람이라 실상이 훨씬 복잡하다는 사실을 마지못해 인정했습니다. 하지만 그걸 인정한다는 건 마음에 말할 수 없이 상처가 되었죠. 자녀들의 고통에 대해 뭔가 자기 손으로 할 수 있는 일이 있다는 느낌이 절박하게 필요했으니까요."[50]

V

레민스터 스캔들 후, 전국에 걸쳐 '자폐증 집단 발병' 사례들이 나타나기 시작했다. 유명한 것으로는 1969~1979년 사이에 6300만 갤런의 독성 폐기물을 매립지에 쏟아부었던 뉴저지주의 브릭 타운십Brick Township이 있다. 이런 사건들을 가장 면밀하게 추적 관찰한 사람은 바로 버나드 림랜드였다. 그는 〈20/20〉에서 사건을 보도하기 2년 전부터 자신이 발간하는 뉴스레터에 레민스터 이야기를 다루기 시작했다.

처음에 그는 유병률이 급격히 변한다는 생각 자체를 거부하는 것 같았다. 1994년 DSM-IV가 발표되자 퉁명스러운 태도로 1920년대에서 1990년대 사이에 '〔자폐증〕 어린이 집단이 크게 변했다고 생각하는 것은 비합리적'이라고 했던 것이다.[51] 그러나 곧 입장을 완전히 바꾸었고, 자폐증 부모들에게 가장 신뢰받는 권위자라는 위치로 인해 엄청난 영향을 미쳤다.

동시에 그는 주류 의학계에서 더욱 고립되었다. 사실 1990년대는 자폐증 연구의 무게 중심이 켄싱턴 사무실에서 윙과 런던 그룹 쪽으로 옮겨 가고 있었기 때문에 림랜드에게는 상당히 힘든 시기였다. 그는 뉴스레터에서 윙이 주도한 DSM 개정이 자폐증에 엄청난 영향을 미치게 될 가능성에 대해 거의 언급하지 않았고, 대신 APA에서 전반적pervasive이라는 용어를 쓰는 데 대한 전문가들 사이의 논란을 다루는 데 집중했다. (그는 PDD-NOS라는 진단명이 '가짜 과학'이라고 주장하며, 너무나 거추장스러워서 널리 사용되지 못할 것으로 예상했다.)[52] 자폐증 연구소는 재정적으로도 어려움을 겪었다. 일이 복잡하게 꼬여 〈레인맨〉 제작진에서 림랜드에게 보내기로 했던 7만 5000달러짜리 수표가 미국 자폐증 학회로 보내졌던 것이다.[53] 림랜드는 소송을 제기했고, 더스틴 호프만까지 직접 편지를 써보냈지만 학회는 양보하지 않았다.

1995년 들어서야 수많은 부모들의 질문 공세에 시달린 림랜드는 뉴스레터에 이런 기사를 실었다. "자폐증 유행은 정말 있을까?" 그의 대답은 있다는 쪽이었다. "단순히 대중의 인식이 향상되었기 때문이 아니라, 실제 증가하고 있다고 믿는다." 논지를 입증하기 위해 그는 1965~1969년 사이에 자신의 네트워크에 소속되어 있던 부모 중 단 1퍼센트만이 3세 미만 자녀가 자폐증이 아닌지 진단을 받아보고자 했다는 내용의 표를 제시했다. 1980년대에 (DSM-III와 DSM-III-R이 발표된 후) 이 숫자는 5퍼센트로 증가했다. DSM-IV가 발표된 후에는 무려 17퍼센트로 치솟았다. 진단 기준의 변화에 주목하는 대신, 그는 공해, 항생제, 백신이 새로운 자폐증 쓰나미를 불러일으켰을 오싹한 가능성을 제기하며 레민스터 '집단 발병'을 그 생생한 예로 지목했다. 이런 주장은 부모들의 의식 속에 영원히 지워지지 않는 사실로 자리 잡으며 자폐증 유행이라는 전설이 갈수록 기승을 부리는 데 한몫했다.[54]

환경 인자들로 인해 자폐증이 생길 가능성을 고려하는 일은 림랜드에게 전혀 새로운 것이 아니었다. 1967년에 수많은 부모들이 디프테리아-백일해-파상풍 백신이 나쁜 영향을 미친 것 같다고 보고한 후 이미 자폐증 연구소 평가 서식에 백신에 관한 질문을 추가했던 것이다. 그로서는 그럴 만한 이유도 있었다. 공중보건 논문들에서 초기 DPT 백신(미국 내에서 널리 접종된 백신 중 유일하게, 사멸시킨 세균 세포 전체를 주사하는 형태였다)은 역사상 가장 '반응성이 높은' 백신이었다.[55] 발작, 기절, 발열, 부기, 쇼크 그리고 몇 시간씩 울어대는 부작용이 드물지 않았다. 전세포 DPT 백신은 품질 관리가 미흡하고, 역가를 신뢰할 수 없으며, 기타 심각한 문제들을 일으키는 것으로도 악명이 높았다. 생산분에 따라 부작용 발생률이 훨씬 높아 CDC에서 회수하는 경우도 있었다('핫 로트hot lot✦ 라고 한다). 결국 DPT 백신은 미국 내에서 폐기되고 훨씬 안전한 '무세포' 백신으로 대체되었다.

림랜드가 자폐증 발생률 문제에 관해 갑자기 입장을 바꾼 주된 이유는 해리스 쿨터Harris Coulter와 바바라 로 피셔Barbara Loe Fisher가 쓴 《DPT_마구잡이 접종DPT: A Shot in the Dark》이라는 책 때문이었다. 1980년대 초반, 두 돌 반이 된 아들 크리스천Christian이 네 번째 DPT 주사와 경구용 소아마비 접종을 받았을 때 피셔는 버지니아에서 PR 컨설턴트로 일하고 있었다.[56] 피셔에 따르면 아들은 그날까지 쾌활하고 붙임성 있는 아이였으며, 완전한 문장으로 말하고, 책 읽기를 좋아하며, 숫자도 20까지 셀 수 있었다. 세 번째 DPT 접종을 받은 후 팔이 딱딱하고 빨갛게 부었는데, 간호사는 '불량 로트' 백신 때문이라고 했다.[57]

피셔에 따르면, 네 번째 접종을 받고 몇 시간 후에 보았더니 크리스천은 의자에 앉은 채 텅 빈 시선으로 허공을 응시하고 있었다. 얼굴은 창백하고, 입술이 파랬다. 이름을 부르자 눈동자가 파르르 떨리더니 뒤로 돌아갔고, 잠든 것 같았다. 침대에 눕히자 아이는 여섯 시간을 계속 잤다. 중간에 한 번 깨웠지만 제대로 정신을 차리지 못하고 다시 잠들어 또 반나절을 내리 잤다. 그녀는 나중에 이 사건을 전형적인 백신 반응이라고 했다. 1999년 그녀는 국회 소위원회에서 이후 수주간에 걸쳐 "크리스는 완전히 다른 아이가 되었어요"라고 증언했다. 웃지도 않았고, 정신을 집중하기 어려운 것 같았으며, 좋아하던 책에도 흥미를 잃고, 몇 차례 심한 감염증을 앓았다. 결국 아이는 ADHD를 포함한 다발성 학습장애로 진단받았다.

2년 후, 피셔는 NBC 특집방송 〈DPT_백신 폭탄 돌리기DPT: Vaccine Roulette〉를 보고 모든 것이 제자리에 맞춰진 느낌을 받았다. 방송에서는 다양한 전문가들이 출연하여 백일해의 위험을 평가절하하고(1934년 한 해

✦ 로트란 일정한 공정을 거쳐 한꺼번에 생산된 제품을 일컫는다.

만도 26만 5000명의 백일해 환자가 발생하여 그중 7500명의 어린이가 사망했는데도), 백신의 위험성을 집중적으로 부각시켰다.[58] 중간중간 부모들이 뇌손상 입은 자녀들을 돌보는 가슴 아픈 영상이 끼어들었다. 영국 의약품안전위원회Committee on the Safety of Medicines 위원으로 소개된 고든 스튜어트Gordon Stewart는 백신을 가리켜 문자 그대로 '모든 세균과 그것들이 생산하는 역겨운 물질을 대강 섞어 만든 것'이라고 묘사했다. 전직 FDA 백신 연구자로 소개된 바비 영Bobby Young은 DPT 백신이 건강한 아이를 '식물인간'으로 만들 수 있다고 경고했으며, 제작자인 리 톰슨Lea Thompson은 백신이 전면적으로 도입된 후 백일해 같은 질병으로 인한 사망률이 급감한 것은 위생 상태가 개선된 것과 우연히 때가 맞았을 뿐이라고 주장했다. 톰슨은 상식 있는 영국 여성이라면 '백신이 질병보다 더 나쁘다'는 지식으로 무장하고 자녀들에게 예방접종을 하지 않는 쪽을 택할 것이라고 넌지시 암시하기도 했다. 간호사의 딸이었던 피셔는 이 방송을 보며 '평생 존경해왔던 의료인들에게 배신당한 기분을 느꼈다'.[59]

톰슨은 이 프로그램으로 에미상까지 수상했지만, 사실 그녀가 신중하게 고른 '전문가들'의 자격을 시종일관 과장하거나 왜곡했다.[60] 영은 한 번도 FDA에서 세균 백신을 연구한 일이 없었으며,[61] 스튜어트는 영국에서 반백신 운동가로 잘 알려진 인물로, 위원이 아니라 그저 의약품 안전위원회에 데이터만 제공했을 뿐이었다.

워싱턴의 WRC-TV에서 방송된 후 〈DPT_백신 폭탄 돌리기〉는 전국 지방방송을 통해 수없이 재방송되었으며, 〈투데이Today〉 쇼에서는 자세히 요약한 편집본을 내보내기도 했다. 소아과 의사들은 부모들이 1950년대에 있었던 소아마비에 대한 공포 이후 유례 없는 두려움에 떨고 있다고 입을 모았으며,[62] 하원에는 국가 예방접종 정책을 즉시 변경하라고 요구하는 유권자들이 몰려들었다.[63]

WRC-TV에서는 방송국에 전화를 거는 시청자들에게 비슷한 전화를 몇 통이나 받았는지 알려주며 사태를 점점 큰 스캔들로 몰고 갔다. 전화를 한 사람 중에는 물론 피셔도 있었고, 역시 아들이 DPT 접종에 이상 반응을 나타냈던 캐시 윌리엄스KathiWilliams도 있었다. 이들은 비슷한 일을 겪은 제프 슈워츠Jeff Schwartz와 함께 불만 있는 부모모임Dissatisfied Parents Together을 조직했는데, 이 단체는 나중에 전국백신정보센터National Vaccine Information Center, NVIC로 이름을 바꾸고 백신 반대 운동을 이끌었다. (NVIC는 홍보물에 백신 반대 단체로 인식되지 않도록 주의를 기울여 단체의 성격을 이렇게 규정했다. '공중보건 시스템 내에서 백신의 안전성과 설명 후 동의에 의한 보호를 도입하자고 주장하는 가장 오래되고 가장 큰 소비자 주도단체.') 《DPT_마구잡이 접종》을 쓰기 위해 피셔는 해리스 쿨터라는 사람과 팀이 되었는데, 그는 정부 주도의 백신 의무 접종 프로그램에 오랫동안 반대해온 사람으로 복잡한 과거를 지니고 있었다. 많은 백신 반대 웹사이트에서는 예일 대학교에서 교육받은 의학사 학자로 소개하지만, 사실 그는 예일 대학교에서 의학을 공부한 적이 없다. 아예 생물학, 생리학, 화학 관련 과목을 이수한 적조차 없으며, 대학에 다닐 때도 이 분야의 역사를 연구하겠다는 생각조차 해본 일이 없었다.[64] 그의 관심사는 러시아 연구였다.

1960년대 초반 냉전이 절정에 달했을 때, 쿨터는 모스크바에서 크렘린의 공식 발표문을 미 국무성에 번역해주는 일을 했다.[65] (존 F. 케네디의 암살에 관한 워런 위원회Warren Commission✦ 청문회 중 피의자인 리 하비 오스왈드Lee Harvey Oswald의 부인인 마리나 오스왈드Marina Oswald의 공식 통역사이기도 했다.) 파리로 휴가를 갔을 때, 아내인 캐서린에게 알레르기가 생긴 적이 있었다. 그들은 의사가 아니라 동종요법사를 찾아갔다. 이전에 의사를 찾아가 큰

✦ 케네디 대통령 암살 사건 조사위원회.

도움을 받지 못했기 때문이었다. 쿨터는 동종요법사가 '마법처럼 잘 듣는' 약을 주었다고 회상했다.[66] 아내는 생선만 먹으면 두드러기가 났는데 그 약을 딱 한 번 쓴 뒤로는 생선을 먹을 수 있었던 것이다.

쿨터는 동종요법에 감탄하며 미국으로 돌아왔다. 컬럼비아 대학교에서 러시아 연구 논문으로 학위를 받는 데 실패한 그는 대학원 지도 교수를 설득하여 동종요법의 역사에 관한 논문을 제출했다.[67] 그는 동종요법이 주류 의학(그는 의학을 '이종요법' 또는 대증요법이라고 불렀다)보다 우월하지만, 19세기 들어 미국 의학협회에 만연한 부패로 인해 지배적인 패러다임이 되지 못하고 밀려났다고 확신했다. 결국 학위 논문은 《단절된 유산Divided Legacy》이라는 세 권짜리 책이 되었다. 그는 이 책을 자비 출판했다.

피셔는 《DPT_마구잡이 접종》을 쓰기 위해 가족들을 인터뷰했고, 쿨터는 역사적 배경을 조사하는 역할을 맡았다. 부주의한 의사들, 비겁한 백신 제조사들, 기회주의적 연구자들, 추잡한 정부 관리들, 비탄에 빠진 부모들 그리고 안전을 지켜줄 줄 알았던 백신에 의해 말도 못하고, 대소변도 가리지 못하는 영구 장애인이 된 절망스러운 어린이들을 등장시켜 소아과학을 일종의 호러쇼로 묘사한 끔찍한 책이다. 시종일관 유아들은 의사들의 극성스런 바늘을 피하려고 몸을 웅크리고, 예방 주사가 뇌를 완전히 망가뜨리는 동안 원초적인 공포 속에서 끔찍한 비명을 지르는 존재로 묘사된다.

《DPT_마구잡이 접종》은 단순히 백신의 위험성을 고발한 것이 아니라 약물 시험에 있어 전문가 상호 검토와 위약대조군 임상 시험이라는 과정을 비롯하여, 주류 의학 전체를 신랄하게 비판했다. 쿨터 입장에서 이 책은 미국 의사 협회에 대한 동종요법의 때늦은 복수이자, 다수의 이익을 위해 백신에 격렬한 반응을 겪는 취약한 소수의 운명을 짓밟는 비인간적 사회에 대한 선전 포고였다. 한 엄마는 이렇게 말했다. "저는 신이 완벽한 아이를 주셨다는 걸 잘 알아요. 아이가 태어났을 때 너무 행복했지요. 아이는 너무나 아름다웠고, 손가락 발가락도 모두 열 개씩 갖고 태어났어요. 신은 제게 완벽한 아기를 주셨는데, 오 맙소사, 인간이 제멋대로 신의 완벽한 작품을 부숴버린 거예요."

학습장애를 겪는 어린이들이 부서진 제품이라는 개념은 책 전체에 배어 있다. 저자들은 이런 어린이들을 난독증 또는 자폐증이 아니라 '백신에 의해 손상받은' 것으로 지칭하며, 자기 몸속에 무기력하게 매장된 존재로 그려낸다. 다른 엄마는 이렇게 말한다. "우리 아이는 모든 걸 알지만 끄집어내지 못하는 거예요. 작은 눈동자를 보면 알 수 있지요. 그 안에 모든 것이 있어요. 하지만 원하는 방식으로 끄집어낼 수는 없어요. 때로는 안간힘을 쓰는 바람에 그 작은 목소리가 떨리곤 하지요. 모든 걸 갖고 속에 갇혀 있다는 걸 알 수 있어요."

이 책이 출간되자 엄청난 소동이 벌어졌고, 결국 국회 청문회가 이어진 끝에 개혁의 물결이 밀려왔다. 1986년 전미 어린이백신피해법National Childhood Vaccine Injury Act이 통과되어 연방 차원의 백신 피해 보상 프로그램이 도입되었고, 연방 백신 이상 반응 보고 시스템Vaccine Adverse Events Reporting System, VAERS이 수립되어 공중보건 당국과 소비자들이 전국에 걸쳐 백신 프로그램에서 새로운 문제가 발생하는지 추적할 수 있게 되었다. 그만 하면 목적을 달성한 셈이었다. 하지만 그걸로 끝낸다는 것은 쿨터에게 어림없는 생각이었다. 책이 출간된 후 그의 시각은 훨씬 극단적인 방향으로 흘러갔다.

에이즈 유행이 절정에 달했을 때 쿨터는 이 병이 인간 면역 결핍 바이러스HIV에 의해 생기는 것이 아니라 마약 사용자와 '약물을 너무 많이 사용하는…게이 생활 방식'을 고수하는 사람만 표적으로 삼는 매독의 일종이라고 믿기 시작했다.[68] 자폐증은 《DPT_마구잡이 접종》에 거의 언급되지 않았지만, 다음 저서인 《예방접종, 사회적 폭력 그리고 범죄성Vaccination, Social Violence, and Criminality》에서 중심 주제로 등장한다. 책에서 그는 자폐증, 동성애, 비만, 난독증, ADHD, 약물 남용, 뇌전증, 청소년 비행, 연쇄살인 등이 증가하는 것은 모두 필수 예방접종에 의해 발생한 뇌염의 유행 때문이라고 주장한다. 의료계는 이런 사실을 잘 알면서도 거대한 음모 속에 은폐하고 있다고도 했다. 음모가 너무 거대해서 '백신 프로그램이 미치는 모든 끔찍한 영향들의 범위를 알아차리기가 쉽지 않다'는 것이었다.

1995년 2월 어느 날 밤 림랜드는 집에서 백신의 위험에 관한 토크쇼를 보다가 몇몇 엄마들이 인터뷰 중 쿨터와 그의 연구를 언급하는 것을 들었다.[69] 조사해본 후 그는 쿨터가 자폐증 발생률 증가의 수수께끼를 풀 수 있는 열쇠를 찾아냈다고 믿었다. 그해 가을 그는 자폐증 유행에 관한 자신의 믿음을 공개적으로 선언하는 빽빽한 한 페이지 분량의 논평을 발표했다.

림랜드의 공개적인 지지에 힘입어 자폐증, 뇌염 그리고 백신에 대한 쿨터의 조악한 이론은 자폐증과 범죄 행동을 연관시키는 등 불미스러운 측면을 완전히 털어버린 것은 물론, 상상할 수 없었던 위치로 격상되었다. 이때쯤 쿨터는 이미 새로운 단계로 접어들어 인간의 태반을 이용하여 암 치료 백신을 개발한다는 러시아 면역학자를 돕고 있었다. 모스크바와 바하마 제도의 환자들을 대상으로 수행된 이 실험적 임상 시험의 결과는 매우 들쭉날쭉했고, 몇 명의 환자는 사망했다.[70] 그러나 쿨터는 전혀 흔들리지 않고 백신에 대한 환자들의 반응(발열, 두통, 이전에 수술받은 자리의 심한 통증 등)이 동종요법의 원칙을 생생하게 입증하는 것이라 확신했다.

VI

쿨터의 생각을 자폐증 공동체에 퍼뜨린 사람은 림랜드였지만, MMR 혼합

백신이 뇌손상을 일으킨다는 믿음을 대중에게 전파한 것은 영국의 젊은 위장관학 전문의 앤드류 웨이크필드였다. 그는 백신이 뇌손상을 일으키는 잠재적 기전을 발견했다고 주장했다.

1998년 2월 28일, 웨이크필드는 런던 북부 햄스테드에 있는 로열 프리 병원Royal Free Hospital에서 기자회견을 열었다. 영국에서 가장 유명한 의학 저널 《랜싯Lancet》에 발표된 자신의 새로운 환자군 연구를 설명하는 자리였다. 기자회견을 대단한 행사로 만들기 위해 병원 홍보팀에서는 심한 고통을 받는 어린이들의 모습을 담은 20분짜리 홍보 동영상을 기자들에게 사전 배포하는 이례적인 절차를 마련했다. 동영상은 기자회견장에서도 상영되었는데, 이런 설명이 덧붙여져 있었다. "로열 프리 병원 의과대학 연구자들은 염증성 장질환과 자폐증에 관련된 새로운 증후군을 발견한 것 같습니다." 이런 노력에 힘입어 기자회견장은 발디딜 틈이 없었다.

웨이크필드는 어린이 위장관학 분야에서 놀라운 발견을 할 만한 인물로 보였다. 1987년 그는 로열 프리 병원의 염증성 장질환inflammatory bowel disease, IBD 연구팀장이 되었다.그의 연구는 다양한 바이러스와 크론병 사이의 연관성을 조사하는 데 초점을 맞췄다. 1990년대에 발표된 일련의 연구를 통해 웨이크필드팀은 홍역 바이러스가 크론병과 IBD를 일으킬 가능성에 주목했다. 처음 발표 당시 획기적인 것으로 생각되어 로열 프리 병원 의과대학에 언론의 관심이 집중되었다. 대학에서는 이 기회를 이용하여 주변부에서 변변치 않은 연구나 하는 곳이라는 이미지를 쇄신하려고 노력했다.[71] 그러나 그 연구는 결과를 재현하는 데 실패했거나 전혀 상반되는 결과를 얻은 연구자들에게 맹비난을 받는 신세가 되고 말았다.

웨이크필드는 흔들리지 않고 홍역과 크론병 사이의 관계를 계속 연구하여 자신의 이론을 확증한 것처럼 보이는 논문을 《랜싯》에 발표했다. 1940년대에 스웨덴의 웁살라 대학병원University Hospital in Uppsala에서 진료받은 2만 5000명의 기록을 검토한 후 웨이크필드와 공동 저자 안데르스 에크봄Anders Ekbom은 홍역에 감염된 산모에게서 태어난 어린이 중 3명이 성인이 되어 크론병에 걸린 사실을 찾아냈다. 이 사실을 근거로 이들은 포괄적이고도 극적인 결론을 이끌어냈다. "우리의 연구는 태아기에 홍역 바이러스에 노출된 것이 성인 크론병의 발병에 주요 위험인자임을 시사한다. 조기 노출은 광범위하고 공격적인 질병을 초래할 위험이 있는 것으로 보인다."[72]

그 후 웨이크필드는 연구 주제를 MMR 백신 쪽으로 돌렸다. MMR 백신은 살아 있는 바이러스를 약화시켜 신체의 면역 반응을 활성화시킨다. 바로 이 점에서 그의 연구는 영국 공중보건 담당자들의 비판을 받았다. 백신은 사실 매년 전 세계적으로 수백만의 목숨을 구해주지만, 대중이 안전성을 의심하여 백신을 거부할 경우 엄청난 위험이 야기될 수 있기 때문이다. (세계보건기구는 2000년 한 해만도 3000~4000만 명이 홍역에 걸려 77만 7000명이 사망했으며, 대부분 백신 접종률과 의료 수준이 낮은 사하라사막 이남 지역에서 발생한다고 추정했다.)[73] 결국 웨이크필드가 소속되어 있던 의과대학 학장인 아리 주커만Arie Zuckerman은 보건성 장관 케네스 캘먼Kenneth Calman에게 크론병과 MMR에 대한 웨이크필드의 연구를 둘러싸고 '달갑지 않은 논란'이 벌어진 데 대해 유감을 표명했다.[74] 하지만 저 멀리 수평선에서 다가오고 있던 폭풍에 비하면 그 정도 논란은 찻잔 속의 태풍에 불과했다.

1995년 웨이크필드는 한 자폐증 소년의 엄마에게서 걸려온 전화를 받고 깊은 절망에 빠졌다. 처음에는 그녀가 왜 위장관 전문의인 자신에게 전화를 걸었는지 이해할 수 없었다. 나중에 그는 이렇게 인정했다. "그때만 해도 자폐증에 관해서는 전혀 아는 것이 없었습니다."[75] 웨이크필드에 따르면 그녀는 아들이 하루 열두 차례에 이르는 설사와 대변실금을 비롯해 심각한 위장관 문제가 있다고 설명했다.[76] 또한 아이는 고통스러운 것 같았다. 매우 난폭했으며 자해 행동을 보였다. 그녀는 아들이 MMR 백신을 맞기 전까지는 '완벽하게 정상적'으로 자랐다고 했다. 백신을 맞은 지 얼마 안 되어 고열이 치솟더니 급격히 상태가 나빠지며 말을 하지 못하게 되었다는 것이었다. 나중에 웨이크필드는 비슷한 전화를 '이틀 사이에 다섯 통' 받고 나서 자폐증에 관해 자세한 연구를 수행해야 할 의무감을 느꼈다고 주장했다. 알고 보니 그는 크론병에 대한 논란 많은 연구 덕분에 이미 백신 반대 운동가들 사이에 존경받는 인물이 되어 있었고, 전화를 걸었던 엄마들 역시 백신 반대 네트워크에 소속된 사람들이었다.

1998년에 발표된 웨이크필드의 환자군 연구 역시 웁살라 연구와 마찬가지로 소수의 환자를 근거로 했다. 연구에 참여한 환자는 겨우 12명이었다. 그는 여러 가지 단서를 달면서 조심스러운 어투로 12명의 환자 중 8명에게서 자폐증의 '행동 증상'이 시작된 것과 MMR 백신 사이에 '연관이 있다고 부모들은 생각한다'고 썼다.[77] 이어 모든 어린이가 '반점형 만성염증'에서부터 '궤양형성'에 이르는 위장관 이상의 증거를 나타냈다고 주장했다. 또한 대부분의 어린이가 '일정 기간 겉으로는 아무런 이상 없이 성장하다가' 백신 접종 후 급격하게 상태가 나빠졌다고 보고했다.

바이러스, 백신, 위장관염에 대한 웨이크필드의 이전 연구와 다른 과학자들의 연구를 근거로 연구팀은 곡식과 유제품에 함유된 단백질이 부분적으로 소화된 상태로 손상된 위장관 장벽을 통해 어린이들의 혈액 속으로 새어 나갔을 것이라고 가정했다. 일단 혈액 속에 도달한 이들 단백질(아편유사 펩티드라고 한다)은 발달 중인 어린이의 뇌로 들어가 신경 조절과 성장을 방해하여 갑작스럽고 극적인 기능 저하가 일어난다는 것이었다. 나중에 웨이크필드는 이런 증후군을 '자폐성 위장관염'이라고 명명했다.

아편유사 펩티드가 뇌 발달을 저해한다는 개념은 새로운 것이 아니었다. 특히 림랜드의 네트워크에 소속된 임상의사들과 과학 지식이 있는 부모들은 동일한 현상을 이미 '장누출 증후군'이라고 부르고 있었다. 그들은 오래전부터 자녀들의 위장관 증상과 음식을 까다롭게 가리는 경향을 이 수수께끼 질병에 동반되는 설명할 수 없는 증상으로 받아들여주지 않는 의사들에게 절망감을 느껴왔다. 많은 부모들은 캐린 세루시의 책에 있는 조언에 따라, 자녀의 식단에서 곡류와 우유(각각 글루텐과 카제인의 주공급원이다)를 빼면 복통, 설사, 헛배부름 등의 증상이 완화될 뿐 아니라, 사회적 관계를 맺는 능력도 개선된다고 생각했다. 사실 끼니마다 한 가지 음식만 고집하는(헨리 캐번디시의 양다리, 조셉 설리번의 치즈 과자, 레오 로사의 난 등) 어린이들에게 위장관 문제가 생긴다는 것은 놀라운 일도 아닐 것이다.

또한 쿨터와 피셔도 책에 자세히 썼듯이 백신을 맞으면 발열, 발진, 발작 및 기타 일시적인 반응(당연히 부모로서는 공포스럽다)이 일어난다는 사실은 이미 면역학 분야에 잘 알려져 있다. 아주 드물게 이런 부정적인 반응이 심하거나 오래 지속되어 평생 장애로 남거나 사망에 이르기도 한다. 현대의학은 사회적으로 허용 가능한 위험을 감수한다는 전제 아래 세워진다. 생명을 살리는 약들은 대부분 심각한 부작용을 나타낼 수 있으며, 수술이나 마취는 언제나 사망을 초래할 위험이 있다. 그러나 이런 사실이야말로 쿨터가 동종요법을 선호한 이유였다. 절대로 완치시키지 못하지만, 절대로 직접적인 사망의 원인이 되지도 않는 것이다. 웨이크필드의 논문이 새로운 것은 이렇듯 혼란스럽고 이질적인 현상을 흔들리지 않는 확신을 갖고 자폐증의 원인이라고 주장한 데 있었다.

초고를 검토한 동료 전문가들이 논문에 사용된 용어와 잠재적 영향에 대해 우려를 표명하자 《랜싯》의 편집자는 원고 수정을 요구하고, 게재 시 '초기 보고'라는 문구를 추가하여 내용이 추정적 성격을 띤다는 사실을 강조했다.[78] 연구자들은 고찰 부분에 이런 말을 추가하기도 했다. "우리는 MMR 백신과 기술된 증후군 사이의 관련성을 입증한 것이 아니다. 현재

이 문제를 이해하는 데 도움이 될 바이러스학적 연구가 진행중이다. MMR 백신과 이 증후군 사이에 인과적 관계가 있다면, 1988년 이 백신이 영국에 도입된 후 발생률이 증가하리라 예측할 수 있을지도 모른다. 지금까지 발표된 증거들은 발생률 변화나 MMR 백신과의 연관성을 입증하기에는 적절하지 않다."[79]

그러나 홍보 동영상과 기자회견장에서 웨이크필드의 태도는 잠정적이라거나 주의 깊은 것과는 거리가 멀었다. 오히려 자신의 연구가 MMR의 안전성에 의문을 제기하는 가장 최근 증거라고 주장했다. 거구인데다 깊게 꺼진 파란색 눈을 가졌으며, 사무적이면서도 명료한 태도를 지닌 웨이크필드는 시종일관 논쟁과는 전혀 관계없다는 태도를 취했다.[80] 기자회견장에서 그는 매우 진지한 어조로 MMR 백신에 수많은 의문을 제기하여 논문에서 암시적으로 사용했던 용어들보다 훨씬 깊이 불확실한 추측의 영역에 발을 디뎠다.

"이건 제게 도덕적 문제입니다." 그는 진지한 어조로 말했다. "MMR에 관한 논쟁이 시작되었기 때문에 저는 세 가지 백신을 계속 함께 사용하는 데 반대합니다." 그는 홍보 동영상에서도 비슷하게 불길한 어조로 이 연구가 백신에 대해 '확실히 의구심을 제기한다'고 주장하면서 '그런 관련성이 입증되지는 않았다'고 인정했지만, 이내 이렇게 덧붙였다. "저희는 당연히 그렇게 생각합니다.…제 마음속에는 안전성에 대해 상당한 불안감이 있다고 말할 수밖에 없습니다."[81]

예상대로 기자들은 웨이크필드 연구팀에서 제시한 이런저런 조건들을 축소하거나 무시하고 바로 공포 영화 모드로 돌입했다. 《런던 이브닝 스탠다드London Evening Standard》는 "과학자들의 경고로 홍역 백신에 대한 공포가 일어나다"라는 헤드라인을 뽑았고, 《인디펜던트Independent》는 비명이라도 지르는 듯 "의사들, 어린이 백신의 새로운 위험을 경고"라고 썼다. 《가디언Guardian》은 "모르고 지나간 장 질환이 어린이들을 끔찍한 상태로 몰아넣다"라며 법석을 떨었고, 《데일리 레코드Daily Record》는 "홍역 주사가 아들을 자폐증으로 만들었어요"라고 울부짖었다. 선정적인 기사를 쓰기로 유명한 《데일리 메일Daily Mail》은 왕립 소아과 학회에서 경보라도 발령한 것처럼 "의사들, 새로운 공포로 인해 3종 혼합백신을 폐기해야 한다는 압력에 시달려"라는 기사를 내보냈다. 이미 수개월간 "아들 둘이 모두 자폐증이라 꿈 같은 결혼 생활이 산산조각 났어요. 백신이 우리들의 삶을 완전히 망가뜨렸어요"라는 식의 헤드라인을 계속 써대어 대중에게 공포의 씨앗을 뿌린 후였다.

이런 언론 보도는 자폐증 부모들의 공동체를 넘어 엄청난 사회적 파장을 일으켰다. 림랜드의 입장에서 웨이크필드 연구는 오래도록 기다려왔던 명백한 증거를 찾아낸 셈이었다. 이후 수년간 그의 네트워크에 소속된 수많은 사람들이 자폐증은 백신이나 백신 보존제 또는 두 가지가 함께 작용하여 아직 형성 단계에 있는 어린이의 뇌에 충격을 준 결과 생기는 병이라고 확신하게 되었다. 피셔 같은 활동가들은 티메로살이라는 특정한 백신 보존제를 사용하지 않아야 한다는 데 초점을 맞추었는데, 이 문제는 결국 전 세계적인 논란거리가 되었다. 공중보건 당국에서 겁에 질린 부모들을 안심시키기 위해 황급히 마련한 기자회견장에서 림랜드는 큰 소리로 고함을 질렀다. "자폐증과 백신 접종 사이에 연관성이 있다는 수많은 증거를 단순히 우연이라고 주장한다는 것은 터무니없는 일이요! 웨이크필드 박사의 연구팀은 한 가지 가능성 있는 메커니즘에 대해 우리의 이해를 크게 넓혀준 겁니다."[82]

피셔의 전국 백신정보센터 같은 단체의 격렬한 항의에 직면한 CDC와 미국 소아과 학회는 백신 제조사들에게 티메로살을 빼달라고 요청했다. 얼마 지나지 않아 이 보존제는 미국과 유럽에서 사용되는 대부분의 백신에서 자취를 감추었다. 이후 수많은 연구를 통해 자폐증 발생률 증가에 아무런 영향을 미치지 않았다는 사실이 입증되었지만,[83] 이런 조치는 예상과 달리 수은에 관한 부모들의 불안을 공식적으로 인정하는 것처럼 보였다. 자폐증과 백신의 연관성에 관한 뉴스는 인터넷을 타고 이메일과 웹사이트들을 통해 퍼져나갔다.[84] 특히 사태를 다윗과 골리앗의 싸움이라는 시각에서 해석한 기자들이 문제였다. 주요 매체에서는 선지자 같은 한 의사가 영웅적인 전사들로 이루어진 엄마 부대를 이끌고 거대 제약회사와 정부관료가 결탁한 음모에 맞서 힘겨운 싸움을 벌인다는 식의 구도를 '균형 잡힌' 의견이라며 끝도 없이 재생했던 것이다.[85] 2000년 11월, 웨이크필드는 〈60분〉에 출연하여 백신을 맞고 자폐증이 생겼다고 주장하는 소년의 끔찍한 기록 영상을 틀어주며 MMR 백신이 자폐증 유행을 일으켰다고 비난했다.

MMR 접종률은 전 세계적으로 떨어지기 시작했다. 이런 전염병이 드문 국가의 부모들은 자녀가 일생 동안 발달장애를 안고 살아갈 위험을 감수하느니 차라리 일주일 정도 홍역을 앓는 편이 훨씬 낫다고 생각했다. 스테파니 메신저Stephanie Messenger가 쓴 《멜라니의 놀라운 홍역Melanie's Marvelous Measles》 같은 자비 출판 서적들이 쏟아져나왔다. 저자는 이 책이 '4~10세 어린이들이 여행을 떠나 백신의 무용성을 깨닫고 어린 시절에 겪어야만 할 이 질병을 기꺼이 받아들이도록 가르치는' 내용이라고 설명했다. 어떤 부모들은 폐쇄적인 온라인 네트워크를 만들어 자녀들을 수두 같은 질병에 일부러 노출시키는 '수두 파티'를 열기도 했다.[86]

웨이크필드의 환자군 연구는 공중보건 역사상 가장 영향력 있는 논문으로 떠올랐다. 연구 시작 당시 자폐증에 관해 아무것도 모른다고 인정한 사람으로서는 엄청난 업적을 이룬 셈이었다. 그러나 동시에 가장 광범위하고 철저하게 논박당한 논문이기도 했다.[87] 발표된 후 수년간 기자인 브라이언 디어Brian Deer, 국가 의료 평의회General Medical Council✦, 《영국 의학 저널British Medical Journal》, 기타 감시 기구에서 시행한 조사와 연구를 통해 논문의 연구 방법, 윤리성, 보고 방식에 있어 헤아릴 수 없을 정도로 많은 문제점들이 밝혀진 것이다.

연구에서 백신을 접종받기 전에 '정상적'이라고 기술된 어린이들은 사실 그전부터 손을 퍼덕거리거나 언어발달이 늦는 등 발달상의 문제를 겪고 있었다. MMR 백신을 맞고 난 후 자폐성 위장관염을 앓았다고 보고된 두 명의 어린이는 사실 자폐 진단을 받은 적이 없었다. 또한 웨이크필드는 백신 접종과 발달장애 소견을 받은 시점 사이의 기간을 교묘하게 조작하여 실제로 자신의 기록에서조차 수주에서 수개월이 경과한 경우에도 불과 며칠 후 증상이 나타난 것처럼 보이게 했다. 연구에 참여한 한 소년의 아버지는 디어에게 이렇게 말했다. "11번 환자가 진짜 우리 아들이라면 《랜싯》에 실린 그 논문은 완전히 날조된 것입니다."[88]

디어가 발견한 더욱 결정적인 증거는 웨이크필드가 백신 제조사를 상대로 집단 소송을 벌일 예정이었던 변호사들과 거액의 돈이 걸린 계약을 맺었다는 사실을 《랜싯》 편집진에게 알리지 않은 것이었다. 이렇게 많은 문제들이 드러나자 연구의 공동 저자 중 10명이 논문에서 자기들의 이름을 빼버렸고, 마침내 2004년 이 논문은 《랜싯》 게재가 철회되었다.[89] 2010년 국가 의료 평의회는 영국 내에서 웨이크필드의 의사 면허를 박탈했으며, 2011년 영국 의학 저널은 그의 연구를 '정교한 사기극'으로 규정했다.[90]

독립적인 연구자들이 자폐증과 MMR 백신 사이의 연관성을 확인하

✦ 영국의 의료 시스템을 주도하는 법정 기구.

려고 수많은 시도를 했지만 모두 실패로 돌아갔다. 2003년 《소아과학 및 청소년 의학 저널Archives of Pediatrics and Adolescent Medicine》에 실린 논문에서 연구자들은 12개의 역학 연구를 체계적으로 메타 분석한 후 이렇게 결론 내렸다. "현재까지 발표된 문헌상으로는 자폐범주성장애와 MMR 백신 사이의 연관성이 시사되지 않는다. MMR 백신이 자폐증을 일으킬 위험이 있다는 주장은 이론에 불과하지만, 백신을 기피함으로써 나타나는 결과는 생생한 현실이다."[91]

런던에서 얼마 떨어지지 않은 교외에 자리 잡은 로나 윙 자폐증센터Lorna Wing Centre for Autism에서 로나와 주디스는 이 사태를 지켜보았다. 그들은 백신을 둘러싼 논란을 비극적 필연이라고 생각했다. 자폐증 발생률이 증가한 가장 중요한 이유는 자신들의 손으로 DSM 진단 기준을 변화시켰기 때문이라는 점이 너무도 명백했다. 2011년 두 명의 고참 연구자는 센터의 어린이들을 위해 손수 심어 가꾼 조용한 정원이 내려다 보이는 연구실에 앉아 차를 마시며 이야기를 나누었다. 전 세계 모든 곳을 강타하는 태풍의 고요한 눈 속에 앉아 있는 것 같았다.

"진단의 문제야."[92] 로나는 단호하게 말했다. 카너의 좁은 정의를 확장하여 좀 더 가벼운 장애를 겪는 어린이와 성인들을 포함시켰을 때 이미 그녀는 자폐증의 유병률이 증가하리라 예상했다. 1960년대에 자신들의 가족이 아무런 도움도 받지 못한 채 겪어야만 했던 일을 겪지 않도록 좀 더 많은 사람들에게 자폐증 진단을 내릴 수 있게 한 것, 정확히 그것 때문에 이런 논란이 벌어진 것이다. "이 사람들은 언제나 존재하고 있었어." 주디스도 같은 생각이었다. "사람들이 유행병이라고 했을 때 우리는 놀라지 않았죠. 기준을 넓게 잡으면 환자가 늘어날 수밖에 없으니까요. 우리는 수도 없이 이야기했지만, 사람들은 콧방귀도 뀌지 않았죠."

로나는 자폐증과 특이한 성격 사이의 경계를 흐린다면 필연적으로 그 질병이 증가했다고 느껴질 것이라고 주장했다. 아스퍼거 증후군이라는 개념을 확립한 후 로나와 주디스는 주변 사람들, 특히 진단을 위해 자녀를 센터로 데려오거나 첨단 직종에서 일하는 사람들의 가족에게 이 증후군의 특징들이 매우 흔하게 나타난다는 사실을 깨달았다. "카너와 아스퍼거 증후군 사이에 분명한 선을 긋기란 매우 어렵지만, 사실 아스퍼거 증후군과 정상도 정확히 구분하기는 어렵지."

주디스는 자폐인들이 눈에 더 많이 띄게 된 또 다른 이유로, 최근 들어 성별에 따른 역할이 훨씬 유동적으로 변했다는 사실을 지적했다. "영국의 전통적인 삶에서 남자는 밖에 나가 일하고, 집에 들어와서는 직업을 갖지 않은 부인의 보살핌을 받았죠. 여성은 살림을 꾸리고, 남성은 돈을 벌었어요. 옛날 같으면 자신에게 문제가 있다고 생각조차 못했을 남성들이 자폐증 진단을 위해 의뢰되는 경우가 너무너무 많아요. 옛날에는 가족과 사회가 보호해주었기 때문에 문제를 겪지 않았던 거죠." 로나는 아스퍼거가 암시했듯이 과학과 예술 분야에서 성공하려면 '자폐증의 맹렬한 질주'가 필수적이라고 덧붙였다. 아마 인터넷의 출현으로 인해 '그 방향으로 변화하는 경향'이 더욱 촉진되었을 것이다.

그러나 그녀는 최선의 진료를 받는다고 해도 자폐증의 핵심적 특징들이 사람을 무력하게 만든다는 걸 잘 알고 있었다. 내가 그들을 만났을 때 로나와 남편 존은 사랑하는 딸 수지를 가슴에 묻은 뒤였다. 수지는 폐경기의 급격한 호르몬 변화로 엄청난 양의 물을 강박적으로 마신 끝에 2005년 49세의 나이로 세상을 떠났다. 사인은 심장마비였다. 존은 5년 뒤 알츠하이머병으로 사망했는데 로나는 마지막 순간까지 그를 집에서 극진히 보살폈다. 그녀 자신은 2014년 85세를 일기로 세상을 떠났다.

내가 그녀의 클리닉을 찾았을 때 밝은 꽃무늬 드레스를 입은 로나는 놀랄 정도로 젊고 활기찬 태도로 1980년 어느 날 모즐리 병원 구내매점에서 사망 직전의 아스퍼거를 만나 차를 마신 일을 회상했다. 그녀는 그를 '매력적이고, 예의 바르며, 상대방의 말에 귀를 기울이는 남성'으로 묘사했다. 그의 논문 덕분에 1960년 그녀와 다른 부모들은 전국자폐증협회National Autistic Society를 발족시켜 세상을 자녀들이 좀 더 살기 좋은 곳으로 바꿀 수 있었던 것이다.

웨이크필드의 환자군 연구와 뒤이어 벌어진 엄청난 논란이 가장 은밀하게 미친 영향은 로나와 루스 설리번 같은 부모들이 어렵게 이루어낸 움직임에 무임승차하여 자폐 어린이의 교육에 있어 좀 더 많은 서비스와 배려를 요구한다는 원래 목적을 백신에 관한 악의적인 논쟁으로 바꿔버린 것이다. '자폐증 전쟁'의 열기 속에서 실질적으로 중요한 모든 문제들(예컨대, 자폐증을 겪는 10대들이 일자리를 얻을 수 있도록 교육시키는 프로그램을 시급하게 도입하는 것 등)은 깡그리 잊히고 말았다.

유행에 대한 공포 때문에 자폐증 연구 방향도 왜곡되었다. NIMH와 기타 연방 기관들 그리고 오티즘 스피크스 등 민간 단체에서 후원하는 대부분의 연구가 잠재적 원인과 위험인자를 밝히려는 끝도 없는 탐색에 집중된 나머지, 자폐인의 삶을 개선시키려는 계획들은 항상 자금 부족에 시달렸던 것이다.

그러나 이제 변화가 나타나고 있다. 이제 부모들은 더 이상 자녀에게 가장 필요한 것이 완치라고 생각하지 않는다. 그리고 자폐인들은 이런 부모들의 도움과 이전 세대의 선각자들이 물려준 기술을 이용하여 자기 운명을 스스로 개척하고 있다.

11

자폐라는 공간은 얼마나 넓은가

평생 우리는 도저히 이해할 수 없는 사람들의 세상에서 외롭게 살아왔다. 그런 우리에게 마침내 비슷한 사람들을 발견했다는 것은 정말 특별한 기쁨이다.

———— 밴 보트, 《슬랜》

I

1989년 5월, 노스캐롤라이나주 채플 힐에서 자폐증 전문가들과 교육자들이 참여하는 학회가 열렸다. 옅은 갈색 머리의 산업디자이너가 호리호리한 몸매에 정장과 텍사스 넥타이를 멋들어지게 걸치고 단상에 올랐다. 5개월 전에 영화 〈레인맨〉이 개봉된 데서 자극을 받아 마련된 모임의 주제는 '기능적으로 뛰어난 자폐증 환자들'이었는데, 단상에 오른 특별 연사는 충분히 그런 자리에서 말할 만한 자격을 갖춘 사람이었다. 이윽고 그녀가 말을 시작했다. "저는 자폐증을 겪는 44세의 여성으로, 축산 장비 디자인 부문에서 전 세계적으로 성공적인 경력을 일구어왔습니다. 어배너Urbana에 있는 일리노이 대학교 동물과학부에서 박사를 마치고, 현재 콜로라도 주립대학교 동물과학부 조교수로 있습니다."[1] 그녀의 이름은 템플 그랜딘이었다. 자폐증과 관련 있는 사람들 외에는 아직 그 이름이 널리 알려지지 않았던 시절이었다.

몇 년 전 루스 설리번은 학회에 가는 길에 세인트 루이스 공항 터미널에서 부모들이 자녀를 키운 경험담을 주고받는 소리를 우연히 듣고 그랜딘의 존재를 알게 되었다. NSAC가 결성된 지 20년이나 지났지만 설리번은 그때까지 단 한 번도 성숙한 여성이 자신을 자폐증이라고 말하는 모습을 본 적이 없었다. 사실 그들이 혼자 버스를 타고 호텔을 찾아갈 수 있다고도 생각하지 않았다. "지금 알고 있는 걸 그때도 알았더라면 눈에 띄었겠지요. 하지만 템플은 약간 수줍어하는 태도에 옷도 잘 차려입고 말을 기막히게 잘했어요. 그녀가 방으로 올라간 뒤에야 갑자기 모든 것을 깨닫게 됐지요."[2] 그녀는 그 산업디자이너를 초대하여 원탁회의의 사회를 맡겼다. 그랜딘이 대중 강연자로서 첫발을 내딛는 순간이었다.

그랜딘은 이렇게 말한다. "커다란 연회장 안에 20개 정도의 원탁이 있었어요. 하지만 제가 말을 시작하자 갑자기 연회장 전체가 조용해지더군요. 다른 테이블에 앉아 있던 사람도 모두 몸을 돌려 제 말에 귀를 기울이기 시작했죠."[3] (20년 후 이 장면은 HBO에서 클래어 대인스Clare Danes를 출연시켜 에미상을 받은 전기 영화 〈템플 그랜딘〉에서 그대로 재현된다.) 설리번은 이렇게 회상한다. "누구나 템플에게 질문할 수 있었어요. 우리가 자녀들에게 말을 거는 것과 똑같이요. 다만 템플이 우리에게 말해준 것을 아이들은 말해주지 못했을 뿐이지요."

그랜딘은 흉내 낼 수 없을 정도로 독특한, 거칠고 퉁명스러운 말투로 채플 힐에 모인 전문가들에게 살아온 이야기를 들려주면서 자폐인이 일상적으로 경험하는 현실에 대해 수십 년간 임상 관찰과 추정을 통해 겨우 알아낸 것보다도 훨씬 많은 것들을 알려주었다. 자기 분야에서 확고한 성공을 거둔데다 조리 있게 말도 잘하는 이 산업디자이너가 세 살이 될 때까지 한마디도 못했으며, 10대 때는 몇 가지 행동 문제를 극복하려고 안간힘을 썼다는 사실로부터 사람들은 **기능적으로 뛰어난/기능적으로 뒤쳐진**이라는 구분이 지나치게 단순한 것임을 깨달았다. 그녀가 수용 기관 입소를 면할 수 있었던 것은 오로지 처음 진찰한 신경과 전문의가 자폐증이 아니라 뇌손상이라는 진단을 내렸기 때문이었다.

우선 그랜딘은 말을 하지 않는 어린이들이 주변 사람들을 의도적으로 무시한다는 생각이 너무나 잘못된 것이라고 지적했다. "어른들이 직접 말을 걸 때 저는 그 말을 전부 이해할 수 있었어요. 하지만 하고 싶은 말을 입 밖에 꺼낼 수 없었지요. 엄마와 선생님들은 왜 제가 비명을 지르는지 의아해했어요. 하지만 비명을 지르는 것이야말로 의사를 전달할 수 있는 유일한 방법이었답니다." 그리고 그녀는 자폐증 경험의 핵심이라 할 수 있는 감각적 민감성을 포착하려는 기존의 방법들이 부적절하다고 밝혔다. 어렸을 때 받았던 청력검사에서는 청력에 아무 이상이 없다고 나왔지만, 특정한 소리들은 마치 '귀에 최고 음량으로 맞춰놓은 보청기를 낀 것'처럼 견딜 수 없었다고 묘사했다. 어렸을 때 교회에서 그토록 자주 이상한 행동을 했던 것은 일요일마다 억지로 입어야 했던 거추장스런 속치마, 스커트, 스타킹 같은 것들이 몹시 따끔거리는 것으로 느껴졌기 때문이라고 설명했다.

그녀는 자폐증을 정신질환이 아니라 '불리한 조건'이라고 날카롭게 지적하며, 정신의학에서 사용하는 낙인을 찍는 듯한 용어들보다 '장애'라는 인간적인 용어를 사용해야 한다고 주장했다. 하지만 자폐인들이 마주치는 어려움을 드러낸 것 외에도, 사고 과정과 기억력이 시각적 성격을 띠면서 작동한다는 사실이 자기 직업에 어떻게 실질적으로 도움이 되는지도 설명했다. "누군가 **고양이**라는 단어를 말하면 제 머릿속에서는 이미 알거나 책에서 읽은 구체적인 고양이들의 모습이 떠올라요. 일반적인 의미에서 고양이를 생각하는 게 아니에요. 축산 시설 디자이너라는 직업은 제 장점들을 극대화시키는 한편, 단점들을 최소화해주죠.…시각적 사고는 장비 디자이너로서 아주 요긴한 능력입니다. 저는 프로젝트를 할 때 모든 부분이 어떻게 서로 맞아 들어가고 어떤 문제가 생길 것인지 '볼 수' 있어요." 그녀는 1981년 하얏트 리젠시Hyatt Regency 호텔 로비에서 고가 통로가 붕괴되어 100명이 넘게 사망한 악명 높은 사건을 언급하면서, 디자인 팀에 시각적으로 사고할 수 있는 사람이 있었다면 대참사를 막을 수 있었을 것이라고 말했다.

그 후 그녀는 가계를 거슬러 올라가며 창조적 재능의 뿌리를 추적했다. 그녀의 증조할아버지는 세계에서 가장 큰 기업식 밀 농장을 시작한 개척자였고, 외할아버지는 낯을 심하게 가렸지만 항공기의 자동항법장치 개발에 참여한 엔지니어였다.[4] 형제자매 세 명이 모두 시각적으로 사고하며, 특히 유명한 인테리어 디자이너인 여동생은 난독증이 있다고 밝혔다. 그녀가 비전형적인 사고의 장점을 강조한 것은 대부분의 심리학자들이 자폐증 환자의 인지적 특성이 갖는 장점이 단지 '파편 기능', 즉 전반적 무능이라는 바다에 보존된 기능들이 작은 섬처럼 떠 있는 데 불과하다고 보는 것과는 판이하게 달랐다. 그랜딘은 그런 관점 대신 자폐증, 난독증, 기타 인지적 차이를 보이는 사람들이 소위 '정상' 사람이 할 수 없는 분야에서 사회에 기여할 수 있음을 알아야 한다고 했다.

그녀는 자신을 이끌어준 멘토들에게 감사를 표하며 말을 마쳤다. 처음 언급한 사람은 끝까지 딸의 잠재력을 믿고 수많은 어려움을 극복해가며 교육을 받도록 해준 어머니 유스타시아 커틀러였다. 또한 그녀는 10대 소녀 시절에 소牛에 대해 가졌던 관심을 동물과학으로 연결시켜준 고등학교 때 과학 선생님 윌리엄 칼록William Carlock에게도 감사를 표했다. 그녀는 어린 시절 어느 여름날, 고모인 앤의 농장에 갔다가 겁에 질린 송아지를 한 자리에 가만히 있을 수 있도록 감싸주는 압박식 보정틀이라는 장치에 넣어주자 진정되는 것을 본 경험이 자신의 삶에서 전환점이 되었다고 설명했다. 많은 자폐인들처럼 그랜딘도 만성적인 불안에 시달렸는데, 그때 자기도 보정틀 안에 들어가면 마음의 평화를 얻을 수 있지 않을까 생각했다는 것이다. 고모의 허락을 얻어 그녀는 정말로 보정틀 안에 들어가보았다. 그리고 장치가 몸을 사방에서 깊게 눌러주는 느낌을 받자 '신경 발작들'을 진정시킬 수 있었다. 나중에 칼록 선생의 격려에 힘입어 그녀는 쓰다 버린 나무로 자신이 사용할 비슷한 장치를 고안했다.

예상대로 학교 심리학자는 그녀의 발명품을 보고 전혀 기뻐하지 않았으며, 그것이 '자궁의 원형인지, 관인지'조차 알 수 없다고 말했다. "우리가 소 혹은 그런 동물은 아니잖니, 그렇지?"[5] 그랜딘은 이렇게 쏘아붙였다. "그럼 선생님이 소라고 생각하세요?" 학교에서는 유스타시아에게 딸이 만든 장치는 '병적病的' 고정이나 마찬가지니 착용해서는 안 된다고 설득했다. 그러나 그랜딘은 그것이 옳은 방법이라는 걸 알고 있었다. 보정틀 안에 안전하게 들어가 있으면 훨씬 덜 불안했을 뿐 아니라 주변 사람들과 정서적으로 연결된다는 느낌이 들었던 것이다. "난생처음으로 배워야 한다는 생각이 들었습니다."[6]

그랜딘은 공개적으로 자신이 자폐증이라고 선언한 최초의 성인으로서, 수십 년간 존재해왔던 수치심과 낙인을 깨는 데 큰 역할을 했다. 그러나 그녀의 '커밍아웃'에 관해 거의 잊힌 한 가지 측면은 그 후 주위 상황이 얼마나 빠르게 변했는가다. 당시 대부분의 임상의사는 자폐인이 박사 학위를 따고 성공적인 경력을 개척한다는 사실을 도저히 믿을 수 없었다. 그래서 그랜딘은 채플 힐에서 자신을 자폐증에서 '회복된' 사람이라고 소개했다. 그것은 림랜드의 권유에 따른 것이었다. 림랜드는 1986년 발표된 그녀의 자서전 《어느 자폐인 이야기》를 '자폐증에서 회복된 사람이 쓴 최초의 책'이라고 소개하기도 했다.[7]

그러나 그녀는 이내 자신이 회복된 것이 아니라 엄청난 노력을 통해 주변 사람들의 사회적 규범에 적응하는 법을 배웠을 뿐이라는 사실을 분명히 깨닫게 되었다. "처음에 그런 이야기를 했을 때는 제 생각이 얼마나 다른지 미처 깨닫지 못했지요. 저는 90년대 초반 수많은 건설 프로젝트를 담당했는데, 그때마다 마음속으로 장비들의 부품을 그려보고, 심지어 작동시켜볼 수도 있었어요. 다른 디자이너들에게 어떤 방식으로 사고하는지 물어보았지요. 마음속으로 육절肉切 공정의 설계도를 그릴 수는 있지만, 컨베이어가 움직이는 과정은 상상이 안 된다고 하더군요. 저는 컨베이어가 움직이는 과정까지 정확하게 그려낼 수 있었어요."[8]

언어치료사에게 교회탑이라는 말을 들었을 때 어떤 생각이 떠오르는지 물어보았을 때도 놀랍기는 마찬가지였다. "'뾰족한 것이 희미하게 떠오른다'고 했을 때 깜짝 놀랐습니다. 저는 실제로 존재하는 특정한 탑들의 모습이 눈앞에 생생하게 보이거든요." 그녀는 머릿속에 저장된 엄청나게 많은 이미지들을 눈 깜짝할 사이에 검색하고, 제도대臺에 놓인 스케치를 보며 3-D 동영상을 생성할 수 있는 강력한 디지털 워크스테이션을 갖고 있다고 생각하기 시작했다.

또한 그랜딘은 자폐증 학회에 참석한 부모 중 상당히 많은 수가 기술 분야에 재능을 갖고 있다는 것을 금방 알아차렸다. "자폐증이 아주 심해서 한마디도 못하는 자녀를 둘이나 키우는 가족을 만났어요. 아빠는 컴퓨터 프로그래머이고, 엄마는 화학자더군요. 두 분 다 놀랄 정도로 똑똑했어요. 저는 그런 가족을 셀 수 없이 많이 만났어요. 그러다 자폐증의 특징들이 하나의 연속선상에 존재한다고 생각하게 되었지요. 부모에게서 공통적으로 관찰되는 특징이 많을수록 유전 쪽에 집중하게 되지요. 그런 특징을 적게 갖고 있으면 도움이 되고, 너무 많이 갖고 있다면 심한 자폐증이 되는 겁니다." 그녀는 인류의 유전자에서 자폐증을 완전히 제거한다면 수천 년간 문화와 과학과 기술적 혁신을 이끌어온 특성들을 제거하는 셈이 되어 인류의 미래가 위험에 처할 것이라고 경고했다. 그녀는 최초로 돌화살을 발명한 사람은 모닥불 주위에 둘러앉아 '이러쿵저러쿵' 잡담을 늘어놓던 정상인이 아니라, 동굴에서 가장 후미진 구석에 홀로 앉아 다양한 종류의 바위 사이에 존재하는 미묘한 차이를 강박적으로 파고든 자폐인이었을 거라고 추측했다.

> 자폐인과 부모들은 종종 자폐증이라는 사실에 화를 낸다. 어쩌면 그들은 왜 자연이 또는 신이 자폐증이나 조울병, 조현병 같은 끔찍한 질병을 창조했는지 의아할 것이다. 하지만 이런 질병들의 원인 유전자를 완전히 제거한다면 엄청난 대가를 치를지도 모른다.이런 질병의 특징들 중 일부를 지닌 사람들은 훨씬 창조적이거나, 심지어 천재일 가능성이 있다. 과학에서 이런 유전자를 없애버리면 아마도 세상에는 회계사들만 남게 될지도 모른다.[9]

2년 뒤, 콜로라도 주립대학교 동물과학부에 있는 그랜딘의 연구실로 저명인사가 찾아왔다. 올리버 색스였다. 젊은 서번트 미술가 스티븐 윌트셔를 연구하던 중 그녀에 관한 이야기를 듣고 뉴욕에서 날아온 것이었다. 자폐증에 관한 그의 생각은 로나 윙, 우타 프리스, 기타 런던 그룹에 속한 사람들의 통찰을 접하고 급속히 변하는 중이었다. 《어느 자폐인 이야기》를 처음 읽고 그는 공동 저자인 마거릿 스캐리아노Margaret Scariano가 대필한 것이 틀림없다고 생각했다. "자폐인은 자기 자신과 타인을 이해할 수 없기 때문에 진정한 의미의 자기 성찰과 회상을 할 수 없다는 것이 당시 생각이었습니다. 그런데 어떻게 자폐인이 자서전을 쓸 수 있겠어요? 그것 자체가 모순으로 들렸죠."[10] 그러나 그녀가 발표한 수십 편의 논문을 읽어보고, 그는 그랜딘의 독특한 페르소나(외부로부터 억누를 수 없는 호기심을 갖고 사회를 관찰하는 사람, 즉 다름 아닌 그의 책 제목처럼 '화성의 인류학자anthropologist on Mars'였다)가 일관성 있게 나타난다는 사실을 알았다. 그녀가 자신만의 목소리로 그 논문들을 썼다는 것은 의심의 여지가 없었다.

수십 년간 보이지 않는 그늘 속에 머물러 있던 아스퍼거의 잊혀진 종족은 마침내 환한 빛 속에서 모습을 드러내기 시작했다. 그랜딘을 만난 후 색스는 그해 여름 내내 자폐 어린이들을 위한 캠프를 방문했다. 그러던 중 B라고 지칭한 캘리포니아 출신 부부를 알게 되었다. 그들은 집을 완전히 바꾸어놓았다. 전혀 다른 세상에서 찾아와 지금 이 세상에 살고 있는 국외 거주자들을 위한 안식처로 만든 것이었다. B 부부는 대학에서 처음 만났을 때부터 서로 백만 년 동안 알고 지낸 것 같다는 느낌이 들었다. 둘 다 〈스타트렉〉의 광팬이었는데, 항상 광선을 타고 운반선으로 함께 내려온 느낌이라고 했다. 아들 둘은 모두 자폐증 진단을 받았다(하나는 말을 못하는 상태였고, 하나는 아스퍼거 증후군이었다). 부부는 뒷마당에 트램펄린을 설치해 온 가족이 마음껏 뛰고 뒹굴었다. 벽은 초현실적인 만화로 장식했고, 책꽂이에는 공상과학소설을 가득 꽂아두었으며, 부엌 벽에는 조리법과 식탁 차리는 법을 놀랄 만큼 자세히 적어놓았다. 처음에 색스는 이렇게 자세한 지침이 B 부부가 질서와 일상을 유지하기 힘들어서 만든 것이라고 생각했지만, 결국 자폐인은 유머를 '이해하지' 못한다고 생각하는 사람들을 비웃는 농담이라는 사실을 깨달았다.

B 부부는 자폐증을 겪지 않는 이 사회의 규약과 관습이 자신들에게는 모호하다는 사실을 알고, 직장에서 같은 전문가인 동료들을 놀라게 하지 않으려면 B씨의 표현으로 '원인猿人✦의 행동'에 따라야 한다고 생각했다. 하지만 색스는 이들이 '자폐증이 비록 의학적 질병으로 여겨지고 하나의 증후군이라는 병적 상태로 규정되어 있지만, 동시에 전체적인 존재 양

✦ 사람과 유인원 사이에 존재했다고 생각되는 화석 인류.

식, 즉 아주 깊은 차원에서의 전혀 다른 존재 양식이나 정체성으로 자각될(동시에 자부심을 가질) 필요가 있다'는 사실을 이미 알고 있었다고 보고했다.[11] 집에서 같은 부족 사람들과 어울려 지낼 때, 즉 가장 편안하게 설계된 환경 속에서 지낼 때 그들은 전혀 장애를 느끼지 않았다. 그저 이웃과 다르다고 느낄 뿐이었다.

그랜딘을 평소 환경 속에서 있는 그대로 관찰하고 싶었던 색스는 며칠간 그곳에 머물며 그녀가 설계한 목장과 육가공 시설들을 둘러보고, 카우보이를 테마로 꾸며진 레스토랑에서 그녀와 함께 갈비를 뜯으며 맥주를 마시고, 집을 방문했을 때는 과감하게 그녀가 개발한 보정틀 안에 들어가 기계가 몸을 감쌀 때 '달콤하고 차분한' 느낌이 든다는 사실을 직접 경험해보았다.[12] 함께 숲속을 산책하기도 했는데, 이때 그는 그녀가 숭고한 경외심을 불러일으키는 새와 식물, 암석들을 보면서 별다른 감동을 받지 않는 것처럼 보이지만 그것들의 이름을 환히 알고 있다는 사실에 깊은 인상을 받았다. 한편, 그랜딘은 유명한 신경과 전문의가 거의 자기만큼이나 별난 존재라는 것을 알고 즐거워했다. "그는 친절하고도 툭하면 다른 데 한눈을 파느라 정신을 놓고 다니는 교수님 같았어요. 숲에서 오줌을 누어야 할 지경이 되자 '땅에 거름을 주겠노라'고 크게 선언하더군요. 한번은 저보고 차를 세우라더니 잠시 호수에서 수영을 하겠다는 거예요. 그 물결에 휩쓸리면 바로 댐 위로 흘러간다는 사실을 모르고 한 말이었지요. 제가 생명을 구한 셈이죠."

그 만남에서 깊은 인상을 받은 색스는 원래 월트셔 이야기의 각주로 넣으려던 내용을 확장시켜 한 개인의 심층적 모습을 그려냈다. 이것은 다음번 베스트셀러 《화성의 인류학자》의 중심 내용이 되었다. 자폐인들을 로봇에나 어울릴 법한 용어들로 묘사하거나, 그저 '저능아'라고 지칭한 증례 보고서들이 50년 동안 이어진 후에야 마침내 색스는 그랜딘이라는 인간의 전체적인 모습을 사람들 앞에 그려냈던 것이다. 그것은 기쁨을 느끼고, 엉뚱한 생각을 하고, 남을 상냥하게 대하고, 자신의 일에 열정을 품고, 활기에 넘치며, 뭔가를 간절히 바라고, 이 세상에 무엇을 남길 것인가 하는 철학적인 사색에 빠지고, 때로는 속임수를 쓰기도 하는(그녀는 그에게 안전모를 씌우며 배관공인 것처럼 행동하라고 해서 그와 함께 출입이 제한된 공장에 들어갈 수 있었다) 한 인간의 모습이었다. 그는 자폐증이 '무엇보다 감정, 공감의 장애'라는 지배적 이론을 수긍했지만, 동시에 그녀가 다른 장애인은 물론 동물에게 느끼는 깊은 연대감을 탐구했다. 그녀는 그들의 운명이 그들을 인간 이하의 존재로 보는 이 사회와 밀접하게 얽혀 있다고 생각했던 것이다.

대학에서 수행한 연구에서 그랜딘은 축산업 종사자들이 사육장, 경매 시장, 도축장에서 소들에게 취하는 태도에 영향을 미치는 사회적 및 환경적 인자들을 분석했다. 설계가 잘못되어 동물들이 늘상 미끄러운 바닥에 넘어지거나, 문을 닫을 때 몸이 끼는 시설에서는 노동자들이 동물의 고통에 둔감해져 함부로 채찍이나 전기 충격봉을 휘두르는 경향이 있었다. 그녀는 일상적으로 소들을 거칠게 취급하는 주에서는 장애인들 또한 학대받거나 차별받는 비율이 높다는 사실을 알아냈다.[13]

그녀는 정서적으로 동물과 깊은 유대감을 느끼는 성향이 본질적으로 자폐증적이며, 자신의 직업에 말할 수 없이 중요하다는 사실을 깨달았다. 그녀는 색스에게 이렇게 말했다. "손가락으로 딱 소리를 내기만 하면 자폐증이 아닌 사람이 될 수 있다고 해도, 저는 그렇게 하지 않을 거예요. 그건 제가 아니기 때문이죠. 자폐증은 제 존재의 일부입니다."[14] 그때쯤 그녀는 바야흐로 전 세계 자폐인 중 가장 잘 알려진 존재가 되었다. 《화성의 인류학자》가 출간된 후 색스의 연구실에는 자기 자신, 가족이나 친척 또는 동료들에게서 책에서 묘사된 복잡한 내면세계와 함께 자폐범주성장애를 지닌 성인의 모습을 발견했다는 독자들의 편지가 쇄도했다. 그의 오랜 조력자이자 편집자인 케이트 에드가Kate Edgar는 이렇게 회상한다. "정말 엄청났어요. 마치 둑이 터진 것 같았죠. (어린이가 아니라) 나이 든 사람에게 나타나는 일련의 특징에 뭐라고 이름을 붙이고 싶고, 누군가가 나서서 포용이라는 관점에서 자폐증에 대해 말하는 것을 듣고 싶다는 욕망이 오랫동안 억눌려 있었던 겁니다."

그러나 그랜딘의 관점이 자폐증 전문가나 전통적인 권리옹호 기관에 뿌리를 내릴 수 있을 가능성은 희박했다. 자폐증 진단을 받는 것은 죽는 것보다도 못한 운명이라는 관념은 의료계에서조차 몰아내기 힘들었다. 2001년에 이르러서도 현대 역학 분야에서 가장 존경받는 인물인 맥길 대학교의 월터 스피처Walter Spitzer조차 자폐증은 '가망 없는 질병…살아 있는 신체에 죽은 영혼이 깃든 것'이라고 했을 정도다.[15]

사실 진단 기준이 확장된 후 미디어는 완전히 새로운 비인간적 고정관념을 양산하기 시작했다. 영어로 된 신문 중 아스퍼거 증후군을 최초로 언급한 것은 1989년 《토론토 스타Toronto Star》였다. 기사에서 자폐인들은 이해하지도 못하는 책을 강박적으로 파고드는 '이상하고' '어설픈' 괴짜들로, 우정을 맺지도 못하고 '뇌손상을 입은 뇌졸중 환자처럼' 아무런 이유 없이 눈물이나 웃음을 터뜨리는 존재로 묘사되었다.[16] 두 번째로 언급한 신문은 《시드니 모닝 헤럴드Sydney Morning Herald》로, 기사는 이렇게 시작된다. "그것은 감정을 느낄 수 없는 사람들의 질병이다."[17]

심지어 자폐증 공동체 내부에서조차 많은 문제들이 있었다. 1990년대에 부모들이 운영하는 권리옹호 기관들이 인터넷 사이트를 개설하기 시작했을 때, 그들조차 자폐증을 겪는 성인이란 아예 존재하지도 않는 것처럼 어린이들의 사진만 줄기차게 올려댔던 것이다. 학회에서 발표되는 내용은 그랜딘이 자신의 직업에 그토록 유용하다고 느꼈던 범상치 않은 재능을 탐구하기보다 오직 틀에 박힌 장애와 결함에만 초점을 맞추었다.

그랜딘이 강연을 하던 날, 채플 힐의 그 밤에 앉아 있던 한 젊은이는 이런 상황을 바꿔야겠다고 다짐했다. 그는 예측하지 못했겠지만 사실 바로 그때 이전 세대로서는 상상조차 못했던 일의 기초가 놓인 셈이었다. 그것은 자폐인들이 다른 사람들과 친해져야 한다거나, 자폐 행동을 억제해야 한다거나, 다른 어떤 방식으로든 '정상적으로 행동'해야 한다는 부담감을 느끼지 않고, 긴장을 푼 채 느긋하게 자신들의 모습대로 존재하며, 자신들의 독특한 존재 방식을 존중하고 축복할 수 있는 성소를 만드는 것이었다.

II

짐 싱클레어Jim Sinclair는 자폐증으로 진단받은 후 처음으로 비슷한 사람들을 만날 수 있다는 희망을 안고 300킬로미터를 넘게 달려 노스캐롤라이나로 들어섰다. 그는 다수에 속한다는 사치스러운 감정을 한 번도 느껴본 적이 없었다. 자폐범주성장애를 지니고 있을 뿐 아니라, 태어날 때부터 여성과 남성의 신체적 특징들을 갖고 있지 않은 중성이었던 것이다. 부모는 의사의 조언에 따라 여자아이로 키웠지만, 자신이 여성이라고 느껴본 적은 없었다. 자기 존재를 규정하기 위해 처음으로 보인 행동은 아버지가 '아빠의 귀여운 딸'에 대한 노래를 불러주었을 때 그의 무릎 위에 뛰어올라 이렇게 소리친 것이었다. "아니야!"

3학년이 되었을 때 싱클레어는 지렁이에 대한 책을 읽었다. 지렁이도 성별이 분명하지 않은 암수한몸이라는 사실을 알게 된 후 그는 비온 뒤 보도에서 길을 잃고 헤매는 지렁이를 볼 때마다 안전한 곳으로 옮겨주었다. "지렁이가 동일시할 수 있었던 최초의 생물이었죠."[18]

또한 그는 아주 어렸을 때부터 다른 장애인들과 자신을 동일시했다.

어느 날 지팡이를 쥔 시각장애인이 거리를 걸어가는 모습을 보았다. "얼마나 자신 있게 걷던지 놀라고 말았죠. '눈이 보이지 않는 사람은 이렇게 걸을 거야'라고 막연히 생각했던 것과 전혀 달랐어요." 할아버지댁 지하실에서 지팡이를 찾아낸 그는 눈을 감고 지팡이를 이용하여 방 안을 돌아다녀보았다. 그 모습을 본 할머니가 부끄러운 행동을 하지 말라고 소리를 질렀다. 그는 무엇 때문에 할머니가 화를 내는지 이해할 수 없었다. 여섯 살이 되었을 때, 그와 동생은 자니 웨스트Johnny West 캐릭터 인형 세트✦를 선물받았다. 플라스틱 인형들의 팔이 헐거워지면 그는 즉석에서 '올가미 밧줄'로 슬링을 만들어 고정시켰다. 다리가 없어지면 작은 휠체어를 만들어주었다. "아주 어릴 적부터 어딘가 문제가 있다고 해서 사람을 내팽개쳐선 안 된다고 생각했어요."

1년 뒤 그는 〈백마와 소년〉이라는 영화를 보았다. 배우 마크 레스터Mark Lester가 세 살 때 지배적인 성격의 엄마에게 정신적 상처를 입고 갑자기 말을 못하게 된 소년 필립Philip 역을 맡은 영화로, 당시 자폐증에 관한 사회의 시각을 보여준다.[19] 싱클레어는 한 노인의 참을성 있는 조언과 흰색 야생 망아지에 대한 사랑에 힘입어 고독한 상태를 벗어나는 필립에게 깊은 유대감을 느꼈다.

한편, 부모는 아들이 왜 자기 생각을 전달하는 데 어려움을 겪는지 알기 위해 수많은 의사와 치료사에게 데려갔다. 아이는 분명 똑똑하고 말도 잘했다. 보는 사람마다 자폐증이라고 보기에는 너무 똑똑하고 말을 잘한다고 할 정도였다. 하지만 긴장감을 느끼거나 뭔가에 압도당하면 손을 퍼덕거리거나 몸을 흔들어댔다. 부모는 바로 이렇게 소리쳤다. "자폐증 아이 같은 짓은 당장 그만둬!" 아이는 이런 행동을 억제하는 요령을 익혔지

✦ 60년대 후반에서 70년대 초반까지 미국에서 인기를 끌었던 카우보이 인형 세트.

만, 억제하면 할수록 불안감이 점점 커졌다. 교사들은 똑똑한 아이는 종종 옆에서 친구들이 노는 모습을 바라보며 언제 끼어들지 가늠한다고 부모를 안심시켰다. 하지만 싱클레어는 끼어들 때를 기다리는 것이 아니었다. 그저 어디 조용한 구석에 틀어박혀 하고 싶은 대로 하는 것을 좋아했다.

싱클레어만 알고 있는 비밀이 하나 있었다. 열두 살이 될 때까지 주로 반향언어로 말했다는 사실이다. "우선 밖에서 뭔가 단어들이 주어져야 했어요. 그러면 상황에 맞는 단어를 골라내곤 했지요. 교과서에 있는 단어나 선생님이 말했던 단어 중에 필요한 것들을 골라 앵무새처럼 따라하기만 했는데도 좋은 성적을 받았어요 .하지만 스스로 새로운 단어들을 끌어모아 말을 만드는 건 잘 할 수 없었지요." 그가 처음으로 말했던 자신만의 생각이 바로 "나는 여자아이가 아니야"였지만, 그 말은 부모를 더욱 속상하게 만들 뿐이었다. 바트미츠바bat mitzvah(유대교 소녀들의 성인식)를 거부하자 가족 내에서 커다란 파문이 일었다. "거짓말로 의식을 치르고 싶지는 않아 고집을 피웠죠. 결국 성인식은 열리지 않았어요."

10대가 되자 그는 점점 복잡해지는 사회적 규칙들을 도저히 이해할 수 없었다. 다른 아이들이 괴롭히면(그런 일은 아주 자주 있었다) 어머니는 이렇게 말했다. "다른 아이들에게 친절하게 대하면 그 애들도 네 친구가 된단다." 하지만 그는 왜 그토록 못되게 구는 아이들과 친구가 되어야 하는지 도무지 이해할 수 없었다.

대학에 들어간 후 자폐증이 아닌 사람으로 인정받으려는 그의 노력은 무너져 내리기 시작했다. 집에서 누렸던 편안한 삶의 방식과 일상이 없어지자 그토록 감추려고 애썼던 행동들이 다시 나타났다. "남들 앞에서도 안절부절못했는데 사실 그건 열한 살 때쯤 겨우 없어졌던 행동이었어요. 교실에서 몸을 흔드는 짓을 멈추지 않으면 수용시설에 끌려간다는 걸 깨달았거든요. 하지만 대학을 가고, 파트타임 일자리를 견뎌내고, 아파트를 얻고, 혼자 식료품을 사러 다니고, 빨래를 하고, 그 밖의 모든 일을 할 때 점점 견딜 수가 없었어요. 슈퍼마켓에서 안절부절못해 나타나는 동작을 참을 것인지, 그런 동작을 하면서라도 식료품을 살 것인지 선택해야 했죠. 그런 행동을 참아가면서 물건을 살 수는 없었어요. 한동안 의사는 제가 발작을 일으킨다고 생각했어요. 사소한 일만 하려고 해도 몸을 끝없이 반복해서 앞으로 내밀다가 마침내 그 행동을 멈췄을 때는 꼼짝도 할 수 없었거든요."

결국 그는 직장을 잃고 한동안 노숙자 생활을 했다. 왜 이렇게 삶이 계속 꼬이는지 알아보려고 UCLA에서 발간한 자폐증 정보지를 읽어보았지만, 거기 실린 설명은 자기에게 맞지 않는 것 같았다. "제가 공감하지 못하고, 감정적 유대를 맺을 능력이 없고, 다른 사람을 사귀는 데 관심이 없는 건 아니었거든요." 어느 날 그는 〈한 자폐증 젊은이의 초상〉을 보았다. 조셉 설리번이 다른 사람들과 지내는 모습을 보면서 마음 깊은 곳에서부터 그를 이해할 수 있었다. "난생처음 제 눈앞에 있는 다른 사람의 몸짓언어를 이해할 수 있었어요." 뿐만 아니라, 그는 영화 속에서 림랜드와 다른 전문가들도 보지 못했던 것을 보았다. 조셉이 행동을 통해 어떤 말을 하려고 하는지 알 수 있었던 것이다. "사람들은 끊임없이 이렇게 말했죠. '봤지? 이 사람은 전혀 바깥세상을 의식하지 못해.' 하지만 제가 보기에 조셉은 바깥세상을 의식하지 못하는 게 아니었어요. 제 눈에는 분명 다른 사람의 말에 귀를 기울이고, 자기가 이해할 수 없는 용어들을 확실히 설명해달라고 부탁하고 있었어요."

싱클레어는 자폐증을 겪는 다른 성인들을 찾아보려고 했지만 쉽지 않았다. 인터넷이 널리 보급되지 않았던 시절이었다. 그래서 《잔존 자폐증 뉴스레터Residual Autism Newsletter》라는 계간 간행물을 구독하면서(나중에 이름이 《MAAPmore able autistic people》✦로 바뀐다) 자신과 비슷한 동료들이 연락해올지도 모른다는 희망을 품고 시와 편지들을 투고하기 시작했다.

뉴스레터는 1984년 베스라는 소녀의 엄마인 수잔 모레노Susan Moreno가 2년 전 미국 자폐증 학회 모임에서 만난 다른 부모들과 함께 발간하기 시작한 것이었다. 소위 기능적으로 매우 뛰어난 자폐증 자녀를 둔 많은 부모들과 마찬가지로 수잔과 남편 마르코Marco는 오랫동안 딸을 제대로 진단해줄 임상의사를 찾느라 애를 먹었다.[20] 그들이 만난 심리학자들은 베스가 할 수 있는 말이 극히 제한되어 있는데도, 말을 할 수 있다는 이유로 아이를 보자마자 자폐증이 아니라고 단정해버렸다. "베스는 '목이 아파요' '무서워요' 또는 '베이비시터가 제게 못되게 굴어요' 같은 말을 하지 못했어요." 아이는 대개 명사만 반복했다.

어느 날, 고속도로에서 표지판을 지나치자 베스가 불쑥 "시카고, 왼쪽 차선으로 합류!"라고 말했다. 그때까지 모레노 부부는 아이가 읽을 줄 안다는 사실도 전혀 몰랐다. 수잔이 베스를 가르치는 교사 중 한 명에게 아이가 읽을 줄 안다고 말하자 교사는 쌀쌀맞게 대꾸했다. "글쎄요, 모레노 부인. 때로 우리는 아이를 너무나 사랑한 나머지, 현실과 자녀들의 진정한 능력에 대해 착각에 빠지곤 하지요. 그런 태도는 아이에게는 물론, 부모에게도 전혀 도움이 되지 않는답니다." 2주 후 그 교사는 반 아이들이 모두 슬라이드를 보고 있을 때 베스가 자막을 크게 읽는 모습을 보고 부모에게 전화를 걸어 사과했다. 결국 베스는 3개월 동안 진료를 기다린 끝에 UCLA에서 로바스와 에드 리트보를 만나 자폐증이라는 진단을 받았다.

하지만 진단을 받은 후 수잔은 지원을 기대했던 공동체, 즉 미국 자폐증 학회의 다른 부모들과 전문가들에게서 훨씬 더 심한 의심을 받았다.

✦ 좀 더 능력 있는, 자폐증을 겪는 사람들이라는 뜻.

"학회 모임에 나가면 저는 열심히 받아 적으며 그 교육 자료를 아이의 학습 스타일과 필요에 맞게 조금씩 바꿔보려고 했어요. 한번은 용기를 내어 질문을 하면서 베스가 말을 할 수 있다고 하자, 사람들이 즉시 이렇게 말하더군요. '그럼 자폐증이 아니죠. 댁의 딸아이가 어떤 문제를 갖고 있는지는 모르지만, 확실히 자폐증은 아니에요.'" 전문가 한 사람은, "학회장 밖까지 따라 나와 말했어요. '왜 댁의 딸아이가 자폐증이 아닌지 설명해드리고 싶군요.' 그 뒤로는 그저 뒷자리에 조용히 앉아 남의 눈에 띄지 않으려고 했지요."

마침내 1982년 오마하에서 열린 미국 자폐증 학회 모임에서 '기능적으로 매우 뛰어난' 어린이들의 부모끼리 따로 만나 이야기를 해보자는 쪽지가 게시판에 붙었다. 수잔은 텅 빈 방에 쪽지를 적은 사람만 앉아 있을 거라고 생각했다. 그러나 그곳에는 수십 명의 부모들이 모여 있었다. 비슷한 처지에 있는 사람들과 간절히 이야기를 나누고 싶었던 그들은 시간이 너무 늦었으니 그만 나가달라는 말을 들을 때까지 대화를 나누었다. 2년 후 수잔은 타이핑과 복사와 발송까지 혼자 힘으로 해가며 뉴스레터를 발간하기 시작했다.

《MAAP》는 자폐증을 겪는 사람들의 에세이와 시를 수록하여 전혀 새로운 공간을 만들어냈다. 하지만 작자의 이름을 익명으로 했기 때문에 서로 연락할 방법이 없었다. 싱클레어는 바로 이 점을 모레노에게 알려주었다. 그가 투고한 시 한 편이 TEACCH의 공동 설립자인 게리 메시보프Gary Mesibov의 주목을 끌었다. 그는 싱클레어에게 채플 힐 학회에 참석하고 자신의 경험을 에세이로 쓸 수 있도록 장학금을 제공했다. 학회에는 그랜딘뿐 아니라 로나 윙도 참석하여 미국 임상의사들에게 자폐증이 연속선상에 존재한다는 개념을 소개했다.[21]

싱클레어는 학회장의 부산하고 시끄러운 분위기에 압도당했다. 그때

한 엄마가 다가와 자기 아들을 소개해주고 싶은데, 아이가 호텔방에 '숨어 있기만' 해서 너무 속상하다고 했다. 싱클레어는 사실 자기도 숨어 있고 싶다고 털어놓았다. 다른 엄마는 아들이 역사 우등생 클럽에 속해 있다면서, 아이를 본 심리학자가 역사학자가 되기에는 사회적 능력이 너무 떨어지니 도서관 사서가 되는 길을 알아보라고 했다는 말을 들려주었다. 어떻게 그런 말을 꺼낸단 말인가? 싱클레어는 아들도 이제 성인이니 스스로 판단을 내리도록 해주라고 대답했다.

그는 학회장에서 앤 카펜터Anne Carpenter라는 친구도 사귀었다. 다섯 살이 될 때까지 한마디도 못했던 그녀는 으레 그렇듯 정신지체를 비롯한 온갖 잘못된 진단을 받았지만, 꿋꿋이 버텨 대학 졸업장을 손에 쥐었다. 질문이 너무 많다는 둥 별의별 사소한 이유로 거듭 해고를 당하며, 자료 입력, 회로판 청소, 실을 엮어 허리띠 만들기 등 갈수록 하찮은 일자리를 전전하던 그녀는 해당하는 기준이 없다는 이유로 장애자 연금마저 거절당했다.[22] 그랜딘의 《어느 자폐인 이야기》를 읽은 후에야 그녀는 자신이 겪어온 일을 어떤 이름으로 불러야 할지 알게 되었다. "저라는 인간 전체가 그 책 속에 녹아들어 있는 것 같았어요."

싱클레어가 만난 두 명의 자폐인은 귀중한 교훈을 가르쳐주었다. 한 집에 사는 사이로, 차를 몰 줄 몰랐지만 둘 다 지도에 열렬한 관심을 보였다. 그들이 그에게 어떤 길로 로렌스Lawrence에서 채플 힐까지 왔느냐고 묻자, 그는 AAAAmerican Automobile Association(미국 자동차 협회)에서 트립틱TripTik✦을 주문하여 지침대로 따랐다고 대답했다. "그러자 어떤 고속도로를 선택했느냐, 이 길을 탔느냐, 저 길을 탔느냐 묻기 시작하더군요. 조금 말을 해보니 길에 대해 저보다 훨씬 많이 알더라고요." 다음 날 다시 만났

✦ 미국 자동차 협회에서 제공하는 자동차 여행 플래너.

을 때 그중 한 명은 노스캐롤라이나주와 캔자스주에 같은 이름을 가진 카운티들을 줄줄 외웠다. 싱클레어는 그가 특별한 관심사를 통해 자폐인들의 독특한 문화 교류 방식으로 자기와 친해지고 싶어 한다는 사실을 깨달았다.

학회에 대한 싱클레어의 에세이는 로나 윙, 캐서린 로드의 글과 나란히 TEACCH 문집에 재수록되었다. 반세기 전 자폐증 환자의 삶에 관한 용어들을 규정했던 전문가들에게 '내부에서 바라본' 시각에서 자폐증에 대해 설명해달라고 요청받은 것은 더없이 흐뭇한 일이었다. 그는 이렇게 썼다. "자폐증을 겪는다는 것은 비인간적인 존재가 된다는 뜻이 아니다. 그러나 그것은 다른 사람에게 정상적인 일이 내게는 정상적인 일이 아니며, 내게 정상적인 일이 다른 사람들에게는 정상적인 일이 아니라는 의미다."[23] 그리고 자신을 '방향을 알려주는 매뉴얼도 없이 지구에 떨어진 외계인'에 비유했다.

채플 힐에 다녀온 지 1년 후 싱클레어는 캘리포니아에서 열린 미국 자폐증 학회 모임의 패널로 초대받았다. 앉아서 질문에 대답하는 동안 그는 자신이 내부에서 바라보는 자폐증 전문가가 아니라, '동물원 우리에 갇힌 말하는 동물' 같은 느낌이 들었다. 삶의 모든 측면을 병리학이라는 프리즘을 통해 들여다보도록 전문적인 훈련을 받은 사람들 앞에서 자기가 겪은 일들을 아주 내밀한 구석까지 모두 드러내는 듯한 느낌이 들었던 것이다. 다시는 반복하고 싶지 않은 경험이었다.

인디애나폴리스에서 열린 학회에서는 형식적으로 패널에 참여하는 대신 《MAAP》 멤버들과 함께 행사 내내 자신들의 존재를 뚜렷이 부각시킬 계획을 세웠다. "최대한 많은 강연에 우리 중 적어도 한 명 이상이 청중 속에 있도록 한다는 아이디어를 생각해냈어요. 질의응답 시간에 우리 멤버들이 자신을 자폐인이라고 밝힌 후 질문을 하거나 의견을 말하기로 한 거죠. 그러면 사람들이 우리가 자기들 사이에 있었다는 사실을 깨닫게 될 테니까요."

섹슈얼리티에 대한 강연에서(불과 몇 년 전만 해도 자폐증 학회에서 다루기에는 부적절한 주제라고 생각되었다) 한 엄마가 손을 들더니 질문했다. 심리학자가 자폐인은 남의 손길이 몸에 닿는 것을 견디지 못하기 때문에 성교육이 필요없다고 했다는 것이었다. 앤 카펜터는 자리에서 일어나 마이크를 잡고 이렇게 말했다. "그건 사실과 달라요. 저는 34세인 자폐증 여성입니다. 하지만 언젠가는 결혼해서 아이들을 갖고 싶어요."

카펜터가 여성이라는 사실은 그 자체로서 특이한 일이었다. 아스퍼거 시대 이후로 자폐스펙트럼장애를 겪는 여성이라는 존재는 의사들에게 사실상 보이지 않는 것이나 마찬가지였다. 역시 여성인 캐시 리스너Kathy Lissner가 유아였을 때 그녀의 부모는 딸의 IQ가 '정신박약' 범위에 있으며, 영원히 읽고 쓰고 말할 수 없을 가능성이 높다고 들었다. 24세가 된 그녀는 대학에 다니고 혼자 자신의 아파트에 살면서, '1945 마이너스 19' 같은 이름을 지닌 외계인들이 나오는 공상과학소설을 구상하고 있었다. 남들과 다르다는 사실을 수치스럽게 생각하지 않고 오히려 즐겼던 것이다. "정상이라는 것이 이기적이고 부정직하고 남을 죽이고 총을 갖고 다니고 전쟁을 벌이는 것이라면, 전혀 그런 상태가 되고 싶지 않군요."[24]

III

1992년 《MAAP》 멤버 도나 윌리엄스Donna Williams는 자서전 《어디에도 없는 사람Nobody Nowhere》의 판촉을 위해 오스트레일리아에서 미국을 찾았다. 그랜딘과 마찬가지로 그녀도 감각적 인상들이 마구 뒤섞여 혼란스럽게 쏟아져 들어오는 와중에 의미를 발견하려고 평생 애쓰면서, 사람들이 어울리는 모습을 멀리 떨어져 관찰하는 인류학자 같은 심정으로 살아왔다. 개인의 일기로 시작되는 그 책은 베스트셀러가 되었다. 《뉴욕타임스》에서는 저자가 '정신질환을 앓는' 여성으로, 자폐증이 '시간이 지나면서 가라앉았다'고 소개했다.[25]

북 투어의 스트레스에서 며칠간 벗어나기로 마음먹은 윌리엄스는 세인트 루이스로 가서 리스너와 싱클레어를 만났다. 그들 중 누구도 학회 밖에서 다른 자폐인과 어울려 시간을 보낸 적이 없었다. 그러나 이 경험은 예상치 못했던 방식으로 전혀 새로운 사실을 깨닫게 되는 계기가 되었다. 겉보기에는 전혀 특별할 것 없는 만남이었다. 하지만 차는 몇 시간이 지나도록 차갑게 식은 채 그대로 놓여 있었다. 갑자기 왜 차를 끓였는지 잊어버렸다. 훨씬 흥미로운 일을 하느라 차에 신경을 쓸 겨를이 없었다. 음식을 하거나 먹지도 않았고, 다른 모든 일상적인 일도 미뤄두었다. 그들은 스스로 개발한 즐거운 용어들을 사용하여 각자 주관적 경험을 서로에게 들려주었는데, 놀랄 만큼 공통점이 많다는 사실을 발견했다. 나중에는 싱클레어가 키우는 세 마리의 개를 데리고 산책을 나가기도 했다. 그러나 무엇보다 재미있었던 일은 안절부절못할 때 나타나는 행동을 함께 한 것이었다.

《MAAP》 멤버들에게 보낸 편지에 윌리엄스는 일종의 눈요깃거리로 반짝거리거나 색깔이 화려한 작은 물건들을 넣어 보내곤 했다. 그녀는 세인트 루이스의 리스너 집 방바닥에 앉아 반짝이는 물건들을 마음에 드는 패턴으로 바닥에 늘어놓고, 그것들을 만화경萬華鏡으로 들여다보며 짜릿한 희열을 느꼈다. 다른 사람에게도 그렇게 하라고 권했다. 싱클레어는 이렇게 회상했다. "저는 자폐인으로서 그런 행동을 이해할 수 없어야 하는 게 맞겠지만, 어렴풋이 어떤 사람이 즐거운 일을 친구들과 함께 하고 싶어하는 행동이 아닐까 하는 생각이 들었어요."[26]

윌리엄스가 코카콜라 캔에 반사된 빛을 보며 너무나 즐거워하는 모습을 본 싱클레어는 나중에 반짝이를 잔뜩 붙인 벨트를 K마트✦에서 구입해 선물로 보냈다. 그는 오랫동안 타고난 반사회적 행동이라고 생각되었던 것들이 자폐인들 사이에서는 오히려 사교적인 행동일 수 있다는 사실을 깨달았다. 특히 주변에 병적이라고 판정할 의사가 없는 상황에서 더욱 그랬다.

윌리엄스는 두 번째 책 《뚜렷한 존재감Somebody Somewhere》에서 세인트 루이스를 방문했던 일을 마침내 집에 돌아간 것에 비유했다. "함께 있을 때 우리는 잊혀진 종족 같은 느낌이 들었다. '정상적'이란 자신의 본래 모습과 비슷한 사람들끼리 함께 있는 것이다. 우리는 모두 어디엔가 속해 있다는 느낌, 이해받고 있다는 느낌이 들었다.…일반적으로 다른 사람들에게 느낄 수 없는 감정이었다. 그곳을 떠나는 건 견딜 수 없을 만큼 슬픈 일이었다."[27]

함께 있을 때의 느긋한 분위기는, 싱클레어의 표현을 빌리자면 태어나서 처음 경험한 '자폐성 공간'이었다.[28] 머지않아 그는 너무나 새로워서 대부분의 사람이 있는지조차 몰랐던 변경 지역에 자폐인을 위한 안전한 공간을 구축하기 시작했다. 그곳은 인터넷이었다.

싱클레어는 온라인에서 가장 먼저 자신의 존재를 공개한 자폐인 중 하나로, 뉴욕의 세인트 존스 대학교에서 운영하는 디지털 메일링 리스트에 가입했다. 주로 부모들과 전문가들이 자주 드나들었던 그 리스트의 설립자 레이 코프Ray Kopp는 법적으로 맹인 판정을 받은 쇼나Shawna라는 소녀의 아버지였다.[29] 쇼나는 그저 '발달지연'이라는 말을 듣고 좀 더 구체적

✦ 미국의 대형 슈퍼마켓 체인.

인 진단을 받기 위해 오랫동안 의사들을 찾아다녔지만 아무 소용이 없었다. 코프는 1992년 세인트 존스 대학교의 난독증 전문가인 로버트 젠하우전Robert Zenhausern과 함께 메일링 리스트를 시작했다.[30] 아스퍼거 증후군을 DSM에 추가하려는 움직임이 본격화되었던 당시 가장 자주 올라온 질문은 카너 증후군이 성인이 되어서까지 지속되느냐는 것이었다.

한편, 싱클레어는 윌리엄스, 리스너와 함께 역사상 최초로 자폐인들이 운영하는 단체인 국제 자폐증 네트워크Autism Network International, ANI를 발족했다. 설립자들은 처음부터 ANI가 《MAAP》 멤버들처럼 기능적으로 뛰어난 사람들뿐 아니라 자폐범주성장애에 속하는 모든 사람들의 인권과 자기 결정권을 옹호한다고 천명했다. ANI의 설립자들은 모두 어린 시절에 기능적으로 매우 뒤쳐진다고 판정받았지만 결국 대학 졸업장까지 취득한 사람들이었다. 기능 수준이란 살면서 장기적으로 변할 수 있을 뿐 아니라 그날그날의 상황에 따라서도 변할 수 있다는 사실을 그들은 알고 있었다. 말을 아주 잘하는 '좀 더 능력 있는' 성인이라 할지라도 일시적으로 말을 할 수 없을 때가 있으며, '기능적으로 매우 뒤쳐졌다'고 규정되는 바람에 적절한 환경이나 의사소통 수단이 제공된다면 끌어낼 수 있는 재능이나 능력이 가려지는 경우도 많다.

발생 초기의 하위문화가 흔히 그렇듯, 이 새로운 공동체 내에도 자신들만의 은어가 생겨났다. 가장 오래 사용 중인 ANI의 신조어는 '신경정상적neurotypical'이라는 용어로, 자폐증을 겪지 않으면서 뉴스레터에 처음 가입한 사람들을 지칭한다.[31] 독특하게 임상적인 느낌을 풍기는 이 말(NT라는 약자로 쓰기도 한다)은 그들을 진단 대상으로 바라보는 태도를 정신의학계에 되돌려 투영하면서, 자폐인들은 유머를 '이해하지' 못한다는 통념이 널리 퍼져 있던 시대에 자신들도 역설과 풍자를 완벽하게 구사할 수 있다는 사실을 천명하는 역할을 했다.

1998년 로라 티손식Raura Tisoncik이라는 자폐증 여성은 그들의 밈을 논리적 극단까지 밀어붙여 신경정상인 연구소Institute for the Study of the Neurologically Typical라는 이름의, 공식적인 것처럼 보이는 웹사이트를 시작했다. 사이트의 Q&A에는 이렇게 씌어 있었다. "신경정상 증후군이란 사회적 관심사에 대한 집착, 우월하다는 망상, 관습에 따라야 한다는 강박관념을 특징으로 하는 신경생물학적 질환이다. 완치 방법은 없다."[32]

급진적인 청각장애인 공동체에서 힌트를 얻어 ANI 멤버들은 스스로를 자폐증을 겪는 사람people with autism이라는 용어 대신, '자폐인autistic'이라고 부르기 시작했다. 싱클레어는 이렇게 말했다. "'자폐증을 겪는 사람들'이라고 하면 자폐증이 뭔가 나쁜 것, 정상적인 인간과는 맞지 않는 아주 나쁜 것이라는 인상을 주죠. '왼손잡이를 겪는 사람들'이라거나, '뛰어난 운동 능력을 겪는 사람들' '뛰어난 음악적 능력을 겪는 사람들'이라고 하지는 않잖아요.…어떤 특징을 사람에게서 분리하기를 원하는 것은 그 특징이 부정적이라고 생각하기 때문입니다."[33]

이메일, 전자게시판, 유저넷Usenet 뉴스 그룹, 인터넷 릴레이 채트Internet Relay Chat✦, 아메리카 온라인America Online, 그리고 월드와이드웹WorldWide Web의 출현은 갈수록 늘어나는 새로 진단받은 10대와 성인들이 편안하고 자연스럽게 모여 일상적 세계보다는 자신들에게 자연스럽게 느껴지는 언어로, 자신들의 속도에 맞춰 대화를 주고받는 공간을 제공했다. 네 아이의 엄마로 세인트 존스 목록의 관리를 맡은 캐롤린 베어드Carolyn Baird는 한 네덜란드 기자와의 인터뷰에서 수많은 동료들을 대표하여 이렇

✦ 개인 간 대화는 물론, 여러 명의 사용자가 한꺼번에 대화를 나눌 수 있는 실시간 채팅 프로토콜.

게 말했다.

> 자폐인들은 컴퓨터에 친화성이 있는 것 같고, 이미 인터넷이 등장하기 전부터 컴퓨터 관련 분야에 종사하고 있었던 사람이 많아요. 컴퓨터의 좋은 점은 일을 시킬 때 오직 한 가지 방법만 옳다는 겁니다. 사람처럼 말한 것을 오해하지도 않고, 시킨 것 외에 다른 일을 하지도 않아요.
> 우리 중 많은 사람들에게 이 매체는 난생처음 다른 사람들과 똑같이 받아들여지는 기회를 주었고, 얼마나 말을 잘 하는지보다는 어떤 생각을 하는지에 따라 받아들여진다는 것이 어떤 느낌인지 처음으로 알 수 있게 해주었어요.[34]

ANI 멤버들은 학회마다 참석하여 부스를 만들고, 뉴스레터와 함께 "저는 괴상한 사람이 아니라, 자폐인입니다"라거나 '저는 행동수정요법을 견디고 살아남았습니다" 같은 슬로건을 새긴 배지를 나눠주었다. 이들의 부스는 빤히 바라보는 시선, 어지러울 정도로 자극적인 냄새, 살끼리 닿거나 누르는 느낌, 예기치 못한 곳에서 터지는 박수와 환호, 그들의 존재가 비극적인 수수께끼에 불과하다고 끊임없이 상기시키는 모든 것들로부터 벗어나 잠시 휴식을 취할 수 있는 자폐인들의 오아시스가 되어주었다. NT 참여자들이 호화로운 만찬과 유명인들이 줄줄이 출연하는 코메디 공연을 즐기기 위해 줄을 서는 동안, 자폐인들은 조용한 복도나 물품 보관소에 삼삼오오 모여 대화를 나누거나 시선을 의식하지 않고 마음을 가라앉혀주는 행동을 반복했으며, 밤에는 서로 호텔방으로 찾아가 함께 있거나, 1940년대에 세계 학회장 앞에서 밤을 새던 빈곤층 공상과학소설 팬처럼 차 속에서 잠을 잤다.

세인트 루이스 학회에서는 그들 중 한 부모 연합에서 컨벤션센터 주변에 수리 중인 사무실 건물에 한 층이 완전히 비어 있다는 사실을 알아냈다.[35] 자폐인들은 어찌어찌하여 그곳에 들어갔다. 먼지가 풀썩거리는 회반죽과 석고보드 사이에 매트와 침낭을 펴고 몇 개의 플로어 스탠드로 불을 밝힌 후, 잠시 혼자 있을 조용한 공간이 필요한 사람들을 위해 속이 빈 냉장고 포장 박스들을 설치했다. 하루 종일 심리학자들과 부모들의 질문에 대답하고 난 후, 같은 부족에 속한 동료들과 함께 그곳으로 돌아가면 한밤중에 마법의 동굴 속에 들어온 듯 마음이 차분하게 가라앉았다. 누군가 창밖에 있는 낡은 방송탑을 가리키며 저게 매물로 나왔다고 하자, 싱클레어는 이제 외계인들이 모두 한곳에 모였으니 드디어 모선母船에 무전을 쳐 집으로 데려가달라고 요청할 수 있게 되었다고 대답했다.

모든 야심 찬 운동에는 선언문이 필요한 법이다. 1993년 싱클레어는 최초의 자폐증 국제 학회에서 역사의 방향을 바꾸게 될 성명서를 발표한다. 몇 년 전 그는 딸 베스를 키우며 겪었던 어려움에 대한 수잔 모레노의 강연을 들었다.[36] 그 어려움 속에는 아이에게 맞는 학교와 학급과 교사를 찾는 일도 있었다. 그녀는 그 고통을 성배를 찾는 노력에 비유했다.

그 후 그녀는 NSAC 학회의 초청 강연자인 심리학자 케네스 모제스Kenneth Moses의 연구를 근거로, 자녀의 진단이 부모에게 어떤 영향을 미치는지 이야기했다. 모제스는 장애 아동의 부모가 완벽한 아이를 갖지 못했다는 사실에 대해 깊이 슬퍼할 시기가 필요하다는 개념을 지지하는 대표적인 인물이었다. 그는 이렇게 말했다. "그것은 오랫동안 꿈꾸어왔던 자녀가 갑자기 실종되고, 전혀 다른 미래를 맞게 될 자녀가 그 자리를 채우는 것과 같습니다. 저는 마르코와 제가 딱 그런 경우였다고 분명히 말할 수 있습니다. 가슴이 찢어지는 것 같았지요. 화가 났고 죄책감을 느꼈고 두려웠습니다. 이렇게 독특한 애도의 경험은 정확히 단계별로 진행된 후 사라져버리는 것이 아닙니다. 부모 곁에 항상 머물며, 때로는 아주 강해지고 때로는 잠잠해지는 등 평생에 걸쳐 다양한 강도로 나타납니다."[37]

애도와 혼란의 감정은 특히 첫돌이 될 때까지 장애 어린이의 부모에게 드문 것이 아니지만, 모제스는 이런 개념을 극단적으로 밀어붙였다. 악마들이 요람에 누워 있는 아기를 훔쳐간 후 그 자리에 다른 아이를 놓아둔다는 중세의 체인질링changeling 미신을 연상시키는 현대 심리학적 용어들로 장애 어린이들을 묘사했던 것이다. 1987년 〈아동기 장애의 영향_부모의 고난The Impact of Childhood Disability: The Parent's Struggle〉이라는 제목으로 발표된 영향력 있는 논문에서, 그는 자신의 진료실을 찾아오는 부모들의 실망, 우울, 분노라는 감정을 탐구했다. 그에 따르면 이들 부모에게 '장애를 지닌' 자녀의 탄생이라는 사건은 그때까지 품고 있던 가족의 미래에 대한 희망이 죽어버린 것이었다.

> 부모들, 모든 부모들은 꿈과 상상과 환상과 미래에 대한 기대를 통해 자녀들에게 애착을 형성한다. 자녀들은 우리에게 주어진 또 한 번의 기회이자, 궁극적인 '삶의 결과물'이자, 우리 존재 자체의 투영이며 연장이다.
> 장애는 이런 소중한 꿈들을 모두 산산이 부숴버린다.[38]

이런 과정의 일부로 모제스는 워크숍을 열어 부모들에게 자녀를 향한 격렬한 분노와 실망의 감정을 말로 표현하도록 격려했다. 그는 장애를 지닌 자녀에게 긍정적인 태도를 유지하려고 애쓰는 부모들을 '참으로 훌륭한' 형태의 부정否定에 전념하면서, 이런 관점을 자신의 쓰라린 경험을 통해 어렵게 얻은 결실로 내세운다고 설명했다. 그의 둘째 아이는 아들이었는데 뇌성마비로 태어났다. 모제스는 참담할 정도로 실망했다. 주변 사람들에게 둘째가 자신에게 속도를 늦추고 그토록 열심히 일하지 말 것을 가르쳐주는 아이라고 '여겨졌다'고 말했다. "이 분야에서 10년을 일했는데 장애를 지닌 아이가 태어났어요.…아이가 삶의 중심이 될 뭔가를 해줄 거라는 꿈을 꾸었는데, 그러기는커녕 정반대로 장애아가 태어난 거죠."[39]

장애를 지닌 자녀가 부모에게 심리학적으로 유해할 수 있다는 이론을 지지한 것은 모제스만이 아니었다. 위스콘신 대학교University of Wisconsin 지적장애 연구센터 부소장인 메리 슬레이터Mary A. Slater는 이렇게 썼다. "장애를 지닌 자녀의 부모는 정서적으로 건강하게 접근할 수 있는 범위에 한계가 있다."[40]

강연을 마무리하며 모레노는 좀 더 미묘한 진실을 넌지시 내비쳤다. 베스를 키우면서 겪었던 여러 가지 어려움들과 싸운 경험에 의해 전혀 예측하지 못한 방식으로 삶이 풍성해졌다고 했다. 딸의 행복에 자기 존재를 완전히 바침으로써 일반적으로 자녀를 키우는 부모라면 절대 알 수 없었을 차원으로 마음이 활짝 열렸다는 것이었다.

> 딸아이가 저를 쳐다보는 데만 5년이 걸렸습니다. 1977년 4월, 아이가 저를 쳐다본 순간은 정말 기적 그 자체였지요. 잠들 시간이 되어, 밤마다 읽어주는 동화책을 읽어주고 있었어요. "그리고 베스는 엄마와 아빠가 자기를 사랑한다는 걸 알고 잠이 들었어요." 저는 뒤이어 이렇게 말했습니다. "오, 베스야, 정말 딱 한 번만이라도 네가 날 사랑한다고 말해주면 얼마나 좋을까!" 갑자기 아이가 눈을 떴어요. 똑바로 제 눈을 들여다보며 이렇게 말했습니다. "사랑해요, 엄마." 평생 그렇게 놀랍고 기쁘고 기적 같은 경험은 없었습니다. 처음으로 깨달았지요. '저 안에 누군가 있구나.' 자폐인과 함께 살거나 늘 가까이 접하는 사람이 아니라면 제 말이 무슨 뜻인지 정확히 모를 거예요. 저는 아이가 저를 쳐다볼 때 절대로, 단 한 번도, 그걸 당연하다고 생각하지 않습니다. 그리고 이제 딸 아이는 저를 아주 자주 쳐다보지요.
>
> 저는 딸아이가 혼자 손을 씻을 때 절대로 당연하다고 생각하지 않습니다. 그

> 걸 가르치는 데 6년이 걸렸거든요. 이제 저는 손을 씻는 거야말로 세상에서 가장 놀랍고 멋진 일이라고 생각합니다.…제가 말하고 싶은 건요, 저는 너무너무 작은 일에도 엄청난 기쁨을 느끼는 법을 배웠다는 거예요.[41]

싱클레어는 청중 가운데 앉아 메모를 하고 있었는데 자폐증 자녀의 탄생이 애도할 일이라는 모레노의 주장을 듣고는 믿었던 친구에게 배신당한 느낌이 들었다. 그는 메모를 잘 챙겨두었다가 그 내용을 토대로 프레젠테이션을 제작하여 미국 자폐증 학회 준비 위원회에 제출했다. 위원회는 자료를 거부하며 그랜딘이 이미 비슷한 기획안을 제출했다고 했다. 1년 뒤 싱클레어는 그 내용을 정리한 〈우리를 위해 슬퍼하지 말아요Don't Mourn for Us〉라는 문서를 캐나다 자폐증 학회에 보내 토론토에서 열릴 학회에 발표하게 되었다.

이때쯤에는 자폐증 진단이 늘면서 대중의 인식 또한 빠른 속도로 신장되고 있었다. 그해 봄 로나 윙은 자폐범주성장애가 연구에 미치는 잠재적 영향에 대한 논문을 발표하면서 카너의 진단 기준 수정본을 근거로 추산한 전통적인 유병률(1만 명 중 5명)은 약 10배쯤 높여 잡아야 할 것이라고 결론 내렸다.[42]

ANI 또한 급속도로 커져 '국제'라는 말이 무색하지 않게 되었다. 초기 멤버인 솔라 셸리Sola Shelly는 아들이 자폐인인 연구자로, 나중에 이스라엘 자폐증 공동체Autistic Community of Israel를 설립한다.[43] 7월에는 학회에 참여하려는 자동차들이 북쪽으로 달리며 긴 행렬을 이루었다. 이 학회에는 노르웨이와 오스트레일리아를 포함한 47개국에서 2300명의 대표들이 참석했다. 싱클레어는 그가 멘토 역할을 하던 10대 자폐인과 함께 참여했다. 난생처음 한 소년의 안전을 오롯이 책임지는 부모 역할을 하게 된 것이었다. "그 경험을 통해 부모들이 어떤 일을 겪는지 제대로 알게 됐죠. 처음 본 순간 그 아이가 세상을 살아가며 어떤 일을 겪게 될까 하는 두려움에 사로잡혔던 기억이 지금도 생생합니다."

단상에 오른 싱클레어는 '자폐증의 껍질' 속에 구조되기를 기다리는 정상적인 아이가 갇혀 있다는 로바스의 개념을 시작으로 해서 끈질기게 이어지는 몇 가지 근거 없는 믿음들을 깨뜨리고자 했다. 싱클레어는 자폐증이 그런 상태가 아니라 '모든 경험과 감각과 지각, 사고, 감정, 만남, 즉 존재의 모든 측면을 채색하는…존재 방식'이라고 설명했다.[44]

그는 어느 정도 비탄에 젖는 것은 자연스러운 반응이라고 인정하면서도, 부모들이 스스로 이상화시킨 자녀에 대한 기대와 눈앞에서 사랑과 지지를 절박하게 필요로 하는 현실 속의 자녀를 분리시켜 생각하는 것이 중요하다고 강조했다. 또한 애석한 감정이 너무 오래 지속되면 있는 그대로의 존재가 부적절하다는 위험한 메시지를 자녀에게 전달하게 된다고 지적했다.

> 이것이 여러분이 우리의 존재를 애석하게 생각할 때 우리 귀에 들리는 말입니다. 이것이 여러분이 완치를 갈구하며 기도드릴 때 우리 귀에 들리는 말입니다. 여러분이 우리에게 가장 가망 없는 희망과 꿈에 대해 이야기할 때, 여러분의 가장 큰 소망이 어느 날 우리가 이렇게 존재하기를 멈추고, 여러분이 사랑할 수 있는 어떤 낯선 존재가 우리 몸속으로 들어와 살기를 바랄 때, 우리는 그 사실을 알게 됩니다.[45]

그는 자녀가 부모들이 당연하다고 여기는 세상과 다른 주관적인 경험 속에서 살아가기 때문에 자폐증이 부모에게 특히 다루기 어려운 과제라는 점을 인정했다. 그러나 동시에 자폐증과 연관된 고통 가운데 많은 부분이 자폐인과 가족이 꼭 필요한 여러 가지 서비스에 접근할 수 없기 때문이라는 점도 강조했다. 그는 부모들이 그런 현실에 대해 분노해야 하고 단합된 힘을 모아 현실을 바꿔야 한다고 역설했다. "우리는 여러분이 필요합니다. 여러분의 도움과 이해가 필요합니다. 그렇습니다, 자폐증은 비극적입니다. 하지만 그것은 우리의 존재 때문이 아니라 우리에게 일어나는 일들 때문입니다.…꼭 그래야만 한다면 슬퍼하세요. 잃어버린 꿈에 대해 슬퍼해도 좋습니다. 그러나 우리를 위해서 슬퍼하지는 마세요. 우리는 살아 있습니다. 우리는 현실입니다. 그리고 우리는 여기서 여러분을 기다리고 있습니다."

싱클레어의 강연은 심금을 울렸다. 부모들은 삼삼오오 ANI 부스 주변에 모여 이야기를 나누었다. 그중에는 아들 데이비드를 위해 작곡한 〈나비들〉이라는 곡이 수록된 음반을 그에게 주려고 들른 코니 데밍Connie Deming이라는 싱어송라이터도 있었다. 그녀는 이렇게 말했다. "저는 그들과 한 시간 동안 이야기를 주고받으며 제 아들에 관해 지금까지 다른 모든 사람들과 이야기하면서 알게 된 것보다 더 많은 걸 알게 되었어요. 그들이 훨씬 공감했고, 훨씬 정확했고, 훨씬 많은 것을 알고 있어요."[46]

하지만 이후 세인트 존스 목록에 올라가 있는 부모들은 자폐인들이 학회에 열광적으로 집착한 나머지 '주파수 대역을 낭비한다'고 강력히 반발했다. 이후 몇 개월간 상호 비방이 가열되었고, 부모들의 질문에 기꺼이 대답하여 도움이 되고자 했던 자폐인들은 배신감을 느꼈다.

ANI는 독자적인 온라인 리스트를 발족하기로 하고, 1994년에 ANI-L을 만들었다. 부모나 전문가들도 얼마든지 참여할 수 있었지만 자폐인들에게 항상 안전한 공간을 제공할 수 있도록 몇 가지 원칙과 정책이 마련되었다. Q&A에는 이런 내용이 수록되었다. "우리가 여기 모인 까닭은 자폐인의 삶이 의미 있고 가치 있다는 사실을 알리려는 것입니다. 자폐인들을

'덜 자폐적'으로 만들거나, 자폐증을 '완치'시키거나, 자폐인들을 자폐인이 아닌 사람들과 구별되지 않도록 만들거나, 향후 자폐인이 더 이상 태어나지 않도록 예방하는 방법에 관한 논의는 자폐인으로서 우리의 삶을 비하하고 깎아내리는 것입니다. 그런 주제들은 이 리스트에 적절하지 않습니다."

ANI-L은 특화된 생태적 환경처럼 자폐인 문화의 산실 역할을 하며 그 발전을 가속화했다. 1995년 '기능적으로 매우 뛰어난' 어린이들의 부모 단체에서 싱클레어에게 다음 학회에서 몇 차례 강연을 해달라고 요청해왔다. 그는 준비 과정을 ANI-L 멤버들에게 공개하여 자폐인들이 훨씬 다가가기 쉽고 편안하게 느낄 수 있는 방법들을 궁리하게 했다. 그들은 당분간 머리를 식히거나 완전히 외부 자극을 끊고 싶은 사람들을 위해 조용한 방을 따로 마련해달라고 했다. 또한 별다른 기술 없이도 복잡한 문제를 재치 있게 해결하는 방법을 생각해내기도 했다. 자폐인은 말하는 능력이 아주 뛰어나도 때때로, 특히 학회처럼 아주 어수선하고 전반적으로 감당하기 힘들 정도로 부담스러운 분위기에서는 머릿속에서 해야 할 말을 처리하고 입 밖으로 꺼내는 데 어려움을 겪는다. 참석자에게 가슴에 다는 이름표와 한쪽은 빨갛고 다른 쪽은 노란 종이를 제공함으로써 그들은 자폐인이 순간적인 압박감 속에서 굳이 말을 하지 않고도 필요와 욕구를 전달할 수 있도록 했다. 종이의 빨간 쪽을 들어 보이면 '지금은 아무하고도 의사소통하고 싶지 않아요', 노란 쪽은 '아는 사람은 괜찮지만 낯선 사람과는 의사소통하고 싶지 않아요'라는 뜻이었다. (나중에 녹색 표시도 추가되었다. '다른 사람들과 의사소통을 하고 싶지만 제가 시작하기는 어려우니 먼저 아는 척해 주세요'라는 뜻이었다.) 색깔별 '의사소통 신호 표식'은 아주 유용해서 이후 전 세계적으로 자폐인들이 마련한 행사에서 널리 사용되었다. 최근 펄 프로그래머들의 학회에서는 오트리트에 사용한 녹색 표식과 비슷한 이름표

라벨을 채택했다.[47] 이 표식을 단 사람은 언제라도 다가와 말을 걸어도 좋다는 뜻이었다.

ANI의 개입은 부모와 전문가들을 위한 행사에서 자폐인의 존재를 새로운 수준으로 끌어올렸다. 그러나 막후에서는 수많은 문제들이 생겨났다. 행사 준비자는 싱클레어에게 '기능이 매우 뒤처진' 자폐인들은 부모를 동반하더라도 학회에 나오지 않도록 안내해달라고 부탁했다. 그는 이 요청을 무시했다. 그러나 NT들이 마련한 학회장에 자폐인을 위해 작은 공간을 마련하는 것은 아무리 그런 공간을 휴대폰 보관소 등에 몰아넣고 색깔별 표식을 사용해도 해결할 수 없는 내재적 한계가 있었다. 자폐인들 스스로 학회를 열어야 할 시점이었다.

최초의 오트리트는 1996년 7월 말 뉴욕주 캐넌다이과Canandaigua에 있는 캠프 브리스틀 힐스Camp Bristol Hills에서 열렸다. 핑거 레이크스Finger Lakes 지역의 놀라운 자연 속에 자리 잡은 캠프는 조용하고 한적했다. ANI는 대부분의 도심 지역 콘퍼런스센터에서는 불가능한 감각적 자극이 거의 없는 환경을 만들 수 있었다.

학회 주제는 "자폐 문화를 축복하라Celebrating autistic Culture"로, 약 60명이 참석했다. 말을 할 수 없어 글자판을 사용하여 의사소통하는 성인, L. A. 국제공항에서 일하는 도시공학자, 로어 이스트 사이드Lower East Side의 벙커에서 소설가 윌리엄 버로스William Burroughs와 어울리며 뉴욕의 초기 펑크와 레게 음악 신을 기록으로 남긴 사진 작가 고故 댄 애셔Dan Asher 등 참석자들의 면면은 자폐범주성장애만큼이나 다양했다.[48] 프로그램은 '자기 권리옹호self-advocacy'(장애인 권리 운동에서 빌려온 용어)에 대한 발표, 법률 집행인✦에 대한 교육 그리고 오트리트 문화에 좋은 본보기가 된 청각장애인 문화의 역사 등이었다.

학회는 메인 로지main lodge에서 싱클레어가 진행한 오리엔테이션으로 시작되었다. 싱클레어는 자폐인을 위한 환경을 유지하고 보존하기 위해 만들어낸 지침을 설명했다. 사진이나 동영상은 반드시 허가를 받고 난 후에만 찍을 수 있었으며, 플래시를 터뜨리면 누군가 발작을 일으킬 수 있으므로 실내에서는 찍을 수 없었다. 담배와 향수는 금지되었다. 각자 홀로 지내는 시간과 개인 공간에 대한 존중을 가장 중요시했다. 의사소통 표식을 이용하여 말을 걸어도 되는지 한눈에 알아볼 수 있도록 했다. 오리엔테이션을 포함하여 모든 학회 행사는 마음에 들지 않으면 참석하지 않을 수 있었다. 원칙은 '기회를 제공하되, 부담을 주지 않는다'는 것이었다.

밸러리 패러디즈Valerie Paradiz는 바드 칼리지Bard College 교수였다. 그가 여섯 살 난 아들 엘리자Elijah와 함께 최초의 오트리트에 참석한 것은 아들과 자신을 이해하는 기나긴 여정에서 결정적인 순간이었다. 그들은 우드스턱Woodstock에서 차를 몰고 오는 동안 엘리자가 좋아하는 만화영화 〈피노키오〉의 사운드트랙을 연달아 네 번이나 들었다. 그 덕에 아이는 익숙하지 않은 길을 따라 익숙하지 않은 장소를 찾아가는 동안 가만히 있을 수 있었다. 오리엔테이션 중 밸러리는 아들이 주도권을 갖고 이끌어갈 수 있도록 해주겠다고 마음먹었다. "엘리자와 제가 엄청난 실험에 참여했다는 사실을 바로 알 수 있었어요. 아이가 가자는 대로 따라다녔죠. 아이가 하고 싶다는 놀이를 싫증 낼 때까지 함께 해줬어요. 배정받은 오두막 안에 함께 누워 몇 시간 동안 피노키오만 듣기도 했어요. 학회에 참석했다고 해서 꼭 해야 할 일이란 건 없었으니까요."[49]

밸러리와 엘리자는 캠프장을 돌아다니며 다양한 연령의 사람들이 완벽하게 만족한 표정으로 혼자 또는 무리 지어 있는 모습을 보았다. 어떤

✦ 미국에서는 경찰, 검찰, 보안관 등 다양하다.

사람은 벽에 앉아 책을 읽었고, 어떤 사람은 악기를 연주했다. 어떤 사람은 산책로를 따라 활발하게 걷는가 하면, 어떤 사람은 장애인 인도견을 데리고 걸었고, 어떤 사람은 휠체어를 타고 돌아다녔다. 어떤 사람은 양손을 퍼덕거리며 큰 소리로 말하는가 하면, 어떤 사람은 말없이 문자판을 두들겼다. 자폐인을 위한 공간에서는 필연적으로 아주 다양한 행동들이 허용되었다. 자폐인들은 NT보다 자기들끼리 다른 점이 더 많았기 때문이다. 오트리트에 온 사람들은 저마다 독특한 능력과 열렬한 관심사가 있었는데, 대개 아주 오랫동안 홀로 수도승처럼 그 일에 헌신하곤 했다. 밸러리는 이렇게 회상했다. "그들은 각자 하늘에 떠 있는 별이었어요. 엘리자는 그 우주의 일부였죠."[50]

오트리트는 연례행사가 되었으며, 이를 본떠 영국의 오트스케이프Autscape, 스웨덴의 자율 역량 증진 프로젝트Projekt Empowerment 등 많은 나라에서 비슷한 모임들이 생겨났다.[51] 이런 모임에서 가장 자주 보고되는 경험은 신경학적으로 아무런 변화가 일어나지 않았는데도 참여자들이 스스로 장애가 있다고 느끼지 않았다는 것이었다.

IV

오트리트 같은 행사와 온라인에 우후죽순처럼 생겨난 무수한 자폐인 공간을 통해 새로운 아이디어가 태동했다. 사실 그것은 자신이 발견한 증후군의 특징을 지닌 사람들이 인류 공동체 속에 항상 존재해왔고, 외따로 떨어져 묵묵히 자신들을 조롱하며 경원시하는 세상을 좀 더 나은 곳으로 만들어왔다는 아스퍼거의 개념만큼이나 오래된 것이었다. 1990년대 말 이런 특징들을 지닌 채 오스트레일리아에서 인류학과 사회학을 공부하던 대학생 주디 싱어Judy Singer는 이 생각에 걸맞은 이름을 붙였다. 바로 신경다양성neurodiversity이다.

그보다 몇 년 전, 그녀의 랍비가 진지한 생각을 요하는 숙제를 내주었다.[52] 하느님이 내려준 것보다 더 우수한 십계명을 만들어보라는 것이었다. 시나이산에서 모세와 유대 민족에게 하느님이 유대교 율법서인 토라를 내린 것을 기념하여 매년 열리는 오순절에 주어진 숙제였다. 스스로를 문화적으로 유대인이라고 생각하지만 기성 종교를 별로 좋아하지 않는 싱어는 당시 그 숙제를 받아들일지 말지 약간 망설였다. '모든 게 전지전능한 신이 옳다는 식으로 이용당할 것'을 우려했기 때문이었다.[53] 하지만 그녀는 후츠파chutzpah✦ 정신을 발휘했다. 평소 건강한 환경을 만들기 위해 헌신해온 자신의 노력을 반영하여 첫 번째 계율을 생각해낸 것이다. "사막의 선인장 같은 존재가 되지 않도록 다양성을 존중하라."

랍비는 그녀가 제안한 계율을 무시했다. 그런 식의 의사소통 장애는 그녀의 삶에서 매우 흔히, 아니 항상 일어나는 일이었다. 그녀가 성장할 때 어머니의 기이한 행동은 끊임없는 혼란과 짜증을 불러일으켰다.[54] 심지어 어머니의 몸짓언어조차 도저히 이해할 수 없을 정도로 이상했다. 제발 엄마를 정신과 의사에게 보이라고 애원했지만 아버지는 아무 문제가 없다고 일축했다. "모든 사람은 그저 서로 다를 뿐이란다. 너는 사람들을 있는 그대로 받아들여야 해." 하지만 아버지조차 아내가 다른 사람의 기분을 알아차리지 못한다는 사실에 격분하는 일이 비일비재했다. 거의 매일 가족 중 누군가는 어머니에게 이렇게 쏘아붙였다. "왜 평생 단 한 번이라도 정상적으로 행동하지 못하는 거예요?"

어머니의 별난 점들은 흔히 외부적 요인, 특히 아우슈비츠에서 살아남았다는 것 때문으로 여겨졌다. 친딸조차 함부로 질문해서는 안 되는 것으로 여겨질 만큼 위압적인 사실이었다. 나이가 들면서 싱어는 어머니의

✦ '담대함'이라는 뜻으로, 이스라엘 특유의 도전 정신을 가리키는 말.

'증례'를 해결해보려고 심리학 교과서들을 파고들기 시작했다. 그러다 딸을 낳았다. 딸이 두 살이 되자 전형적인 아이들과 어딘지 다르게 성장하고 있다는 사실이 뚜렷해졌다. 싱어는 조기유아자폐증에 대한 논문을 읽고 많은 점에서 딸의 행동과 정확히 일치한다는 사실을 깨달았지만 결정적인 차이도 있었다. 카너가 자신의 증후군을 설명하면서 첫 번째로 언급한 가장 중요한 진단 기준은 다른 사람과 '정동 접촉'이 아예 없다는 것이었지만, 싱어의 딸은 사랑스럽고 다정했던 것이다. 그렇다고는 해도 공통점이 너무 많았다. 싱어는 자기 생각을 친구에게 털어놓았다. 친구는 부적응이라는 성향이 한 세대를 뛰어넘어 전달된 것이 틀림없다고 했다. 그러면서 악순환을 끊는 유일한 방법은 싱어가 자신의 죄를 솔직이 인정하고 회개하는 것뿐이라고 충고했다. 하지만 자신이 따뜻하고 아이에게 많은 관심을 기울이는 엄마라는 사실은 누구보다 스스로가 잘 알고 있었다. 결국 친구들과의 관계가 멀어지고 말았다.

커갈수록 아이가 할머니의 특징들을 물려받았다는 것이 분명해졌다. 싱어는 이런 성향이 신경증이나 기능장애라기보다 유전 문제라고 생각했다. 아이는 항상 말이 느렸고, 전반적으로 또래와 사회로부터 소외당한다고 느끼는 일이 잦았다. 어쩌면 혈통을 따라 어떤 신체적 문제가 이어져 내려온 것일까?

싱어에게 결정적인 전환점은 앤 시어러Ann Shearer가 쓴 《장애, 누가 문제인가?Disability: Whose Handicap?》라는 책이었다. 시어러는 런던에서 활동하는 융 학파 심리분석가로 신체적, 인지적으로 보통 사람들과 다른 사람들이 사회에서 조직적으로 장애인이라고 낙인찍히고, 배제되고, 사악한 존재로 취급되는 다양한 과정을 연구했다. 싱어는 장애인들이 수세기 동안 비인간적으로 취급받은 기록들을 읽으며 눈물을 흘렸다. 자신도 가족을 그런 식으로 소외시키는 데 참여했다는 사실을 깨달았던 것이다. 시어러는 이렇게 썼다. "장애로 인해 겪는 여러 가지 한계가 얼마나 불리하게 작용하는가는 환경을 다양한 장애에 얼마나 잘 맞춰주는지 또는 장애인들이 장애에 대처하는 방법을 배울 기회가 있었는지 또는 두 가지 모두에 달려 있다."[55] 이 과정에서 싱어는 스스로 소아마비를 이기고 살아남은 동료 상담사의 도움을 받았다. 그녀는 싱어가 겪었던 어머니와의 갈등을 가족에게 내려진 저주로 바라보지 말고, 좀 더 폭넓은 사회적 역동 속에서 바라볼 수 있도록 끊임없이 격려했다.

딸이 아홉 살 때 아스퍼거 증후군으로 진단받자, 싱어는 자신에게도 자폐증적 성향이 있다는 사실을 알아차렸다. 윌리엄스의 《어디에도 없는 사람》과 그랜딘에 대한 색스의 기록을 읽으며, 그녀는 자폐증적 성향이 공감능력이 없다는 의미가 아니며, 자폐의 범주가 다양한 지적 능력을 포괄한다는 사실을 알았다. 그제서야 마침내 "나의 종족"을 찾은 느낌이 들었다.

싱어는 네덜란드의 컴퓨터 프로그래머 마르테인 데커르Martijn Dekker가 운영하는 '자폐범주성장애를 지니고 독립적으로 살기Independent Living on the Autism Spectrum, InLv'라는 메일 수신 목록에 가입했다. 구직에 관한 질문에서부터 NT들이 대화 중 상대방의 눈을 바라볼 적절한 순간을 어떻게 가늠하는지에 관한 사색에 이르기까지 온갖 정보가 교환되었다. (가입자들은 대화를 시작할 때와 끝맺을 때는 반드시 눈을 봐야 하고, 그 사이에는 마음 내키는 대로 해도 좋다는 결론을 내렸다.) 정기적으로 글을 올리는 많은 사람이 여성이었다. InLv는 자폐 문화의 등장을 가속화시킨 또 하나의 영양분이 가득한 조수 웅덩이였다.[56]

이 리스트는 난독증, ADHD, 계산 곤란증dyscalculia을 비롯하여 수많은 증상을 겪는 사람(ANI 초기에는 '사촌들'이라고 불렀다)을 모두 환영했다.

1997년 작가이자 멤버 중 한 명인 하비 블룸Harvey Blume이 《뉴욕타임스》에서 언급한 것처럼 InLv의 공동 정신은 '신경학적 다원성'이었다. 그는 신경학적으로 다른 사람끼리 온라인 공동체를 만드는 일의 중요성을 간파한 최초의 주류 저널리스트였다. "앞으로 인터넷이 자폐인들에게 미치는 영향은 수화의 보급이 청각장애인들에게 미친 영향과 비슷해질 것이다."[57]

메일링 리스트를 통해 정보를 교환한 것을 계기로, 블룸과 싱어는 수많은 통화를 통해 적절하지만 명쾌하게 정의하기가 쉽지 않은 신경학적 다원성이라는 개념을 정교하게 다듬었다. 싱어 역시 자폐인과 청각장애인 공동체가 비슷하며, 정상인처럼 대우받으려고 노력하는 것보다는 주류 문화와의 차이점을 강조함으로써 더 많은 권한을 누리는 방법에 관해 생각했다. 신경다양성이라는 용어 역시 블룸과의 대화 중에 떠올린 것이었다.

싱어는 1960년대와 1970년대에 "검은 것은 아름답다Black is beautiful" "게이는 좋은 것Gay is good" "자매애는 강하다Sisterhood is powerful" 등의 구호가 대중운동에 불을 붙였듯이, 신경다양성을 존중한다는 개념이 하나의 슬로건으로 장애인 권리옹호 공동체 사이에 퍼지기를 바랐다. 2008년 싱어는 작가 앤드류 솔로몬Andrew Solomon에게 이렇게 설명했다. "저는 그 말의 해방적이고 활동가적인 측면에 흥미를 느꼈어요." 페미니즘과 동성애 권리옹호 운동을 통해 얻은 것들을 신경학적으로 다른 사람들도 얻을 수 있다고 생각했거든요."[58] 〈이상한 사람도 포용하라Odd People In〉라는 제목의 시드니 공과대학교 졸업 논문에서 그녀는 신경학적으로 특이한 사람들의 반란을 지지하는 '숨겨진' 지지층은 전통적으로 자폐증 추정 유병률을 통해 예상한 것보다 훨씬 두텁다고 주장했다.

'이상한 사람들은 나가라'라는 말, '다른 행성에서 온 것 같은' 사람들, '어딘지 다른 리듬에 맞춰 행진하는' 사람들을 한번 돌이켜 생각해보자. 그들은 학교에 다닐 때 아주 똑똑하지만 사회적으로 서투른 공부벌레들이었거나, 자신만의 흥밋거리로부터 다른 곳으로 관심을 돌리려는 모든 시도를 거부하고 지나칠 정도로 규칙에 얽매이는 사람들이다. 여럿이 대화를 나눌 때 자신감 없는 태도로 얼어붙은 채 눈만 껌벅거리며 언제 끼어들어야 할지 모르는 사람, 다른 사람과는 달리 어딘지 다른 시간 척도에 따라 움직이는 것 같은 사람들을 생각해보라.[59]

블룸은 1998년 《애틀랜틱Atlantic》에 실린 글을 통해 이 용어를 최초로 대중매체에 선보였다. "NT는 뇌가 연결된 한 가지 형태일 뿐이다. 하이테크 분야에서 일한다면 아마도 그건 열등한 형태일 가능성이 높다.…신경다양성은 생물학적 다양성이 생명체 전반에 미치는 중요성만큼이나 인류에게 너무나 중요한 것일지도 모른다. 어떤 특정한 순간, 어떤 형태의 뇌 연결이 최선일지 누가 말할 수 있겠는가?"[60]

그가 보기에는 전 세계적으로 점점 많은 자폐인이 눈에 띄는 존재가 되고 있을 뿐 아니라, 세계 자체가 점점 더 자폐증적인 모습이 되고 있었다. 그것은 좋은 일이었다. 따돌림당하던 공부벌레들의 복수가 컴퓨터와 모뎀에 접속할 수 있다면 누구라도 시간과 공간적 한계를 극복하고 장애를 덜 느끼는 사회라는 형태로 나타나고 있는 것이다. 자폐증은 존스 홉킨스에서 무소불위의 영향력을 행사하던 카너가 진정한 환자는 평생 150명밖에 보지 못했노라고 선언했던 시절로부터 수많은 변화를 거쳤다. 그리고 이제 아스퍼거의 세상이 펼쳐진 것이다.

2004년 알렉스 플랭크Alex Plank와 댄 그로버Dan Grover라는 두 명의 10대가 인터넷 최초의 자폐인 공간인 롱 플래닛Wrong Planet✦을 출범시켰다. 둘은 모두 디지털 문화의 세례를 받고 자란 세대로, 자신들의 신경학적 사촌들이 이전 세대에 구축한 도구들을 자유자재로 사용할 수 있었다.[61] 고등학교 때 리눅스 개발자로 활동한 플랭크는 16세가 되었을 때 이미 위키피디아에 수십 편의 글을 올리고, 1만 회가 넘게 수정 내용을 올렸다.[62] 주제 또한 가톨릭 성인, 흑인 노예 해방론자, 오리건 선교단Oregon missionaries✦✦, 상상 속의 생물, 스코츠버러 소년들Scottsboro Boys✦✦✦, 여성 참정권, 요시모토 바나나, 연합 규약Articles of the Confederacy✦✦✦✦, 나새류nudibranch✦✦✦✦✦, 그리스신화, 소로우Thoreau, 카발라Kabbalah✦✦✦✦✦✦, 신비동물학cryptozoology 등 다양하기 짝이 없었다. 그러나 역시 자신의 비전형적인 동료들과 마찬가지로 왕따를 당하고 놀림 받고 소외를 겪었다.

성장하면서 플랭크는 사회적으로 얼간이 취급을 받는 것이 엄청난 재능을 타고난 데 불가피하게 따르는 부작용이라고 확신했다. 그는 부모님의 서랍을 뒤져본 후에야 자신이 아스퍼거 증후군으로 진단받은 사실을 알았다. "항상 특별하고 멋진 존재라는 소리를 듣고 자랐어요. 진단서를 보았을 때 정말 패배자가 된 느낌이었죠. 그래서 모든 사람이 틀렸다는 사실을 입증하고야 말겠다고 결심했죠."

✦ 잘못된 행성이라는 뜻.

✦✦ 1830년대에 원주민들에게 기독교를 전파할 목적으로 현재 오리건 지역에 정착했던 신앙심이 독실한 개척자들.

✦✦✦ 1931년 3월 미국 앨라배마 스코츠버러에서 일어난 사건에 연루된 10대 흑인 소년 9명을 가리킨다. 그중 8명이 백인 여성 2명을 강간했다는 누명을 뒤집어쓰고 사형 선고를 받았다. 피해 여성들이 성폭행을 당하지 않았다는 증거를 비롯하여 결백을 입증할 수많은 증거가 있었지만, 백인만으로 구성된 배심원단에서는 인종차별적인 결정을 내렸다. 이후 수차례 새로운 배심원단이 구성되고 재판이 반복되었다. 이 사건을 계기로 미국 사법제도에 있어 인종차별의 문제가 크게 부각되고 개선되었다.

✦✦✦✦ 미국 독립전쟁 당시 13개 식민주의 상호동맹 규정으로, 미국 최초의 연방 헌법이다.

✦✦✦✦✦ 복족류에 속하는 화려하고 밝은 색상을 띠는 바다 생물.

✦✦✦✦✦✦ 유대교 신비주의.

영웅처럼 떠받드는 아인슈타인, 짐 헨슨Jim Henson*, 마일스 데이비스Miles Davis**가 등장하는 애플사의 "다르게 생각하라Think Different" 포스터가 잔뜩 벽에 붙여진 방에 틀어박혀 그는 젊은 자폐인들을 찾아 사이버스페이스를 돌아다녔다. 하지만 부모들을 위한 자료만 넘칠 뿐, 젊은이들이 어울릴 공간은 거의 없었다. 그러다 우연히 아스퍼지아Aspergia라는 웹사이트를 발견했다. 자폐인들에게는 마법의 섬 같은 곳이었다. "거기서 버몬트주에 사는 제 또래를 하나 만났지요. '이 사이트 엿 같네'라고 말을 걸었더니, '그래, 우리가 하면 더 잘할 텐데'라는 대답이 돌아왔어요. 그게 댄이었죠. 새로운 웹사이트를 만들기로 의기투합했어요."[63]

문자메시지를 주고받으며 그들은 오픈소스 도구들을 이용하여 사회적 기술, 왕따, 불안 등에 대한 공동체 포럼을 만들었다. 참여자들은 이곳에 이야기와 시 따위를 올릴 수 있었다. 아스퍼지아 운영자 계정을 해킹하여 게시판에 새로운 웹사이트가 생겼다는 소문을 퍼뜨린 후(이로써 아스퍼지아는 삽시간에 쓸모없는 사이트가 되고 말았다), 그들은 롱 플래닛의 탄생을 알리는 온라인 보도자료를 공개했다.[64] 개설자들이 15세와 17세라는 사실을 강조했다(그로버가 15세, 플랭크가 17세였다). 그로버는 보도자료에 이렇게 썼다. "우리의 목표는 아스퍼거 증후군을 겪는 사람들이 꼭 어떤 규칙에 따라야 한다는 부담감을 줄여주는 것입니다. 우리가 꼭 배워야 할 것은 자신만의 독특함을 자신을 위해 사용하는 방법 그리고 이 세계에서 자신이 있을 장소를 찾는 것입니다." (나중에 그는 자신이 개발한 상호 반응형 악보 앱 에튜드Etude를 유명한 피아노 회사 스타인웨이 앤드 선스Steinway & Sons에 판매하여 소프트웨어 기업가로 큰 성공을 거두었다.[65] 한편, 플랭크는 유명 TV 시리즈 〈더 브

---

* 머펫 쇼The Muppets의 창시자로 유명한 미국의 예술가다. 인형술사, 만화가, 발명가, 시나리오 작가, 영화 제작자 등으로 활동했다.

** 미국의 유명한 재즈 트럼펫 연주자이자 작곡가.

릿지The Bridge〉의 자문 역을 맡아 배우 다이앤 크루거Diane Kruger가 아스퍼거 증후군을 겪는 형사 소냐 크로스Sonya Cross라는 캐릭터를 개발하는 데 도움을 주었다.)

일상생활에서는 너무나 수줍음을 타서 또래 소녀에게 토요일 밤 영화관에 가자는 말도 꺼내지 못하는 두 사람이지만, 자신들이 만든 사이트를 소셜 미디어에 홍보하는 데는 능숙한 솜씨를 발휘했다. 구글 애드센스AdSense와 애드워즈AdWords 서비스에 약간의 돈을 투자한 덕분에 자폐증에 익숙하지 않은 기자들은 반드시 롱 플래닛을 방문하게 되었을 뿐 아니라, 사이트 접속자 수도 꾸준히 유지되었다. 공동체는 느리지만 계속 커졌다. 마침내 플랭크의 인터뷰가 유명한 기술 뉴스 제공 웹사이트인 '슬래시닷Slashdot'에 실려 브램 코언Bram Cohen의 눈에 띄었다.[66] 코언은 미국 내 모든 인터넷 트래픽의 3분의 1을 차지한다고 추정되는 피어투피어peer-to-peer 파일 공유 프로토콜 비트토렌트BitTorrent를 개발한 자폐인이었다.[67] 이후 새로운 멤버들이 하루에 수천 명씩 쏟아져 들어왔다.

롱 플래닛을 비롯한 온라인 커뮤니티에 모인 젊은 자폐인들은 자신들의 상태를 슬퍼해야 할 것이 아니라 축복해야 할 것으로 선언했다. 진단을 받아 마침내 삶이 중심을 잡게 되었기 때문이었다. 그러나 웨이크필드의 연구 이후 질병과 장애라는 판에 박힌 도식은 더욱 강력해져 있었다. 키보드 자판을 두드려대는 똑똑한 젊은이들이 대항할 수 있을 정도로 강력한 사회 세력을 형성할 수 있을지는 여전히 미지수였다. 외톨이들이 모인다고 해서 저절로 사회운동이 될 수 있을까?

V

2007년 12월, 맨해튼의 길모퉁이와 공중전화 박스에 일련의 불길한 광고판들이 나붙기 시작했다. 몸값을 요구하는 쪽지처럼 보이는 광고 중 하나는 이랬다. "당신의 아들을 데리고 있다. 우리는 아이가 살아 있는 한 절대로 스스로 돌보거나 사회적 관계를 맺을 수 없도록 할 것이다. 이것은 시작에 불과하다."[68] 다른 광고에는 이렇게 씌어 있었다. "당신의 아들을 데리고 있다. 우리는 아이가 사회적 관계를 맺는 능력을 파괴시키고 완벽한 고립의 삶으로 몰아가고 있다. 모든 것이 당신에게 달려 있다." 첫 번째 광고에는 '자폐증', 두 번째 광고에는 '아스퍼거 증후군'이라는 서명이 적혀 있었다. PR 분야의 강자로 TV 드라마 〈매드맨Mad Men〉✦의 모델이 되기도 했던 BBDO사에서 무료로 제작한 공익 광고였다.[69] 메시지로 본다면 오티즘 스피크스 등의 모금 단체에서 오랫동안 활용했던 전략, 즉 자폐증을 암이나 낭성섬유증, 기타 치명적인 질환에 비유한 광고들만큼이나 과장이 심하고 그릇된 낙인을 찍는 방식이었다(실제로 BBDO는 오티즘 스피크스를 위해 비슷한 광고를 제작한 적도 있다).[70] 그러나 광고의 스폰서는 다름 아닌 뉴욕 대학교 어린이연구센터Child Study Center였다. 대중에게 어린이 정신질환이라는 '침묵의 공중보건 유행병'이 늘고 있음을 알리는 새로운 캠페인을 시작한 것이었다. 어린이연구센터에서 배포한 보도자료에 따르면, 미국에서만 1200만 명의 어린이들이 '정신과적 장애의 포로가 되어' 있었다.[71] 센터장인 해럴드 코플레비치Harold Koplewicz는 《뉴욕타임스》와의 인터뷰에서 이렇게 말했다. "에이즈와 비슷합니다. 모든 사람이 관심을 갖고 중요한 정보들을 알아야 합니다."[72]

그때 예기치 못한 일이 벌어졌다. 자폐증 자기 권리옹호 네트워크Autistic Self-Advocacy Network, ASAN라는 듣도 보도 못한 신생 단체가 격분한 부모들과 함께 광고에 사용된 모욕적인 단어들에 반대하는 운동을 전개했던 것이다. 뉴욕 대학교를 상대로 한 이메일 보내기와 블로그 포스팅 운동

✦ 1960년대를 배경으로 뉴욕에 위치한 가상의 광고회사에서 일어나는 에피소드들을 그려낸 TV 드라마 시리즈.

은 장애인 권리옹호 단체들이 대거 참여하며 폭풍처럼 번져나갔다. 잘 조직된 대대적인 공세였지만 느닷없이 생긴 것처럼 보였기에 코플레비치는 쉽게 대처할 수 있다고 확신했다. 그는 기자들에게 캠페인을 벌인 지 열흘 만에 어린이연구센터 웹사이트의 트래픽이 두 배가 되었다고 자랑스럽게 말했다.[73] 동료들과 상의한 후 그는 전혀 물러설 의향이 없으며, 머지않아 똑같은 광고가 다른 도시에는 물론, 《뉴스위크Newsweek》를 비롯한 전국 매체에도 실릴 것이라고 말했다. "저는 무지와 싸우게 될 거라고 생각했습니다. 성인 환자들과 싸우게 될 줄은 몰랐죠."[74]

실상 이 사건은 역사상 최초로 자폐인들이 자신들을 대변한다고 주장하는 부모 단체의 도움을 받지 않고 스스로 주류 언론의 자폐증 담론에 이의를 제기한 것이었다. 저항운동을 주도한 사람은 어린이도 부모도 '성인 환자'도 아닌, 불과 19세의 청년이었다. 아리 니이먼Ari Ne'eman은 영리하고 아는 것이 많으며 심지가 굳은 정책통으로, 자폐증 자기 권리옹호 네트워크의 공동 설립자이기도 했다.

어떻게 보면 수련 중인 랍비처럼 보이는 니이먼은 건장하고 잘생긴 젊은이다. 학창 시절 그는 뉴저지주의 집에서 불과 5분 거리인 학교에 걸어다니지 못하고, 특별한 교육적 필요를 지닌 어린이만 모아놓고 가르치는 학교까지 한 시간 반 동안 밴을 타고 오가야 했다.

갓난아기 때 니이먼이 처음 말했던 단어는 히브리어로 '아버지'라는 뜻인 아바Abba였다. 그의 어머니는 10대 때 이스라엘로 이주하여 낙하산 부대원으로 복무하다가, 제4차 중동전쟁에 참전했던 스마트 카드 디자이너를 만나 결혼까지 하기에 이른다. 두 살 반이 되자 니이먼은 다른 아이들과 마찬가지로 공룡에 빠졌다. 한 가지 다른 점은, 미국 자연사 박물관에 갔을 때 날개 달린 거대한 화석을 보고 경비원에게 익룡이라고 정확하게 말했다는 것이었다. 아직 초등학교에 다닐 때 그와 친구인 아르예Aryeh

는 세계에서 가장 어린 방위 산업체 설립자가 되기로 결심했다. 그들은 자신들의 이름이 비슷하다는 사실에 즐거워했다. 온라인으로 마이크로웨이브를 방출하는 진공관을 주문했는데, 운좋게도 엉뚱한 주소로 배송되는 바람에 니이먼은 수개월간 외출 금지를 당하기도 했다. 그와 아르예는 오래도록 이 일을 '전자관 사건Magnetron Incident'이라고 회상했다.

아버지가 운전을 하면서 테이프를 통해 듣곤 했던 이야기는 니이먼에게 깊은 인상을 남겼다. 유대교를 포기한 젊은이에게 그의 할아버지는 이렇게 경고했다. "시간을 낭비하지 마라. 시간을 낭비하지 마라." 한편, 유대교 주간학교에 다니면서 니이먼은 티쿤 올람tikkun olam이라는 말도 배웠다. 어지러운 세상을 치유하는 방식으로 살라는 뜻이었다.

12세에 아스퍼거 증후군 진단을 받은 후 그는 좋아해 마지않던 학교를 떠나야만 했다. 그는 변한 게 없었지만 주변 사람들의 태도가 하루아침에 달라졌던 것이다. 니이먼은 이렇게 회상한다. "갑자기 저는 많은 가능성을 갖고 있다고 생각되던 아이에서 어쩌다 긍정적인 면을 하나만 보여도 사람들이 깜짝 놀라는 아이가 되어버렸어요. 전에는 모든 사람이 제가 잘하는 것, 제가 삶에서 성취하고 싶은 것, 제가 흥미를 느끼는 주제에 주목했지요. 하지만 진단을 받고 나자 모든 사람이 제가 어려워하는 것, 남들과 다른 것에 주목하기 시작했어요. 이전까지 긍정적이라고 생각했던 것까지도요. 갑자기 제게 주어지는 기회들의 성격이 엄청나게 달라져버렸죠."[75]

자신에게 무슨 일이 일어났는지 이해하려고 안간힘을 쓰던 어느 날, 그는 인터넷에서 싱클레어의 〈우리를 위해 슬퍼하지 말아요〉를 비롯하여 제1세대 신경다양성 운동가들이 쓴 글들을 읽었다. 그는 장애인 권리옹호 운동의 역사를 공부하기 시작했다. 자기가 겪는 많은 어려움이 자폐증의 '증상'이 아니라 사회가 '정상'이라는 표준적 기대를 충족시키지 못하는 사람들을 다루는 방식에 내재된 문제에 불과하다는 지적에 감동을 받았던 것이다.

그는 장애인 권리옹호 운동의 선구자인 에드 로버츠Ed Roberts의 글을 읽었다. 로버츠는 1953년 10대의 나이로 소아마비에 걸렸다. 목 아래로 전부 마비되는 바람에 철폐iron lung를 착용하고 잠을 자야 했다. UC 버클리 대학교에 지원했을 때 학장은 입학을 거부하며 이렇게 말했다. "이전에도 불구자들을 받아봤는데 잘 적응을 못하더군."[76] 그러나 결국 학교 당국은 로버츠를 받아들이고 그의 철폐를 카월 병원Cowell Hospital의 한 건물로 옮기는 데 동의했다. 나중에 이 건물에는 그 말고도 10여 명의 사지 마비 환자들이 들어와 살았다. 그들은 스스로를 '달리는 자동차들Rolling Quad's'✦이라고 불렀다. 이들이 사상 최초로 대학 캠퍼스 내에 결성된 장애 학생 자기 권리옹호 단체였다.[77] 로버츠와 '달리는 자동차들'의 권리옹호 운동은 장애인들 자신이 동료들에게 실용적인 정보를 제공할 수 있는 진정한 장애 전문가라는 원칙에 입각한 독립생활 운동independent living movement의 토대가 되었다.

니이먼은 또 다른 소아마비 생존자 주디 휴먼Judy Heumann의 이야기에서도 감명을 받았다. 휴먼은 화재가 났을 때 학생들을 안전하게 건물 밖으로 대피시킬 수 없을 것이라는 이유로 교사자격증 발급을 거절당하자 뉴욕시 교육위원회와 소송을 벌인 끝에 승소했다. 또한 그녀는 자기 권리옹호 단체인 행동하는 장애인Disabled in Action을 설립했다. 이 단체는 1973년 대중적 저항운동을 일으켜 당시 닉슨 대통령이 연방재활법Rehabilitation Act에 서명하도록 압력을 가하는 데 중심 역할을 했다. 연방재활

✦ quads가 '헤드라이트가 네 개인 자동차' 또는 그 헤드라이트를 가리키는 속어이자 '사지 마비 환자'를 가리키는 quadriplegic의 줄임말이기도 하다는 점에 착안한 말장난이다.

법은 정부 기관이 운영하거나 정부 지원금을 받는 프로그램 및 연방 정부의 도급업체에서 사람을 고용할 때 장애인이라는 이유로 차별할 수 없도록 규정한 획기적인 법률이었다.[78] 이 법은 1990년 의회를 통과한 미국 장애인법Americans with Disabilities Act을 비롯하여 전 세계적으로 수많은 시민권법의 모델이 되었다. 나중에 휴먼은 오바마 행정부에서 국무부의 장애인 권리 특사로 활동했다.

니이먼에게 로버츠나 휴먼 같은 인물들은 마틴 루터 킹 주니어에 버금가는 국가적 영웅이 분명했으나, 일면 자폐인 공동체와 좀 더 폭넓은 장애인 권리옹호 운동 사이에 묘한 단절을 느끼기도 했다. 초기 ANI 문헌에서 청각장애인 문화에 대한 몇 편의 참고 문헌을 제외하면, 그때까지도 자폐증은 사회적 맥락이 아니라 거의 전적으로 의학적 맥락에서만 논의되었던 것이다. 이런 현상은 사실상 모든 매체의 보도가 백신을 둘러싼 논란에만 집중되었던 '자폐증 전쟁'이 최고조에 달했을 때 특히 두드러졌다. 니이먼은 이렇게 회상한다. "주변에서 벌어지는 일들이 분명 잘못되었지만 왜 잘못되었는지, 그렇다면 '옳은 것'이 무엇인지 이해할 수 있는 틀이 없었어요. 그래서 신경다양성 운동에 관해 폭넓게 기술한 문헌을 찾아나섰죠. 저는 언제나 이런 것들이 잘못되어 있다고 느꼈어요. 저뿐 아니라 많은 사람들에게 말이죠. 그리고 그걸 남겨둔 채 그냥 밖으로 나가버리고 싶지 않았어요. '안'으로 들어올 곳이 있다는 사실을 밝히고 싶었죠."

아스퍼거 증후군을 겪는 사람들에게 '안'과 '밖'이란 그의 생각보다 훨씬 복잡하고 다층적이었다. 고등학교 시절에 니이먼은 친구에게 이렇게 말한 적이 있었다. "나는 운동에 참여할 거야. 자폐인들이 소수자로서 심하게 차별당하고 있기 때문에 뭔가 해야 한다고 생각하거든. 조직을 만들어야 해." 친구는 그를 빤히 바라보며 이렇게 말했다. "아리, 이 철딱서니 없는 놈아, 너는 진짜 이상하구나. 너는 다른 자폐인들하고도 공통점이 전혀 없어.” 자폐범주성장애는 너무나 다양해서 툭하면 분열을 조장하는 쟁점들이 나타났다. 공동체 내부도 다양한 파벌로 갈렸기 때문에 체계적으로 조직하기가 쉽지 않았다. 일부 ‘기능적으로 뛰어난’ 사람들은 ‘기능적으로 뒤쳐진’ 사람들과 거리를 두고 자기만의 방식을 고수하면서, ‘장애’ 란 말만 들어가도 손을 놓아버렸다.[79] 하지만 니이먼은 일찍이 짐 싱클레어가 그랬던 것처럼 이런 식의 접근을 거부했다. 사회적 낙인을 해소하고 꼭 필요한 서비스와 교육의 접근성을 개선한다면 모든 자폐인들에게 도움이 될 것이었다.

어찌어찌해서 니이먼은 하루 중 오후 한때만 집 근처에 있는 일반 학교에 다니게 되었는데, 덕분에 방과후 특별활동에도 참여할 수 있었다. 그는 모의 UNModel UN, 모의 국회Model Congress, 토론 클럽Debate Club, 모의 재판Mock Trial, 미래의 미국 기업 리더들Future Business Leaders of America 등 정책과 정치에 관련된 모든 과정에 등록했다. 2006년 여름에는 이미 자폐증 학회에도 참석하고 있었다. 그는 자폐증 세계의 스타들조차 공공 정책 분야에 거의 관심이 없다는 사실을 알고 실망한 나머지, 그들을 ‘자폐인 노릇하기의 달인들professional autistics’ 이라고 생각했다. 자폐증 학회에서 아무리 정책에 대해 토론해본들 온라인 청원 운동을 벌이거나 국회에 이메일을 보내자는 수준 이상의 논의가 진행되지 못했다. 하루는 맨해튼에 있는 건물 로비에 앉아 두 장의 편지를 연달아 읽게 되었다. 하나는 뉴저지 주지사 존 코진Jon Corzine이 보낸 것으로, 그를 주 특수교육위원회Special Education Commission의 학생 대표로 임명한다는 서한이었고, 다른 한 장은 메디신 앤 덴티스트리 대학교University of Medicine and Dentistry에서 보낸 것으로, 니이먼에게 자폐증 성인들을 위한 프로그램의 기획을 도와달라는 초대장이었다. 그때 이런 생각이 떠올랐다. ‘이런 일을 하게 된다면 나는 아리라는 개인이어서는 안 돼. 훨씬 많은 사람을 대표하여 좀 더 많은 기회에 접근할 수 있도록 이어주는 역할을 해야 해.’

그는 공공 정책에 관한 대중적 논의에서 자폐인들을 대표할 단체를 설립하기로 했다. 처음으로 도움을 청한 사람은 몇 달 전에 만난 대학원생 스콧 로버트슨Scott Robertson이었다. "정치와 정책 문제를 제기하면 스콧이 거기에 관한 연구들을 가져왔죠. 우리는 환상의 콤비였어요. 개인적인 경험도 이야기했지만, 그런 이야기는 의제에 관한 토론을 하다 쉴 때만 꺼냈죠. 그런 점이 정말로 존경스러웠어요. 그는 자폐인 노릇을 하는 데 전문가가 아니라 정말로 자폐 전문가였죠." 2006년 설립된 ASAN은 이내 많은 멤버를 끌어모았다. 그중에서 폴라 더빈-웨스트비Paula Durbin-Westby는 후생성 내에서 정책을 조정하고 연방 연구 의제를 결정하는 워싱턴의 부처 간 자폐증 조정 위원회Interagency Autism Coordinating Committee에 참여하기 시작했다.

몸값 요구 광고 반대 운동은 ASAN이 취한 첫 번째 집단행동이었다. '환자들'로만 알려졌던 사람들이 강력한 기관이 시작한 자폐증에 관한 공적 논의의 판도를 재정의할 수 있다는 증거이기도 했다. 어린이연구센터의 광고가 힐러리 클린턴과 〈CBS 이브닝 뉴스CBS Evening News〉 앵커인 케이티 커릭Katie Couric 등 800명이 참석한 만찬 행사에 처음 모습을 드러낸 다음 날인 12월 6일, ASAN의 메일 박스에는 대응을 요구하는 메시지가 쏟아져 들어왔다.[80] 니이먼은 어린이연구센터에 정중하게 우려를 표하는 이메일을 보내고 전화로 메시지를 남겼지만 아무도 응답하지 않았다. 이틀 후 ASAN은 행동 개시를 선언하며 어린이연구센터, 뉴욕 대학교 부속 병원장, BBDO, 그리고 대학의 아스퍼거 연구소에 연구 자금을 제공한 두 명의 기부자의 연락처와 이메일 주소를 공개했다.[81]

광고를 보고 몹시 기분을 상한 부모들이 블로그를 중심으로 달아오르기 시작했다. MOMNOS라는 블로거는 '자폐증'이라고 서명된 광고를 읽고 이렇게 답했다.

자폐증 씨에게,

당신은 내 아들을 데리고 있지 않아요. 내 아들은 내가 데리고 있습니다. 나는 우리 아이가 오직 자폐증이라는 측면으로만 정의되지 않도록 할 겁니다. 그 사실을 분명히 깨닫게 할 거예요. 물론 자폐증 때문에 엄청나게 어려운 일도 많이 생기겠지만, 동시에 자폐증은 놀라운 선물을 안겨주기도 하지요. 나는 아이와 함께 그 어려움을 극복할 겁니다. 그리고 아이와 함께 그의 재능을 활짝 꽃 피우도록 할 거예요.

이것은 시작일 뿐입니다.

크리스티나 추는 자신의 블로그 '자폐증의 목소리Autism Vox'에 이렇게 썼다. (마음을 열고 아들 찰리를 받아들여 섀넌 로사가 레오의 자폐증을 받아들이는 데 영향을 미쳤던 전직 고전문학 교수, 바로 그 사람이다.)

이것은 '대중 인식 재고' 운동이라고는 하지만, 대중에게 자폐인이 된다는 것과 자폐 어린이를 키운다는 것의 어두운 한 가지 측면만 인식시킨다. 우리 집에서 하루만 지내보라. 물론 꽤 많은 불안과 짜증의 순간, 상당한 소음을 목격하겠지만, 대부분의 사람은 내 아들이 어떤 일에든 얼마나 최선을 다하는지, 자신의 걱정을 이겨내고, 미소 짓고, 반쯤은 남의 말을 따라 해가며 토막말을 내뱉는 일을 얼마나 열심히 하는지, 끈기 있게 노력하고 또 노력하기를 멈추지 않는 모습을 볼 것이다. 우리 집에서는 찰리도, 남편 짐이나 나도, 어느 누구도 우리가 구조되어야 할 상태라고 생각하지 않는다.[82]

12월 10일, 니이먼은 스무 번째 생일을 맞았지만, 24시간 꼬박 ASAN

의 대응책을 지휘했다. 성공 가능성은 거의 없어 보였다. 뉴욕 대학교는 강력했고, BBDO는 공익 광고였지만 수십 만 달러를 쏟아부었다. ASAN은 아직 사무실도 없고 은행 계좌도 열지 못했다. 다른 장애인 권리옹호 단체에게 항의 서한에 서명해달라고 설득하기 위해 니이먼은 일면식도 없는 ADAPT 전국 회장 밥 카프카Bob Kafka에게 전화를 걸었다. ADAPT는 미국 내에서 가장 활발한 장애인 권리옹호 단체로 30개 주에 지부를 두고 있었다. 카프카는 즉시 서명해주었다. 13개의 다른 단체도 바로 명단에 추가되었다. 니이먼은 뉴욕 대학교로부터 아직 아무런 답변을 듣지 못했으므로, 항의 서한은 ASAN 대표가 어린이연구센터를 찾아가 접수 담당자에게 직접 전달했다. 담당자는 끊임없이 울려대는 전화 때문에 몹시 초췌해 보였다. 이때쯤 《월스트리트저널Wall Street Journal》《뉴욕타임스》《데일리뉴스Daily News》를 비롯한 주요 언론이 기사를 쏟아내기 시작했다. 전국 각처에서 쏟아져 들어오는 수천 통의 전화와 편지, 이메일에 시달린 끝에 결국 어린이연구센터는 광고를 취소하고 말았다.

이 사건은 ASAN이 거둔 첫 번째 승리였다. 2010년 니이먼은 오바마 대통령의 지명을 받아 국가장애자문위원회National Council on Disability, NCD 위원이 되었다. 최근 ASAN은 연방 장애인 정책 입안에 상당한 영향을 미치고 있다. 2014년 오바마 대통령이 연방 정부의 하청업체에 최저임금을 인상하라는 행정명령을 내렸을 때, 노동부 장관은 최저 수준에 미치지 못하는 임금(심지어 시간당 몇 센트에 불과한 경우도 있었다)을 받는 수만 명의 장애인 노동자에게는 임금 인상이 적용되지 않는다고 발표했다.[83] 그러자 ASAN은 다양한 단체(미국 시민자유연맹American Civil Liberties Union, AFL-CIO, 전국 청각장애인협회National Association for the Deaf)와 연합하여 장애인 노동자도 새로운 최저임금을 적용받도록 백악관을 설득했다.[84] 가교 역할을 하려는 노력은 성공을 거두어, 최고위 수준의 정책 결정에 있어 역사적인 성취로 기록되었다.

APA에서 DSM-V를 위한 새로운 진단 기준 초안을 마련할 때도 ASAN 직원들은 자폐증을 겪는 10대와 성인들이 세상에 적응하기 위해 사용하는 다양한 대처 방법 때문에 자폐 진단에서 배제되지 않도록 조치하는 한편, 여성과 유색인종 등 역사적으로 진단에서 소외된 집단의 사회적 요구를 강조하는 등 다양한 개정을 제안했다. 치료 교육원의 아스퍼거 팀에 의해 자폐증이 연속선상에 존재한다는 사실이 밝혀진 지 거의 80년 만에 마침내 그 전모가 APA의 진단 기준에 반영되기에 이른 것이다.

역설적으로 수십 년간 무명의 그늘 속에 있던 아스퍼거라는 이름을 1990년대 들어 하나의 유행어로 만들어버린 증후군 자체는 새로운 개정판 속에서 자취를 감추었다. 자폐범주성장애 속에 포함된 것이다. 그러나 APA에서 의사 결정 과정에 자폐인들을 포함시켰다는 사실은 하로처럼 '교육이 불가능한' 학생들과 함께 협력하여 혁신적인 교육 방법을 개발했던 사람을 기리는 데 더없이 적절한 일이었다.

신경다양성이라는 개념이 대학 캠퍼스에 뿌리내리면서, ASAN은 차세대 장애인 권리옹호 운동가들의 산실로 변모했다. 그들 중 많은 수가 여성이었다. 이 단체의 하계 리더십 훈련 프로그램 출신인 리디아 브라운 Lydia Brown은 저지 로텐버그 교육센터✦에서 자폐 어린이에게 계속 전기자극을 사용하는 데 반대하는 대중적 압력의 수위를 높이기 위해 UN 고문특별조사위원회United Nations Special Rapporteur on Torture에 출석하여 증언했다.[85] 브라운은 2013년 백악관 선정 '변화를 일으킨 챔피언'White House Champion for Change이 되었다. 같은 프로그램 출신인 크리스 권Kris Guin은

✦ 미국 매사추세츠주 칸톤Canton에 위치한 발달장애인 시설로, 미국에서 유일하게 행동교정을 위해 전기 자극 장치를 사용한다.

퀴어러빌러티Queerability라는 단체를 설립하여 장애와 LGBT 문제가 만나는 지점을 탐구했다.

ASAN의 줄리아 배스컴Julia Bascom은 자폐스펙트럼장애를 겪는 사람들의 에세이를 모아 《큰 소리를 내는 손들Loud Hands》이라는 획기적인 문집을 출간했다. 이 책은 '기능적으로 뒤쳐진다'는 낙인이나, 자폐인들을 비극적이며 사회에 부담이 된다고 규정하는 오티즘 스피크스 같은 단체의 해악에 관한 자폐인들의 다양한 시각을 보여준다. "우리 문화가 자폐인에게 가하는 가장 잔인한 속임수 중 하나는 우리를 자신에게서 소외된 이방인으로 만드는 것이다."[86] 배스컴은 이렇게 쓰며, 자폐인들은 더 이상 '우리 자신의 이야기에서 구경꾼' 노릇을 하지 않을 것이라고 덧붙였다.

VI

신경다양성 운동은 크레이그와 섀넌 로사 같은 부모들에게 회복될 희망이 없는 자녀들의 미래를 위해 싸울 수 있는 방법을 제공해주었다. 또한 자폐범주성장애를 겪는 젊은이들에게 이전 세대의 자폐인들이 결코 기대할 수 없었던 것을 제공해주었다. 행복하고 창조적이며 사회적으로 활발한 자폐인이라는 롤모델이었다.

2011년 5월 한 학회에서 섀넌은 아델피 대학교Adelphi University 교수인 스티븐 쇼어Stephen Shore를 만났다. 쇼어는 18개월 들어 갑자기 말을 할 수 없게 되었던 사람이었다. 1년 후 담당 의사는 '강한 자폐 성향을 동반한 비전형적 발달'이라는 진단과 함께 수용 기관을 권유했다. 부모는 그 제안을 거부하고 아들을 위해 포괄적인 치료 프로그램을 고안했다. 감각기관을 통해 마구 쏟아져 들어오는 혼란스러운 정보들을 통합할 수 있도록 음악, 동작, 기술에 초점을 맞추는 프로그램이었다. 네 살이 되자 그는 다시 말을 할 수 있었고, 나중에 보스턴 대학교에서 특수교육 박사 학위를 받았다.

학회에서 섀넌은 그에게 레오의 음악 선생님을 찾고 싶다고 말했다. 그해 10월 그는 레오의 첫 번째 수업을 위해 로사 가족의 집을 방문했다. 50대에 접어든 쇼어는 위트가 넘치고, 다정하며, 턱수염을 깨끗이 손질하는 사람으로, 자신의 자폐증적 특이함을 마음껏 즐겼다. (자기 맘에 드는 것들은 '매우 자극적'이라고 추켜세웠다.) 처음에 레오는 쇼어가 방에 들어온 것도 몰랐지만, 이내 그를 좋아하게 되었다. 쇼어는 레오처럼 표현언어가 제한적인 아이에게는 말보다 음악이 더 자연스러운 의사소통의 도구일 수 있다는 사실을 알고 있었다.

우선 쇼어는 펜과 종이, 자, 포스트잇을 가지고 탁자에 앉더니 레오에게 언제라도 옆에 앉아도 좋다고 알려주었다. 레오가 방안을 한참 빙빙 돌다 마침내 옆에 있는 의자에 와서 앉을 때까지 조금도 조급해하지 않았다. 레오가 옆에 앉자 자를 이용해서 종이에 직선을 그으라고 하더니, 그 선에 직각으로 세 개의 선을 더 그어 격자무늬를 그리게 했다. 그 후 알파벳의 첫 번째 글자가 뭐냐고 물었다. 레오는 'A'라고 대답했다. 격자무늬의 첫 번째 칸에 A를 써보라고 하자 아이는 멋지게 글자를 써넣었다. 이런 식으로 레오는 격자무늬의 빈칸에 전자 키보드의 키에 해당하는 알파벳의 처음 일곱 글자를 채워넣었다. 쇼어는 이 글자들을 미리 적어놓은 포스트잇을 키 위에 붙이기 시작했다. 레오는 금방 패턴을 파악하고 자기 손으로 그 일을 마쳐 칭찬을 들었다.

쇼어는 단 한 번도 레오가 싫어하는 일을 시키지 않았다. 흥분하여 잠시 방 안을 뛰어다니고 펄쩍펄쩍 뛰어올라도 개의치 않았다. 세상에 있는 모든 시간을 쓸 수 있다는 듯 행동했다. 그가 내준 작은 과제는 레오에게 즉시 자기만족을 주었다. 자폐인들이 전형적으로 강점을 보이는 영역, 즉 패턴 인지에 맞춘 과제였던 것이다. 그들은 나란히 앉아 키보드에 있는 88개의 키를, 음표를 연주하여 구석구석 탐색할 수 있는 지도로 바꿔버렸다. 섀넌은 어느 누구도 그렇게 빨리 레오의 '마음을 사로잡는' 모습을 본 적이 없었다. (쇼어는 신경정상적인 어린이들을 가르치기가 더 힘들다고 털어놓았다. 그들의 마음이 어떻게 작동하는지 모르기 때문이라고 했다.) 한 시간 수업이 끝나자 레오는 짧고 간단하지만 기분 좋은 멜로디를 연주할 수 있었다. 또한 한 번도 해본 적이 없는 일도 잘 할 수 있다는 사실을 깨달았다.

섀넌과 크레이그가 레오와 함께 삶이라는 여행을 하면서 배운 가장 멋진 교훈은 바로 인내였다. 그들은 레오를 이상적인 시기에 맞춰 발달 지표를 달성하는 아이들과 비교하는 대신, 아이가 자신만의 속도로 발달한다는 사실을 받아들이게 되었다. 레오는 두 발짝 앞으로 나아갔다가 세 발짝 뒤로 물러났고, 그러다가도 때가 되면 추진력을 축적해두기라도 한 듯 미래를 향해 크게 도약하기도 했다.

자녀와 함께 막 여행을 시작한 부모들이 로사 가족처럼 끔찍한 고통을 겪지 않도록 섀넌과 친한 친구들 몇몇은 '생각하는 사람의 자폐증 안내서Thinking Person's Guide to Autism'라는 웹사이트를 시작했다. '외출, 여행, 그리고 자폐증'에서부터 '언제 자녀에게 약을 써야 하는가?'에 이르기까지 다양한 주제를 다루었고, 미심쩍은 치료 방법을 알리거나 옹호하지 않았다. 그저 비슷한 일을 조금 먼저 겪어본 사람들이 알게 된 것들을 알려줄 뿐이었다.

정기적으로 글을 올리는 사람 중 몇몇은 자폐인이고, 또 몇몇은 캐롤 그린버그Carol Greenburg처럼 자폐증 자녀의 부모다. 나는 브루클린에 있는 그들의 집에서 캐롤과 남편 존 오도버John Ordover, 아들 애런Arren을 만났다. 집은 보글보글 기포가 솟아오르는 어항 속에 사람의 뇌 모형을 넣어둔 것을 비롯하여, 가족 모두가 좋아하는 공상과학소설 분위기로 꾸며져 있었다. 그들 부부는 10대 때 〈스타트렉〉 팬 모임에서 만나 몇 년 후 결혼했으며, 결국 둘 다 〈스타트렉〉 시리즈를 독점 출판하는 회사의 편집자로 일하게 되었다.

어렸을 때 캐롤은 엔터프라이즈호의 다인종적, 다생물종적 승무원 구성에서 포용적인 사회의 은유를 감지하고 〈스타트렉〉에 마음이 끌렸다. "〈스타트랙〉의 세계에서는 어느 누구도 소외되지 않아요. 어느 누구도 배척당하지 않지요. '너무 이상한' 사람은 없어요. 사실 이상할수록 더 멋지죠. 보여줄 것이 더 많으니까요. 그건 다르다는 이유로 왕따를 당해본 아이들에게는 생명을 구해주는 메시지나 다름없었어요. 조르디Geordi를 보세요. 시각장애인이지만 오히려 그걸 장점으로 이용해서 남들이 보지 못하는 것들을 볼 수 있게 해주는 테크놀로지에 접속하잖아요. 저는 엔터프라이즈호에 살고 싶어요."

예상대로 승무원 중에 캐롤이 가장 가깝게 느낀 사람은 툭하면 남을 음해하거나 무절제한 주변의 인간들보다 훨씬 침착한 미스터 스폭이었다. 학교에서 친구들에게 놀림을 받을 때면 그녀는 속으로 이렇게 생각하곤 했다. '이럴 때 스폭이라면 어떻게 했을까?' 애런이 자폐증으로 진단받자 그녀는 온라인 검색 중 '자녀를 이해하려면 전혀 다른 세계로 들어갈 준비를 해야 합니다' 같은 자폐아 부모를 위한 메시지를 계속 마주쳤다. 하지만 그때마다 이렇게 생각했다. '어떻게 다르다는 거지?' 2년 후 44세의 나이로 캐롤 역시 자폐증이라는 진단을 받았다. 현재 그녀는 가족들을 위한 특수교육 옹호자로 일하면서 다른 가족들이 정확한 진단을 받고, 개인별로 맞춤화된 교육 프로그램을 개발하며, 그들과 함께 IEP 모임에 동행하는 등의 활동을 한다.

인터뷰를 마쳤을 때는 이미 브루클린의 밤이 깊어가고 있었다. 애런은 아래층으로 내려와 이렇게 말했다. "촛불을 켜. 촛불을 켜." 처음 이런 행동을 보였을 때 캐롤과 존은 아이가 갑자기 불에 관심을 갖는다는 데 걱정이 되었다. 그러나 아이는 바로 "바루크Baruch"라고 속삭였다. 히브리어로 안식일을 축복할 때 첫머리에 나오는 단어였다. 그날은 안식일이 아니었지만, 캐롤과 애런은 부엌으로 들어가 스토브 위에 촛불을 켜고 오래된 기도문을 함께 읊조렸다. "아이를 볼 때마다 이렇게 생각해요. '내 아들은 어디가 잘못된 게 아니야. 그저 신경학적으로 수적인 열세에 몰려 있을 뿐이야, 나처럼.'"

2012년 비가 보슬보슬 내리고 바람이 휘몰아치는 어느 날 오후였다. 샌프란시스코의 전형적인 봄날이었다. 섀넌과 레오는 ASAN의 멤버인 줄리아 배스컴, 조 그로스Zoe Gross와 함께 캘리포니아 과학 아카데미California Academy of Sciences를 찾았다. 골든 게이트 공원Golden Gate Park 안에 자리 잡은 그곳은 머리 위로 해양 생물들을 관찰할 수 있는 거대한 수족관과(레오는 벤치에 누워 번쩍거리는 물고기 떼가 이리저리 움직이는 모습을 보았다) 천체 투영관("나는 우주로 나가고 싶어!")이 있어 레오가 가장 좋아하는 장소였다.

줄리아와 조 같은 친구들은 레오의 세계를 섀넌이 이해할 수 있는 말로 해석해줄 수 있었다. 어느 날 그녀가 놀이터에서 아들이 정교하게 만들어진 정글짐의 맨 꼭대기에 올라가 미친듯이 원을 그리며 맴도는 모습을 동영상으로 찍어 올리자 조는 이렇게 조언했다.

> 와우, 대단한 비디오로군요. 저렇게 도는 모습은 맛있어 보이네요. (맛있다는 건 음식을 두고 하는 이야기지만, 여기서는 아이의 감각적 식사에서 즐겁고 영양가 있는 부분을 말하는 걸로 이해해주세요.) 저렇게 빙글빙글 돌면서 만들 수 있는 원에는 정해진 크기가 있어요. (레오가 그리는 원은 아이 키에 완벽하게 맞는 것 같네요.) 그 원의 크기에 따라 몸속에 각기 다른 압력을 느끼죠. 딱 적당한 압력이 느껴지는 크기를 유지하며 도는 거랍니다.[87]

확실히 레오는 자신과 주파수가 같은 사람과 함께 있는 걸 좋아했다. 조가 머리 위를 휘감아 도는 수족관 아래서 벤치에 앉자, 레오도 옆에 앉았다. (그녀는 공공장소에서 쏟아져 들어오는 혼란스러운 소음을 피하기 위해 헤드폰을 끼고 있었다.) 아이가 언제나 입술 사이에 물고 다니는 빨대를 빙빙 돌리며 손끝으로 그녀의 팔을 쓰다듬자, 그녀도 똑같이 아이의 팔을 쓰다듬었다. 아이는 편안하게 몸을 굽힌 자세로 그녀의 허벅지를 베고 누워, 머리 위에서 오락가락하는 물고기들을 조용히 응시했다. 그녀도 기분이 좋았다. 얼마 뒤 아이는 배를 깔고 누워 벤치의 좁은 틈 사이로 바닥을 바라보며 조용한 시간을 즐겼다. 그때도 그녀는 기분이 좋았다. 마침내 레오는 툭툭 털고 일어나 조를 마주보고 서더니 조와 손깍지를 끼고 마치 인간 시소처럼 몸을 앞뒤로 흔들었다. 한 무리의 아이들이 왁자지껄 떠들며 그들의 작은 성소를 침입했을 때에야 그들은 자리를 옮겼다.

레오는 엄마가 오늘은 '우주로 갈' 시간이 없다고 말하자 약간 짜증을 냈지만, 이내 수족관의 가장 큰 관람창 앞을 이쪽 끝에서 저쪽 끝까지 걸어다니고, 주기적으로 유리에 자신의 몸을 기대거나 밀어붙이는 데 열중하며 더없이 행복해했다. 마치 유리가 눈에 보이지 않지만 마음을 편안하게 해주는 경계라도 되는 것 같았다. (나중에 레오와 조, 줄리아는 복도를 걸어 내려오다가 벽의 똑같은 지점을 당연하다는 듯 두드리고 지나갔다. 그 지점은 공간 속에서 그들의 몸이 어디에 있는지 알려주는 유용한 좌표라도 되는 것 같았다.)

돌아오는 길에 레오는 주황색 줄무늬 스카프를 두른 커다랗고 하얀 공룡 인형을 보았다. 뿌리치기 힘든 유혹이었다. 아이는 이 믿을 수 없는 피조물(사실 공룡 복장을 한 박물관 가이드였다)의 얼굴에 자기 얼굴을 바짝 대고 불과 몇 센티미터 떨어진 곳에서 골똘히 들여다보았다. 과학 아카데미 직원들은 레오 같은 아이들이 공룡을 너무나 좋아한다는 사실을 잘 알고 있었으므로 눈 하나 꿈쩍하지 않았다. 보슬비가 내리는 바깥으로 걸어 나오며 섀넌은 허리를 굽혀 아들의 머리에 입을 맞추었다. "오늘 정말 잘했어, 이 친구야."

12

엔터프라이즈호 만들기_신경다양성의 세계 설계하기

우리는 인류라는 배를 바로 세우기 위해 힘을 합쳐야 합니다.

_________조시아 잭스

자폐증이란 무엇일까?

고트프리드의 할머니가 손자의 행동을 이해하기 위해 아스퍼거의 진료실을 찾은 지 80년이 지났지만, 이 질문에 대해서는 아직도 확실한 답을 찾지 못한 부분이 많다. 그러나 임상의사들, 부모들 그리고 신경다양성 옹호자들이 모두 동의하는 몇 가지 사실이 있다.

현재 대부분의 연구자들은 자폐증이 하나의 단일한 실체가 아니라, 여러 가지 근본 원인들이 한데 모여 나타나는 집합체라고 믿는다. 근본 원인은 다양하지만, 개인의 다양한 발달 단계에 따라 각기 다른 방식으로 나타나는 독특하고도 공통적인 행동과 필요로 표현된다. 1938년 아스퍼거가 예측했듯이 이런 필요를 적절하게 충족시키려면 일생 동안 부모, 교사, 지역사회의 지원이 필요하다. 아스퍼거는 자폐증의 여러 가지 특징이 '전혀 드물지 않다'고 주장한 데서도 시대를 앞서갔다. 사실 현재의 추정 유병률로 볼 때 자폐인 집단은 전 세계에서 가장 큰 소수자 집단이다. 미국의 자폐인 수는 대략 유대인 전체 인구와 비슷하다.[1]

역사를 자세히 들여다보면, 비록 종종 사회 주변부로 밀려나기는 했어도 자폐인이 항상 인류 공동체의 일부였다는 아스퍼거의 개념은 매우 타당한 것임을 알 수 있다. 20세기의 대부분을 그들은 다양한 이름 뒤에 숨겨진 존재로 지냈다. 수카레바의 '분열성인격장애', 데스페르와 벤더의 '어린이 조현병', 로빈슨과 비탈리의 '관심이 제한된 어린이들', 그랜딘의 초기 진단명인 '미세 뇌손상', 현재는 사용되지 않는 '복합인격장애' 등 이 책에 언급되지 않은 수많은 진단명이 존재했다. 그러나 백신 논쟁 이후 현대사회는 자폐증을 유전적 소인과 대기오염, 과도한 비디오게임, 고도로 가공된 식품 등 유해한 환경 속 어딘가에 숨어 있는 위험인자가 비극적으로 결합된 결과로 발생한 일탈적 상황이라는 개념을 고집하고 있다. 우리가 살고 있는 이 시대의 독특한 문제로 인해 나타난 독특한 질병이라는 것이다.

우리의 DNA는 전혀 다른 이야기를 들려준다. 최근 들어 연구자들은 대부분의 자폐증이 드물게 나타나는 새로운 돌연변이 때문이 아니라는 사실을 밝혀냈다. 특정 가계에 집중되는 경향이 있긴 하지만, 인구 전체에 폭넓게 분포하는 매우 오래된 유전자 때문에 생긴다는 것이다.[2] 자폐증이 무엇이든 간에 현대 문명의 독특한 산물로 볼 수는 없다. 그것은 우리의 먼 과거에서 유래하여 수백만 년 동안 진화를 거쳐 전해온 불가사의한 선물이다.

신경다양성 옹호자들은 이 선물을 자연의 실수로 볼 것을 제안한다. 해결해야 할 수수께끼이자 산전검사와 선택적 유산 같은 기술로 제거해야 할 질병으로 볼 것이 아니라, 이런 특성을 인류의 소중한 유전적 유산으로 받아들이고 적절한 지원을 제공하여 심각한 장애로 이어지는 측면들을 개선하자는 것이다. 언젠가 자폐증의 원인을 밝혀내겠다는 목표 아래 엄청난 돈을 쏟아부을 것이 아니라, 자폐인과 가족들이 지금 당장 좀 더 행복하고 건강하고 생산적이며 안정적인 삶을 누릴 수 있도록 도와야 한다는 뜻이다.

이런 과정은 아직 시작되지도 않았다. 우리가 각 인종별 유전적 특성이 완전히 밝혀질 때까지 인권 문제를 해결하지 않고 미뤄둔다거나, 언젠가 과학의 도움으로 걷게 될 때까지 휠체어 사용자들을 공공건물에 들어오지 못하게 한다면 어떨까? 당황스러운 수수께끼가 아니라 상대적으로 흔한 장애라고 생각하고 나면, 사실 자폐증은 그렇게 당황스러운 상태도 아니다. 장애인 권리 운동의 역사가 입증하듯, 사회 전체가 적절한 지원과 포용을 제공하는 것은 충분히 가능하다. 하지만 우선 우리는 다르게 생각하는 사람들에 관해 좀 더 지성적으로 생각하는 방법을 배워야 한다.

신경다양성을 이해하는 한 가지 방법은 **난독증**이나 ADHD 등의 진단명이 아니라, **인간 운영체제**라는 측면에서 바라보는 것이다. 우리의 뇌는 놀라울 정도로 적응력이 뛰어나 여러 가지 절망스러운 한계에도 불구하고 성공 가능성을 극대화시키는 데 매우 능하다.

윈도우 운영체제를 사용하지 않는다고 컴퓨터가 고장인 것은 아니다. 인간의 운영체제 역시 흔히 사용되는 운영체제가 아니라고 해서 그 속의 모든 기능이 버그라고 할 수는 없다. 자폐증의 기준에서 볼 때 '정상적인' 뇌는 쉽게 산만해지고, 강박적일 정도로 사교적이며, 아주 작은 세부사항과 항상 일정한 방식으로 진행되어야 하는 것들에 대한 주의력이 부족하다. 따라서 자폐인들은 신경정상적 세계를 터무니없이 예측 불가능하고, 혼란스러우며, 끊임없이 굉음이 들려오고, 개인 공간을 존중하지 않는 사람들로 가득 차 있다고 느끼는 것이다.

인터넷이 단 한 세대만에 세상을 완전히 뒤바꿔놓은 가장 중요한 이유는, '플랫폼에 구속되지 않는' 형태로 설계되었기 때문이다. 인터넷은 컴퓨터나 모바일 장비가 윈도우로 구동되든, 리눅스나 최신 버전의 애플 iOS로 구동되든 아무런 상관이 없다. 그 프로토콜과 표준들은 어떤 운영체제에서든 한계 상황에서 혁신 잠재력을 극대화시키도록 설계되어 있다.

최근 들어 스스로 권리를 옹호하는 자폐인들, 부모들, 교사들 중에 신경다양성이라는 개념을 받아들이고 연대하는 사람이 점점 늘어나는 것은, 다양한 인간 운영체제와 함께 일할 수 있도록 설계된 개방된 세상의 기초가 될 수많은 혁신이 일어나는 징표다. 그런 세상은 물리적 레이아웃으로서 오트리트 등 자폐성 공간에서 개발된 원칙들을 근거로 다양한 감각 친화적 환경들을 마련해줄 것이다. 예를 들어, 자폐인을 포용하는 학교는 일시적으로 주변 자극을 견딜 수 없다고 느끼는 학생이 완전히 나가떨어지지 않도록 조용히 쉴 공간을 마련할 것이다. 교실도 머리 위 형광등의 작은 소음처럼 감각을 분산시키는 자극들이 최소화될 것이다. 학생들 역시 잡음 차단 헤드폰, 눈부심 방지 선글라스, 기타 쉽게 구할 수 있고 다른 사람을 방해하지 않는 다양한 기구들을 사용하여 개인별 맞춤형 감각 공간을 누릴 것이다.

2011년 뉴욕시의 공연 개발 자금Theatre Development Fund이라는 비영리 단체는 브로드웨이 프로듀서들에게 〈메리 포핀스〉나 〈라이온 킹〉 등의 히트작들을 '자폐증 친화적'으로 공연하도록 장려하는 운동을 시작했다. 무대 위의 현란한 조명이나 불꽃을 자제하고, 극장 로비 한쪽에 조용한 공간을 마련하고, 극중 상황을 미리 부모들에게 알려 자녀들에게 말해주게 함으로써 어떤 일이 일어날지 미리 예측하도록 한 것이다. 이런 공연들이 잇따라 큰 성공을 거두자, AMC 같은 대형 영화 체인에서는 디즈니의 〈겨울왕국〉 등의 영화를 감각 자극 친화적 버전으로 만들어 전 세계 극장에 배급했다. 인간적인 아이디어일 뿐 아니라 영리한 마케팅이기도 했다. 자폐증 자녀를 둔 가족은 다른 사람들을 방해할까 봐 영화관이나 음식점에 아이를 데려가려고 하지 않기 때문이다. 이런 특수 영화의 수요가 매우 높을 수밖에 없다.

디지털 테크놀로지 덕분에 다양한 학습 스타일을 지닌 학생들에게 맞춤형 교재를 마련해줄 수 있게 되면서 교육 분야에도 새로운 지평이 열렸다. 글자로 읽었을 때 가장 잘 이해하는 학생이 있는가 하면, 말로 설명해줄 때 가장 잘 이해하는 학생도 있다. 수업 중 태블릿 장치와 맞춤형 소프트웨어를 이용하면 양쪽 학생들을 모두 지원할 수 있다. 이 분야의 선두 주자는 국립 보편학습 설계센터National Center on Universal Design for Learning로, 교사들이 다양한 학습 요구를 지닌 학생들에게 맞출 수 있도록 가이드라인과 자료를 무료로 나눠준다.

《교실 내 신경다양성Neurodiversity in the Classroom》이라는 책을 쓴 토머스 암스트롱Thomas Armstrong 같은 교사는 개별적 학습 스타일이 처음 드러나는 조기 아동기 교육에 초점을 맞추자고 제안한다. 이때 학교를 어떻게 경험하느냐에 따라 먼 훗날 삶의 성공과 실패가 갈릴 수 있기 때문이다. 암스트롱은 IEP를 마련하면서 흥미를 유발하고 자신감을 길러주기 위해 어린이의 장점을 활용하는 대신, 오로지 단점을 보완하는 데만 주력하는 경우가 너무 많다고 지적한다.

많은 자폐인에게는 실습을 통한 학습이 크게 도움이 된다. 메이커Maker✦ 운동은 자폐 젊은이들에게 이미 유용한 기회를 마련해주고 있다. (연령에 관계없이 자기 집 차고에서 뭔가를 발명한 사람들이 발명품을 가지고 나와 전시하는 메이커 페어즈Maker Faires 같은 행사로 유명하다.) 2012년에 열린 백악관 과학 박람회White House Science Fair에서는 오바마 대통령이 직접 '엄청 멋진 마시멜로 대포Extreme Marshmallow Cannon'를 쏘는 장면이 화제가 되었다. 조

✦ '만드는 사람'이라는 뜻.

이 휴디Joey Hudy라는 열네 살 난 자폐 소년이 직접 설계 제작한 것이었다.

기업들도 신경다양성이라는 개념을 받아들이기 시작했다. 덴마크의 스페셜리스테른Specialisterne 같은 기업은 자폐성 지능을 테크놀로지 산업에 활용하기 위해 자폐인들을 고용한다. 스페셜리스테른은 큰 성공을 거두어 영국과 미국에 지사를 열고, 최근에는 독일 소프트웨어 기업 SAP와 전략적 제휴를 맺어 급속도로 성장 중인 인도 테크놀로지 산업의 필요에 대응하고 있다. 이들은 입사 지원자들에게 진이 빠지는 면담을 시행하지 않는다. 간단한 작업을 수행하도록 프로그램된 레고 마인드스톰 로봇Lego Mindstorm Robots이라는 작은 기계들이 가득 놓인 테이블 앞으로 데려가, 하고 싶은 대로 무엇이든지 해보라고 한다. 설명할 필요도 없다. 그저 자신의 능력을 보여주기만 하면 된다.

신경다양성 활동가들 또한 "우리를 빼놓고 우리에 대해서 함부로 결정하지 말라Nothing about us, without us"라는 슬로건을 외치며 정책 결정 과정에 자폐인의 입장을 좀 더 많이 고려할 것을 주장하고 나섰다. 오티즘 스피크스 같은 모금 기관은 그간 자폐인들의 목소리에 귀 기울이지 않았다. 그러나 논란의 여지는 있을지 몰라도, 이들이야말로 어떤 연구가 자폐인과 가족들에게 가장 도움이 될지 결정하기에 가장 좋은 위치에 있다.

"우리를 빼놓고 우리에 대해서 함부로 결정하지 말라"라는 원칙은 과학 연구 과정 자체로도 확대되었다. 최근 몬트리올 대학교University of Montréal의 정신과 의사 로랑 모트롱Laurent Mottron은 수석 연구 보조자이자 자폐인인 미셸 도슨Michelle Dawson과 함께 자폐증에 관한 획기적인 연구들을 발표했다. 도슨은 모트롱에게 최신 자폐증 연구 동향을 알려주고(모트롱은 "그녀는 그 많은 논문을 읽으면서도 뭐 하나 잊어버리는 일이 없다"라고 했다), 실험 디자인의 오류나 미묘한 형태의 편향이 없는지 점검하고, 자폐증 연구가 전반적으로 좀 더 높은 과학적 표준에 따라야 한다고 주장하는 등 연구에 반드시 필요한 것들을 빼놓지 않고 챙긴다. 2011년 모트롱은 《네이처》에 이렇게 썼다. "내가 보기에 자폐인 중에는 과학 연구에 적합한 사람들이 많다. 이들이 자폐증임에도 불구하고 과학에 이바지하는 것이 아니라, 바로 자폐증 덕분에 과학적 업적을 이룰 수 있다고 생각한다."[3]

연구 및 교육 분야에서, 자폐범주성장애의 학문적 파트너십Academic Autistic Spectrum Partnership in Research and Education, AASPIRE이라는 단체는 자기 권리옹호자들과 공동으로 연구 과제들을 선정했다. 2014년 AASPIRE는 부모들과 서비스 제공자들에게 보건 의료 시스템 내에서 자폐인의 독특한 필요를 알리기 위해 고안된 포괄적인 도구 키트를 배포했다. ASAN의 리더십 훈련 프로그램은 자폐 젊은이들을 대상으로 한 동료 멘토링의 잠재성을 입증했다. 최근 조 그로스는 상원 보건, 교육, 노동 및 연금 위원회 장애 정책팀의 일원으로 임기를 마치고, 현재는 보건사회복지부 지역생활국Administration on Community Living에서 일하고 있다. 그녀 역시 리디아 브라운처럼 2013년 백악관 선정 '변화를 일으킨 챔피언'으로 선정되었다. 또한 ASAN은 연방 주택금융 저당회사Federal Home Loan Mortgage Corporation와 손잡고 인턴십 프로그램을 시작했다.

모든 사람의 필요와 특별한 능력에 맞는 세상을 만들자는 움직임은 이제 첫걸음을 떼어놓았지만, 자폐증처럼 복잡한 상태를 일으키는 데 관련된 유전학적 및 환경적 요인을 찾아내려는 밑도 끝도 없는 계획들과 달리, 자폐인과 가족들에게 즉시 실질적인 혜택이 돌아가고 있다. 이런 혁신인 조치들은 엄청난 액수의 연방 자금을 지원해야 하는 계획에 비해 돈도 훨씬 적게 든다. 1990년대에 자폐증으로 진단받은 세대가 성년이 되고 있으므로 이제 우리는 자폐증이 〈2001 스페이스 오디세이〉에 나오는 검은 거석black monolith처럼 난데없이 불쑥 나타난 존재인 것처럼 생각하고 있을 여유가 없다. 해야 할 일이 너무나 많은 것이다.

에필로그

켄싱턴 시장님

버니 림랜드의 책상은 그가 떠났을 때와 똑같이 수많은 파일 폴더와 전 세계 부모들이 보낸 편지 속에 거의 파묻혀 있다. 한때 한밤중에 전화를 걸어오는 부모들에게 자신감을 심어주던 목소리가 울려퍼지던 방은 주인이 잠깐 자리를 비운 것처럼 으스스할 정도로 조용하다. 최근 자폐증 연구소 본부의 분위기는 약간 나른한 듯하다. 유명 배우들의 서명이 들어간 〈레인맨〉 기념품과 온갖 브로슈어 위로 먼지가 내려앉아 있다.

갑자기 문이 열리더니 관자놀이 부근이 희끗희끗하지만 몸매가 탄탄하고 소년처럼 잘생긴 남성이 걸어들어와 악수를 청한다. 버니 림랜드의 아들 마크다. 바로 옆 화랑에서 열린 자신의 전시회를 최종 점검하려고 사무실에 들른 것이었다. 화랑으로 가기 전에 우리는 화창한 공원에서 그가 좋아하는 벤치에 앉아 잠시 이야기를 나눈다. 마크와 그의 아버지가 자폐증의 역사에서 어떤 역할을 했는지 전혀 모르는 사람들도 켄싱턴 시장님이라 불리는 이 사내에게 미소를 지으며 손을 흔든다.

어렸을 때 앞날이 캄캄하다는 이야기를 듣기도 했지만, 이제 중년에 접어든 마크는 창조적이고 보람 있는 삶을 살고 있다. 그의 아버지는 자폐 어린이들을 수용 기관에서 퇴소시키는 데 강경하게 반대했지만,[1] 사실 마크는 한 번도 수용 기관에서 지낸 적이 없다. 지금은 사무실 근처에 있는 집에서 어머니 글로리아, 동생 폴 그리고 몹시 아끼는 두 마리의 고양이와 함께 산다. 주중에는 엘 카혼El Cajon에 있는 세인트 매덜레인 소피 센터St. Madeleine Sophie's Center에 가서 성인을 위한 주간 프로그램에 참여한다. 발달장애아는 교육이 불가능하다는 통념을 거부한 수녀들과 가족들이 1966년에 설립한 기관이다. 21세가 되던 어느 날, 마크가 센터에서 돌아와 독수리를 그린 아주 선명한 수채화를 보여주자 글로리아는 깜짝 놀랐다. "어디서 났니?" 마크는 대답했다. "나도 이젠 화가라고요."

그가 그린 그림을 보고 영감을 얻은 여동생 헬렌은 《고양이들의 비밀스러운 밤 세계The Secret Night World of Cats》라는 어린이 책을 썼다. 얼룩무늬 고양이 한 마리가 침실 창문으로 빠져나가 도시의 버려진 곳들을 돌아다니며 겪는 모험을 고양이 주인인 호기심 많은 소녀 아만다Amanda가 뒤따라가며 목격한다는 내용이다. 마크는 미술 교사와 함께 꼬박 1년간 작업하여 전통적인 표현 수단과 디지털 매체를 사용한 일러스트레이션들을 제작하는 한편, 젖은 상태의 수채화에 소금을 뿌려 별이 반짝이는 밤하늘을 묘사하는 기법을 배우기도 했다. 마크의 그림에 등장하는 인물들은 형태와 윤곽뿐 아니라, 내면의 생명력을 포착한 듯 다른 세상 것 같은 광채로 빛난다.

세인트 매덜레인 소피 센터 수영장에서 그는 내면에 숨어 있던 운동에 대한 재능을 활용하는 법을 배워 스페셜 올림픽Special Olympics✦ 5개 종목(수영, 스키, 농구, 배구, 플로어 하키)에 출전하여 블루 리본을 땄다. 또한 센

✦ 4년에 한 번씩 개최되는 발달장애인들의 올림픽.

터의 기념품점과 갤러리에서 일했는데, 그저 그와 시간을 보내기 위해 들르는 사람도 많았다. 밤이 되면 음악을 들으며 좋아하는 밴드에 관한 책을 읽다가(대부분 비틀즈, 비치 보이스, 도어즈 등 60년대 그룹들이다) 밖에 나가 켄싱턴 카페에 들르기도 한다. 그곳 직원들은 그의 모습이 문가에 나타나면 바로 아이스티를 따라놓는다. 카페에서 만난 라이언 딘Ryan Dean이라는 젊은 화가는 그가 일상적인 일을 하면서 삶에서 관찰하는 것들을 포착하기 위해 항상 공책을 곁에 두고 있다. "게으르게 창조하라" 같은 원칙을 으뜸으로 치는 그의 관찰은 종종 유쾌하면서도 심오하여, '마크 림랜드에 따르면 도道란…'이라는 식으로 이름을 붙여도 될 정도다.

벤치에 앉아 그의 고양이 시에라("녀석은 쓰다듬어주지 않으면 갓난아이처럼 울어대죠. 우리가 자기를 쓰다듬어주는 것 말고도 할 일이 많다는 걸 모르니까요")와 그가 좋아하는 '심슨 가족The Simpsons'과 샌디에이고 동물원("요즘 동물원에 가보면 왠지 옛날보다 거미원숭이가 줄어든 것 같아요"), 그리고 더스틴 호프만을 만나러 가는 길에 베벌리힐스에서 엘리베이터를 탔던 잊을 수 없는 기억("1988년 3월 17일 목요일이었어요")에 대해 이야기를 나누는 동안, 마크가 아직도 자폐 성향이 심하지만 동시에 자신의 존재 속에서 편안하게 살고 있다는 사실을 분명히 알 수 있었다. 그는 집을 나서 카페에 도착할 때까지 몇 발짝을 걸어야 하는지 알고 있었으며, 내가 실수로 〈시애틀의 잠 못 이루는 밤〉을 〈샌디에이고의 잠 못 이루는 밤〉이라고 이야기했을 때처럼 상대방이 진지한지 확신할 수 없을 때면 "젠장, 지금 날 놀리는 거요?"라고 말하곤 했다. 학회 발표 전에 초조한 느낌이 든 적이 있냐고 묻자, 이렇게 대답했다. "나는 한 번도 초조함이 행복을 방해하도록 내버려둔 적이 없어요."

자폐증 공동체 내부의 온갖 내분에 질려버린 그의 어머니는 이제 인터뷰 요청에 거의 응하지 않지만, 스티브 에델슨과 함께 셋이서 켄싱턴 카페에서 아침 식사를 하자는 내 제안에는 동의했다. 푸른 눈동자를 반짝이며 재미있을 때는 거침없이 웃음을 터뜨리는 그녀는 80대에 접어들었지만 여전히 원기왕성하고 또렷했다. 베이글과 차를 놓고 앉아 마크가 어렸을 때 알았더라면 좋았을 거라고 생각하는 게 있는지 물어보았다.

글로리아는 자랑스럽게 말했다. "얼마나 잘 커주었는지! 그 애를 가르친 선생님들에게서 배운 가장 중요한 교훈은 단점을 고쳐주려고 하기보다 장점에 주목해야 한다는 거였어요. 버나드와 나는 항상 마크가 할 수 없는 일에만 신경을 썼지요. '우리 애가 말을 할 수 있다면 얼마나 좋을까!' 아이가 말을 할 수 있게 되자 우리의 소원은 이렇게 변했지요. '우리 애가 읽을 수만 있다면 얼마나 좋을까!' 하지만 일단 그림 그리기를 좋아한다는 걸 알게 되자, 그걸 계기로 모든 일이 술술 풀렸어요. 자기가 잘 하는 일을 한다는 건 기분 좋은 거니까요."

1990년대에 림랜드가 DAN!을 설립할 때 힘을 합쳤던 에델슨은 현재 부모들에게 생의학적 방법을 추구하는 치료자가 완치를 약속하더라도 '다른 방향을 추구하라'고 조언한다.[2] 몇 년간 그는 아들 엘리자를 데리고 첫 번째 오트리트에 참여했던 밸러리 패러디즈와 결혼 생활을 하기도 했다. 현재 그녀는 젊은 학생들이 효과적으로 자기 자신의 권리를 주장하는 방법을 학교에서 가르치는 과정을 개발하고 있다.

2006년 세상을 떠나기 얼마 전에, 림랜드는 지방신문 기자에게 가장 절실한 소원은 아들이 '정상적인 상태'가 되는 것이라고 말했다. 그러나 그와 글로리아는 마크에게 정상적인 상태보다 더 좋은 것을 이미 선물해 주었다. 그의 존재를 있는 그대로 존중하고 축복해주는 공동체가 바로 그것이다. 삶의 여정을 중간 정도 통과한 지금, 마크는 누구든 바라 마지않는 가장 소중하고 찾기 힘든 것을 갖고 있다. 그는 이 지상에서 완벽하게 편안하다.

후기

이 책을 출간하던 날 밤, 샌프란시스코의 우리 동네 독립 서점에서 저자 낭독회를 마련해주었다. 감격적이었다. 오랜 세월 북스미스Booksmith✦에서 나의 문학적 영웅들을 보아왔기 때문이기도 하고, 수십 년에 걸친 자폐증의 잃어버린 역사를 재구성하느라 5년간 거의 집 밖에 나가보지 못했기 때문이기도 했다. 한스 아스퍼거와 동료들의 시대를 앞선 연구에 관해 쓸 때는 입에 담기조차 힘겨운 나치의 장애 어린이에 대한 만행을 기록하며 인간에 대한 믿음을 회복하기 위해 스티브 라이히Steve Reich의 〈대니얼 변주곡The Daniel Variations〉 같은 음악을 듣곤 했다.

사실 이런 책에 관심을 갖고 그 자리에 나올 사람이 몇이나 될까 싶었다. 자폐범주성장애를 겪는 어린이의 부모나 친척? 교사나 의사? 일반적인 과학책 독자들? 그저 늘 논란이 되는 주제에 관해 궁금해하는 사람들? 아니면 자폐인들이 직접 찾아올까?

✦ 1976년에 문을 연 샌프란시스코의 독립 서점으로 상징적 명소.

놀랍게도 '상기한 모든 사람들'은 물론, 그보다 훨씬 많은 사람이 찾아왔다. 그날 밤 나는 자폐인들이 단상 왼쪽을 온통 차지하고 앉아 기대에 가득 찬 표정으로 만족스러운 듯 몸을 흔들며, 그렇게 행동해도 놀림을 당하거나 낙인에 시달리지 않을 공간에 있다는 사실을 확신하는 모습을 보고 짜릿한 흥분을 느꼈다. 질의응답 시간에 한 40대 남성이 물었다. "중년에 자폐증 진단을 받는 것의 장점이 뭐가 있을까요?" 이내 내가 질문에 답하지 않아도 그 자리에 진정한 전문가가 몇 명 있다는 사실을 알았다. 나의 친구이자 자폐인인 리나Rina에게 대답해줄 수 있느냐고 물었다. 그녀는 자리에서 일어나 말했다. "중년에 자폐증 진단을 받은 것은 제 손으로 직접 로제타 스톤✦을 발견한 것과 같았습니다."

동네 서점에서 열린 사인회는 이 책의 앞날을 예견하는 상서로운 출발이었다. 이후 몇 개월간 나는 전 세계를 돌며 신경학적으로 다양한 청중 앞에서 강연을 했던 것이다. 런던의 전국 자폐증 협회National autistic Society 본부에서 자폐인 미술가 존 애덤스와 대담했을 때는 청중 속에 우타 프리트가 앉아 있었다. 아스퍼거의 1944년 논문을 처음으로 영어권에 소개했던 인지심리학자다. 이 행사는 '자폐증 친화적'이라고 홍보되었기 때문에 부모들이 자녀들을 데리고 오기도 했다. 윌리엄 앤 메리 칼리지College of William and Mary와 컬럼비아 대학교에서 학생 신경다양성 활동가들과 토론하고, 명예롭게도 워싱턴에서 열린 자폐증 자기 권리옹호 네트워크 연례 행사에서 올해의 협력자상Ally of the YearAward을 수상하고, 장애인 권리 분야의 선구자인 해리엇 맥브라이드 존슨Harriet McBryde Johnson의 이름을 따 젊은 자폐인 작가들을 위한 상이 제정되었음을 선언하기도 했다. 아프리

✦ 1799년 나폴레옹의 이집트 원정군이 나일강 하구의 로제타 마을에서 발굴한 화강섬록암 비석 조각.

카의 한 자폐인 협회장은 내 책에서 영감을 얻어 이듬해 봄에 아프리카 대륙 최초로 신경다양성 학회가 열린다는 이메일을 보냈다. 몇 주 뒤 나는 세계 자폐증 인식의 날World Autism Awareness Day을 맞아 UN에서 기조연설을 했다.

이 책에 기술한 어려운 시절을 견뎌온 많은 사람이 내게 연락하여 이야기를 들려주었다. 자폐증 연구의 선구자 중 한 사람인 UCLA의 에드 리트보는 정신의학계에서 자폐증이 '냉장고' 육아 탓이라고 비난하던 시기에 자폐증의 신경생물학적 연구를 시작하여 수많은 동료들의 회의적인 반응에 직면했던 기억을 들려주었다. 1988년에 일부 자폐 어린이가 성인이 되었을 때 결혼을 하고, 아이를 낳고, 정식으로 직업을 가질 수 있을 것이라고 주장했을 때도 조롱을 받았다. 부모의 육아 방식을 비난하던 시기에 자녀를 키웠던 엄마들이 친구와 이웃들에게 냉대받았던 기억을 떠올릴 때면 그때의 고통이 얼굴에 그대로 떠올랐다. 레오 카너가 자폐증이라는 병을 전 세계에 소개한 직후 이 분야에 뛰어든 심리학자 스타인 레비Stine Levy는 1980년대까지도 환자들이 자신을 찾아오기 전에 보통 10명의 전문가를 전전했고, 그들 중 누구도 자폐증이 뭔지 전혀 몰랐다고 회상했다. 20세기의 대부분 동안 자폐증이 아주 드물다고 생각된 것도 무리는 아니다.

비엔나에서 아버지의 뒤를 이어 연구를 계속하는 한스 아스퍼거의 딸 마리아는 40년 전 아버지와 동료들의 원탁회의 장면을 찍은 귀중한 사진들을 보내주었다. 나중에 로나 윙이 '자폐범주성장애'라고 이름 붙이게 될 개념이 처음 확립된 현장이 바로 그곳이었다. 아스퍼거의 동료인 요셉 펠트너가 나치의 눈을 피해 비엔나의 아파트에 숨겨주었던 유대인 소녀의 손녀딸도 연락을 해왔다. 전쟁이 끝난 후 펠트너는 그를 양자로 입양하여 키워주었다.

이 책을 쓰기 시작했을 때만 해도 자폐증에 관한 대부분의 기사에서 자폐인이라는 존재는 눈에 보이지 않았고 목소리도 거의 들을 수 없었다. 하지만 《복스Vox》의 딜런 매튜스Dylan Matthews와 《내셔널 저널National Journal》의 에릭 마이클 가르시아Eric Michael Garcia 등 이 책에 관한 기사를 쓴 몇몇 저널리스트들이 자폐인이라는 사실을 떠올리면 마음이 따뜻해진다. 이제 자폐인의 목소리가 빠진 자폐증 이야기는, 남자만 취재한 후 작성한 직장 여성들의 이야기처럼 불완전하다고 느껴지는 세상이 되었다.

그러나 작년 한 해 동안에도 자폐인과 가족들에게 인간적인 세상을 건설하기 위해 해야 할 일이 얼마나 많은지 새삼 일깨워주는 사건이 많았다. 영국의 주요 자폐증 연구 기관 중 하나인 오티스티카Autistica에서 2016년 봄에 발표한 보고서는 이 점을 최대한 냉정한 언어로 드러낸다.

자폐범주성장애를 겪으면서도 지적장애는 없는 성인(즉, '기능적으로 매우 뛰어난' 사람으로 불리는)은 신경정상적인 사람들에 비해 자살 가능성이 아홉 배나 높다. 자살 경향성이 자폐증의 '증상'이 아닌 것은, 감옥에 수감되는 것이 흑인의 증상이 아닌 것과 마찬가지다. 이토록 충격적인 통계는 일생에 걸쳐 놀림을 받고, 일자리를 구하지 못하고, 정신보건 의료 혜택을 받지 못하고, 사회에서 소외되는 것의 정서적 누적 비용이 얼마나 큰지 생생하게 보여준다.

한편, 지적장애가 동반된 자폐인들의 두 번째로 흔한 사인은 뇌전증이다(첫 번째는 심장병이다). 생후 첫해보다 사춘기가 시작되는 시점에 발작 위험이 가장 높다는 사실을 비롯하여, 자폐인들의 뇌에서는 신경정상인들의 뇌에 비해 뇌전증이 매우 다른 양상으로 나타난다는 사실이 알려져 있다. 하지만 보고서는 자폐인을 대상으로 항경련제의 효과를 구체적으로 조사한 연구가 한 건도 없다는 사실을 지적했다. 이것은 과학계에서 인간 게놈과 환경 속에서 자폐증의 잠재적 위험인자들을 찾아내는 데만 초점을 맞춘 나머지, 연구비도 제대로 지원받지 못한 채 오래도록 간과된 수많은 분야 중 하나일 뿐이다.

우리는 아직도 자폐증이 여성에게서 어떤 양상으로 나타나는지 거의 아는 것이 없다. 자폐증 여성은 엄청난 정서적 어려움을 겪지만, 종종 아무런 주목을 받지 못한 채 성인이 된다. 예일 대학교 어린이연구센터의 신경과학자 케빈 펠프리Kevin Pelphrey는 최근 《사이언티픽 아메리칸》에 실린 기사에서 이렇게 인정했다. "우리가 자폐증에 관해 알고 있는 모든 사실은 오직 남자 어린이에게만 적용된다." 또한 자폐증은 유색인종에서 여전히 제대로 진단되지 않는다. 카너가 진료실을 찾아온 가족들을 근거로 자폐증이란 주로 교육 수준이 높은 중상류층 가정에서 생기는 병이라고 규정했던 여파가 아직까지 미치고 있는 것이다. 전반적으로 자폐증이 우리 시대에 국한된 이상 현상, 즉 독성물질로 가득한 현대사회의 부산물이라는 오래된 환상 때문에 정작 자폐인과 가족들에게 절실히 필요한 것들은 놀라울 정도로 무시되는 결과가 빚어진 것이다.

바야흐로 상황은 변하고 있다. 교육자, 임상의사, 장애인 권리옹호 활동가들의 연대가 점점 활발해지면서 신경다양성이라는 개념이 받아들여지고, 할 수 없는 것에만 초점을 맞추어 자폐인을 바라보았던 시각이 점차 바뀌고 있는 것이다. (한 젊은 여성은 이렇게 말했다. "자폐인으로 산다는 건 평생을 바쳐 마침내 잘 할 수 있는 일을 찾아냈는데 모든 사람이 거기에 대해서는 입 닥치고 있으라고 말하는 것과 같아요.") 점점 많은 학교, 직장, 서비스 제공자들이 자폐인이 최대한 잠재성을 발휘하기 위해 어떻게 해야 하는지 배우면서 할 수 있는 것들의 한계가 끊임없이 확장되고 있다. 그들을 받아들인다는 것은 장애인에게 친절을 베푼다는 차원이 아니다. 모든 사람이 성공할 수 있는 가장 좋은 기회를 위해 노력하는 것이다.

최근 나는 책에서도 언급한 세계적인 소프트웨어 회사이자 수천 명의 자폐인을 고용하기 위해 헌신적인 노력을 기울이는 SAP에서 주최한 '직장에서의 자폐증Autism at Work'이라는 학회에 참석했다. 인도에서 시행한 예비 프로그램이 아주 성공적이었기 때문에 이 회사는 캐나다, 독일, 미국 등 7개국에서 비슷한 계획을 실행에 옮겼다. 입사 지원자들은 책상에 앉아 면접관의 마음을 사로잡으려고 노력할 필요가 없다. 5주간에 걸친 프로그램 중 레고 마인드스톰 로봇을 이용하여 문제 해결 능력을 입증하는 사람이 선발된다. 또한 이 회사는 지원자들이 회사 내 환경에 쉽게 적응할 수 있도록 기본적인 생활 능력 훈련을 제공하고, 각 지원자 주변에 '지지 서클'을 구축해주기도 한다.

미국에서 이 계획을 이끄는 호세 벨라스코José Velasco(자폐증을 겪는 두 자녀의 아버지다)는 오히려 회사가 자폐인 직원들의 열렬한 충성심과 남다른 집중력으로 인해 더 큰 이익을 본다고 설명했다. 첨단 기술 분야에서는 보통 직원을 잡아두기가 어렵고, 다른 직원으로 대체하는 데도 비용이 많이 들기 때문이다. 이들 중 많은 수가 SAP에 입사하기 전에 수년간 무직 상태로 지냈다. 벨라스코는 마이크로소프트, 휴렛패커드, IBM 등 거대 첨단 기술 회사의 경영자들이 가득 들어찬 강당에서 이렇게 말했다. "저는 자선 사업에 관해 이야기하는 것이 아닙니다. 이것은 이윤을 높이고, 주주들을 위한 가치를 창출하는 일입니다."

그 밖에도 좀 더 많은 지원이 필요한 자폐인들을 위해 유망한 전략들이 개발되고 있다. 자폐증 자기 권리옹호 네트워크의 의견을 참고하여 새로 제정된 메디케이드 가이드라인에는 장애인들이 그룹 홈이나 별도로 분리된 주간 프로그램에서 생활하는 대신, 진정으로 통합된 환경에서 일하고 살아갈 기회를 얻어야 한다고 명시되어 있다. 많은 주가 분리된 환경 속에서 착취와 학대가 만연해 있는 보호 작업장을 철폐하는 법규와 장애인 노동자에게 최저임금 미만의 급료를 지불하지 못하게 하는 법규를 통과시켰다.

핀란드의 교사들이 말하듯, "우리는 사람의 지력을 낭비할 여유가 없다". 21세기에 맞닥뜨릴 예기치 못할 도전에 맞서려면 다양한 사람들이 힘을 합쳐야 한다. 이 책이 그런 목표를 향해 눈에 보이지 않을 만큼이라도 세상을 변화시킬 수 있기를 진정으로 바란다.

하지만 궁극적으로 가장 중요한 변화는 이미 최전선에 서 있는 사람들의 마음속에서 일어나고 있다. 자신의 삶에 영향을 미치는 결정을 내리는 과정에 자신을 참여시켜달라고 요구하는 자폐인들과, 그들이 타고난 잠재력을 최대한 발휘할 수 있도록 돕는 사람들 말이다. 나의 TED 강연 "자폐증의 잊혀진 역사The Forgotten History of Autism"를 보고 로스앤젤레스에 사는 젊은 아버지는 이렇게 말했다. "너무나 귀하고 소중한 제 아들을 병든 존재, 손상된 존재, 열등한 존재로 바라봐야 한다는 생각은 한 번도 한 적이 없습니다. 하지만 선생님의 강연을 보고서야 아이를 있는 그대로 사랑해도 좋다는 허락을 받은 것 같군요."

가장 존경받는 전문가들조차 이들을 거의 지원해주지 못했던 시절에도 부모들은 수십 년간의 경험을 통해 자폐인들을 있는 그대로 사랑하는 것이 중요하다는 사실을 스스로 깨달았다. 로나 윙, 루스 크라이스트 설리번, 클라라 클레이본 파크 같은 어머니들이 자녀를 위해 그토록 열심히 이루어내려고 노력했던 좀 더 희망찬 미래가 마침내 우리 곁에 다가오고 있다. 하루에 한 발짝씩.

2016년 3월

스티브 실버만

옮긴이의 말

"우리가 죽고 난 후 아이에게 무슨 일이 생길지 생각하면 밤잠을 이룰 수 없습니다." 모든 장애인의 부모가 그렇다. 세상이 발전을 거듭하여 더 풍요로운 곳이 되었다지만, 아니 오히려 그 때문에 더욱 불안하고 소외감을 느낀다. 신체적인 장애를 지닌 사람은 자신의 입장을 알리고 관심과 개선을 요구할 수나 있지만, 정신질환, 발달장애, 자폐증 등 정신적인 장애를 지닌 사람은 생각과 감정을 주변에 알리지도 못한 채 고립된 존재로 살아가기 쉽다.

'자폐증'이란 말을 들으면 우리는 무엇을 떠올릴까? 평생 자기 속에 갇혀 지내는 불치병, 말도 못하고 대소변도 못 가리는 저능아, 예전에는 드물었지만 최근 들어 사악한 기업들이 일으킨 환경오염으로 인해 급증한 병, 돈에 눈이 먼 제약회사와 의사들 때문에 백신을 잘못 맞아 생기는 병, 비타민을 대량 투여하거나 해독요법을 통해 몸속의 독소를 빼내주면 완치 가능한 병, 우유와 밀가루 음식과 글루텐과 식용색소와 화학조미료를 피하면 낫는 병, 개를 훈련시키듯 보상과 처벌을 이용한 행동요법으로 정상화시킬 수 있는 병….

미안하지만 틀렸다. 틀린 정도가 아니라 단 한 마디도 옳지 않다. 실망할 필요는 없다. 명색이 의사, 그것도 소아과 의사라는 역자 또한 이 책을 옮기기 전까지 잘못 알고 있는 부분이 많았으니 말이다. 저자인 스티브 실버만이 자폐증에 관심을 갖게 된 것은 우연이었다. 실리콘밸리에서 성공한 컴퓨터 엔지니어들을 취재하다가 그들의 자녀 중에 자폐증을 겪는 경우가 많다는 사실을 발견했던 것이다. 호기심에서 출발한 취재는 점점 많은 의문을 낳았고 마침내 그는 본격적으로 자폐증의 역사를 거슬러 올라가 그 전모를 드러내기에 이른다.

과거—자폐증은 절망적인 질병인가

1943년 미국의 소아정신과 전문의인 레오 카너는 자신만의 세계에 살며 주변 사람들을 무시하는 것처럼 보이는 11명의 어린이를 진료한다. 아이들은 사소한 행동을 몇 시간이고 반복하며 즐거워했지만, 장난감이 평소에 있던 장소에서 다른 곳으로 옮겨졌다든지 하는 아주 사소한 변화도 견디지 못했다. 일부는 아예 말을 못했지만, 주변 사람이 했던 말을 계속 반복하거나 자신에 대한 이야기를 제3자에 대한 이야기처럼 늘어놓는 아이들도 있었다. 카너는 이런 상태를 전혀 새로운 질병이라고 주장하며 자폐증autism이라고 명명했다. 그는 자폐증이 매우 드문 질병이며 호전될 가능성이 없다고 생각했을 뿐 아니라, 부모들이 성공에 눈이 멀어 자녀와의 따뜻한 교류를 외면했기 때문에 생긴다고 주장하여 수많은 편견과 고통의 씨앗을 뿌린다. 자폐증의 부정적인 면을 본 것이다. 하지만 제2차 세계대전 후 모든 학문의 중심지가 된 미국에서 주도적인 위치를 차지했던 학자였기에 그의 시각은 이후 오래도록 자폐증이란 상태를 규정하고 말았다.

그보다 훨씬 전부터 비엔나 어린이병원에서는 정교한 언어를 구사하거나 과학과 수학에 뛰어난 재능이 있지만, 부모를 비롯한 타인과 이상할 정도로 접촉을 꺼리고 의미 있는 사회관계를 맺지 못해 따돌림받는 어린이들에게 주목했다. 비엔나에서는 기숙사 같은 환경을 만들어 치료자들이 함께 생활하면서 어린이들을 포용하면서 면밀히 관찰했다. 재능을 북돋워주고 보람 있게 살아갈 수 있도록 가장 알맞은 직업을 권하기도 했다. 비엔나의 소아과 의사 한스 아스퍼거는 애정을 담아 이들을 '꼬마 교수님'이라고 부르며, 카너와 독립적으로 이런 상태를 역시 자폐증autism이라고 명명했다. 하지만 독일이 나치의 광기에 사로잡혀 전쟁을 일으키고 패망하는 바람에 그의 이론은 오래도록 세상에 알려지지 못했다. 카너 역시 의도적으로 아스퍼거의 업적을 언급하지 않은 것 같다. 어쨌든 아스퍼거는 자폐증의 긍정적인 면을 포착했다. 자폐인이 매우 다양한 양상, 즉 스펙트럼으로 존재하며, 포용적인 방법으로 교육하면 누구나 기능이 향상될 수 있다고 믿었다.

현재 I—자폐증의 원인과 완치법은 존재할까

심리학자 버나드 림랜드는 아들이 평생 자폐증이란 굴레 속에서 살아가야 한다는 사실을 받아들일 수 없었다. 그는 뼈를 깎는 노력 끝에 자폐증이라는 병의 다양한 측면을 연구하고 통합하여 《유아자폐증》이란 책을 썼다. 이 책은 자녀의 무엇이 문제인지도 모른 채 고통받던 부모들, 정신병이나 백치 판정을 받은 자녀를 수용기관에 보내야 할지 고민하던 부모들, 무엇보다 자녀가 그렇게 된 것이 '냉장고 엄마' 때문이라는 비난 속에서 살아가던 부모들에게 자폐증이 '선천적 지각장애'라는 사실을 알려줌으로써 베일에 싸여 있던 이 병을 올바른 과학의 궤도에 올려놓았다. 또한 그는 절망의 밑바닥에서 도움을 원하는 사람을 외면하지 않고 항상 따뜻한 손을 내밀어주었기에 많은 존경을 받았다.

그러나 그는 집념이 너무 강했다. 자식을 완치시키고야 말겠다는 의지는 자식이 더이상 좋아지지 않는다는 현실에 부딪치자 근거 없는 치료를 옹호하는 쪽으로 흘렀다. 비타민 대량 투여, 신경을 안정시킨다는 정체불명의 약제들, 독소를 배출시킨다는 치료들을 맹신했던 것이다. 돈에 눈이 먼 자들이 이 기회를 놓칠 리 없다. 이제 자녀의 자폐증을 완치시키고야 말겠다는 굳은 의지를 지닌 부모들은 온갖 중금속 검사, 알레르기 검사, 효모균 검사를 받고, 아무런 효과도 없는 영양보충제, 비타민, 독소배출요법에 온 정성을 다한다. 한 달에 수십, 수백 만원을 들여가며 그렇지 않아도 예민한 아이에게 불편과 불안을 가중시키게 되니 삼중고를 자초하는 셈이다.

사람은 누구나 불행이 닥치면 원인을 찾으려고 한다. 감당할 수 없는 절망을 투사할 희생양을 찾는 감정적 반응과 정의를 추구하고 불행의 근원을 밝혀 집단을 보호하려는 이성적 반응이 결합된 행동이다. 시민운동이 대두되고 환경에 대한 관심이 높아진 것은 더없이 좋은 일이지만, 자폐증이라는 이해하기 어려운 문제가 던져졌을 때 사람들은 너무 쉬운 답을 선택했다. 기업의 탐욕과 환경 독소가 원인이라고 단정해버린 것이다. 자폐증 분야에서 널리 존경받는 림랜드가 가세하자 쉬운 답은 그대로 정답이 되고 말았다. 영국의 사기꾼 앤드류 웨이크필드가 백신이 자폐증의 원인이라는 희대의 사기극을 펼쳤을 때도 림랜드는 그 생각을 적극 지지하여 백신 접종률 하락과 감염병의 재유행에 힘을 보탠 꼴이 되고 말았다.

더 오랜 과거—자폐 성향은 인간 정신의 한 측면이다

자폐증의 특징은 사회적 관계 형성의 어려움, 변화를 견디지 못함, 언어적 및 비언어적 의사소통 시 뉘앙스나 맥락을 알지 못함, 극히 제한적인 행동의 반복, 특별한 관심사에 고도로 집중하는 경향 등이다. 이것이 나쁜가? 이것이 장애나 질병일 뿐일까? 영화 〈레인맨〉을 통해 널리 알려졌지만 자폐인들 중에는 경이로운 기억력, 계산능력, 언어능력, 예술적인 능력, 상상력을 지닌 사람들이 있다. 이 책에는 그런 능력을 지닌 사람들의 이야기가 여럿 나온다. 현대 과학의 기초를 놓았던 헨리 캐번디시, 노벨상을 수상한 이론물리학자 폴 디랙, 에디슨과 어깨를 나란히 한 발명가 니콜라 테슬라, 공상과학소설이란 장르가 탄생하는 데 결정적인 역할을 한 휴고 건즈백, 인공지능과 네트워크 컴퓨팅에 획기적인 업적을 세운 존 맥카시 등의 일대기는 그야말로 흥미진진하다. 그러나 놀라운 예술적 재능과 계산능력을 지녔음에도 평생 수용시설이나 정신병원에서 지낸 사람들은 그보다 훨씬 많다. 성공과 실패는 어디서 갈렸을까? 카너와 아스퍼거, 그리고 수많은 연구자와 의사들은 '친구들의 괴롭힘을 막아주고 타고난 재능을 발휘할 수 있도록 격려하는 교사'의 존재를 든다. 이 책에는 허용적인 환경과 특별한 배려를 제공해준 교사나 양부모를 만나 재능을 꽃피우고 행복한 삶을 살아간 자폐인들의 이야기가 끊임없이 등장한다.

자폐증에 대한 우리의 인식이 획기적으로 개선된 데는 누구보다도 템플 그랜딘의 역할이 컸다. 그녀는 자폐인이다. 축산 장비 부문에서 전 세계적으로 유명한 산업디자이너이자 대학교수이기도 하다. 무엇보다 그녀는 자폐 경험을 조리 있게 설명할 수 있었다. 그녀가 목소리를 내면서 우리는 자폐증에 관해 수십 년간 연구한 것보다 훨씬 많은 사실을 깨닫게 되었다. 그랜딘은 말을 하지 않는 어린이들이 사람들을 무시하는 게 아니라고 설명한다. "어른들이 직접 말을 걸 때 저는 그 말을 전부 이해할 수 있었어요. 하지만 하고 싶은 말을 입 밖에 꺼낼 수 없었지요. 엄마와 선생님들은 왜 제가 비명을 지르는지 의아해했어요. 하지만 비명을 지르는 것이야말로 의사를 전달할 수 있는 유일한 방법이었답니다." 그녀는 자폐증의 비전형적인 사고를 '파편 기능'으로 볼 것이 아니라 자폐증, 난독증, 기타 인지적 '차이'를 보이는 사람들이 '정상' 사람이 할 수 없는 분야에서 사회에 기여할 수 있다고 생각할 것을 제안하면서, 인류의 유전자에서 자폐증을 완전히 제거한다면 수천 년간 문화와 과학과 기술적 혁신을 이끌어온 특성을 제거하는 셈이 되어 인류의 미래가 위험에 처할 것이라고 경고했다. 최초로 돌화살을 발명한 사람은 모닥불 주위에 둘러앉아 '이러쿵저러쿵' 잡담을 늘어놓던 정상인이 아니라, 동굴에서 가장 후미진 구석에 홀로 앉아 다양한 종류의 바위 사이에 존재하는 미묘한 차이를 강박적으로 파고든 자폐인이었을 거라는 상상은 어떤가.

> 비록 의학적 질병으로 생각되고 하나의 증후군이라는 병적 상태로 규정되어 있지만, 동시에 전체적인 존재 양식, 아주 깊은 차원에서 전혀 다른 존재 양식이나 정체성으로 자각할(동시에 자부심을 가질) 필요가 있다._552~553쪽

현재 II—왜 자폐증이 늘어나는가

로나 윙은 정신과 의사이자 자폐아의 어머니였다. 자폐증의 실상을 규명하기 위해 현장 연구에 착수했을 때 그녀가 본 것은 자폐인들이 너무나 다양한 양상으로 존재한다는 것이었다. 기존 방법도 부적절하다고 밝혔다. 관계 형성의 어려움, 변화를 못 견딤, 의사소통 시 뉘앙스나 맥락을 알지 못함, 제한적인 행동의 반복, 특별한 관심사에 집중하는 경향을 모두 나타내는 사람도 있었지만 한두 가지만 나타내는 사람도 있었다. 정상적인 생활이 아예 불가능한 경우로부터 대학까지 나오고도 사회적 기술이 부족해서 주변부를 떠도는 경우도 있었다. 이들은 모두 적절한 교육과 사회적 서비스를 절실히 필요로 했고, 그런 서비스를 받을 수 있다면 기능적으로 발전할 가능성도 있었다. 문제는 카너의 영향으로 당시 정신의학계

에서 자폐증을 극히 좁은 개념으로만 해석했기 때문에, 이런 사람들이 자폐증이란 진단을 받지 못했다는 점이다. 가벼운 한두 가지 특징만 나타내는 사람도 자폐증이란 진단을 받고 적절한 지원을 받을 수 있다면 수많은 자폐인과 가족들의 생활이 크게 향상될 터였다.

마침 당시 정신의학계는 위기를 맞고 있었다. 진단 기준이 제멋대로인데다 지나치게 복잡하여 많은 문제가 생겼던 것이다. 이를 극복하기 위해 도입된 것이 바로 《정신질환 진단 및 통계편람》, 즉 DSM이다. 로나 윙은 DSM을 전략적으로 개정하고자 했다. 마침내 DSM-III-R의 개정을 맡은 그녀는 모든 진단 기준을 훨씬 폭넓게 개정하여 '자폐증'이란 진단명을 훨씬 크고 다양한 집단에 적용시키는 데 성공했다. 이제 말을 하지 못하고 한쪽 구석에서 하루 종일 몸을 흔드는 6세 소년도, 말할 때 반사적으로 눈을 뒤집고 뜨개질을 하며 조용히 앉아 있지만 마음속으로는 온갖 공상을 펼치는 20대 후반의 여성도 모두 자폐증으로 진단받고 적절한 교육과 치료와 서비스를 받을 수 있게 된 것이다. 자폐증 진단이 크게 늘어난 것은 당연한 일이었다.

이런 사정도 모르는 사람들이 자폐증이 늘어난다며 환경 독성을 탓하고, 백신을 탓하며 자신들이 정의의 사도라도 된 듯한 기분에 도취하여 온갖 문제를 일으키는 모습을 보며 로나 윙은 착잡했다. 그래도 세상에서 가장 소외된 사람들에게 엄청난 선물을 선사한 그녀는 이렇게 혼잣말을 한다. "진단의 문제야. 이 사람들은 언제나 존재하고 있었어."

미래—포용적인 사회 건설과 있는 그대로 사랑하기

아직도 자폐증에 관해, 심지어 의료계 내부에서도 많은 오해가 있다. 자폐인 공동체 내에서조차 '자폐인 노릇하기의 달인들'이 존재하며, 가족은 '정상적인 아이'를 잃어버렸다는 생각에 비탄에 잠기거나 분노한다. 그러나 이제 자폐인들 스스로 일어서기 시작했다. 권리옹호 단체를 만들고, 학회를 열고, 사회적 기술이 부족해도 별문제 없이 사용할 수 있는 인터넷을 통해 세상과 소통하기 시작한 것이다. 그들이 하고 싶은 말은 무엇일까? 자폐인이자 작가인 짐 싱클레어는 말한다. "우리는 여러분이 필요합니다. 여러분의 도움과 이해가 필요합니다. 그렇습니다, 자폐증은 비극적입니다. 하지만 그것은 우리의 존재 때문이 아니라 우리에게 일어나는 일들 때문입니다.…꼭 그래야만 한다면 슬퍼하세요. 잃어버린 꿈에 대해 슬퍼해도 좋습니다. 그러나 우리를 위해서 슬퍼하지는 마세요. 우리는 살아 있습니다. 우리는 현실입니다. 우리는 여러분을 기다리고 있습니다."

자폐인들의 온라인 공동체에는 이런 말이 씌어 있다. "우리가 여기 모인 까닭은 자폐인의 삶이 의미 있고 가치 있다는 사실을 알리려는 것입니다. 자폐인들을 '덜 자폐적'으로 만들거나, 자폐증을 '완치'시키거나, 자폐인들을 자폐인이 아닌 사람들과 구별되지 않도록 만들거나, 향후 자폐인이 더 이상 태어나지 않도록 예방하는 방법에 관한 논의는 자폐인으로서 우리의 삶을 비하하고 깎아 내리는 것입니다. 그런 주제들은 여기에 적절치 않습니다."

이제 점점 많은 학교, 직장, 서비스 제공자들이 자폐인의 잠재성을 최대한 발휘하는 방법을 배우면서 점점 한계가 확장되고 있다. 자폐인을 받아들인다는 것은 친절을 베푼다는 차원이 아니다. 모든 사람이 성공할 수 있는 가장 좋은 기회를 위해 노력하는 것이다. '자폐적 지능'을 이용하여 대성공을 거둔 기업도 있다. 하지만 여전히 자폐증 자녀를 둔 부모들은 어려운 시간을 견디고 있을 것이다. 서구에 비해 다양성과 사회적 관용의 폭이 훨씬 좁은 우리나라에서는 더욱 그렇다. 백신 논쟁은 물론 대기오염, 비디오게임, 가공식품 등 유해한 환경을 희생양으로 삼아 혐오를 부추기고 거기서 금전이든, 명예든, 사회운동 내의 지위든 한몫 잡아보려는 사람도 여전히 많다. 하지만 책에서 얘기하듯 우선 우리는 다르게 생각하는 사람들에 관해 보다 지성적으로 생각하는 방법을 배워야 한다. 무엇보다 과학성과 역사성이 중요할 것이다. 이 책을 옮기며 모든 과학은 당대의 과학이라는 명제를 다시 한번 확인하면서 역사적 맥락을 떠난 과학이 얼마나 불완전한지 새삼 느낄 수 있었다.

마지막으로 자폐든 발달장애든 신체적 장애든 자녀나 가족의 문제로 밤잠을 이루지 못하는 분들께 조금이라도 도움이 되기를 바라면서 책에서 가장 감동적인 부분을 인용한다.

> 모레노는 좀 더 미묘한 진실을 넌지시 내비쳤다. 베스를 키우면서 겪었던 여러 가지 어려움들과 싸운 경험에 의해 전혀 예측하지 못한 방식으로 삶이 풍성해졌다고 했다. 딸의 행복에 자기 존재를 완전히 바침으로써 일반적으로 자녀를 키우는 부모라면 절대 알 수 없었을 차원으로 마음이 활짝 열렸다는 것이었다.
>
> "딸아이가 저를 쳐다보는 데만 5년이 걸렸습니다. 1977년 4월, 아이가 저를 쳐다본 순간은 정말 기적 그 자체였지요. 잠들 시간이 되어, 밤마다 읽어주는 동화책을 읽어주고 있었어요. '그리고 베스는 엄마와 아빠가 자기를 사랑한다는 걸 알고 잠이 들었어요.' 저는 뒤이어 이렇게 말했습니다. '오, 베스야, 정말 딱 한 번만이라도 네가 날 사랑한다고 말해주면 얼마나 좋을까!' 갑자기 아이가 눈을 떴어요. 똑바로 제 눈을 들여다보며 이렇게 말했습니다. '사랑해요, 엄마.' 평생 그렇게 놀랍고 기쁘고 기적 같은 경험은 없었습니다. 처음으로 깨달았지요. '저 안에 누군가 있구나.' 자폐인과 함께 살거나 늘 가까이 접하는 사람이 아니라면 제 말이 무슨 뜻인지 정확히 모를 거예요. 저는 아이가 저를 쳐다볼 때 절대로, 단 한 번도, 그걸 당연하다고 생각하지 않습니다. 그리고

이제 딸아이는 저를 아주 자주 쳐다보지요.

저는 딸아이가 혼자 손을 씻을 때 절대로 당연하다고 생각하지 않습니다. 그걸 가르치는 데 6년이 걸렸거든요. 이제 저는 손을 씻는 거야말로 세상에서 가장 놀랍고 멋진 일이라고 생각합니다.…제가 말하고 싶은 건요, 저는 너무너무 작은 일에도 엄청난 기쁨을 느끼는 법을 배웠다는 거예요."_572~573쪽

그렇다. 우리는 자녀를, 가족을, 이웃을 있는 그대로 사랑해도 좋다.

2018년 8월

옮긴이 강병철

주석

서론. 긱 증후군의 배후

1. "Scripting on the Lido Deck", Steve Silberman. *Wired*, Issue 8.10, Oct. 2000.

2. "Beginner's Introduction to Perl", by Doug Sheppard, 2000. http://www.perl.com/pub/2000/10/begperl1.html

3. Larry Wall, interview with the author, 2000.

4. *Programming Perl*, Larry Wall, Jon Orwant, and Tom Christiansen. O'Reilly Media, 3rd ed., 2000, p. xix.

5. *Closing the Innovation Gap: Reigniting the Spark of Creativity in a Global Economy*, Judy Estrin. McGraw-Hill, 2008.

6. *An Anthropologist on Mars*, Alfred A. Oliver Sacks. Knopf, 1995.

7. "Is There a Link between Engineering and Autism?", Simon Baron-Cohen, Sally Wheelwright, et. al. *Autism*, Vol. 1 No. 1, Jul. 1997, pp. 101-109.

8. "Which Neurodevelopmental Disorders Get Researched and Why?", Dorothy Bishop. PLoS ONE, Vol. 5, Issue 11, Nov. 2010.

9. "About Us", Simons Foundation. https://www.simonsfoundation.org/about-us

10. "Partnership aims to sequence 10,000 autistic genomes", Autism Speaks press release, October 13, 2011.

11. "This Just In…Being Alive Linked to Autism", Emily Willingham. The Biology Files, Oct. 27, 2011. http://biologyfiles.fieldofscience.com/2011/10/this-just-in-

being-alive-linked-to.html

12. "Functional impact of global rare copy number variation in autism spectrum disorders", Stephen Scherer, Dalila Pinto et. al. *Nature*, Vol. 466, July 2010, pp. 368-372.

13. "Researchers Find Genes Related to Autism", Liz Szabo. *USA Today*, Jun. 10, 2010.

14. "In My Language", Amanda (Amelia) Baggs. YouTube. https://www.youtube.com/watch?v=JnylM1hI2jc

1장. 클래팜 커먼의 마법사

1. *The life of the Hon. Henry Cavendish: including abstracts of his more important scientific papers, and a critical inquiry into the claims of all the alleged discoverers of the composition of water*, George Wilson. Printed for the Cavendish Society, January 1, 1851.

2. *Sketches of the Royal Society and the Royal Society Club*, Sir John Barrow. Murray. 1849.

3. *Cavendish: The Experimental Life*, Christa Jungnickel and Russell McCormmach. Bucknell, 2001.

4. *Draw the Lightning Down: Benjamin Franklin and Electrical Technology in the Age of Enlightenment*, Michael Brian Schiffer. University of California Press, 2006, p. 119.

5. *On the Nature of Thunderstorms; and on the Means of Protecting Buildings and Shipping Against the Destructive Effects of Lightning*, W. S. Harris. John W. Parker, London, 1743.

6. *The Electrical Researches of the Honourable Henry Cavendish, F.R.S.: Written Between 1771 and 1781*, Henry Cavendish, Ulan Press, reprinted 2011.

7. *Cavendish (Memoirs of the American Philosophical Society)*, Christa Jungnickel and Russell McCormmach. American Philosophical Society, Dec. 1996.

8. "Henry Cavendish: The Catalyst for the Chemical Revolution", Frederick Seitz, *Notes and Records of the Royal Society*, 2005, p. 59.

9. *Lives of Men of Letters and Science Who Flourished in the Time of George III*, Henry, Lord Brougham. Philadelphia, 1845.

10. *The life of the Hon. Henry Cavendish: including abstracts of his more important scientific papers, and a critical inquiry into the claims of all the alleged discoverers of the composition of water*, George Wilson. Printed for the Cavendish Society. January 1, 1851, p. 167.

11. *The life of the Hon. Henry Cavendish: including abstracts of his more important scientific papers, and a critical inquiry into the claims of all the alleged discoverers of*

the composition of water, George Wilson. Printed for the Cavendish Society, 1851, p. 166.

12. *The life of the Hon. Henry Cavendish: including abstracts of his more important scientific papers, and a critical inquiry into the claims of all the alleged discoverers of the composition of water*, George Wilson. Printed for the Cavendish Society, 1851, p. 167.

13. *The life of the Hon. Henry Cavendish: including abstracts of his more important scientific papers, and a critical inquiry into the claims of all the alleged discoverers of the composition of water*, George Wilson. Printed for the Cavendish Society, 1851, p. 167.

14. *The life of the Hon. Henry Cavendish: including abstracts of his more important scientific papers, and a critical inquiry into the claims of all the alleged discoverers of the composition of water*, George Wilson. Printed for the Cavendish Society, 1851, p. 185.

15. *The life of the Hon. Henry Cavendish: including abstracts of his more important scientific papers, and a critical inquiry into the claims of all the alleged discoverers of the composition of water*, George Wilson. Printed for the Cavendish Society, 1851, p. 186.

16. *The life of the Hon. Henry Cavendish: including abstracts of his more important scientific papers, and a critical inquiry into the claims of all the alleged discoverers of the composition of water*, George Wilson. Printed for the Cavendish Society, 1851, p. 167.

17. *Cavendish: The Experimental Life*, Christa Jungnickel and Russell McCormmach. Lewisburg, Pennsylvania : Bucknell, 2001.

18. "The Legend of the Dull-Witted Child Who Grew Up to Be a Genius", Barbara Wolff and Hananya Goodman. Albert Einstein Archives. http://www.albert-einstein.org/article_handicap.html

19. *The Life of the Hon. Henry Cavendish*, p. 186.

20. *The Personality of Henry Cavendish*, Russell McCormmach. Archimedes, Vol. 36. Springer, 2014, p. 100.

21. *The Personality of Henry Cavendish*, Russell McCormmach. Archimedes, Vol. 36. Springer, 2014, p. 8.

22. *The Personality of Henry Cavendish*, Russell McCormmach. Archimedes, Vol. 36. Springer, 2014, p. 270.

23. *The Personality of Henry Cavendish*, Russell McCormmach. Archimedes, Vol. 36. Springer, 2014, p. 75.

24. *The Personality of Henry Cavendish*, Russell McCormmach. Archimedes, Vol. 36. Springer, 2014, p. 7.

25. *English Eccentrics and Eccentricities: Volume 1*, John Timbs. R. Bentley, Publisher. Jan. 1, 1866.
26. Henry Cavendish: The Catalyst for the Chemical Revolution", Frederick Seitz, *Notes and Records of the Royal Society*, 2005, p. 59.
27. *The life of the Hon. Henry Cavendish: including abstracts of his more important scientific papers, and a critical inquiry into the claims of all the alleged discoverers of the composition of water*, George Wilson, Printed for the Cavendish Society, 1851, p. 172.
28. *The Personality of Henry Cavendish*, Russell McCormmach. Archimedes, Vol. 36. Springer, 2014, p. 100.
29. *The History of Bethlem*, Jonathan Andrews. Psychology Press, 1997, p. 272.
30. *The Strangest Man: The Hidden Life of Paul Dirac, Mystic of the Atom*, Graham Farmelo, Basic Books, 2009.
31. *The Strangest Man: The Hidden Life of Paul Dirac, Mystic of the Atom*, Graham Farmelo. Basic Books, 2009, p. 58.
32. *The Strangest Man: The Hidden Life of Paul Dirac, Mystic of the Atom*, Graham Farmelo, Basic Books, 2009.
33. *The Strangest Man: The Hidden Life of Paul Dirac, Mystic of the Atom*, Graham Farmelo, Basic Books, 2009.
34. "Henry Cavendish: An early case of Asperger syndrome?", Oliver Sacks. Neurology, Vol. 57, No. 7, Oct. 9, 2001, p. 1347.
35. Ruth Christ Sullivan, interview with the author.
36. *The Strangest Man: The Hidden Life of Paul Dirac, Mystic of the Atom*, Graham Farmelo. Basic Books, 2009, p. 422.
37. Graham Farmelo, personal communication with the author, Mar. 4, 2013.
38. "Silent Quantum Genius", Freeman Dyson. *The New York Review of Books*, Feb. 25, 2010.
39. *Create Your Own Economy*, Tyler Cowen. Dutton, 2009.
40. "Daryl Hannah Breaks Her Silence About Her Autism Struggle", Rebecca Macatee. E! Online, Sept. 27, 2013. http://www.eonline.com/news/464173/daryl-hannah-breaks-her-silence-on-autism-struggle
41. "Interview with Richard Borcherds", Simon Singh. *The Guardian*, Aug. 28, 1998.
42. "Jerry Seinfeld to Brian Williams: 'I Think I'm on the Spectrum'", *NBC News*. 각종 매체에서 엄청난 관심이 쏟아지자 사인펠트는 결국 발언을 철회하며 그저 자폐스펙트럼에 속한 사람들의 삶이 극적이라는 점에서 자신과 '관련이 있다'고 말했다. http://www.nbcnews.com/nightly-news/jerry-seinfeld-brian-williams-i-think-im-

spectrum-n242941

2장. 녹색 빨대를 사랑하는 소년

1. "Language Development", Amanda C. Brandone et. al., *Children's needs III: Development, prevention, and intervention*, National Association of School Psychologists, 2006.
2. "The Agents of L.U.S.T.", Shannon Des Roches Rosa. BlogHer, May 19, 2009. http://www.blogher.com/agents-l-u-s-t-1
3. "80 Percent Autism Divorce Rate Debunked in First-Of-Its Kind Scientific Study", Kennedy Krieger Institute, May 19, 2010.
4. "Planet Autism", Scot Sea. *Salon.com*. Sept. 27, 2003. http://www.salon.com/2003/09/27/autism_8
5. "Stress Pushed Man to Kill Son, Himself, Family Says", Mai Tran and Mike Anton. *Los Angeles Times*, July 31, 2002.
6. *Let Me Hear Your Voice*, Catherine Maurice. Ballantine Books; Reprint edition, 1994.
7. *"Autistic" Children: New Hope for Cure*, N. Tinbergen and E. A. Tinbergen. Allen & Unwin, 1983. pp. 52-53
8. "Ethology And Stress Diseases", Nikolaas Tinbergen, Nobel Lecture, December 12, 1973.
9. *"Autistic" Children: New Hope for a Cure*, p. 229.
10. *"Autistic" Children: New Hope for a Cure.*
11. "Introduction to Welch Method Attachment Therapy", Martha Welch, http://www.youtube.com/watch?v=OdWhcyz6KbY&feature=player_embedded#!
12. "Behavioral treatment and normal intellectual and educational functioning in children with autism", O. I. Lovaas. *Journal of Consulting and Clinical Psychology*, Vol. 55, 1987, pp 3-9.
13. Urinary Peptides Final Report, The Great Plains Laboratory, revised form Oct. 24, 2001.
14. "What is Yeast Overgrowth?" Holly Bortfield, http://www.tacanow.org/family-resources/what-is-yeast-overgrowth/
15. "The BioSET System: Three Basic Treatments. Organ-specific detoxification, enzyme therapy, and desensitization", Ellen Cutler. http://www.drellencutler.com/pages/articles/?ArticleID=215
16. "Mom: Son recovers from autism", Amy Lester, News9. http://www.news9.com/story/8341532/mom-son-recovers-from-autism
17. "The Use of Complementary and Alternative Medicine in the United States: Cost

Data", National Center for Complementary and Alternative Medicine, Dept. of Health and Human Services, 2007. http://nccam.nih.gov/news/camstats/costs/costdatafs.htm
18. "Complementary and Alternative Medicine in the United States", Tonya Passarelli. Case Western Reserve University, Apr. 2008.
19. "Complementary and Alternative Medicine Treatments for Children with Autism Spectrum Disorders", Susan E. Levy and Susan L. Hyman. *Journal of Child and Adolescent Psychiatry*, Vol. 17 No. 4, Oct. 2008.
20. "No effect of MMR withdrawal on the incidence of autism: a total population study", Hideo Honda, Yasuo Shimizu, Michael Rutter. *Journal of Child Psychology and Psychiatry*, Vol. 46, Issue 6, June 2005.
21. "Mercury exposure in children with autistic spectrum disorder: case-control study", P. Ip, V. Wong, et. al. *Journal of Child Neurology*, June 2004.
22. "MMR – autism scare: so, farewell then, Dr. Andrew Wakefield", Tom Chivers. *Telegraph*, May 24th, 2010.
23. *Treatment Options for Mercury/Metal Toxicity in Autism and Related Developmental Disabilities: Consensus Position Paper*, Autism Research Institute, Feb. 2005.
24. *Leo Rosa: Summary Progress Report*, June 3, 2004.
25. Author's interview with Kristina Chew, 2014.
26. "Autistic Disturbances of Affective Contact", Leo Kanner, *Nervous Child*, Vol. 2, 1943, pp. 217-250.
27. *Healing and Preventing Autism: A Complete Guide*, Jenny McCarthy and Jerry Kartzinel. Dutton, 2009.
28. "Jenny McCarthy on Healing Her Son's Autism and Discovering Her Life's Mission", by Allison Kugel. PR.com. Oct 9, 2007. http://www.pr.com/article/1076

3장. 빅토린느 수녀는 무엇을 알고 있나

1. "Autistic Psychopathy in Childhood", Hans Asperger. *Autism and Asperger Syndrome*, Cambridge University Press, 1991, p. 39.
2. "Qualitative Intelligence Testing as a Means of Diagnosis in the Examination of Psychopathic Children", Anni Weiss. *American Journal of Orthopsychiatry*, Vol. 5, Issue 2, Apr. 1935, pp. 154-179.
3. "Hans Asperger (1906-1980): His Life and Work", Maria Asperger-Felder. Translated for the author by Kenneth Kronenberg.
4. "News and Comment", *American Journal of the Diseases of Children*, Vol. 52, No. 3, Sept. 1936, p. 674.
5. *Red Vienna. Experiment in Working Class Culture*, 1919-1934, Helmut Gruber.

Oxford University Press, 1991.

6. "I See Psychoanalysis, Art and Biology Coming Together: An Interview with Eric Kandel", *Der Spiegel,* Oct. 11, 2012.

7. "Vienna: Trapped in a Golden Age", Alexandra Starr. *The American Scholar,* Winter 2008.

8. *Erwin Lazar und sein Wirken,* Valerie Bruck, George Frankl, Anni Weiss, Viktorine Zak. Translated for the author by Eric Jarosinski. Springer, 1932.

9. "Mellansjö school-home: Psychopathic children admitted 1928-1940, their social adaptation over 30 years: a longitudinal prospective follow-up", Ingegärd Fried. *Acta Paediatrica*, Vol. 84, Issue Supplement s408, April 1995.

10. *Wayward Youth,* August Aicchorn. Reprinted by Penguin Books, 1965.

11. "Clemens Pirquet and His Work: Director Of The Vienna University Kinder-Klinik, 1911-1929", Harriette Chick, *The Lancet,* Vol. 213, Issue 5508, March 1929.

12. See reference to 1936 paper by Jekelius in "Encopresis", *Acta Paediatrica,* Vol. 55, Issue Supplement S169, Sept. 1966.

13. "Asperger and His Syndrome", Uta Frith. *Autism and Asperger Syndrome,* Cambridge University Press, 1991.

14. George Frankl's bio file, Alan Mason Chesney Medical Archives, Johns Hopkins University.

15. "Hans Asperger: His Life and Work."

16. "Asperger and His Syndrome."

17. Ibid.

18. Ibid.

19. "Play Interviews with Nursery School Children", Anni Weiss-Frankl. *American Journal of Orthopsychiatry,* Vol. 11, Issue 1, Jan. 1941, pp. 33-39.

20. "The importance of symbol-formation in the development of the ego", Melanie Klein. *International Journal of Psychoanalysis,* Vol. 9, 1930, p. 5.

21. "Play Interviews with Nursery School Children", Anni Weiss-Frankl. *American Journal of Orthopsychiatry,* Vol. 11, Issue 1, Jan. 1941 p. 35.

22. Ibid., p. 34.

23. "The Heilpedägogical Station of the Children's Clinic at the University of Vienna."

24. "Asperger and His Syndrome."

25. "Qualitative Intelligence Testing as a Means of Diagnosis in the Examination of Psychopathic Children," p. 165.

26. Ibid., p. 168.

27. "Autistic Psychopathy in Childhood", p. 84.

28. Ibid., p. 61.

29. Ibid., p. 82

30. Ibid., p. 73.

31. Ibid., p. 37.

32. "Die schizoiden Psychopathien im Kindesalter", G. E. Sukhareva. Translated by Sula Wolff. *Monatsschrift für Psychiatrie und Neurologie*, 1926.

33. *Dementia Praecox oder Gruppe der Schizophrenien*, Eugen Bleuler. Deuticke. Leipzig, Germany. 1911.

34. "Mellansjö school-home."

35. "Autistic Psychopathy in Childhood", p. 74.

36. *Prenatal Testosterone in Mind: Amniotic Fluid Studies*, Simon Baron-Cohen et. al., The MIT Press: Cambridge, 2004.

37. "The Extreme Male Brain Theory of Autism and the Potential Adverse Effects for Boys and Girls with Autism", Timothy M. Krahn, Andrew Fenton. *Journal of Bioethical Inquiry*, Vol. 9, Issue 1, March 2012.

38. "Asperger Syndrome Fact Sheet", National Institutes of Health. http://www.ninds.nih.gov/disorders/asperger/detail_asperger.htm

39. "Qualitative Intelligence Testing as a Means Of Diagnosis in the Examination of Psychopathic Children."

40. "Autistic Psychopathy in Childhood", p. 72.

41. Uta Frith's footnote in "Autistic Psychopathy in Childhood", p. 72.

42. "Autistic Psychopathy in Childhood," p. 71.

43. "Problems of Infantile Autism", Hans Asperger. *Communication: Journal of the National Autistic Society*, Volume 13, London, 1979.

44. "New Facts and Remarks concerning Idiocy: Being a Lecture delivered before the New York Medical Journal Association, October 15, 1869", Édouard Séguin. *American Journal of the Medical Sciences*, Vol. 59, Issue 120, Oct. 1870.

45. "Qualitative Intelligence Testing as a Means Of Diagnosis in the Examination of Psychopathic Children."

46. "Autistic Psychopathy in Childhood", p. 47.

47. *Heilpädagogik*, Hans Asperger, excerpts translated for the author by Uta Frith. Springer, 1953.

48. "Hans Asperger (1906-1980): His Life and Work", Maria Asperger-Felder. Translated for the author by Kenneth Kronenberg.

49. Ibid.

50. Ibid.

51. Ibid.

52. "A Leading Medical School Seriously Damaged: Vienna 1938", Edzard Ernst, *Annals of Internal Medicine*, Vol. 122, No. 10, May 1995.

53. *War Against the Weak: Eugenics and America's Campaign to Create a Master Race*, Edwin Black. Four Walls Eight Windows: New York City, 2003.

54. *The Scientific Monthly*, Vol. 13, No. 2. Aug. 1921.

55. Floor plan of the exhibit of the Second International Congress of Eugenics, from Cold Spring Harbor eugenics archive.

56. "The Second International Congress of Eugenics", C. C. Little. Carnegie Institution of Washington, 1921.

57. Floor plan of the exhibit of the Second International Congress of Eugenics, from Cold Spring Harbor eugenics archive.

58. "Biographical Memoir of Henry Fairfield Osborn (1857–1935)", William K. Gregory. Presented to the autumn meeting of the National Academy of Sciences, 1937.

59. "Piltdown Man: British archaeology's greatest hoax", Robin McKie. *The Observer*, Feb. 4, 2012.

60. "The Second International Congress of Eugenics Address of Welcome", Henry Fairfield Osborn. *Science*, New Series, Vol. 54, No. 1397. Oct. 7, 1921.

61. *War Against the Weak*.

62. "Upon the Formation of a Deaf Variety of the Human Race", Alexander Graham Bell. Presented to the National Academy of Sciences at New Haven, Nov. 13, 1883.

63. *War Against the Weak*.

64. "The Second International Congress of Eugenics."

65. Eugenics Record Office Records, 1670–1964. American Philosophical Society.

66. "Some Notes on Asexualization", Martin W. Barr. *Journal of Mental and Nervous Disease*, Vol. 1, 1920.

67. Ibid.

68. *The Third Reich: A New History*, Michael Burleigh. New York: Hill and Wang, 2000.

69. *Cleansing the Fatherland: Nazi Medicine and Racial Hygiene*. Gotz Aly *et. al.*, Baltimore: Johns Hopkins Press, 1994.

70. "Useless Eaters: Disability as a Genocidal Marker in Nazi Germany" by Mark P. Mostert, *Journal of Special Education*, Vol. 36, No. 3, 2002.

71. *War Against the Weak*.

72. *The passing of the great race or, The racial basis of European history*, 4th rev. ed., with a documentary supplement, Madison Grant, with prefaces by Henry Fairfield

Osborn. New York: Charles Scribner and Sons, 1922.
73. Ibid.
74. *Die Rassenhygiene in den Vereinigten Staaten von Nordamerika*, Géza Hoffman. München: Lehmann, 1913.
75. *Two Confidential Interviews with Hitler*, Edouard Calic (Author), R. H. Barry (Translator). Chatto & Windus, 1971.
76. Law for the Prevention of Hereditarily Diseased Offspring. Enacted on July 14, 1933. Reichsdruckerei, 1935.
77. *IBM and the Holocaust*, Edwin Black. Crown / Random House, 2001.
78. *Racial Hygiene: Medicine Under the Nazis*, Robert Proctor. Harvard University Press: Cambridge, 1988.
79. "Hans Asperger: His Life and Work."
80. Ibid.
81. "Austria: Death for Freedom", *Time*, Aug. 6, 1934.
82. "From Eugenic Euthanasia to Habilitation of 'Disabled' Children: Andreas Rett's Contribution", Gabriel M. Ronen, *et.al. Journal of Child Neurology*, Vol. 24 No. 1, Jan. 2009.
83. "Hans Asperger: His Life and Work."
84. *The Resistance in Austria: 1938-1945*, Radomír Luža. University of Minnesota Press, 1984.
85. *Hotel Bolivia: The Culture of Memory in a Refuge from Nazism*, Leo Spitzer. Hill and Wang, 1998.
86. Ibid.
87. "A Leading Medical School Seriously Damaged."
88. "Encopresis", *Acta Paediatrica*, Vol. 55, 1966.
89. "The Medical Club - Billrothhaus: Epoch-making lectures in medical history." American-Austrian Foundation, http://www.aaf-online.org/
90. "National Socialism and Medicine: Address by Dr. F. Hamburger to the German Medical Profession", *Wiener Klinische Wochenschrift*, No. 6, 1939.
91. *Fallen Bastions,* G. E. R. Gedye. Faber and Faber, 1939.
92. Eric Kandel's biographical memoir, delivered on the occasion of receiving the Nobel Prize in medicine, 2000.
93. "*Mit den deutschen Soldaten im befreiten Österreich*", *Die Wehrmacht,* 2, Nr. 6, 1938.
94. Ibid.
95. *Bastions*.

96. Ibid.

97. "From Eugenic Euthanasia to Habilitation of 'Disabled' Children."

98. Photograph of Eduard Pernkopf's lecture to the medical faculty, University of Vienna. *The War Against the Inferior: On the history of Nazi medicine in Vienna.* http://gedenkstaettesteinhof.at/en/exibition/04-persecuted-and-expelled

99. "Racial Hygiene in Vienna 1938", Wolfgang Neugebauer. Wiener Klinische Wochenschrift, March 1998.

100. "A Leading Medical School Seriously Damaged."

101. "University of the 'Reich' (1938-1945)", An Historical Tour of the University of Vienna. http://www.univie.ac.at/archiv/tour/19.htm

102. Ibid.

103. "A Leading Medical School Seriously Damaged."

104. "How the Pernkopf Controversy Facilitated a Historical and Ethical Analysis of the Anatomical Sciences in Austria and Germany: A Recommendation for the Continued Use of the Pernkopf Atlas", Sabine Hildebrandt. *Clinical Anatomy*, Vol. 19, No. 2, 2006, pp. 91-100.

105. *A History of Autism: Conversations with the Pioneers*, Adam Feinstein, John Wiley & Sons, 2010.

106. Ibid.

107. "The Mentally Abnormal Child", Hans Asperger. *Wiener klinische Wochenzeitschrift*, No. 49, 1938. Translation provided by Tony Atwood, adapted by the author.

108. "Hans Asperger: His Life and Work."

109. "Autistic Psychopathy in Childhood", p. 39.

110. *Fallen Bastions.*

111. *The Nazi Doctors: Medical Killing and the Psychology of Genocide*, Robert J. Lifton. Basic Books; Da Capo Press edition, 1988.

112. Ibid.

113. Ibid.

114. *Forgotten Crimes: The Holocaust and People with Disabilities*, Susanne E. Evans. Ivan R. Dee, 2004.

115. Ibid.

116. Ibid.

117. *Medicine and Medical Ethics in Nazi Germany: Origins, Practice, Legacies*, Francis R. Nicosia and Jonathan Huener, editors. Berghahn Books: New York and Oxford, 2002.

118. *Origins of Nazi Genocide: From Euthanasia to the Final Solution*, Henry

Friedlander. University of North Carolina Press, 1995.

119. *Cleansing the Fatherland.*

120. *The Origins of Nazi Genocide.*

121. "Electroconvulsive Shock in a Rural Setting", George R. Martin. Powerpoint presentation, James A. Quillen VA Medical Center, Mountain Home, TN.

122. "Unquiet grave for Nazi child victims", Kate Connolly. *The Guardian*, Apr. 29, 2002.

123. *Forgotten Crimes.*

124. For example, Kalmenhof, a former *Idiotenanstalt* ("Facility for Idiots") in the German province of Hesse-Nassau. *Child Murder in Nazi Germany: The Memory of Nazi Medical Crimes and Commemoration of "Children's Euthanasia" Victims at Two Facilities (Eichberg, Kalmenhof)*, Lutz Kaelber. *Societies*, 2012.

125. *Century of Genocide: Eyewitness Accounts and Critical Views*, Samuel Totten, William S. Parsons, Israel W. Charny, editors. Garland Publishing Inc.: New York and London, 1997.

126. Ibid.

127. *Nazi Medical Crimes at the Psychiatric Hospital Gugging*, Herwig Czech. Executive Committee of the Institute of Science and Technology, Austria, 2007.

128. "A Leading Medical School Seriously Damaged."

129. *A History of Autism: Conversations with the Pioneers*, Adam Feinstein, John Wiley & Sons, 2010.

130. Ibid.

131. The Nazi Doctors: Medical Killing and the Psychology of Genocide, Robert Jay Lifton. Basic Books, 1986, pp. 39-40.

132. Author's interview with Tony Atwood, who confirmed the anecdote with Maria Asperger-Felder.

133. The Drowned and the Saved, Primo Levi. Summit Books, 1986.

134. Die ermordeten Kinder vom Spiegelgrund, Waltraud Häupl. Böhlau, 2006.

135. In a Different Key: The Story of Autism, John Donvan and Caren Zucker. Crown, 2016, p. 340.

136. "Die 'Autistischen Psychopathen' im Kindesalter", Hans Asperger. *Archiv für Psychiatrie und Nervenkrankheiten*, Vol. 117, 1944, pp. 76-136.

137. "Hans Asperger: His Life and Work."

138. *A History of Autism.*

4장. 매혹적이고 기이한 특징들

1. *The Road to Reality*, Roger Penrose. Vintage Books, 2005.

2. *Vorstudien zur Topologie*, Johann Benedict Listing. *Göttinger Studien*, 1847.

3. *An Introduction to Kolmogorov Complexity and Its Applications*, Ming Li. Springer; 3rd ed. November 21, 2008.

4. "Early Infantile Autism: S. Spafford Ackerly Lecture", Leo Kanner. University of Louisville, KY. May 16, 1972.

5. *Freedom from Within*(tentative title), unpublished memoir of Leo Kanner, Melvin Sabshin Library and Archives, American Psychiatric Association, Arlington VA.

6. Ibid.

7. *A History of Autism*, p. 19.

8. *Freedom from Within*.

9. Ibid.

10. Ibid.

11. Ibid.

12. "Leo Kanner (1894-1981): The Man and the Scientist", Victor Sanua. *Child Psychiatry and Human Development*, Vol. 21, No. 1, Fall 1990.

13. *Freedom from Within*.

14. Ibid.

15. "Karl Bonhoeffer (1868-1948)", Andreas Ströhle et. al. *American Journal of Psychiatry*, 2008.

16. "Leo Kanner: His Years in Berlin, 1906-1924. The Roots of Autistic Disorder", K. J. Neumärker. *History of Psychiatry*, Vol. 14. 2003.

17. *Freedom from Within*.

18. Ibid.

19. "Leo Kanner: His Years in Berlin, 1906-1924."

20. *from Within*.

21. "What caused the 1918-30 epidemic of encephalitis lethargica?", R.R. Dourmashkin. *Journal of the Royal Society of Medicine*, Vol. 90, Sept. 1997.

22. *Freedom from Within*.

23. Ibid.

24. Ibid.

25. Ibid.

26. "A psychiatric study of Ibsen's *Peer Gynt*", Leo Kanner. *The Journal of Abnormal Psychology and Social Psychology*, Vol. 19, No. 4, Jan 1925, pp. 373-382.

27. "General Paralysis In Primitive Races", *The British Medical Journal*, Vol. 2, No.

3439. Dec. 4, 1926, p. 1064.
28. *Freedom from Within*.
29. "General Paralysis Among the North American Indians: A Contribution to Racial Psychiatry", G. S. Adams and Leo Kanner. *American Journal of Psychiatry*, 1926.
30. "On the Origin of the Treponematoses: A Phylogenetic Approach", K. N. Harper *et. al. PLoS Neglected Tropical Diseases* 2(1): e148. http://www.plosntds.org/article/info%3Adoi%2F10.1371%2Fjournal.pntd.0000148
31. "The Canton Asylum for Insane Indians: an example of institutional neglect", John M. Spaulding. *Journal of Hospital and Community Psychiatry*. Vol. 37, No. 10, Oct. 1986, pp. 1007–1011.
32. Ibid.
33. Ibid., p. 1009.
34. "Hiawatha Diary", http://hiawathadiary.com/hiawatha-asylum-for-insane-indians/
35. "Psychoses of the American Indians admitted to Gowanda State Hospital", Anne Perkins. *Psychiatric Quarterly*, Volume 1, Issue 3, 1927, pp 335–343.
36. *Freedom from Within*.
37. Ibid.
38. *Medical America in the Nineteenth Century: Readings from the Literature*, Gert H. Brieger, editor. Johns Hopkins University Press, 1970.
39. "Psychobiology, Psychiatry, and Psychoanalysis: The Intersecting Careers of Adolf Meyer, Phyllis Greenacre, and Curt Richter", *Medical History*, 2009.
40. Ibid.
41. "Adolf Meyer's contribution to psychiatric education", Frank G. Ebaugh, *Bulletin of the Johns Hopkins Hospital*, 1951.
42. "The altered rationale for the choice of a standard animal in experimental psychology: Henry H. Donaldson, Adolf Meyer, and 'the' albino rat", Cheryl A. Logan. *History of Psychology*, Vol. 2, No. 1, Feb. 1999.
43. *Freedom from Within*.
44. "Psychobiology, Psychiatry, and Psychoanalysis."
45. *Psychobiology and Psychiatry*, W. Muncie. 2nd ed, 1948.
46. 생전의 모습을 담은 모든 기록(사진, 영화, 그림)에서 카너는 비탄에 잠긴 듯한 모습을 하고 있다. 예를 들어, 카너의 업적을 설명하는 다음 유튜브 영상을 보라. http://www.youtube.com/watch?v=Hr1HF6a0w40
47. *Freedom from Within*.
48. Ibid.

49. "A Child Psychiatric Clinic in a Paediatric Department", Edward A. Park. *Canadian Medical Association Journal*, Vol. 38, No. 1, 1938, pp. 74–78.

50. *Freedom from Within*, p. 363.

51. *Freedom from Within*.

52. *Allergy: The History of a Modern Malady*, Mark Jackson. Reaktion Books, 2007, p. 35.

53. "Outline of the History of Child Psychiatry", Leo Kanner. *Victor Robinson Memorial Volume: Essays on the History of Medicine*. Solomon R. Kagan, ed. Froeben Press, 1948, p. 171.

54. *reedom from Within*.

55. *Child Psychiatry*, Leo Kanner. Thomas, 1947.

56. "*Child Psychiatry* by Leo Kanner", reviewed by Virginia Kirk. *The American Journal of Nursing*, Vol. 36, No. 5. May, 1936, p. 545.

57. *Child Psychiatry*, Leo Kanner. Thomas, 3rd ed., 1966.

58. Charles C Thomas Publisher, personal communication.

59. "Spare the Rod, but Don't Spoil the Child: Psychiatrist's Advice", *The Washington Post*, Dec. 4, 1935.

60. *Babes in Tomorrowland: Walt Disney and the Making of the American Child*, 1930–1960, Nicholas Sammond. Duke University Press, 2005, p. 109.

61. *Psychological Care of Infant and Child*, John B. Watson. W.W. Norton & Company, 1928.

62. *In Defense of Mothers*, Leo Kanner. Thomas, 1941, p. 7.

63. *Freedom from Within*, p. 387.

64. "The 1942 'euthanasia' debate in the American Journal of Psychiatry", Jay Joseph. *History of Psychiatry*, Vol. 16, No. 171, 2005.

65. Ibid.

66. "The Voyage of the St. Louis"(supplementary reading materials), United States Holocaust Memorial Museum. http://www.ushmm.org/museum/exhibit/online/stlouis/teach/

67. *Freedom from Within*, part V.

68. "The Emigré Physician in America, 1941", David L. Edsall and Tracy Putnam. *Journal of the American Medical Association*, Vol. 117, No. 22, pp. 1881–1888.

69. *Freedom from Within*, part V.

70. Ibid., p. 378.

71. "The Rise and Fall of Brody", Ukraine.com. http://www.ukraine.com/lviv-oblast/brody

72. "Growth of the Lumber Industry (1840 to 1930)", *Mississippi History Now*,

Mississippi Historical Society. http://mshistorynow.mdah.state.ms.us/articles/171/growth-of-the-lumber-industry-1840-to-1930

73. *The Age of Autism,* Dan Olmsted and Mark Blaxill. St. Martin's Press, 2010.

74. "Autistic Disturbances of Affective Contact."

75. *The Age of Autism*.

76. "Early Infantile Autism: S. Spafford Ackerly Lecture."

77. Ibid.

78. "Autism's First Child", John Donvan and Caryn Zucker. *The Atlantic*, Oct. 2010.

79. *Mississippi State Sanatorium: Tuberculosis Hospital,* 1916-1976, Marvin R. Calder. Florence, Mississippi: The Messenger Press, 1986.

80. "Autism's First Child."

81. Ibid.

82. "Follow-Up Study of Eleven Autistic Children First Reported in 1943", Leo Kanner. In *Childhood Psychosis: Initial Studies and New Insights*. Washington D.C.: V. H. Wilson and Company, 1973, p. 162.

83. "Autism's First Child."

84. *The Age of Autism,* p. 170.

85. Letter to Adolph Meyer from Leo Kanner, Mar. 3, 1939. Alan Chesney Medical Archives, Johns Hopkins University.

86. 예를 들어, "당시 두 사람 모두 서로의 연구를 몰랐음은 당연하다고 할 수 있다". "Early infantile autism and autistic psychopathy", D. Arn Van Krevelen, *Journal of Autism and Childhood Schizophrenia,* Jan.-Mar., 1971, Vol. 1, Issue 1, pp. 82-86. *Journal of Autism and Childhood Schizophrenia*의 편집자는 카너였다.

87. 앨런 체스니 의학 자료집Alan Chesney Medical Archives에 실린 아돌프 마이어가 아니 바이스-프랑클에게 1940년 12월 5일자로 보낸 편지에 따르면, 프랑클 부부는 5793 Clearspring Road에 살았다. 어린이 연구소의 주소는 721 Woodbourne Avenue였다.

88. 예를 들어, "Mental Clinic Held at Winchester Hall", *The Frederick Post*, May 18, 1939.

89. Letter from Anni Weiss-Frankl to Adolf Meyer, Dec. 4, 1940. Alan Chesney Medical Archives, Johns Hopkins University.

90. Letter from Leo Kanner to Adolf Meyer, Mar. 3, 1939. Alan Chesney Medical Archives, Johns Hopkins University.

91. "News and Notes", *The American Journal of Psychiatry*, Vol. 96, No. 3, Nov. 1, 1939, pp. 736-746.

92. "Autistic Disturbances of Affective Contact."

93. Ibid.

94. *Child Psychiatry*, Leo Kanner. Thomas, 3rd ed., 1966, p. 537.
95. "Early Infantile Autism: S. Spafford Ackerly Lecture."
96. "Autistic Disturbances of Affective Contact."
97. *In Defense of Mothers*, p. 104.
98. "Autism's First Child."
99. "Schizophrenia in Children", Howard Potter. *The American Journal of Psychiatry*, Vol. 89, 1933. pp. 1253-1270.
100. Despert discusses S. K.'s case in "Schizophrenia in Children", *Schizophrenia in Children*, J. Louise Despert. Robert Brunner, 1968, pp. 1-7, and also in "Prophylactic Aspect of Schizophrenia in Childhood" in the same volume, pp. 54-87.
101. "Schizophrenia in Children", p. 1.
102. "The Schizophrenogenic Mother Concept in American Psychiatry", Carol Eadie Hartwell. *Psychiatry*, Vol. 59, No. 3, Fall 1996, pp. 274-297.
103. "Schizophrenia in Children", p. 4.
104. "Autistic Disturbances of Affective Contact."
105. "Autism's First Child."
106. *The Age of Autism*, p. 173.
107. Ibid., pp. 173-174.
108. "The Conception of Wholes and Parts in Early Infantile Autism", Leo Kanner. Originally published in 1953, reprinted in *Childhood Psychosis*, Leo Kanner. V. H. Winston and Sons, 1973, pp. 63-68.
109. *The Autism Matrix*, Gil Eyal et. al, Cambridge: Polity Press, 2010, p. 85.
110. *The Age of Autism*, pp. 147-149.
111. From "Der grüne Heinrich", by Gottfried Keller. Quoted by Leo Kanner in "Emotionally Disturbed Children: A Historical Review", *Child Development*, Vol. 33, No. 1, Mar. 1962, pp. 97-102.
112. *The Age of Autism*, pp. 173-174.
113. "Prophylactic Aspect of Schizophrenia in Childhood", Louise Despert. *Nervous Child*, No. 1, 1942, pp. 199-231.
114. "Autistic Disturbances of Affective Contact."
115. Ibid.
116. "Early Infantile Autism", Leo Kanner. *The Journal of Pediatrics*, Vol. 25, Issue 3, Sept. 1944, pp. 211-217.
117. "Autistic Disturbances of Affective Contact."
118. "Language and Affective Contact", George Frankl. *Nervous Child*, Vol. 2, No. 3, Apr. 1943.

119. Ibid.
120. "Risk of epilepsy in autism tied to age, intelligence", Laura Geggel. SFARI.org, Aug. 19, 2013. http://sfari.org/news-and-opinion/news/2013/risk-of-epilepsy-in-autism-tied-to-age-intelligence
121. "Review of *The 1944 Year Book of Neurology, Psychiatry and Endocrinology*", Wendell Muncie. *The Quarterly Review of Biology*, Vol. 21, No. 2, Jun. 1946, pp. 205-206.
122. *The Age of Autism*.

5장. 유해한 양육의 발명

1. "Problems of Nosology and Psychodynamics of Early Infantile Autism", Leo Kanner. American Journal of Orthopsychiatry, Vol. 19, No. 3, July 1949, pp. 416-426.
2. Letter from Anni Weiss-Frankl to Adolph Meyer, Dec. 4, 1940. Alan Chesney Medical Archives, Johns Hopkins University.
3.Letter from Leo Kanner to Adolph Meyer, Mar. 3, 1939. Alan Chesney Medical Archives, Johns Hopkins University.
4. "The Birth of Early Infantile Autism", Leo Kanner. *Journal of Autism and Childhood Schizophrenia,* Apr-Jun., 1973, Vol. 3, Issue 2, pp 93-95.
5. "Autistic Psychopathy in Childhood."
6. *The Age of Autism*.
7. *Census Atlas of the United States*, U. S. Census Bureau, 2000, p. 158.
8. "Dr. Theodore Lidz, a noted specialist on schizophrenia, dies", *Yale Bulletin and Calendar*, Vol. 29, No, 21, March 2, 2001.
9. *The Pathological Family: Postwar America and the rise of family therapy*, Deborah Weinstein. Cornell University Press, Feb 19, 2013, p. 31.
10. "Autistic Disturbances of Affective Contact."
11. "Preface", Leon Eisenberg. *Childhood Psychosis: Initial Studies and New Insights*, Leo Kanner. V.H. Winston and Sons, 1973, p. ix.
12. "Autistic Disturbances of Affective Contact."
13. *The Age of Autism,* p. 182.
14. "Review of *The 1944 Year Book of Neurology, Psychiatry and Endocrinology*."
15. "Autistic Disturbances of Affective Contact."
16. "Early Infantile Autism."
17. "A Child Psychiatric Clinic in a Paediatric Department."
18. *The Age of Autism*, p. 186.

19. "Schizophrenia in Children", p. 4.

20. "Early Infantile Autism (1943–1955)", Leo Kanner and Leon Eisenberg. *Childhood Psychosis: Initial Studies and New Insights*, Leo Kanner. V. H. Winston and Sons, 1973, p. 93.

21. *Childhood Psychosis,* pp 77–90.

22. *Annotated Bibliography of Chiildhood Schizophrenia*, W. Goldfarb and M.M. Dorsen. Basic Books, 1956.

23. "Childhood Schizophrenia: Clinical Study of One Hundred Schizophrenic Children", Lauretta Bender. *American Journal of Orthopsychiatry,* Vol. 17, Issue 1, Jan. 1947, pp. 40–56.

24. "Infantile Autism and the Schizophrenias", Leo Kanner. *Behavioral Science,* Vol. 10, Issue 4, 1965, p. 418.

25. "A Statistical Study of a Group of Psychotic Children", Dorothy Bomberg, S. A. Szurek, and Jacqueline Etemad. *Clinical Studies in Childhood Psychoses*, Bruner/Mazel, 1973, pp. 303–345.

26. Ibid.

27. "The Misuse of the Diagnosis Childhood Schizophrenia", Hilde L. Mosse. *American Journal of Psychiatry,* Vol. 114, 1958, pp. 791–794.

28. "Problems of Nosology and Psychodynamics of Early Infantile Autism."

29. "Frosted Children", *Time*, Apr. 26, 1948.

30. "The Fathers of Autistic Children", Leon Eisenberg. *American Journal of Orthopsychiatry*, Vol. 27, issue 4, Oct. 1957, pp. 715–724.

31. "Early Infantile Autism (1943–1955)", Leo Kanner and Leon Eisenberg. *American Journal of Orthopsychiatry*, Vol. 26, 1956, pp. 55–65.

32. "Bruno Bettelheim and the Concentration Camps", Christian Fleck And Albert Müller. *Journal of the History of the Behavioral Sciences, Vol.33, No. 1, Winter* 1997. pp. 1–37.

33. "Bergasse 19", in *Freud's Vienna*, Bruno Bettelheim. Vintage, 1991, p. 21.

34. *Bettelheim: A Life and a Legacy,* Nina Sutton. Westview Press, 1996, p. 80.

35. Ibid., p. 85.

36. "Bruno Bettelheim and the Concentration Camps."

37. "The Man He Always Wanted to Be", Sarah Boxer. *The New York Times*, Jan. 26, 1997.

38. "Individual and Mass Behavior in Extreme Situations", Bruno Bettelheim. *The Journal of Abnormal and Social Psychology*, Vol. 38, No. 4, Oct. 1943, pp. 417–452.

39. "Autism at the Orthogenic School and in the Field at Large (1951–1985)",

Jacqueline Seevak Sanders. *Residential Treatment for Children & Youth*, Vol. 14, Issue 2, 1996.
40. Ibid.
41. *Bettelheim: A Life and a Legacy*, p. 265.
42. *The Creation of Dr. B*, Richard Pollak. Touchstone, 1997, p. 332.
43. "Who, Really, Was Bruno Bettelheim?" Ronald Angres. *Commentary*, Oct. 1990.
44. *The Empty Fortress: Infantile Autism and the Birth of the Self*, Bruno Bettelheim. The Free Press, 1967, p. 125, 348.
45. "Autism at the Orthogenic School and in the Field at Large (1951 – 1985).
46. "Theory and Treatment of Childhood Schizophrenia", Lauretta Bender. *Acta paedopsychiatrica*, Vol. 34, 1968, pp. 298–307.
47. Ibid.
48. 예를 들어, "1970년대 후반까지 자폐증 어린이는 종종 '어린이 조현병'으로 진단 받았다". "Multiplex Developmental Disorder", Autism Program at Yale. http://childstudycenter.yale.edu/autism/information/mdd.aspx
49. "The Space Child: A Note on the Psychotherapeutic Treatment of a 'Schizophrenoid' Child", by Rudolf Ekstein and Dorothy Wright. *Bulletin of the Menninger Clinic*, 1952.
50. Note on a 2011 photograph of the abandoned facility, Patrick Emerson, http://www.flickr.com/photos/kansasphoto/7341230726
51. *Kansapedia*, Kansas Historical Society. http://www.kshs.org/portal_kansapedia
52. "Freedom and Authority in Adolescence", Frederick J. Hacker and Elisabeth R. Geleerd, *American Journal of Orthopsychiatry*.Volume 15, Issue 4, October 1945.
53. "Children with Circumscribed Interest Patterns", J. Franklin Robinson and Louis J. Vitale. *American Journal of Orthopsychiatry*, Vol. 24, Issue 4, Oct. 1954, pp 755–766.
54. "Childhood Schizophrenia: Round Table, 1953", Herbert Herskovitz, chairman. *American Journal of Orthopsychiatry*, Vol. XXIV, No. 3, pp. 484–528.
55. "Autism in Childhood: An Attempt of an Analysis", George Frankl. Courtesy of Spencer Library, University of Kansas Archives.
56. "Notes on the follow-up studies of autistic children", Leo Kanner and Leon Eisenberg. Originally published in 1955, reprinted in *Childhood Psychosis: Initial Studies and New Insights*. Washington D.C.: Winston, 1973, pp 77–90.
57. Ibid., p. 86.
58. "Follow-up Study of Eleven Autistic Children Originally Reported in 1943", Leo Kanner. *Journal of Autism and Childhood Schizophrenia*, Vol. 1, No. 2, 1971, p. 163.
59. "Early Infantile Autism (1943–1955)", Leo Kanner and Leon Eisenberg. *American*

Journal of Orthopsychiatry, Vol. 26, 1956, pp. 55-65.
60. "Thiells Journal; Graves Without Names for the Forgotten Mentally Retarded", by David Corcoran. The New York Times, Dec. 09, 1991.
61. "Follow-Up Study of Eleven Autistic Children Originally Reported in 1943", Leo Kanner. *Journal of Autism and Childhood Schizophrenia*, Apr-Jun, Vol. 1 No. 2, pp. 119-145.
62. Ibid., p. 185.
63. Ibid., p187.
64. "Early Infantile Autism and Autistic Psychopathy."
65. "Review: *The Autistic Child* by Isaac Kugelmass", by Leo Kanner. *Journal of Nervous &Mental Disease*, Vol. 152, Issue 5, May 1971, pp. 370-371.
66. "Childhood Problems in Relation to the Family: Summary of a Seminar", by Leo Kanner and Leon Eisenberg. *Pedatrics*, Vol. 20, No. 1, July 1, 1957, pp. 155 -164.
67. *A History of Autism*, p. 47.

6장. 무선통신의 왕자

1. Uta Frith's footnote in "Autistic Psychopathy in Childhood", p. 72.
2. *The Gernsback Days*, Mike Ashley and Robert A.W. Lowndes. Wildside Press, 2004, p. 16.
3. "The Gernsback Story", Ed Raser, reprinted in *QST*, April 2008.
4. "The Dirt on Mars Lander Soil Findings", Andrea Thompson. Space.com, July 2, 2009.
5. "Lunar Bat-men, the Planet Vulcan and Martian Canals", Erik Washam. *Smithsonian* magazine, December 2010.
6. *Mars as the Abode of Life*, Percival Lowell. The Macmillan Company, 1908.
Explorers of the Infinite: Shapers of Science Fiction, Sam Moskowitz. World Publishing
7. Company, 1963.
8. *The Gernsback Days*, p. 17.
9. Ibid., p. 18.
10. "The Gernsback Story."
11. *The Gernsback Days*, p. 20.
12. Ibid.
13. "A dreamer who made us fall in love with the future", Daniel Stashower. *Smithsonian*, 1984, reprinted Aug. 01, 1990.
14. Electro Importing Company: *Catalogue No. 7*, First Edition 1910, foreword.
15. "A dreamer who made us fall in love with the future"

16. *The Gernsback Days,* p. 20.

17. Ibid.

18. *Science-Fiction: The Gernsback Years*, by Everett Franklin Bleiler. Kent State University Press, 1998.

19. "Hugo Gernsback is Dead at 83: Author, Publisher, and Inventor." *The New York Times*, August 20, 1967.

20. "My Inventions", Nikola Tesla. *The Electrical Experimenter*, Experimenter Publishing Company, Inc., New York, 1919.

21. "When Woman is Boss: An interview with Nikola Tesla", John B. Kennedy. *Colliers*, Jan. 30, 1926.

22. "My Inventions."

23. *My Inventions*, Nikola Tesla. Martino Fine Books, reprint 2011, p. 13.

24. *Thinking in Pictures*, Temple Grandin. Vintage Books, 1996, p. 4.

25. *Science-Fiction: The Gernsback Years.*

26. *The Gernsback Days,* p. 117.

27. *Astrofuturism: science, race, and visions of utopia in space,* De Witt Douglas Kilgore. University of Pennsylvania Press, 2003.

28. "Without You, There's No Future", Paul Malmont. Tor.com. http://www.tor.com/blogs/2011/07/without-you-theres-no-future

29. *All Our Yesterdays*, Harry Warner. Advent, 1969.

30. "British Scientists Now Read Wonder", *Fantasy Review*, Vol. II, No. 9, Jun.-July 1948.

31. "Introduction", Victor Wallis. *Socialism and Democracy Journal*, April 6, 2011.

32. *The Detached Retina: Aspects of SF and Fantasy*, Brian W. Aldiss. Syracuse University Press, 1995.

33. *Science-Fiction: The Gernsback Years*, p. xiv.

34. "Investigation in Newcastle", Jack Speer, 1944.

35. Ibid.

36. *All Our Yesterdays.*

37. Dal Coger. *Mimosa*, June 1998.

38. *All Our Yesterdays.*

39. "*Homo aspergerus*: Evolution Stumbles Forward", Gary Westfahl. *Locus Online*, Mar. 6, 2006.

40. *All Our Yesterdays.*

41. "The City at the Edge of Forever", Harlan Ellison. *Star Trek*, season 1 episode 28.

42. "Looking for Degler", David B. Williams. *Mimosa* 30, Aug. 2003.

43. *All Our Yesterdays.*

44. "Those Fabulous 'Handicapped' Fans", Arnie Katz. *Fanstuff* #33, March 17, 2013.

45. *Rough News, Daring Views*, Jim Kepner. The Haworth Press, 1998.

46. Gary Westfahl, personal communication, 2013.

47. "The Future: Electronic Mating", Hugo Gernsback. *Sexology*, Feb. 1964.

48. "How to Write 'Science' Stories", by Hugo Gernsback. From *Writer's Digest*, February 1930. Reprinted in *Science Fiction Studies*, Gary Westfahl ed., July 1994.

49. *The Mechanics of Wonder: The Creation of the Idea of Science Fiction*, Gary Westfahl. Liverpool University Press, 1998, p. 131.

50. *Hugo Gernsback: A Man Well Ahead of His Time*, edited by Larry Steckler. Book Surge Publishing, 2007, p. 191.

51. "Barnum of the Space Age: The Amazing Hugo Gernsback, Prophet of Science", Paul O'Neil. *Life* Magazine, Sep. 9, 1963.

52. Ibid.

53. "Nikola Tesla, 86, Prolific Inventor." *New York Times*, Jan. 8, 1943.

54. 데스마스크: "About New York", Meyer Berger. *The New York Times*, January 6, 1958.

55. "Your Boy and Radio", Hugo Gernsback. *Radio News*, Dec. 1924.

56. *Calling CQ*, Clinton DeSoto. Doubleday, Doran & Company: New York, 1941,

57. "Bob Hedin to be awarded the 2013 GRASP Distinguished Spectrumite Medal", GRASP website, http://grasp.org/profiles/blogs/bob-hedin-to-be-awarded-the-2013-grasp-distinguished-spectrumite

58. Robert Hedin, personal communication, 2013.

59. "From a Female Viewpoint", Judith C. Gorski. *QST*, Jan. 1978.

60. "Lenore Jensen: Actress, Ham Radio Operator", *Los Angeles Times*, May 08, 1993.

61. " I Am a Survivor", Mark Morris Goodman. Asperger's Association of New England, http://www.aane.org/asperger_resources/articles/adults/i_am_a_survivor.html

62. Ibid.

63. *Calling CQ*, Clinton DeSoto. Doubleday, Doran & Company: New York, 1941.

64. "I Am a Survivor", Mark Morris Goodman. Asperger's Association of New England, http://www.aane.org/asperger_resources/articles/adults/i_am_a_survivor.html

65. National Space Science Data Center. http://nssdc.gsfc.nasa.gov/nmc/spacecraftSearch.do?launchDate=1967&discipline=All

66. *Hackers: Heroes of the Computer Revolution*, Steven Levy. O'Reilly Media, 2010, p. 11.

67. "A Proposal For the Dartmouth Summer Research Project on Artificial

Intelligence", J. McCarthy, M. L. Minsky, N. Rochester, C.E. Shannon, August 31, 1955.

68. *Scientific Temperaments*, Philip Hilts. Simon and Schuster, 1982, p. 203.

69. Ibid.

70. Ibid.

71. *The Project Gutenberg EBook of Electricity for Boys*, by J. S. Zerbe. http:// http://www.gutenberg.org/files/22766/22766-h/22766-h.htm

72. "The Home Information Utility", John McCarthy. *Man and Computer: Proceedings of the International Conference, Bordeaux, France, 1970*. Basel. S. Karger, 1972, pp. 48-57.

73. *Hackers: Heroes of the Computer Revolution*, Steven Levy. O'Reilly Media, 2010.

74. "Spacewars and Beyond: How the Tech Model Railroad Club Changed the World", Henry Jenkins. http://henryjenkins.org/2007/10/spacewars_and_beyond_how_the_t.html#sthash.vNI7iDoK.dpuf

75. *Scientific Temperaments*, p. 266.

76. "John McCarthy, 84, Dies: Computer Design Pioneer", by John Markoff. The New York Times, October 25, 2011.

77. Jean Hollands, personal communication.

78. Ibid.

79. *The Senior Class Book*, compiled by the class of 1906, Cornell University, 1906, p. 147.

80. Lee Felsenstein, personal communication.

81. "Oral History of Lee Felsenstein", Kip Crosby, edited by Dag Spicer, May 7, 2008. Computer History Museum, p. 2. http://www.computerhistory.org/collections/catalog/102702231

82. Lee Felsenstein, personal communication.

83. Lee Felsenstein, interview with the author, 2014.

84. "An Interview with John Markoff: What the dormouse said." *Ubiquity*, Aug. 2005.

85. *Tools For Conviviality*, Ivan Illich. Harper & Row, 1973.

86. "Spacewar: Fanatic Life and Symbolic Death Among the Computer Bums", Stewart Brand. *Rolling Stone*, Dec. 7, 1972.

87. "Convivial Cybernetic Devices: An Interview with Lee Felsenstein", Kip Crosby. *The Analytical Engine*, Newsletter of the Computer History Association of California Vol. 3, No. 1, November 1995.

88. "Spacewar."

89. "Smiley Lore," Scott Fahlman. https://www.cs.cmu.edu/~sef/sefSmiley.htm

90. "Convivial Cybernetic Devices."

91. Community Memory flyer, courtesy of Mark Szpakowski and Loving Grace Cybernetics. http://www.well.com/~szpak/cm/cmflyer.html.

92. "The First Community Memory", interview with Lee Felsenstein, Jon Plutte. Computer History Museum, 2011. http://www.computerhistory.org/revolution/the-web/20/377/2328

93. Lee Felsenstein, interview with the author, 2014.

7장. 괴물과 싸우기

1. "Dr. Bernard Rimland is autism's worst enemy", Patricia Morris Buckley. *San Diego Jewish Journal*, Oct. 2002.

2. "The Modern History of Autism: A Personal Perspective", Bernard Rimland. *Autism in Children and Adults*, ed. Johnny L. Matson, Brooks/Cole Publishing, 1994, p. 1.

3. Gloria Rimland, interview with the author, 2012.

4. Ibid.

5. *Madness on the Couch*, Edward Dolnick. Simon and Schuster, 1998, p. 219.

6. Ibid, p. 219.

7. Gloria Rimland, interview with the author, 2012.

8. "A World Unto Himself: One Family's Agonizing Fight to Help Their Autistic Child", Lloyd Grove, *Washington Post*, August 5, 1984.

9. Gloria Rimland interview with the author, 2012.

10. "Bernard Rimland's *Infantile Autism*: The Book That Changed Autism", Steve Edelson, Autism Research Institute, 2014.

11. "The Modern History of Autism."

12. Ibid.

13. Undated letter to Leo Kanner (early 1960s), Bernard Rimland. Courtesy of the Autism Research Institute.

14. Ibid.

15. Ibid.

16. Ibid.

17. '분명히' 카너의 진단적 감각에 의구심을 가진 것이 아니라, 림랜드가 자폐증이라는 단어를 이전의 의미, 즉 질병명이 아니라 행동을 기술하는 의미로 사용했기 때문이다.

18. 1964년 7월 23일 스탠포드 대학교 행동과학 고등연구원Center for Advanced Study in the Behavioral Sciences at Stanford University 원장 랠프 타일러Ralph W. Tyler에게 보낸 편지에서 림랜드는 자신이 해군에서 심리 측정에 관해 쓴 40편의 전문적 문건과 학술 논문이 "직접 관련된 맥락을 벗어나면 전혀 중요하게 생각되지 않을 것"이라고 썼다.

19. "Application for fellowship at the Center for Advanced Study in the Behavioral Sciences", Bernard Rimland. Stanford University, July 23, 1964.
20. "Preface", *Infantile Autism: The Syndrome and Its Implications for a Neural Theory of Behavior*, Bernard Rimland. Appleton-Century-Crofts, 1964.
21. Ibid.
22. Gloria Rimland, Interview with the author, 2012.
23. *Infantile Autism*, p. 13.
24. Ibid, p. 108.
25. Ibid, p. 43.
26. "The genetics of autistic disorders and its clinical relevance: a review of the literature", C. M. Freitag. *Molecular Psychiatry*, Vol. 12, 2007, pp. 2-22
27. *Infantile Autism*, p. 127.
28. "The Modern History of Autism", p. 6.
29. "A retrospective analysis of the clinical case records of 'autistic psychopaths' diagnosed by Hans Asperger and his team at the University Children's Hospital, Vienna", Kathrin Hippler and Christian Klicpera. *Philosophical Transactions: Biological Sciences*, Vol. 358, No. 1430, *Autism: Mind and Brain*(Feb. 28, 2003), pp. 291-301.
30. "Common Polygenic Risk for Autism Spectrum Disorder (ASD) is Associated with Cognitive Ability in the General Population", T. K. Clarke, M. K. Lupton, et al. *Molecular Psychiatry*, advance online publication, March 10, 2015.
31. *Infantile Autism*, p. 40.
32. Ibid, p. 57.
33. "Race Differences in the Age at Diagnosis Among Medicaid-eligible Children with Autism", D.S. Mandell, J. Listerud, et. al. *Journal of the American Academy of Child and Adolescent Psychiatry*, Vol. 41, No. 12, 2002, pp. 1447-1453.
34. *Infantile Autism*, p. 19.
35. Details in this section from "The Discovery of Phenylketonuria: The Story of a Young Couple, Two Retarded Children, and a Scientist", Siegried A. Centerwall and Willard R. Centerwall. *Pediatrics*, Vol. 105, No. 1, Jan. 1, 2000, pp. 89-103.
36. "Diagnostic Check List for Behavior-Disturbed Children (Form E-1)", provided by Steve Edelson of the Autism Research Institute.
37. *Infantile Autism*, p. 18.
38. Steve Edelson, personal communication.
39. Steve Edelson, personal communication, based on a conversation with Gloria Rimland.

40. Steve Edelson, personal communication.
41. *Infantile Autism*, p. 16.
42. "The Autistic Child in Adolescence", Leon Eisenberg. *American Journal of Psychiatry*, Vol. 112, 1956, pp. 607–612.
43. *Infantile Autism*, p. 64.
44. "Poet with a Cattle Prod", by Paul Chance. *Psychology Today*, January 1974.
45. Ibid.
46. "The Phantom Chaser", Robert Ito, *Los Angeles Magazine*, Apr. 2004.
47. "In Memoriam: O. Ivar Lovaas (1927–2010)", Eric V. Larsson and Scott Wright. *The Behavior Analyst*, Spring issue, Vol. 34, No. 1, pp. 111–114.
48. "Poet with a Cattle Prod."
49. Gloria Rimland, interview with the author.
50. "An Interview with O. Ivar Lovaas", Richard Simpson, *Focus On Autistic Behavior*, Vol. 4, No. 4, Oct. 1989.
51. "The Phantom Chaser."
52. "Poet with a Cattle Prod."
53. "Pioneer Profiles: A Few Minutes with Sid Bijou", Michael D. Wesolowski, *The Behavior Analyst*, Vol. 25, No. 1, Spring 2002, pp. 15–27.
54. "O. Ivar Lovaas: Pioneer of Applied Behavior Analysis and Intervention for Children with Autism", by Tristram Smith and Svein Eikeseth. *Journal of Autism and Developmental Disorders*, (2011) 41:375–378.
55. "The Development of a Treatment-Research Project For Developmentally Disabled and Autistic Children", O. Ivar Lovaas, *Journal of Applied Behavior Analysis*, Winter 1993, 26, pp. 617–630.
56. "Positive Reinforcement and Behavioral Deficits of Autistic Children", Charles B. Ferster. *Conditioning Techniques in Clinical Practice and Research*, Springer, 1964, pp. 255–274.
57. "Strengths and Weaknesses of Operant Conditioning Techniques for the Treatment of Autism", O. Ivar Lovaas. *Research and Education: Top Priorities for Mentally Ill Children. Proceedings of the Second Annual Meeting and Conference of the National Society for Autistic Children*, 1971.
58. Ibid.
59. "The development of a treatment-research project for developmentally disabled and autistic children", O. I. Lovaas. *Journal of Applied Behavior Analysis*, Vol. 26, p. 620.
60. "Poet with a Cattle Prod."

61. *Behavioral Treatment of Autism*, a documentary by Edward L Anderson and Robert Aller. Focus International, 1988.
62. "O. Ivar Lovaas."
63. "Poet with a Cattle Prod."
64. Lorna Wing, interview with the author, 2011.
65. *The ME Book: Teaching Developmentally Disabled Children*, O. Ivar Lovaas, PRO-ED, 1981.
66. "Memories of Ole Ivar Lovaas." http://www.psychologicalscience.org/index.php/publications/observer/2010/november-10/memories-of-ole-ivar-lovaas.html
67. "In Defense of Ivar Lovaas", Bernard Rimland, Autism Research Institute International newsletter, Vol. 1, No. 1, 1987.
68. Ibid.
69. David Ryback, interview with the author, 2013.
70. Gloria Rimland, interview with the author, 2012.
71. "Experimental Manipulation of Autistic Behaviors and Generalization into the Home", Todd Risley and Montrose M. Wolf. Paper read at American Psychological Association, Los Angeles, September, 1964.
72. "Strengths and Weaknesses of Operant Conditioning Techniques for the Treatment of Autism."
73. "An Interview with O. Ivar Lovaas."
74. "The Modern History of Autism."
75. "Thomas Addis (1881-1949): A Biographical Memoir", Kevin B. Lemley and Linus S. Pauling, Washington D. C.: National Academy of Sciences, 1994.
76. Ibid.
77. *Vitamin C and the Common Cold*(1970), *Vitamin C and Cancer*(1979) and *How to Feel Better and Live Longer*(1986).
78. "Vitamin C Sales Booming Despite Skepticism on Pauling", Jane E. Brody. *The New York Times,* Dec. 5, 1970.
79. "Vitamin C for preventing and treating the common cold", H. Hemilä and E. Chalker, The Cochrane Collaboration, May 31, 2013.
80. "Linus Pauling and the Advent of Orthomolecular Medicine", Stephen Lawson. Folkers shared the credit for isolating B-12 with his colleague, Mary Shaw Shorb.
81. "Orthomolecular Psychiatry", Linus Pauling, *Science*, April 19, 1968. *Journal of Orthomolecular Medicine*, Vol. 23, no. 2, 2008, pp. 265-271.
82. *Recovering Autistic Children*, Stephen M. Edelson and Bernard Rimland, editors. San Diego: Autism Research Institute. 2nd ed., 2006.

83. "The Modern History of Autism."
84. Ruth Christ Sullivan, interview with the author, 2012.
85. "The Role of the National Society in Working with Families", Frank Warren, *The Effects of Autism on the Family*. Eric Schopler and Gary B. Mesibov, eds. New York and London: Plenum Press, 1984.
86. Ruth Christ Sullivan, interview with the author, 2012.
87. From *The World of Typewriters*(1714-2104), Robert Messenger, Australian Typewriter Museum, Canberra. http://oztypewriter.blogspot.com/
88. "How to Teach Infants to Read", *Saturday Evening Post*, November 20, 1965.
89. "Autism, Brain Damage, Mental Retardation: Observations with the Talking Typewriter", Mary Goodwin. *Research and Education: Top Priorities for Mentally Ill Children. Proceedings of the Second Annual Meeting and Conference of the National Society for Autistic Children*, 1971.
90. Author's interview with Ruth Christ Sullivan.
91. "The Modern History of Autism."
92. "The Role of the National Society in Working with Families."
93. "Parents as Trainers of Legislators, Other Parents, and Researchers", Ruth Christ Sullivan. *The Effects of Autism on the Family,* Eric Schopler and Gary B. Mesibov, editors. Plenum Press: New York and London, 1984.
94. "How to Work with Your State Legislature", S. Clarence Griffith, Christine Griffith. *Proceedings of the Second Annual Meeting and Conference of the National Society for Autistic Children,* NSAC, 1971.
95. "Benhaven: A School That Works for the Autistic", Stephen Rudley and Cynthia Lynes, *New York* magazine, October 8, 1969.
96. Ibid.
97. "Benhaven", Amy Lettick. Autism in Adolescents and Adults, Eric Schloper, Gary Mesibov, editors. Plenum Press, 1983, pp. 355-379.
98. "Pre-vocational training program at Benhaven", Amy Lettick. *Proceedings of the Fourth Annual NSAC Congress*, 1972.
99. "Parents as Trainers of Legislators, Other Parents, and Researchers."
100. Based on accounts in "The Role of the National Society in Working with Families."
101. *The Autistic Syndromes*, Mary Coleman, editor. North-Holland Publishing Company, 1976.
102. "Savant Capabilities of Autistic Children and Their Cognitive Implications", Bernard Rimland. Cognitive Defects in the Development of Mental Illness, George

Serban, ed., Brunner/Mazel, 1978, p. 44.

103. Ibid, p. 44.

104. NSAC had just 2000 members in 1970. *The Autism Matrix*, Gil Eyal et. al, Cambridge: Polity Press, 2010, p. 186.

105. Ibid.

106. "Special Report on the First NSAC Congress", Clara Claiborne Park, as quoted in *Research and Education: Top Priorities for Mentally Ill Children. Proceedings of the Second Annual Meeting and Conference of the National Society for Autistic Children*, 1971.

107. "The Role of the National Society in Working with Families."

108. "Special Report on the First NSAC Congress."

109. A Tribute to Eric Schopler (1927-2006). http://www.youtube.com/watch?v=D_THeWH0ox4

110. Transcript of Kanner's address to the First Annual NSAC Congress provided by Ruth Christ Sullivan.

111. *Childhood Psychosis*.

112. *Research and Education: Top Priorities for Mentally Ill Children. Proceedings of the Second Annual Meeting and Conference of the National Society for Autistic Children*, 1971.

113. "Autism Society of America Position Paper on the National Crisis in Adult Services for Individuals with Autism", ASA Board of Directors, adopted July 17, 2001, updated May 2007.

114. "Experimental Studies in Childhood Schizophrenia: Analysis of Self-Destructive Behavior", O. Ivar Lovaas *et. al.*, *Journal of Experimental Child Psychology* 2, 1965, pp. 67-84.

115. Ibid.

116. "Poet with a Cattle Prod."

117. "Response latencies to auditory stimuli in autistic children engaged in self-stimulatory behavior", O.Ivar Lovaas, Alan Litrownik, Ronald Mann. Behaviour Research and Therapy, Vol. 9, Issue 1, Feb. 1971, pp 39-49.

118. "Strengths and Weaknesses of Operant Conditioning in the Treatment of Autistic Children."

119. Ibid.

120. "A Cognitive Defense of Stimming", Cynthia Kim. http://musingsofanaspie.com/2013/06/18/a-cognitive-defense-of-stimming-or-why-quiet-hands-makes-math-harder/

121. 로바스는 발표된 연구 결과에 쌍둥이들의 이름을 밝히지 않았지만, ME 매뉴얼에 저술한 부분에서 베스로 시작하는 목록이 UCLA에서 수행한 어린이 자폐증 프로젝트Young Autism Project에 처음으로 참여한 실험 대상자들의 이름인 것 같다. *Teaching Developmentally Disabled Children: The ME Book,* O. Ivar Lovaas, PRO-ED, 1981.

122. "Building Social Behavior in Autistic Children Using Electric Shock", O. Ivar Lovaas, Benson Schaeffer, and James Q. Simmons, *Journal of Experimental Research in Personality*, Vol. 1, 1956, pp. 99–109.

123. Ibid.

124. "About Hearing Loss", Centers for Disease Control and Prevention. http://www.cdc.gov/healthyyouth/noise/signs.htm#3

125. "The first stimulators—reviewing the history of electrical stimulation and the devices crucial to its development", by L.A. Geddes, *Engineering in Medicine and Biology Magazine,* No. 4, Vol. 13, Aug. –Sept. 1994.

126. *Mansfield News Journal,* Mar. 31, 1963.

127. "The Effects and Side Effects of Punishing the Autistic Behaviors of a Deviant Child", Todd R. Risley, *Journal of Applied Behavioral Analysis*, Number 1, Spring 1968. (논문에서 리슬리는 언급된 실험이 1963년에 시작되었다고 썼다.)

128. "Punishment", by Richard L. Solomon, *American Psychologist*, Vol. 19, No. 4, Apr. 1964, pp. 239–253.

129. "Building Social Behavior in Autistic Children by Use of Electric Shock", O. Ivar Lovaas, Benson Schaeffer, James Q. Simmons. Journal of Experimental Research in Personality, Vol 1, No. 2, 1965, pp. 99–109.

130. "Establishment of social reinforcers in two schizophrenic children on the basis of food", O. Ivar Lovaas, Gilbert Freitag, et. al. *Journal of Experimental Child Psychology*, Vol. 4, Issue 2, Oct. 1966, pp. 109–125.

131. "Strengths and Weaknesses of Operant Conditioning in the Treatment of Autistic Children."

132. Ibid.

133. Ibid.

134. "The Nightmare of Life with Billy", Don Moser, *Life,* May 7, 1965.

135. "Risks and Benefits in the Treatment of Autistic Children", Ruth Christ Sullivan, *Journal of Autism and Childhood Schizophrenia*, Vol. 8, No. 1, 1978.

136. Ibid.

137. David Ryback, Interview with the author, 2012.

138. Ibid.

139. Ruth Christ Sullivan, Interview with the author, 2012.

140. "Risks and Benefits in the Treatment of Autistic Children", Ruth Christ Sullivan.
141. Ibid., p 101.
142. "B. F. Skinner's Position on Aversive Treatment", James C. Griffin et. al., *American Journal of Mental Retardation*, Vol. 93, No. 1, 1988, pp. 104–105.
143. *Ethics for Behavior Analysts* by Jon Bailey and Mary Burch. Taylor & Francis, 2011.
144. "The Twins", *The Man Who Mistook His Wife for a Hat, and Other Clinical Tales,* Oliver Sacks. Simon & Schuster: Summit Books, 1985, p. 202.
145. Oliver Sacks, interview with the author, 2013.
146. "The Autist Artist", *The Man Who Mistook His Wife for a Hat and Other Clinical Tales*, Oliver Sacks. Simon & Schuster: Summit Edition,1985, p. pp. 214–233.
147. Oliver Sacks, Interview with the author, 2013.
148. 다음 책에서 색스는 어떤 책의 내용인지 언급하지 않고 이 꿈에 관해서만 썼다. *Musicophilia: Tales of Music and the Brain*, Knopf, 2007, p. 280.
149. *The 'Sissy-Boy Syndrome" and the Development of Homosexuality*, Richard Green. Yale University Press: New Haven and London, 1987.
150. "Behavioral Treatment of Deviant Sex-Role Behaviors in a Male Child", George Rekers, O. Ivar Lovaas. *Journal of Applied Behavior Analysis*, Vol. 7, No. 2, 1974, pp. 173–190.
151. *The 'Sissy-Boy Syndrome" and the Development of Homosexuality*.
152. "What Are Little Boys Made Of?" Jim Burroway. Box Turtle Bulletin, 2011. http://www.boxturtlebulletin.com/what-are-little-boys-made-of-main
153. "The Feminine Boy Project Still Threatens Gender Expression", Cynthya BrianKate. The Stony Book Press, Mar. 30, 2010. http://sbpress.com/2010/03/feminine-boy-project/
154. *The 'Sissy-Boy Syndrome" and the Development of Homosexuality*.
155. "A Heaven-Sent Rent Boy", Frank Rich. *The New York Times*, May 16, 2010.
156. "The 'Sissy Boy' Experiment: Uncovering the Truth", *AC360*, Anderson Cooper, June 2011. http://www.youtube.com/watch?v=A-irAT0viF0
157. "Treatment of Gender Identity Confusion in Children: Research Findings and Theoretical Implications for Preventing Sexual Identity Confusion and Unwanted Homosexual Attractions in Teenagers and Adults", George Rekers. Keynote address, 2009 NARTH Convention, West Palm Beach, Fl.
158. *Alternatives to Punishment: Solving Behavior Problems with Non-aversive Strategies*, Gary W. LaVigna, Anne M. Donnellan. Ardent Media, 1986, p. 6.
159. *Understanding Autism*, Chloe Silverman. Princeton University Press, 2012, p.

111.
160. "Personal Paradigm Shifts Among ABA and PBS Experts: Comparisons in Treatment Acceptability", Fredda Brown, Craig Michaels, et al. *Journal of Positive Behavioral Interventions*, Vol. 10, No. 4, Oct. 2008, pp. 212–227.
161. "Sending $30 Million a Year to a School with a History of Giving Kids Electric Shocks", Heather Vogell and Annie Waldman. Pacific Standard, Jan. 5, 2015. http://www.psmag.com/politics-and-law/sending-30-million-yearschool-history-giving-kids-electric-shocks-97501
162. "The Autistic Child: Language Development Through Behavior Modification", O. Ivar Lovaas. Irvington Publishers, 1977, p. 119.
163. "An Interview with O. Ivar Lovaas."
164. "Strengths and Weaknesses of Operant Conditioning in the Treatment of Autistic Children."
165. *Teaching Developmentally Disabled Children: The ME Book*, p. 4.
166. "Behavioral Treatment and Normal Educational and Intellectual Functioning in Young Autistic Children", O. Ivar Lovaas. Journal of Consulting and Clinical Psychology, Vol. 55, No. 1, 1987, pp. 3–9.
167. "Research Reports Progress Against Autism", Daniel Goleman. *The New York Times*, Mar. 10, 1987.
168. *Behavioral Treatment of Autism*.
169. "In Defense of Ivar Lovaas."
170. *A History of Autism*, p. 134.
171. Ibid., p. 135.
172. Ibid.
173. "An Orthomolecular Study of Psychotic Children", Bernard Rimland. *The Journal of Orthomolecular Psychiatry*, Vol. 3, 1974, pp. 371–377.
174 "The Placebo Problem", Steve Silberman, *Wired*, September 2009.
175. "The Modern History of Autism."
176. "An Orthomolecular Study of Psychotic Children."
177. "A Hierarchical Clustering Technique", Earnest Wells Richardson, United States Naval Postgraduate School, 1971, p. 58.
178. Deaner advertisement. *Canadian Medical Association Journal*, Vol. 80, No. 12, 1959, p. 73.
179. "Council on Drugs: New and Nonofficial Drugs", *JAMA*, Vol. 172, No. 14 (April 2, 1960), pp. 1518–1519.
180. "Clinical uses of deanol (Deaner): a new type of psychotropic drug", J. D.

Moriarity, J. D. Mebane. *American Journal of Psychiatry*. Vol. 115, No. 10, April 1959, pp. 941-942.

181. *Natural Organics, Inc. v. Gerald A. Kessler*, Docket No. 9294, 2001.

182. *Natural Organics, Inc. v. Gerald A. Kessler*.

183. "Progress in Research", Bernard Rimland. Proceedings of the 4th annual meeting of the National Society for Autistic Children, 1972.

184. *Recovering Autistic Children*, Stephen Edelson, Bernard Rimland. Autism Research Institute, 2006, p. 23.

185. "The Discovery of Phenylketonuria: The Story of a Young Couple, Two Retarded Children, and a Scientist", Siegried A. Centerwall and Willard R. Centerwall. *Pediatrics*, Vol. 105, No. 1, Jan. 1, 2000, pp. 89-103.

186. *A History of Autism*.

187. Steve Edelson, interview with the author.

188. Ibid.

189. "A systematic review of secretin for children with autism spectrum disorders", S. Krishnaswami S, M.L. McPheeters J. Veenstra-VanderWeele. *Pediatrics*, Vol. 127, No. 5, 2011, pp. e1322-e1325.

190. "Early Infantile Autism (1943-1955)", Leo Kanner and Leon Eisenberg. *American Journal of Orthopsychiatry*, Vol. 26, 1956, pp. 55-65.

8장. 자연이 긋는 선은 항상 주변으로 번진다

1. Peter Bell, interview with the author, 2012.

2. "How Autism Became Autism: The radical transformation of a central concept of child development in Britain", Bonnie Evans. *History of the Human Sciences*, Vol. 26, No. 3, 2013, pp. 3-31.

3. *Moving on from Mental Hospitals to Community Care: A Case Study of Change in Exeter*, David King. The Nuffield Trust, 1991.

4. "Heart and soul: Charles Dickens on the passion and power of fundraising", Aline Reed, SOFII, http://www.sofii.org/node/829

5. *Autism: A Social and Medical History*, Mitzi Waltz. Palgrave Macmillan, 2013.

6. "Discussion: Psychoses in Childhood", Mildred Creak, et. al. *Proceedings of the Royal Society of Medicine*, Vol .45, No. 11, Nov. 1952.

7. "An experimental approach to the psychopathology of childhood autism," E. J. Anthony. *British Journal of Medical Psychology*, Vol. 21, 1958, pp. 211-225.

8. "Infantile Autism and the Schizophrenias", Leo Kanner. *Behavioral Science*, Vol. 10, Issue 4, 1965.

9. *A History of Autism*, p. 168.
10. "The History of Ideas on Autism: Legends, Myths, and Reality", Lorna Wing. *Autism*, Vol. 1, No. 13, 1997, pp. 13-23.
11. Lorna Wing and Judith Gould, interview with the author, 2011.
12. "Obituary: Dr. Mildred Creak", Philip Graham. *The Independent*, Nov. 6, 1993.
13. "Contribution and Legacy of John Wing(1923-2010)", *The British Journal of Psychiatry*, Vol. 198, 2011, pp 176-178.
14. *Oxford Dictionary of National Biography* 2005-2008, Lawrence Goldman, editor. Oxford University Press, 2013, pp. 344-346.
15. *A History of Autism*, p. 88.
16. "Perspectives on a Puzzle Piece", Helen Allison. National Autistic Society, 1987.
17. *A History of Autism*, p. 89.
18. *Oxford Dictionary of National Biography* 2005-2008, p. 344.
19. *A History of Autism*, p. 162.
20. "Today's Neuroscience, Tomorrow's History: A Video Interview with Sir Michael Rutter", Richard Thomas. History of Modern Biomedicine Research Group, 2007.
21. "Autistic Conditions in Early Childhood: A Survey in Middlesex", J. K. Wing, N. O'Connor, V. Lotter. *British Medical Journal*, Vol. 3, 1967, pp 389-392.
22. "The Continuum of Autistic Characteristics", Lorna Wing, Diagnosis and Assessment in Autism, Eric Schopler and Gary B. Mesibov, eds, Plenum Press: New York and London, 1988.
23. "Asperger's Syndrome and Kanner's autism", Lorna Wing. Autism and Asperger Syndrome. Cambridge University Press, 1991.
24. Lorna Wing and Judith Gould, interview with the author, 2011.

9장. 〈레인맨〉 효과

1. Barry Morrow, interview with the author, 2013.
2. "Everybody's Bill", Barry Morrow, *School of Social Work Newsletter*, University of Iowa, Summer 1977.
3. Sackter's family background and years at Faribault are chronicled in *The Unlikely Celebrity: Bill Sackter's Triumph Over Disability*, Thomas Walz. Southern Illinois University Press, 1998.
4. Questionnaire returned by Faribault staff member to Southbury Training School, Connecticut State Department of Health, August 15, 1966.
5. "Parents Fight for Children with Developmental Disabilities", Jane Birks. Minnesota Historical Society Library, 1999.

6. *Islands of Genius*, Darold Treffert. Jessica Kingsley Publishers: Philadelphia, 2010, pp. 120-122.

7. *The Real Rain Man*, documentary by Focus Productions, Bristol, England, UK, 2006.

8. *Mental Disability in Victorian England: The Earlswood Asylum,* 1847-1901, David Wright, Oxford, Oxford University Press, 2000.

9. "Dr. J. Langdon Down and 'Developmental' Disorders", Darold Treffert, Wisconsin Medical Society, https://www.wisconsinmedicalsociety.org/professional/ savant-syndrome/resources/articles/dr-j-landon-down-and-developmental-disorders/

10. *Islands of Genius*, p. 126.

11. Barry Morrow, personal communication.

12. UA-Project "coverage" of the original *Rain Man* script, Anne Brand. Courtesy of Barry Morrow. Sept. 18, 1986.

13. "Before They Were Kings", by Richard Meryman, *Vanity Fair*, Mar. 2004.

14. Ibid.

15. "Electric Shock, a New Treatment", by Marjorie Van de Water. *The Science News-Letter*, Vol. 38, No. 3 (Jul. 20, 1940), pp. 42-44.

16. "Playboy Interview: Dustin Hoffman", Richard Meryman. Playboy, Vol. 22, No. 4, 1975.

17. "Tales of Hoffman", Hendrik Hertzberg. New Yorker, Jan. 21, 2013.

18. "Barry Levinson: Making Out Like Bandits", by Alex Simon. *Venice* magazine, Oct. 2001.

19. "Dustin and Me", Sherri Dalfonse, *Washingtonian*, July 1992.

20. Ibid.

21. Kevin Guthrie, interview with the author, 2014.

22. Gail Mutrux, interview with the author, 2014.

23. "Rain Man, the Movie/Rain Man, Real Life", Darold Treffert. https://www.wisconsinmedicalsociety.org/professional/savantsyndrome/resources/articles/rain-man-the-movie-rain-man-real-life/

24. "'Rain Man' validates the feelings of many touched by autism", Sue Reilly. *Los Angeles Daily News*, Jan. 15, 1989.

25. "The Real Press Junket", Edward Guthmann, *San Francisco Chronicle,* July 15, 2001.

26. "Rain Man and the Savants' Secrets", Bernard Rimland. *Autism Research Review International*, Vol. 2 No. 3, 1988.

27. "Dustin and Me."

28. "Joseph's Story." Autism Services Center. http://www.autismservicescenter.org/about/josephs_story

10장. 판도라의 상자

1. "Past and future research on Asperger syndrome", Lorna Wing. In *Asperger Syndrome*, A. Klin, F. Volkmar, & S. Sparrow (Eds.). New York: Guildford Press, p. 418.
2. "The Dictionary of Disorder", Alix Spiegel. *New Yorker*, Jan. 3, 2005.
3. *The Making of DSM-III: A Diagnostic Manual's Conquest of American Psychiatry*, Hannah S. Decker. Oxford University Press, 2013, p. 27.
4. "DSM-III and the Transformation of American Psychiatry: A History", M. Wilson. *American Journal of Psychiatry*, Vol. 150, No. 3, March 1993, pp. 399-410.
5. *The Myth of Mental Illness*, Thomas Szasz. Harper & Row, 1961.
6. "The Dictionary of Disorder."
7. Ibid.
8. "A comparison of schizophrenic and autistic children", W. H. Green, M. Campbell, et. al, *Journal of the American Academy of Child and Adolescent Psychiatry*, Vol. 23, No. 4, July 1984, pp. 399-409.
9. Robert Spitzer, quoted in *The Book of Woe: The DSM and the Unmaking of Psychiatry*, Gary Greenberg. Blue Rider Press, 2013, p. 41.
10. *Unstrange Minds*, Roy Richard Grinker. Basic Books, 2008, p. 131.
11. *The Physiology of Psychological Disorders*, James G. Hollandworth. Springer, 1990, p. 17.
12. "Autism: Not an Extremely Rare Disorder", Christopher Gillberg, Lorna Wing. *Acta Psychiatrica Scandinavica*, Vol. 99, 1999, pp. 399-406.
13. "Ambitious Outsider: An Interview with *Ambit* Editor Martin Bax", *3 A.M.* magazine, 2002.
14. *The Hospital Ship*, Martin Bax. New Directions, 1976.
15. "Market for Disabled Children's Services-A Review", PricewaterhouseCoopers LLP, 2006.
16. "Autistic Spectrum Disorders", Lorna Wing. *British Medical Journal*, Feb. 10, 1996.
17. "Three Reasons Not to Believe in an Autism Epidemic", Morton Ann Gernsbacher, Michelle Dawson and H. Hill Goldsmith. *Current Directions in Psychological Science*, 2005.
18. "Psychometric Instruments Available for the Assessment of Autistic Children", Susan L. Parks. In *Diagnosis and Assessment of Autism*, Eric Schopler and Gary

Mesibov, *eds*. Plenum Press: New York and London, 1988, pp 123-136.

19. "The Anatomy of a Negative Role Model", Eric Schopler. In *The Undaunted Psychiatrist: Adventures in Research*, Gary Brannagan and Matthew Merrens, McGraw Hill, 1993, p. 182.

20. "An Experience with the Rimland Checklist for Autism", Aubrey W. Metcalfe. In *Clinical Studies in Childhood Psychoses*, S.A. Szurek and I. N. Berlin, *eds*. Brunner/Mazel, 1973, pp. 469-470.

21. "Psychometric Instruments Available for the Assessment of Autistic Children", Susan L. Parks. *Diagnosis and Assessment of Autism*, Eric Schopler and Gary Mesibov, eds. Plenum Press: New York and London, 1988, pp. 123-136.

22. *A History of Autism*, p. 177.

23. "The Anatomy of a Negative Role Model", p. 183.

24. *The Autism Matrix*, p. 235.

25. *A History of Autism*, p. 177.

26. "Speech and Language Acquisition and Intervention: Behavioral Approaches", Marjorie Charlop, Linda Haymes. *Autism in Children and Adults*, Johnny Matson, ed. Brooks/Cole Pubishing Company, 1994, p. 213.

27. *The Complete Guide to Asperger's Syndrome*, Tony Attwood. Kingsley, 2006, p. 36.

28. " Clinical Case Conference: Asperger's Disorder", Fred R. Volkmar and Ami Klin. *American Journal of Psychiatry*, Vol. 157, 2000, pp. 262-267.

29. Ibid.

30. Tony Attwood, personal communication, 2014.

31. Unpublished segment of Volkmar interview with Gary Greenberg for *The Book of Woe*, Mar. 1, 2012.

32. 예를 들어, *DSM-IV Videotaped Clinical Vignettes*, Vols. 1 and 2, William Reed, Michael Wise. Brunner/Mazel Studios.

33. *Unstrange Minds*, Roy Richard Grinker. Basic Books, 2008, p. 140.

34. *The* DSM-IV Text Revision: *Rationale and Potential Impact on Clinical Practice*, Michael B. First, Harold Alan Pincus. *Psychiatric Services*, Vol. 53 No. 3, Mar. 2002.

35. Ibid.

36. "Foster Grant, Inc. History", Funding Universe. http://www.fundinguniverse.com/company-histories/fostergrant-inc-history/

37. "Welcome to the Plastic City: Community Responses to the Leominster Autism Cluster", dissertation by Martha E. Lang, Guilford College, Brown University, May 1998.

38. *Combing Through Leominster's History*, Gilbert P. Tremblay. Leominster Historical

Commission Book Committee, Office of the Mayor, 2006, pp. 145-174.

39. Martha E. Lang. "Welcome to the Plastic City: Community Responses to the Leominster Autism Cluster", dissertation, Guilford College, Brown University, May 1998.

40. "Welcome to the Plastic City."

41. *Anderson v. W.R. Grace: Background/About the Case*, Seattle University School of Law. http://www.law.seattleu.edu/centers-and-institutes/films-for-justice-institute/lessons-from-woburn/about-the-case

42. *The Autistic Syndromes*.

43. "Autism in thalidomide embryopathy: a population study", C. Gillberg et. al. *Developmental Medicine and Child Neurology*, Vol. 36, No. 4. Apr. 1994, pp. 351-356.

44. David Ropeik, interview with the author.

45. "The Street Where They Lived", *20/20*, ABC News, Mar. 13, 1992.

46. "The Street Where They Lived", *20/20*, ABC News, Mar. 20, 1992.

47. Ibid.

48. "Welcome to the Plastic City."

49. "Panel: Half of Leominster autism claims verifiable", Ralph Ranalli. *The Boston Herald*, May 15, 1992.

50. David Ropeik, interview with the author, 2013.

51. "The Modern History of Autism", p. 5.

52. "Plain Talk About PDD and the Diagnosis of Autism", Bernard Rimland. *Autism Research Review International*, Vol. 07, No. 2, 1993, p. 3.

53. "Hoffman Couldn't Retrieve Donation", *Rome News-Tribune*, Aug. 13, 1997.

54. 예를 들어, *Healing the New Childhood Epidemics: Autism, ADHD, Asthma, and Allergies*, Kenneth Bock and Cameron Stauth. Ballantine Books, 2008.

55. *The Panic Virus*, Seth Mnookin. Simon & Schuster, 2011, p. 69.

56. Testimony of Barbara Loe Fisher, U.S. House Government Reform Committee, Washington D. C., Aug, 3, 1999.

57. Statement by Barbara Loe Fisher, Institute of Medicine Immunization Safety Committee National Academy of Sciences, Washington, D.C., January 11, 2001.

58. "Junk Science in the Courtroom", Peter Huber. Forbes, July 8, 1991, p. 68.

59. Statement by Barbara Loe Fisher, Institute of Medicine Immunization Safety Committee, National Academy of Sciences, Washington, D. C., Jan. 11, 2001.

60. Excerpt, DPT: Vaccine Roulette, WRC-TV, producer Lea Thompson, 1982.

61. "TV report on DTP galvanizes US pediatricians", Elizabeth Rasche Gonzales. *Journal of the American Medical Association*, Vol. 248, No. 1, July 2, 1982.

62. Ibid.

63. "State Defends Vaccine", Elsa Walsh. *Washington Post*, June 30, 1982.

64. "Coincidental Man: An Interview with Harris Livermore Coulter." Greg Bedayn and Julian Winston. *The American Homeopath*, Vol. 2, 1995.

65. "Review: *On Resolutions: Soviet Communist Party History and Politics as Reflected in Official Documents,* edited by Harris Coulter and Robert Ehlers", John S. Reshetar, Jr. *Slavic Review,* Vol. 35, No. 2, Jun., 1976, pp. 321-325.

66. "Harris Coulter Interview: History, Vaccinations, and 'Mongrel Prescribing'", William Berno. Conducted on the "Homeopathy at Sea" cruise, Oct. 1995.

67. "An interview with Harris Livermore Coulter"

68. *AIDS and Syphilis: The Hidden Link*, Harris L. Coulter. North Atlantic Books, 1987.

69. "Children's Shots: No Longer a Simple Decision", Bernard Rimland. *ARRI Newsletter,* Vol. 9, No. 1, 1995.

70. "VG-1000 — A Therapeutic Vaccine for Cancer", Harris Coulter, Valentin Govallo, et. al. *Potentiating Health and the Crisis of the Immune System,* Springer US, 1997, pp 199-205.

71. 자신의 저서 *Callous Disregard*에서 웨이크 필드는 로열프리 병원 의과대학을 '몇 년간 학문적 침체 속에서 의기소침한' 상태로 묘사했다. *Callous Disregard*, Andrew Wakefield. Skyhorse Publishing, 2010.

72. "Crohn's Disease After In-Utero Measles Virus Exposure", Dr Anders Ekbom, Peter Daszak, Wolfgang Kraaz, Andrew J. Wakefield. Lancet, Vol. 348, No. 9026, Aug. 1996, pp. 515 - 517.

73. "The Clinical Significance of Measles: A Review", Walter A. Orenstein. *Journal of Infectious Diseases*, Vol. 189, Supplement 1, 2004, pp. S4-S16.

74. *Vaccine: The Debate in Modern America,* Mark A, Largent. The Johns Hopkins University Press, 2012, pp. 102-103.

75. "Dr. Andrew Wakefield — In His Own Words", Alan Golding, Apr. 2010.

76. "Dr. Andrew Wakefield on the Autism/Vaccine Controversy and His Ongoing Professional Persecution", Anthony Wile. *The Daily Bell*, May 30, 2010.

77. "Ileal-Lymphoid-Nodular Hyperplasia, Non-Specific Colitis, and Pervasive Developmental Disorder in Children", Andrew Wakefield et. al. *Lancet* Vol. 351, No. 9103, 1998.

78. "The Vaccine-Autism Fraud's Surprising History", Seth Mnookin. *The Daily Beast*, Jan. 13, 2011. http://www.thedailybeast.com/articles/2011/01/13/mmr-vaccine-scare-andrew-wakefields-fraudulent-study.html

79. "Ileal-Lymphoid-Nodular Hyperplasia, Non-Specific Colitis, and Pervasive

Developmental Disorder in Children."

80. "The Crash and Burn of an Autism Guru", Susan Dominus. *The New York Times*, Apr. 20, 2011.

81. Transcript via "Royal Free facilitates attack on MMR in medical school single shots videotape", Brian Deer. http://briandeer.com/wakefield/royal-video.htm

82. "Parent Groups and Vaccine Policymakers Clash Over Research Into Vaccines, Autism and Intestinal Disorders", PR Newswire, March 3, 1998.

83. "Thimerosal and the Occurrence of Autism: Negative Ecological Evidence from Danish Population-Based Data", KM Madsen et. al. *Pediatrics*, Vol. 112, 2003, pp 604-606.

84. "Anti-vaccine activists, Web 2.0, and the postmodern paradigm-An overview of tactics and tropes used online by the anti-vaccination movement", Anna Kata. *Vaccine*, 2011.

85. "Sticking With the Truth", Curtis Brainard. *Columbia Journalism Review*, May 1, 2013.

86. "What to Do if You Get Invited to a Chickenpox Party", Melinda Wenner Moyer. *Slate*, Nov. 15, 2013. http://www.slate.com/articles/double_x/the_kids/2013/11/chickenpox_vaccine_is_it_really_necessary.html

87. "The Crash and Burn of an Autism Guru."

88. "Exposed: Andrew Wakefield and the MMR-autism fraud", Brian Deer. http://briandeer.com/mmr/lancet-summary.htm

89. "Controversial MMR and autism study retracted", Maggie McKee. *New Scientist*, Mar. 4, 2004.

90. "Retracted autism study an 'elaborate fraud', British journal finds", CNN Wire Staff. http://www.cnn.com/2011/HEALTH/01/05/autism.vaccines/

91. "Association of Autistic Spectrum Disorder and the Measles, Mumps, and Rubella Vaccine A Systematic Review of Current Epidemiological Evidence", Kumanan Wilson, et. al. *Archives of Pediatric and Adolescent Medicine*, Vol. 157 No. 7, July 2003, pp. 628-663.

92. Lorna Wing and Judith Gould, interview with the author, 2011.

11장. 자폐라는 공간은 얼마나 넓은가

1. "An Inside View of Autism", Temple Grandin. In *High-Functioning Individuals with Autism*, Eric Schopler and Gary Mesibov, eds. Plenum Press, 1992, pp. 105-125.

2. Ruth Christ Sullivan, interview with the author, 2013.

3. Temple Grandin, interview with the author, 2014.

4. "In the Spotlight: Tony and Temple", Tony Attwood, *Autism Asperger's Digest*, Future Horizons, Jan.-Feb. 2000. http://www.fenichel.com/Temple-Tony.html
5. *Emergence: Labeled Autistic*, Temple Grandin, Arena Press, 1986, p. 91.
6. Ibid.
7. "Foreword", Bernard Rimland. *Emergence*, p. 3.
8. Temple Grandin, interview with the author, 2014.
9. "An Anthropologist on Mars", Oliver Sacks. *The New Yorker*, Dec. 27, 1993.
10. Ibid.
11. Ibid.
12. Ibid.
13. "Commentary: Behavior of Slaughter Plant and Auction Employees toward the Animals", Temple Grandin. *Anthrozoos*, Vol. I, No. 4, 1998, pp. 205-213.
14. "An Anthropologist on Mars."
15. "The real scandal of the MMR debate", Walter Spitzer, *Daily Mail*, Dec. 20, 2001.
16. "'Odd duck' behavior in families perhaps caused by brain disorder", Marilyn Dunlop. *Toronto Star*, February 17, 1989.
17. "The Cruel, Heartless Victims Of Asperger's; Only Human", Stephen Juan. *Sydney Morning Herald*, July 19, 1990.
18. Jim Sinclair, interview with the author, 2013.
19. *Run Wild, Run Free, David Rook*. Dutton, 1967.
20. Susan Moreno, interview with the author, 2013.
21. "Manifestations of Social Problems in High-Functioning Autistic People", Lorna Wing. *High-Functioning Individuals with Autism*, Eric Schopler and Gary Mesibov, eds. Plenum Press, 1992. pp. 129-141.
22. "Autistic Adulthood: A Challenging Journey", Anne Carpenter. *High-Functioning Individuals with Autism*, Eric Schopler and Gary Mesibov, eds. Plenum Press, 1992. pp. 289-294.
23. "Bridging the Gaps: An Inside-Out View of Autism (Or, Do you Know What I Don't Know?)", Jim Sinclair. *High-Functioning Individuals with Autism*, Eric Schopler and Gary Mesibov, eds. Plenum Press, 1992. pp. 289-294.
24. "Insider's Point of View", Kathy Lissner. *High-Functioning Individuals with Autism*, Eric Schopler and Gary Mesibov, eds. Plenum Press, 1992. pp. 303-306.
25. "A World of Her Own", Daniel Goleman. *The New York Times*, February 21, 1993.
26. "Social Uses of Fixations", Jim Sinclair. *Our Voice*, Vol. 1, No. 1, 1992.
27. *Somebody Somewhere*, Donna Williams. Three Rivers Press, 1994, p. 186.
28. "Autism Network International: The Development of a Community and Its

Culture", Jim Sinclair, 2005. http://www.autreat.com/History_of_ANI.html
29. "My Affiliation with Autism", Ray Kopp. http://www.syr.edu/rjkopp/data/history.html, accessed through archive.org
30. Autism List FAQ, archived at http://kildall.apana.org.au/autism/autismlistfaq.html
31. "Neural connections inToronto", Steve Cousins. *Our Voice*, Vol. 1, No. 3, 1993.
32. Institute for the Study of the Neurologically Typical, Muskie, 1998, http://isnt.autistics.org
33. "Why I Dislike Person-First Language", Jim Sinclair. Autism Network International, 1999.
34. Carolyn Baird interviewed by Wouter Schenk, Jan. 8, 1998. https://web.archive.org/web/19990128120401/http://web.syr.edu/~rjkopp/data/casinter.html
35. "Autism Network International: The Development of a Community and Its Culture", Jim Sinclair, 2005. http://www.autreat.com/History_of_ANI.html
36. "A Parent's View of More Able Individuals with Autism", Susan Moreno. *High-Functioning Individuals with Autism*, Gary Mesibov and Eric Schopler eds., Plenum Press, 1992.
37. Ibid.
38. "The Impact of Childhood Disability: The Parents' Struggle", Kenneth Moses. *Ways Magazine*, Spring 1987.
39. "Handicapping Conditions, Family Dynamics, and Grief Counseling", Kenneth Moses. Family Support Services: A Parent/Professional Partnership, Mary A. Slater and Patricia Mitchell, eds. National Clearinghouse of Rehabilitation Training Materials, 1984, p. 22.
40. "Handicapping Conditions and the Interplay of the Family, the professional, and the Community", Mary A. Slater. *Family Support Services: A Parent/Professional Partnership*, p. 9.
41. "A Parent's View of More Able Individuals with Autism."
42. "The Definition and Prevalence of Autism: A Review", Lorna Wing. *European Child and Adolescent Psychiatry*, Vol. 2, Issue 2, Hogrete & Huber Publishers, Apr. 1993, pp. 61-74.
43. "Who says autism's a disease?", Limor Gal. *Haaretz*, Jun. 28, 2007.
44. "Don't Mourn for Us", Jim Sinclair. *Our Voice*, Vol. 1, No. 3, 1993.
45. Ibid.
46. Connie Deming, interview with the author, 2014.
47. "My Pro-Tips for YAPC First-Comers." http://techblog.babyl.ca/entry/yapc-tips
48. 1996년의 오트리트에 댄 애셔가 참여했다는 사실은 다음 책에 언급되어 있다. *Elijah's*

Cup: A Family's Journey into the Community and Culture of High-Functioning Autism and Asperger's Syndrome, Valerie Paradiz. Jessica Kingsley, 2005. 댄 애셔의 예술과 이력은 다음 기사를 참고한다. "Dan Asher by Ben Berlow", Ben Berlow. *BOMB* magazine, No. 112, Summer 2010.

49. *Elijah's Cup*, p. 137.

50. Ibid., p. 138.

51. "Mapping the social geographies of Autism – online and off-line narratives of neuro-shared and separate spaces", Hanna Bertilsdotter Rosqvist, Charlotte Brownlow, and Lindsay O'Dell.

52. Judy Singer, personal communication, 2013.

53. Ibid.

54. "Why Can't You Be Normal for Once in Your Life?", Judy Singer. *Disability Discourse*, Marian Corker and Sally French, eds. Open University Press, 1999.

55. *Disability: Whose Handicap?*, Ann Shearer. Basil Blackwell Publisher, 1981, p. 61.

56. "On Our Own Terms: Emerging Autistic Culture", Martijn Dekker. Self-published, 2000. http://web.archive.org/web/20000928205753/http://trainland.tripod.com/martijn.htm

57. "Autistics Are Communicating in Cyberspace", Harvey Blume. *The New York Times*, Jun. 30, 1997.

58. "The Autism Rights Movement", Andrew Solomon. *New York Magazine*, May 25, 2008.

59. "Odd People In: The Birth of Community Amongst People on the 'Autistic Spectrum'", Judy Singer. Bachelor's thesis, Faculty of Humanities and Social Science, University of Technology, Sydney, 1998.

60. "Neurodiversity: On the neurological underpinnings of geekdom", Harvey Blume. *The Atlantic*, Sept. 1998.

61. Alex Plank and Dan Grover, interviews with the author, 2012.

62. http://en.wikipedia.org/wiki/User:AlexPlank

63. Alex Plank, interview with the author, 2012.

64. "Autistic Teens Create Website for People with Asperger's Syndrome", Alex Plank and Dan Grover, PR Web, Jul. 1, 2004.

65. "Steinway & Sons Debuts Etude 2.0 iPad App for Learning and Playing Piano", press release, Sept. 15, 2011.

66. "Asperger's Interviews: The Creator of BitTorrent", by Alex Plank. http://wrongplanet.net/new-wrongplanet-net-aspergers-interviews-the-creator-of-bittorrent

67. "The 'One Third of All Internet Traffic' Myth", Ernesto, TorrentFreak. http://torrentfreak.com/bittorrent-the-one-third-of-all-internet-traffic-myth
68. "The Autism Rights Movement", Andrew Solomon. *New York* magazine, May 25, 2008.
69. "Matthew Weiner's No Madman", Kamau High. *AdWeek*, Jul. 30, 2007. http://www.adweek.com/news/advertising/matthew-weiners-no-madman-89728
70. "When PSAs Work: Autism Speaks", Suzanne and Bob Wright. *Advertising Age*, Jun. 17, 2009.
71. "Millions of Children Held Hostage by Psychiatric Disorders", *Business Wire*, Dec. 03, 2007.
72. "Campaign on Childhood Mental Illness Succeeds at Being Provocative", Joanne Kaufman. *The New York Times*, Dec. 14, 2007.
73. "Ads About Kids' Mental Health Problems Draw Fire", Shirley Wang. *The Wall Street Journal*, Dec. 14, 2007.
74. "Ads anger parents of autistic children", UPI. Dec. 14, 2007.
75. Ari Ne'eman, interview with the author, 2012.
76. "An Elegant Tribute", Eve Kushner. *The Monthly*, Mar. 2009. http://themonthly.com/feature-03-09.html
77. "The Rolling Quads", Rebecca Klumpp. *Disability Bible*, Apr. 2013. http://www.disabilitybible.com/disability-bible-listing/the-rolling-quads
78. "Fact Sheet: Your Rights Under Section 504 of the Rehabilitation Act", U. S. Department of Health and Human Services, revised June 2006. http://www.hhs.gov/ocr/civilrights/resources/factsheets/504.pdf
79. "It is not a disease, it is a way of life", Emine Saner, *The Guardian*, August 6, 2007.
80. "NYU Child Study Center Raises $9 Million and Celebrates 10th Anniversary", press release. NYU Child Study Center, Dec. 5, 2007.
81. "An Urgent Call to Action: Tell NYU Child Study Center to Abandon Stereotypes Against People With Disabilities", ASAN press release, Dec. 8, 2007
82. "Rescue Me: The NYU Child Study Center's Ransom Notes Ad Campaign", Kristina Chew. Dec. 11, 2007. http://www.blisstree.com/2007/12/11/mental-health-well-being/rescue-me-the-nyu-child-study-centers-ransom-notes-ad-campaign/#ixzz3AgpNrbMn
83. "Obama's Wage Hike For Federal Contractors Won't Apply to Disabled Workers", Mike Elk. In These Times, Jan. 30, 2014. http://inthesetimes.com/working/entry/16205/obamas_wage_hike_for_federal_contractors_wont_apply_to_disabled_workers

84. "After Outcry, White House Extends $10.10 Minimum Wage to Some Disabled Workers", Mike Elk. In These Times, Feb. 12, 2014. http://inthesetimes.com/working/entry/16263/in_a_reversal_white_house_extends_10.10_minimum_wage_boost_to_some_disabled

85. "Compliance is Unreasonable: The Human Rights Implications of Compliance-Based Behavioral Interventions under the Convention Against Torture and Convention on the Rights of Persons with Disabilities", Lydia Brown, Torture in Healthcare Settings: Reflections on the Special Rapporteur on Torture's Thematic Report, Center for Human Rights and Humanitarian Law, Washington College of Law, 2013.

86. "Foreword", Julia Bascom. Loud Hands: Autistic People, Speaking, Julia Bascom, ed. Autistic Self-Advocacy Network, 2012.

87. Zoe Gross' comment on "Identifying and Accepting Happy Autistic Kids on the Playground", Shannon Rosa. Squidalicious. http://www.squidalicious.com/2012/04/identifying-accepting-happy-autistic.html

12장. 엔터프라이즈호 만들기_신경다양성의 세계 설계하기

1. John Elder Robison, interview with the author, 2014.

2. "Most Genetic Risk for Autism Resides with Common Variation," Trent Gaugler, Lambertus Klei, Stephan J. Sanders, et al. *Nature Genetics*, Vol. 46, 2014, pp. 881 – 885.

3. "The Power of Autism", Laurent Mottron. *Nature*, Vol. 479, Nov. 3, 2011.

에필로그_켄싱턴 시장님

1. "Beware the Advozealots: Mindless Good Intentions Injure the Handicapped", Bernard Rimland. Autism Research Review International, Vol. 7, No. 4, 1993, p. 7.

2. "Biomedical Treatments for Autism from the Autism Research Institute: Interview with Steve Edelson", Lisa Jo Rudy. About.com, Sept. 23, 2011. http:// http://autism.about.com/od/treatmentoptions/a/DANQandA.htm

찾아보기

〈20/20〉 521~525
〈60분〉 474, 539
9 항목 기준 442, 539
A. D. 133~134, 289
BBDO 588, 594, 596
《DPT_마구잡이 접종DPT: A Shot in the Dark》 527, 529~531
〈DPT_백신 폭탄 돌리기DPT: Vaccine Roulette〉 527~528
GFCF 식이요법 92, 96, 99, 102, 432
IQ, IQ검사 122, 176, 227, 272, 282, 285, 355, 388, 423, 450, 462, 510, 564
LSD 272, 326
M. R. 132, 134
M. Sch. 131~132, 134
《MAAP》 560~561, 564~565, 567
NSAC 384, 389, 391, 393~394, 399, 404, 406~407, 420, 424, 430, 447, 481~488, 520, 546, 570~572
S. K. 227~229, 254
TEACCH 사단 390, 423, 508, 561, 563

《가장 이상한 사람The Strangest Man》 55
가톨릭 146, 157, 162, 182
감각 자극 친화적 608
감옥, 죄수 44, 153, 158, 253, 264, 266, 387, 620
개인별 교육 프로그램IEP 76, 601, 609
거스리, 로버트와 베키Guthrie, Robert and Becky 481~482
거스리, 케빈Guthrie, Kevin 481~483
거스리, 피터Guthrie, Peter 481, 484, 488
건즈백, 휴고Gernsback, Hugo 290~324
게다이, G. E. R.Gedye, G. E. R. 166~167
게이 338, 414, 531, 583
게이츠, 빌Gates, Bill 61, 64

고독 36, 42, 50~51, 53, 190, 314, 557
고용 222, 287, 319, 417
고트프리드 K.Gottfried K. 115~116, 124~128, 132, 142, 162, 174, 188, 219, 605
공감능력 64, 510, 582
공상과학소설 274~275, 278, 289, 300~310, 312, 321, 325~326, 335, 471, 552, 564, 569, 600, 629
공통 관심사를 지닌 공동체 300
공통 관심사에서 생겨난 우정 512
공포 17, 71, 87, 93, 102, 116, 131, 208, 211~212, 219, 235, 263, 269, 275, 299, 367, 398, 400, 435, 507, 520, 530, 537~538, 543
《과학과 인간 행동Science and Human Behavior》 398
《과학적 기질들Scientific Temperaments》 323
《교신 개시 호출Calling CQ》 318, 321
'국가사회주의와 의학'(함부르거) 164
국립정신보건연구소NIMH 396
국제 자폐증 네트워크ANI 567~569, 573, 575~577, 582, 592
국제질병분류법ICD 510
굴드, 주디스Gould, Judith 450~453
굶주림 236, 403
굿맨, 마크Goodman, Mark 320~322
굿윈, 메리Goodwin, Mary 381~383, 387
귄, 크리스Guin, Kris 598
그랜딘, 템플Grandin, Temple 545~556, 561~564, 573, 582, 606, 629
그레이트 플레인즈 연구소 96, 99
그로버, 댄Grover, Dan 584, 586
그로스, 조Gross, Zoe 602, 611
그리피스, 클래런스와 크리스틴Griffith, Clarence and Christine 384~385
그린, 리처드Green, Richard 413
그린버그, 캐롤Greenburg, Carol 600
그린커, 로이 리처드Grinker, Roy Richard 503
〈극단적 상황에서 개인과 집단의 행동Individual and Mass Behavior in Extreme Situations〉 266
극단적 자폐적 고립 239
기능적으로 매우 뒤쳐진 자폐인 281, 567
기능적으로 매우 뛰어난 자폐인 173, 485, 560, 576, 620
긱 증후군 11
긱 크루즈 11

《나는 그림으로 생각한다Thinking in Pictures》 18, 20, 24
〈나의 언어로In My Language〉 31
《나의 투쟁Mein Kampf》 158
나치 148, 159~170, 173~174, 181~185, 195, 216, 264, 266, 281, 317, 365, 455, 501, 514, 617, 619, 627
날짜 계산능력 410
'냉장고처럼 차가운 엄마(냉장고 부모, 냉장고 엄마, 냉장고 육아)' 19, 246, 259, 267, 355, 448, 619, 627
《네 목소리를 들려줘Let Me Hear Your Voice》 87, 92, 437
《네이처Nature》 28, 611
노래 부르기 22, 69, 85, 108, 130, 163, 218, 223, 226, 233, 395, 412~413, 476, 556
놀이치료 123~124
뇌손상 20, 183, 242, 507, 528, 533,

547, 555, 606
뇌전증 159, 177, 242, 299, 428, 532, 620
눈맞춤 25, 42, 65, 79, 84, 88~89, 367, 374, 572, 582
《뉴욕타임스The New York Times》 31, 213, 270, 417, 565, 582, 588, 596
뉴욕정신병원NYPI 226~227, 475
뉴저지주 브릭 타운십 525
뉴턴, 아이작Newton, Isaac 49, 142, 188, 388
니이먼, 아리Ne'eman, Ari 589~596

다운, 존 랭던Down John Langdon 469~470
다윈, 레너드Darwin, Leonard 152
다윈, 찰스Darwin, Charles 47
다하우 181, 260, 263, 266
《닥터 B의 탄생The Creation of Dr. B》 269
달리 분류되지 않는 전반적 발달장애PDD-NOS 269, 436~437, 491, 503, 516, 518, 522~525
'달리는 자동차들' 291
'당장 자폐증을 물리치자!DAN!' 65, 92~94, 96, 105~106, 112, 432, 435, 437, 616
대소변 가리기 83, 350, 403, 518, 530
대체의학 자폐증 치료 95, 342, 424, 432
데글러, 클로드Degler, Claude 307~310, 313
데소토, 클린턴DeSoto, Clinton 318
데스페르, 루이즈Despert, Louise 227~229, 237, 253~254, 257, 441, 606
데이비, 험프리Davy, Humphry 42, 46
데이터 지향적인 사람들DOPs 496, 500
도널드 T.Donald T. 225, 282, 432, 454
도노반, 윌리엄Donovan, William 392~393
도덕 52, 95, 150~154, 183, 213~214, 314, 400, 403~404, 412, 537
독립생활 운동 591
독서 132, 139, 146, 283, 304, 411
독성 폐기물 520, 522, 525
독성 화학 물질 노출 522
동유럽 252, 260, 277
동종요법 98, 100, 529~530, 532, 536
디너Deaner 350~351, 427~428
디랙, 폴Dirac, Paul 55, 57~59, 61~62, 168, 299, 629
디프테리아-백일해-파상풍DPT 백신 91
따돌림(왕따) 116, 278, 290, 294, 307, 375, 385, 584~586, 601, 627

라부아지에, 앙투안Lavoisier, Antoine 40~41
라이백, 데이비드Ryback, David 374, 407
라차르, 에르빈Lazar, Erwin 118~121, 134, 142, 146, 222, 247, 261
《랜싯Lancet》 533, 536, 540
랠프 124C 41+Ralph124C 41+ 297~298, 300
랭, 마사Lang, Martha 523
러터, 마이클Rutter, Michael 355, 448, 509
레빈슨, 배리Levinson, Barry 479, 485
〈레인맨Rain Man〉 60, 62, 84, 476~477, 479, 481, 485~491, 509, 525, 545, 613, 629
레틱, 에이미Lettick, Amy 385~386

렉커스, 조지Rekers, George 414~418
로드, 캐서린Lord, Catherine 423
로바스, 이바Lovaas, Ivar 87, 90, 342, 364~374. 381, 392~393, 395~408, 413~423, 430~431
로버츠, 에드Roberts, Ed 591~592
로버트슨, 스콧Robertson, Scott 594
로버트슨, 토머스Robertson, Thomas 201~203
로빈슨, J. 프랭클린Robinson, J. Franklin 277, 279~280, 606
로사, 레오Rosa, Leo 67~78, 82~84, 90, 93~94, 96~111, 113, 187, 189
로사, 레오의 녹색 빨대 72~74
로사, 레오의 시각적 일정표 67~68, 74, 109
로사, 섀넌Rosa, Shannon 66~86, 93, 96, 98, 101~103, 106~108, 110~111, 113, 432, 595, 598~603
로사, 섀넌의 아들을 위한 질문 목록 69
로사, 인디아Rosa, India 70~72, 75, 101~102
로사, 젤리Rosa, Zelly 70~71, 74~75, 81~82
로사, 크레이그Rosa, Craig 67~68, 77~85, 90, 94~96, 100~101, 104~107, 598, 600
로열 얼스우드 정신병원 469
로열 프리 병원 533
로웰, 퍼시벌Lowell Percival 291
로즈우드 주립직업학교 212, 214
로터, 빅터Lotter, Victor 449~450
롱 플래닛 584, 587
루이스 부부Lewis Mr. and Mrs. 282~283
리-렉트로닉 훈련기구 401, 406
리스너, 캐시Lissner, Kathy 564~657
리스페달 71
리스프 326, 336
리슬리, 토드Risley, Todd 374, 402
리처드 M.Richard M. 247, 250, 285
리처드 S.Richard S. 432, 454
리커 연구소 427~428
리트보, 에드Ritvo, Ed 430, 560, 619
리프킨, 에프렘Lipkin, Efrem 334, 336
림랜드, 글로리아 앨프Rimland, Gloria Alf 343~362, 365, 614, 616
림랜드, 마크Rimland, Mark 92~93, 615~616
림랜드, 버나드Rimland, Bernard 287, 341~364, 373~375, 378~383, 387~390, 393~394, 406~408, 422~433, 437, 446, 478~481, 484, 487~488, 507~508, 520, 525~527, 532, 535, 538, 549, 559
림랜드, 헬렌Rimland, Helen 348
릿즈, 시어도어와 루스Lidz, Theodore and Ruth 248

마비 197, 200~202, 331, 591
마이어, 아돌프Meyer Adolf 204, 258, 494
마이크와 마티Mike and Marty 399~401, 403
마이클스, 조셉Michaels, Joseph 121~122, 124
마틴, 앤Martin, Ann 489
말러, 구스타프Mahler, Gustav 118, 413
말버러 데이 병원 446
매독 194, 200~203, 262, 531
매사추세츠 공중보건국MDPH 520, 523

매사추세츠주 레민스터 517~526
매사추세츠주 워번 동부 519
매킨토시 296, 334, 339
맥주홀 폭동사건 195
맥카시, 존McCarthy, John 322~329, 333, 335
맥코맥, 러셀McCormmach, Russell 35, 47, 52
맨스필드, 어빙Mansfield, Irving 272~273
머레이, 빌Murray, Bill 473~474
머피, 커크 앤드류Murphy, Kirk Andrew 413, 418
먼시 브리짓Muncie Bridget 232~233, 243, 285
먼시, 웬델Muncie, Wendell 232, 243, 246, 250, 255, 279
메릴랜드 어린이 연구소 221
메이커 운동 609
멜처, 에발트Meltzer, Ewald 155~156, 178
'명석함이 길을 잘못 든 것'이라는 가설 354~355
《모던 일렉트릭스Modern Electrics》 296~297, 299
모레노, 마르코Moreno, Marco 560, 570
모레노, 수잔Moreno, Susan 560, 570, 572~573, 633
모로우, 배리Morrow, Barry 457~473, 476~478, 485, 487
모리스, 캐서린Maurice, Catherine 86, 91, 437
모리스, 앤-마리Maurice, Anne-Marie 87~90, 183
모스코비츠, 샘Moskowitz, Sam 291, 303
모제스, 케네스Moses, Kenneth 570~572
모즐리 병원 452, 543
몸짓언어 580
무솔리니, 베니토Mussolini, Benito 157, 161
무어, 오마르 카이얌Moore, Omar Khayyam 381
무트로, 게일Mutrux, Gail 477~481, 484
물건 수집 134, 282, 313
물리학 25, 38, 54, 57~58, 61~62, 168, 275, 277, 328, 339, 443, 452
《미국 교정정신의학회지American Journal of Orthopsychiatry》 122, 162, 200, 204, 257
미국 국립보건원NIH 27, 137, 383
미국 식품의약국FDA 96, 377, 425, 428, 528
미국 원주민, 북미 원주민 158, 200~203, 585
미국 의학협회AMA 428, 530
미국 의회 76, 495, 592
미국 자연사 박물관 589
미국 자폐증학회ASA, 전미 자폐어린이 협회NSAC 341, 383~384, 389, 391, 393~394, 399, 404, 406~407, 418, 420, 424, 430, 447, 481, 487~488, 506, 520, 525, 546, 550, 560~561, 563~564, 570, 573, 593
미국 정신의학협회APA 62, 204, 213, 433, 493, 496, 499~500, 503, 510, 517, 525, 597
미국 질병관리본부CDC 29, 520, 526, 538

미국 학술원 148, 151
미네랄 92, 94, 98~99, 103, 376~376
미들섹스 연구 449, 450~451
미술 32, 48, 120, 122, 132, 134, 138, 150, 199, 216, 255, 313, 387, 438, 443, 454, 614, 618
미시시피 결핵요양원 220
밀러, 찰리Miller, Charlie 197

바, 마틴Barr, Martin 153~154
바르톨로메, 델핀Bartolome, Delfin 85~86
바이오세트 98, 100, 103
바이스-프랑클, 아니Weiss-Frankl, Anni 222
반복행동 129, 223, 451, 503
《반지의 제왕The Lord of the Rings》 12, 327
반향언어 70, 255, 347, 370, 392, 399, 415, 558
발달심리학 268, 439
발달장애 23, 65, 76, 87, 153, 226, 253, 341, 372, 386, 465~466, 479, 491, 498~503, 539~540, 597, 614
발작 64~65, 174, 227, 242, 281, 356, 368~369, 399, 402, 411, 424, 428, 436, 460, 526, 536, 549, 578, 620
방랑하는 학자들 146~147, 182, 184
배런-코언, 사이먼BaronCohen, Simon 24, 136
배스, 론Bass, Ron 478
배스컴, 줄리아Bascom, Julia 598, 602
백스, 마틴Bax, Martin 504~506
백신 64, 91~93, 101~102, 104, 111, 235, 431~432, 435~436, 449, 526~543, 592, 606
버로웨이, 짐Burroway, Jim 415
버지니아 S.Virginia S. 236, 284~285
벅, 펄 S.Buck, Pearl S. 341, 357, 359
번개, 번개 위원회 39~40
베른, 쥘Verne, Jules 292
베를린 174, 176~177, 180, 192, 194~196, 204, 263, 314
베스Beth 370
베텔하임, 브루노Bettelheim, Bruno 260~271, 274, 353~354, 364, 390
베트남전쟁 331, 338
벤더, 로레타Bender, Lauretta 255, 441
벨, 타일러Bell, Tyler 436~438, 491
벨, 피터Bell, Peter 435~438
보상과 처벌 89, 366~368, 372, 374, 398~409, 412, 415~419
보어, 닐스Bohr, Niels 58~59
보충제 92, 94, 99~100, 103, 106, 111~112, 342, 376~378, 428, 628
보트, A. E. 밴Vogt, A. E. van 306, 545
볼비, 존Bowlby, John 439
볼크마, 프레드Volkmar, Fred 510
볼티모어 18, 113, 187, 205, 212~213, 216, 221~222, 226, 231, 245, 253, 286, 451
뵈틀, 알프레드Wodl, Alfred 180
뵈틀, 아니Wodl, Anny 180
부헨발트 강제 수용소 174, 260, 266
분노 97, 128~129, 239, 259, 275, 345, 358, 383, 471, 571, 574, 631
분노발작 281, 368~369, 399, 424, 436
분열성인격장애 133, 606
불안 27, 32, 41~42, 65, 68, 70, 72, 91, 106, 160, 165, 171, 197, 229, 232, 239, 250, 272, 275, 278, 283, 339, 357, 396, 399, 408, 427, 442, 537, 539,

548~549, 558, 586, 595
불안장애 512~513
《불안한 어린이Nervous Child》 236~237, 241~242, 253
브라운, 리디아Brown, Lydia 597, 611
브레스트, 마틴Brest, Martin 473, 476, 478
브롱크스 정신병원 409, 476~477
블라그덴, 찰스Blagden, Charles 42~43, 45, 50, 53
블로일러, 오이겐Bleuler, Eugen 133~134, 225, 237
블룸, 하비Blume, Harvey 582~584
비네식 지능검사법 282
비엔나 대학교 147~148, 168~169, 185, 261, 355
비엔나 대학병원 어린이병원 118, 120, 147, 170, 210, 222, 242~243, 261, 627
비주, 시드Bijou, Sid 366
비타민 92, 94, 98, 100, 107, 112, 342, 376~378, 423~424, 426~430
비탈리, 루이스 J.Vitale, Louis J. 277~280
빈딩, 칼Binding Karl 156~157
〈빌Bill〉 467
〈빌_혼자 살아가다Bill: On His Own〉 468

사랑 44, 46, 54, 75, 97, 166, 263, 347, 396, 404~405, 471, 478~479, 557, 572, 574, 623
'사랑만으로는 충분치 않아요' 연구 267
사우사드 정서장애아학교 274~276
《사이콜로지 투데이Psychology Today》 370, 397
사회적 행동 60, 395
《살 가치가 없는 삶의 해방과 종말The Liberation and Destruction of Life Unworthy of Life》 156
살롱 85, 108
《삶의 터전으로서의 화성Mars as the Abode of Life》 291
상상 21, 32, 73, 81, 124, 127, 139~140, 147, 191, 225, 274, 276, 289, 300, 320~321, 445, 505, 550, 629
색스, 올리버Sacks, Oliver 7~8, 18~19, 59~61, 410~413, 419, 474, 476, 479~480, 551~554, 582
색터, 메리Sackter, Mary 459
샌더스, 재클린 시백Sanders, Jacqueline Seevak 267~271
생물학 112, 149, 228, 273, 306, 376, 387, 431, 443, 496, 529, 584
《생물학 분기 논평Quarterly Review of Biology》 243
생화학 351, 360, 361, 389, 416
생의학적 치료 92, 95, 98~100, 106, 342, 432, 438, 616
샤르코, 장-마르탱Charcot, Jean-Martin 19, 122
서번트 증후군 477, 484
설리번, 루스 크라이스트Sullivan, Ruth Christ 379~386, 391~394, 408, 430~431, 480, 484~485, 488~489, 506, 543~546
설리번, 조셉Sullivan, Joseph 536, 559
성, 섹슈얼리티 274, 314, 402, 413~417, 564
성격 43~44, 52~53, 60~61, 119, 124, 135, 147, 150, 171, 211, 229, 246, 248~250, 282, 290, 295, 313, 315, 372, 492, 510~511, 514, 542, 547, 557

성격검사 351
세겡, 에두아르Seguin, Edouard 142, 469
세계보건기구WHO 510, 534
세너터, 냇Senator, Nat 109
세너터, 수잔Senator, Susan 109
세루시, 마일스Seroussi, Miles 91~93
세루시, 캐린Seroussi, Karyn 87, 91~93, 98, 536
세인트 매덜레인 소피 센터 614
세인트 존스 칼리지 55~58
세지위크, 랠프Sedgwick, Ralph 440
셰익스피어, 윌리엄Shakespeare, William 191, 470
소거 44, 366~367, 397~399, 403, 408, 415, 419
소거 시험 395~396
소냐 샹크먼 장애학교 260
소리 16, 19, 42, 56, 69~72, 78~79, 89, 116, 130~131, 167, 171, 211, 218, 223, 226, 236, 238, 260, 269, 285, 314, 320~324, 345~347, 350, 382, 386~387, 399~400, 406~407, 414, 428, 436, 486
소아과학 163, 209~210, 222, 515
《소아과학Pediatrics》 240, 243
《소아과학 및 청소년 의학 저널Archives of Pediatrics and Adolescent Medicine》 541
소아기 발병 전반적 발달장애COPDD 499~501
쇼어, 스티븐Shore, Stephen 598~600
쇼플러, 에릭Schopler, Eric 390, 422~423, 455, 508~509
수리물리학 282
수용언어 69
수은 27, 94~95, 97, 103~105, 107, 111, 235, 539
수잔, 가이Susann, Guy 273
수잔, 재클린Susann, Jacqueline 272~273
수줍음 51, 55, 276, 319, 458, 587
수카레바, 그루니아Sukhareva, Grunia 130, 133~134, 138~139, 226
수학 18, 24, 38, 55, 121, 137~138, 142, 227, 237, 259, 281, 318, 348, 387, 410, 512, 627
수화 151, 386, 583
슈슈니크, 쿠르트 폰Schuschnigg, Kurt von 161, 165
슈파코우스키, 마크Szpakowski, Mark 334, 356
스캐리아노, 마가렛Scariano, Margaret 551
스키너, B. F.Skinner, B. F. 87, 366~367, 398, 402, 408
〈스타트렉〉 601
스탠퍼드-비네 지능척도(IQ검사) 122
스피어, 잭Speer, Jack 307, 311
스피처, 로버트Spitzer, Robert 493~501, 507, 515, 555
스필버그, 스티븐Spielberg, Steven 473, 479
《슬랜》 306~311, 545
시, 스코트Sea, Scot 85
시겔, 브라이너Siegel, Bryna 501
시민권 31, 163, 592
시빌 엘거 학교 447
시스걸, 머레이Schisgal, Murray 476
식단 92, 94, 98, 107, 376, 403, 406, 536
신경다양성 30, 583, 590, 592, 597~

598, 605~610, 618~619, 621
신경정상적 567~568, 600, 607, 620
신경학 17, 19, 32, 182, 206~208, 251, 267, 341, 416, 421, 440, 450, 508, 579, 582~584, 602, 618
신경화학 431
실리콘밸리 16~18, 22~26, 327~328, 513, 626
심리 측정 425
심리학 18, 25, 76, 79, 89, 91, 119, 122, 141, 149, 193~194, 251, 264~265, 267, 352, 364, 369, 375, 403, 409, 515, 571~572, 580
싱어, 주디Singer, Judy 579~583
싱클레어, 짐Sinclair, Jim 556~570, 573~578, 590, 593, 632

《아내를 모자로 착각한 남자》 60, 474
〈아동기 장애의 영향The Impact of Childhood Disability〉 571
아마추어 무선통신 290, 295~297, 296, 312, 316~319
아스퍼거 증후군 7~8, 23~26, 59, 61, 227, 310~311, 313, 318~319, 327~328, 339, 354, 451, 454~456, 491, 497~498, 503, 510~511, 513~514, 542, 552, 555, 567, 582, 585~590, 592
아스퍼거, 한스Asperger, Hans 8, 18, 30, 116~129, 134~174, 182~227, 240, 243, 247~248. 253~299, 317, 340~342, 354~355, 363, 387, 451~454, 514~515, 543, 579, 584, 597, 605~606, 617~619
아스퍼거가 언급한 독일 토속신앙 166
아스퍼거와 나치 148, 160~162, 165~166, 170~172, 182~184, 514~515, 617
아스퍼거와 카너 30, 187~189, 240~243, 280~281, 287, 455
아스퍼거의 꼬마 교수님들 18, 165, 183, 173, 299, 317
아스퍼거의 원형 증례 146, 173
아스퍼거의 잊혀진 종족 288~289, 340, 342, 474, 552
아스퍼거의 자폐증에 관한 첫 번째 대중 강연 30, 170~172
아이젠버그, 레온Eisenberg, Leon 249, 259, 354, 361, 363~364, 422, 448
아이크호른, 아우구스트Aichhorn, August 119~120, 261, 263
아인슈타인, 알베르트Einstein, Albert 48, 50, 57, 59, 195, 302, 388, 586
안락사 175~181, 183, 214
알레르기 84, 94, 96~99, 120, 356, 529, 628
알렉산더, 윌리엄Alexander, William 37
알슈타트, 기나Alstadt, Gina 262
암 슈타인호프 174
암 슈피겔그룬트 174, 177~178, 180, 183~184
애덤스, 조지Adams, George 197~200, 202, 204
애디스, 토머스Addis, Thomas 376~377
앨토벨리Altobelli 부부 518~521, 523
앨토벨리, 조슈아Altobelli, Joshua 518
애플 15, 29, 296, 328, 586, 608
앨프, 에디Alf, Eddie 365
약물 72, 103, 112, 272, 284, 369, 377, 429, 431, 495, 500, 530~532

양자물리학 21
양크턴 주립병원 195~198, 200, 203~205, 249, 268
《어느 자폐인 이야기Emergence》 479, 549, 551, 562
《어디에도 없는 사람Nobody Nowhere》 582
어린이 서비스센터 278
어린이 연구소 221~222
어린이 자폐증 평가 척도CARS 508
어린이 정신병 63, 287, 340, 391
어린이 정신의학 188, 210, 230, 251
《어린이 정신의학Child Psychiatry》 201~211
어린이 조현병 226~229, 237, 252~257, 268, 273, 441, 461, 606
〈어린이의 자폐성 정신병증Autistic Psychopathy in Childhood〉 147
어린이 행동 문제 진단 체크리스트 360~362, 507
《어메이징 스토리즈Amazing Stories》 301~303, 312~313
언어 12~14, 31, 58, 64, 66, 69~70, 74, 78, 81, 83~84, 90~91, 107~108, 120, 130, 188~189, 192, 211, 229, 233, 242, 255, 279, 287, 312, 326~327, 364~370, 387, 411, 419, 424, 436, 441, 498, 508, 511, 518, 540, 558, 568, 580, 599, 620, 627, 629
언어발달장애 226
언어학 207
〈언어와 정동 접촉Language and Affective Contact〉 241
언어치료 90, 99, 103, 287, 389, 405, 407, 437, 518, 550
얼굴 표정 41, 71, 115, 129, 224, 233, 241, 250, 262, 273, 315, 476, 480, 502, 578, 618
《엄마들에 대한 변론In Defense of Mothers》 212
에걸란드, 대그Egeland, Dag 258~360
에걸란드, 리브Egeland, Liv 258, 360
에걸란드, 보그니Egeland, Borgny 358, 429
에드워즈, 로버트Edwards, Robert 511~512
에디슨 반응형 환경학습 시스템 381
에른스트 K.Ernst K. 136
에스트린, 주디Estrin, Judy 16
엑슈타인, 루돌프Ekstein, Rudolf 273~277
엘거, 시빌Elgar, Sybil 447~448, 450
여자 같은 소년 프로젝트 413~418
예일 대학교 어린이연구센터 510, 621
예켈리우스, 에르빈Jekelius, Erwin 120, 164, 174, 177~183
오도버, 애런Ordover, Arren 600~602
오도버, 존Ordover, John 600~601
오바마, 버락Obama, Barack 592, 596, 609
오비츠, 마이클Ovitz, Michae 473, 479
오스몬드, 험프리Osmond, Humphry 378, 429
오스본, 헨리 페어필드Osborn, Henry Fairfield 149~150, 152, 163
오트리트 577~579, 608
오티즘 스피크스 27, 29, 438, 543, 588, 598
온도계 44~46
《와이어드Wired》 12, 18
왈즈, 토머스Walz, Thomas 465~466
왈츠, 미치Waltz, Mitzi 440

왕립협회 37
〈우리를 위해 슬퍼하지 말아요Don't Mourn for Us〉 573, 590
우생학 149, 151~152, 155, 157~160, 163, 172, 215, 241
웁살라 연구 535
워터하우스, 린Waterhouse, Lynn 501
원인Dawn Man 150
월, 래리Wall, Larry 11~16
웨스트팔, 게리Westfahl, Gary 310, 313
웨이크필드, 앤드류Wakefield, Andrew 26, 101, 104~105, 533~540, 543, 587, 628
웰스, H. G.Wells, H. G. 292, 297
웰치, 마사Welch, Martha 88~90
위약, 위약 효과 377, 424~429, 432, 530
윌리엄스, 도나Williams, Donna 564~567, 582
윌슨, 조지Wilson, George 44, 46, 48, 51, 53
윌트셔, 스티븐Wiltshire, Stephen 7, 19, 60, 551, 553
윙, 로나Wing, Lorna 63~64, 435, 438, 444~456, 491, 501~505, 510, 514, 525, 541, 551, 561, 563, 573, 619, 623, 630~631
윙, 수지Wing, Susie 63, 445, 446
윙, 존Wing, John 442~446, 449, 452
《유아자폐증Infantile Autism》 341, 352, 362, 423, 455, 627
유전자, 유전학 18, 23~24, 28, 136, 149, 168, 207, 251, 308, 341, 351, 355, 359, 435, 523, 550~551, 606, 611, 630
유전질환자 출생방지법 159, 165
융니클, 크리스타Jungnickel, Christa 35, 47, 52
음악 80, 117~121, 130~134, 139, 142, 149, 216, 255, 283, 313, 320, 337, 345, 353, 387~388, 392, 395, 398, 412, 451, 462, 472, 474, 500, 568, 577, 598~599, 615, 617
응용행동분석ABA 87~92, 99, 107, 112, 371~374, 393, 418, 420, 422, 435, 437, 506
의학연구 위원회MRC 449
이론물리학 14, 57
이민, 이민자 157, 163, 206, 215~216, 220, 235, 260, 342, 365
〈이웃집 토토로〉 78~79
인공지능AI 323~324, 326, 335, 629
인디언 정신병원 200~203
인종 118, 150~151, 154, 157, 162, 168, 202, 205, 235, 275, 330~331, 585, 597, 601, 607, 621
《인체 국소해부학Topographische Anatomie des Menschen》 169
인터넷 11~13, 16, 27, 64, 67, 85, 95, 297, 325, 329, 539, 542, 555, 559, 566, 568~569, 583~584, 587, 590, 607, 632
일레인 C.Elaine C. 187, 230, 232, 240, 246, 283~284
일렉트로 임포팅사 293, 296
일리노이 이스턴 정신병원 206
일베리, 크리스토퍼Gillberg, Christopher 504~505

자기자극 31, 240, 398~399, 403
《자라지 않는 아이The Child Who Never Grew》 341, 357
자아심리학 266

자유언론운동FSM 331~332
자크, 빅토린느 수녀Zak, Sister Viktorine 120~121, 184~185
자폐 문화 577, 582
'자폐범주성장애를 지니고 독립적으로 살기' 582
자폐스펙트럼 456, 518, 564, 598
자폐어린이구호협회 447
자폐 위장관염 26, 101, 104, 535, 540
자폐성 공간 566, 608
자폐성 정신병증 135, 172, 225, 243, 255, 287
자폐성 지능 141, 143, 224, 283, 288, 387, 497, 514, 610
자폐인을 위한 안전한 공간 566, 575
《자폐증과 전반적 발달장애 이해하기Understanding the Mystery of Autism and Pervasive Developmental Disorder》 87, 91
《자폐증과 화해하기Making Peace with Autism》 109, 110
자폐증Autism 명명(카너와 아스퍼거) 18
《자폐증 및 어린이 조현병 저널Journal of Autism and Childhood Schizophrenia》 286, 451
자폐증 부모 운동 380
자폐증에 대한 사회적 낙인 246, 385, 399, 418, 454, 459, 492, 523, 547, 549, 588, 593, 598, 618
자폐증 연구소ARI 343, 424, 431~432, 525~526, 613
'자폐증 완치에 대해 얘기해봐요' 437
자폐증 완치 65, 88, 91, 93~94, 111, 114, 267, 270, 342, 377, 393~394, 420~423, 425, 429~430, 437, 448, 513, 536, 543, 568, 575, 616, 627~628
자폐증에 대한 모욕적인 광고 588~589
자폐증 연속선 454~456, 550, 561, 597
자폐증의 양상 20
자폐증의 원인 109, 136, 249, 536, 606, 627~628
자폐증의 위험인자 29, 534, 543, 606, 621
자폐증 자기 권리옹호 네트워크 588~590, 597, 618, 622
자폐증 전쟁 111~112, 432, 543, 592
자폐증 진단 관찰 일정ADOS 509
자폐증 진단 기준 27, 62, 65, 239, 322, 357, 433, 442, 449~451, 491, 496~499, 502~504, 507~515, 517, 523, 536, 541, 555, 573, 581, 597, 631
자폐증 집단 발병 524~526
자폐증 추정 유병률 18, 64~65, 137, 355, 432, 449, 504, 522, 524~525, 541, 573, 583
자폐증 추정 유병률의 후향적 진단 258
자해 행동 64, 395~398, 418~419, 431, 535
작업치료사 76, 108, 511
잡스, 스티브Jobs, Steve 297, 328, 334
장누출 증후군 92, 101, 536
장애, 정신장애 257, 389, 412
장애아동교육법 76, 394, 506
장애인 살해(독일) 174~178
장애인교육법IDEA 29, 76, 394, 506
재비츠, 제이콥Javits, Jacob 495
재정 175, 198, 209, 217, 356, 507, 525
저지 로텐버그 교육센터 419, 597
전국 백신 정보센터NVIC 529, 538
전기 충격 178, 367, 400~403, 475, 554

전미 어린이백신피해법 531
전미 자폐어린이협회NSAC 341, 383
전자게시판 336, 568
〈정동 접촉의 자폐증적 방해 요소들Autistic Disturbances of Affective Contact〉 187
정분자 의학 115, 128, 151, 153~154, 159, 177, 179, 212~213, 230, 236, 252, 284, 307, 313, 351, 359, 364, 459, 564
정신박약 115, 128, 151, 153~154, 159, 177, 179, 212~213, 230, 236, 252, 284, 307, 313, 351, 359, 364, 459, 564
정신보건법 439
정신분석 53, 117, 120, 122~123, 163, 207~208, 225, 229, 237, 251, 258, 260~268, 273~277, 365~366, 396, 446, 494~496
정신생물학 207
정신지체시민협회Arc 385, 460
《정신질환 진단 및 통계편람Diagnostic and Statistical Manual of Mental Disorders, DSM》 492
《정신질환 진단 및 통계편람 IDSM-I》 492
《정신질환 진단 및 통계편람 IIDSM-II》 493, 496, 499
《정신질환 진단 및 통계편람 IIIDSM-III》 493, 497~504, 515, 526
《정신질환 진단 및 통계편람 III-RDSM-III-R》 501~504, 508, 526, 631
《정신질환 진단 및 통계편람 IVDSM-IV》 498, 509~510, 514~516, 525~526
《정신질환 진단 및 통계편람 IV 본문 개정판DSM-IV Text Revision》 516
정치학 149, 332
정형화된 동작 129, 399, 441
제1차 세계대전 24, 95, 117~120, 151, 192, 228, 342, 348, 444
제2차 국제우생학회 148, 163
제2차 세계대전 176, 303, 306, 317, 444, 626
제한된 주제에만 관심을 보이는 양상 277
젠슨, 레노Jensen, Lenore 319
조기유아자폐증early infantile autism 240, 257, 279, 281, 285, 347, 352, 445, 449, 455, 507, 581
조현병 63, 71, 130~134, 159, 177, 180, 197~199, 208, 225~229, 237, 252, 257, 280, 375, 377~378, 410, 424, 426, 438, 492, 496, 498, 507
'조현병을 초래하는' 엄마 228~229, 248
존스 홉킨스 병원 204~210, 221~222, 232, 245, 248~250, 380, 584
존슨, 티모시Johnson, Timothy 521~523
존슨앤존슨 436
《죽음의 수용소에서》 182
중금속 27, 94~97, 103, 105, 523, 628
중이염 83, 106, 226
지구 49~50, 54, 66, 155, 298, 310, 316, 332, 335, 563
지능 109, 115, 136, 211, 267, 333, 343, 354~356, 359, 364, 375~376, 452
지능검사 131, 139, 149, 282
지능장애 360, 378, 426, 508
〈지니 꿈을 꾸었네I Dream of Jeannie〉 463~464

찰스 N.Charles N. 233, 285
창의성 69, 383, 409
채플 힐 학회 359, 545, 547, 549, 556, 561~562
챈스, 폴Chance, Paul 397
천문학 38, 46, 224, 227, 237, 278, 279, 388, 511
천체물리학 451
《철학회보Philosophical Transactions》 40, 43, 50
청각장애인 공동체, 청각장애인 문화 567, 577, 583, 592
청력 83, 171, 436, 547
청력검사 436, 547
추, 찰리Chew, Charlie 111~113, 595
추, 크리스티나Chew, Kristina 111~113, 595
추렉 S. A.Szurek S. A. 256~257
측정 45~51, 54~57, 94, 260, 268, 282, 289, 314, 325, 356, 425, 427, 511

카너, 레오Kanner, Leo 8, 17~18, 30, 62~63, 113, 187~287, 339~340, 342, 350~357, 360~361, 368, 380, 390~391, 427~428, 437~4442, 448~456, 481, 491, 494, 498, 501~504, 509, 541~542, 567, 573, 578, 584, 619, 621, 626~630
카너와 아스퍼거 30, 187~189, 240~243, 280~281, 287, 455
카너의 뜻밖의 우연이라는 환상 286
카너, 아니타Kanner, Anita 194~195, 203~205
카너, 준 레빈Kanner, June Lewin 193~195, 199
카너, 클라라Kanner, Klara 190
카마릴로 주립병원 369, 371, 431
카펜터, 앤Carpenter, Anne 562, 564
칼 K.Karl K. 241~243
칼록, 윌리엄Carlock, William 548~549
캐머런, 유지니아Cameron, Eugenia 222, 230, 237
캐번디시 경, 헨리Cavendish, Lord Henry 36~61, 138, 288, 304, 315, 327, 536, 629
캐번디시 53
캘리포니아 과학 아카데미 602
캘리포니아 대학교 18, 397
캠버웰 438, 449~453, 504
커뮤니티 메모리 336~338
커틀러, 유스타시아Cutler, Eustacia 20, 22, 363, 548
컴퓨터 11, 16, 20, 25, 58, 77, 290, 296, 312, 314, 317, 322, 324~330, 333~339, 351, 382, 411, 424~427, 442, 482, 494, 511~513, 550, 569, 582, 584, 607, 626
케네디, 포스터Kennedy, Foster 214
케프너, 짐Kepner, Jim 313
켈러, 고트프리드Keller, Gottfried 235
켈러, 데이비드Keller, David 313, 315
코즈믹 서클 308, 310
코플레비치, 해럴드Koplewicz, Harold 588~589
콜먼, 메리Coleman Mary 387, 520
쿨터, 해리스Coulter, Harris 527, 529~532, 536
크레벨런, 디르크 아른 판Krevelen, Dirk Arn Van 286, 451
크레펠린, 에밀Kraepelin, Emil 193, 200, 228

크론병 425, 533~535
크루즈, 톰Cruise, Tom 477, 481, 483
크릭, 밀드레드Creak, Mildred 439~442, 444~445, 449
클라인, 멜라니Klein, Melanie 123
클리그펠드, 리아Kligfeld, Leah 21~22
클리그펠드, 마고Kligfeld, Margo 21
클리그펠드, 마닌Kligfeld, Marnin 16, 21~22
클린, 애미Klin, Ami 511~512
킬레이트 95, 98~99, 103~107, 113

탈리도마이드 520
탕게이, 피터Tanguay, Peter 477, 478
《텅 빈 요새The Empty Fortress》 269~270, 390
테슬라, 니콜라Tesla, Nikola 290, 298~300, 315, 629
텔레비전 297, 330, 384, 472, 522
텔림코 무선전신기 294~295
통증 233, 425, 464, 532
퇴행 26, 65, 87, 122, 149, 225, 227, 229, 254, 266, 356, 383, 426, 449
트리플렛, 도널드Triplett, Donald 217~226, 229, 231~233, 240, 246, 253, 282~283, 289, 432, 454, 509
트리플렛, 메리Triplett, Mary 217~220, 225, 229~232
트리플렛, 올리버 비먼 주니어Triplett, Oliver Beaman Jr. 217~221, 225, 232, 249
티메로살 27, 102, 538
티어가르텐가 176~179, 183

파멜로, 그레이엄Farmelo, Graham 55, 57, 59, 61
파크, 제시Park, Jessy 19, 32~33, 363
파크, 클라라 클레이본Park, Clara Claiborne 8, 18~19, 22, 32~33, 363, 389, 623
판뮐러, 헤르만Pfannmuller, Hermann 178~179
패러디즈, 밸러리Paradiz, Valerie 578, 616
패러디즈, 엘리자Paradiz, Elijah 578~579, 616
패러보 주립 정신박약 및 간질학교 459
패밀리 펀드 505~506
팬, 팬덤 81, 290, 302~313, 317, 326, 335, 430, 478, 486~487, 552, 569~600
팻시Patsy 262~263, 265
퍼킨스, 앤Perkins, Anne 202~203
펄 12~16, 576
《펄프Pulps》 302~304, 307, 309~310, 322, 335
페닐케톤뇨증PKU 357, 426, 429
페른코프, 에두아르드Pernkopf, Eduard 168~169, 182
펠젠스틴, 리Felsenstein, Lee 329~339
펠트너, 요셉Feldner, Josef 120, 170, 619
포스터 그랜트 517~522, 524
포옹요법 88~90
포터, 하워드Potter, Howard 226
폴락, 리처드Pollak, Richard 269
폴링, 라이너스Pauling, Linus 376~378, 424, 429
폴링, 압존Følling, Asbørn 358~360
표현언어 74, 107, 599
프라이스, 윌리엄 T.Price, William T. 329, 339

프랑클, 게오르그Frankl, Georg 120~121, 148, 160, 163, 187, 221~222, 225, 230, 232, 237, 241~246, 255, 280, 286, 390
프랑클, 빅토어Frankl, Viktor 181
프랜시스, 앨런Frances, Allen 498, 500, 514
프랭클린 연구소 과학박물관 320
프레더릭 W.Frederick W. 234, 247
프로그래밍 12, 322, 325~326, 333
프로바이오틱스 94, 99, 104, 113
프로이트, 아나Freud Anna 123
프로이트, 지그문트Freud Sigmund 117, 123, 164, 208, 212, 215, 228, 252, 261~262, 265, 273~275, 353, 369, 396, 409, 494
프로젝트 1Project One 335, 338
프리츠 V.Fritz V. 136~139, 146, 174, 247~248
프리트, 우타Frith, Uta 121, 455, 618
플랭크, 알렉스Plank, Alex 584~587
플로지스톤 38~39
피르케, 클레멘스 폰Pirquet, Clemens von 120, 210
피셔, 바바라 로Fisher, Barbara Loe 527~530, 538
피셔, 제임스Fisher, James 112
피셔, 크리스천Fisher, Christian 527
피오나 107~108
피크, 킴Peek, Kim 468~472, 476, 480~484
피크, 프랜Peek, Fran 469~470
핀, 조지Finn, George 60, 410, 474
핀, 찰스Finn, Charles 60, 410

하로 L.Harro L. 136~139, 143~144, 172, 174, 247, 597
하버드 유도전류 발생장치 400
하일페다고긱 119, 177, 199, 210
학습 76, 87, 108, 117~118, 121, 142, 144, 210, 224, 308, 316, 363, 366, 370, 372, 374, 381~382, 398~399, 402~404, 408, 421, 468, 506, 515, 527, 531, 561, 609
〈한 자폐증 젊은이의 초상Portrait of an Autistic Young Man〉 480, 486, 559
함부르거, 프란츠Hamburger, Franz 117, 136, 147~148, 162, 164~165, 170, 182, 184, 243
항생제 83, 106, 526
행동주의, 행동치료 22, 29, 77, 212, 259, 363, 366~367, 400, 403, 408~406, 414, 421, 493, 507
행동주의심리학 212, 366~367, 396, 400, 408
행복 17, 32, 70, 79~82, 85, 94, 116, 124, 218, 239, 248, 250, 271, 281, 347, 363, 375, 392, 401, 432, 445, 458, 472, 531, 572, 598, 603, 607, 615, 629, 633
허머, 해리Hummer, Harry 200, 202~203
헤딘, 로버트Hedin, Robert 318~319
헬무트 L.Hellmuth L. 136, 138
호레이스 192
호세 411
호퍼, 에이브럼Hoffer, Abram 378, 424
호프만, 더스틴Hoffman, Dustin 15, 60, 473, 476~480, 488, 525, 615
호헤, 알프레드Hoche, Alfred 156~157
홀츠, 루이스Holtz, Louis 195, 215
홍역, 볼거리, 풍진MMR 백신 26, 64,

435, 449, 537~538
화성, 화성인 291~292, 295, 308, 311
《화성의 인류학자》 7, 18, 60, 553~554
화학 38, 41~42, 53, 140, 278, 289, 359, 376, 429, 443, 452, 499, 529, 626
화학물질 28, 129, 520, 522
핵물리학 278
흑인 200, 205~206, 380, 473, 507, 585, 620
히틀러, 아돌프Hitler, Adolf 157~161, 164, 167~168, 174~182, 185, 195, 215, 305, 364, 373
힐츠, 필립Hilts, Philip 323

뉴로트라이브

1판 1쇄 펴냄 2018년 9월 5일
1판 4쇄 펴냄 2023년 10월 5일

지은이 스티브 실버만
옮긴이 강병철
펴낸이 안지미
표지그림 국동완

펴낸곳 (주)알마
출판등록 2006년 6월 22일 제2013-000266호
주소 04056 서울시 마포구 신촌로4길 5-13, 3층
전화 02.324.3800 판매 02.324.7863 편집
전송 02.324.1144

전자우편 alma@almabook.by-works.com
페이스북 /almabooks
트위터 @alma_books
인스타그램 @alma_books

ISBN 979-11-5992-224-4 03400

알마출판사는 다양한 장르간 협업을 통해 실험적이고 아름다운 책을 펴냅니다.
삶과 세계의 통로, 책book으로 구석구석nook을 잇겠습니다.